AF830191

# BEITRÄGE ZUM AUSLÄNDISCHEN UND INTERNATIONALEN PRIVATRECHT

HERAUSGEGEBEN VOM

MAX-PLANCK-INSTITUT FÜR AUSLÄNDISCHES UND INTERNATIONALES PRIVATRECHT

Direktor: Professor Dr. Hans Dölle

29

1961

WALTER DE GRUYTER & CO.
BERLIN

J.C.B.MOHR (PAUL SIEBECK)
TÜBINGEN

# DAS HANDELN AUF EIGENE GEFAHR

## Eine rechtsvergleichende Untersuchung

von

HANS STOLL

Bonn

1961

WALTER DE GRUYTER & CO.
BERLIN

J.C.B. MOHR (PAUL SIEBECK)
TÜBINGEN

Gedruckt mit Unterstützung der Deutschen Forschungsgemeinschaft

©
Hans Stoll
J.C.B. Mohr (Paul Siebeck) Tübingen 1961
Alle Rechte vorbehalten
Ohne ausdrückliche Genehmigung des Verlages ist es auch nicht gestattet, das Buch oder Teile daraus auf photomechanischem Wege (Photokopie, Mikrokopie) zu vervielfältigen

Printed in Germany
Satz und Druck: Buchdruckerei H. Laupp jr, Tübingen
Einband: Großbuchbinderei Heinr. Koch, Tübingen

Dem Gedenken meines Vaters

HEINRICH STOLL

weiland Professor der Rechte an der Universität Tübingen

† 19. Juni 1937

# VORWORT

Das richterliche Fall-Recht, welches die Vorschriften des Bürgerlichen Gesetzbuches zunehmend umgibt, hat neue Rechtsregeln und selbstgeschaffene Rechtsinstitute hervorgebracht. Die Rechtswissenschaft steht vor der Aufgabe, diese Rechtsfortbildungen dogmatisch zu erfassen und in das überkommene System des Bürgerlichen Rechts einzufügen. Die vorliegende Arbeit unternimmt es, hierzu einen Beitrag zu leisten durch Untersuchung der in der Rechtsprechung herausgebildeten Lehre vom Handeln des Verletzten auf eigene Gefahr. Mir scheint die wissenschaftliche Behandlung dieser Lehre nicht nur wegen ihrer praktischen Tragweite, sondern vor allem auch wegen ihrer engen Verbindung mit den Grundfragen des Haftpflichtrechtes vordringlich zu sein. Zu diesen Grundfragen sollte nicht nur deduktiv, vom System her, sondern auch von den Einzelproblemen ausgehend vorgestoßen werden. Hierbei empfiehlt sich die rechtsvergleichende Methode, welche die „Natur der Sache" offenzulegen besonders geeignet ist. Die steigende Beliebtheit rechtsvergleichenden Forschens ermutigt auch die Hoffnung, daß sich über die Wissenschaft eine „stille" Angleichung der nationalen Rechtssysteme vollziehen möge, die zwar ihre Zeit erfordert, aber eine größere Überzeugungskraft besitzt und im ganzen vielleicht auch aussichtsreicher ist als die Rechtsvereinheitlichung über den Gesetzgeber.

Diese Arbeit ist von der Rechtswissenschaftlichen Fakultät der Universität Hamburg im Wintersemester 1959/1960 als Habilitationsschrift angenommen worden. Sie wurde von mir auf den Stand vom 1. 1. 1960 gebracht. Die seitdem erschienenen Veröffentlichungen konnte ich nicht mehr berücksichtigen. Inzwischen hat der Bundesgerichtshof, wie ich mit Befriedigung feststelle, in der richtungweisenden Entscheidung vom 14. 3. 1961 (NJW 1961, 655 = MDR 1961, 403) seine Rechtsprechung zum Handeln des Verletzten auf eigene Gefahr auf eine neue Grundlage gestellt, die großenteils den in dieser Arbeit gemachten Vorschlägen entspricht.

Die Arbeit entstand aus meiner Tätigkeit auf dem Max-Planck-Institut für ausländisches und internationales Privatrecht in Hamburg und hätte ohne die verständnisvolle Förderung nicht geschrieben werden können, die mir durch den Direktor des Instituts, meinen verehrten Lehrer Hans Dölle, jederzeit zuteil wurde. Ihm sei auch an dieser Stelle auf das herzlichste gedankt. Besonderen Dank schulde ich auch dem stellvertretenden Direktor des Instituts, Prof. Konrad Zweigert, Hamburg, für manche Ratschläge, namentlich zu den rechtsvergleichend-methodischen Fragen. Der Druck der Arbeit wurde durch die Unterstützung der Deutschen Forschungsgemeinschaft sowie eine Beihilfe der Gesellschaft für Rechtsvergleichung möglich gemacht. Den Referendaren Hartmut Hillgenberg und Henning Kaysers sei für die Anfertigung der Register gedankt.

*Hans Stoll*

# INHALTSVERZEICHNIS

## Einleitung

# EINLEITUNG

## § 1

## *Die Problematik des Rechtsbegriffs des Handelns auf eigene Gefahr Rechtsvergleichender Überblick*

### *I. Deutsches Recht*

HANS-DETLEV FISCHER schreibt in seiner 1938 erschienenen Abhandlung „Gefälligkeitsfahrt und vorvertragliche Haftung", wo das Problem des Handelns auf eigene Gefahr knapp, aber treffend erörtert wird, der Begriff des Handelns auf eigene Gefahr geistere „wie ein Irrlicht" im Schuldrecht herum[1]. Diese resignierende Feststellung hat an Berechtigung seither nichts eingebüßt. Wir können die zahlreichen, von Fischer auch gar nicht gemeinten Begriffsverwendungen beiseite lassen, welche die verschiedensten Geschehen oder Rechtsfolgen kennzeichnen sollen, ohne indes eine spezifisch dogmatische Bedeutung zu besitzen[2]. Ungefestigt ist auch der rechtsdogmatische Begriff des Handelns auf

[1] H.-D. FISCHER 12.

[2] Es genügt, auf die folgenden, hier nicht interessierenden Begriffsbildungen aufmerksam zu machen, die im Schrifttum eine gewisse Rolle spielen:

1. Handeln auf eigene Gefahr = erlaubtes oder wenigstens vorwurfsfreies, gleichwohl aber mit dem Risiko einer Schadensersatzpflicht belastetes Eingreifen in eine fremde Rechtssphäre.

In diesem Sinne handelt auf eigene Gefahr, wer entschuldbar-irrtümlich Selbsthilfe übt (§ 231 BGB) oder wer ein für vorläufig vollstreckbar erklärtes Urteil vollstreckt (§ 717 ZPO). Auch die Fälle der Gefährdungshaftung gehören hierher. Übernommen wird hierbei jeweils die Gefahr, schadensersatzpflichtig zu werden, nicht etwa die Gefahr des Verlusts eines Anspruchs auf Schadloshaltung. JOSEF UNGER hat diese Gestaltungen, die wir heute als Haftung ohne Verschulden bezeichnen, in seiner Abhandlung „Handeln auf eigene Gefahr", Jh. Jhb. 30 (1891) 363–421 – auch erschienen als Sonderdruck; 2. Aufl. 1893 – zusammenfassend untersucht. Der von ihm gebrauchte Begriff des Handelns auf eigene Gefahr klingt auch noch in modernen Werken an, so etwa bei NIKISCH, Recht der Schuldverhältnisse I (1947) 137; LARENZ II 347. Vgl. hierzu auch H.-D. FISCHER 41, N. 145; H. J. GOTTSCHOL, Das Handeln auf eigene Gefahr (Diss. Hamburg 1947) 13 ff.; HANS THODE, Das Handeln auf eigene Gefahr (Diss. Würzburg 1936) 3.

eigene Gefahr[1], mit dem die Praxis in gewissen Fällen einer bewußten Selbstgefährdung des Verletzten den Ausschluß der Haftung des für die schadensursächliche Gefahr Verantwortlichen rechtlich zu begründen sucht. Einige Zitate aus der neueren deutschen Rechtsprechung mögen veranschaulichen, welche Verwirrung noch immer um den rechtstechnischen Begriff des Handelns auf eigene Gefahr herrscht:

1. OLG Hamburg im Urteil vom 3. 3. 42[2], welches die Schadensersatzklage eines Motorradrennfahrers gegen einen anderen Rennteilnehmer betrifft:

„... so ist es gerechtfertigt, ein Handeln auf eigene Gefahr insoweit anzunehmen, als es sich um die mit dem Rennbetrieb unvermeidbar verbundenen Gefahren handelt."

2. BGH im Urteil vom 9. 10. 52[3] (Mitfahrt im Wagen eines Betrunkenen):

---

Eine vergleichbare, zu Mißverständnissen verleitende Ausdrucksweise findet sich auch in der französischen und englischen Rechtssprache. Esmein erörtert in seinem grundlegenden Aufsatz »L'idée d'acceptation des risques en matière de responsabilité civile" (Rev. dr. comp. 1952, 683 ff.) unter I zunächst eine Fallgruppe, die den Ungerschen Beispielen ganz entspricht und nichts mit dem von ihm später behandelten Haftungsausschlußgrund der „acceptation des risques" gemein hat; beispielsweise handele „à ses risques et périls", wer ein noch nicht rechtskräftiges Urteil vollstreckt! Ebenso wird im englischen Recht gelegentlich bemerkt, der ersatzpflichtige Schädiger habe die Schadensursache von Rechts wegen „at his peril" gesetzt, ohne daß ein ersichtlicher Zusammenhang mit dem Haftungsausschlußgrund der „voluntary assumption of risk" bestünde; vgl. etwa J. Blackburn in der berühmten Entscheidung *Rylands* v. *Fletcher* (1866), L.R. I Exch. 265 [279]. S. auch Rabel, The Conflict of Laws II (Chicago 1947) 231 und 274.

2. Gefahrübernahme = stillschweigende Vereinbarung zwischen Auftraggeber und Beauftragtem, daß der Auftraggeber die mit der Ausführung eines Auftrags erkennbar verbundene Gefahr übernimmt. Durch die Unterstellung einer solchen Vereinbarung hat das Reichsgericht in seiner früheren Rechtsprechung dem Beauftragten, der in Ausführung eines erkennbar gefährlichen Auftrags Schaden erlitten hat, zu einem vertraglichen Anspruch auf Schadloshaltung gegen den Auftraggeber verholfen, vgl. RG 28. 11. 18, RGZ 94, 169 (Auftrag zum Einfangen eines tollwütigen Hundes); RG 26. 2. 20, RGZ 98, 195; RG 19. 11. 28, RGZ 122, 298 [303] (Auftrag zu Rettungs- und Löschungsarbeiten bei Bränden); RG 20. 12. 24, JW 1927, 441 (Auftrag zur Überwachung eines Verhafteten) oder RG 2. 11. 36, S.A. 91 (1937) Nr. 61, S. 136 (Auftrag zur Abwehr eines Betrunkenen). Im Grunde legt hier die Rechtsprechung im Wege der billigen Vertragsergänzung (§ 157 BGB) dem Auftraggeber eine nebenvertragliche Versicherungspflicht auf. Mit dem Begriff der „Gefahr" ist wie bei der ersten Fallgruppe die bedrohliche Aussicht gemeint, schadensersatzpflichtig zu werden, mit dem Unterschied freilich, daß eine vertragliche und keine gesetzliche Haftung in Kauf genommen wird. Wegen der entsprechenden Problematik bei befugter, erkennbar gefährlicher Geschäftsführung ohne Auftrag hat übrigens das Reichsgericht später die weite Auslegung des Begriffs der „Aufwendung" (im Sinne des § 670 BGB) der Fiktion einer Vertragsabrede vorgezogen, RG 7. 5. 41, RGZ 167, 85.

[1] Oft auch synonym „Gefahrübernahme" genannt, RG 24. 5. 28, JW 1928, 3185; BGH 24. 11. 54, VRS 8 (1955) Nr. 41, S. 97.

[2] DAR 1942, 46 [48].

[3] VRS 5 (1953) Nr. 2, S. 2 [3].

„Hier war die Fahrt unter den geschilderten Umständen angetreten worden, aus denen das Berufungsgericht ohne Rechtsirrtum den Schluß gezogen hat, die Eheleute B. hätten den Willen zum Ausschluß der Haftung für leichte Fahrlässigkeit gehabt und hätten ihn auch dem Beklagten gegenüber durch ihr Verhalten zu erkennen gegeben. Diese tatsächliche Feststellung führt zu dem Ergebnis, daß die Eheleute B. insoweit auf eigene Gefahr gehandelt haben."

3. LG München im Urteil vom 30. 1. 53[1] (die Klägerin war bei einem Ausritt durch das Pferd des Reitlehrers St. verletzt worden):

„Mit einem willkürlichen und auch bei Beachtung der gebotenen Sorgfalt gefährlichen Verhalten muß der Reiter bei einem lebhaften Pferd rechnen. Etwaige Schäden, die sich für ihn daraus ergeben können, nimmt er bewußt in Kauf. Er handelt insoweit bei der Teilnahme an einem Ausritt auf eigene Gefahr..."

4. BGH im Urteil vom 24. 11. 54[2] (hinsichtlich der auf § 833 Satz 1 BGB gestützten Klage eines Jockey, der vor dem Start durch das auskeilende Pferd des Beklagten verletzt worden war):

„Es kann offen bleiben, ob ein Jockey in den Fällen, in denen er von einem normalen Tier beim Start durch Ausschlagen verletzt wird, diese Verletzung auf sich nimmt und keine Ersatzansprüche gegen den Halter des Tieres gemäß § 833 BGB erheben kann, oder ob mit Rücksicht auf die berufliche Notwendigkeit, an Rennen teilzunehmen, eine andere Entscheidung ergehen müßte."

Dem Jockey habe nämlich das für ein „Handeln auf eigene Gefahr" erforderliche Gefährdungsbewußtsein gefehlt.

5. LG Essen im Beschluß vom 17. 1. 55[3]:

„Wer außerhalb der Öffentlichkeit gewidmeter Wege private Grundstücke betritt, tut dies im übrigen auf eigene Gefahr."

6. LG Berlin im Urteil vom 29. 4. 55[4]:

„Der Kläger ... hat mit der somit bewußten Übertretung des Eintrittsverbotes und in Erkenntnis der – nach seiner Ansicht – unzureichenden Beleuchtung der Gaststätte und insbesondere der zur Toilette führenden Treppe, demnach ... die Gefahr des Übersehens von Unebenheiten, insbesondere von Treppen in der ihm fremden Gaststätte und damit eines Sturzes bewußt in Kauf genommen, also auf eigene Gefahr gehandelt..."

Es erscheint unmöglich, hinter solchen und ähnlichen Formulierungen ein einheitliches Rechtsprinzip zu entdecken. Zwar haben die erwähnten Sachverhalte durchaus einen gemeinsamen Kern, nämlich den Umstand, daß sich der Verletzte ohne Notwendigkeit bewußt der Gefahr ausgesetzt hat, aus der dann der Schaden erwuchs. Mit der Wendung, der Verletzte

---

[1] VersR 1953, 168.

[2] VRS 8 (1955) Nr. 41, S. 97 [99].

[3] VersR 1955, 127 [128].

[4] VersR 1955, 605; vgl. auch OLG Celle 23. 10. 57, VersR 1958, 129: Der Fuhrunternehmer, der in unvorsichtiger Weise eine unbeleuchtete Fabrikhalle betrete, um dort Leute zum Abladen von Material zu suchen, handle auf eigene Gefahr; ferner LG Darmstadt 6. 1. 59, VersR 1960, 71.

habe auf eigene Gefahr gehandelt, wird auch dieselbe Rechtsfolge angesprochen: der Ausschluß der Haftung des für die Gefahr Verantwortlichen, sei es nun einer Gefährdungshaftung (Fall 1 und 4), sei es der Haftung aus unerlaubter Handlung (die übrigen Fälle). Wir sind daher geneigt, die Formel zu bilden „auf eigene Gefahr handelt, wer sich ohne Not bewußt einer erkannten Gefahr aussetzt". Tatsächlich verwendet die Praxis diese Formel — mit unwesentlichen Unterschieden der Ausdrucksweise — zur Kennzeichnung eines angeblich selbständigen Haftungsausschlußprinzips.

So sagt etwa der Oberste Gerichtshof Köln im Urteil vom 4. 11. 49[1] über den Ausschluß der deliktischen Haftung aus dem Gesichtspunkt des Handelns des Verletzten auf eigene Gefahr:

„Die Möglichkeit eines solchen Ausschlusses ist seit langem in der Rechtsprechung des Reichsgerichts anerkannt... Sie beruht auf der Erwägung, daß derjenige, der sich bewußt in eine vermeidbare besondere Gefahrenlage hineinbegibt, ohne durch ein rechtliches oder sittliches Gebot hierzu verpflichtet zu sein, hierdurch erklärt, die daraus möglicherweise entstehenden Schäden auf sich nehmen zu wollen."

Der Bundesgerichtshof führt im Urteil vom 25. 3. 58[2] aus, der Schutz der Gefährdungshaftung erscheine dann nicht angemessen, „wenn sich der Kläger, ohne durch gesetzliches, berufliches oder sittliches Gebot verpflichtet zu sein, der vermeidbaren Gefährdung aus solchen Gefahrenquellen bewußt selbst ausgesetzt hatte".

Daß aber diese Formel nicht beim Worte genommen werden darf, zeigt sich auf den ersten Blick. Jeder Verkehrsteilnehmer setzt sich, namentlich in einer Großstadt, bewußtermaßen erheblichen Gefahren aus. Gleichwohl wäre es absurd, daraus, ob nun diese Selbstgefährdung freiwillig erfolgte oder aus irgendwelchen Gründen geboten war, schadensrechtliche Folgerungen abzuleiten. Auch der Tourist, der in einer Großstadt bummelt, kann den Kraftfahrer, der ihn überfährt, nach Maßgabe des Straßenverkehrsgesetzes und des Rechts der unerlaubten Handlungen auf Schadensersatz in Anspruch nehmen. Die gelegentlich vorgenommene Unterscheidung zwischen „allgemeinen" Risiken, denen sich jedermann ohne Rechtseinbuße aussetzen darf, und „besonderen" Risiken, die zu Lasten desjenigen gehen, der diese Risiken freiwillig bewußt in Kauf nimmt[3], führt nicht viel weiter, sondern ersetzt nur den un-

---

[1] VRS 1 (1949) Nr. 127, S. 263 [265] = NJW 1950, 143.

[2] NJW 1958, 905; vgl. auch OLG Karlsruhe 6. 6. 56, MDR 1956, 550.

[3] OGH Köln 4. 11. 49 (vorletzte Note); BGH 25. 3. 58, NJW 1958, 905: Es sei unerläßliche Voraussetzung des Handelns auf eigene Gefahr, daß ein in seiner Art und Gefährdungsmöglichkeit bekanntes Wagnis eingegangen worden ist. „Nur wenn der M. konkrete Umstände bekannt gewesen wären, die ihr ein besonderes, mit der

scharfen Begriff der allgemeinen Gefahr durch den neuen, nicht weniger unscharfen Begriff der besonderen Gefahr.

Wo aber die Formel vom Handeln auf eigene Gefahr paßt und ein Haftungsausschluß angemessen erscheint, ist ein einheitlicher Rechtsgrund für den Haftungsausschluß nicht zu erkennen. In den angeführten Beispielen haben die Gerichte den Haftungsausschluß auf verschiedene rechtliche Gesichtspunkte gestützt oder unter verschiedenen Gesichtspunkten erwogen: Das Landgericht Essen (Fall 5) hat die Erfüllung der dem Beklagten obliegenden allgemeinen Verkehrssicherungspflicht im Auge, das Landgericht Berlin (Fall 6) wohl das überwiegende Verschulden des Verletzten (§ 254 BGB), während in den übrigen Fällen auf einen mehr oder weniger fiktiven rechtsgeschäftlichen Willensakt des Verletzten abgestellt wird, sei es nun auf eine stillschweigende Einwilligung in die drohende Verletzung oder auf einen stillschweigenden Haftungsausschlußvertrag. Die Gerichte haben überdies, wodurch die Unklarheiten noch vermehrt werden, die Tatbestandsformel, der Verletzte habe sich ohne Not bewußt einer vermeidbaren Gefahr ausgesetzt, in feststehender Rechtsprechung auch dazu benutzt, um ein mitwirkendes Verschulden des Verletzten (§ 254 BGB) darzutun mit der Folge der Schadensteilung[1].

Wir haben also, wenn wir den rechtlichen Kern der richterlichen Formel vom Handeln des Verletzten auf eigene Gefahr ermitteln wollen, uns mit einer doppelten Schwierigkeit auseinanderzusetzen, einmal mit einem Tatbestandsproblem: Welches sind die genauen Sachverhalte, in denen die freiwillige Selbstgefährdung des später Verletzten zum Ausschluß der Haftung des Gefährders führt? Zum andern mit dem rechtsdogmatischen Problem: Welches ist der tragende Rechtsgrund des Haftungsausschlusses? Wegen dieser Doppelgesichtigkeit der Problematik des Handelns auf eigene Gefahr wäre es falsch, die Untersuchung auf sachliche Einzelfragen – etwa die Haftungsverhältnisse bei Gefälligkeitsfahrten im Kraftfahrzeug – zu beschränken oder von einer bestimmten Rechtskonstruktion auszugehen, beispielsweise der im deutschen Recht verbreiteten Lehre, das Handeln auf eigene Gefahr sei rechtlich die Einwilligung in eine eventuelle Verletzung. Vielmehr halte ich es für notwendig, die typi-

---

Fahrt verbundenes Risiko aufgezeigt hätten, würde sich die Frage stellen, ob die Deliktshaftung des Fahrers wegen Übernahme der Gefahr ... ausgeschlossen sein könnte." Ferner BGH 16. 12. 58, VersR 1959, 386: „Ein Handeln auf eigene Gefahr bezieht sich nur auf erkannte besondere, im allgemeinen nicht gegebene Gefahren."

[1] RG 3. 3. 31, HRR 1931, Nr. 1083; RG 11. 4. 35, WarnRspr. 1935, Nr. 80, S. 167; OLG Braunschweig 23. 2. 56, NdsRpfl. 1956, 221; AG Münster 26. 1. 40, DR 1940, 507.

schen Fälle, in welchen die Praxis einen Haftungsausschluß wegen Handelns des Verletzten auf eigene Gefahr annimmt, genau zu analysieren, um das rechtlich Gemeinsame zu ermitteln. Hierbei gehe ich von der Arbeitshypothese aus, daß es eine solche Gemeinsamkeit gibt, daß also der richterlichen Formel vom Handeln des Verletzten auf eigene Gefahr ein spezifisches Rechtsphänomen zugrunde liegt, das eine Untersuchung lohnt. Zu dieser Hypothese werde ich namentlich dadurch ermutigt, daß in ausländischen Rechten Rechtsbegriffe, die dem deutschrechtlichen Begriff des Handeln des Verletzten auf eigene Gefahr entsprechen und eine ähnliche tatbestandliche wie auch rechtsdogmatische Problematik aufwerfen, in der richterlichen Praxis entwickelt wurden und dort, trotz vielfacher Anfeindung seitens der Doktrin, ein zählebiges Dasein führen. Im französischen Recht ist dies der Begriff der „acceptation des risques" und im anglo-amerikanischen Rechtskreis der „assumption of risk", oft auch „voluntary assumption of risk" genannt, damit die Notwendigkeit einer *freiwilligen* Selbstgefährdung herausgestellt werde.

## *II. Französisches Recht*

Im französischen Recht taucht der Begriff der „acceptation des risques" („par ceux qui s'exposent en connaissance de cause", wie ESMEIN verdeutlicht[1]) erstmals in einer Entscheidung des Kassationshofes vom 2. 7. 1851 auf[2].

Die Parteien ließen ihre Pferde gemeinsam ohne Bewachung weiden. Der Kläger, der sein Pferd mit zerschmettertem Lauf vorfand, verlangte von dem Beklagten als dem Eigentümer des Pferdes, welches angeblich den Schaden verursacht hatte, Schadensersatz nach Art. 1385 C. c. (u.a.), einer Bestimmung, die eine von einem Verschulden unabhängige Haftung des „gardien" des Tieres für den durch das Tier angerichteten Schaden vorsieht. Die Unfallgefahr sei für beide Teile gleich groß gewesen „et toutes deux s'y étant volontairement exposées", müsse sich der Kläger abfinden mit den „conséquences d'un état de choses qu'il a lui-même accepté".

---

[1] J.C.P. 1955 II 8541 (Anm.).

[2] S. 1851. 1. 447 [449] = D.P. 1851. 1. 189; ein ähnlicher Fall wurde entschieden in dem Urteil Req. 16. 11. 31, Gaz.Pal. 1932 I 45 = D.H. 1931. 555. Ein bemerkenswerter englischer Parallelfall ist *Manton* v. *Brocklebank*, [1923] 2 K.B. 212 (C.A.), wo jedoch – weil nach Lage des Falles eine „absolute liability" des Beklagten ausschied – die Klage einfach deswegen abgewiesen wurde, weil der Eigentümer des schadenstiftenden Pferdes nicht fahrlässig gehandelt habe.

Der Kassationshof scheint an einen stillschweigenden Haftungsausschlußvertrag gedacht zu haben[1]. Diese konstruktive Vorstellung wird aber in der späteren Rechtsprechung des Kassationshofes zur acceptation des risques des im Kraftfahrzeug mitgenommenen Gefälligkeitsgastes nicht mehr sichtbar. Seit seinem Urteil vom 27. 3. 28[2] hat der französische Kassationshof in ständiger Rechtsprechung angenommen, daß die von einem Verschulden unabhängige Haftpflicht des Halters (gardien) eines Kraftfahrzeugs gemäß Art. 1384 I C. c. – eine Haftpflicht, der im französischen Recht eine ähnliche Funktion zukommt wie im deutschen Recht der Gefährdungshaftung des Kraftfahrzeughalters – im Verhältnis zu dem aus Gefälligkeit mitgenommenen Fahrgast ausgeschlossen ist, da sich auf jene Haftungsbestimmung diejenigen nicht berufen könnten „qui ont accepté ou sollicité de participer à titre gracieux à l'usage de la voiture, en pleine connaissance des dangers auxquels ils s'exposaient eux-mêmes“[3]. Mit dieser Formel, die sich mit nur geringfügigen Modifikationen in vielen Urteilen zur Haftung bei Gefälligkeitsfahrten findet, wird jedoch der Halter – was nicht übersehen werden darf – nur vom normalen Transportrisiko befreit. Seine Haftung für erwiesenes Verschulden (Artt. 1382/3 C. c.) bleibt unberührt.

Aber auch in anderen Bereichen erfreut sich die Phrase von der acceptation des risques einer zunehmenden Beliebtheit in der neueren französischen Rechtsprechung, wobei die französischen Gerichte zu fast den gleichen formelhaften Umschreibungen greifen wie die deutschen Gerichte hinsichtlich des Handelns des Verletzten auf eigene Gefahr. Folgende Beispiele seien angeführt:

1. Paris 17. 3. 38[4]:
Bei einem Motorradrennen war die Beiwagenmaschine des Klägers mit dem Motorrad des Beklagten zusammengestoßen. Das Gericht vertritt die Ansicht, jede sportliche Veranstaltung, besonders aber ein Autorennen, schließe ein gewisses Risiko ein „accepté par tous les coureurs du fait même qu'ils prennent part à la course“.

2. Lyon 26. 10. 50[5]:
Bei einem Fußballspiel war ein Torwart schwer verletzt worden, als er sich einem Stürmer der Gegenmannschaft vor die Füße warf, um den heranrollenden Ball aufzufangen. Die Schadensersatzansprüche des Torwarts wurden zurückgewiesen: „at-

[1] DURAND 83 ff.; BICHOT 89 f.
[2] Civ. 27. 3. 28, D.P. 1928. 1. 145 mit Anm. RIPERT = S. 1928. 1. 353 mit Anm. GÉNY = D.H. 1928. 221.
[3] Vgl. vorige Note.
[4] S. 1938. 2. 143 = D.H. 1938. 345.
[5] D. 1951, j. 43.

tendu que l'exercice des sports en général et plus particulièrement des jeux d'équipe, comme le football, comporte des risques inhérents à leur pratique même, dont les joueurs acceptent de supporter l'aléa dans les limites des règlements écrits ou des règles normales du jeu".

3. Kassationshof 23. 4. 53[1]:
Die Vorinstanzen hatten den auf Art. 1384 I C. c. gestützten Anspruch des Klägers abgewiesen. Der Kläger war verletzt worden, als er dem Beklagten half, einen Motor anzukurbeln. Als erfahrener Mechaniker habe sich der Kläger „exposé volontairement et sans nécessité aux risques d'une expérience". Der Kassationshof hob auf, weil bei einem Gefälligkeitsdienst eine Gefahrübernahme nicht unterstellt werden könne.

4. Kassationshof 4. 3. 57[2]:
Die Klägerin war verletzt worden, als sie sich auf dem Rotor des Beklagten vergnügte (die Besucher eines Rotors werden durch die Zentrifugalkraft an die Wand des Rotors gedrückt). Der Kassationshof meinte, die Klägerin habe selbst beurteilen müssen, ob sie ihrer körperlichen Beschaffenheit nach den inhärenten Gefahren dieses Vergnügens gewachsen sei. Sie habe „librement accepté ce risque"[3].

5. Tr. civ. Lille 13. 11. 57[4]:
Der Kläger, ein Metzger, wurde durch ein Stück Vieh des Beklagten verletzt, als er es im Schlachthof besichtigte, wo es zum Verkauf angeboten wurde. Das Gericht lehnte einen Ausschluß der Tierhalterhaftung ab. Es sei nicht dargetan, daß der Kläger „se soit volontairement exposé aux risques d'un accident prévisible en raison notamment de l'état de l'animal".

Ebensowenig wie bei der deutschen Judikatur zum „Handeln auf eigene Gefahr" erscheint es möglich, die einzelnen Entscheidungen auf einen gemeinsamen rechtlichen Nenner zu bringen. Der Anwendungsbereich des Begriffs der acceptation des risques im französischen Recht reicht eher noch weiter als der des „Handelns auf eigene Gefahr" im deutschen Recht. Im Falle 4 sollten nämlich mit Hilfe des Begriffs der acceptation des risques die Grenzen der vertraglichen Haftung des Beklagten abgesteckt werden, während die deutschen Gerichte im allgemeinen nur dann von einem Handeln des Verletzten auf eigene Gefahr sprechen, wenn es sich um den Ausschluß der gesetzlichen Haftung des Gefährders handelt. Bei der Unsicherheit, die augenscheinlich dem Begriff der acceptation des risques anhaftet, kann es nicht wundernehmen, daß ein beträchtlicher Teil der französischen Doktrin, die sich mit diesem

---

[1] Civ. 2e sect., J.C.P. 1953 II 7657 mit Anm. Esmein.
[2] Civ. 1re sect., J.C.P. 1957 II 9953 mit Anm. Esmein.
[3] In der Entscheidung Civ. 2e sect. 30. 5. 56, D. 1956, j. 680 wurde erwogen, ob die Klägerin, ein Kind von fünfeinhalb Jahren, das auf einer Drehscheibe der beklagten Gesellschaft gespielt hatte, „ait consciemment accepté le risque du jeu".
[4] Gaz. Pal. 1957 II somm. 40.

Begriff erst verhältnismäßig spät beschäftigt hat[1], ihn als dogmatisch unbrauchbar verwirft[2].

## *III. Anglo-amerikanisches Recht*

Noch häufiger als die acceptation des risques im französischen Recht begegnet im anglo-amerikanischen Recht der Begriff der „assumption of risk" oder „voluntary assumption of risk", welcher vielfach mit der Maxime „volenti non fit injuria" gleichgesetzt wird.

### *1. England*

Die Entwicklung des Begriffs der „assumption of risk" im englischen Recht ist eng verbunden mit der Rechtsprechung zur Haftung des Arbeitgebers (master) für Verletzungen des Arbeitnehmers (servant) bei Arbeitsunfällen.

Lange Zeit haben die englischen Gerichte dem Arbeitnehmer in liberalistischer Manier unterstellt, er nehme die ihm bekannten Gefahren der gewählten Beschäftigung auf sich, und zwar nicht nur die normalen, von der Sorgfalt des Arbeitgebers unabhängigen, sondern auch die außergewöhnlichen – dem Arbeitnehmer bekannten – Gefahren, die der Arbeitgeber durch zumutbare Sicherungsvorkehrungen hätte abwenden können[3].

So entschied Bowen L. J. in *Thomas* v. *Quartermaine*[4], die Pflicht des Besitzers einer Fabrikanlage, die Arbeiter vor Gefahren zu schützen, habe stets dort ihr Ende, wo die Arbeiter „are cognisant of the full extent of the danger, and voluntarily run the risk. Volenti non fit injuria".

Ursprünglich wurde die Gefahrübernahme schon aus der bloßen Kenntnis einer Gefahr gefolgert. Allmählich zeigte sich dann die Rechtsprechung den Interessen der Arbeitnehmer aufgeschlossener und stellte,

---

[1] Intensiver erst seit dem 1938 erschienenen Aufsatz von P. Esmein, De l'influence de l'acceptation des risques par la victime éventuelle d'un accident: Rev. trim. dr. civ. 37 (1938) 387–401. Vgl. auch Esmein, L'idée d'acceptation des risques en matière de responsabilité civile: Rev. dr. comp. 1952, 683 ff.

[2] Z. B. behaupten Mazeaud/Tunc in ihrem einflußreichen Handbuch über die zivilrechtliche Haftpflicht (Bd. II. no. 1500 N. 1 mit weiteren Nachweisen), der Begriff der acceptation des risques sei nur ein Deckmantel für verschiedenartige rechtliche Erscheinungen.

[3] Williams 295 ff.

[4] 18 Q.B.D. (1887) 685 [695] (C.A.).

sofern der Arbeitgeber fahrlässig gehandelt hatte, strenge Anforderungen an den Nachweis, ein verletzter Arbeiter sei „volens" gewesen. Praktisch verlangen heute die Gerichte für einen Haftungsausschluß wegen voluntary assumption of risk durch den Arbeitnehmer, daß aus den Umständen sein Wille hervorgeht, auf die Haftung des Arbeitgebers für negligence zu verzichten – was kaum je nachweisbar sein dürfte.

So sagt GODDARD L. J. in *Bowater* v. *Rowley Regis Corporation*, daß sich ein verletzter Arbeitnehmer nur dann die Maxime „volenti non fit injuria" entgegenhalten lassen müsse, wenn er ausdrücklich oder stillschweigend erklärt habe „that he would do the job at his own risk and not at that of his master" [1].

Im übrigen bieten auch im englischen Recht die gerichtlichen Entscheidungen, in welchen die Formel von der assumption of risk erscheint, ein buntes Bild. Die folgenden Beispiele zeigen das:

1. Im Falle *Ilott* v. *Wilkes* (1820) [2] hatte der Kläger den Wald des Beklagten betreten, um Nüsse zu sammeln, obwohl er wußte, daß der Beklagte in dem Wald eine Selbstschußanlage angebracht hatte. BAYLEY J.: Wenn der Kläger trotz dieser Kenntnis den Wald betrat „it seems to me that he does it at his own peril, and must take the consequences of his own act. The maxim of law, volenti non fit injuria, applies; for he voluntarily exposes himself to the mischief which has happened."

2. In den Entscheidungen *Osborne* v. *The London and North Western Railway Co.* (1888) [3] und *Letang* v. *Ottawa Electric Railway Co.* (Privy Council, 1926) [4] wurde die Maxime der assumption of risk für den Sachverhalt geprüft, daß eine Person auf einer vereisten Treppe, die für das Publikum bestimmt war (Bahnhofs-Treppe bzw. Treppe vor einer Straßenbahnhaltestelle), zu Fall kam. Die englischen Richter prüften hierbei, ob „the plaintiff freely and voluntarily, with full knowledge of the nature and extent of the risk he ran, impliedly agreed to incur it", lehnten jedoch eine Gefahrübernahme im Ergebnis ab.

3. *Hall* v. *Brooklands Auto Racing Club* [5]:
Der Kläger, der einem Autorennen beiwohnte, wurde verletzt, als ein Rennwagen über die Umzäunung in die Zuschauermenge geschleudert wurde. Seine Schadensersatzklage gegen den Fahrer des verunglückten Wagens und den veranstaltenden Klub wurde abgewiesen. GREER L. J.: „In my judgment both parties must have intended that the person paying for his licence to see a cricket match, or a race, takes upon himself the risk of unlikely and improbable accidents..."

---

[1] [1944] 1 K.B. 476 [481] (C. A.); ebenso BUCKNILL L. J. in *Neil* v. *Harland & Wolff, Ltd.* (1949), 82 Lloyd's List L.R. 515 [517] (C. A.).

[2] 3 B & Ald. 304 = 106 E.R. 674 [677].

[3] (1888), 21 Q.B.D. 220.

[4] [1926] A.C. 725. Ein kanadischer Fall. Vorinstanz war der Supreme Court of Canada.

[5] [1933] 1 K.B. 205 [223 f.] (C. A.).

4. Du Parcq L. J. in *Gillmore* v. *London County Council*[1]:
„Anybody who plays a game which involves any bodily violence ... takes certain risks, and, if he fell down in the normal way, he cannot complain" (der Kläger hatte sich bei einer von der Beklagten veranstalteten Turnstunde verletzt).

Die Ausdrucksweise der Praxis ist sehr variabel. In den einschlägigen Entscheidungen heißt es, daß der Kläger „voluntarily incurred the risk", „voluntarily encountered the risk", „voluntarily accepted the risk", „voluntarily undertook the risk", „voluntarily exposed himself to the danger" oder „voluntarily took the risk upon himself", um nur die wichtigsten Formulierungen zu nennen[2].

Eine assumption of risk schließt die deliktische Haftung des Gefährders für „negligence" aus. Dies ist der wichtigste Anwendungsfall jener Lehre (Beispiele 1 und 4). Daneben kommt aber auch in Betracht der Wegfall der vertraglichen Haftung wegen assumption of risk seitens des Verletzten (Fälle 2 und 3). Oft ist es sehr zweifelhaft, ob die ausgeschlossene Haftung – etwa die Haftung des Arbeitgebers für die Verletzung der ihm im Verhältnis zu den Arbeitnehmern obliegenden Schutzpflichten – vertraglicher oder deliktischer Natur ist. Diese Frage ist im englischen Recht meist ohne praktische Bedeutung, weshalb sie in der Rechtsprechung und im Schrifttum vernachlässigt wird.

## 2. *Die USA*

Auch im nordamerikanischen Recht hat die Lehre von der „voluntary assumption of risk" eine weite, dem englischen Recht im wesentlichen entsprechende Verbreitung gefunden. Außer den master-servant-Fällen enthalten insbesondere die cases über die Haftung, die den Veranstalter von Sportwettkämpfen (Baseball-, Eishockey-, Football-Spielen usw.) im Verhältnis zu Zuschauern trifft, und über die Haftung bei Gefälligkeitsfahrten ein fast unerschöpfliches Anschauungsmaterial. Die letztgenannten Fälle sind eine amerikanische Besonderheit, die der deutsche Rechtsvergleicher nicht außer acht lassen sollte[3].

Z. B. sagt Wickhem J. in *Young v. Nunn, Bush & Weldon Shoe Co.*[4]:
„The guest must take the host, with his defects of skill and judgment and his known habits and eccentricities of driving."

---

[1] [1938] 4 All E. R. 331 [336].

[2] S. die Zusammenstellung bei Gordon, 61 L. Q. R. (1945) 141.

[3] Die englische Rechtsprechung zur Gefälligkeitsfahrt ist spärlich und bei der Annahme einer assumption of risk viel zurückhaltender als die amerikanische, vgl. *Dann* v. *Hamilton*, [1939] 1 K. B. 509.

[4] Supr. Ct. of Wisconsin 29. 6. 33, 249 N. W. 278 [281].

SMITH J. äußert sich in *Saxton v. Rose*[1] über die assumption of risk bei Gefälligkeitsfahrten (der Fahrer war betrunken) wie folgt: „‚Assumption of risk', sometimes called ‚incurred risk', applies when a party voluntarily and knowingly places himself in such a position, or submits himself to such a condition, appreciating that injury to himself on account thereof is liable to occur at any and all times so long as such position or condition continues."

Besondere Beachtung verdienen die Worte, mit denen der berühmte amerikanische Richter CARDOZO den Begriff der assumption of risk im Falle *Murphy v. Steeplechase Amusement Co., Inc.*[2] erläutert:

Der Kläger hatte sich verletzt, als er im Vergnügungspark der Beklagten eine Art Berg- und Talbahn (dahingleitendes Laufband) besuchte und zu Fall kam. CARDOZO wies die Klage ab:

„Volenti non fit injuria. One who takes part in such a sport accepts the dangers that inhere in it so far as they are obvious and necessary, just as a fencer accepts the risk of a thrust by his antagonist or a spectator at a ball game the chance of contact with the ball... The timorous may stay at home."

Auch im anglo-amerikanischen Rechtskreis wird die vielseitige Verwendung des Begriffs der assumption of risk mit Skepsis verfolgt. GORDON[3] meint, wenige Bereiche des englischen Rechts seien so konfus und widerspruchsvoll wie die Entscheidungen über den Schadensersatzanspruch einer Person, die sich wissentlich einer Gefahr ausgesetzt hat. Die Australier MORISON und KOLTS[4] fordern gar die Abschaffung der Lehre von der assumption of risk, deren unsicherer Charakter nur Verwirrung stifte. FRANKFURTER, ein namhafter Richter am Obersten Gerichtshof der Vereinigten Staaten, faßt seinen Unmut über den Begriff der assumption of risk in den Worten zusammen: „The phrase ‚assumption of risk' is an excellent illustration of the extent to which uncritical use of words bedevils the law"[5], und wenig günstiger ist die Beurteilung, die dem Begriff der assumption of risk in führenden Lehrbüchern des amerikanischen Deliktsrechts zuteil wird[6].

---

[1] Supr. Ct. of Mississipi, Div. B., 24. 3. 47, 29. So. 2d. 646 [649].

[2] Ct. of Appeals of New York 16. 4. 29, 250 N.Y. 479 = 166 N.E. 173 [174].

[3] GORDON, Wrong Turns in the Volens Cases, 61 L.Q.R. (1945) 140–160 [140].

[4] MORISON/KOLTS, The Suppressed Reference in the „Volens" Principle, 1 Sydney L.R. (1953) 77–83 [83].

[5] *Tiller v. Atlantic Coast Line Railroad Co.*, 318 U.S. 54 [68] (Supreme Court 1. 2. 43).

[6] HARPER/JAMES II 1191 stellen fest, der Begriff füge dem modernen Recht nichts hinzu „except confusion". Nach PROSSER 303 ist die assumption of risk „a term, which has been surrounded by much confusion, because it is used by the courts in at least four different senses".

Als Ergebnis unserer einleitenden Betrachtung ist somit festzustellen, daß die unpräzise, einen angeblich selbständigen Haftungsausschlußgrund umschreibende Richterformel, auf eigene Gefahr handele, wer sich ohne Not bewußt einer Gefahr aussetzt, in den verglichenen Rechten in ähnlichen Wendungen in der Fallpraxis häufig wiederkehrt, und zwar, wie sich bei näherer Prüfung herausstellt, im wesentlichen bei den folgenden Sachverhalten:

1. Teilnahme des Verletzten an einer Fahrt, insbesondere an einer Gefälligkeitsfahrt;
2. Teilnahme des Verletzten an einer gefährlichen Veranstaltung, insbesondere an einem Sport oder Spiel;
3. Betreten fremder Grundstücke oder Anlagen durch den Verletzten.

In allen verglichenen Rechten bereitet die theoretische Erfassung der Richterformel vom Handeln des Verletzten auf eigene Gefahr Schwierigkeiten „s'agissant d'une idée dont on a le sentiment qu'elle doit jouer un rôle, mais qui n'a pas encore sa place faite" (PAUL ESMEIN)[1].

Die folgende Untersuchung hat zum Ziele, in Sachberichten über das deutsche, französische und anglo-amerikanische Recht die Rechtsprechung zu den erwähnten Fallgruppen in kritischer Sicht umfassend darzustellen sowie die wesentlichen Rechtsgesichtspunkte aufzuzeigen, die sich in den einzelnen Rechten bei den Bemühungen, das Problem des Handelns auf eigene Gefahr dogmatisch zu bewältigen, ergeben haben. Im zweiten Teil der Arbeit werde ich eine kritische Gesamtwürdigung der Lehre vom Handeln auf eigene Gefahr versuchen. Hierbei geht es mir um die Erkenntnis des „richtigen" *deutschen* Rechts. Inwieweit die rechtsvergleichend gewonnenen Erkenntnisse für die Deutung oder Fortbildung ausländischen Rechts fruchtbar gemacht werden können, darüber soll hier nicht geurteilt werden.

---

[1] J.C.P. 1957 II 9953.

1. Teil

# Der Rechtsgedanke des Handelns auf eigene Gefahr in Rechtsprechung und Lehre

## 1. BUCH: HANDELN AUF EIGENE GEFAHR IM DEUTSCHEN RECHT

### A. ANWENDUNGSBEREICH DER RICHTERLICHEN FORMEL VOM HANDELN AUF EIGENE GEFAHR

### § 2

*Handeln auf eigene Gefahr bei Teilnahme an Fahrten*

Die Gefälligkeitsfahrt ist der häufigste Sachverhalt, für welchen der Begriff des Handelns des Verletzten auf eigene Gefahr in der deutschen Rechtsprechung bedeutsam wird. Deshalb soll mit der Darstellung der Rechtsprechung zum Haftungsausschluß bei Gefälligkeitsfahrten begonnen und anschließend noch, vergleichshalber, ein Blick auf die Judikatur zur Rechtsstellung des unerlaubten Passagiers geworfen werden.

#### *I. Gefälligkeitsfahrten*

Unter einer Gefälligkeitsfahrt ist die Mitnahme einer Person im Fuhrwerk oder Kraftfahrzeug aus Gutwilligkeit zu verstehen. Die nähere Abgrenzung jenes Begriffs – sie ist nicht immer leicht – kann vorerst dahinstehen[1].

#### *1. Gefälligkeitsfahrten im Fuhrwerk*

a) Ausschluß der Verschuldenshaftung des Fahrers

Die ersten Entscheidungen des Reichsgerichts, in denen der Begriff des Handelns auf eigene Gefahr eine selbständige, wenn auch dogmatisch

[1] Vgl. unten S. 25 ff. und S. 45 ff.

nicht genau festgelegte Funktion erlangt hat, betreffen die Verschuldenshaftung (§§ 823 ff. BGB) des Fuhrwerkbesitzers gegenüber Personen, die er aus Gefälligkeit auf seinem Fuhrwerk mitnimmt[1].

Vgl. das Urteil des Reichsgerichts (VI. Zivilsenat) vom 1. 10. 06[2]: Der zwölfjährige Sohn des Bekl. hatte die Kl. aus Gefälligkeit auf dem Fuhrwerk des Bekl. Platz nehmen lassen, das den polizeilichen Vorschriften zuwider unbeleuchtet war. Bei einem Zusammenstoß des Fuhrwerks mit einem anderen Fahrzeug wurde die Kl. verletzt. Eine Haftung des Bekl. nach § 833 BGB schied nach den Umständen aus[3]. Nach Ansicht des RG haftete der Bekl. auch nicht wegen schuldhafter unerlaubter Handlung (§ 823 BGB): „Wenn sich also die Kl., ohne dazu irgend genötigt zu sein, lediglich in dem eigenen Interesse der aus Gefälligkeit ihr gewährten Beförderung bewußterweise einer Gefahr ausgesetzt hat, so kann sie nicht beanspruchen, daß der Bekl. für den Schaden, der infolge des Fehlens einer Laterne herbeigeführt worden ist, ihr aufkomme. Ein Schutzgesetz, wie die fragliche, vom Bekl. vernachlässigte Polizeivorschrift, soll allerdings auch einen unvorsichtigen Dritten schützen; aber wer sich dieses Schutzes wissentlich selbst begibt, der nimmt regelmäßig auch das Risiko seines Handelns auf sich. Und wenn auch im vorliegenden Falle nicht schon der Gesichtspunkt durchgreift, daß überhaupt nicht die Verfehlung des Bekl., sondern das freie „Handeln auf eigene Gefahr" seitens der Kl. als Ursache der Schädigung anzusehen wäre, so fällt doch bei Anwendung des § 254 BGB das gesamte Verhalten der Kl. ... um so mehr zu ihren Ungunsten ins Gewicht."

Das Reichsgericht unterscheidet hier den Gesichtspunkt eines Handelns des Verletzten auf eigene Gefahr, das es gleichsam als einen Fall der Selbstschädigung auffaßt, von der Verschuldensaufrechnung im Sinne des § 254 BGB, mit welcher die Klagabweisung hilfsweise begründet wird.

Noch interessanter ist das Urteil des gleichen Senats vom 16. 5. 07[4]: Auf einer abschüssigen Strecke verlor der Bekl. die Herrschaft über sein Fuhrwerk, als die Bremse brach. Es kam zu einem Unfall, bei welchem der Ehemann der Kl., den der Bekl. aus Gefälligkeit auf den Wagen hatte aufsitzen lassen, tödlich verletzt wurde.

---

[1] Unrichtig ist daher die oft wiederholte Behauptung (vgl. H.-D. Fischer 12; Flad, Recht 1919, 15; Schneyer, Das „Handeln auf eigene Gefahr" als Anwendungsfall der Unzulässigkeit eines „venire contra factum proprium" [Diss. Hamburg 1955] 43; Gottschol [oben S. 1 N. 2] 21 f.; BGH 25. 3. 58, NJW 1958, 905), der Rechtsgedanke des Handelns auf eigene Gefahr habe in der früheren Rechtsprechung des Reichsgerichts – und zwar erstmals im Urteil vom 29. 3. 09, WarnRspr. 1909, Nr. 357, S. 327 = S.A. 65 (1910) Nr. 50, S. 104 – allein dazu gedient, die Gefährdungshaftung des Tierhalters (§ 833 BGB) auszuschließen, und das Reichsgericht habe diesen Rechtsgedanken erst im Urteil vom 19. 6. 33, RGZ 141, 262 auf die Verschuldenshaftung übertragen (in einem Fall der Gefälligkeitsfahrt im Kraftfahrzeug).

[2] JW 1906, 710 Nr. 4 = Gruchot 51 (1907) 604.

[3] Der Schaden beruhte nicht auf einem willkürlichen Verhalten der Zugtiere; insoweit war eine Revisionsrüge nicht erhoben worden.

[4] Seuff.Bl. 72 (1907) 1084 = JW 1907, 388.

Das Reichsgericht wies die Auffassung zurück, die Haftung des Bekl. sei wegen des Gefälligkeitscharakters der Fahrt auf Vorsatz und grobe Fahrlässigkeit beschränkt. Die §§ 521, 599 BGB könnten nicht ohne weiteres auf ein außervertragliches Verhältnis, wie es hier vorliege, übertragen werden. Der Bekl. habe vielmehr für die im Verkehr erforderliche Sorgfalt (§§ 276, 823 BGB) einzustehen. Immerhin seien aber die §§ 521, 599 BGB als ein Fingerzeig dafür verwertbar, welches Maß an Sorgfalt die Verkehrssitte von demjenigen erheische, der einem anderen eine reine Gefälligkeit erweist. „Hiernach wird der Fuhrherr in der Regel dem stillschweigend geduldeten Fahrgast keinesfalls für einen erkennbaren Fehler des Fuhrwerks haften. Wer sich unaufgefordert auf ein Fuhrwerk setzt und unentgeltlich mitfährt, muß Wagen, Pferde und Kutscher so nehmen, wie sie sich ihm bieten. Er hat sich die wahrnehmbaren Mängel gefallen zu lassen und handelt insoweit auf eigene Gefahr.“[1]

Wieweit der Fuhrherr für verborgene, aber ihm bekannte Fehler dem Fahrgast hafte, bestimme sich nach den Umständen des einzelnen Falles. Habe der Bekl. gewußt, daß sich an dem Bremsstengel eine Bruchstelle befand, so habe er ohne Zweifel die von der Verkehrssitte gebotene Sorgfalt verletzt, wenn er solchenfalls den Ehemann der Kl. ungewarnt den Wagen habe besteigen lassen.

Das Reichsgericht erblickt hier das Wesen des Handelns des Verletzten auf eigene Gefahr darin, daß die deliktischen Verkehrspflichten des Beklagten in Ansehung der für den Schaden ursächlichen Gefahr – hier der Gefahr, die von einer Bruchstelle am Bremsstengel ausging – ihr Ende gefunden hatten, wobei auf die Erkennbarkeit der Gefahr für den Verletzten das entscheidende Gewicht gelegt wird.

### b) Stillschweigend-vertraglicher Ausschluß der Tierhalter-Haftung (§ 833 BGB)

Das BGB erklärte in der ursprünglichen Fassung des § 833 den Halter eines Tieres schlechthin, ohne Rücksicht auf ein Verschulden, für die durch das Tier verursachten Tötungen, Körperverletzungen und Sachbeschädigungen haftbar. Das BGB machte zunächst keinen Unterschied zwischen Schäden, die durch Nutztiere, und Schäden, die durch sogenannte „Luxustiere“ angerichtet werden. Erst durch das Gesetz vom 30. 5. 1908[2] wurde dem Tierhalter gestattet, den Nachweis seiner Schuldlosigkeit zu führen, falls der Schaden durch ein Haustier verursacht wird,

---

[1] Vgl. auch österr. OGH 16. 10. 12, Slg. N. F. XV (1914) Nr. 6091 (der Kl. ließ sich in einem Fuhrwerk mitnehmen, das nur eine Sitzgelegenheit für den Wagenlenker hatte, aber nicht für den Personentransport eingerichtet war; während der Fahrt löste sich ein Vorderrad von der Achse, weil der Splind herausgefallen war): „Wenn A. die ihm aus Gefälligkeit angebotene Fahrgelegenheit auf dem Streifwagen benützte, so tat er dies auf eigene Gefahr.“

[2] RGBl. 313.

das dem Berufe, der Erwerbstätigkeit oder dem Unterhalt des Tierhalters zu dienen bestimmt ist.

Die ganze Härte der ursprünglichen Gesetzesbestimmung wurde namentlich in dem häufigen Fall der Gefälligkeitsfahrt offenbar. Sollte wirklich der Tierhalter, der einen Fahrgast aus Gefälligkeit auf dem Fuhrwerk mitnahm, auch ohne Verschulden haftbar sein, ja selbst ein Schmerzensgeld (§ 847 BGB) zu zahlen haben, falls sich wegen des Versagens des Tieres ein Unfall ereignete, bei dem der Fahrgast verletzt wurde? Das Urteil des VI. Zivilsenats des Reichsgerichts vom 26. 2. 03 [1], das in einem solchen Fall – ein wegemüder Wanderer, der auf seine Bitte vom Bekl. im Wagen mitgenommen war, verunglückte tödlich, als ohne Verschulden des Bekl. die Pferde durchgingen – eine Haftung des Tierhalters nach § 833 BGB bejahte, löste einen Sturm der Entrüstung aus. OERTMANN [2] erklärte, das Urteil widerspreche den elementarsten Grundsätzen der Billigkeit, und v. BLUME [3] rief erregt aus, die Menschenfreundlichkeit werde geradezu unter Strafe gestellt [4]. Man hat dieses Urteil die „meist besprochene und meist kritisierte Entscheidung des Reichsgerichts" genannt [5].

Das Reichsgericht hat sich dieser fast einhelligen Kritik nicht verschlossen. Der IV. Zivilsenat billigte in seinem Urteil vom 18. 3. 07 [6] bei entsprechendem Sachverhalt die Annahme des Berufungsgerichts, es sei zwischen den Parteien ein „stillschweigendes Übereinkommen" über den Ausschluß der sich aus § 833 BGB ergebenden gesetzlichen Haftung des Bekl. zustande gekommen.

Der Bekl. J. hatte seinen Geschäftsfreund B. im Fuhrwerk der beklagten Firma S. J., deren Mitinhaber J. war, aus Gefälligkeit zu einer Geschäftsreise mitgenommen. Als unterwegs das vorgespannte Pferd durchging, wurde B. aus dem Wagen geschleudert und tödlich verletzt. Das Berufungsgericht nahm an, es sei zwischen B. und den Bekl. zu einem „vollständigen Vertragsabschlusse" über die unentgeltliche Beförderung des B. gekommen. Das Einverständnis der Beteiligten habe sich zugleich darauf erstreckt, „in allen nicht besonders besprochenen Punkten den Billigkeitsmaßstab als das beiderseits Gewollte gelten zu lassen". Das Reichsgericht erklärte

---

[1] RGZ 54, 73 = Gruchot 47 (1903) 648.

[2] DJZ 1904, 136–143.

[3] Recht 1905, 481.

[4] Vgl. auch die Kritik von DANZ, DJZ 1905, 383ff.; HELLWIG, DJZ 1906, 1289; v. BAR, Die Nation 31 (1906) 485; v. LIPPMANN, Seuff.Bl. 72 (1907) 1020; TRAEGER, Der Kausalbegriff im Straf- und Zivilrecht (1904) 319, N. 1; DERS., Gutachten zum 28. Deutschen Juristentag (1905), Verhandlungen II 140; MÜLLER-ERZBACH, AcP 106 (1910) 356ff.

[5] RUMPF, Jh.Jhb. 49 (1905) 387.

[6] RGZ 65, 313 = JW 1907, 308.

die Annahme einer solchen Vereinbarung für eine Sache der Vertragsauslegung, die von dem Erklärungswert der „geführten Reden" und „unausgesprochenen Willenskundgebungen" unter Mitberücksichtigung der begleitenden äußeren Umstände abhänge und daher in der Revisionsinstanz nicht nachprüfbar sei. Und wenn „die Beteiligten selbst ihr Übereinkommen dem Billigkeitsgebot entsprechend beurteilt wissen wollten, so ergibt sich aus der rechtlich bedenkenfreien weiteren Annahme, jeder Teilnehmer habe billigerweise den aus der Verwirklichung der gemeinsamen Gefahr ihm etwa entstehenden Schaden allein tragen müssen, die Feststellung des stillschweigenden Einverständnisses darüber, daß es unter ihnen so gehalten werde"[1].

Die Hinterbliebenen des B., die gemäß § 844 BGB klagten, müßten sich analog § 846 BGB den vertraglichen Haftungsausschluß entgegenhalten lassen.

An diesem Urteil, das für die gesamte spätere Rechtsprechung richtungweisend war, fällt zunächst auf, daß zwischen den Beklagten und ihrem Gefälligkeitsgast B. ein Vertragsverhältnis unterstellt wird, welches die unentgeltliche Beförderung des B. zum Gegenstand habe. Dies ist um so erstaunlicher, als der VI. Zivilsenat wenige Monate zuvor in seinem Urteil vom 13. 12. 06 ausgeführt hatte, in der bloßen Gestattung des Mitfahrens (in einem Kraftwagen) sei „an sich überhaupt noch nicht der Abschluß eines obligatorischen Vertrages zu erblicken, sondern ein bloß tatsächlicher Vorgang ohne rechtliche Bedeutung"[2]. Die frühere Stellungnahme des Senats entspricht auch der späteren Rechtsprechung des Reichsgerichts[3] und der überwiegenden Ansicht des Schrifttums[4]. Die abweichende Annahme, bei einer Gefälligkeitsfahrt komme es zwischen den Beteiligten zu einem „vollständigen Vertragsabschlusse", diente offensichtlich nur dazu, mit Hilfe des rechtstechnischen Mittels der Vertragsauslegung die Konstruktion eines stillschweigenden vertraglichen Haftungsverzichts zu erleichtern (H.-D. FISCHER[5]: „Konstruktionsstütze").

Auch in dem späteren Urteil vom 19. 3. 08[6] geht der IV. Zivilsenat davon aus, zwischen den Partnern einer Gefälligkeitsfahrt habe ein „um-

---

[1] RGZ 65, 315.

[2] RGZ 65, 17 [18]; vgl. auch das oben S. 15f. besprochene Urteil des VI. Zivilsenats vom 16. 5. 07, Seuff.Bl. 72 (1907) 1084.

[3] RG 25. 1. 15, LZ 1915, 831; RG 30. 9. 29, IRPV 1929, 367; RG 14. 4. 30, RGZ 128, 229; RG 28. 4. 32, IRPV 1932, 168; RG 28. 5. 34, JW 1934, 2033; s.a. OLG Hamburg 31. 12. 32, IRPV 1933, 47; OLG Karlsruhe 4. 10. 33, Soergels Rspr. 1934, 398; OLG Tübingen 11. 10. 51, DAR 1951, 178.

[4] H.-D. FISCHER 31; GROEBE, JW 1936, 1581; KOCH, JW 1931, 3301; RADTKE, Die Kraftfahrzeug-Gefälligkeitsfahrt (Diss. Halle 1933) 27; MÜLLER, Straßenverkehrsrecht 286; STUTZER, Dt. GemWR 1941, 10f.; ENNECCERUS-(LEHMANN) 930.

[5] H.-D. FISCHER 8.

[6] RGZ 67, 431 = JW 1908, 301.

fassendes Vertragsverhältnis" bestanden, das sich nicht in der Regelung der Haftungsfrage erschöpfte. Immerhin aber räumt das Reichsgericht nunmehr ein, daß es sich bei der Konstruktion eines stillschweigenden Haftungsverzichts „nicht immer um eine Auslegung im streng wissenschaftlichen Sinne, sondern in manchen Beziehungen um eine Ergänzung des fehlenden Willens handelt" [1].

Die Ehefrau (E) des Kl. wurde von einem Nachbarn zur Heimfahrt vom Markt im Pferdeschlitten mitgenommen. Als der Bekl. ein anderes Gefährt überholen wollte, drängte das Pferd plötzlich zur Seite, so daß der Schlitten die Straßenböschung hinabfiel, wobei die E verletzt wurde. Das Oberlandesgericht erklärte den eingeklagten Schadensersatzanspruch gemäß § 833 BGB dem Grunde nach für gerechtfertigt. Es bezeichnete den vom Landgericht angenommenen stillschweigenden Haftungsverzicht als eine „reine Fiktion" bzw. als eine „völlig grund- und bodenlose Unterstellung", da die Parteien an die Möglichkeit einer Verletzung der E überhaupt nicht gedacht hätten. Das Reichsgericht hob auf. Eine Vereinbarung über den Ausschluß der Tierhalterhaftung könne auch da angenommen werden, wo sich nicht feststellen lasse, daß die Beteiligten an den Eintritt eines Tierschadens gedacht hätten. Maßgebend sei der erklärte Wille, der sich nicht nur nach den gewechselten Worten, sondern nach dem gesamten Verhalten der Beteiligten bestimme. Wenn die E den Bekl. lediglich gefragt habe „Darf ich mitfahren?" und der Bekl. diese Frage mit „Ja" beantwortet habe, so bedürften diese Worte ohnehin der Ergänzung; z.B. sei nicht ohne weiteres klar, ob die Mitfahrt unentgeltlich erfolge, ob der Fuhrbesitzer verpflichtet sei, den Fahrgast an das Ziel der Reise zu bringen u.a.

Wie schon im Urteil vom 18. 3. 07 ist der IV. Zivilsenat anscheinend der Überzeugung, die zufällig bei Antritt der Fahrt gewechselten Worte seien der konkludente Ausdruck eines rechtsgeschäftlichen Parteiwillens, dem man im Wege der Auslegung bzw. der Willensergänzung die für die Parteien verbindliche Regelung der Haftungsfrage entnehmen könne.

Vgl. auch RG – IV. Zivilsenat – vom 2. 1. 08 [2]: „In der Bitte des Kl. um Gewährung der Mitfahrt und in der Einwilligungserklärung des Bekl. konnte der Berufungsrichter unter den von ihm angeführten Umständen ohne Rechtsirrtum den Abschluß eines Vertrages über den Ausschluß der Tierhalterhaftung finden."

Das Reichsgericht hat also zunächst die Konstruktion eines „stillschweigenden Haftungsverzichts" durchaus ernst gemeint und auf den realen, konkludent erklärten (freilich in Wirklichkeit nicht vorhandenen) Parteiwillen abgehoben, nicht etwa auf einen hypothetischen Parteiwillen. Daraus ergab sich die zwingende Folgerung, daß der stillschweigende Verzicht des Gefälligkeitsgastes auf die Gefährdungshaftung des Tier-

[1] RGZ 67, 434. [2] WarnRspr. 1908, Nr. 158, S. 112 = JW 1908, 108.

halters eine Tatfrage ist, für welche die jeweiligen Umstände maßgebend sind. Das Reichsgericht (IV. Zivilsenat) hat die Feststellungen, die die Vorinstanzen hierzu getroffen hatten, im allgemeinen gelten lassen und stets die Auffassung zurückgewiesen, bei Gefälligkeitsfahrten sei die Gefährdungshaftung des Tierhalters von Rechts wegen schlechthin ausgeschlossen[1].

In einem Teil der mehr oder weniger gleichgelagerten Fälle billigte das Reichsgericht (IV. Zivilsenat) den von den Vorinstanzen angenommenen stillschweigenden Haftungsverzicht[2], in anderen aber wies es den Revisionsangriff, eine solche Vereinbarung sei zu Unrecht abgelehnt worden, zurück, da die tatsächliche Würdigung des Sachverhalts durch den Vorderrichter bindend sei[3]. Das Urteil vom 19. 3. 08 (s. oben S. 18f.) ist – soweit ich sehe – das einzige, in dem das Reichsgericht (IV. Zivilsenat) in einem Fall der Gefälligkeitsfahrt im Fuhrwerk ein Berufungsurteil mit der Begründung aufhob, die Ablehnung eines stillschweigenden Haftungsverzichts sei nicht hinreichend motiviert.

Später hat der IV. Zivilsenat die „Konstruktionsstütze" eines Grundvertrages fallen gelassen und darauf verzichtet, in den zwischen den Parteien gewechselten Worten nach einem realen Parteiwillen zu forschen.

Vgl. RG vom 19. 12. 07[4], wo der IV. Zivilsenat billigend feststellt: „Nicht in der Einladung zu der Spazierfahrt und in der Annahme der Einladung findet das Berufungsgericht den Abschluß eines Vertrages, sondern in dem Übereinkommen, daß die Fahrt, soweit es den Kl. angehe, auf dessen Gefahr gemacht werde, also jeder Rechtsanspruch des Kl. aus einer Gefährdung und Schädigung gegenüber dem Fuhrwerksbesitzer ausgeschlossen sein solle."

Gleichwohl aber hielt das Reichsgericht weiterhin, auch in seiner späteren Rechtsprechung zur Kraftfahrzeug-Gefälligkeitsfahrt[5], daran fest – gleichsam als an einem Rudiment der ursprünglichen Konzeption –, daß es eine Tatfrage sei, ob und in welchem Umfange der Fahrgast auf die Haftung des gefälligen Fahrers Verzicht leiste.

---

[1] RG 15. 4. 08, WarnRspr. 1908, Nr. 477, S. 370; RG 9. 7. 08, Soergels Rspr. 1908, 294 Nr. 22 zu § 833 (es sei „die Gesamtlage des Einzelfalles zu berücksichtigen"); RG 29. 10. 08, Gruchot 53 (1909) 688 (der Haftungsausschluß sei „wesentlich Sache der konkreten Würdigung").

[2] RG 28. 5. 06, Recht 1906, Nr. 1929; RG 18. 3. 07, RGZ 65, 313; RG 19. 12. 07, WarnRspr. 1908, Nr. 157, S. 111; RG 2. 1. 08, WarnRspr. 1908, Nr. 158, S. 112 = JW 1908, 108.

[3] RG 14. 3. 07, S.A. 62 (1907) Nr. 255, S. 453; RG 12. 3. 08, WarnRspr. 1908, Nr. 353, S. 260; RG 15. 4. 08, WarnRspr. 1908, Nr. 477, S. 370; RG 24. 9. 08, WarnRspr. 1909, Nr. 22, S. 23; RG 29. 10. 08, Gruchot 53 (1909) 688.

[4] WarnRspr. 1908, Nr. 157, S. 111.

[5] Vgl. RG 12. 6. 33, RdK. 1934, 24.

### c) Handeln auf eigene Gefahr als selbständiger, vom stillschweigenden Haftungsverzicht verschiedener Haftungsausschlußgrund

In seinem Urteil vom 29. 3. 09 [1] verwendet der VI. Zivilsenat des Reichsgerichts den Begriff des Handelns des Verletzten auf eigene Gefahr im Sinne eines selbständigen, vom vertraglichen Haftungsverzicht verschiedenen Rechtsgrundes für den Ausschluß der Gefährdungshaftung des Tierhalters (§ 833 BGB). Anlaß hierfür war offenbar der entschiedene Widerspruch, auf den die vom IV. Zivilsenat gutgeheißene Konstruktion eines stillschweigenden Haftungsverzichts bei namhaften Autoren [2] gestoßen war. Das Reichsgericht mußte sich den Einwand gefallen lassen, der stillschweigende Haftungsverzicht des Fahrgastes sei eine reine Fiktion. Das Urteil vom 29. 3. 09 zeigt, daß der VI. Zivilsenat dieses Bedenken teilte.

Der Bekl. hatte Dung auf seinen Acker gefahren, wobei ihn der Kl., der einen Spaziergang machte, begleitete. Um die begonnene Unterhaltung fortsetzen zu können, forderte ihn der Bekl. bei der Rückfahrt auf, sich zu ihm auf den Wagen zu setzen. Beim Herannahen eines anderen Fuhrwerkes scheuten die Pferde, der Kl. wurde vom Wagen geschleudert und verletzt.

Der VI. Zivilsenat bezeichnet die Auffassung, daß zwischen den Parteien kein Vertragsverhältnis, namentlich kein Beförderungsvertrag, zustande gekommen sei, als „an sich hier die näherliegende". Gleichwohl sei es nicht undenkbar, daß speziell über den Ausschluß der Tierhalterhaftung „ausdrücklich oder stillschweigend durch konkludente Handlungsweise" ein besonderes Übereinkommen getroffen worden sei.

„Aber wenn gar nichts von den Parteien hierüber gesprochen worden ist, wird das tatsächliche Verhalten derselben nicht immer dafür als schlüssig erscheinen, daß eine Willenseinigung zwischen ihnen in betreff der Haftung für die Tiergefahr stattgefunden habe, und es wird manchmal an einem genügenden Anhalte fehlen, um dem Richter die Ergänzung des fehlenden Willens nach einem als gewollt zu unterstellenden leitenden Gesichtspunkte zu ermöglichen." [3]

Der Ausschluß der Tierhalterhaftung (§ 833 BGB) rechtfertige sich aber aus einem anderen rechtlichen Gesichtspunkt, nämlich dem des

---

[1] S. 15 N. 1.

[2] Zu nennen sind vor allem Hellwig, DJZ 1906, 1289; Schneider, DJZ 1908, 217; Krückmann, Jh. Jhb. 54 (1909) 108ff. Aus dem späteren Schrifttum vgl. Müller-Erzbach, AcP 106 (1910) 309ff.; Jung, AcP 117 (1919) 46ff.; Meeske, Der Dt. Justizbeamte 1936, 359; H.-D. Fischer 7ff.; Koffka in Festschrift Bumke (1939) 302ff.; Haupt, Faktische Vertragsverhältnisse (1941) 12ff.; Stutzer, Dt. GemWR 1941, 9ff.; Larenz I 185.

[3] RG WarnRspr. 1909, Nr. 357, S. 327 (328).

Handelns auf eigene Gefahr, der im BGB „einen positiven grundsätzlichen Ausdruck nicht gefunden" habe, jedoch einer „allgemein im Rechtsleben herrschenden Anschauung" entspreche.

„Wofern die Handlungsweise dessen, der sich – außerhalb eines Vertragsverhältnisses – freiwillig der Gefahr eines Tierschadens ausgesetzt hat, an sich und objektiv so beschaffen ist, daß gesagt werden kann, er habe jene Gefahr auf sich genommen, bedarf es nicht erst der Konstruktion eines vertragsmäßigen Übereinkommens oder Verzichtes." ... „Ob nun der Geschädigte in dem gedachten Sinn auf eigene Gefahr gehandelt hat, ist von dem Tatrichter nach den Umständen des konkreten Falles zu beurteilen, wie das in den Urteilen des 4. Zivilsenats bezüglich des stillschweigenden Übereinkommens angenommen ist."[1]

So notwendig es sein mochte, neue Wege zur Problemlösung zu suchen: die vom VI. Zivilsenat gegebene Begründung für den Haftungsausschluß – er entspreche einer allgemein im Rechtsleben herrschenden Anschauung – reicht schwerlich aus. Hatte doch der gleiche Senat noch im Urteil vom 26. 2. 03 (dem viel kritisierten „Wanderer-Fall", vgl. oben S. 17) es als „selbstverständlich" bezeichnet, daß der Gesichtspunkt des Handelns auf eigene Gefahr gegenüber einer Gefährdungshaftung versage[2]!

Im Urteil vom 13. 10. 10[3] erläutert der VI. Zivilsenat den von ihm aufgestellten Rechtsbegriff des Handelns auf eigene Gefahr näher.

Die Entscheidung betrifft eine Vergnügungsfahrt mit einem Kraftwagen. Das Reichsgericht verneint zunächst einen stillschweigenden Haftungsausschluß, da der Bekl. schuldhaft gehandelt habe. Für die Annahme eines stillschweigenden Verzichts auf die Verschuldenshaftung bedürfe es „der Ermittlung besonderer, die Willenseinigung ausdrückender Äußerungen".

Zu dem im Urteil vom 29. 3. 09 entwickelten Gesichtspunkt des Handelns auf eigene Gefahr bemerkt das Reichsgericht: „Auch eine solche Übernahme der Gefahr ohne ein besonders festzustellendes Vertragsübereinkommen kann nur da angenommen werden, wo eine aus der Sachlage von selbst sich ergebende Gefahr, die der von ihr Bedrohte erkannt hat, in Frage kommt, so wenn es sich um die all-

---

[1] RG (vorige Note) 329.

[2] Gruchot 47 (1903) 648 [653]: „Es kann selbstverständlich dem geltendgemachten Anspruch auch nicht entgegengehalten werden, daß Sp. sich freiwillig in die Gefahr begeben, sie übernommen und sich daher seine Verunglückung selbst zuzuschreiben habe. Mit dem gleichen Recht müßte der Anspruch auf Schadensersatz versagt werden, wenn der beim Betrieb einer Eisenbahn Verletzte die Eisenbahn benutzt hat." In der Amtl. Sammlung (RGZ 54, 73) ist der letzte Teil der Entscheidung, der diesen Passus enthält, weggelassen worden.

[3] Gruchot 55 (1911) 343 = JW 1911, 28 = WarnRspr. 1910, Nr. 439, S. 460; ähnlich auch schon RG 24. 1. 10, JW 1910, 234.

gemeine Tiergefahr oder um die Gefahr einer Fahrt mit Kraftwagen überhaupt, oder etwa um die Gefahr einer Fahrt mit einem offenbar unzulänglichen Fuhrwerk handelt; der Gesichtspunkt versagt, wenn die Gefahr oder deren Erhöhung erst durch eine von dem Willen des Bedrohten unabhängige schuldhafte Handlung eines Dritten verursacht wird"[1].

Danach schließt ein Verschulden des Verletzers ein Handeln des Verletzten auf eigene Gefahr nicht schlechthin aus. Vielmehr ist es z.B. möglich, daß der Bedrohte eine vom Gefährder pflichtwidrig geschaffene Gefahr auf sich nimmt, die sich aus „der Sachlage von selbst ergibt". Als Beispiel wird ausdrücklich der Fall eines offenbar unzulänglichen Fuhrwerkes erwähnt, womit der VI. Zivilsenat an seine Urteile vom 1. 10. 06 und 16. 5. 07 (s. oben S. 15f.) anknüpft.

### d) Vermengung der Gesichtspunkte des stillschweigenden Haftungsverzichts und des „Handelns auf eigene Gefahr"

Die weitere Entwicklung der Rechtsprechung wird durch das grundlegende Urteil des VI. Zivilsenats vom 16. 3. 14[2] bestimmt.

Der Kl. war von A. in einem einspännigen Jagdwagen aus Gefälligkeit mitgenommen worden. A. verschuldete einen Unfall, indem er auf einer Wegestrecke, deren Schwierigkeit ihm bekannt war, das Pferd Trab laufen ließ, statt im Schritt im weiten Bogen um die Ecken zu fahren. Der zum Schadensersatz verurteilte Bekl. (der Rechtsnachfolger des inzwischen verstorbenen A.) rügte in seiner Revision, der Kl. habe die Gefährlichkeit der Wegestrecke genausogut gekannt, trotzdem aber sich das Trabfahren gefallen lassen. Der VI. Zivilsenat hob das Berufungsurteil auf, weil der Vorderrichter zu prüfen unterlassen habe, ob aus der Annahme der Einladung durch den Kl. dessen „stillschweigendes, u. U. nach Treu und Glauben sogar selbstverständliches Einverständnis" zu entnehmen sei, den A. als Wagenführer „nicht schon wegen eines fahrlässigen Verschuldens, wie es hier vorliegt, rechtlich in Anspruch zu nehmen (vgl. die Urteile des Senats vom 29. 3. 09 – VI 163/08, Warneyer 1909, Nr. 357; vom 13. 10. 10 – VI 611/09, Warneyer 1910, Nr. 439; vom 1. 7. 12 – VI 167/12; vom 10. 6. 11 – VI 464/10 in JW 1911, 714; ...)".

Der Sache nach ging es um die Übernahme der Gefahr, die von einer bestimmten, dem Kl. bekannten Fahrweise des Bekl. ausging, und es lag nahe, den Begriff des Handelns auf eigene Gefahr, den der Senat bereits bei Unzulänglichkeit des Fuhrwerks angewandt hatte, auf derartige nichtgegenständliche Gefahren auszudehnen, sofern der Ausschluß der Haftung des Bekl. mit Rücksicht auf die Kenntnis des Kl. von der Gefahr

[1] RG, Gruchot (S. 22 N. 3) 345.

[2] JW 1914, 589.

angemessen erschien. Aber nichts dergleichen geschieht. Vielmehr nimmt der Senat wiederum seine Zuflucht zu der von ihm selbst im Urteil vom 29. 3. 09 desavouierten Konstruktion des stillschweigenden Haftungsverzichts[1] – nicht ohne just dieses Urteil als Beleg für seine neue Entscheidung anzuführen. Auch die in bezug genommenen Erkenntnisse vom 13. 10. 10[2] und 10. 6. 11[3] vermögen die Entscheidung nicht zu stützen (das weitere Erkenntnis vom 1. 7. 12 ist nicht veröffentlicht). In beiden Erkenntnissen wird nämlich ein stillschweigender Haftungsausschluß in den Fällen, in denen nicht eine Gefährdungshaftung, sondern ein Verschulden des Bekl. in Frage kommt, gerade abgelehnt[4]!

Die Verwirrung, die die Rechtsprechung des Reichsgerichts zur Gefälligkeitsfahrt im Fuhrwerk hinterlassen hat, ist sonach vollkommen. Willkürlich wechselt das Reichsgericht zwischen den Zwillingsbegriffen des stillschweigenden Haftungsverzichts und des – dogmatisch nicht erklärten – „Handelns auf eigene Gefahr" hin und her. Diese rechtliche Unsicherheit wirkt als eine unheilvolle Hinterlassenschaft in der späteren Rechtsprechung zur Kraftfahrzeug-Gefälligkeitsfahrt nach.

### 2. *Gefälligkeitsfahrten im Kraftfahrzeug*

#### a) Problemlage

Die zunehmende Motorisierung des Verkehrs hat den ehemals typischen Sachverhalt der Gefälligkeitsfahrt im Fuhrwerk schon in den Jahren nach dem ersten Weltkriege obsolet gemacht und statt dessen die Haftungsprobleme der Kraftfahrzeug-Gefälligkeitsfahrt in den Vordergrund gerückt.

---

[1] Man wird – entgegen der Auffassung von KOFFKA (s. oben S. 21, N. 2) 304 – das „Einverständnis des Kl., Schadensersatzansprüche nicht geltend zu machen", einer stillschweigenden Haftungsverzichtserklärung gleichsetzen müssen.

[2] Siehe oben S. 22 f.

[3] JW 1911, 714.

[4] Der gleiche Senat behauptete noch in seinem Urteil vom 10. 2. 21, Recht 1921, Nr. 1604, 1606, 1363 – in offensichtlichem Gegensatz nicht nur zum Urteil vom 16. 3. 14, sondern auch zu weiteren inzwischen ergangenen Urteilen (RG 1. 2. 15, LZ 1915, 832; RG 17. 12. 14, JW 1915, 275) – nach der Rechtsprechung sei ein stillschweigender Verzicht auf Schadensersatz bei Gefälligkeitsfahrten nur gegenüber einer Gefährdungshaftung, nicht gegenüber einer solchen aus Verschulden angenommen worden!

Der Halter eines Kraftfahrzeuges haftet einem Fahrgast, den er aus Gefälligkeit mitnimmt, allenfalls wegen schuldhafter unerlaubter Handlung nach Maßgabe der §§ 823ff. BGB. Die auf dem Straßenverkehrsgesetz vom 19. 12. 1952 [1] beruhende Gefährdungshaftung des Kraftfahrzeughalters scheidet im Verhältnis des Halters zu den im Kraftfahrzeug beförderten Personen aus, sofern es sich, wie stets bei einer Gefälligkeitsfahrt, um keine entgeltliche, geschäftsmäßige Personenbeförderung handelt [2]. Auch eine vertragliche Haftung des Beförderers kommt nicht in Betracht. Selbstverständlich ist es denkbar, daß sich eine Person aus Gefälligkeit vertragsmäßig zur unentgeltlichen oder auch entgeltlichen Beförderung verpflichtet [3]. Liegen aber keine besonderen Umstände vor, die auf den Willen des gefälligen Fahrers, sich rechtlich zu binden, schließen lassen, so ist die Gestattung der unentgeltlichen Mitfahrt ein gesellschaftlicher Vorgang, der zu keinem Vertragsschluß führt [4]. Man

---

[1] BGBl I 837; es trat an die Stelle des Gesetzes über den Verkehr mit Kraftfahrzeugen vom 3. 5. 1909 (KFG – RGBl 437).

[2] § 8 a StVG, eingefügt durch das Gesetz vom 16. 7. 1957 (BGBl. I 710). Nach § 8 Nr. 1 des KFG in seiner ursprünglichen Fassung war bei Verletzung einer beförderten Person die Gefährdungshaftung des Halters schlechthin ausgeschlossen. Als Grund hierfür wurde in den Gesetzesmotiven angegeben, der Entwurf bezwecke nur, das Publikum vor den ihm aufgedrungenen Gefahren des Automobilbetriebs zu schützen; wer sich befördern lasse, nehme aber die Gefahren der Beförderung freiwillig auf sich, siehe Müller, Straßenverkehrsrecht 279. Das Gesetz vom 7. 11. 1939 (RGBl. I 2223), welches § 8 KFG neu faßte, dehnte dann die Gefährdungshaftung des Kraftfahrzeughalters auf die Fälle aus, in denen der Verletzte gegen Entgelt durch ein dem öffentlichen Verkehr dienendes Fahrzeug befördert wurde, und schließlich wurde durch das Gesetz vom 16. 7. 1957 die Haftungsausnahme, die im Verhältnis zu beförderten Personen gilt, noch weiter eingeschränkt.

Nach § 3 Nr. 2 des österreichischen Bundesgesetzes über die Haftung für den Ersatz von Schäden aus Unfällen beim Betrieb von Eisenbahnen und beim Betriebe von Kraftfahrzeugen vom 21. 1. 1959 (BGBl. Nr. 48) entfällt die Gefährdungshaftung des Kraftfahrzeughalters, wenn der Verletzte „nur auf sein, des Verletzten, Ersuchen in seinem ausschließlichen oder überwiegenden wirtschaftlichen Interesse und ohne ein dem Halter zufließendes, wenn auch unangemessenes Entgelt befördert wurde". Es erscheint mir indes wenig glücklich, bei Mitnahme eines Fahrgasts aus Gefälligkeit rechtlich danach zu unterscheiden, ob der Gast eingeladen wurde oder selbst darum bat, mitgenommen zu werden.

Über das *Schweizerische Recht* vgl. Art. 59 III des Bundesgesetzes über den Straßenverkehr vom 19. 12. 1958 (BBl. 1958 II 1649).

[3] Becker, Gefälligkeitsfahrten im Kraftfahrzeug [2] (1932).

[4] Vgl. oben S. 18, N. 3 und 4; Becker (vorige Note); Blomeyer, Allg. Schuldrecht [2] (1957) 126. Im Urteil vom 25. 1. 15, LZ 1915, 831 = WarnRspr. 1915, Nr. 126, S. 180, meint das Reichsgericht, die Einladung zu einer längeren, etwa mehrtägigen Kraftwagenfahrt (hier vertragliche Bindung) sei anders zu beurteilen als die Aufforderung zu einer Spazierfahrt in der nächsten Umgebung oder

sollte um der terminologischen und dogmatischen Klarheit willen den Begriff der „Gefälligkeitsfahrt“ auf Fahrten beschränken, die im gesellschaftlich-tatsächlichen Rahmen durchgeführt werden und daher stets unentgeltlich sind, sonst aber von unentgeltlichen bzw. entgeltlichen Beförderungsverträgen sprechen[1]; eine vertragliche Beförderung wirft ihre eigenen Rechtsprobleme auf, die von denen der Gefälligkeitsfahrt zum Teil verschieden sind.

Auch für einen Fahrer, der einen Unfall verschuldet hat, kann es eine Härte bedeuten, für den Schaden eines bei dem Unfall verletzten Fahrgasts aufkommen zu müssen, der die Gefälligkeit des Fahrers in Anspruch nahm und aus diesem Anlaß verletzt wurde. Namentlich bei geringem Verschulden des Fahrers kann seine uneingeschränkte Haftung gegenüber Gefälligkeitsgästen unbillig sein. Die strengen Anforderungen, welche die Praxis an die Sorgfalt des Kraftfahrers stellt, können gewisse Pflichtverstöße, die im Rechtssinne ein Verschulden begründen, als ein Versagen erscheinen lassen, das jedermann unterlaufen kann, weil die menschliche Natur unvollkommen ist. Derartige Härten können nach deutschem Recht nicht dadurch gemildert werden, daß bei der Bemessung der Ersatzleistung dem Grad des Verschuldens des Fahrers sowie dem Gefälligkeitsmoment Rechnung getragen wird[2], da nach §§ 823, 249 BGB – im Gegensatz zu dem bewährten Art. 43 des schweizerischen Obligationenrechts[3] – stets der gesamte Schaden zu ersetzen ist, wenn

innerhalb einer Großstadt (hier keine vertragliche Bindung). M. E. kommt in beiden Fällen kein Beförderungsvertrag zustande!

Allgemein zur Frage, wann bei Gefälligkeitsverhältnissen ein Rechtsbindungswille anzunehmen ist, BGH 22. 6. 56, BGHZ 21, 102 = NJW 1956, 1313; BGH 21. 1. 57, DB 1957, 235; ENNECCERUS(-LEHMANN) 120 f.

[1] So LOUIS, JW 1936, 425; MEESKE (s. oben S. 21, N. 2) 358; WEIGELT, DAR 1936, 263 ff.; BÖHMER, JR 1957, 338. Dagegen unterscheiden das Reichsgericht (RG 22. 11. 34, RGZ 145, 390; 8. 4. 35, DAR 1935, 92) und z. B. BECKER (s. oben S. 25 N. 3) 1 ff.; RADTKE (s. oben S. 18 N. 4) 11 ff.; STUTZER (s. oben S. 18 N. 4) 10; WALTER, Das Kraftverkehrsrecht von A–Z, Bl. 2 (Begriff), Nr. 2, zwischen vertraglichen und nicht-vertraglichen Gefälligkeitsfahrten. Das Reichsgericht (Urteil vom 22. 11. 34, RGZ 145, 390) und das OLG Köln (13. 5. 38, IRPV 1938, 315) nehmen sogar an, eine Beförderung gegen Entgelt schließe eine „Gefälligkeitsfahrt“ nicht notwendig aus.

[2] So aber – contra legem – MAIER, DR 1939, 1417–1420, der sich auf ein angebliches, zwischen Fahrer und Gefälligkeitsgast bestehendes Gemeinschaftsverhältnis („einverständliche Gefahrengemeinschaft“) beruft, das der Richter gemäß § 157 BGB rechtsschöpferisch zu gestalten habe. Dagegen mit Recht GÜLDE, DR 1939, 1420 f.

[3] Die schweizerische Rechtsprechung hat vor dem Inkrafttreten des Bundesgesetzes über den Motorfahrzeug- und Fahrradverkehr (MFG) vom 15. 3. 1932 bei Gefälligkeitsfahrten die Ersatzpflicht des Fahrers mit Rücksicht auf das Gefällig-

überhaupt gehaftet wird (abgesehen von einer Schadensverteilung bei mitwirkendem Verschulden des Verletzten, § 254 BGB). Das deutsche Recht läßt nur bei der Bemessung des Schmerzensgeldes (§ 847 BGB) die Berücksichtigung der genannten Umstände zu [1].

Verschiedentlich wurde daher die Ansicht vertreten, man müsse zur Entlastung des Fahrers annehmen, daß er im Verhältnis zu den aus Gefälligkeit mitgenommenen Gästen nur für Vorsatz und grobe Fahrlässigkeit hafte [2] oder nur für diejenige Sorgfalt einzustehen habe, welche er in eigenen Angelegenheiten anzuwenden pflegt (diligentia quam in suis) [3], wobei meist eine entsprechende Anwendung der Vorschriften über die Haftung des Schenkers und Verleihers (§§ 521, 599 BGB) oder über die Haftung des unentgeltlichen Verwahrers und des Gesellschafters (§§ 690, 708 BGB) befürwortet wurde. Einzelne Gerichte haben auch in diesem Sinne entschieden [4]. Doch vermochten sich alle Vorschläge, die

---

keitsmoment gemäß Art. 43 I OR ermäßigt, vgl. BG 30. 11. 26, BGE 52 II 451 (Gefälligkeitsfahrt im Fuhrwerk); BG 13. 12. 33, BGE 59 II 461 (Kraftfahrzeug-Gefälligkeitsfahrt); WATTENWYL, SJZ 29 (1932/33) 211; v. TUHR(-SIEGWART), Allgemeiner Teil des schweizer. Obligationenrechts [2] I (1942) 98. Dagegen sieht OFTINGER, Schweizer. Haftpflichtrecht [2] I (1958) 245 in der Tatsache, daß der Haftpflichtige mit dem Verhalten, das zur Schädigung geführt hat, eine Gefälligkeit erweisen wollte, einen Reduktionsgrund im Sinne des Art. 44 I OR.

Gemäß Art. 37 IV MFG konnte die Ersatzpflicht des Motorfahrzeughalters, der den Verletzten unentgeltlich befördert, nur im Falle der Schuldlosigkeit des Halters ermäßigt oder ausgeschlossen werden. Diese im Schrifttum scharf kritisierte Regelung (s. STREBEL/HUBER, Komm. z. MFG (1936) N. 183 zu Art. 37; OFTINGER II (1942) 940, N. 598; WATTENWYL aaO) wurde verbessert durch Art. 59 III des Bundesgesetzes über den Straßenverkehr vom 19. 12. 58 (BBl. 1958 II 1649), das mit Wirkung vom 1. 1. 60 an die Stelle des MFG getreten ist, vgl. STARK, SJZ 55 (1959) 338 ff. Nunmehr besteht die Möglichkeit der Ermäßigung oder des Wegfalls der Haftpflicht auch bei Verschulden des gefälligen Halters.

[1] BGH GSZ 6. 7. 55, BGHZ 18, 149 [159], wo der Fall der Gefälligkeitsfahrt ausdrücklich erwähnt wird: „In einem solchen Fall kann es geradezu unbillig sein, wenn der Verletzte vom Schädiger ein Schmerzensgeld etwa in gleicher Höhe verlangt, als sei er etwa als Fußgänger von dem Schädiger angefahren und verletzt worden."

[2] GUCKENHEIMER, VR 1931, 383–387 und 447–451; GROEBE, JW 1936, 1581–1584; STIENEN, DR 1940, 427; LUCKE, Ein Beitrag zur Frage der Haftung aus Gefälligkeitsfahrten mit Kraftfahrzeugen (Diss. Heidelberg 1930) 44.

[3] ZIMMERMANN, JW 1928, 1717; SCHMIDT, RdK 1928, 388; MEESKE (s. oben S. 21 N. 2) 358; MÜLLER, IRPV 1936, 260 ff.; BECKER, Kraftverkehrshaftpflichtschäden [3] (1952) 52 ff.; neuerdings BEITZKE, MDR 1958, 678.

[4] OLG Naumburg 3. 1. 30, IRPV 1931, 180; KG 6. 1. 31, IRPV 1931, 166 und OLG Kiel 28. 2. 36, HRR 1936, Nr. 1233 (Analogie zu §§ 521, 599 BGB); LG Frankenthal 25. 1. 56, VersR 1956, 246 (die Gefahr eines leichten Verschuldens des Fahrers nehme der Gefälligkeitsgast auf sich); OLG Darmstadt 1. 3. 38, JahrbDtR 1938, 815, und OLG Kiel 5. 8. 38, HRR 1938, Nr. 1590 (stillschweigende Vereih-

auf eine generelle Haftungserleichterung abzielten, weder in der Rechtsprechung noch im Schrifttum durchzusetzen. Vorherrschend ist die Auffassung, daß der Fahrer auch bei Gefälligkeitsfahrten den Fahrgästen für die im Verkehr erforderliche Sorgfalt einzustehen hat und ihnen auch für leichte Verstöße gegen diese Sorgfaltspflicht verantwortlich ist[1]. Die Gerichte haben in ihrer Mehrheit, unter Führung des Reichsgerichts und jetzt des Bundesgerichtshofs, dem Verlangen nach einer Haftungserleichterung nur dadurch in gewissem Umfange entsprochen, daß sie die Rechtsformen, die in der Rechtsprechung zur Fuhrwerk-Gefälligkeitsfahrt zum Zwecke des Ausschlusses der Gefährdungshaftung des Tierhalters entwickelt worden waren, nämlich den „stillschweigenden Haftungsverzicht" und das „Handeln auf eigene Gefahr", auf die Verschuldenshaftung des Kraftfahrzeugfahrers übertrugen und so im Wege einer „individuellen Methode" in Einzelfällen, wenn besondere Umstände für einen Haftungsausschluß sprachen, die Ersatzansprüche des Fahrgastes zurückwiesen, der zufolge eines Verschuldens des ihn einladenden Kraftfahrers verletzt worden war.

## b) Entwicklung der Rechtsprechung des Reichsgerichts bis zum Urteil vom 19. 6. 33[2]

Nachdem sich die Lehre vom stillschweigenden Haftungsverzicht im Urteil des Reichsgerichts vom 16. 3. 14[3] siegreich behauptet hatte, prüften die Gerichte hinfort vorwiegend unter diesem Gesichtspunkt, ob und

barung, daß der Fahrer nur für diligentia quam in suis einzustehen habe); ebenso OLG Schleswig 24. 7. 52, DAR 1953, 32, doch wurde dieses Urteil durch BGH 23. 6. 54, VRS 7 (1954) Nr. 3, S. 6 aufgehoben; OLG Breslau 28. 5. 37, VAE 6 (1938) Nr. 398, S. 287 (wegen Teilung der Kosten einer Gefälligkeitsfahrt Gesellschaftsverhältnis angenommen; § 708 BGB begrenze auch die Haftung des Fahrers wegen unerlaubter Handlung). Das OLG Stuttgart lehnt im Urteil vom 23. 12. 58 (MDR 1959, 388 mit Anm. Böhmer) bei Beteiligung des Fahrgasts an den Benzinkosten ein Gesellschaftsverhältnis mit Recht ab, nimmt jedoch einen entgeltlichen Beförderungsvertrag an.

[1] RG 1. 2. 15, LZ 1915, 832; RG 7. 12. 33, VR 1934, 48; RG 28. 5. 34, JW 1934, 2033; RG 21. 6. 38, S. A. 92 (1938) Nr. 140, S. 339; BGH 25. 2. 58, VRS 14 (1958) Nr. 150, S. 406; BGH 25. 3. 58, NJW 1958, 905; OLG Dresden 17. 7. 36, VAE 2 (1936) Nr. 477, S. 578; Josef, JW 1928, 2313; Arndt, JW 1929, 899; Becker, Gefälligkeitsfahrten im Kraftfahrzeug (s. oben S. 25 N. 3) 20 ff.; Müller, Straßenverkehrsrecht 287; Weigelt, DAR 1936, 263; Gülde, JW 1936, 1584 und DR 1939, 1142; Larenz II 356; Böhmer, VersR 1958, 662. Gegen die Anwendung des § 708 BGB auf Gefälligkeitsfahrten überzeugend neuerdings Böhmer, JR 1959, 217 f. und VersR 1960, 104.

[2] RGZ 141, 262.

[3] Siehe oben S. 23 f.

wann bei Gefälligkeitsfahrten die Verschuldenshaftung des Kraftfahrers im Verhältnis zum Gefälligkeitsgast entfällt. Der Rechtsbegriff des „Handeln auf eigene Gefahr" geriet in Vergessenheit.

Wiederholt entschied das Reichsgericht, daß ein stillschweigender Verzicht des Gefälligkeitsgastes, den Fahrer wegen eines Verschuldens in Anspruch zu nehmen, nur bei „besonderen Umständen" anzunehmen sei.

RG vom 17. 12. 14[1]: Der Bekl., der von Hamburg nach Frankfurt innerhalb von 24 Stunden fuhr und hierbei ab Kassel die Fahrt in der Nacht fortsetzte, verlor „infolge einer augenblicklichen Erschlaffung" die Herrschaft über seinen Kraftwagen. Er verschuldete dadurch einen Unfall, bei welchem der Kl., ein aus Gefälligkeit beförderter Insasse, verletzt wurde. Das Berufungsgericht nahm ein mitwirkendes Verschulden des Kl. an, weil er ohne Rücksicht auf die auch für ihn erkennbare Möglichkeit einer Überanstrengung des Bekl. sich in Kassel zur Weiterfahrt entschlossen habe, lehnte aber einen stillschweigenden Ausschluß der Haftung des Bekl. ab. Das Reichsgericht billigte diese Entscheidung: „Wie das Reichsgericht anerkannt hat ... kann die Haftung aus unerlaubter Handlung auch stillschweigend im voraus ausgeschlossen werden. In der Regel wird ein stillschweigender Verzicht nur für die Gefährdehaftung vorliegen; die Umstände können aber so liegen, daß sich auch ein Verzicht auf die Haftung wegen Fahrlässigkeit aus ihnen entnehmen läßt; mündliche Äußerungen sind hierfür nicht stets erforderlich."[2] Es liege kein Rechtsirrtum darin, daß das Berufungsgericht die Haftung des Bekl. vorliegend nicht für ausgeschlossen erachtet habe.

In anderen Erkenntnissen wird hervorgehoben, daß die Unentgeltlichkeit einer Fahrt für sich allein nicht die Annahme eines stillschweigenden Ausschlusses der Haftung des Fahrers für Fahrlässigkeit rechtfertige, sondern es des Hinzutretens weiterer, für einen solchen Haftungsausschluß sprechender Umstände bedürfe.

RG vom 14. 4. 30[3]: Der Sohn des Kl. wurde von den Bekl. zu einer Vergnügungsfahrt an pfälzische Weinorte eingeladen. Nachdem die Beteiligten, einschließlich des Fahrers, in mehreren Gastwirtschaften gezecht und dabei nicht unerhebliche Mengen Wein getrunken hatten, brach man nachts gegen 1 Uhr auf. Der Wagen fuhr mit ziemlicher Geschwindigkeit durch die gewundenen Gassen von Dürkheim, prallte beim Ausweichen gegen einen Bordstein und überschlug sich. Der Sohn des Kl. wurde getötet. Die Schadensersatzklage des Vaters wurde vom Oberlandesgericht

---

[1] JW 1915, 275.

[2] RG (vorige Note) 276; ähnlich RG 1. 2. 15, LZ 1915, 832 und RG 18. 9. 30, RdK 1932, 126 (Ausschluß der Verschuldenshaftung des Fahrers durch stillschweigende Vereinbarung nur bei „besonderen Umständen"); RG 11. 11. 26, RdK 1927, 101 und RG 30. 9. 29, IRPV 1929, 367 (zu der Tatsache der Gefälligkeitsfahrt müssen, damit ein stillschweigender Verzicht auf die Verschuldenshaftung des Fahrers angenommen werden kann, „anderweitige schlüssige Umstände" hinzukommen).

[3] RGZ 128, 229; vgl. ferner RG 29. 7. 31, IRPV 1931, 257; RG 3. 3. 32, Warn-Rspr. 1932, Nr. 72, S. 147 = JW 1932, 2025 mit Anm. LURJE.

zurückgewiesen, und das Reichsgericht billigte diese Entscheidung. „Handelt es sich bei der vom Schuldner übernommenen Leistung um eine Gefälligkeit, so wird der Gesichtspunkt der Unentgeltlichkeit als ein für den Ausschluß der Haftung auch für Fahrlässigkeitsschäden sprechender Umstand zwar keineswegs, wie besonders betont werden mag, der Regel nach, wohl aber beim Hinzutreten weiterer Umstände gewertet werden können."[1] Solche Umstände seien hier gegeben. Der Sohn des Kl. habe gewußt oder wissen müssen, welche Gefahren durch den ihm bekannten Alkoholgenuß des Fahrers für die Wageninsassen und dritte Personen herbeigeführt worden seien, und der Unfall sei auch der Angetrunkenheit des Fahrers zuzuschreiben. Der Kl. sei nach dem dem § 846 BGB zugrunde liegenden allgemeinen Rechtsgedanken eines stillschweigenden Haftungsverzichts seines Sohnes gebunden.

Unter „ganz besonderen Umständen" könne sich bei einer Gefälligkeitsfahrt der stillschweigende Haftungsverzicht des Fahrgastes auch auf die durch grobe Fahrlässigkeit des Fahrers verursachten Schäden erstrecken.

Nach RG 28. 4. 32[2] sind das aber seltene Ausnahmefälle.

Selbst bei entgeltlichen Fahrten sei es denkbar, daß der Fahrgast stillschweigend auf die Haftung des Fahrers für Fahrlässigkeitsschäden verzichtet; doch seien an eine solche Annahme „strenge Anforderungen" zu stellen.

RG 10. 3. 30[3]: Nachdem sie die Nacht zusammen verbracht hatten, entschlossen sich der Kl. und die Sängerin E. gegen 3 Uhr morgens noch eine Kraftwagenfahrt nach dem Glottertal bei Freiburg i. Br. zu machen. Der Kl. mietete hierzu einen Wagen der Bekl., der auf der Kaiserstraße in Freiburg stand und von dem Führer H. gefahren wurde. In Glottertal kehrten der Kl. und die E. in einer Gastwirtschaft ein. Auf die Aufforderung beider kam auch H. in die Wirtschaft und setzte sich zu ihnen an den Tisch. Nachdem die drei zusammen eine erhebliche Menge Wein getrunken hatten, wurde gegen 7 Uhr morgens die Rückfahrt angetreten. Unterwegs kam der Wagen von der Straße ab, fuhr gegen einen Baum und stürzte die Straßenböschung hinab. Dabei fand die E. den Tod, der Kl. wurde schwer verletzt. Das Reichsgericht bemerkt hinsichtlich der Frage eines „stillschweigenden Haftungsverzichts" des Fahrgasts allgemein[4]: „Handelt es sich bei der vom Schuldner übernommenen Leistung um eine Gefälligkeit, so wird das Moment der Unentgeltlichkeit als ein für den Ausschluß der Haftung auch für Fahrlässigkeitsschäden sprechender Umstand zwar keineswegs, wie besonders betont werden mag, der Regel nach, wohl aber bei Hinzutreten weiterer Umstände gewertet werden können. Handelt es sich dagegen um einen entgeltlichen Vertrag, so werden an die Annahme eines stillschweigenden Haftungsausschlusses auch für Fahrlässigkeitsschäden strenge An-

---

[1] RGZ 128, 232.
[2] IRPV 1932, 168; s. auch RG 1. 12. 32, VR 1933, 42.
[3] IRPV 1930, 218.
[4] RG (vorige Note) 218.

forderungen zu stellen sein. Die Würdigung der Umstände im Einzelfall ist Sache des Tatrichters"[1]. Im gegebenen Fall könne ein stillschweigender Haftungsverzicht einmal darin zu finden sein, daß der Kl. den nachts 3 Uhr angetroffenen und daher aller Voraussicht nach ermüdeten H. zur Teilnahme an dem Trinkgelage aufgefordert, und sodann darin, daß der Kl. nach dem Gelage früh 7 Uhr die Rückfahrt nach Freiburg angetreten habe. Falls der Kl. um 7 Uhr früh wegen Trunkenheit geschäftsunfähig gewesen sei, so scheide ein stillschweigender Haftungsverzicht zu diesem Zeitpunkt aus. Das Berufungsgericht habe aber nicht hinreichend geprüft, ob nicht bereits in jenem früheren Zeitpunkt ein solcher Verzicht vereinbart worden sei.

Auch bei entgeltlichen Beförderungsverträgen könne durch stillschweigenden Vertrag unter „besonderen Umständen" sogar die Haftung für solche Schäden erlassen sein, die durch grobe Fahrlässigkeit verursacht werden.

So RG 28. 5. 34[2] und OLG Köln 13. 5. 38[3].

Ob ein stillschweigender Haftungsverzicht vereinbart worden sei, hänge stets von den besonderen Umständen des einzelnen Falles ab.

RG 12. 6. 33[4]: Der Berufungsrichter müsse aus der Tatsache, daß der Wagenführer Alkohol genossen habe, nicht den Ausschluß der Haftung entnehmen; denn ein solcher Schluß sei für den Tatrichter nicht zwingend, sondern nur möglich.

Insgesamt ist die Rechtsprechung des Reichsgerichts in der geschilderten Periode ziemlich unfruchtbar. Sie bewegt sich um vage Formeln, die alle das eine gemeinsam haben, daß auf die „besonderen" Umstände des konkreten Falles verwiesen wird. Wie aber diese besonderen Umstände beschaffen sein müssen, um einen stillschweigenden Ausschluß der Verschuldenshaftung des gefälligen Fahrers zu rechtfertigen, erfahren wir nicht.

Nur in negativer Hinsicht sagt das Reichsgericht, darin, daß ein Laie nicht gegen die Schnelligkeit der Fahrt protestiere[5] oder seine Befriedigung[6] bzw. Freude[7] über

---

[1] Ebenso RG 14. 4. 30, RGZ 128, 229 [232]; RG 28. 5. 34, JW 1934, 2033; RG 20. 2. 36, VAE 2 (1936) Nr. 306, S. 338; BGH 17. 5. 51, BGHZ 2, 159 = JZ 1951, 589; OLG Karlsruhe 23. 5. 34, HRR 1935, Nr. 683; OLG Köln 13. 5. 38, IRPV 1938, 315; OGH Köln 4. 11. 49, VRS 1 (1949) Nr. 127, S. 263.

[2] JW 1934, 2033 = WarnRspr. 1934, Nr. 162, S. 335.

[3] OLG Köln (vorletzte Note).

[4] RdK 1934, 24; ebenso RG 10. 3. 30 (s. oben S. 30); RG 22. 2. 32, WarnRspr. 1932, Nr. 117, S. 238; RG 7. 7. 32, SA. 87 (1933) Nr. 36, S. 65; RG 1. 12. 32, VR 1933, 42.

[5] RG 9. 7. 14, WarnRspr. 1914, Nr. 259, S. 367.

[6] RG 9. 1. 20, BayZ 1920, 154.

[7] RG 22. 2. 32, WarnRspr. 1932, Nr. 117, S. 238.

die hohe Fahrtgeschwindigkeit äußere, dürfe nicht die Kundgebung eines rechtsgeschäftlichen Willens erblickt werden, daß der Kl. die Gefahren der schnellen Fahrt auf sich nehmen wolle[1].

Das Urteil des Reichsgerichts vom 14. 4. 30 (Vergnügungsfahrt an pfälzische Weinorte)[2] ist das einzige, in welchem das Reichsgericht einen stillschweigenden Haftungsverzicht feststellte, während es zuvor im Urteil vom 10. 3. 30[3] diese Möglichkeit wenigstens der Vorinstanz zur Prüfung anheimgab. Beide Fälle befassen sich mit der Mitfahrt im Wagen eines Angetrunkenen. Aber nicht einmal für diesen speziellen Fall gelangte das Reichsgericht zu greifbaren Grundsätzen über einen stillschweigenden Haftungsausschluß.

Im Urteil vom 14. 4. 30[4] bezeichnet es das Reichsgericht als für einen stillschweigenden Haftungsverzicht erheblich, daß der Fahrgast wußte oder „wissen mußte", welche Gefahren ein Alkoholgenuß des Fahrers nach sich zieht. Im Urteil vom 12. 6. 33[5] fügt das Reichsgericht erläuternd hinzu, es sei zwar richtig, daß zur Annahme eines Haftungsausschlusses nicht die Feststellung einer Betrunkenheit oder Angetrunkenheit des Fahrers erforderlich sei, vielmehr, je nach den Umständen, schon die Tatsache des Genusses von Alkohol durch den Fahrer an sich ausreichen könne. Aber die Würdigung all dieser Umstände sei Sache des Tatrichters (!).

### c) Konsolidierung der Rechtsprechung

Erst im Grundsatzurteil des Reichsgerichts (VI. Zivilsenat) vom 19. 6. 33[6] kehrte der Rechtsbegriff des Handelns auf eigene Gefahr wieder, diesmal bezogen auf einen typischen Sachverhalt der Gefälligkeitsfahrt im Kraftfahrzeug.

Zwei befreundete Primaner unternahmen eine Motorradtour, bei welcher der damals noch minderjährige Kl. auf dem Rücksitz der vom Bekl. gesteuerten Maschine fuhr. Nach dem Besuch einer Tanzlustbarkeit, bei der auch Alkohol getrunken wurde, traten die beiden nachts die Heimfahrt an. Unterwegs geriet das Rad in einer Biegung vom Wege ab und prallte gegen einen Baum. Der Kl. wurde erheblich verletzt. Das Berufungsgericht verneinte sowohl ein Handeln des Kl. auf eigene Gefahr wie auch ein Mitverschulden des Kl. und verurteilte den Bekl. gemäß §§ 823 ff. BGB zum Schadensersatz. Das Reichsgericht wies die gegen dieses Urteil gerichtete Revision zurück.

---

[1] So RG 9. 1. 20 (vorletzte Note).
[2] Siehe oben S. 29 f.
[3] Siehe oben S. 30 f.
[4] Siehe oben S. 29 f.
[5] RdK 1934, 24.
[6] RGZ 141, 262 = JW 1933, 2389 mit Anm. Brockmann = DAR 1933, 167.

Unzweifelhaft scheiterte ein vertraglicher Haftungsausschluß an der Minderjährigkeit des Kl. (§ 107 BGB). Die Revision bemängelte jedoch die Zurückweisung des Gesichtspunktes des Handelns auf eigene Gefahr; dieses sei nur die Setzung einer Schadensursache, die einen rechtsgeschäftlichen Willen nicht zur Voraussetzung habe.

Zu einer dogmatischen Festlegung genötigt, bekannte sich das Reichsgericht unter Berufung auf die Ausführungen von FLAD [1] zu der Auffassung, das Handeln auf eigene Gefahr, das sich von einem vertragsmäßigen Haftungsausschluß rechtlich unterscheide, sei als eine – vorbehaltlich der Grenzen des Erlaubten zulässige – Einwilligung in eine möglicherweise auf der Fahrt eintretende Verletzung des Fahrtteilnehmers zu beurteilen mit der Folge, daß mit der Einwilligung das Tatbestandserfordernis der Widerrechtlichkeit der Schadenszufügung (§§ 823 I, 831 BGB) und damit eine Haftung des Gegners entfalle, soweit jene Einwilligung reicht. Die Einwilligung sei eine einseitige, empfangsbedürftige Willenserklärung, weswegen ein Minderjähriger nicht „auf eigene Gefahr" handeln könne (§ 110 BGB). Aus diesem Grunde verneinte auch das Reichsgericht in dem gegebenen Falle ein Handeln des Verletzten auf eigene Gefahr. Dieser Gesichtspunkt greife auch um deswillen nicht durch, weil für ihn zumindest die Möglichkeit einer Gefährdung sowie weiter zu fordern sei, daß sich derjenige, der die Gefahr übernommen haben soll, dieser Möglichkeit auch bewußt war. Daran fehle es aber.

Das Reichsgericht hat an dieser Auffassung über die Rechtsnatur des Handelns auf eigene Gefahr stets festgehalten [2]. Die Einwilligungskonstruktion ist auch vom Obersten Gerichtshof Köln [3] und vom Bundesgerichtshof [4] übernommen worden. Allerdings äußert der Bundesgerichtshof in seinem jüngst ergangenen Urteil vom 25. 3. 58 [5] Zweifel an ihrer Richtigkeit.

Wiederum war ein Minderjähriger bei einer Gefälligkeitsfahrt verletzt worden. Ein Handeln des Verletzten auf eigene Gefahr war daher – ebenso wie übrigens ein „stillschweigender Haftungsverzicht" – rechtlich ohne Wirkung, sofern man es als eine einseitige, rechtsgeschäftliche Willenserklärung betrachtet. Der Bundesgerichts-

---

[1] FLAD, Handeln auf eigene Gefahr, Recht 1919, 13–20.

[2] RG 5. 12. 35, VAE 1 (1936) Nr. 102, S. 127; RG 15. 6. 36, WarnRspr. 1936, Nr. 145, S. 277; RG 3. 6. 37, IRPV 1937, 218.

[3] OGH Köln 4. 11. 49, VRS 1 (1949) Nr. 127, S. 263 = NJW 1950, 143; OGH Köln 22. 9. 50, VRS 3 (1951) Nr. 5, S. 15.

[4] BGH 17. 5. 51, BGHZ 2, 159 = JZ 1951, 589; BGH 3. 7. 51, BGHZ 3, 46 = JZ 1951, 749; BGH 9. 10. 52, VRS 5 (1953) Nr. 2, S. 2.

[5] NJW 1958, 905.

hof bezeichnete die gegen diese Rechtskonstruktion vorgetragenen Angriffe als „beachtlich“, hielt aber eine Überprüfung der Konstruktion für entbehrlich, da es im gegebenen Falle an einer unerläßlichen Voraussetzung für ein Handeln auf eigene Gefahr fehle, nämlich daß „ein in seiner Art und Gefährdungsmöglichkeit bekanntes Wagnis eingegangen worden ist. Nur wenn der M. konkrete Umstände bekannt gewesen wären, die ihr ein besonderes, mit der Fahrt verbundenes Risiko aufgezeigt hätten, würde sich die Frage stellen, ob die Deliktshaftung des Fahrers wegen Übernahme der Gefahr durch den minderjährigen Fahrgast ausgeschlossen sein könnte. Keineswegs geht es an, schon aus dem Gesichtspunkt der Gefahrübernahme abzuleiten, daß die Haftung des Fahrers gegenüber dem Fahrgast bei einer normalen Gefälligkeitsfahrt eingeschränkt oder ausgeschlossen ist.“

Das Urteil des Reichsgerichts vom 19. 6. 33 vermochte indes den Gesichtspunkt des stillschweigenden Haftungsausschlusses nicht zu verdrängen. Der verwirrende Dualismus von stillschweigendem Haftungsausschluß und Handeln des Verletzten auf eigene Gefahr in der Rechtsprechung zur Gefälligkeitsfahrt ist bis heute nicht überwunden. Immerhin leitete jenes Urteil eine Konsolidierung der Rechtsprechung ein, indem es die Gerichte veranlaßte, die Voraussetzungen eines Haftungsausschlusses bei Gefälligkeitsfahrten genauer festzulegen, als dies bis dahin geschehen war. Namentlich wurden die folgenden Punkte geklärt.

aa) Der Gesichtspunkt eines Handelns des Fahrgastes auf eigene Gefahr wird bei Kraftfahrzeug-Gefälligkeitsfahrten nur dann aktuell, wenn besondere Umstände die Fahrt derart gefährlich machen, daß der Fahrer pflichtwidrig handelt, wenn er unter diesen Umständen fährt.

a 1) Das wichtigste Beispiel für einen solchen gefahrerhöhenden Umstand ist die auf Alkoholgenuß oder Übermüdung beruhende Fahruntüchtigkeit des Fahrers. Die Rechtsprechung ist in solchen Fällen vor allem dann zur Annahme eines Haftungsausschlusses bereit, wenn unter den Beteiligten von Anfang an eine „alkoholische“ Vergnügungsreise vereinbart war,

RG 14. 4. 30[1]: Vergnügungsfahrt an pfälzische Weinorte;
RG 28. 5. 34[2]: gemeinsame „Bierreise“;
BGH 9. 10. 52[3]: gemeinsame „Weinreise“;
KG 18. 9. 35[4]: ausgesprochene „Kneiptour“, die nach einer Geburtstagsfeier 2 Uhr morgens angetreten wurde;
OLG Düsseldorf 5. 4. 56[5]: gemeinsame „Bierreise“.

---

[1] RGZ 128, 229.
[2] WarnRspr. 1934, Nr. 162, S. 335.
[3] VRS 5 (1953) Nr. 2, S. 2.
[4] RdK 1936, 259.
[5] VersR 1957, 343; vgl. auch OLG Köln 13. 5. 38, IRPV 1938, 315; OLG Bamberg 7. 2. 52, DAR 1953, 33.

Andererseits meint das Reichsgericht im Urteil vom 25. 2. 37 [1], es gehe zu weit, aus der Teilnahme an einer Vergnügungsfahrt, die mit Alkoholgenuß verbunden ist, stets, wenn nicht das Gegenteil erklärt wird, einen Haftungsausschluß zu folgern; s. auch BGH 16. 2. 55 [2]: die bloße Tatsache, daß es sich um eine Fahrt zum Besuch einer Gaststätte handelt, wo ein Faschingsvergnügen veranstaltet wird, rechtfertige noch keinen Haftungsverzicht.

oder wenn der Verletzte zusammen mit dem Fahrer gezecht hatte.

OLG Düsseldorf 11. 6. 31 [3]: der Kl. hatte den Fahrer zum Trinken ermuntert und freigehalten;

OLG Dresden 4. 6. 33 [4]: gemeinsamer Genuß „böhmischen Bieres"; ferner OLG Königsberg 30. 11. 33 [5].

Erst recht ist ein Haftungsausschluß anzunehmen, wenn der Kl. die Fahrt des unter Alkoholeinfluß stehenden Fahrers forciert hat: OLG Hamm 9. 2. 53 [6].

Andererseits RG 4. 1. 39 [7]: nicht jeder, der den Kraftwagenfahrer einmal ein Glas Bier trinken sieht und sich ihm dann anvertraut, verzichte auf dessen Haftung;

OLG Köln 14. 7. 32 [8]: Haftungsausschluß nicht schon dann, wenn es vor Antritt der Fahrt spät geworden ist, Führer und Fahrgäste vorher in angeregter Stimmung zusammengesessen sind und der Führer Alkohol genossen hat;

OLG München 11. 9. 37 [9]: kleiner Schwips des Fahrers mache nichts aus.

Häufig lagen die Fälle, in denen ein Haftungsausschluß angenommen wurde, auch so, daß zu der Tatsache des Alkoholgenusses des Fahrers noch weitere gefahrenerhöhende Umstände hinzutraten.

RG 15. 6. 36 [10]: Nach gemeinsamem Alkoholgenuß wird eine nächtliche Autofahrt über eine kurvenreiche Bergstrecke unternommen.

RG 25. 2. 39 [11]: Nach einer Hochzeitsfeier wird im überfüllten Wagen die Heimfahrt angetreten.

OLG Dresden 15. 8. 39 [12]: Die Kl., ein junges Mädchen, bat den Bekl. nach einem Tanzvergnügen nachts um 2 Uhr, sie auf dem Motorrad nach Hause zu fahren. Sie sah, daß die Straße von feuchtem Schnee glatt war und äußerte: „Ich habe eigentlich ein bißchen Angst". Doch wurde sie von einem Freund des Bekl. beruhigt. Das Oberlandesgericht bejahte unter diesen Umständen einen Haftungsausschluß (bedenklich!).

---

[1] JW 1937, 1490.

[2] VRS 8 (1955) Nr. 137, S. 324.

[3] RdK 1932, 94.

[4] JW 1933, 2157.

[5] HRR 1934, Nr. 1352; s. auch OLG Stuttgart 24. 2. 55, VersR 1955, 318; OLG Köln 22. 3. 54, MDR 1954, 481.

[6] VersR 1953, 164.

[7] IRPV 1939, 55.

[8] DAR 1933, 22.

[9] HRR 1938, Nr. 97.

[10] IRPV 1936, 230.

[11] VAE 7 (1939) Nr. 274, S. 201.

[12] RdK 1940, 105 mit ablehnender Anm. GÜLDE.

Andererseits meint das Reichsgericht im Urteil vom 25. 6. 36[1], ein Handeln auf eigene Gefahr brauche nicht notwendig schon darin gesehen zu werden, daß sich der Kl. nach einer durchzechten Nacht vom Bekl. in einem überbesetzten Wagen (sechs statt vier Personen) mitnehmen ließ.

b 1) Die Risiken einer Fahrt können auch dadurch über die Grenze des „Normalen" (d.h. Nicht-Pflichtwidrigen) erhöht werden, daß das benutzte Fahrzeug gefährliche Mängel aufweist, der Platz, den der Fahrgast eingenommen hat, gefährlich ist oder der Fahrer eine gefährliche Fahrweise einschlägt. Die Rechtsprechung bewertet aber die genannten Umstände im Hinblick auf eine Gefahrübernahme nicht gleich. Am ehesten wird ein Haftungsausschluß bejaht, wenn das Fahrzeug mit gefährlichen Mängeln behaftet ist, die der Fahrgast kennt.

Vgl. BGH 3. 7. 52[2] (wo aber die Frage eines Haftungsausschlusses nicht endgültig entschieden wurde): Mitfahrt auf einem mit Holz beladenen LKW, der so schadhaft war, daß ein Begleitmann auf dem rechten vorderen Kotflügel sitzen mußte, um durch Klopfen den Durchlauf des Öles aufrechtzuerhalten (es geschah im Jahre 1947!).

OLG Jena 14. 11. 29[3]: Wer sich in einem Wagen mitnehmen läßt, der sich schon nach dem Äußeren als alt darstellt (es handelte sich um einen alten Vorkriegs-Opel), nehme in Kauf, daß jederzeit Störungen eintreten, Brüche in Einzelheiten infolge der Abnutzung, Versagen einzelner Funktionen usw. Aber der Fahrgast brauche nicht damit zu rechnen, daß der Fahrer trotz ihm bekannter Mängel auf diese nicht einmal Rücksicht nimmt.

Dagegen stellt die Benutzung eines noch nicht zugelassenen und noch nicht haftpflichtversicherten Kraftrades, das sich in technisch einwandfreiem Zustand befindet, keine „besondere Gefahr" dar: OLG Stuttgart 18. 2. 53[4]).

Dem Fahrgast, der (im Einverständnis mit dem Fahrer) einen gefährlichen Platz einnimmt, wird meist nur ein mitwirkendes Verschulden zur Last gelegt, ein Haftungsverzicht aber nur dann unterstellt, wenn besondere Umstände hinzutreten.

OGH Köln 4. 11. 49[5]: Reisende, die im Jahre 1947 auf der Ladefläche eines LKW, der nicht zur Personenbeförderung eingerichtet war, von einem Behelfsbahnhof zum Hauptbahnhof (gegen Entgelt) befördert wurden, nähmen die besonderen Gefahren der gewählten Beförderungsart auf sich (?), nicht aber eine unvorsichtige Fahrweise des Fahrers.

---

[1] VAE 2 (1936) Nr. 433, S. 515; s. auch RG 25. 2. 37, JW 1937, 1490.

[2] VRS 4 (1952) Nr. 256, S. 484; vgl. auch OGH Köln 22. 9. 50, VRS 3 (1951) Nr. 5, S. 15; BGH 4. 5. 55, VersR 1955, 355.

[3] JW 1932, 809 = DAR 1931, 39.

[4] VRS 5 (1953) Nr. 188, S. 325.

[5] VRS 1 (1949) Nr. 127, S. 263; vgl. auch OLG Düsseldorf 31. 3. 49, RdK 1950, 76.

OLG München 18. 7. 30[1]: Der Fahrgast, der sich auf einem notdürftig auf ein Motorrad „gepfuschten" Notsitz mitnehmen läßt, obwohl ihm der Führer als ein scharfer Fahrer bekannt ist, handle auf eigene Gefahr.

Dagegen wurde in den folgenden Fällen nur ein mitwirkendes Verschulden angenommen:

OLG Tübingen 27. 10. 49[2] (Mitfahrt oben auf einem heubeladenen LKW);

OLG Hamm 25. 10. 49[3] (Mitfahrt auf dem Kettenschutz einer Zugmaschine);

OLG Hamm 22. 12. 50[4] (Mitfahrt auf einem mit Teersplitt beladenen Anhänger eines LKW);

OLG München 17. 9. 51[5] (Mitfahrt auf der hohen Strohladung eines schnellfahrenden LKW).

Noch zurückhaltender sind die Gerichte mit der Annahme, der Fahrgast habe eine bestimmte gefährliche Fahrweise, etwa die vom Fahrer eingeschlagene hohe Geschwindigkeit, mit der Wirkung eines Haftungsausschlusses gebilligt. Darin, daß der Fahrgast keinen Widerspruch erhebt oder sich über die erreichte Geschwindigkeit befriedigt äußert, wird regelmäßig keine solche Billigung gefunden[6]. Das Reichsgericht hat einen Haftungsausschluß sogar in dem Fall verneint, in dem ein langjähriger, erfahrener Kraftfahrer einen Anfänger ermunterte, nicht allzu schulmäßig zu fahren, und sich ein Unfall ereignete, weil der Anfänger mit viel zu hoher Geschwindigkeit in eine Kurve einfuhr und dann die Herrschaft über den Wagen verlor[7].

Für einen Haftungsausschluß aber KG 20. 12. 29[8]: Die Kl. ließ sich auf dem Soziussitz eines Motorrades zu einer Fahrt auf die Avus-Autobahn mitnehmen, wo, „wie die Kl. als Berlinerin selbstverständlich wußte", eine erheblich höhere Geschwindigkeit entfaltet wird, als sonst allgemein üblich.

OLG Celle 17. 1. 28[9]: Der Kl., der bei einem Bergrennen des ADAC als Funktionär tätig werden sollte, ließ sich vor dem Rennen von dem Bekl. zur Rennstrecke fahren. Mit den Worten „jetzt wollen wir einmal sehen, in welcher Zeit wir die Rennstrecke nehmen", forderte er, die Taschenuhr ziehend, den Bekl. auf, eine Runde zu drehen. Bei hoher Geschwindigkeit geriet der Wagen in einer Kurve aus der Fahrbahn. Der Kl. wurde verletzt. Das Oberlandesgericht nahm an, der Kl. habe der hohen Geschwindigkeit zugestimmt, weshalb der Bekl. wegen des Schnellfahrens nur dann haftbar gemacht werden könne, wenn er „die Geschwindigkeit in leichtsinniger Weise maßlos übertrieb und das Tempo auf jeden Fall zu groß ge-

---

[1] VR 1930, 469.
[2] RdK 1949, 45.
[3] VRS 2 (1950) Nr. 76, S. 195.
[4] VRS 3 (1951) Nr. 126, S. 325.
[5] Bay.J.MinBl. 1952, 9.
[6] Siehe oben S. 31 f.
[7] RG 21. 6. 38, JW 1938, 2353 = SA 92 (1938) Nr. 140, S. 339.
[8] IRPV 1930, 156 = JW 1931, 891 mit ablehnender Anm. PROSKAUER.
[9] DAR 1928, 6.

wesen wäre". Das sei zwar nicht der Fall gewesen. Doch sei der Bekl. dafür verantwortlich zu machen, daß er bei dem Versuch, wieder auf die feste Straße zu kommen, einen Steuerfehler begangen habe.

c 1) Im Gegensatz zu den bisher behandelten Umständen begründen die gefährliche Beschaffenheit der Fahrtstrecke oder schlechte Fahrereigenschaften des Kraftfahrzeugführers nicht schon für sich allein Gefahren, die das Fahrtrisiko über das „normale" Maß hinaus erhöhen. Es muß hinzukommen, daß der Fahrer seine Fahrweise nicht entsprechend einrichtet[1]. Erst dann handelt er pflichtwidrig. Aber eine solche Pflichtwidrigkeit nimmt der Fahrgast nicht schon dann auf sich, wenn er jene „relativen" Gefahrenmomente kennt. Daher ist niemals, soweit ich sehe, ein Haftungsausschluß allein mit Rücksicht auf die Gefährlichkeit der gewählten Fahrtstrecke angenommen worden.

Vgl. RG 2. 4. 36[2]: Die Tatsache, daß eine Fahrt im Herbst bei Dunkelheit unternommen wird, bedeute für sich noch keinen Umstand, der die Gefahr einer Kraftwagenfahrt derart steigert, daß daraus auf einen Verzichtwillen zu schließen wäre.

BGH 19. 11. 55[3]: Wer sich als Insasse eines PKW an einer Fahrt beteilige, obwohl die Sicht wegen Nebels stark behindert sei, nehme darum keineswegs schon immer die Folgen eines durch den Nebel begünstigten etwaigen Unfalls in Kauf. Aus der Teilnahme hätte sich eine besondere Gefahr erst ergeben können, wenn der Fahrer oder andere Verkehrsteilnehmer die Sorgfaltspflichten verletzten, die unter den erschwerten Verhältnissen erhöhte Anforderungen an ihr vorsichtiges Verhalten im Verkehr stellten. Von einem Handeln auf eigene Gefahr könnte nur dann die Rede sein, wenn sich der Insasse bewußt gewesen wäre, daß der Fahrer diesen Anforderungen nicht gewachsen sein würde.

BGH 8. 5. 56[4]: Schnee und Eisglätte bedeuteten für ein vierrädriges Kraftfahrzeug mit einem vorsichtigen Fahrer keine so erhebliche Gefahrenerhöhung, daß bei einem freiwilligen Fahrtteilnehmer ein Wille zum Haftungsverzicht zu unterstellen sei.

BGH 25. 2. 58[5]: Darin, daß die Parteien auf der Heimfahrt bereits teilweise Nebel angetroffen hatten, bevor sie in die Nebelwand gerieten, die ihnen zum Ver-

---

[1] Es ist natürlich auch denkbar, daß gewisse Fehler des Fahrzeugs für sich genommen den Fahrer noch nicht von der Fahrt abzuhalten brauchen, der Fahrer also erst dann pflichtwidrig handelt, wenn er beim Fahren auf diese Fehler nicht Rücksicht nimmt, vgl. die zitierte Entscheidung des OLG Jena 14. 11. 29 (oben S. 36 N. 3) sowie OGH Köln 4. 11. 49 (oben S. 36 N. 5). Auch hierbei handelt es sich um „relative" Gefahrenmomente.

[2] JW 1936, 1890.

[3] VersR 1956, 48 [49].

[4] VersR 1956, 388 [389]; vgl. auch OLG Tübingen 11. 10. 51, DAR 1951, 178, und OLG Stuttgart 23. 12. 58, MDR 1959, 388.

[5] VersR 1958, 309.

hängnis wurde, könne kein besonderer Umstand erblickt werden, der einen Haftungsausschluß rechtfertige.

Auch die Tatsache, daß sich jemand einem Fahrer anvertraut, der unerfahren oder der als leichtsinniger Fahrer bekannt ist, berechtigt für sich allein noch nicht zu der Folgerung, der Fahrgast nehme die Gefahr eines vom Fahrer verschuldeten Unfalls auf sich.

Vgl. RG 14. 12. 38[1]: Wer sich von einem Fahrer mitnehmen lasse, der erst vor einigen Monaten den Führerschein erhalten habe, brauche keinen Verdacht gegen dessen Fahrtüchtigkeit zu hegen.

OLG Tübingen 12. 3. 53[2]: Wer sich von einem öfter sehr schnell und leichtsinnig fahrenden Kraftfahrer mitnehmen lasse, handle nur dann auf eigene Gefahr, wenn er tatsächlich das Bewußtsein der Möglichkeit einer Gefährdung gehabt habe.

RG 9. 11. 36[3]: Ein früherer Unfall auf einer gemeinsamen Fahrt, wo der Bekl. eine Kurve „mit Volldampf" nahm und dabei ein Reifen platzte, habe dem Kl. nicht die Überzeugung zu verschaffen brauchen, eine Fahrt mit dem Bekl. sei besonders gefährlich.

In den erörterten Entscheidungen ziehen die Gerichte bald den Haftungsausschlußgrund des stillschweigenden Haftungsverzichts, bald den des Handelns auf eigene Gefahr heran oder berufen sich gleichzeitig auf beide Gesichtspunkte. Irgendeine Gesetzlichkeit läßt sich hierin nicht feststellen. Die einem „Handeln auf eigene Gefahr" zugänglichen gefahrenerhöhenden Umstände sind offensichtlich identisch mit den „besonderen Umständen", die zur Unentgeltlichkeit der Fahrt hinzutreten müssen, um einen „stillschweigenden Haftungsverzicht" zu rechtfertigen[4]. Nur in einem Punkt ergibt sich eine scheinbare Abweichung. In einer Anzahl von Entscheidungen zur Gefälligkeitsfahrt werden nämlich nahe persönliche Beziehungen zwischen den Parteien, wie etwa Verwandtschaft[5], Ehe[6] oder auch bloße Freundschaft[7] als Umstände genannt,

---

[1] VAE 7 (1939) Nr. 59, S. 66; s. auch RG 21. 6. 38 (s. oben S. 37 N. 7).

[2] RdK 1953, 68.

[3] WarnRspr. 1937, Nr. 9, S. 20 [22].

[4] H.-D. FISCHER 41.

[5] OLG Kiel 11. 3. 08, Schl. H. Anz. 1908, 122; OLG Köln 13. 10. 38, DAR 1939, 62 (Geschwister), die Entscheidung wurde aber aufgehoben durch RG 13. 5. 39, DR 1939, 1318.

[6] OLG Naumburg 29. 3. 38, JW 1938, 2355 mit abl. Anm. CARL; OLG Dresden 27. 2. 41, VAE 12 (1941) Nr. 170, S. 136. Das OLG Düsseldorf 13. 1. 59, VersR 1959, 568, meint sogar, unter Eheleuten habe allgemein die Haftung für leichtere Verstöße gegen allgemeine Verkehrs- und Sorgfaltspflichten als ausgeschlossen zu gelten. Hiergegen mit Recht BÖHMER, MDR 1959, 816.

[7] OLG Celle 30. 7. 40, IRPV 1940, 182 (jahrelange Jagdfreundschaft); OLG Bamberg 7. 2. 52, DAR 1953, 33.

welche für den stillschweigenden Willen des Fahrgastes, auf die Haftung des Fahrers zu verzichten, beachtlich seien. Der Rechtsbegriff des Handelns auf eigene Gefahr wird in diesem Zusammenhang meist vernachlässigt. Aber einmal ist nicht einzusehen, warum diese Umstände, wenn sie wirklich für den Willen zum Haftungsverzicht sprechen, nicht ebensosehr die stillschweigende Erklärung des Fahrgasts nahelegen, er willige in eventuelle, auf der Fahrt eintretende Verletzungen ein. Zum andern ist es gar nicht richtig, daß persönliche Bande oder ein Gemeinschaftsverhältnis den Willen indizieren, den Partner von allgemeinen Sorgfaltspflichten oder der Haftung für die Verletzung solcher Pflichten zu befreien [1]. Auch der Vorschrift des § 1359 BGB läßt sich eine Einschränkung der deliktischen Haftung des Ehemannes, der die Verletzung seiner im Wagen mitfahrenden Ehefrau verschuldet, nicht entnehmen [2].

bb) Ein Handeln auf eigene Gefahr setzt nach der Rechtsprechung weiter voraus, daß sich der Fahrgast der ihm drohenden „besonderen" Gefahr bewußt ist; es genügt nicht, daß er sie hätte erkennen müssen. Im letzteren Falle muß sich der Verletzte lediglich ein mitwirkendes Verschulden anrechnen lassen (§ 254 BGB). Das Gefährdungsbewußtsein ist aber nicht nur ein Tatbestandserfordernis des Handelns auf eigene Gefahr, sondern auch des stillschweigenden Haftungsverzichts des Fahr-

---

[1] So mit Recht Böhmer, MDR 1959, 816 und NJW 1959, 1713 f., gegen Clauss, FamRZ 1959, 42 und NJW 1959, 1408 ff., sowie OLG Düsseldorf 13. 1. 59, VersR 1959, 568. Wie hier auch Walter, Kraftverkehrsrecht von A–Z, Bl. 10; v. Boehmer, DAR 1957, 229; LG Potsdam 3. 3. 36, DAR 1936, 271 (kein Haftungsausschluß unter Verlobten: „Es ist im Gegenteil davon auszugehen, daß der Verlobte weit größere Erwartungen an die Sorgfaltspflicht des Partners stellt als ein Dritter"). Vgl. auch OLG Dresden 18. 4. 39, DAR 1939, 1382 [1383] (stillschweigender Haftungsausschluß nicht schon deshalb, weil es sich um Geschwister handelt); RG 15. 6. 36, JW 1936, 3382 und OLG Naumburg 3. 7. 31, DAR 1932, 91 (Liebesverhältnis kein hinreichendes Indiz); KG 26. 1. 39, VAE 7 (1939) Nr. 273, S. 200 und BGH 23. 6. 54, VRS 7 (1954) Nr. 3, S. 6 (Freundschaft bzw. sportkameradschaftliche Verbundenheit nicht ausreichend).

[2] Böhmer (vorige Note). A. A. OLG Hamburg 8. 7. 58, VersR 1958, 809; OLG Düsseldorf (vorige Note); Weimar, MDR 1959, 177, und Clauss (vorige Note). Die allgemeine Verpflichtung, ein Kraftfahrzeug richtig und ohne Gefährdung der Insassen zu steuern, ergibt sich nicht „aus dem ehelichen Verhältnis", sondern aus den allgemeinen Prinzipien des Deliktsrechts. Das Reichsgericht entscheidet im Urteil vom 4. 7. 32, RGZ 138, 1 [5] nur, daß die Zurverfügungstellung des Kraftwagens, sofern sie in den Rahmen der Unterhaltspflicht des Ehemannes fällt, mit der vom Ehemann in eigenen Angelegenheiten angewandten Sorgfalt zu erfolgen hat. Das Reichsgericht betont aber ausdrücklich, selbst in diesem Falle umfasse die Unterhaltspflicht des Ehemannes nicht die Gewährung einer sicheren Beförderung.

gastes, wenigstens nach der neueren Rechtsprechung[1]. Auch in dieser Hinsicht besteht keinerlei Unterschied zwischen den beiden Rechtsbegriffen.

Die Rechtsprechung stellt strenge Anforderungen an den vom Bekl. zu erbringenden Nachweis des Gefährdungsbewußtseins des Verletzten. Ein Fahrgast, der sich im Wagen eines Angetrunkenen oder Betrunkenen mitnehmen läßt, handelt nicht schon dann auf eigene Gefahr, wenn er von dem Alkoholgenuß des Fahrers weiß. Er muß aus seinem Wissen den Schluß gezogen haben, daß der Fahrer nicht mehr imstande war, den Anforderungen des Kraftverkehrs zu genügen[2].

Anfangs war die Rechtsprechung unbedenklicher. Noch in den Urteilen vom 12. 6. 33[3] und 20. 2. 36[4] erklärt das Reichsgericht, zur Annahme eines stillschweigenden Haftungsverzichts oder eines Handelns auf eigene Gefahr sei nicht die Feststellung einer Angetrunkenheit oder Betrunkenheit des Fahrers erforderlich; vielmehr könne je nach den Umständen schon die dem Fahrgast bekannte Tatsache ausreichen, daß der Führer kleinere Mengen Alkohol zu sich genommen habe! Aber bereits wenig später, in der Entscheidung vom 26. 11. 36[5], bemängelt das Reichsgericht an einem Berufungsurteil, welches einen Haftungsausschluß bejahte, es sei nicht festgestellt, daß der Fahrer tatsächlich durch Trunkenheit oder Übermüdung an der Beobachtung der erforderlichen Sorgfalt gehindert gewesen sei und sich der Fahrgast dessen bewußt war.

Die Tatrichter halten ein Gefährdungsbewußtsein des Fahrgastes meist ohne weiteres für erwiesen, wenn feststeht, daß der Fahrer äußerlich einen unsicheren Eindruck machte, vgl. etwa OLG Nürnberg 16. 9. 57[6] und OLG Hamburg 17. 4. 56[7]. Der Bundesgerichtshof meint in seinem Urteil vom 17. 5. 51[8] sogar, aus der Kenntnis von erheblichem Alkoholgenuß des Fahrers ergebe sich „im allgemeinen" auch die Erkenntnis der Möglichkeit der Gefährdung durch Unfälle, die auf die Beeinträchigung der Fahrsicherheit des Kraftwagenführers zurückzuführen sind. Im konkreten Fall wurde aber eine solche Erkenntnis des Kl. nicht für erwiesen

---

[1] RG 28. 1. 37, JW 1937, 1633; RG 21. 1. 41, DR 1941, 1067; BGH 17. 5. 51, BGHZ 2, 159; BGH 23. 3. 55, VRS 9 (1955) Nr. 46, S. 94; BGH 4. 5. 55, VersR 1955, 355; BGH 22. 6. 55, VRS 9 (1955) Nr. 79, 172; BGH 9. 11. 56, VersR 1957, 26.

[2] RG 18. 5. 38, JW 1938, 2278; RG 21. 1. 41, DR 1941, 1067; BGH 17. 5. 51, BGHZ 2, 159; BGH 22. 6. 55, VRS 9 (1955) Nr. 79, S. 172; OLG Hamburg 17. 4. 56, VersR 1957, 344.

[3] RdK 1934, 24.

[4] VAE 2 (1936) Nr. 306, S. 338.

[5] VAE 3 (1937) Nr. 123, S. 117.

[6] VersR 1958, 131.

[7] VersR 1957, 344.

[8] VRS 3 (1951) Nr. 95, S. 243 [246]; vgl. auch OLG Hamburg (vorige Note): Ein Gefährdungsbewußtsein sei auch dann anzunehmen, wenn der Bekl. „in Kenntnis des Kl. derart große Alkoholmengen zu sich genommen hätte, daß ein Zweifel an der Fahruntüchtigkeit des Bekl. nicht bestehen konnte". Nach OLG Köln 15. 9. 50, VersR 1951, 180, und LG Augsburg 29. 4. 37, IRPV 1937, 188 soll es aber nicht genügen, daß der Fahrer nach Alkohol roch.

erachtet, da der Bekl. bei der Abfahrt nicht den Eindruck eines Betrunkenen gemacht habe.

Hatten die Parteien von Anfang an eine „alkoholische“ Vergnügungsreise geplant[1], so scheinen die Gerichte bei der Feststellung des Gefährdungsbewußtseins etwas großzügiger zu sein[2].

War auch der zusteigende Fahrgast betrunken, so spricht dies dagegen, daß er sich der Unsicherheit des Fahrers bewußt war[3]. Ein anfangs noch nüchterner Fahrgast hat jedoch möglicherweise die Trunkenheit des Fahrers auf sich genommen, noch bevor er selbst in Trunkenheit verfiel[4].

Hinter der Pedanterie, mit der die Gerichte in Fällen der Gefälligkeitsfahrt das „Gefährdungsbewußtsein“ des Verletzten prüfen, steht das wohl unbewußte Bestreben, der harten Entscheidung auszuweichen, der Kl. habe nichts zu beanspruchen. Bevorzugt wird ein billiger Interessenausgleich durch Verteilung des Schadens gesucht (§ 254 BGB). In der Praxis scheitert daher der Einwand des Bekl., der verletzte Fahrgast habe die Gefahr auf sich genommen oder auf die Haftung des Bekl. stillschweigend verzichtet, fast immer daran, daß der Bekl. das Gefährdungsbewußtsein des Kl. nicht zur Zufriedenheit des Gerichts zu beweisen vermag. Selbst bei Mitfahrt des Verletzten im Wagen eines Betrunkenen – dem Falle, in dem die Gerichte einem Haftungsausschluß am ehesten zuneigen – ist nicht etwa der Haftungsausschluß, sondern eine Schadensverteilung nach § 254 BGB tatsächlich die Regel.

Von dreißig von mir durchgesehenen Urteilen des Reichsgerichts aus der Zeit seit 1933[5], welche sich mit dem Einwand des Handelns auf eigene Gefahr bzw. des stillschweigenden Haftungsverzichts des verletzten Fahrgastes befassen, sind es nur zwei (die Urteile vom 15. 6. 36[6] und vom 25. 2. 39[7]), die erkennen lassen, daß diesem Einwand Erfolg beschieden war. In einem weiteren Fall (Urteil vom 28. 5. 34[8]) wurde das Berufungsurteil aufgehoben, weil ein Haftungsausschluß mit rechts-

---

[1] Vgl. oben S. 34.

[2] Typisch OLG Freiburg 4. 5. 51, VersR 1951, 206, bestätigt durch BGH 9. 10. 52, VRS 5 (1953) Nr. 2, S. 2; ferner OLG Stuttgart 24. 2. 55, VersR 1955, 318 (wo in einem derartigen Fall gar gesagt wird, es komme auf den angeblich nüchternen Eindruck des Kraftfahrers nicht an!); OLG Hamm 17. 11. 53, VersR 1954, 129.

[3] Vgl. RG 14. 10. 41, VAE 13 (1942) Nr. 9, S. 9; OLG Königsberg 7. 11. 38, VR 1939, 1084; OLG Köln 15. 9. 50, VersR 1951, 180; OLG Nürnberg 14. 6. 54, Bay. J.MinBl. 1954, 209.

[4] So das Reichsgericht in dem schon erwähnten Urteil vom 10. 3. 30 (s. oben S. 30f.), ferner BGH 9. 10. 52, VRS 5 (1953) Nr. 2, S. 2.

[5] Für die Zeit vor 1933 s. oben S. 32.

[6] IRPV 1936, 230, s. oben S. 35 N. 10.

[7] VAE 7 (1939) Nr. 274, S. 201, s. oben S. 35 N. 11.

[8] JW 1934, 2033 = WarnRspr. 1934, Nr. 162, S. 335, s. oben S. 34 N. 2.

irrigen Erwägungen verneint worden sei. Aber in nicht weniger als vierundzwanzig Fällen (!) wurde ein Haftungsausschluß in der Revisionsinstanz endgültig verneint und in drei Fällen Berufungsurteile, die einen Haftungsausschluß angenommen hatten, wegen Verletzung des Rechts aufgehoben.

In der Rechtsprechung des Bundesgerichtshofs habe ich unter siebzehn veröffentlichten Entscheidungen zur Gefälligkeitsfahrt nur eine einzige (nämlich diejenige vom 9. 10. 52[1]) ermitteln können, in der ein Haftungsausschluß endgültig anerkannt wurde. In fast allen anderen Entscheidungen wurde er endgültig abgelehnt.

cc) Das Bewußtsein des Fahrgasts von der besonderen Gefährlichkeit der Fahrt zieht nicht notwendig den Ausschluß der Fahrerhaftung nach sich. Der Fahrgast muß sich außerdem so verhalten haben, daß daraus „nach den gesamten Umständen unter Berücksichtigung der im Verkehr zwischen billig denkenden Menschen herrschenden Anschauungen" auf die Abgabe einer Haftungsverzichts- oder Einwilligungserklärung geschlossen werden kann[2].

a 1) Als ein Umstand, der gegen einen Haftungsausschluß spricht, wurde z.B. betrachtet, daß sich der Fahrgast aus einer gewissen Zwangslage heraus zur Teilnahme an der Fahrt entschloß.

Vgl. RG 14. 1. 32[3]: Eine junge, noch nicht fest angestellte Schulamtsbewerberin ließ sich von dem bekl. Schulleiter im Wagen zu einer Lehrerkonferenz mitnehmen, die teils amtlichen, teils geselligen Charakter hatte und von der sich die Kl. mit Rücksicht auf ihre Abhängigkeit vom Bekl. nicht ausschließen konnte.

BGH 2. 12. 58[4]): Die Kl. hatte sich von R. zu einer Geschäftsfahrt mitnehmen lassen, die in einer „Sauftour" endigte. Auf der nächtlichen Heimfahrt übernahm die Kl., die Berufsfahrerin war und nicht unter Alkoholeinwirkung stand, das Steuer. Im Verlauf der Fahrt zog jedoch R. (der einen Blutalkoholgehalt von 2,27‰ hatte) plötzlich die Handbremse und zwang die Kl. nach einer heftigen und lauten Auseinandersetzung, ihm das Steuer zu überlassen, wobei er sie aufforderte, den Wagen zu verlassen und mit der Eisenbahn oder einem Mietwagen nach Hause zu fahren.

Der Bundesgerichtshof verneinte mit Rücksicht auf die Zwangslage, vor die R. die Kl. gestellt hatte, sowohl einen stillschweigenden Haftungsverzicht der bei der Weiterfahrt verletzten Kl. wie auch ein Handeln der Kl. auf eigene Gefahr. Die Tatsache, daß die Kl. die Fahruntüchtigkeit des R. gekannt habe, sei nicht allein ausschlaggebend. Es seien auch die sonstigen Umstände zu berücksichtigen.

---

[1] VRS 5 (1953) Nr. 2, S. 2 = NJW 1952, 1410; vgl. auch noch das Urteil des BGH vom 3. 7. 52 (oben S. 36 N. 2), wo aber über den Haftungsausschluß nicht endgültig befunden wurde.

[2] RG 28. 5. 34, WarnRspr. 1934, Nr. 162, S. 335; BGH 23. 6. 54, VRS 7 (1954) Nr. 3, S. 6; BGH 2. 12. 58, VRS 16 (1959) Nr. 35, S. 81; OLG Celle 31. 1. 55, VersR 1955, 170.

[3] DAR 1932, 89 = VR 1932, 154.

[4] VRS 16 (1959) Nr. 35, S. 81; hierzu BÖHMER, JR 1959, 411.

b 1) In ähnlicher Weise hat die Rechtsprechung – und zwar schon das Reichsgericht in seiner Rechtsprechung zur Gefälligkeitsfahrt im Tierfuhrwerk[1] – die Versicherung des Halters gegen Haftpflicht als einen Umstand gewertet, der gegen einen Haftungsverzicht des Fahrgasts und gegen ein Handeln des Fahrgasts auf eigene Gefahr spricht[2]. Aus der dem Fahrgast bekannten Tatsache der Haftpflichtversicherung des Fahrers dürfe freilich, wie die Rechtsprechung betont, nicht immer der Nichtabschluß eines Enthaftungsvertrages gefolgert werden; es handele sich nur um einen möglichen Auslegungsbehelf für die Willensrichtung der Beteiligten[3].

Im Urteil vom 3. 12. 38[4] zieht das Reichsgericht sogar schon die objektive Tatsache einer Haftpflichtversicherung des Fahrers als Mittel zur Auslegung des Verhaltens der Beteiligten heran[5], und zwar sowohl im Hinblick auf einen stillschweigenden Haftungsverzicht wie auf ein Handeln des Verletzten auf eigene Gefahr[6].

Das Reichsgericht stellt in dieser Entscheidung nunmehr auf den stillschweigenden Willen des Fahrers ab:

„Die Erwägung, daß der gegen Haftpflicht versicherte, dem N. [Fahrgast] berufskameradschaftlich verbundene Bekl. wohl kaum die Absicht gehabt habe, dem N. eine Haftungsverzichts- oder Gefahrübernahmeerklärung anzusinnen, steht nicht im Widerspruch mit der Erfahrung des Lebens und läßt keinen Rechtsirrtum erkennen.“[7] An sich setzt dieser Gedankengang die Annahme eines Vertragsschlusses voraus; denn die stillschweigende Abgabe einer einseitigen Willenserklärung hängt nicht davon ab, daß die Erklärung dem Fahrgast „angesonnen“ wird. Wenn das Reichsgericht trotzdem die beiden Konstruktionen einfach nebeneinander stellt, so zeigt das die Fragwürdigkeit der zwischen ihnen gemachten Unterscheidung. In

---

[1] RG 12. 3. 08, WarnRspr. 1908, Nr. 353, S. 260; RG 29. 10. 08, WarnRspr. 1909, Nr. 100, S. 96.

[2] Vgl. RG 9. 7. 14, WarnRspr. 1914, Nr. 259, S. 367; RG 1. 2. 26, JW 1926, 2534 = JR 1926, 831.

[3] RG 28. 5. 34, JW 1934, 2033; RG 9. 11. 36, WarnRspr. 1937, Nr. 9, S. 20.

[4] ZAKDR 1939, 350, mit Anm. Floegel.

[5] Die Kenntnis des Fahrgastes von der Versicherung war nicht erwiesen.

[6] Ebenso RG 21. 1. 41, DR 1941, 1067. Das OLG Jena hatte schon im Urteil vom 8. 9. 38, RdK 1939, 103 dargelegt, daß es belanglos sei, wenn der Fahrgast von dem Bestehen der Versicherung nichts weiß.

[7] RG (oben N. 4) 350 f.; ähnlich erklärt das Reichsgericht im Urteil vom 10. 1. 41, VAE 11 (1941) Nr. 66, S. 53, es sei nicht zu beanstanden, wenn der Berufungsrichter die Tatsache, daß der Bekl. eine Insassenunfallversicherung abgeschlossen hatte, mit als Anzeichen dafür verwertet habe, daß der Bekl. mit dem Ausschluß seiner Verschuldenshaftung nicht einverstanden gewesen sei. Der Bundesgerichtshof stellt im Urteil vom 16. 12. 58, VersR 1959, 386 lediglich fest, daß das Bestehen einer Insassenunfallversicherung nicht für einen Haftungsverzicht spreche.

Wahrheit entnimmt das Reichsgericht die Entscheidung über den Haftungsausschluß den jeweiligen objektiven Umständen.

Seit der Einführung der Pflichtversicherung der Kraftfahrzeughalter im Jahre 1939[1] genießt der haftpflichtige Fahrer so gut wie immer[2] Versicherungsschutz, was auch allgemein bekannt ist. Das Bestehen einer Haftpflichtversicherung hat somit seine Bedeutung als „besonderer" Umstand verloren, und die Gerichte berücksichtigen es auch bei der Prüfung eines Haftungsausschlusses meist nicht mehr.

Bezeichnend BGH 9. 10. 52[3]: Die Frage des Einflusses einer Haftpflichtversicherung bedürfe keiner abschließenden Entscheidung, da die Kl. nichts dafür dargetan habe, daß das Bestehen der Haftpflichtversicherung des Bekl. auf die Erwägungen der Beteiligten einen Einfluß gehabt hätte. Entsprechend OLG Karlsruhe (Senat Freiburg) vom 14. 7. 54[4].

Andererseits spricht es gegen einen Haftungsausschluß, wenn der Fahrer dem Fahrgast erklärt, er könne ruhig mit ihm fahren, weil er gegen Haftpflicht versichert sei: BGH 24. 9. 57[5].

Ein Teil der Oberlandesgerichte hatte schon immer gegen die Berücksichtigung einer Haftpflichtversicherung des Fahrers Bedenken erhoben, vgl. OLG Stuttgart 20. 5. 15[6], KG 9. 1. 32[7] und OLG Celle 30. 7. 40 (es sei mit dem Zweck einer Haftpflichtversicherung unvereinbar, daß das Bestehen einer Versicherung die Annahme eines stillschweigenden Haftungsverzichts ausschließt)[8].

Auch das Reichsgericht hatte im Urteil vom 28. 5. 34[9] eingeräumt, es entspreche nicht dem Rechtsempfinden der billig und gerecht Denkenden, eine „Bierreise" auf die Gefahr der Versicherungsgesellschaft zu unternehmen. Aber das schließe nicht aus, daß die Parteien gleichwohl im Hinblick auf die bestehende Haftpflichtversicherung des Bekl. von dem Abschluß eines Enthaftungsvertrages Abstand nehmen, und der mangelnde Vertragswille der Parteien sei letzten Endes entscheidend.

c 1) Die große Masse der Entscheidungen zum Handeln des Fahrgasts auf eigene Gefahr betreffen Fälle der Gefälligkeitsfahrt. Dient eine Beförderung, die mit besonderen, vom Fahrgast erkannten Gefahren verbun-

---

[1] Gesetz vom 7. 11. 39 (RGBl. I 2223).

[2] Ein Versicherungsschutz kann ausnahmsweise z. B. deswegen fehlen, weil der verletzte Fahrgast ein Angehöriger ist, dem der Halter, der die Versicherung genommen hat, auf Grund gesetzlicher Verpflichtung zur Zeit des Versicherungsfalles Unterhalt gewährt, vgl. § 11 Nr. 4 der Allgem. Bedingungen für die Kraftfahrversicherung (AKB), RAnz. Nr. 187/40.

[3] VersR 1952, 420 [421]. [4] VRS 7 (1954) Nr. 78, S. 170.

[5] VersR 1957, 718. [6] Recht 1915, Nr. 1532. [7] DAR 1932, 277.

[8] IRPV 1940, 182 = RdK 1941, 16.

[9] WarnRspr. 1934, Nr. 162, S. 335 [336].

den ist, dem beruflichen oder geschäftlichen Interesse des Fahrers, so wird das, auch wenn die Beförderung unentgeltlich ist, stets als ein Umstand angesehen, der gegen ein Handeln des Fahrgasts auf eigene Gefahr bzw. gegen einen Haftungsverzicht des Fahrgasts spricht.

Eine Gefälligkeitsfahrt und damit auch ein Haftungsausschluß wurden z. B. verneint in den folgenden Entscheidungen:

RG 16. 3. 32[1]: Mitnahme des Kl. zu Verhandlungen über den Verkauf eines Chassis, welches der Bekl. sicherheitshalber an den Kl. übereignet hatte;

RG 11. 7. 35[2]: Mitfahrt des Kl., um den Bekl. mit dem von ihm durch Vermittlung des Kl. angekauften Wagen vertraut zu machen;

OLG Hamm 20. 10. 30[3]: Eine Reparaturfirma fährt ihren Kunden nach Hause, weil der zu reparierende Wagen noch nicht fertiggestellt ist;

OLG Düsseldorf 12. 6. 33[4]: Ein Kaufliebhaber wird vom Verkäufer zur Besichtigung des Kaufobjektes mitgenommen.

Zu weitgehend OLG Dresden 18. 12. 36[5]: Der Bekl. hatte den Kl. aufgefordert, sich von ihm, dem Bekl., auf dem Kraftrad nach Hause fahren zu lassen. Das Oberlandesgericht verneinte eine Gefälligkeitsfahrt, weil der Bekl. an der Beförderung des Kl., der ein ständiger Gast in der Wirtschaft des Bekl. war, ein „gewisses geschäftliches Interesse" gehabt habe. M. E. war entscheidend, daß die Beförderung nicht in den geschäftlichen oder beruflichen Verantwortungsbereich des Bekl. fiel. Richtig OLG München 4. 12. 40[6]: Erklärt sich ein Gastwirt (der Bekl.) beim Beitritt einer Person (des Kl.) zu einem sich regelmäßig in der Wirtschaft des Bekl. versammelnden Gesangverein allgemein dazu bereit, den Kl. zu den Veranstaltungen des Vereins hin und wieder zurückzufahren, so schließt das die Annahme eines Gefälligkeitsverhältnisses nicht aus.

Eine Gefälligkeitsfahrt kann auch nicht schon dann verneint werden, wenn der unentgeltlich mitgenommene Kl. an sich die Bahn zu benutzen beabsichtigte und nur deshalb mitgefahren ist, weil er nicht unkameradschaftlich erscheinen wollte (anders aber KG 25. 11. 37)[7] oder wenn sich der Fahrgast an den Fahrkosten beteiligt[8] bzw. dem Fahrer ein Gegengeschenk macht[9].

Ein stillschweigender Haftungsverzicht des Fahrgastes ist auch dann nicht anzunehmen, wenn der Fahrgast durch seine Mitfahrt seinerseits dem Fahrer eine Gefälligkeit erweist.

---

[1] WarnRspr. 1932, Nr. 73, S. 149. [2] WarnRspr. 1935, Nr. 130, S. 270.
[3] RdK 1931, 441. [4] RdK 1933, 300. [5] VAE 3 (1937) Nr. 124, S. 118.
[6] HRR 1941, Nr. 487. [7] VAE 5 (1938) Nr. 72, S. 69.
[8] OLG Karlsruhe 23. 5. 34, HRR 1935, Nr. 683; Meeske (oben S. 21 N. 2) 358; Stutzer (oben S. 21 N. 2) 10; Radtke (oben S. 18 N. 4) 16.
[9] OLG Stuttgart 20. 5. 15, Recht 1915, Nr. 1532, und Recht 1916, Nr. 1388.

LG Stade 4. 2. 52[1]: Der Kl. war auf den Wunsch des Bekl. in dessen Wagen umgestiegen, um der Tochter des Bekl. durch Überlassung seines Platzes auf einem in Begleitung des PKW fahrenden Beiwagenkraftrad einen Gefallen zu tun.

Die wenigen veröffentlichten Entscheidungen, in denen trotz entgeltlicher Beförderung ein stillschweigender Haftungsverzicht bzw. ein Handeln des Fahrgastes auf eigene Gefahr angenommen wurde, betreffen fast durchweg den Sachverhalt, daß der Fahrgast einen von ihm beauftragten Taxichauffeur zur Teilnahme an einer feuchtfröhlichen Vergnügung animierte und den Chauffeur trotz dessen Übermüdung oder Angetrunkenheit zur Weiterfahrt aufforderte[2].

Vgl. die auf S. 30f. mitgeteilte Entscheidung des Reichsgerichts vom 10. 3. 30 sowie die Urteile des Reichsgerichts vom 30. 4. 30[3] und 20. 2. 36[4].

Diese Fälle stehen der typischen Interessenlage der Gefälligkeitsfahrt überaus nahe, und ich habe Zweifel, ob man von dem Zeitpunkt an, in welchem für die Beteiligten das Vergnügen begann, überhaupt noch von einer „vertraglichen" Beförderung sprechen kann; denn der Chauffeur, der auf einer derartigen Tour mit den Fahrgästen gemeinsame Sache macht, begibt sich auf rein gesellschaftliche Ebene und verläßt mit Billigung der Fahrgäste seinen beruflichen Verantwortungsbereich.

Siehe auch OLG Köln 7. 4. 38[5]: An eine Geschäftsreise schloß sich ein „geselliger Teil" an, in dessen Verlauf ein Weinhaus und zwei Bierlokale besucht wurden. M. E. bestand hier gar kein Anlaß, zu prüfen, ob der Gesichtspunkt des Handelns auf eigene Gefahr auch außerhalb der sog. Gefälligkeitsfahrt Anwendung findet.

dd) Die Haftung des Fahrers ist nur dann ausgeschlossen, wenn der Unfall, bei welchem der Fahrgast verletzt wird, auf der Verwirklichung gerade der vom Fahrgast erkannten Gefahrenquelle beruht. Von dem Nachweis eines Kausalzusammenhangs zwischen erkannter Gefahr und dem Schaden hängt nach der Rechtsprechung nicht nur das Handeln des Verletzten auf eigene Gefahr ab, sondern auch ein Haftungsausschluß kraft stillschweigender Vereinbarung[6].

---

[1] VRS 4 (1952) Nr. 122, S. 245.

[2] Eine Ausnahme scheint nur das oben S. 36 N. 5 mitgeteilte Urteil des OGH Köln vom 4. 11. 49 zu bilden, wo aber die Annahme eines Handeln des Fahrgastes auf eigene Gefahr sicherlich zu weit geht.

[3] VR 1930, 390. [4] VAE 2 (1936) Nr. 306, S. 338. [5] IRPV 1938, 283.

[6] Vgl. OGH Köln 22. 9. 50, VRS 3 (1951) Nr. 5, S. 15 [16]: Derselbe Grundsatz (des Kausalzusammenhangs) habe „logischerweise" auch zu gelten bei einem etwa zu unterstellenden stillschweigenden Haftungsausschlußvertrag.

RG 30. 11. 33[1]: Der Ehemann der Kl. war auf dem Kraftrad des Bekl., das nur mit einer Taschenlampe beleuchtet war, in einer dunklen, nebeligen Nacht aus Gefälligkeit mitgenommen worden und bei einem sich während der Fahrt ereignenden, vom Bekl. verschuldeten Unfall tödlich verunglückt. Das Reichsgericht lehnte sowohl einen stillschweigenden Haftungsverzicht wie ein Handeln des Verletzten auf eigene Gefahr ab, da der Unfall mit der mangelhaften Ausrüstung des Kraftrades nicht das mindeste zu tun hatte.

BGH 4. 5. 55[2]: „Daß sich der Fahrgast tatsächlich der Gefährdung durch die Umstände bewußt gewesen sein muß, die später den Eintritt des Unfalls zur Folge gehabt haben, ist begriffsnotwendige Voraussetzung für einen stillschweigenden Haftungsverzicht oder ein Handeln auf eigene Gefahr . . ."

In der vereinzelt gebliebenen Entscheidung vom 9. 10. 52[3] bezeichnete der Bundesgerichtshof es allerdings als gleichgültig, ob die für den Unfall ursächliche leichte Fahrlässigkeit des Fahrers auf den vom Fahrgast gebilligten Alkoholgenuß des Fahrers zurückzuführen sei oder nicht; denn andernfalls komme man zu dem nicht vertretbaren Ergebnis, daß der Alkoholgenuß und seine Ursächlichkeit für den Unfall die Haftung des Fahrers einschränke und nicht erweitere. Das Irrtümliche dieser Ansicht, die in späteren Entscheidungen vom Bundesgerichtshof preisgegeben wurde[4], liegt auf der Hand: nicht der Alkoholgenuß schränkt die Haftung des Fahrers ein, sondern der Umstand, daß sich der Verletzte bewußt der Gefahr einer durch den Alkoholgenuß bedingten Unsicherheit des Fahrers – aber auch nur dieser Gefahr – aussetzt.

## Die Rechtsprechung nimmt es mit der Feststellung eines Kausalzusammenhangs zwischen Gefahr und Schaden sehr genau.

Zu welch raffinierten Unterscheidungen die Praxis bei der Abgrenzung des übernommenen Risikos gelangt, zeigt namentlich das Urteil des BGH vom 4. 5. 55[5]: Wilhelm O., der von V. in dessen LKW aus Gefälligkeit mitgenommen worden war, erlitt tödliche Verletzungen, als der LKW mit einem entgegenkommenden Fahrzeug zusammenstieß. Der Unfall war darauf zurückzuführen, daß sich im Hauptbremszylinder des LKW ein Haarriß befand und infolgedessen die Bremsen bei plötzlicher starker Beanspruchung versagten. O. wußte zwar, daß die Bremsen jeweils erst nach mehrmaligem Durchtreten des Bremspedals faßten, eine Funktionsstörung, deren Ursache die Verschlammung des Hauptbremszylinders war. Von dem Haarriß war ihm aber nichts bekannt. Der Bundesgerichtshof verwarf den Einwand des Handelns auf eigene Gefahr. Dieser Einwand scheitere daran, daß der Unfall nicht auf der Verschlammung des Bremszylinders, sondern auf dem dem Fahrgast unbekannten Haarriß beruhe.

---

[1] WarnRspr. 1934, Nr. 7, S. 16 [18]; ähnlich BGH 23. 3. 55, VersR 1955, 309.

[2] VersR 1955, 355 [356].

[3] VRS 5 (1953) Nr. 2, S. 2.

[4] Vgl. BGH 23. 3. 55, VersR 1955, 309, und BGH 4. 5. 55, VersR 1955, 355; ferner Wangemann, MDR 1956, 387.

[5] VersR 1955, 355; vgl. auch OGH Köln 22. 9. 50, VRS 3 (1951) Nr. 5, S. 15, und ferner BGH 3. 7. 52, VRS 4 (1952) Nr. 256, S. 484, wo es aber um die Auslegung eines ausdrücklichen Haftungsverzichts geht.

Die Inkaufnahme eines Gefahrenmomentes schließt also, falls nicht besondere Umstände vorliegen, nicht die Haftung des Fahrers für solche Schäden aus, die nicht allein auf dem gebilligten Gefahrenmoment beruhen, sondern noch durch andere, vom Fahrgast nicht vorhergesehene Umstände mitbedingt werden, die dem Fahrer als Verschulden anzurechnen sind. Das schadensursächliche Verschulden des Fahrers muß sich darin erschöpfen, daß er den Fahrgast der von diesem erkannten und gebilligten Gefahr aussetzte.

Vgl. die oben besprochenen Entscheidungen des OLG Jena vom 14. 11. 29[1], des OGH Köln vom 4. 11. 49[2] und des OLG Celle vom 17. 1. 28[3]. Damit hängt auch zusammen, daß die Billigung „relativer" Gefahrenmomente für sich allein niemals einen Haftungsverzicht in sich schließt, s. oben S. 38 f.

d) Verhältnis des „Handelns auf eigene Gefahr" zum Haftungsausschlußgrund des stillschweigenden Haftungsverzichts

Das Reichsgericht hat mehrfach hervorgehoben, dem „Handeln auf eigene Gefahr" komme gegenüber dem Haftungsausschlußgrund des stillschweigenden Haftungsverzichts rechtlich eine selbständige Bedeutung zu[4]. Tatsächlich decken sich aber Anwendungsbereich und Rechtswirkung dieser angeblich verschiedenen Haftungsausschlußgründe in der Rechtsprechung zur Gefälligkeitsfahrt vollständig. Wussow[5] und Bemmann[6] wollen wenigstens darin einen Unterschied erblicken, daß bei einem Handeln auf eigene Gefahr der Verletzte das Risiko für die Folgen übernimmt, die sich aus einem oder mehreren Gefahrenmomenten ergeben, während bei einem vertraglichen Haftungsausschluß die Haftung des Fahrers generell ausgeschlossen wird, ganz gleich, auf Grund welcher Tatsachen der Schaden eintritt. Das ist ein begriffliches Axiom, das zu der Wirklichkeit der Rechtspraxis in Widerspruch steht: die Gerichte beziehen auch den „stillschweigenden Haftungsverzicht" (im Gegensatz zum ausdrücklichen) stets nur auf solche Schäden, die durch die Verwirklichung eines besonderen, vom Fahrgast erkannten Gefahrenmomentes herbeigeführt werden. Die Konstruktionen des Handelns auf eigene Gefahr und des stillschweigenden Haftungsverzichts bedeuten ein- und dieselbe Lösung für die Haftungsprobleme der Gefälligkeitsfahrt, so

---

[1] Siehe oben S. 36 N. 3. [2] Siehe oben S. 36 N. 5. [3] Siehe oben S. 37 N. 9.

[4] RG 19. 6. 33, RGZ 141, 262 [264]; RG 30. 11. 33, WarnRspr. 1934, Nr. 7, S. 16 [18]; RG 28. 5. 34, WarnRspr. 1934, Nr. 162, S. 335 [337].

[5] Unfallhaftpflichtrecht 526. [6] VersR 1958, 584.

daß es müßig ist, zwischen den beiden Begriffen zu unterscheiden [1]. Die unrühmliche Entstehungsgeschichte jener Begriffsspaltung scheint auch in einer Wiedervereinigung der beiden Begriffe ihren Abschluß zu finden. Mehr und mehr werden nämlich beide Begriffe in der Rechtsprechung simultan verwendet werden („ein stillschweigender Haftungsverzicht oder ein Handeln auf eigene Gefahr") [2], ja der Bundesgerichtshof macht sich in dem Urteil vom 27. 6. 56 [3] nicht einmal mehr die Mühe der Aneinanderreihung, sondern spricht nur noch – der Sache nach völlig zu Recht – von den Voraussetzungen „eines Haftungsausschlusses" bei der Gefälligkeitsfahrt.

## *II. Unerlaubte Mitfahrt*

### *1. Mitfahrt gegen den Willen des Fahrers*

Wird bei einem vom Fahrer verschuldeten Unfall eine Person verletzt, die sich ohne das Einverständnis des Fahrers auf das Fahrzeug begeben hat (blinder Passagier), so kann diese nur dann den Fahrer gemäß §§ 823 ff. BGB [4] in Anspruch nehmen, wenn der Fahrer von der Anwesenheit des blinden Passagiers wußte oder wissen mußte; denn nur in diesem Fall trifft den Fahrer auch im Verhältnis zum blinden Passagier ein Verschulden. Im allgemeinen kann von dem Fahrer nicht erwartet werden, daß er Vorkehrungen trifft, um das Einsteigen blinder Passagiere zu verhindern, oder daß er sich vor Antritt der Fahrt davon überzeugt, blinde Passagiere seien nicht zugegen.

---

[1] So auch H.-D. FISCHER 13; KOFFKA (s. oben S. 21 N. 2) 305 (der Unterschied beider Rechtsformen verschwinde für die Praxis völlig); WEIGELT, DAR 1936, 265 (in der Praxis spiele der Einwand des Handelns auf eigene Gefahr keine selbständige Rolle); SCHWARZE, VersR 1956, 200.

[2] RG 26. 11. 36, VAE 3 (1937) Nr. 123, S. 117; RG 3. 12. 38, JW 1939, 482; OGH Köln 22. 9. 50, VRS 3 (1951) Nr. 5, S. 15; BGH 4. 5. 55, VersR 1955, 355; BGH 22. 6. 55, VersR 1955, 525; BGH 9. 11. 56, VersR 1957, 26 ff.; OLG Köln 15. 9. 50, VersR 1951, 180.

[3] VersR 1956, 589 [590].

[4] Einem blinden Passagier kommt niemals die Gefährdungshaftung des Kraftfahrzeughalters zustatten, § 8 a I StVG; vgl. auch § 3 Nr. 2 des österreichischen Bundesgesetzes vom 21. 1. 1959 über die Haftung für den Ersatz von Schäden aus Unfällen beim Betrieb von Eisenbahnen und beim Betrieb von Kraftfahrzeugen (BGBl. Nr. 48). Schmuggelt sich ein blinder Passagier auf ein Tierfuhrwerk, so kann ihm der Tierhalter nach der Ansicht von ECKSTEIN, ArchBR 39 (1913) 402 den Einwand der unzulässigen Rechtsausübung entgegenhalten, falls sich der blinde Passagier auf die Gefährdungshaftung des Halters nach § 833 BGB beruft.

So der österreichische Oberste Gerichtshof im Urteil vom 31. 3. 31[1] für den Fall, daß das Fahrzeug (ein LKW) nicht der allgemeinen Benutzung freisteht.

Doch muß der Fahrer, namentlich wenn sich sein Fahrzeug nur langsam fortbewegt (Trecker usw.), darauf Bedacht nehmen, daß nicht Kinder aufspringen[2]. Die Praxis verlangt in dieser Hinsicht ein erhebliches Maß an Vorsicht.

Vgl. RG 21. 1. 31[3]: Der beklagte Lastwagenfahrer hatte nicht bemerkt, daß sein Beifahrer wegen eines Abladmanövers vom Anhänger abgestiegen war und mehrere Kinder diese Gelegenheit benutzt hatten, um auf den Anhänger zu klettern. Das Reichsgericht bezichtigte den Fahrer, schuldhaft gehandelt zu haben, weil er sich vor Fortsetzung der Fahrt nicht davon vergewissert habe, ob der Beifahrer seinen Platz auf dem Anhänger eingenommen hatte.

Mit einem eigenartigen Fall einer unerlaubten Mitfahrt, die mit Wissen des Fahrers erfolgte, befaßt sich der österreichische Oberste Gerichtshof in seinem Urteil vom 17. 3. 33[4].

Die V., die der Angeklagte auf den von ihm gelenkten LKW aufsteigen lassen wollte, stellte sich auf das Trittbrett und blieb dort stehen, obwohl sie der Angeklagte aufforderte, hinten aufzusteigen. Der Angeklagte erklärte, so nicht weiterfahren zu können, setzte dann aber, als sich das Mädchen weigerte, das Trittbrett zu verlassen, die Fahrt doch fort. Als der Wagen auf der Weiterfahrt über eine Wasserrinne fuhr, stürzte die V. ab und wurde schwer verletzt; sie hatte gerade in diesem Augenblick, um sich die durch den Wind in Unordnung geratenen Haare zu richten, sich nur mit einer Hand festgehalten. Der OGH verneinte ein Verschulden des Angeklagten. Dieser habe alles Zumutbare getan. „Das Mädchen etwa wirklich zum Verlassen des Trittbretts zu zwingen, hätte von dem Angeklagten nur verlangt werden können, wenn es sich um eine Person gehandelt hätte, die sich der Gefährlichkeit der Lage ungeachtet der ihr zuteil gewordenen Warnung nicht bewußt gewesen sein mußte und auf deren Willen es daher nicht angekommen wäre oder wenn den Angeklagten eine besondere Pflicht getroffen hätte, für die Sicherheit mitfahrender Personen vorzusorgen, wie dies etwa den Angestellten einer Personenverkehrsunternehmung obliegt“[5].

Das Gericht begrenzt also die Sorgfaltspflichten des Fahrers im Hinblick auf die wissentlich unerlaubte Selbstgefährdung der V. Indem er

---

[1] Entscheidungen des österr. OGH in Strafsachen und Disziplinarangelegenheiten XI (1931) Nr. 21, S. 49.

[2] OLG Hamm 24. 11. 48, VRS 2 (1950) Nr. 110, S. 294; OLG Düsseldorf 20. 1. 49, VRS 1 (1949) Nr. 8, S. 41.

[3] RGZ 131, 190 = JW 1931, 3319.

[4] Entscheidungen des österr. OGH in Strafsachen und Disziplinarangelegenheiten XIII (1933) 87.

[5] Österr. OGH (vorige Note) 88.

die V. verwarnt habe, habe der Fahrer unter den gegebenen Umständen alles im Verkehr Erforderliche getan.

Ein ähnlicher Gedankengang findet sich im Urteil des Reichsgerichts vom 16. 12. 42[1].

Um rasch nach Hause zu kommen, hatte sich der im Wehrdienst stehende W. von dem Obergefreiten M. in einem Wehrmachtslastkraftwagen mitnehmen lassen. Unterwegs verschuldete M. einen Unfall, bei welchem W. getötet wurde. Die Witwe und der Sohn des Getöteten nahmen das Reich gemäß § 839 BGB i. V. m. Art. 131 WRV auf Schadensersatz in Anspruch. Das Reichsgericht erörtert die tatsächlichen Möglichkeiten, daß sich W. – wie dies der Bekl. behauptete – unerlaubt von der Truppe entfernt hatte, um seine Frau zu besuchen, oder daß W. dem M. unwahrerweise angab, er sei zum Mitfahren befohlen worden. In beiden Fällen könne eine Amtspflicht des Fahrers W. gegenüber ebensowenig angenommen werden, wie wenn W. als „blinder Passagier" mitgefahren wäre. [Die Anwendbarkeit des § 254 BGB wird verneint, weil eine unberechtigte Benutzung des Kraftwagens keine adäquate Ursache für den Tod des W. gewesen sei.] Falls aber W. dem M. keine unwahren Angaben gemacht habe, sondern von diesem aus Gefälligkeit mitgenommen worden sei, komme in Betracht, daß nach der besonderen Lage des Falles die Geltendmachung der Klageansprüche eine unzulässige Rechtsausübung enthalte.

Das Reichsgericht differenziert hier die Amtspflichten des Fahrers danach, ob der Fahrgast befugt oder unbefugt mitfuhr.

### *2. Unbefugte Mitnahme von Personen durch den vom Wagenbesitzer angestellten Fahrer*

Der Wagenbesitzer ist nicht schlechthin der Verantwortung für Schäden ledig, die sein Fahrer durch weisungswidriges Verhaltens verursacht. § 831 BGB verlangt nämlich nicht, daß gerade die den Schaden unmittelbar verursachende Handlung dem Verrichtungsgehilfen aufgetragen worden ist. Es genügt, daß sie für eine objektive Betrachtungsweise in den dem Gehilfen zugewiesenen Tätigkeitsbereich fällt. Wird daher ein vom Fahrer verbotswidrig mitgenommener Fahrgast unterwegs verletzt, so handelte der Fahrer, falls er sich im wesentlichen an die vorgeschriebene Fahrtstrecke hielt, in Ausführung der ihm übertragenen Verrichtung im Sinne des § 831 BGB. Der Dienstherr haftet mithin in diesem Falle, sofern er sich nicht zu exkulpieren vermag[2]. Geringfügige Abweichungen

---

[1] RGZ 170, 311.

[2] RG 1. 10. 06, Gruchot 51 (1907) 604 [607]; RG 1. 4. 09, WarnRspr. 1909, Nr. 405, S. 383; RG 4. 11. 12, Recht 1913, Nr. 194 = WarnRspr. 1913, Nr. 55, S. 75; *anders* OLG Naumburg 17. 11. 05, S. A. 61 (1906) Nr. 134, S. 236; OLG Bamberg 21. 7. 49, VRS 1 (1949) Nr. 86, S. 176.

von der vorgeschriebenen Fahrtstrecke schaden nichts [1]. Nach dem Urteil des Reichsgerichts vom 4. 11. 12 [2] ist sogar belanglos, ob der Fahrgast glaubte, der Fahrer dürfe ihn mitfahren lassen oder ob der Fahrgast insoweit schlechtgläubig war.

Eigene Wege geht das OLG München in seiner bemerkenswerten Entscheidung vom 26. 5. 33 [3]: H. war von dem Fahrer des M. in dessen Lastzug auf der Ladefläche mitgenommen worden, wo sich Fässer und Maschinenteile befanden. Als der Triebwagen umfiel, rollte ein Faß auf H. und erdrückte ihn. Das Oberlandesgericht stellte fest, daß H. ohne Wissen und Willen des M. befördert worden und daher diesem gegenüber ein „schwarzer Passagier" gewesen sei. „Wer als solcher ein Fahrzeug benützt, kann hinsichtlich der aus der Mitfahrt entspringenden Gefahr nach Treu und Glauben im Verkehr weder verlangen, daß der Unternehmer ihm gegenüber auch für einen geringen Grad von Fahrlässigkeit haftet, noch kann er an die Führung des gesetzlich geforderten Entlastungsbeweises allzu strenge Anforderungen stellen." Dies gelte um so mehr, als das Fahrzeug ersichtlich nicht für die Beförderung von Personen eingerichtet und die Ladung für den Fahrgast besonders gefährlich gewesen sei. M. sei nicht haftbar, weil ihm ein grobes Verschulden nicht nachgewiesen werden könne.

### *3. Beteiligung an einer Schwarzfahrt*

Der Teilnehmer an einer Schwarzfahrt kann sich gegenüber dem Wagenbesitzer niemals auf § 831 BGB berufen, mag auch die Schwarzfahrt von dem Fahrer des Wagenbesitzers veranstaltet worden sein; denn eine Schwarzfahrt fällt überhaupt nicht in den Kreis der dem Fahrer übertragenen Verrichtungen [4]. Hingegen hat der Wagenbesitzer möglicherweise auf Grund von § 823 BGB für die bei der Schwarzfahrt angerichteten Schäden grundsätzlich einzustehen. Wer nämlich nichts tut, um eine Schwarzfahrt von Personen zu verhindern, die zur Führung des Fahrtzeugs ungeeignet sind, verletzt seine allgemeinen Verkehrspflichten [5]. Ebenso handelt pflichtwidrig im Sinne der §§ 823, 276 BGB, wer einen unzuverlässigen Fahrer einstellt und hierdurch Gefahren für die Allgemeinheit heraufbeschwört [6]: zufolge einer solchen Pflichtverletzung

---

[1] RG 2. 1. 13, JW 1913, 327.

[2] Recht 1913, Nr. 194 = WarnRspr. 1913, Nr. 55, S. 75.

[3] Recht 1933, Nr. 512, S. 455 = EisenbahnE 55 (1934) 365.

[4] RG 10. 3. 32, RGZ 136, 4 [14]; OG Danzig 2. 7. 27, VR 1928, 246; OLG Düsseldorf 5. 4. 56, VersR 1957, 343.

[5] Vgl. BGH 16. 1. 59, VersR 1959, 179 = MDR 1959, 292 (auch der Halter eines Leichtmotorrades ist verpflichtet, sein Fahrzeug gegen eine Benutzung durch Unbefugte zu sichern).

[6] Müller, Straßenverkehrsrecht 264 f. mit Nachweisen. Von diesem deliktischen Verschulden ist das Verschulden zu unterscheiden, das allein darin besteht, daß der

fallen dem Dienstherrn alle Schäden zur Last, die sein Fahrer, sei es auch auf einer Schwarzfahrt, durch mangelnde Eignung anderen zufügt[1].

Kann in diesen Fällen der Teilnehmer an einer Schwarzfahrt, der bei einem vom Fahrer verschuldeten Unfall verletzt wird, den Wagenbesitzer gemäß § 823 BGB haftbar machen? M. E. ist dies jedenfalls dann zu verneinen, wenn der Fahrgast wußte, daß es sich um eine Schwarzfahrt handelte[2]. Die beste Begründung ergibt sich wiederum, wie in den besprochenen Entscheidungen zur Mitfahrt gegen den Willen des Fahrers, aus dem Gesichtspunkt der Pflichtenbegrenzung: die Pflicht zur Verhinderung von Schwarzfahrten besteht nicht gegenüber Personen, die sich wissentlich an einer Schwarzfahrt beteiligen. Ebensowenig halte ich den Wagenbesitzer solchen Personen gegenüber für verpflichtet, für die Einstellung eines zuverlässigen Fahrers zu sorgen. Sie handeln „auf eigene Gefahr".

Die Rechtsprechung begnügt sich damit, die Ansprüche der „schlechtgläubigen" Insassen aus Gründen der Billigkeit zurückzuweisen (§ 242 BGB).

Vgl. RG 31. 10. 41[3] (ein nach österreichischem Recht entschiedener Fall, was aber für die hier interessierende Frage belanglos ist): Der Kl. war von N. M. in einem Wagen des SS-Sturmbannes in D. zu einer Schwarzfahrt mitgenommen worden. A. M., der für den Wagen verantwortlich war, hatte die Schwarzfahrt dadurch ermöglicht, daß er den Wagen herumstehen ließ und die Verwahrung des Zündschlüssels vernachlässigte. Das Reichsgericht erblickte darin ein Verschulden des A. M. im Sinne des § 1295 ABGB (der dem § 823 BGB entspricht), für welches der Wagenbesitzer (die NSDAP) nach § 8 des österr. KFG[4] einzustehen habe. Für den Einwand der unzulässigen Rechtsausübung sei jedoch von entscheidender Bedeutung, ob der Kl. gewußt habe; daß es sich um eine Schwarzfahrt handelte. Der Kläger

---

Kraftfahrzeughalter eine Schwarzfahrt ermöglicht. Dieses letztere hat gemäß § 7 III Satz 1 StVG nur zur Folge, daß die Gefährdungshaftung des Halters neben der Haftung des Schwarzfahrers bestehen bleibt, zieht aber keine deliktische Verantwortlichkeit des Halters nach sich, vgl. RG 4. 4. 32, RGZ 136, 15. Eine Gefährdungshaftung des Halters scheidet im Verhältnis zu Teilnehmern an einer Schwarzfahrt in jedem Falle aus, § 8 a I StVG.

[1] MÜLLER (vorige Note); RG 4. 4. 32, (vorige Note); OLG Düsseldorf 5. 4. 56, VersG 1957, 343 [344].

[2] Vgl. Art. 75 II des schweizerischen Bundesgesetzes über den Straßenverkehr vom 19. 12. 1958 (BBl. II 1649).

[3] RGZ 167, 391; dazu WIEACKER, Zur rechtstheoretischen Präzisierung des § 242 BGB (1956) 31 Anm. 67.

[4] Österr. Gesetz über die Haftung für Schäden aus dem Betrieb von Kraftfahrzeugen vom 9. 8. 1908 (RGBl. Nr. 162). Nunmehr gilt in Österreich das Bundesgesetz über die Haftung für den Ersatz von Schäden aus Unfällen beim Betrieb von Eisenbahnen und beim Betrieb von Kraftfahrzeugen vom 21. 1. 1959 (BGBl. Nr. 48).

könne seine Ersatzansprüche nur damit begründen, daß die Schwarzfahrt durch ungenügende Verwahrung des Wagens ermöglicht worden sei. „Es verstößt aber sowohl gegen Treu und Glauben als auch gegen die guten Sitten, wenn derjenige Ersatzansprüche wegen Ermöglichung der Schwarzfahrt erhebt, der selbst bei seiner Teilnahme an der Fahrt volle Kenntnis davon hatte, daß es eine Schwarzfahrt war“ [1].

## § 3

## *Handeln auf eigene Gefahr bei Teilnahme an gefährlichen Veranstaltungen*

### *I. Grundsätzliches zum Handeln auf eigene Gefahr außerhalb des Sachverhalts der Teilnahme an einer Fahrt*

Wie wenig die Rechtsnatur des Handelns auf eigene Gefahr bisher geklärt werden konnte, zeigt die Unsicherheit, mit welcher oftmals die Gerichte den Gesichtspunkt des Handelns auf eigene Gefahr außerhalb des Sachverhalts der Gefälligkeitsfahrt anwenden. Im Urteil vom 29. 10. 51 [2] meint der Bundesgerichtshof sogar, der Rechtsbegriff des Handelns auf eigene Gefahr sei gebunden an den speziellen Sachverhalt der Beförderung des Verletzten.

Der Kl. wartete an einer Anlegestelle auf die Fähre, um sich und seinen Wagen über den Rhein setzen zu lassen. Währenddessen erschien der Erstbeklagte, der aber mit seinem Wagen nicht hinter dem Kläger, sondern links neben der aufgefahrenen Wagenreihe Aufstellung nahm. Der Kl. ärgerte sich hierüber, stieg aus und stellte sich vor den Wagen des Erstbeklagten, den Rücken dem Fahrzeug zugekehrt. Nach dem Anlegen der Fähre setzte der Erstbeklagte seinen Wagen ohne Signal oder sonstige Warnung auf die Fähre zu in Bewegung. Dabei rollte das linke Vorderrad dem Kl. über den rechten Fuß und verletzte ihn. Der Bundesgerichtshof mißbilligte die Annahme des Berufungsgerichts, der Kl. habe „auf eigene Gefahr“ gehandelt.

„Da zwischen den Parteien keinerlei vertragliche Beziehungen bestanden haben, kommt ein Ausschluß der Haftung durch ‚stillschweigenden Haftungsverzicht‘ . . . nicht in Betracht. . . . Die rechtlichen Gesichtspunkte, die bei Beförderungsverträgen für das Handeln auf eigene Gefahr beachtlich sein können, lassen sich nicht schon deshalb auf den Kl. übertragen, weil er sich in eine Lage begeben hat, in der er durch das Kraftfahrzeug der Bekl. gefährdet werden konnte. Ein ‚Haftungsausschluß‘ zugunsten sonstiger Verkehrsteilnehmer liegt nicht schon dann vor, wenn diese sich bewußt in eine im Hinblick auf den Verkehr gefährliche Lage begeben“ [3].

Der Kl. habe auch deswegen nicht auf eigene Gefahr gehandelt, weil ihm das Bewußtsein seiner Gefährdung gefehlt habe.

---

[1] RG (vorletzte Note) 400.

[2] VRS 4 (1952) Nr. 49, S. 88.

[3] RG (vorige Note) 89.

Sicherlich richtig ist zwar die Bemerkung des Bundesgerichtshofs, nicht jede freiwillige Selbstgefährdung bedeute ein Handeln auf eigene Gefahr. Unser Rechtsgefühl bestätigt auch, daß der Verletzte in dem geschilderten Fall nicht deswegen aller Ansprüche verlustig gehen darf, weil er sich selbst der Gefahr seiner Verletzung aussetzte. Was aber der Bundesgerichtshof sonst über den Rechtsbegriff des Handelns auf eigene Gefahr sagt, überzeugt nicht. Keinesfalls trifft es zu, daß der stillschweigende Haftungsverzicht oder das Handeln auf eigene Gefahr einen Beförderungsvertrag voraussetzen. Wir haben vielmehr gesehen, daß es in dem Hauptfall der Gefälligkeitsfahrt, den der Bundesgerichtshof doch wohl nicht ausschließen will, gerade nicht zum Abschluß eines Beförderungsvertrages kommt. Es ist aber auch kein Grund dafür zu erkennen, warum ein Handeln des Verletzten auf eigene Gefahr nur bei Personenbeförderungen – seien sie vertraglicher oder nicht-vertraglicher Natur – möglich sein sollte oder wenigstens, wie GEIGEL[1] den Bundesgerichtshof verbessert, „vertragsähnliche Beziehungen" vorliegen müssen.

Ein weiterer, vom Bundesgerichtshof im Urteil vom 8. 12. 54[2] unternommener Versuch, den tatsächlichen Anwendungsbereich des Rechtsbegriffs des Handelns auf eigene Gefahr abzustecken, kann ebensowenig als geglückt angesehen werden.

Auf der vom Kl. gepachteten Großtankstelle wurden von dem beklagten Unternehmer Bauarbeiten ausgeführt. Der Bekl. schachtete zwischen dem vorhandenen Tankstellenbau und einem Nebengebäude, in dem sich die Toilette befand, eine Baugrube aus, die mit einer Bohle überdeckt wurde. Arbeiter des Bekl. schlugen später eine Steinstufe weg, auf der die Bohle lag und machten hierdurch das Begehen der Bohle besonders gefährlich. Der Kl. stürzte auf dem Weg zur Toilette in die Grube. Er machte den Bekl. für den Unfall verantwortlich. Das Berufungsgericht nahm an, der Kl. habe gegenüber dem Bekl. auf jegliche Haftung verzichtet und auf eigene Gefahr gehandelt. Der Bundesgerichtshof räumt die Möglichkeit ein, daß derjenige, der sich in eine von einem anderen zu verantwortende Gefahrenlage bewußt begibt, stillschweigend einen Verzicht auf die aus der Haftung des anderen erwachsenden Rechte anbiete. Dieses Angebot müsse aber gegenüber dem Haftungsverpflichteten erfolgen oder allenfalls gegenüber einer Person, die berechtigt ist, für diese rechtserhebliche Erklärungen entgegenzunehmen. „Die Tatsache allein, daß sich der später Geschädigte in die Gefahrenlage hineinbegibt, ohne daß der Verpflichtete anwesend ist oder die Handlung des Berechtigten bemerkt, kann nicht als rechtgeschäftliches, auf eine Annahme hinzielendes Angebot ausgelegt werden." Entsprechendes gelte auch für das „Handeln auf eigene Gefahr", das ebenfalls eine stillschweigende Willenserklärung des Kl. voraussetze.

---

[1] GEIGEL, Haftpflichtprozeß 164.

[2] VRS 8 (1955) Nr. 74, S. 171 = VersR 1955, 120.

Dem Bundesgerichtshof ist entgegenzuhalten, daß die Rechtswirkung eines Handelns auf eigene Gefahr niemals davon abhängen kann, ob im Zeitpunkt des Unfalls der für die Gefahr Verantwortliche oder eine Person, die für ihn Willenserklärungen entgegenzunehmen berechtigt ist, zufällig an der Unfallstelle weilt[1]. Diese aus der Rechtsgeschäfts-Konstruktion gezogene Folgerung ist auch logisch nicht zwingend. Steht die freiwillige Selbstgefährdung einer „stillschweigenden" Willenserklärung gleich, dann ist diese Erklärung, falls der Gefährder nicht zugegen ist, eben an einen Abwesenden gerichtet und geht dem abwesenden Gefährder zu, wann dieser von dem Unfall Kenntnis erhält. Wer aber eine vertragliche Einigung über den Haftungsverzicht für notwendig hält, mag überdies annehmen, daß, wer sich in eine Gefahr hinein begibt, den Gefährder unter Verzicht auf den Zugang der Annahmeerklärung ermächtigt, das Angebot eines Haftungsverzichts nach Eintritt des Haftungsfalles durch schlüssiges Handeln anzunehmen (§ 151 BGB).

Die Urteile des Bundesgerichtshofs vom 29. 10. 51 und 8. 12. 54 lassen im übrigen gänzlich die reichhaltige Rechtsprechung außer acht, die ein Handeln auf eigene Gefahr bei anderen Sachlagen als der Gefälligkeitsfahrt für möglich hält, namentlich in den Fällen der Teilnahme des später Verletzten an einer gefährlichen Veranstaltung. Hiervon wird im folgenden die Rede sein.

## *II. Haftung des Veranstalters*

In den haftungsrechtlichen Entscheidungen zu Unfällen, die sich im Verlaufe eines Sporttreffens, eines Volksfestes (z.B. eines Karnevalsumzugs, einer Belustigung auf einem Karussell, einer Rutschbahn usw.) oder einer sonstigen mit gewissen Gefahren verbundenen Veranstaltung (etwa einer Jagd) ereignen, werden nicht selten die Ersatzansprüche des verletzten Zuschauers oder Teilnehmers mit dem Argument zurückgewiesen, der Verletzte habe auf eigene Gefahr gehandelt bzw. die Gefahren der Veranstaltung auf sich genommen[2].

### *1. Haftung gegenüber Außenstehenden*

Dem Veranstalter obliegt die allgemeine (deliktische) Pflicht, andere Personen vor den Gefahren der Veranstaltung zu schützen. Inhalt und

[1] So mit Recht BEMMANN, VersR 1958, 584.

[2] Vgl. bereits die Beispiele oben S. 2 f.

Umfang dieser allgemeinen „Verkehrssicherungspflicht" hängen von den Umständen ab, insbesondere von dem Grad der Gefährlichkeit der Veranstaltung [1] und der Zumutbarkeit von Sicherungsvorkehrungen. Beispielsweise können besonders kostspielige Maßnahmen, deren Schutzwirkung nur gering ist, unzumutbar sein.

Vgl. die Entscheidung des BGH vom 18. 4. 55 [2], wo die allgemeine Verkehrssicherungspflicht des Veranstalters eines Pferdemarktes hergeleitet wird aus dem „Tatbestand, daß nach der konkreten Lage der Verhältnisse eine Gefahrenlage für Dritte besteht, für die derjenige einzustehen hat, der die Gefahrenlage ‚schafft', indem er den gefährlichen Zustand herbeiführt oder andauern läßt" [3].

Das Schweizerische Bundesgericht sagt im Urteil vom 10. 3. 53 [4] über die Verkehrssicherungspflicht des Veranstalters eines Eishockey-Spieles, es reiche nicht hin, daß die üblichen Schutzmaßnahmen ergriffen werden. Der Veranstalter müsse alle nach dem gegenwärtigen Stand der Technik gebotenen Vorkehrungen treffen, vorausgesetzt jedenfalls, daß sie keine Aufwendungen bedingen, die außer Verhältnis zu der Größe oder Häufigkeit der durch die Veranstaltung herbeigeführten Gefahr stehen.

Bei schuldhafter Verletzung der allgemeinen Verkehrssicherungspflicht haftet der Veranstalter für allen Schaden, der hieraus erwächst, nach Maßgabe der §§ 823 ff. BGB. Insgesamt sind die Sicherungspflichten, die der Veranstalter zum Schutze Unbeteiligter zu erfüllen hat, nach der Rechtsprechung streng – so streng, daß es oftmals lebensfremd wirkt, dem Veranstalter die Nichtbeachtung dieser Pflichten zum Verschulden anzurechnen. Selbstredend ist bei Verletzung Unbeteiligter niemals von einer Gefahrübernahme des Verletzten die Rede.

Vgl. RG 25. 6. 29 [5]: Schüler eines staatlichen Gymnasiums spielten unter Aufsicht eines Studienrats Handball auf einem Platz, an welchem eine öffentliche Straße vorbeiführte. Ein Ball überflog die Umzäunung (wie hoch diese war, wird nicht

---

[1] Vgl. RG 11. 4. 35, RGZ 147, 353 [356].

[2] VersR 1955, 380 = NJW 1955, 1025; außerdem BGH 16. 2. 59, VRS 16 (1959) Nr. 142, S. 331: Der Veranstalter eines Volksfestes habe zum Schutze der Besucher die erforderlichen Maßnahmen zu treffen, soweit diese nach objektiven Maßstäben zumutbar seien.

[3] Vgl. ferner RG 20. 10. 13, Recht 1914, Nr. 36 (Verkehrssicherungspflicht des Veranstalters eines Fahrradrennens); RG 12. 4. 13, WarnRspr. 1913, Nr. 319, S. 382 (Verkehrssicherungspflicht des Veranstalters eines Feuerwerks); BGH 17. 12. 56, VersR 1957, 228 und 19. 10. 59, VersR 1960, 22 (Verkehrssicherungspflicht des Veranstalters eines Skispringens); LG München 4. 6. 58, MDR 1959, 125 (Verkehrssicherungspflicht des Inhabers eines Eislaufplatzes; die Bestellung von zwei Ordnungsmännern zur Überwachung der Eislaufordnung genüge im allgemeinen).

[4] BGE 79 II 66.

[5] RGZ 125, 85.

mitgeteilt) und traf die Windschutzscheibe eines Kraftwagens, in dem der Kl. fuhr. Der gegen den Staat gerichteten Ersatzklage des verletzten Fahrers wurde gemäß § 839 BGB i. V. mit Art. 131 WRV entsprochen. Der aufsichtführende Studienrat habe dritten Personen gegenüber, die „unfreiwillig – als Straßenpassanten – in den Bereich der Wirkungen des Spiels gerieten", die Amtspflicht[1] gehabt, sie vor Beschädigung zu schützen. Diese Amtspflicht sei schuldhaft verletzt worden, da der Lehrer Ballspiele wegen der Möglichkeit des Abirrens von Bällen auf dem fraglichen Platz überhaupt nicht hätte zulassen sollen.

Im Urteil vom 20. 4. 32[2] erklärt das Reichsgericht einen Fußballverein für den Schaden verantwortlich, der dadurch entstand, daß bei einem Spiel, das von unbefugten Personen (Nichtmitgliedern) auf dem umzäunten Sportplatz des Bekl. ausgetragen wurde, ein Ball über die an dem Platz vorbeiführende, 10 m breite Straße flog, das Fenster eines Wohnhauses zertrümmerte und die Verletzung der hinter diesem Fenster sitzenden Kl. verursachte.

Hervorzuheben ist, daß das Reichsgericht in dem ersterwähnten Urteil die Unfreiwilligkeit der Gefährdung des Kl. als einen Umstand wertet, welcher eine besonders strenge Sorgfaltspflicht der Aufsichtsperson rechtfertigt.

### 2. *Haftung gegenüber Zuschauern*

#### a) Haftungsgrundlagen

Im Verhältnis des Veranstalters zu Zuschauern kommt neben der deliktischen Haftung wegen Verletzung der allgemeinen Verkehrssicherungspflicht auch eine vertragliche Haftung des Veranstalters in Betracht, sofern der verletzte Zuschauer ein Eintrittsgeld entrichtet hat. Der zwischen dem Veranstalter und einem zahlenden Zuschauer zustande gekommene Vertrag ist als ein Werkvertrag (§§ 631 ff. BGB) anzusehen[3]. Die vertrag-

---

[1] In Frage stand also keine allgemeine Verkehrspflicht i. S. des § 823 BGB. Die angenommene Amtspflicht des Studienrats deckt sich aber mit der Verkehrssicherungspflicht eines privaten Veranstalters.

[2] RGZ 138, 21 = JW 1932, 2527 mit Anm. Süss. Vgl. auch RG 9. 1. 32, S. A. 86 (1932) Nr. 125, S. 226: Eine Stadtgemeinde handle pflichtwidrig, wenn sie auf der Spielwiese eines Schwimmstadions „trotz ihrer Freigabe für die Gesamtheit der Badegäste, die einen wirksamen Schutz am Spiele nicht Beteiligter ausschloß, das wilde Fußballspielen mitten unter ihnen geduldet hat". Ein vertraglicher und deliktischer Schadensersatzanspruch der am Spiel nicht beteiligten Kl. wurde anerkannt. Ferner RG 27. 2. 36, JW 1936, 2214 (Kugelstoßen in einer Badeanstalt).

[3] RG 4. 3. 30, RGZ 127, 313 (der Vertrag, der zwischen dem Veranstalter eines Motorradrennens und einem Eintrittsgeld zahlenden Zuschauer geschlossen wird, ist ein Werkvertrag, keine Platzmiete); ebenso RG 3. 8. 36, WarnRspr. 1936, Nr. 168 S. 321 (Motorradrennen); BGH 17. 12. 56, VersR 1957, 228 (Skispringen); Borchert, VersR 1952, 416; Richter, Das Kraftfahrzeugrennen im Recht (Diss. Heidel-

liche Haftung des Veranstalters kann vor allem deshalb weiter reichen als seine deliktische Haftung, weil der Veranstalter für das Verschulden von Personen, deren er sich zur Erfüllung seiner vertraglichen Pflichten bedient, schlechthin – ohne Entlastungsmöglichkeit – einzustehen hat (§ 278 BGB). So haftet der Veranstalter eines Sportwettkampfes auch ohne eigenes Verschulden für die von den teilnehmenden Sportlern verschuldeten Verletzungen von Zuschauern, die ein Eintrittsgeld gezahlt haben; denn die Sportler sind hinsichtlich der vertraglichen Schutzpflichten des Veranstalters dessen Erfüllungsgehilfen [1]. Andererseits ergibt sich eine Pflicht des Veranstalters, dem verletzten Zuschauer ein Schmerzensgeld zu zahlen, niemals aus Vertrag, sondern allein aus dem Recht der unerlaubten Handlungen (§ 847 BGB). Ebenso setzen die in den §§ 843, 844 BGB geregelten Ansprüche eine für den Schaden ursächliche unerlaubte Handlung des Veranstalters voraus.

Zweifelhaft ist, ob die Vertragsklage geringere Beweisanforderungen stellt als die Klage aus unerlaubter Handlung. Da die vertraglichen Schutzpflichten des Veranstalters vertragliche Nebenpflichten sind, stellt die Nichterfüllung einer solchen vertraglichen Schutzpflicht eine sog. „positive Vertragsverletzung" des Veranstalters dar, für welche § 282 BGB, der von der Unmöglichkeit der Leistung handelt, nicht gilt. Über die analoge Anwendung dieser Vorschrift bei positiven Vertragsverletzungen wird gestritten [2]. Das Reichsgericht hat für gewisse Formen einer positiven Vertragsverletzung, namentlich die Verletzung werkvertraglicher Nebenpflichten, die auch vom Bundesgerichtshof befolgte Beweisregel aufgestellt, daß in der Frage des Verschuldens den Unternehmer die Beweispflicht treffe, wenn sich aus der Sachlage zunächst der Schluß rechtfertigt, der Unternehmer habe die ihm obliegende Sorgfaltspflicht verletzt, und wenn die Schadensursache aus einem Gefahrenkreis hervorgegangen ist, für den im Zweifel der Unternehmer verantwortlich ist [3].

---

berg 1937) 75. Das Schweizer. BG läßt im Urteil vom 24. 10. 44, BGE 70 II 215 dahingestellt, ob der „Vorstellungsbesuchsvertrag", der zwischen dem Veranstalter eines Feuerwerks und einem zahlenden Besucher zustande kommt, ein Werkvertrag oder ein Vertrag sui generis ist; vgl. auch Kubli, Haftungsverhältnisse bei Sportveranstaltungen (Diss. Zürich 1952) 41 ff., 47.

[1] RG 4. 3. 30 und 3. 8. 36 (vorige Note); OLG Stuttgart 31. 5. 32, JW 1932, 2823: Motorradrennfahrer sind Erfüllungsgehilfen des Veranstalters; BGH 17. 12. 56 (vorige Note): Skispringer sind Erfüllungsgehilfen des Veranstalters; Wussow 229; Borchert (vorige Note) 416; anders Kubli (vorige Note) 56 ff.

[2] Dafür insbes. Raape, AcP 147 (1941) 217–289; Schönke, DR 1944, 184; vgl. auch Lindenmaier, Festschrift Raape (1948) 349 ff.

[3] RG 19. 8. 43, DR 1944, 182; BGH 18. 12. 52, BGHZ 8, 239; BGH 11. 2. 57, BGHZ 23, 288.

Abgesehen von einem älteren Urteil des Reichsgerichts lassen sich jedoch keine Entscheidungen feststellen, in denen diese Beweisregel auf den vertraglichen Schadensersatzanspruch eines verletzten Veranstaltungsbesuchers angewandt worden wäre.

Im Urteil vom 2. 5. 16[1] führt das Reichsgericht aus, der Veranstalter eines Pferderennens habe kraft Vertrags dafür zu sorgen, daß der durch die Eintrittskarte berechtigte Zuschauer ungefährdet, soweit dies nach der Natur der Veranstaltung möglich ist, das Rennen beobachten könne. Folglich müsse er, um der Haftung zu entgehen, bei Verletzung eines Zuschauers durch ein ausbrechendes Pferd dartun und beweisen, daß er die zum Schutz der Besucher der Rennbahn notwendigen Vorkehrungen getroffen habe.

Im Urteil vom 3. 8. 36[2] läßt dagegen das Reichsgericht die Anwendung der erwähnten Beweisregel in dem Fall dahingestellt, daß bei einem Motorradrennen eine Rennmaschine in die Zuschauermenge geschleudert wird.

Die m. E. noch nicht endgültig geklärte Frage der Beweislastverteilung bei vertraglichen Schadensersatzansprüchen verletzter Zuschauer soll hier nicht weiter verfolgt werden.

Inhaltlich entsprechen sich die vertraglichen und die deliktischen Schutzpflichten des Veranstalters vollständig. Eine der wichtigsten Schutzpflichten des Veranstalters ist die Pflicht, die Zuschauer durch geeignete Vorkehrungen von der Kampfbahn fernzuhalten[3].

OLG Karlsruhe 13. 1. 54[4]: Es sei die Pflicht des Veranstalters eines Kraftfahrzeugrennens, einen hinreichend breiten Sicherungsstreifen anzulegen und die Zuschauer am Betreten dieses Streifens zu hindern. Der Veranstalter dürfe sich nicht damit begnügen, die Zuschauer durch den Lautsprecher zum Verlassen des Streifens aufzufordern.

BGH 19. 10. 59[5]: Der Veranstalter eines öffentlichen Skispringens genüge seiner Verpflichtung zur Sicherung der Zuschauer, die am Auslauf der Sprungschanze Aufstellung genommen haben, nicht bereits durch Anbringung einer einfachen Seilabsperrung.

Von den Umständen, welche die Sorgfaltspflicht des Veranstalters erhöhen, sind die Größe der Veranstaltung und der Massenandrang von Zuschauern hervorzuheben.

OLG München 18. 11. 12[6]: Der Veranstalter eines Trabrennens habe ganz besondere, erhöhte Sicherungsmaßnahmen zu treffen, wenn der Jubiläumscharakter des Festes einen außergewöhnlich starken Besuch erwarten läßt.

---

[1] LZ 1916, 1484.
[2] WarnRspr. 1936, Nr. 168, S. 321.
[3] Die gleiche Pflicht trifft z. B. auch den Veranstalter eines öffentlichen Feuerwerkes, RG 12. 4. 13, WarnRspr. 1913, Nr. 319, S. 382.
[4] VRS 7 (1954) Nr. 189, S. 404.
[5] VersR 1960, 22.
[6] OLGE 28 (1914) 296 = S. A. 68 (1913) Nr. 127, S. 234.

Vgl. auch OLG Karlsruhe[1]: Der Veranstalter eines Kraftfahrzeugrennens müsse in Betracht ziehen, daß die Zuschauer unter dem Einfluß der Massensuggestion erfahrungsgemäß die ihnen gezogenen räumlichen Grenzen überschreiten.

Auch wird der Besucher bei einer entgeltlichen Veranstaltung ein größeres Maß an Sicherheit erwarten dürfen als bei einer unentgeltlichen[2].

b) Übernahme der normalen Risiken der Veranstaltung

Der Veranstalter ist nicht verpflichtet, die Zuschauer vor den normalen, der Veranstaltung notwendig innewohnenden Gefahren zu bewahren.

Vgl. RG 20. 10. 13[3]: Der Veranstalter eines Fahrradrennens übernehme die Verpflichtung, für die Sicherheit der im Zuschauerraum verkehrenden Menschen zu sorgen, „soweit der Zweck seiner dem Fahrradrennsport dienenden Veranstaltungen nicht notwendig und immer gewisse Gefahren mit sich brachte, die nicht zu beseitigen waren".

Die Gerichte drücken diesen Rechtsgedanken auch so aus: die Zuschauer nähmen die notwendigen Gefahren der Veranstaltung auf sich.

Vgl. LG Hamburg, Urteil vom 20. 9. 38[4]: Die Kl. besuchte gegen Entrichtung des üblichen Eintrittspreises die von der Erstbeklagten betriebene Kunsteisbahn, um Schlittschuh zu laufen. Ein Teil der Bahn war durch eine 1,23 m hohe, hölzerne Wand für ein Eishockeyspiel gesperrt. Als die Kl. dem Spiel zusah, wurde sie von der Eishockeyscheibe (Puck), die der sechzehnjährige Zweitbeklagte über die Wand geschlagen hatte, oberhalb des rechten Auges getroffen. Ihre Schadensersatzklage wurde abgewiesen. Die Art der Abgrenzung des Spielfeldes habe allgemeiner Üblichkeit entsprochen. Schutznetze würden bei Eishockeyspielen nach allgemeinem Brauch nur nach den Seiten hin angebracht, an denen die Eishockeytore stehen[5]. Schließlich könne ein Unglücksfall der fraglichen Art jeden erfahrenen Spieler treffen. „Damit muß jeder, der an einem solchen Spiel teilnimmt oder ihm zusieht, rechnen und die damit verbundene Gefährdung in Kauf nehmen."[6]

---

[1] OLG Karlsruhe (s. oben S. 61 N. 4).

[2] OG Zürich 8. 7. 55, Bl. f. ZürchRspr. 56 (1957) 201 [210]: Der unentgeltlich zugelassene Zuschauer übernehme ein größeres Maß an Risiko, als der ein Eintrittsgeld zahlende Zuschauer, der annehmen dürfe, für seine Sicherheit sei nach Möglichkeit gesorgt; Kubli (oben S. 59 N. 3) 46.

[3] Recht 1914, Nr. 36.

[4] HansRGZ 1939 B Nr. 124, Sp. 362.

[5] Das Schweizerische Bundesgericht läßt im Urteil vom 10. 3. 53, BGE 79 II 66 dahingestellt, ob der Veranstalter eines Eishockeyspieles verpflichtet ist, besondere Vorsichtsmaßnahmen dagegen zu treffen, daß Zuschauer durch den Puck getroffen werden.

[6] LG Hamburg (vorletzte Note) Sp. 364.

Die vom Gericht erwähnte Gefahrübernahme ist lediglich Ausdruck der Tatsache, daß die in Frage stehende Gefährdung der Klägerin durch den Veranstalter und die Spieler nicht pflichtwidrig, sondern erlaubt war [1]. Um die Feststellung eines Gefährdungsbewußtseins des Kl. bemüht sich das Gericht nicht. Es ist auch recht unwahrscheinlich, daß die Kl. sich der Gefahr bewußt war, vom „Puck" getroffen zu werden. Immerhin konnte die Kl. diese Gefahr erkennen und ihr aus dem Wege gehen, wenn sie wollte.

Auch im Urteil des Landgerichts Köln vom 24. 4. 56 [2] wird eine Gefahrübernahme in Wahrheit allein darauf gestützt, daß sich der Kl. als Zuschauer den erkennbaren Gefahren einer Veranstaltung aussetzte.

Der Kl. sah sich in Köln den Rosenmontagsumzug an, bei dem Bonbons, Pralinenpackungen, Blumensträußchen und Parfümfläschchen aus dem Zug heraus in die Menge geworfen werden. Der Kl. hatte sich im zweiten Glied der Zuschauer aufgestellt, wo die sich immer mehr ansammelnden Menschen nahezu jede Bewegungsmöglichkeit ausschlossen. Er wurde durch einen aus dem Zug geworfenen Bonbon am Auge verletzt. Seine gegen die Veranstalter gerichtete Schadensersatzklage wurde abgewiesen: „Wer nun an einer solchen Veranstaltung in der Öffentlichkeit teilnimmt, wissend, daß dort immerhin teilweise harte Gegenstände ins Publikum geworfen werden, der willigt auch in die dadurch möglicherweise eintretenden Folgen – als da denkbar sind Sachbeschädigungen und Körperverletzungen durch die ‚Wurfgeschosse' – ein. Er handelt dann auf eigene Gefahr, wenn er trotz der Kenntnis der eventuellen Gefährlichkeit – die er zumindest in der langen Zeit des Zuschauens erworben hatte – verbleibt."

Es muß bezweifelt werden, ob der Kl., wie das Gericht unterstellte, vor dem Unfall sich seiner Gefährdung bewußt geworden war. Die darauf gegründete Konstruktion einer „Einwilligung" des Verletzten war auch entbehrlich. Die Veranstalter hafteten schon deshalb nicht, weil sie dem Kl. gegenüber nicht pflichtwidrig gehandelt hatten. Anders wäre aber möglicherweise die Rechtslage, wenn ein unbeteiligter Passant verletzt worden wäre; denn den Veranstaltern ist im Verhältnis zu Unbeteiligten eine sehr viel strengere Sicherungspflicht zuzumuten.

---

[1] Vgl. auch AG Olpe 27. 8. 58, MDR 1959, 302 = VersR 1959, 400: Der Besucher eines ländlichen Schützenfestes, das auf einer Weide stattfindet, hat die Gefahren, die sich aus natürlichen Unebenheiten, dem Bewuchs und der Regenglätte ergeben, in Kauf zu nehmen. Es wäre eine Überspannung der Verkehrssicherungspflicht, würde man von dem Veranstalter eines solchen Festes verlangen, die Gefahren zu beseitigen, die in der Bodenoberfläche jeder Weide für den achtlos und unaufmerksam darübergehenden Besucher natürlicherweise verborgen sind.

[2] VersR 1958, 332.

c) Übernahme der besonderen Gefahren, welche der Veranstalter pflichtwidrig schafft

Die Zuschauer übernehmen die besonderen, vom Veranstalter pflichtwidrig geschaffenen Gefahren selbst dann nicht, wenn sie diese Gefahren erkennen und sich ihnen bewußt aussetzen. Die Selbstgefährdung eines Zuschauers begründet unter diesen Umständen nur den Vorwurf mitwirkenden Verschuldens an Verletzungen, die sich der Zuschauer in der Gefahr zuzieht, mit der Folge der Verteilung des von ihm erlittenen Schadens gemäß § 254 BGB[1]. Dies ist die eindeutige Stellungnahme der deutschen Rechtsprechung.

OLG Karlsruhe 13. 1. 54[2]: Zwar mögen sich die Zuschauer eines Kraftfahrzeugrennens zum Teil der sie bedrohenden Gefahr mehr oder weniger deutlich bewußt sein. Es sei aber nicht angängig, daraus eine Ausschließung der Haftung des Veranstalters herzuleiten. Das ergebe sich auch daraus, daß allein die Veranstalter eine genaue Kenntnis von der Beschaffenheit der Rennstrecke besaßen und die die Zuschauer bedrohende Gefahr voll zu übersehen vermochten.

In vielen anderen Entscheidungen wird bei festgestelltem Verschulden des Veranstalters die Möglichkeit, daß der verletzte Zuschauer auf eigene Gefahr handelte, nicht eimal erwogen[3].

Vgl. auch OG Zürich 8. 7. 55[4]: Die Kl. war als Zuschauerin bei einem vom Bekl. veranstalteten Bobrennen verletzt worden, als ein Bob aus der Kurve getragen wurde. Das Obergericht stellte fest, daß unter den gegebenen Wetterbedingungen (Schneetreiben) und angesichts der ungenügenden Sicherungsvorkehrungen die Startfreigabe durch den Bekl. verantwortungslos war. Der Kl., die sich unter Mißachtung der im Lautsprecher bekanntgegebenen Warnungen zu weit an die Kurve vorgewagt hatte, wurde nur ein mitwirkendes Verschulden angerechnet (Verschuldensanteil von einem Viertel). Zum Einwand des Handelns auf eigene Gefahr wird bemerkt, der Zuschauer übernehme im allgemeinen ein erhebliches Risiko nur, wenn nicht Rücksichtslosigkeit und Unvorsichtigkeit auf seiten des Veranstalters und der Teilnehmer vorliegen: „Der Teilnehmer handelt auf eigene Gefahr, wenn

---

1 So mit Recht Wussow 269 und Kubli (s. oben S. 59 N. 3) 45 f. Borchert, VersR 1952, 416, will ein Handeln der Zuschauer auf eigene Gefahr annehmen, wenn diese in die Absperrbezirke eindringen, Richter (s. oben S. 59 N. 3) 78, schon dann, wenn „der Zuschauer den ihm vom Veranstalter angewiesenen Platz verläßt und sich eigenmächtig näher an die Rennstrecke begibt".

2 VRS 7 (1954) Nr. 189, S. 404. Vgl. ferner BGH 19. 10. 59, VersR 1960, 22: Die Zuschauer des Skispringens nähmen nicht die Gefahren auf sich, die durch eine ungenügende Absperrung hervorgerufen werden.

3 Vgl. RG 18. 3. 10, JW 1910, 468; RG 2. 5. 16, LZ 1916, 1484 (Pferderennen); RG 4. 3. 30, RGZ 127, 313 (Motorradrennen); RG 3. 8. 36, WarnRspr. 1936, Nr. 168, S. 321 (Motorradrennen); OLG München 18. 11. 12, OLGE 28 (1914) 296 (Trabrennen); OLG Stuttgart 31. 5. 32, JW 1932, 2823 (Motorradrennen); s. auch Schweizer. BG 10. 3. 53, BGE 79 II 66 (Eishockeyspiel).

4 Bl. f. Zürch Rspr. 56 (1957) 201, Nr. 101.

er sich im Wettkampf mit dem Gegner mißt; dagegen wird man dem Zuschauer nur unter besonderen Voraussetzungen vorhalten, er habe auf eigene Gefahr gehandelt" (S. 210).

### *3. Haftung gegenüber aktiven Teilnehmern an der Veranstaltung*

#### a) Haftungsgrundlagen

Auch im Verhältnis des Veranstalters zu aktiven Teilnehmern ist neben der deliktischen Verantwortlichkeit des Veranstalters, dem die Verletzung seiner allgemeinen Verkehrssicherungspflicht vorzuwerfen ist [1], eine vertragliche Haftung denkbar. Nicht selten werden Sportler von dem Veranstalter eines Wettkampfes vertraglich zur Teilnahme verpflichtet [2].

Auch Amateure stehen manchmal unter Vertrag. Ein Beispiel bietet die Entscheidung des Landgerichts Stuttgart vom 10. 7. 53 [3]: Der zwischen dem Veranstalter eines Fahrradrennens und einem Amateurfahrer geschlossene Vertrag sei ein Vertrag eigener Art mit dienstvertragsähnlichem Einschlag.

Die Benutzung einer Vergnügungseinrichtung (Achterbahn, Schiffsschaukel, Karussell usw.) erfolgt jedenfalls dann auf vertraglicher Grundlage, wenn ein Eintrittsgeld gezahlt wird. Der hierbei geschlossene Vertrag ist regelmäßig ein Mietvertrag (§§ 535 ff. BGB) [4]. Er kann mit werkvertraglichen Elementen vermischt sein, z.B. wenn der Veranstalter gewisse, über die Gebrauchsgewährung hinausgehende Pflichten hat wie etwa die Pflicht, die Vergnügungseinrichtung (Karussell, Rotor usw.) in Bewegung zu halten [5].

Einem zwischen Veranstalter und Teilnehmer bestehenden Vertragsverhältnis entspringt die vertragliche Nebenpflicht, in angemessener

---

[1] Über die allgemeine Verkehrssicherungspflicht etwa des Karusselbesitzers vgl. BGH 5. 2. 57, VersR 1957, 247. Eine Gefährdungshaftung des Veranstalters kommt nach deutschem Recht regelmäßig nicht in Betracht, vgl. OLG München 16. 4. 59, VersR 1959, 838: auf den Betrieb eines Skischleppliftes finden die Vorschriften des Reichshaftpflichtgesetzes keine Anwendung. So nun auch BGH 29. 4. 60, VersR 1960, 642 = NJW 1960, 1345.

[2] Eingehend hierüber KUBLI (s. oben S. 59 N. 3) 25 und 40; RICHTER (s. oben S. 59 N. 3) 81 ff. (bedenklich aber seine Behauptung, der Rennfahrer stehe zum Veranstalter stets in einem Vertragsverhältnis).

[3] VersR 1953, 374.

[4] RG 29. 11. 04, JW 1905, 46 (Reitbahn); RG 22. 2. 23, Recht 1924 Nr. 1229 (Rutschbahn); RG 9. 5. 40, DR 1940, 1425 (Rutschbahn); OLG München 14. 7. 54, VersR 1954, 532 (Wasserrutschbahn); AG Lindau 16. 2. 54, VersR 1954, 247 (Benutzung eines Strandbades).

[5] Vgl. OLG Bremen 14. 7. 53, VersR 1953, 433 (der Karussellbesuchsvertrag sei ein Werkvertrag).

Weise für die Sicherheit der Teilnehmer zu sorgen [1]. Diese vertragliche Schutzpflicht stimmt inhaltlich mit der allgemeinen Verkehrssicherungspflicht des Veranstalters überein.

b) Übernahme der normalen Risiken der Veranstaltung

Häufiger als dies hinsichtlich der Rechtsstellung verletzter Zuschauer geschieht, stellen die Gerichte fest, der Teilnehmer an einer Veranstaltung nehme (im Verhältnis zum Veranstalter) die der Veranstaltung notwendig innewohnenden Gefahren auf sich bzw. er handele insoweit auf eigene Gefahr. In dieser Häufung findet die Tatsache Ausdruck, daß der Teilnehmer, der oft bewußt ein Wagnis sucht und von dem ein größeres Maß an Geschicklichkeit und Fähigkeit zur Selbstsicherung erwartet werden kann als von einem bloßen Zuschauer, höhere Risiken auf sich nimmt als ein Zuschauer [2].

Vgl. OLG Tübingen 30. 10. 52 [3]: Es sei zu berücksichtigen, daß der Benutzer einer Schiffsschaukel ein gewisses Risiko freiwillig auf sich nimmt, da der Reiz dieser Belustigung auch gerade darin bestehe, mit einer gewissen Gefahr zu spielen. Es könne daher von dem Schaukelbesitzer nicht verlangt werden, daß er nur ein langsames und völlig harmloses Schaukeln zulasse.

LG Hannover 15. 11. 51 [4] (Fahrt mit sogenannten Autoscootern): „Wer sich an solchen Belustigungen auf Schützenplätzen und dergleichen beteiligt, handelt auf eigene Gefahr, soweit die Teilnehmer ersichtlich darauf angewiesen sind, Gefahren, die sich aus der Natur der Sache ergeben, durch eigene Geschicklichkeit abzuwenden, ...“

Ähnlich LG München, Urteil vom 30. 1. 53 [5] (Übernahme der Gefahren des Reitsports).

LG München 4. 6. 58 [6]: „Jeder Eislaufsportler muß selbst in hohem Maße Vorsicht walten lassen und andererseits die Folgen von Stürzen und Zusammenstößen in großem Umfange auf eigene Gefahr in Kauf nehmen.“

---

[1] Vgl. LG Stuttgart 10. 7. 53 (s. oben S. 65 N. 3), wo auf den zwischen Veranstalter und Rennteilnehmer geschlossenen Vertrag § 618 BGB entsprechend angewendet wird.

[2] Vgl. RG 27. 2. 36, JW 1936, 2214: Die sich aus § 823 BGB ergebende Schutzpflicht des Inhabers einer Badeanstalt, der in der Anstalt das Kugelstoßen duldet, sei bei Beteiligung Jugendlicher, die sich gelegentlich im Eifer zu jugendlichen Unbesonnenheiten hinreißen lassen, strenger als bei Kämpfen zwischen erwachsenen, sportgeübten Personen.

[3] VersR 1952, 436.

[4] VersR 1952, 216; ferner vgl. OLG Stuttgart 9. 10. 58, VersR 1959, 120 (der Inhaber einer Autoscooter-Bahn dürfe darauf vertrauen, daß die Gefahren der Autoscooter den anwesenden Eltern der beiden sieben- und achtjährigen Antragsteller bewußt gewesen seien).

[5] Siehe oben S. 3 N. 1.

[6] MDR 1959, 125 (126).

Das Prinzip, nach welchem hier ein Haftungsausschluß stattfindet, ist jedoch das gleiche wie im Verhältnis des Veranstalters zu Zuschauern: der Teilnehmer übernimmt ein Risiko, weil – wie das OLG München im Urteil vom 18. 6. 53[1] (Belustigung mit einem „Toboggan" = Laufteppich) richtig sagt – der Veranstalter den Teilnehmern „mit deren Willen das Risiko überlassen darf, ohne sich dadurch einer selbständigen unerlaubten Handlung schuldig zu machen".

Wie sehr sich Gefahrübernahme seitens der Teilnehmer und Ausmaß der jeweiligen Schutzpflichten des Veranstalters wechselseitig entsprechen, wird durch das jüngst ergangene Urteil des Bundesgerichtshofs vom 19. 5. 58[2] veranschaulicht.

Der Kl. ließ sich von dem Reitlehrer des beklagten Vereins eine Reitstunde auf einem Pferd geben, das er kurz zuvor gekauft hatte. Während der Reitstunde ging das Pferd plötzlich hinten hoch und warf den Kl. ab. Der Kl. brach sich den Arm. Er brachte vor, das Pferd sei infolge einer Operationsnarbe noch reizbar gewesen und der Reitlehrer habe es pflichtwidrig unterlassen, sich vor Beginn der Reitstunde über die Eigenschaften des Pferdes zu unterrichten. Der Bundesgerichtshof verneinte eine Schuld des Reitlehrers. Der Kl. habe schon einige Reitkenntnisse besessen und eine Reitstunde gerade auf seinem Pferd gewünscht. Unter diesen Umständen habe der Reitlehrer davon ausgehen können, daß der Kl. das Risiko, gerade auf diesem Pferde zu reiten, übernommen und ihn damit von der Pflicht entbunden habe, ein für die Stunde geeignetes Pferd auszuwählen.

Der Bundesgerichtshof nahm hier also eine Gefahrübernahme an, obwohl sich der Kl. sicherlich der ihm drohenden Gefahr gerade nicht bewußt war. Auch sonst wurde mehrfach entschieden, daß sich die Übernahme „normaler" Risiken durch den Teilnehmer ohne Rücksicht auf seine Gefahrenkenntnis vollzieht. Es genüge, daß der Teilnehmer auf die Gefahr gefaßt sein mußte.

RG 24. 5. 28[3]: Der Kl. wurde in dem Ballhause des Bekl. bei einem karnevalistischen Redoutenfest durch eine Knallerbse ins Auge getroffen und nicht unerheblich verletzt. Das Reichsgericht meint: Falls der Kl, der angeblich ein Stammgast des „Trocadero" war, bei früheren Besuchen das Werfen mit Knallerbsen bemerkt hatte, habe er, zumal es sich um ein Tanzfest in der Karnevalszeit handelte, die Gefahr auf sich genommen, daß auch in der Unfallnacht die Gäste von Knallerbsen Gebrauch machen würden. Die Sachlage sei dann nicht anders zu beurteilen, als wenn der Kl. gerade in der Unfallnacht das Werfen mit Knallerbsen bemerkt habe. Der Gesichtspunkt der Gefahrübernahme könne aber selbst dann in Frage kommen, wenn dem Kl. das Werfen der Knallerbsen entgangen war, es aber in den Hamburger Ballhäusern zur Faschingszeit so häufig sei, daß die Gäste hiermit rechnen mußten.

---

[1] VersR 1953, 485. [2] VersR 1958, 605.
[3] JW 1928, 3185 mit Anm. RAAPE.

Vgl. auch RG 19. 6. 42[1]: Wer sich in einer Gaststätte an der Vorführung eines Zauberkünstlers tätig beteiligt, übernehme damit in aller Regel im Verhältnis zum Gaststätteninhaber die mit der Veranstaltung verbundenen, ihm bekannten oder erkennbaren Gefahren.

Zu Unrecht glauben manche Gerichte, die Übernahme der gewöhnlichen Risiken der Veranstaltung mit der Einwilligung des Teilnehmers in mögliche Verletzungen oder mit einer Haftungsverzichtserklärung begründen zu müssen.

OLG München 18. 6. 53[2]: Zwischen dem Benutzer eines „Toboggan" (Laufteppich) und dem Veranstalter komme stillschweigend eine Vereinbarung zustande, wonach der Benutzer die Gefahren auf sich nimmt, die mit der Auffahrt ohne Begleitmann verbunden sind.

LG Stuttgart 10. 7. 53[3]: Ein Radrennfahrer verzichte auf eine Haftung des Veranstalters für alle die Schäden, die durch Umstände herbeigeführt werden, die der Rennbetrieb seiner Natur nach mit sich bringt, jedoch nicht auf den Ersatz der auch im Rennen vermeidbaren, schuldhaft herbeigeführten Schäden.

c) Übernahme der besonderen Gefahren, welche der Veranstalter pflichtwidrig schafft

Auch die Teilnehmer übernehmen selbst im Falle bewußter Gefahraussetzung nicht die Gefahren, die der Veranstalter pflichtwidrig hervorruft, etwa durch Organisationsmängel oder mangelhafte Unterhaltung der zur Verfügung gestellten Anlagen.

Vgl. RG 9. 5. 40[4]: Wer gegen Zahlung eines Eintrittsgeldes eine Rutschbahn benutzt, die wegen Fehlens einer waagerechten Auslauffläche gefährlich ist, kann zwar, wenn ihm dieser Mangel bekannt ist, den Veranstalter nicht wegen Verletzung der vertraglichen Gewährleistungspflicht (§ 538 BGB) in Anspruch nehmen, § 539 BGB. Unberührt bleibt aber die deliktische Haftung des Veranstalters[5].

BGH 28. 10. 58[6]: Der Bekl. betrieb einen „Rotor", eine Vergnügungseinrichtung, die aus einer drehbaren, nach oben offenen Trommel besteht. Die Benutzer werden durch die Fliehkraft so an die Trommel gepreßt, daß sie in dieser Lage verbleiben, auch wenn der Boden, auf dem sie bisher gestanden haben, versenkt wird. Vor dem

---

[1] RGZ 169, 213.
[2] VersR 1953, 485.
[3] VersR 1953, 374.
[4] DR 1940, 1425.
[5] Auch sonst bejaht die Rechtsprechung stets (vorbehaltlich § 254 BGB) eine deliktische Haftung des Veranstalters, der eine mangelhaft-gefährliche Einrichtung zur Verfügung stellt, mag auch der Benutzer den Mangel kennen: OLG München 14. 7. 54, VersR 1954, 532 (Wasserrutschbahn); OLG Stuttgart 1. 6. 55, VersR 1957, 49 (Schiffsschaukel); LG Köln 4. 3. 53, VersR 1953, 342 (Schiffsschaukel).
[6] VersR 1959, 107.

Anhalten wird der Boden wieder gehoben. Dem Kl., einem Journalisten, wurde anläßlich einer Besichtigung eine unentgeltliche Sonderfahrt gewährt. Als der Kl. während der Fahrt versuchte, seinen Oberkörper langsam von der sich drehenden Wand abzudrücken, verlor er das Gleichgewicht, stürzte und zog sich am rechten Bein zwei Brüche zu. Seiner Schadensersatzklage wurde gemäß § 823 BGB stattgegeben. Der Bekl. habe fahrlässig gehandelt, weil er bei der Pressekonferenz Bilder zeigte, auf denen zu sehen war, wie sich die Leute im Rotor mit den Füßen von der Trommelwand abdrückten, er aber gleichwohl den Kl. nicht vor Antritt der Fahrt vor einem solchen Verhalten, das nicht ungefährlich gewesen sei, gewarnt habe. Zwar habe der Bekl. den Kl. während der Fahrt durch die Lautsprecher ermahnt, das Abdrücken zu unterlassen, doch sei nicht erwiesen, daß der Kl. dies vernommen habe. Dem Kl. habe somit das Gefährdungsbewußtsein gefehlt, so daß die Möglichkeit eines Handelns auf eigene Gefahr entfalle.

LG Stuttgart 10. 7. 53[1]: Der Teilnehmer an einem Fahrradrennen nehme nicht die Gefahr auf sich, die dadurch entsteht, daß der Veranstalter die Aschenbahn schuldhaft zu stark mit Wasser bespritzt.

Eine Ausnahme wurde vom Reichsgericht nur in dem Fall erwogen, daß ein Jagdgast gewisse, für seine spätere Verletzung ursächliche Mängel der Jagdorganisation kennt.

RG 17. 3. 30[2]: Der Kläger war bei einer Jagd durch einen unvorsichtigen Schrotschuß des K., dessen jagdliche Unzuverlässigkeit ihm bekannt war, am Auge verletzt worden. Der Kl. hatte zu einer Zeit, als er noch von der Teilnahme an der Jagd absehen konnte, davon Kenntnis erlangt, daß sich auch K. beteiligen werde. Das Reichsgericht sah ein Verschulden des Veranstalters darin, daß er den notorisch leichtsinnigen Schützen K. zur Teilnahme an der Jagd aufgefordert habe. Es sei jedoch unter den gegebenen Umständen möglich und vom Tatrichter zu prüfen, ob nicht der Kl., indem er die Einladung zur Jagd annahm, stillschweigend auf die Haftung des Jagdgastgebers für geringfügige Versehen verzichtet habe.

Wie in den Fällen der Gefälligkeitsfahrt verbindet sich hier das Moment der Inanspruchnahme einer Gefälligkeit mit dem Moment der freiwilligen Selbstgefährdung[3]. Legt man jedoch die strengen Maßstäbe an, die für einen Haftungsausschluß bei Gefälligkeitsfahrten nach der neueren Rechtsprechung gelten (man vergleiche den Fall, daß sich der Fahrgast bewußt einem leichtsinnigen Fahrer anvertraut, oben S. 39), so reichen die mitgeteilten Umstände keinesfalls für einen Haftungsausschluß aus. Die richtige Lösung ergab sich aus § 254 BGB.

---

[1] VersR 1953, 374. [2] RGZ 128, 39 = JW 1930, 2419.

[3] Vgl. auch OLG Frankfurt 10. 4. 08, Recht 1908, Nr. 1799, Sp. 301: Ein stillschweigender Ausschluß der Tierhalterhaftung ist dann anzunehmen, wenn jemand seine Pferde einem Karnevalskomitee aus Gefälligkeit unentgeltlich zur Verfügung stellt, um dadurch „das Vergnügen der an dem Karnevalszug teilnehmenden demnächstigen Verletzten zu fördern".

In den Entscheidungen vom 21. 10. 58[1] und 9. 12. 58[2] hebt der Bundesgerichtshof auch hervor, daß, wer eine Gesellschaftsjagd veranstaltet oder an ihr teilnimmt, damit nicht schon auf die Haftung für eine fahrlässige Körperverletzung durch einen Jagdgenossen verzichte[3]. Es könne dabei keinen Unterschied machen, ob die Jagd über offenes Gelände oder durch ein Waldstück mit weniger freier Sicht geht. Für einen stillschweigenden Haftungsverzicht sei vollends kein Anlaß (so BGH 21. 10. 58), wenn sich der Kl. bewußt gewesen sei, daß eine obligatorische Jagdhaftpflichtversicherung bestand (vgl. § 17 I Nr. 6 BJagdG).

Die Pflichtwidrigkeit des Veranstalters kann auch darin liegen, daß er die Veranstaltung unter den gegebenen Bedingungen (Witterungsverhältnisse usw.) überhaupt stattfinden ließ. Die Veranstaltung kann als solche unerlaubt sein. Auch in diesem Fall nehmen die Teilnehmer die der Veranstaltung innewohnenden Gefahren nicht auf sich.

Vgl. RG 12. 1. 33[4]: Das Motorradrennen hätte wegen des eingetretenen schweren Regens überhaupt nicht stattfinden dürfen. Ein Handeln des verletzten Starthelfers auf eigene Gefahr wird abgelehnt, weil dieser die Gefahren der von ihm zum ersten Male ausgeübten Tätigkeit überhaupt nicht erkannt habe (?).

LG Mönchen-Gladbach 7. 10. 53[5]: Der Betrieb einer Motorrollerrennbahn stelle als solcher eine Fahrlässigkeit dar, wenn das Fahren mit den Rollern für die Benutzer der Bahn erhebliche Gefahren mit sich bringt. Wegen der Minderjährigkeit des Verletzten läßt das Gericht dahinstehen, ob eine vertragliche Haftungsbeschränkung als Vertragsinhalt für alle Benutzer der Rennbahn angenommen werden kann.

## *III. Haftung der (aktiven) Teilnehmer*

### *1. Haftung gegenüber Zuschauern*

#### a) Haftung für Verschulden (§§ 276, 823 BGB)

Das Maß an Vorsicht, das der Teilnehmer an einer Veranstaltung zur Vermeidung von Unfällen anzuwenden verpflichtet ist, richtet sich nach der Eigenart der jeweiligen Veranstaltung. Ein Rennfahrer hat bei einem Kraftfahrzeugrennen mit der Sorgfalt eines gewissenhaften Rennfahrers zu fahren[6], der Stürmer einer Fußballmannschaft mit der Sorgfalt eines

---

[1] VersR 1958, 851 = MDR 1959, 33. [2] VersR 1959, 206.

[3] Vgl. auch RG 22. 2. 34, HRR 1934, Nr. 802: Die bei einer Jagd eingesetzten Treiber müssen die Gefahr, angeschossen zu werden, nicht auf sich nehmen.

[4] IRPV 1933, 55; s. auch OG Zürich 8. 7. 55 (oben S. 62 N. 2).

[5] VersR 1955, 429.

[6] RG 4. 3. 30, RGZ 127, 313; BGH 7. 4. 52, BGHZ 5, 318 (wann bei einem Rennen auf geschlossener Bahn, das zweifellos einen anderen Maßstab erfordert als ein normaler Verkehr, von haftungsbegründender Fahrlässigkeit zu sprechen sei,

verantwortungsbewußten Stürmers zu spielen[1], ein Turnierreiter bei einem Jagdspringen sich mit der Sorgfalt eines gewissenhaften Springreiters zu verhalten[2]. Der Teilnehmer an einer Jagd hat die in Jägerkreisen herrschenden Auffassungen und Übungen zu beherzigen, wenn sie den Niederschlag vieljähriger Erfahrungen über Gefährlichkeit oder Ungefährlichkeit einer bestimmten Handlungsweise des Jägers oder über die Mittel und Wege, einer Gefahr vorzubeugen, darstellen und sich in der Praxis bewährt haben[3].

Vgl. auch OLG München 10. 3. 42[4]: Ein Skitourenläufer ist, verglichen mit einem Rennläufer, zu erhöhter Rücksichtnahme auf andere Sportausübende verpflichtet; denn der Tourenläufer hat es nicht nur mit Gegnern zu tun, die sich ihm gleichwertig dünken, sondern mit Sportfreunden verschiedensten Fähigkeitsgrades, die alle das gleiche Recht auf sportliche Betätigung haben und daher nicht verpflichtet sind, dem besseren Sportler bedingungslos zu weichen. Aber auch der Tourenläufer ist nicht verpflichtet, seine Geschwindigkeit so einzurichten, daß er jederzeit rechtzeitig anhalten kann[5].

Die Verkehrspflichten der Teilnehmer sind ebenso wie die Verkehrspflichten des Veranstalters relativ. Zuschauern gegenüber hat der Teilnehmer eine weitergehende Pflicht zur Rücksichtnahme als anderen Teilnehmern (Mit- oder Gegenspielern) gegenüber. Wie schon bei den Schutzpflichten des Veranstalters besteht auch hier eine Wechselbeziehung zwischen dem Quantum der übernommenen Gefahr und dem Inhalt der Schutzpflichten des Gefährders.

Schweizer. BG 10. 3.53[6]: Bei einem Eishockeyspiel wurde die Kl., die ihrem dem Spiel zuschauenden Sohn eine Mitteilung machen wollte, durch einen Schlag des Spielers L. verletzt. L. war bei einem Gedränge am Rande des Spielfeldes gegen die

---

könne nur im Einzelfall festgestellt werden); OLG Stuttgart 31. 5. 32, JW 1932, 2823 (Handeln im „Rennfimmel" entschuldige nicht); OLG Bremen 18. 2. 55, VersR 1955, 644; Richter (s. oben S. 59 N. 3) 67; Wussow 268.

[1] BGH 5. 3. 57, VersR 1957, 290.

[2] OLG Schleswig 27. 6. 58, Schl.H.Anz. 1958, 261.

[3] BGH 9. 12. 58, VersR 1959, 206.

[4] HRR 1942, Nr. 572.

[5] Anders aber OLG Karlsruhe 25. 3. 59, VersR 1959, 862 = NJW 1959, 1589 (der Skiläufer müsse auf einem belebten Hang seine Geschwindigkeit so einrichten, daß er notfalls rechtzeitig anhalten kann. Es müßten insoweit die gleichen Grundsätze wie für Fahrzeuge im öffentlichen Verkehr gelten) und Schweizer. BG 7. 2. 56, BGE 82 II 25 (der Skiläufer, der am Hang unten einen anderen Skiläufer stehen sieht, habe sich bei der Abfahrt so zu verhalten, daß dem anderen kein Schaden entstehen kann. Er habe selber abzuwägen, mit welcher Geschwindigkeit er angesichts seiner persönlichen Fähigkeiten, der Steilheit der Piste und der ihm bekannten Schneeverhältnisse fahren durfte). Siehe auch OLG München 31. 7. 59, VersR 1960, 164.

[6] BGE 79 II 66.

etwa 25 cm hohe Umzäunung gestoßen und hatte mit dem Schläger ausgeholt, um das Gleichgewicht wiederzuerlangen. Das Bundesgericht stellt ein Verschulden des L. fest, weil er bei seinem Spiel nicht auf die mangelhafte Absperrung des Spielfeldes Rücksicht genommen habe.

M. E. hätte anders entschieden werden müssen, wenn nicht ein Unbeteiligter, sondern ein in das Gedränge verwickelter Mit- oder Gegenspieler durch den auf einer Reflexbewegung beruhenden Schlag getroffen worden wäre.

Überhaupt ist es ein allgemeiner Grundsatz, daß auch der den Schaden verursachende Teilnehmer deliktisch verantwortlich ist, wenn er weiß oder wissen muß, daß es der Veranstalter an der erforderlichen Vorsorge für den Schutz des Publikums hat fehlen lassen, und wenn diese Nachlässigkeit des Veranstalters das schädigende Ereignis ermöglichte.

RG 12. 1. 33[1]: Ein Rennfahrer handle pflichtwidrig, wenn er sich an einem Motorradrennen beteiligt, obwohl er weiß oder wissen muß, daß das Rennen wegen ungünstiger Umstände (starker Regen, Sicht getrübt) ungewöhnlich gefährlich ist. Er könne sich in diesem Fall auch nicht darauf berufen, daß er vertraglich zur Teilnahme verpflichtet gewesen sei; denn die Vertragserfüllung habe ihm unter solchen Umständen nicht zugemutet werden können. Ebensowenig könne es ihn entschuldigen, daß er sich darauf verlassen hat, der Veranstalter und die Polizeibehörde habe für die Sicherheit der Zuschauer und der im Innern der Bahn stehenden Personen genügend gesorgt. Er habe nämlich gesehen oder sehen müssen, daß der Kl. (der als Rundenzähler und Anzeiger eingesetzt war und durch die Maschine des Bekl. verletzt wurde) so gut wie ungeschützt direkt neben der Bahn stand.

OG Zürich 8. 7. 55[2]: Ein Bobfahrer sei den Zuschauern, die durch den aus der Bahn getragenen Bob verletzt werden, zum Schadensersatz verpflichtet (Art. 41 OR), wenn er hätte erkennen müssen, daß die Startfreigabe durch die Rennleitung unter den gegebenen Wetterbedingungen und angesichts der ungenügenden Sicherheitsvorkehrungen verantwortungslos war. Selbst die Tatsache, daß dem Fahrer für den Fall der Weigerung, zu starten, von der Rennleitung die Disqualifikation angedroht wurde, hindere nicht, sein Verhalten als grob fahrlässig zu beurteilen. „Die ‚harten Gesetze des Sports‘ gehen der Sicherheit des Publikums nicht vor“.

Das Obergericht Zürich legt in der zitierten Entscheidung auch mit Recht dar, daß der Teilnehmer im Verhältnis zu Zuschauern nicht schon dann „salviert“ ist, wenn er die Sportregeln genau einhält. Denn diese Regeln ordnen vornehmlich das Spielgeschehen, d.h. die Beziehungen zwischen dem Veranstalter und den Teilnehmern und die Beziehung der

---

[1] IRPV 1933, 55; vgl. aber BGH 7. 4. 52, VRS 4 (1952) Nr. 162, S. 332: Ein Rennfahrer müsse sich darauf verlassen können, daß die Veranstalter des Rennens alle Vorkehrungsn getroffen haben, um Unfälle möglichst zu vermeiden.

[2] OG Zürich (oben S. 62 N. 2) 209.

Teilnehmer unter sich[1]. „Die Rücksichtspflichten gegenüber dem Publikum sind nicht Gegenstand von Reglementen; hier kommt es allein auf die allgemeinen Gebote und auf den gesunden Menschenverstand an“[2].

Die Zuschauer nehmen auch im Verhältnis zu den Teilnehmern nur die „normalen“, d. h. selbst bei pflichtgemäßem Verhalten der Teilnehmer unvermeidlichen Gefahren der Veranstaltung auf sich, nicht aber die Gefahr, durch ein pflichtwidriges Verhalten der Teilnehmer verletzt zu werden. Eine Gefahrübernahme findet selbst dann nicht statt, wenn sich die Zuschauer unvorsichtig verhalten und auf das Spielfeld oder einen vor der Kampfbahn liegenden „Sicherheitsstreifen“ vordringen[3]. Das pflichtwidrige Verhalten der Teilnehmer ist stets ein zusätzliches Moment, das über die von den Zuschauern allein übernommenen allgemeinen Gefahren der Veranstaltung hinausreicht. Die Gerichte ziehen in den einschlägigen Entscheidungen ein Handeln des verletzten Zuschauers auf eigene Gefahr meist nicht einmal in Erwägung[4].

b) Gefährdungshaftung

Die Haftungsbestimmungen des Straßenverkehrsgesetzes gelten auch für Unfälle, die sich bei Kraftfahrzeugrennen ereignen, selbst wenn die Rennen auf geschlossener Bahn ausgetragen werden[5]. Ein Rennfahrer kann daher auch ohne Verschulden als Halter seiner Maschine einem verletzten Zuschauer nach Maßgabe des Straßenverkehrsgesetzes haftbar

[1] Ebenso Mahling, Die strafrechtliche Behandlung von Sportverletzungen (Diss. Berlin 1939) 68; Knefeli, Die Haftung bei Sportverletzungen (Diss. Jena 1937) 31.

[2] OG Zürich (S. 62 N. 2) 209.

[3] Aus der Rechtsprechung vgl. RG 30. 10. 30, RGZ 130, 162; RG 16. 1. 36, RGZ 150, 73; BGH 7. 4. 52, VRS 4 (1952) Nr. 162, S. 332; OLG Stuttgart 31. 5. 32, JW 1932, 2823; OLG Bremen 18. 2. 55, VersR 1955, 644; OLG Schleswig 27. 6. 58, SchlHAnz. 1958, 261; OG Zürich 8. 7. 55 (s. oben S. 62 N. 2); Wussow 269; a. A. teilweise Borchert, VersR 1952, 416.

[4] Vgl. die in der vorigen Note zitierten Entscheidungen.

[5] RG 30. 10. 30, RGZ 130, 162; RG 16. 1. 36, RGZ 150, 73; BGH 7. 4. 52, VRS 4 (1952) 332; Müller, Straßenverkehrsrecht 756; Borchert, VersR 1952, 415; Richter (s. oben S. 59 N. 3) 12 ff. Ebenso die österr. Praxis zum KFG: Vgl. Feuchter, J. Bl. 1954, 482. Im Urteil vom 4. 12. 57, J. Bl. 1958, 126, sieht der österr. Oberste Gerichtshof den Veranstalter eines Kraftfahrzeugrennens als Mithalter der Rennmaschine an und gelangt so sogar zu einer Gefährdungshaftung des Veranstalters. Entsprechend nunmehr Art. 72 II des schweizerischen Bundesgesetzes über den Straßenverkehr vom 19. 12. 1958 (BBl. II 1649), wonach der Veranstalter eines Rennens in sinngemäßer Anwendung der Bestimmungen über die Haftung der Motorfahrzeughalter für den Schaden haftet, der durch Fahrzeuge der Teilnehmer oder Begleitfahrzeuge oder andere im Dienst der Veranstaltung verwendete Fahrzeuge verursacht wird. Man sieht, die Tendenz geht dahin, bei Kraftfahrzeugrennen den Schutz der Zuschauer zu verstärken!

werden [1]. Ebenso muß der Pferdesportliebhaber, der ein Pferd bei einem Jagdspringen, einem Trabrennen oder einer ähnlichen Veranstaltung an den Start läßt, gewärtig sein, unabhängig von einem Verschulden als Tierhalter von Zuschauern in Anspruch genommen zu werden, die durch das Tier verletzt wurden (§ 833 Satz 1 BGB) [2]. Der Umstand, daß sich der Zuschauer durch seine Gegenwart den allgemeinen Gefahren der Veranstaltung aussetzt oder sich sogar durch Einnehmen einer gefährlichen Position in erhöhtem Maße selbst gefährdet, bewirkt nach der konstanten Praxis der Gerichte keinen Ausschluß der Gefährdungshaftung der Teilnehmer; die Zuschauer handeln insoweit nicht „auf eigene Gefahr“ [3]. Das Reichsgericht hatte allerdings zunächst, im Urteil vom 30. 10. 30 [4], einen teilweise abweichenden Standpunkt eingenommen.

Bei einem Kraftwagenrennen auf geschlossener Bahn wurde der Kl. als Zuschauer verletzt, als der Wagen des beklagten Rennfahrers ins Schleudern geriet, den Absperrdraht zerriß und zwei Fichten umknickte, von denen die stärkere einen Durchmesser von etwa 15–20 cm hatte. Der Kl. stand hinter den Fichten, etwa 3 m von dem Absperrdraht entfernt. Das Reichsgericht beanstandet, daß das Berufungsgericht nicht – neben dem Gesichtspunkt des § 254 BGB – erwogen habe, ob die Gefährdungshaftung des Bekl. „ganz oder teilweise“ deswegen ausgeschlossen sei, weil sich der Kl. „ohne durch ein gesetzliches, berufliches oder sittliches Gebot hierzu verpflichtet zu sein, etwa bewußterweise einer vermeidbaren Gefahr ausgesetzt hat“ [5]. Führe freilich die erneute Verhandlung vor dem Berufungsgericht zur Annahme einer Haftung des Bekl. aus § 823 BGB, so könne der Gesichtspunkt des Handelns auf eigene Gefahr die Klagabweisung nicht rechtfertigen; es habe dann lediglich eine Abwägung nach § 254 BGB stattzufinden.

Man fragt sich, wodurch sich im gegebenen Fall ein Handeln des Verletzten auf eigene Gefahr, das nach Ansicht des Reichsgerichts die Gefährdungshaftung des Bekl. möglicherweise auch nur zum Teil ausgeschlossen hätte, von dem Gesichtspunkt des § 254 BGB unterscheiden soll. Das Reichsgericht erblickt einen solchen Unterschied offenbar in

[1] Vgl. RG 16. 1. 36, RGZ 150, 73 [75]: „Selbst wenn man annehmen wollte, daß die gleichzeitigen Wettfahrer gegeneinander nach den ganzen Umständen keine Ansprüche aus dem KFG, abgesehen etwa bei nachgewiesenem Verschulden, erheben könnten, so kann doch das gleiche nicht gelten für die Ansprüche der am Rennen unbeteiligten Außenstehenden. Daß das Rennen polizeilich zugelassen ist, ändert hieran nichts.“

[2] Vgl. OLG München 18. 11. 12, OLGE 28 (1914) 296 (Trabrennen).

[3] Wussow 269; a. A. Borchert, VersR 1952, 416: ein Handeln auf eigene Gefahr liege vor, wenn ein Zuschauer bei Gelände- und Zuverlässigkeitsfahrten sich an einer gefährlichen Kurve zu dicht an die Fahrbahn heranwagt, ferner wenn er sich bei Rennen auf geschlossener Bahn an einer Stelle aufhält, die für Zuschauer verboten ist.

[4] RGZ 130, 162.

[5] RG (vorige Note) 169.

dem nur für ein Handeln auf eigene Gefahr erforderlichen Gefährdungsbewußtsein des Verletzten, womit wohl das Bewußtsein einer konkreten Gefährdung gemeint ist, nicht das Bewußtsein der abstrakten, mit jedem Kraftfahrzeugrennen verbundenen Gefahr. Indessen wird das Kriterium des Gefährdungsbewußtseins durch die spätere Rechtsprechung ad absurdum geführt. Bereits im Urteil vom 12. 1. 33[1], das wiederum einen Unfall bei einem Kraftfahrzeugrennen (Motorradrennen) betrifft, läßt es das Reichsgericht mit der Feststellung bewenden, dem Kl., der als Rundenzähler und Anzeiger eingesetzt war und so gut wie ungeschützt dicht neben der Bahn stand (auf einer Grasböschung, die nur 60 cm höher lag als die Bahn selbst), habe das Gefährdungsbewußtsein gefehlt, weil er zum ersten Mal eine solche Tätigkeit ausgeübt habe (!). Der vom Verletzten gegen einen Rennfahrer erhobenen Schadensersatzklage wurde auch auf Grund des KFG stattgegeben.

Später hatte sich das Reichsgericht mit der Entscheidung des OLG Hamburg vom 21. 8. 34[2] auseinanderzusetzen, wonach ein Starthelfer, der ebenfalls unmittelbar neben der Rennstrecke stand, freiwillig die Gefahr eines Motorradrenn-Betriebes auf sich genommen habe und daher bei Verletzung durch einen Fahrer keine Ansprüche nach dem KFG erheben könne. Das Reichsgericht[3] mißbilligte diese Entscheidung: das Oberlandesgericht habe „keinerlei Feststellung darüber getroffen, daß der Geschädigte sich der Möglichkeit bewußt war, ihm drohe die demnächst verwirklichte Gefahr". Auch die übrige Rechtsprechung zu Unfällen bei Kraftfahrzeugrennen läßt den Rennfahrer im Verhältnis zu Zuschauern regelmäßig nach Maßgabe des KFG bzw. StVG haften und tut den Gesichtspunkt, der Verletzte habe auf eigene Gefahr gehandelt – soweit dieser Gesichtspunkt überhaupt Erörterung findet[4] – mit der Feststellung ab, ein Gefährdungsbewußtsein des Verletzten sei nicht erwiesen[5].

[1] IRPV 1933, 55.
[2] RdK 1935, 146.

[3] RG 21. 3. 35, DAR 1935, 80 (der Kl. war von dem Fahrer einer weiter rückwärts aufgestellten Staffel, die infolge des Versehens eines Hilfsstarters zu früh losfuhr, von hinten angefahren worden).

[4] Nicht erörtert wurde dieser Gesichtspunkt z. B. in den folgenden Entscheidungen, in welchen eine Haftung des Rennfahrers nach dem KFG angenommen wurde: RG 16. 1. 36, RGZ 150, 73 (Motorradrennen auf einer eingerichteten Stadionrennbahn. Der Kl. saß auf einem für Zuschauer vorgesehenen Platz hinter einer 1 m hohen Schutzmauer); BGH 7. 4. 52, BGHZ 5, 318 = VersR 1952, 237 (bei einem Nürburgringrennen wurde ein Polizist verletzt, der im Ordnungsdienst eingesetzt war).

[5] Vgl. OLG Stuttgart 31. 5. 32, JW 1932, 2823; OLG Karlsruhe 13. 1. 54, VRS 7 (1954) Nr. 189, S. 404.

Das OLG Bremen[1] behauptet das sogar in einem Fall, in welchem ein Zuschauer bei einem Motorradrennen auf den für Zuschauer gesperrten „Sicherheitsstreifen" vorgedrungen war; denn der Kl. habe nicht annehmen können, daß er sich einer erhöhten Gefahr aussetze, wenn er bis zu dem Lautsprecherblock vorging, der sich in seiner Nähe – ebenfalls auf dem Sicherheitsstreifen – befand (!).

## *2. Haftung der Teilnehmer untereinander*

### a) Haftung für Verschulden (§§ 276, 823 BGB)

Bei sportlichen Wettkämpfen und Spielen dürfen und müssen sich die Teilnehmer an die anerkannten Sport- oder Spielregeln halten. Die vorwerfbare Verletzung dieser Reglemente stellt aber nur dann ein Verschulden im Sinne der §§ 276, 823 BGB dar, wenn es sich um Regeln handelt, die den Schutz der Teilnehmer und nicht nur die Ordnung des Spielgeschehens bezwecken[2].

Vgl. BGH 5. 3. 57[3]: Ein Fußballspieler handle objektiv rechtswidrig, wenn er entgegen den Regeln des Deutschen Fußballbundes versuche, den Ball zu treten, während ihn der Torwart hält.

Die Teilnehmer an einem Sport oder Spiel übernehmen in diesem Sinne die Gefahren der Veranstaltung, die immer vorhanden sind, auch wenn den Sport- oder Spielregeln entsprechend gekämpft wird[4].

So AG Köln 3. 3. 39[5] hinsichtlich der Gefahren eines Handballspieles.

Vgl. auch OLG München 10. 3. 42[6]: Wer hochalpinen Skisport treibt, nehme von vornherein gewisse Gefahren in Kauf, und zwar nicht nur solche, die aus einem Versagen der eigenen Fähigkeit oder durch die Beschaffenheit des Geländes drohen, sondern auch solche, die aus der Tatsache eines mehr oder weniger lebhaften Verkehrs auf der Abfahrtsstrecke erwachsen können.

Selbst Kinder, die an einem Spiel teilnehmen, übernehmen die dem Spiel notwendig innewohnenden Gefahren. Auch hier sind die Verkehrspflichten der Spielpartner im Verhältnis zu anderen Spielpartnern den Spielregeln entsprechend abgeschwächt.

---

[1] Urteil vom 18. 2. 55, VersR 1955, 644.

[2] Vgl. auch oben S. 72 f.

[3] VersR 1957, 290.

[4] Der Umfang dieses „inhärenten" Risikos einer Sportveranstaltung ist oft zweifelhaft. Das Schweizer. Bundesgericht meint im Urteil vom 4. 3. 49, BGE 75 IV 8, nur bei Kampfspielen müsse ein Spieler schwere Zusammenstöße in Kauf nehmen. Beim Schlittschuhlaufen gehörten sie nicht zum „inhärenten Risiko" der normalen Sportausübung; ähnlich Schweizer. BG 11. 7. 57, zitiert nach Staehelin, ZSR 76 (1957) 468.

[5] DR 1939, 770.

[6] HRR 1942, Nr. 572.

Man vergleiche die Urteile des österreichischen Obersten Gerichtshofs vom 12. 10. 32[1] und des Schweizerischen Bundesgerichts vom 22. 1. 16[2]. In dem österreichischen Fall hatte der vierzehneinhalbjährige Bekl. den neuneinhalbjährigen Kl. durch einen Schneeballwurf am Auge verletzt, als sich der Kl., von dem ersten Schneeball des Bekl. im Rücken getroffen, umwandte. Das Berufungsgericht wies die Schadensersatzklage ab, weil das Schneeballwerfen zu den allgemein geübten, gebräuchlichen und geduldeten Vergnügungen gehöre und daher nicht widerrechtlich sei. Der Oberste Gerichtshof räumt ein, es sei zwar richtig, daß in jedem sportlichen Spiel ein Gefahrenmoment liege und daher eine Verletzung im Verlauf des Spieles nur dann zum Schadensersatz verpflichte, wenn die normalen Spielregeln nicht eingehalten wurden. Der Kl. habe sich aber gar nicht am Schneeballwerfen beteiligt, sondern sei überrascht worden, weshalb er „die in Spielen dieser Art liegende Gefahr nicht freiwillig übernahm".

In dem Schweizer Fall hatte sich der Kl., ein Junge, an einem in seiner Heimat allgemein geübten Spiel beteiligt, nach dessen Regeln er sich von seinen Kameraden – die er dann mit einem Stock zu erhaschen hatte – auf verschiedene Art, z. B. durch Werfen mit kleinen Steinchen, hänseln lassen mußte. Durch ein auf ihn geworfenes Steinchen wurde er am Auge verletzt. Das Schweizerische Bundesgericht wies die Schadensersatzklage ab, da das Werfen von kleinen Steinchen nun einmal zu dem Spiel gehöre und die Teilnehmer durch ihre Teilnahme am Spiel „acceptent, en connaissance de cause et tacitement, de courir certains risques inhérents à l'exercice auquel ils se livrent"[3].

Voraussetzung für eine solche Abschwächung der deliktischen Pflichten ist aber immer, daß der Sport oder das Spiel nach allgemeinen Anschauungen erlaubt ist, eine Frage, die namentlich bei Kinderspielen oft nur schwer zu beantworten ist. Sportkämpfe, die unter Aufsicht eines Schiedsrichters oder Spielleiters nach anerkannten Regeln ausgetragen werden, sind regelmäßig erlaubt. In Zweifelsfällen wird es darauf ankommen, ob die Teilnehmer in sportlicher Gesinnung handeln. Feindseligen körperlichen Auseinandersetzungen, die erfahrungsgemäß mit ernsten Gefahren für Leib oder Leben verbunden sind, ist die rechtliche Billigung zu versagen[4].

---

[1] SZ XIV Nr. 199, S. 617.
[2] BGE 42 II 44.

[3] Auch in dem Falle, der dem Bundesgerichtshof im Urteil vom 23. 10. 52, VersR 1953, 28 („Tomatenschlacht") vorlag, entfiel ein Verschulden des beklagten Jugendlichen schon deshalb, weil die schädigende Handlung (Tomatenwurf) den Regeln eines erlaubten Spiels entsprach, an welchem sich das klagende Kind beteiligte. Der Bundesgerichtshof hat diesen entscheidenden Gesichtspunkt nicht erkannt, berührt ihn jedoch bei der Feststellung, ein Verschulden sei dann zu verneinen, wenn die Wahrscheinlichkeit des Eintretens eines rechtswidrigen Erfolges so gering war, daß sie auch einen pflichtgemäß handelnden Menschen nicht von der Handlung zurückhalten würde.

[4] BGH 22. 1. 53, BGHSt 4, 88.

In dem Fall, der dem zitierten Strafurteil des Bundesgerichtshofs vom 22. 1. 53[1] zugrunde liegt, hatte der später Getötete den Angeklagten mit den Worten zum Kampf herausgefordert: „Wenn du was haben willst, dann komm! Zieh' die Jacke aus und lege das Messer weg! Wir machen einen Gang." Mit Recht sah der Bundesgerichtshof diese Auseinandersetzung als illegitim an.

Anders urteilte das Schweizerische Bundesgericht in dem Fall[2], daß zwei erwachsene Personen auf der Straße einen Ringkampf austragen in der Absicht, „de se livrer à un jeu gymnastique". Der Unfall des Kl. (er brach sich ein Bein) sei eine von ihm in Kauf zu nehmende „conséquence fortuite d'une activité licite".

Kinderspiele sind nur dann erlaubt, wenn sie allgemein gebräuchlich und trotz der Jugendlichkeit der Teilnehmer und der hierdurch begründeten besonderen Gefahren als harmlos anzusehen sind. Der österreichische Oberste Gerichtshof und das Schweizerische Bundesgericht hielten diese Voraussetzung in den bereits erwähnten Beispielen[3] für gegeben.

Dagegen mißbilligt das OLG Zweibrücken[4] das „Hasenjägerspiel", bei welchem die „Jäger" mit Pfeilen auf Beine und Hüften der „Hasen" schießen. Obschon landläufig sei das Spiel doch „sehr unvorsichtig". Das Gericht nahm ein Verschulden des beklagten Teilnehmers an, obwohl dieser nach den Spielregeln gehandelt und den Kl. nur deshalb ins Auge getroffen hatte, weil sich der Kl. im Augenblick des Schusses niederließ.

Das Schießen mit Papierbolzen vermittels eines Gummis („Gummiflitzern") ist nach Ansicht des OLG Hamburg[5] nicht ein Spiel oder Sport, sondern nutzloser Unfug, der weder der Förderung noch der Schonung bedarf. „Schon die Beteiligung an diesem Treiben unter diesen Umständen war eine Verletzung der im Verkehr erforderlichen Sorgfalt."

Dem beim Spiel verletzten Kl. wurde in Annahme eines Eigenverschuldens (§ 254 BGB) ein Anspruch auf Schadensersatz von zwei Dritteln des erlittenen Schadens zugebilligt.

Mit Recht hält ferner das Tribunale di Appello Ticinese[6] ein Fußballspiel für illegitim, zu dem der Bekl., ein junger Mann von 22 Jahren, zehn- bis zwölfjährige Spielkameraden, denen er körperlich weit überlegen war, aufgefordert hatte. Der Bekl., der einen der Jugendlichen verletzte, könne sich nicht darauf berufen, nach den Spielregeln gehandelt zu haben.

---

[1] Siehe vorige Note.

[2] Urteil vom 17. 11. 1894, BGE 20, 1011; ähnlich der österr. OGH 10. 3. 09, Slg. N. F. XII (1911) Nr. 4552.

[3] Siehe oben S. 77 N. 1 und 2.

[4] Urteil vom 25. 2. 08, S. A. 63 (1908) Nr. 114, S. 191; siehe auch OLG Bremen 14. 5. 59, VersR 1959, 815 (Hochschleudern von Holzstückchen in Richtung auf einen Kameraden).

[5] Urteil vom 19. 9. 40, HansRGZ 1941 B Nr. 12 Sp. 42; vgl. auch BGH 23. 12. 53, L.-M. Nr. 2 zu § 276 (Be) BGB = JZ 1954, 297 (Abschnellen eines Metallplättchens von einer handgefertigten Schleuder aus).

[6] Urteil vom 19. 1. 37, Rep. di Giurisprudenza Patria 1937, 407.

Für schuldhafte Verstöße gegen die besonderen Vorsichtsregeln eines Sports oder Spieles haben die Teilnehmer stets einzustehen; die anderen Teilnehmer nehmen die Gefahr solcher Verstöße nicht auf sich[1]. Mitunter wird freilich im Schrifttum behauptet, das Risiko, das jeder Teilnehmer übernehme, schließe – jedenfalls beim Kampfspiel und Kampfsport – leichte Regelverstöße der Gegner ein[2]. Aber herrschend ist diese Auffassung nicht. Ihr widerspricht auch das Urteil des Bundesgerichtshofs vom 5. 3. 57[3]. Auch dürfte nicht hinreichend beachtet sein, daß nur die Verletzung solcher Spielregeln, die den Charakter von Sicherheitsregeln haben, deliktsrechtlich erheblich ist[4].

b) Gefährdungshaftung

aa) Die Gefährdungshaftung der Teilnehmer an einer Kraftfahrsportveranstaltung, sei es einem Kraftfahrzeugrennen, einer Zuverlässigkeitsfahrt oder einer „Fuchsjagd", ist nach der Rechtsprechung und einer verbreiteten Ansicht im Schrifttum[5] im Verhältnis der Teilnehmer zueinander insoweit ausgeschlossen, als ein Unfall, für den ein Teilnehmer an sich nach § 7 StVG verantwortlich wäre, auf den typischen Gefahren einer solchen Veranstaltung beruht[6]. Kein Teilnehmer kann also von anderen Teilnehmern haftbar gemacht werden, solange er sich „der Veranstaltung gemäß" verhält, bei einem Rennen etwa die Höchstgeschwindigkeit einhält oder – auch dies gehört zu einem Rennen – Kurven wage-

---

1 So neuerdings insbesondere OLG Karlsruhe 25. 3. 59, VersR 1959, 862 = NJW 1959, 1589: Wer als Skiläufer an dem Betrieb auf einem stark befahrenen Übungshang teilnimmt, hat nicht den Willen, in möglicherweise eintretende Verletzungen anderer einzuwilligen. Jedoch erblickte das Gericht in der Teilnahme an einem solchen Betrieb in Kenntnis seiner Gefährlichkeit ein mitwirkendes Verschulden (§ 254 BGB), das „billigerweise" zur Ermäßigung der Ersatzpflicht des Bekl. um ein Viertel führe. Diese Ansicht ist unhaltbar. Abgesehen von ganz außergewöhnlichen Umständen ist die Teilnahme an einem Skibetrieb sozialadäquat und daher vorwurfsfrei. Das Gericht stellte im übrigen ausdrücklich fest, daß der Verletzte korrekt gefahren war.

2 KNEFELI (s. oben S. 73 N. 1) 32; MAHLING (s. oben S. 73 N. 1) 68; ähnlich auch HOFACKER, DJZ 1927, 454; KUBLI (s. oben S. 59 N. 3) 72; nicht ganz klar AG Köln 3. 3. 39, DR 1939, 770.

3 VersR 1957, 290; vgl. auch BGH 21. 10. 58, VersR 1958, 851: Die Teilnehmer an einer Jagd haften einander auch für leichte Fahrlässigkeit.

4 Siehe oben S. 76.

5 WUSSOW 268; RICHTER (s. oben S. 59 N. 3) 69 mit der Einschränkung, daß die Teilnahme nicht durch ein „berufliches Gebot" erzwungen sein dürfe; ebenso BORCHERT, VersR 1952, 415. Die Frage wird in RG 16. 1. 36, RGZ 150, 73, offengelassen.

6 Vgl. auch Art. 72 III des schweizerischen Bundesgesetzes vom 19. 12. 1958 (BBl. II 1649).

mutig nimmt. Für ein Verschulden hat jedoch jeder Teilnehmer einzustehen. Es ist also unter den Teilnehmern in den genannten Grenzen nur die Gefährdungshaftung, nicht auch die Verschuldenshaftung (§§ 276, 823 BGB) ausgeschlossen.

Aus der Rechtsprechung vgl. OLG Hamburg 3. 3. 42 (Kraftfahrzeugrennen auf geschlossener Bahn) [1]: Ein Rennfahrer setze sich selbst den besonderen, mit der Eigenart der Rennfahrten verbundenen Gefahren aus und könne deshalb einen anderen Rennfahrer nicht für Schäden haftbar machen, die durch eine Fahrweise entstanden sind, wie sie der Rennbetrieb seiner Natur nach mit sich bringt. Die Haftung bleibe aber bestehen für Schäden, die auch bei Berücksichtigung des Wesens des rennsportlichen Betriebs vermeidbar waren.

OLG Celle 19. 11. 32 [2]: Die Teilnehmer an einer „Fuchsjagd" nähmen die besonderen Gefahren auf sich, die dadurch entstehen, daß die Konkurrenten, die manchmal dicht hintereinander fahren, ihre Aufmerksamkeit nicht allein der Fahrbahn, sondern auch in hohem Maße der Nachforschung nach den von dem „Fuchs" abgeworfenen bunten Klötzchen zuwenden.

OLG Celle 14. 11. 36 [3]: Wer sein Auto an einer Zuverlässigkeitsfahrt in freiem Gelände teilnehmen läßt, bei der zahlreiche Wagen mit beträchtlicher Geschwindigkeit und in kurzen Abständen aufeinanderfolgen, könne, falls ein kurz folgender Wagen auf sein ins Stocken geratenes Auto versehentlich auffährt und es beschädigt, jedenfalls dann keinen Schadensersatz verlangen, wenn den Halter des schadenstiftenden Wagens kein Verschulden trifft und er nur aus Gefährdungshaftung belangt werden könnte.

Vgl. auch OLG Jena 28. 10. 26 [4], wonach ein Unparteiischer, der bei einer Zuverlässigkeitsfahrt im Wagen eines Teilnehmers mitfährt, diesen nicht für einen Schaden haftbar machen kann (nach § 823 BGB, die Haftung nach dem StVG ist ohnehin ausgeschlossen), der sich aus den Besonderheiten der Fahrt und aus der technischen Unzulänglichkeit des Fahrers ergeben hat. Das Reichsgericht dagegen leugnet im Urteil vom 1. 2. 26, daß die Sorgfaltspflichten eines Fahrers, der sich an einer Dauerprüffahrt beteiligt, im Verhältnis zu einem im Wagen mitfahrenden Unparteiischen anders sein könnten als einem Unbeteiligten gegenüber [5].

Die Begründung, die für den Ausschluß der Gefährdungshaftung gegeben wird, ist verschieden. Wussow [6] beruft sich auf einen stillschweigenden Haftungsverzicht. Meist wird aber der Gesichtspunkt des „Handelns auf eigene Gefahr" ins Feld geführt und behauptet, der Teilnehmer

---

[1] DAR 1942, 46.
[2] DAR 1933, 56.
[3] HRR 1937, Nr. 329.
[4] RdK 1927, 71.
[5] JW 1926, 2534 = JR 1926, 831: „Sollte damit gesagt sein, daß die nämliche Handlungsweise des Wagenlenkers für fahrlässig oder für nicht fahrlässig angesehen werden könnte, je nachdem man sie vom Standpunkt eines Unbeteiligten oder von dem des Mitfahrers aus betrachtet, so wäre das abzulehnen."
[6] Wussow 268; ebenso OLG Celle 19. 11. 32 (s. oben N. 2).

willige durch einseitige Willenserklärung in mögliche Verletzungen aus Unfällen ein, die zu den typischen Gefahren der Veranstaltung gehören[1].

bb) Inwieweit Entsprechendes auch für den Ausschluß der Gefährdungshaftung des Tierhalters (§ 833 S. 1 BGB) bei Pferdesportveranstaltungen gilt, ist nach der Rechtsprechung nicht sicher. Während das Reichsgericht in einer älteren Entscheidung[2] die angebliche Verkehrssitte, daß die Folgen des gegenseitigen Stoßens und Schlagens während des Trainierens von Rennpferden sowie während des Rennens von keinem Halter eines Pferdes gegenüber dem anderen zu tragen seien, als unbeachtlich bezeichnet, läßt es der Bundesgerichtshof im Urteil vom 24. 11. 54[3] dahingestellt, ob ein Jockey die Gefahr auf sich nimmt, beim Start von einem normal veranlagten Rennpferd eines Konkurrenten durch Ausschlagen verletzt zu werden oder ob mit Rücksicht auf die berufliche Notwendigkeit, am Rennen teilzunehmen, eine andere Entscheidung ergehen müßte; denn das Pferd des Beklagten sei bösartiger Natur gewesen, was der Kläger nicht gewußt habe.

Das Landgericht München[4] entschied in einem Fall, in dem freilich nur eine Haftung des Beklagten aus vermutetem Verschulden (§ 833 S. 2 BGB) in Frage stand, daß ein Reiter an einem Ausritt auf eigene Gefahr teilnehme, falls nicht etwa durch das Reitunternehmen Pferde eingesetzt wurden, die in besonderem Maße bösartig oder aus anderen Gründen für unerfahrene Reiter ungeeignet sind.

## § 4
## *Handeln auf eigene Gefahr beim Betreten fremder Grundstücke oder Anlagen*

Die dritte, am schwersten überschaubare Fallgruppe, für welche die Rechtsprechung den Rechtsgedanken eines Handelns des Verletzten auf eigene Gefahr heranzieht, umfaßt Fälle des Betretens fremder Grundstücke oder Anlagen[5]. Auch bei diesem Sachverhalt sind einem Handeln des Verletzten auf eigene Gefahr enge Grenzen gesetzt. Die Praxis ver-

---

[1] OLG Hamburg 3. 3. 42 (s. oben S. 80 N. 1); OLG Celle 14. 11. 36 (s. oben S. 80 N. 3).

[2] RG 20. 2. 08, DJZ 1908, 537; dazu KRÜCKMANN, Jh. Jhb. 54 (1909) 107 ff.

[3] VersR 1955, 116 = VRS 8 (1955) Nr. 41, S. 97.

[4] Urteil vom 30. 1. 53, VersR 1953, 168, s. oben S. 3 N. 1.

[5] Unter „Anlagen" verstehe ich Vorrichtungen, die sich auf einem Grundstück befinden (z. B. ein Gerüst oder sonstige Bauwerke). Es handelt sich also nur um einen erläuternden Zusatz zu dem Begriff des „Grundstücks", nicht um ein begriffliches Gegenstück. Im folgenden soll daher auch nur vom Betreten eines „Grundstücks" gesprochen werden.

wendet hier diesen Rechtsbegriff nur dann, wenn jemand ein Grundstück kraft einer vom Grundstücksinhaber gefälligkeitshalber erteilten Erlaubnis betritt oder sich den Zutritt zu dem Grundstück unbefugt verschafft. Diese tatbestandliche Verknüpfung soll im folgenden untersucht werden.

## *I. Haftung des Inhabers gegenüber dem Gefälligkeitsverkehr*

### *1. Haftung nach § 823 BGB*

Der Inhaber eines Grundstücks ist gegenüber allen Personen, denen er – gleichviel aus welchem Grunde – den Zutritt gestattet, dazu verpflichtet, sie in angemessener Weise vor den von dem Grundstück ausgehenden Gefahren zu schützen (sog. „Verkehrssicherungspflicht") [1]. Das Maß dessen, was für die Verkehrssicherheit zu geschehen hat, hängt von den Umständen ab, auch von der Leistungsfähigkeit des Pflichtigen [2]. Kommt der Grundstücksinhaber seiner Verpflichtung schuldhaft nicht nach, so hat er den Grundstücksbesuchern, die deswegen Verletzungen davontragen, nach § 823 I BGB den entstandenen Schaden zu ersetzen. Die Verkehrssicherungspflicht des Grundstücksinhabers wurzelt in dem allgemeinen Satze, daß, wer im Verkehr eine Gefahrenquelle schafft oder unterhält, die zum Schutze der Verkehrsteilnehmer erforderlichen Vorkehrungen zu treffen hat [3]. Mißverständlich [4] ist die vielfach aufgestellte Behauptung, diese Pflicht habe ihren Grund in der Eröffnung eines Verkehrs. Allerdings hatte das Reichsgericht ursprünglich angenommen, den Grundstücksinhaber treffe nur dann eine (deliktische) Verkehrssicherungspflicht, wenn er einer individuell nicht begrenzten Zahl von Personen den Zutritt zu dem Grundstück gewähre, d. h. einen allgemeinen Verkehr eröffnet habe [5]. Aus dieser Auffassung ergaben sich wunderliche Folgerungen, wie z. B. daß der Gastwirt für einen gefahrlosen Zugang zur Toilette, die nur seinen Gästen offensteht, diesen allein nach Maßgabe der mit ihnen geschlossenen Verträge verantwortlich ist; denn die Zulassung von Personen, die durch vertragliche Beziehungen zu dem Grundstücksinhaber individualisiert werden, könne nicht – so meinte das

[1] Dazu LARENZ II 366 f.; ENNECCERUS(-LEHMANN) 946; PALANDT(-GRAMM), Anm. 8 a zu § 823; BRÜCKNER, Recht 1905, 329–331 und 353–356; JOSEF, Gruchot 52 (1908) 525–544; DELIUS, DJZ 1914, 206–212; DIETZ 309 ff.

[2] RG 8. 2. 34, HRR 1934, Nr. 798 mit Nachweisen; OLG Kassel 17. 3. 32, JW 1932, 2738; OLG Hamburg 9. 1. 53, VersR 1953, 163.

[3] Vgl. LARENZ, PALANDT(-GRAMM) (oben N. 1.)

[4] Darauf hat schon JOSEF (oben N. 1) 528 aufmerksam gemacht.

[5] Vgl. RG 23. 2. 03, RGZ 54, 53; RG 24. 4. 08, RGZ 68, 358.

Reichsgericht – als die Eröffnung eines (allgemeinen!) Verkehrs angesehen werden[1]. Dagegen eröffne der Gastwirt in der Gaststube, die nicht nur von den Gästen, sondern auch von anderen Personen betreten werde – z. B. von Personen, die Gäste abholen oder ihnen etwas ausrichten wollen –, einen allgemeinen Verkehr, weshalb der Gastwirt für die gefahrenfreie Beschaffenheit der Gaststube unabhängig von einem Vertrag nach den Vorschriften über unerlaubte Handlungen hafte[2]. Später hat jedoch das Reichsgericht erkannt, daß diese Auffassung zu eng ist. Seit dem Urteil vom 13. 10. 16[3] nahm das Reichsgericht an, daß auch dann, wenn nur einzelne, durch ein Vertragsverhältnis individualisierte Personen (die Wirtshausgäste oder z. B. die Mieter) das Grundstück betreten dürfen, ihnen gegenüber eine deliktische Verkehrssicherungspflicht des Grundstücksinhabers besteht. Es kommt auch gewiß nicht auf die Zahl der zugelassenen Einzelpersonen an. Fordere ich einen Freund auf, einen sonst niemandem zugänglichen Sonderraum zu betreten, so handele ich pflichtwidrig, wenn ich den Freund nicht vor einer im Dunkeln verborgenen Schwelle warne. Auch in diesem Fall obliegt mir eine deliktische „Verkehrssicherungspflicht", mag sie sich auch darin erschöpfen, den Gast vor unerkannter Gefahr zu warnen[4]. Selbst solchen Personen gegenüber, die das Grundstück unbefugt betreten, denen gegenüber also sicherlich kein „Verkehr eröffnet" wird, ist der Grundstücksinhaber, wie später noch zu zeigen sein wird, nicht aller Verantwortung für die von dem Grundstück ausgehenden Gefahren ledig.

Wenngleich also die Eröffnung eines wie immer gearteten „Verkehrs" nicht notwendige Voraussetzung für den Bestand von deliktischen Sicherungspflichten des Grundstücksinhabers ist, so hängt doch die Intensität dieser Pflichten sehr wesentlich davon ab, ob der Grundstücksinhaber einen Verkehr eröffnet und welchen Umfang dieser Verkehr hat. Das ergibt sich schon daraus, daß mit der Zulassung eines Verkehrs erhöhte Gefahren geschaffen werden, die sich mit dem Anwachsen des Verkehrs vervielfachen[5]. In dem Begriff des „Eröffnens" eines Verkehrs ist aber

---

[1] Vgl. RG 17. 12. 09, JW 1910, 112. Im Urteil vom 2. 7. 15, RGZ 87, 128, leugnet das Reichsgericht selbst eine vertragliche Haftung des Gastwirts, wenn ein männlicher Gast auf dem Weg zum Damenabort verunglückt!

[2] RG 7. 12. 10, JW 1911, 182; RG 19. 6. 14, RGZ 85, 185; RG 17. 12. 15, Recht 1916, Nr. 228.

[3] RGZ 88, 433; ebenso RG 6. 2. 17, RGZ 89, 384; RG 20. 3. 17, RGZ 90, 65; RG 11. 11. 19, JW 1920, 284 mit Anm. Oertmann; RG 30. 3. 42, RGZ 169, 84 [93]; vgl. auch Josef, Gruchot 52 (1908) 528 ff.; Esser, JZ 1953, 132.

[4] Hierüber Josef (vorige Note) 527 ff.; s. auch Dietz 314.

[5] Vgl. Dietz 314.

auch eine für den Umfang der deliktischen Sicherungspflicht erhebliche Aussage über die Beweggründe des Grundstücksinhabers enthalten: nur derjenige „eröffnet" im eigentlichen Sinne einen Verkehr, der für seine Zwecke eine begrenzte oder unbegrenzte Zahl von Personen zum Betreten seines Grundstücks auffordert. Das geschieht nicht nur bei Eröffnung eines Warenhauses, sondern z.B. auch beim Anlegen der Zugänge zu einem Privathaus oder der – vielleicht öffentlich-rechtlich erzwungenen – Unterhaltung eines Trottoirs vor einem Privathaus [1]. Im Gegensatz hierzu steht die Duldung eines Verkehrs aus Gefälligkeit. Wer z.B. gutwillig das Begehen eines über sein Grundstück führenden Abkürzungsweges geschehen läßt, „eröffnet" keinen Verkehr.

Die Unterscheidung zwischen einer Verkehrseröffnung und der bloßen Duldung eines Verkehrs ist nicht immer leicht durchzuführen. Das OLG Hamburg nimmt in seinem Urteil vom 12. 3. 57 [2] eine „stillschweigende Verkehrseröffnung" an, wenn der Eigentümer eines Hafenkais die Benutzung des Kais nicht aus bloßer Gefälligkeit, sondern in Anerkennung eines Hafenbrauches zur Befriedigung eines allgemeinen Bedürfnisses duldet.

Der Grundstücksinhaber ist freilich auch einem von ihm geduldeten „Gefälligkeitsverkehr" gegenüber nicht schlechthin pflichtenlos. Seine diesbezüglichen Pflichten reichen aber nicht so weit, wie bei Eröffnung eines Verkehrs [3]. Die Praxis begründet dies mit dem Satz, daß, wer von einer Gefälligkeit Gebrauch mache, sie nehmen müsse, wie sie geboten wird, und somit „auf eigene Gefahr" handele.

Vgl. RG 26. 10. 08 [4]: Der Kl. war auf einem Lagerplatz, der allgemein zum Zwecke der Abkürzung durchschritten wurde, bei Dunkelheit in einen öffentlichen Ladeschacht gestürzt. Nach Ansicht des Reichsgerichts folgt aus der Feststellung daß der Weg dem allgemeinen Verkehr tatsächlich gedient habe, noch keineswegs, daß der Bekl. dort einen allgemeinen Verkehr eröffnet habe. „Soweit der Durchgang aber nur geduldet war, hatte das Publikum den Weg zu nehmen, wie er sich bot, insbesondere mit den Gefahren, die aus seiner Lage zwischen den Gleisen, Ladegerüsten und Schächten erwuchsen."

RG 7. 6. 10 [5]: Wer eine offensichtlich unfertige Straße benutze (nur der Straßendamm war chaussiert, jede Seitensicherung zu der neben der Straße gelegenen Grube

---

[1] Dietz 310. [2] MDR 1957, 423.

[3] Das OLG Bremen läßt im Urteil vom 15. 10. 54, VersR 1955, 28, dahingestellt, ob bereits die gefälligkeitshalber erfolgte Duldung eines öffentlichen Verkehrs eine Verkehrssicherungspflicht gegenüber den Benutzern auslöst.

[4] JW 1908, 744; s. auch RG 8. 11. 34, S. A. 89 (1935) Nr. 35, S. 72.

[5] Recht 1910, Nr. 2534; vgl. ferner RG 18. 4. 10, JW 1910, 618; OLG Bamberg 20. 1. 54, VRS 6 (1954) Nr. 74, S. 161 (das Befahren des Straßenbankettes mit einem

fehlte), handle auf eigene Gefahr. „Nur in diesem Sinne war die Benutzung des Dammes geduldet, nicht in dem Sinne, als ob mit diesem Damm eine fertige Straße dem öffentlichen Verkehr übergeben werde".

OLG München 5. 11. 29[1]: Die Bekl. hatte den Durchgang durch ihren Hof zum dahinter gelegenen Anwesen des E. nur in freundnachbarlicher Weise, aus Gefälligkeit gegenüber ihrem Nachbarn E. und gegenüber den anderen Ortsbewohnern, geduldet. Wer von dieser Gefälligkeit Gebrauch mache, „muß sie nehmen, wie sie geboten wird, und macht von ihr auf eigene Gefahr Gebrauch".

OLG Celle 21. 4. 54[2]: Der Antragsteller hatte sich auf einer fremden Weide verletzt, die er zum Zwecke des Distelstechens betreten hatte. Das Oberlandesgericht führt aus, der Eigentümer der Weide könne „in aller Regel" nicht haftbar gemacht werden, falls der Antragsteller die Weide unbefugt betreten habe. Das gelte aber auch dann, wenn der Eigentümer mit dem Betreten seiner Weide zum Zwecke des Distelstechens einverstanden war, da anzunehmen sei, daß das Einverständnis „unter der – erkennbaren – Voraussetzung, der Gesuchsteller handle auf eigene Gefahr, erfolgte".

Daß das Begehen eines Weges oder das Betreten eines Grundstücks nur gefälligkeitshalber geduldet wird, muß sich aus den erkennbaren äußeren Umständen ergeben. Nur dann handelt der zugelassene Besucher „auf eigene Gefahr".

Dieses Erfordernis erhellt besonders aus dem Urteil des RG vom 6. 5. 07[3]: Der Kl. kam infolge Glatteis auf einem Backsteinpflaster zu Fall, das der Bekl. vor einem seiner Häuser angelegt hatte. Das Reichsgericht, das eine Pflichtverletzung des Bekl. verneinte, hob hervor, der Bekl. habe (u. a. weil er auf dem Pflaster wiederholt Holz aufgestellt hatte) seine Nachbarn nicht in den irrigen Glauben versetzt, daß er nicht bloß zum Nutzen des eigenen Grundstücks, sondern für ihren Gebrauch ein Trottoir herstelle. „Wer von seiner Gefälligkeit [das Begehen des Pflasters zu dulden] Gebrauch machen wollte, mußte sie nehmen, wie sie geboten wurde."

Spricht dagegen der äußere Schein für die Eröffnung eines Verkehrs, so muß der Grundstücksinhaber, der diesen Schein aufrechterhält, sich dabei behaften lassen; dem Grundstücksinhaber obliegt hier eine unverminderte Verkehrssicherungspflicht.

RG 30. 3. 08[4]: Die beklagte Stadtgemeinde, die die Benutzung eines Steges über ihr gehörige Bachufer duldete und dadurch den Anschein erweckte, als sei der Über-

---

schweren LKW sei zwar verkehrsrechtlich zulässig, geschehe aber auf eigene Gefahr); ähnlich OLG Koblenz 6. 1. 55, VersR 1955, 543 und OLG München 20. 3. 58, VersR 1959, 548.

[1] BayZ 1930, 214; vgl. auch OLG München 11. 6. 53, NJW 1954, 1452 = VersR 1955, 44.

[2] VersR 1955, 190.

[3] JW 1907, 364.

[4] WarnRspr. 1908, Nr. 373, S. 279.

gang ein gestatteter öffentlicher Weg, habe die Pflicht gehabt, den Übergang zu sperren, falls er wegen eines lückenhaften Zaunstückes gefährlich war.

OLG Rostock 17. 2. 16[1]: Wer einen Verkehr über sein Grundstück nicht hindert, sondern sogar die Einfriedigung seines Ackers 80 cm jenseits des Fußweges zurücksetzt, so daß sich der Fußweg äußerlich als ein Teil des öffentlichen Weges darstellt, habe dafür Sorge zu tragen, daß der Zustand des Fußweges die Sicherheit des Publikums nicht gefährdet und daß besonders nicht losgelöste Teile der Drahteinfriedigung im Wege liegen.

Mit dem Rechtsausdruck des Handelns auf eigene Gefahr wird in den geschilderten Fällen eine immanente Grenze der Verkehrssicherungspflicht umschrieben. Diese Grenze liegt, was das Verhältnis des Grundstücksinhabers zum „Gefälligkeitsverkehr" anlangt, in der Evidenz der auf dem Grundstück vorhandenen Gefahrenquellen: der Inhaber braucht den gefälligkeitshalber geduldeten Verkehr nicht vor den bekannten oder doch erkennbaren Gefahrenquellen zu schützen, und er entledigt sich hinsichtlich der nicht erkennbaren Gefahren regelmäßig dadurch aller Pflichten, daß er vor ihnen in gehöriger Form warnt.

Vgl. zu dieser Warnpflicht RG 1. 2. 17[2]: Stellt ein Verein seinen Turnplatz einem anderen Verein unentgeltlich zur Verfügung, so ist bei der Beurteilung der Verkehrssicherungspflicht die Unentgeltlichkeit der Gebrauchsüberlassung zu berücksichtigen. § 599 BGB gilt auch nicht entsprechend. Der Eigentümer hat aber in jedem Fall die Pflicht, auf die Gefahr hinzuweisen, die von einem sehr dünnen, auch bei Tageslicht nur schwer erkennbaren Spanndraht ausgeht.

LG Altona 2. 3. 36[3]: Der Dorfwirt, der Jugendliche unentgeltlich aus bloßer Gefälligkeit auf seinem Strohboden übernachten läßt, ist nach §§ 276, 823 BGB[4] verpflichtet, die Jugendlichen auf eine in dem Strohboden befindliche Luke hinzuweisen, die nur mit einer dünnen, nicht tragfähigen Strohschicht bedeckt und daher nicht erkennbar ist.

Allerdings genügt eine Warnung nicht, wenn dem Gefälligkeitsverkehr schwere Gefahr droht. Bei dieser besonderen Sachlage ist der Grundstücksinhaber verpflichtet, entweder die Gefahrenquelle zu sperren oder sie zu beseitigen. Das folgt schon aus § 367 Nr. 12 StGB, wonach sich einer Übertretung schuldig macht, wer an Orten, an welchen Menschen verkehren, Brunnen, Keller, Gruben, Öffnungen oder Abhänge dergestalt unverdeckt oder unverwahrt läßt, daß hieraus Gefahr für andere entstehen kann. Diese Bestimmung, die ein Schutzgesetz im Sinne des § 823

---

[1] OLGE 34 (1917) 109.
[2] Recht 1917, Nr. 596 und Nr. 614.
[3] RdRN. 1936, 321.
[4] Daneben bejahte das Landgericht eine vertragliche Haftung des Wirtes nach §§ 598 ff. BGB.

II BGB ist, bezweckt auch den Schutz des aus bloßer Gefälligkeit geduldeten Verkehrs, ja sogar den Schutz des unbefugten Verkehrs [1].

Die deliktischen Vorsichtspflichten des Grundstücksinhabers sind im Verhältnis zum Gefälligkeitsverkehr auch nur insoweit abgeschwächt, als der Grundstücksinhaber zur Beseitigung evidenter Gefahren „nicht besonders tätig zu werden braucht", wie das Reichsgericht in seinem Urteil vom 6. 5. 07 [2] richtig sagt. Den Gefälligkeitsverkehr durch ein aktives Tun auf dem Grundstück zu gefährden, ist dem Grundstücksinhaber keinesfalls gestattet. Der Inhaber eines Betriebes haftet daher den Personen, die er aus Gefälligkeit seinen Betrieb besichtigen läßt, für die Einhaltung der für den Betrieb vorgeschriebenen Sicherungsmaßnahmen [3].

Niemals handelt dagegen „auf eigene Gefahr", wer an einem allgemeinen Verkehr über Grundstücke oder in Räumen teilnimmt, die derjenige, der den Verkehr eröffnete, nicht hinreichend gesichert hat. Der Teilnehmer an einem solchen Verkehr nimmt selbst die von ihm erkannten, vom Sicherungspflichtigen unerlaubterweise geschaffenen Gefahren nicht auf sich. Er setzt sich lediglich dem Vorwurf eines mitwirkenden Verschuldens aus, wenn er Gefahrstellen, die er erkannte oder die er hätte erkennen müssen, nicht meidet, wiewohl ihm das zuzumuten war.

Vgl. die Urteile des RG vom 17. 3. 19 [4] und 16. 1. 28 [5], wo das Verhalten eines Fußgängers, der auf dem Gehweg bzw. einem Straßenübergang einer Gefahrstelle nicht auswich, allein unter dem Gesichtspunkt eines mitwirkenden Verschuldens des Verletzten gewürdigt wird.

## 2. *Haftung des Grundstücksinhabers nach § 836 BGB*

Die dargelegten Grundsätze über das Handeln des Verletzten auf eigene Gefahr sind auch bei Anwendung des § 836 BGB maßgebend. Diese Vorschrift, die eine Haftung des Grundstücksbesitzers für den Einsturz eines Bauwerkes oder die Ablösung von Teilen des Bauwerkes vorsieht, enthält gegenüber der deliktischen Grundnorm des § 823 BGB nur die Besonderheit, daß ein für den Schaden ursächliches Verschulden des

---

[1] SCHÖNKE(-SCHRÖDER), Komm. zum StGB [8] (1957) Anm. XII 1 zu § 367; Leipz. Komm. zum StGB [7] II (1951) Anm. XII 1 und VIII 3 zu § 367.

[2] JW 1907, 364.

[3] RG 28. 10. 15, LZ 1916, 544 (Besichtigung eines Bergwerkes); OLG München 17. 5. 54, VersR 1954, 371 (Besichtigung einer Schmiede durch eine Schulklasse).

[4] RGZ 95, 154.

[5] JW 1928, 1046; vgl. auch OLG Koblenz 6. 7. 55, VRS 11 (1956) Nr. 2, S. 4.

Grundstücksbesitzers vermutet wird. Die Sorgfaltspflichten, von denen § 836 BGB handelt, sind nur ein gesetzliches Beispiel von Verkehrssicherungspflichten des Grundstücksbesitzers.

Vgl. RG 27. 1. 30[1]: Die Bekl. hatte aus Gefälligkeit geduldet, daß die Gäste eines benachbarten Gasthofs ihre Kraftwagen in dem Hof der Bekl. abstellten. Der Kl., der zu den Benutzern des Gasthauses gehörte, wurde verletzt, als er den schweren rechten Torflügel zurückschieben wollte, dieser aber infolge mangelhafter Befestigung aus der Laufschiene sprang und auf ihn herniederfiel. Der Schadensersatzklage wurde auf Grund von § 836 BGB entsprochen. Das Reichsgericht erwägt einen stillschweigenden Haftungsausschluß, der bei einer Gefälligkeitserweisung gegeben sein könne, weist aber diesen Gesichtspunkt zurück, da nach den Feststellungen des Berufungsgerichts nicht dem Kl. persönlich eine Gefälligkeit erwiesen worden sei. Ob die Bekl. damit, daß sie das Abstellen der Wagen zuließ, einen „Verkehr" geduldet habe, für dessen Sicherheit sie sorgen mußte (§ 823 BGB), könne dahingestellt bleiben, da die Bekl. jedenfalls nach § 836 BGB hafte.

Die Entscheidung ist im Ergebnis richtig. Es war allerdings verfehlt, im Verhältnis der Bekl. zum Gastwirt einen Gefälligkeitsakt anzuerkennen, ihn aber im Verhältnis zu den Kunden des Gastwirts zu leugnen[2]. Doch lag der Fall offenbar so, daß die Besucher nach den äußeren Umständen nicht zu dem Schluß genötigt waren, die Bekl. erweise eine Gefälligkeit. Sie mochten annehmen, die Bekl. stelle ihren Hof auf Grund einer dem Gastwirt gegenüber eingegangenen Verpflichtung zur Verfügung, wenn sie überhaupt erkennen konnten, daß der Hof nicht zu dem Anwesen des Gastwirts gehörte. Damit schieden die besonderen Rechtsregeln aus, die für die Verkehrssicherungspflicht bei Duldung eines Gefälligkeitsverkehrs gelten. Die Bekl. mußte sich so behandeln lassen, als habe sie einen Verkehr eröffnet[3]. Die Besucher handelten auch deswegen nicht auf eigene Gefahr, weil sie die Gefahr, die von dem Mangel der Türe drohte, gewiß nicht zu erkennen vermochten. Wären aber beide Voraussetzungen – Erkennbarkeit des Gefälligkeitsmomentes sowie der für den Schaden ursächlichen Gefahr – erwiesen gewesen, so hätte die Bekl. m. E. den ihr nach § 836 BGB obliegenden Nachweis, zur Abwendung der Gefahr die „im Verkehr erforderliche Sorgfalt" beobachtet zu haben, geführt gehabt[4].

---

[1] JW 1931, 3446.

[2] Vgl. dazu die oben (S. 85) berichtete Entscheidung des OLG München vom 5. 11. 29, BayZ 1930, 214.

[3] Siehe oben S. 85 f.

[4] Damit hätte sich erst recht die vom Reichsgericht zu Unrecht von § 836 BGB unterschiedene Haftung wegen „Eröffnung eines Verkehrs" (§ 823 BGB) erledigt.

## *II. Haftung des Inhabers gegenüber dem unbefugten Verkehr*

Unbefugten Grundstücksbesuchern gegenüber besteht im allgemeinen keine deliktische Sicherungspflicht[1]. Sie handeln daher grundsätzlich beim Betreten fremder Grundstücke „auf eigene Gefahr"[2]. Die Praxis hat aber eine Reihe von Ausnahmen aufgestellt[3].

### *1. Verbot von Selbstschutzanlagen*

Die Vorschrift des § 367 Nr. 8 StGB verbietet unter Strafandrohung, ohne polizeiliche Erlaubnis an bewohnten oder von Menschen besuchten Orten Selbstgeschosse, Schlageisen oder Fußangeln zu legen. Der Grundstücksinhaber, der diesem Verbot zuwiderhandelt, ist daher gemäß § 823 BGB auch denjenigen Personen, die unbefugt auf sein Grundstück eindringen, haftbar (vorbehaltlich § 254 BGB), falls sie durch die Selbstschutzanlagen verletzt werden[4].

Der Grundstücksinhaber kann sich auch nicht auf den Rechtfertigungsgrund der Notwehr (§ 227 BGB) bzw. der Besitzwehr (§ 859 BGB) berufen. Gewöhnlich sind Selbstschutzanlagen, die die Gefahr der körperlichen Verletzung des Eindringlings in sich bergen, nicht erforderlich, um den unbefugten Verkehr über ein Grundstück zu unterbinden. Der

---

[1] RG 9. 3. 11, JW 1911, 446; RG 21. 5. 12, JW 1912, 796 = WarnRspr. 1912, Nr. 340, S. 378; OGH Köln 27. 5. 49, OGHZ 2, 65; OLG Hamburg 4. 5. 20, HansGZ 1920, B. Nr. 125, Sp. 213 (unbefugtes Eindringen in ein Schiff); OLG Bremen 15. 10. 54, VersR 1955, 28; OLG Schleswig 22. 2. 57, SchlHAnz. 1957, 232; LG Darmstadt 6. 1. 59, VersR 1960, 71; Schweizer. BG 13. 5. 37, BGE 63 II 204; WILBURG, Die Elemente des Schadensrechts (1941) 172 f.

[2] So drücken sich z. B. aus: OLG München 3. 4. 16, OLGE 34 (1917) 124; LG Essen 17. 1. 55, VersR 1955, 127; LG Berlin 29. 4. 55, VersR 1955, 605; AG München 28. 5. 54, VersR 1955, 128; OLG Celle 23. 10. 57, VersR 1958, 129.

[3] Der Verkehrsschutz, den die unbefugten Grundstücksbesucher genießen, ist also zwar stark abgeschwächt. Es kann aber keine Rede davon sein, daß unbefugte Grundstücksbesucher keinesfalls Anspruch auf Verkehrsschutz haben. Vollends ist dem deutschen Recht der allgemeine Satz fremd, daß die deliktischen Sicherungspflichten niemals den Schutz unbefugt handelnder Personen in sich schließen, vgl. RG 26. 10. 10, WarnRspr. 1910, Nr. 420, S. 439 (Haftung für Verunreinigung der Oker auch gegenüber einem Unternehmer, der unbefugt der Oker Wasser entnommen hatte); RG 9. 12. 21, RGZ 103, 263 (Unfall eines Gastes in einer Wirtschaft nach der Polizeistunde); BGH 14. 12. 56, VRS 12 (1957) Nr. 38, S. 86 (Zusammenstoß zweier Krafträder auf einer für den Kraftfahrzeugverkehr gesperrten Verbindungsstraße); OLG Dresden 23. 8. 39, DJ 1940, 966 (bei einer Treibjagd wird ein Zuschauer verletzt, der sich unbefugt, zur Befriedigung seiner Neugier, in gefährlicher Nähe der Schützenkette aufgestellt hatte).

[4] Auch die schweizerische Praxis läßt in solchen Fällen den Grundstücksbesitzer haften, BG 27. 5. 05, BGE 31 II 281; BG 6. 11. 15, BGE 41 II 682.

Grundstücksinhaber, der solche Anlagen anbringt, geht daher regelmäßig über das ihm nach jenen Vorschriften gestattete Maß an Verteidigung hinaus [1]. In jedem Fall aber fehlt es an der für eine Notwehr oder Besitzwehr erforderlichen subjektiven Voraussetzung des Willens zu angemessener Verteidigung [2]. Selbstschutzanlagen sind dazu geeignet und ihrer Natur nach dazu bestimmt, Eindringlinge zu schädigen, ohne Rücksicht darauf, ob nun im Einzelfalle wirklich ein Abwehreffekt erzielt wird oder nicht. Eine solche, von genereller Schädigungsabsicht getragene Maßnahme ist keine legitime Verteidigung, und zwar selbst dann nicht, wenn sich die Anlage im Einzelfall als ein wirksamer, zum drohenden Angriff nicht außer Verhältnis stehender Schutz erweist.

Die generelle Absicht zur Schädigung ist besonders dann offenkundig, wenn vor der Anlage nicht einmal gewarnt wird. Dann handelt es sich um eine richtige Menschenfalle, die rechtlich keinesfalls gebilligt werden kann. So aber lag der Fall AG München 28. 5. 54 [3]: Die Bundesbahn hatte zur Verhinderung der unbefugten Benutzung eines Weges ohne Warnung einen 70 cm tiefen und 60 cm breiten Graben ausgehoben. Der Kl. war, als er mit seinem Motorrad unbefugt den Weg befuhr, an dem Graben zu Fall gekommen und hatte sich verletzt. Zu Unrecht nahm das Amtsgericht unter Hinweis auf §§ 227, 859 BGB an, der Kl. habe „auf eigene Gefahr“ gehandelt.

*2. Warn- und Absperrpflichten in besonderen Fällen*

Der Inhaber eines Grundstücks kann je nach Lage des Falles auch unbefugten Besuchern gegenüber zur Warnung vor Gefahren oder zur Absperrung von Gefahrstellen verpflichtet sein [4]. Dies ergibt sich wiederum aus § 367 Nr. 12 StGB – einer Vorschrift, die auch den unbefugten Verkehr schützen will [5] – in Verbindung mit § 823 II BGB.

Ferner hat z.B. der Bauunternehmer, der einen Neubau errichtet, Unbefugten das Betreten der Baustelle durch ein Warnschild zu verbieten. Aber er genügt auch seiner Verkehrspflicht, wenn er dies tut [6]. Die für

---

[1] OLG Braunschweig 11. 4. 47, MDR 1947, 205; vgl. auch RG 16. 5. 31, JW 1931, 2782.

[2] Teilweise unklar Leipziger Kommentar zum StGB [8] I (1957) Anm. 3 b; unrichtig WEIMAR, Der Versicherungsnehmer 1956, 108.

[3] VersR 1955, 128.

[4] OLG Nürnberg 23. 6. 59, VersR 1959, 935.

[5] Vgl. oben S. 87 N. 1.

[6] BGH 11. 12. 56, VersR 1957, 165 = NJW 1957, 499. Das OLG Oldenburg 9. 3. 55, VersR 1955, 427, und das LG Köln 26. 3. 55, VersR 1955, 543, erklären für hinreichend, daß der Eingang zu einem Neubau durch überkreuzte Bretter gesperrt wird. Vgl. auch LG München 15. 1. 53, VersR 1954, 549, und OLG Schleswig 22. 2.

Baustellen geltenden Unfallverhütungsvorschriften dienen allein dem Schutz der Personen, die die Baustelle befugterweise betreten[1]. In diesen Zusammenhang gehört auch das Urteil des Bundesgerichtshofs vom 8. 1. 55[2], wonach der Bergwerkseigentümer verpflichtet ist, Personen, die unbefugt auf einer Halde Kohlen suchen, davor zu warnen, daß in dem Haldenschutt verlorengegangene Sprengpatronen und -kapseln versteckt sein könnten.

Erst recht ist der Grundstücksinhaber bzw. der Inhaber einer Anlage absperr- und sicherungspflichtig, wenn damit zu rechnen ist, daß Kinder durch gewisse, ihren Spieltrieb reizende Anlagen – z.B. eine Drehscheibe[3], Wagen einer Fabrikbahn[4] oder gewisse Maschinen[5] – angelockt werden[6]. Die mangelnde Befugnis der Kinder gewährleistet in keiner Weise die Pflichtenfreiheit des Inhabers.

Die deutsche Rechtsprechung ist in dieser Hinsicht sehr hart und schießt gelegentlich über das Ziel hinaus.

Als zur Fernhaltung von Kindern nicht ausreichend wurde erachtet:

die Anstellung eines Wärters, der für einen Rundgang durch die ganze Fabrik dreiviertel Stunden benötigt, falls Kinder unbefugt an Fabrikloris im umfriedigten (!) Fabrikhof spielen[7];

das durch Schlagen und Wegjagen der Kinder handgreiflich gemachte Verbot, einen Hof, wo eine Dreschmaschine steht, zu betreten[8];

das Fortweisen eines achtjährigen Jungen, der auf einem Sportplatz durch eine Lücke der umgebenden Hecke geschlüpft war; der beklagte Sportverein hätte volljährige Mitglieder anweisen müssen, unbefugt eingedrungene Kinder vom Platz hinwegzuführen[9]!

---

57, Schl. HAnz. 1957, 232 (hinreichende Sicherung einer Werkstatt gegen Unbefugte durch Anbringen eines Warnschildes).

[1] BGH (vorige Note); OLG Schleswig 22. 2. 57 (vorige Note).

[2] VersR 1955, 182.

[3] RG 9. 11. 32, HRR 1933, Nr. 1081.

[4] RG 30. 4. 08, WarnRspr. 1908, Nr. 515, S. 413.

[5] RG 17. 12. 08, WarnRspr. 1909, Nr. 205, S. 194 f.: „Wie der erkennende Senat schon häufig ausgesprochen hat, ist derjenige, der gefährliche Maschinen und andere Geräte unter seiner Verfügung hat, verpflichtet, durch geeignete Vorkehrungen zu verhüten, daß unkundige Personen, insbesondere Kinder, die der Gefahr wegen mangelnder Einsicht nicht achten, in schädlicher Weise daran hantieren." Ähnlich RG 15. 12. 32, Gruchot 73 (1933) 339; OGH Köln 27. 5. 49, OGHZ 2, 65.

[6] Ein Müllabladeplatz kann aber nicht als eine Anlage angesehen werden, die eine besondere Anziehungskraft auf Kinder ausübt. Die Gemeinde, die den Platz unterhält, haftet daher nicht für Brandverletzungen, die sich Kinder bei unbefugtem Betreten des Platzes an einem verdeckten Brandherd zuziehen: LG Darmstadt 6. 1. 59, VersR 1960, 71.

[7] RG 30. 4. 08, WarnRspr. 1908, Nr. 515, S. 413.

[8] RG 1. 5. 11, RGZ 76, 187.

[9] RG 19. 4. 34, S. A. 88 (1934) Nr. 144, S. 272.

Vgl. aber auch das bemerkenswerte Urteil des Reichsgerichts vom 18. 6. 17[1], wo dem rechtswidrigen Motiv eines unbefugt eingedrungenen Kindes Rechnung getragen wird:

Ein elfjähriger Junge war trotz Warnung in eine verschlossene Hochspannungsanlage eingedrungen, um sich ein dort liegendes Messer anzueignen. Das Reichsgericht erklärt, es beruhe auf keinem Rechtsirrtum, wenn das Berufungsgericht unter den gegebenen Umständen zu dem Ergebnis gelangt sei, daß die Bekl. „dem zum Zwecke bewußt widerrechtlicher Entwendung bewußt widerrechtlich eingedrungenen und hierbei zu Schaden gekommenen Kl. gegenüber eine Sorgfaltspflicht nicht zu vertreten habe".

### *3. Verbot der aktiven Gefährdung*

Der Inhaber eines Grundstücks handelt auch pflichtwidrig, wenn er Arbeiten auf dem Grundstück ausführt oder ausführen läßt, ohne auf einen unbefugten Verkehr Rücksicht zu nehmen, von dem er weiß oder mit dem er rechnen muß.

BGH 18. 10. 56[2]: Der Kl. wurde, als er einen von dem beklagten Land gesperrten Weg befuhr, von einem Drahtseil zu Boden gerissen, das Bedienstete des Landes bei Arbeiten an einem beschädigten Baum über den Weg gespannt hatten. Der Bundesgerichtshof nahm an, der Kl. sei von den Bediensteten des beklagten Landes fahrlässig verletzt worden (§ 831 BGB): „Der Umstand, daß jedes Fahren auf dem Wege unbefugt war, hat die Bediensteten des bekl. Landes von der Verpflichtung, Schädigungen anderer durch die von ihnen geschaffene besondere Gefahr mit den zumutbaren Mitteln zu verhindern, nicht entbunden."[3]

## B. THEORETISCHE LÖSUNGSVERSUCHE

## § 5

### *Dogmatische Behandlung des Problems des Handelns auf eigene Gefahr*

Die mannigfachen Theorien über die umstrittene Rechtsnatur des Handelns auf eigene Gefahr lassen sich auf die folgenden hauptsächlichen Gesichtspunkte zurückführen:

1. der Haftungsausschluß kraft Handelns des Verletzten auf eigene Gefahr beruht auf dem wohlverstandenen Parteiwillen (rechtsgeschäftliche Theorien);
2. das besondere, zwischen den Beteiligten bestehende Verhältnis führt

---

[1] LZ 1918, 157. [2] VersR 1956, 794. [3] BGH (vorige Note) 795.

in seiner objektiven Eigenart zu einer Einschränkung der gesetzlichen Verantwortlichkeit des Gefährders (Situationstheorien);

3. der Verletzte trägt den Schaden selbst, weil er ihn allein verursacht oder doch jedenfalls die überwiegende Ursache gesetzt hat (Kausaltheorien);
4. der legislative Grund für eine an sich gegebene Haftung des Gefährders gilt im Verhältnis zum Verletzten nicht (subjektive Nichtgeltung des Haftungsgrundes);
5. der Inanspruchnahme des Gefährders steht der Einwand der unzulässigen Rechtsausübung (§ 242 BGB) entgegen (Flucht in die Generalklausel).

## *I. Rechtsgeschäftliche Theorien*

Von dem Grundsatz der Parteiautonomie nehmen zwei verschiedene Konstruktionen des Handelns auf eigene Gefahr ihren Ausgang, nämlich die Konstruktion des sogenannten stillschweigenden vertraglichen Haftungsverzichts und die Konstruktion einer Einwilligung des Bedrohten in eine eventuelle Verletzung. Beide Konstruktionen sind in der Rechtsprechung zur Gefälligkeitsfahrt entwickelt worden und haben dort weite Verbreitung gefunden. Gegenwärtig werden beide Konstruktionen, wie gezeigt, von den Gerichten beliebig vertauschbar verwendet. Dies geschieht selbst bei schwerer körperlicher Gefährdung des sich Exponierenden, die meist auch die Gefahr eines tödlichen Unfalls in sich schließt (wer wollte das auseinanderhalten?), obwohl bei dieser besonderen Gestaltung die Konstruktion einer Einwilligung in eine eventuelle Verletzung niemals einen Haftungsausschluß zu rechtfertigen vermag[1]; denn nach unbestrittener Lehre ist die Einwilligung in die Tötung schlechthin unwirksam und hat die Einwilligung in eine körperliche Verletzung nur in engen Grenzen rechtlichen Bestand (vgl. § 226a StGB)[2]. FLAD, der Urheber der Einwilligungs-Konstruktion[3], hat diese notwendige Begrenzung seiner Lehre nicht verkannt. Er bezeichnet die Frage als besonders bedeutsam, ob die Einwilligung in eine eventuelle Verletzung (Gefahrübernahme) nicht gegen ein rechtliches Verbot oder gegen die

---

[1] Darauf weisen mit Recht hin: GEIGEL, JZ 1951, 590; BEMMANN, VersR 1958, 584; OLG Oldenburg 1. 11. 55, DAR 1956, 296.

[2] ENNECCERUS(-LEHMANN) 931 f.; LARENZ II 341; ERMAN(-DREES), Anm. 10 c zu § 823.

[3] FLAD, Handeln auf eigene Gefahr, Recht 1919, 13–20.

guten Sitten verstößt und deshalb für unwirksam zu erachten ist. Es komme hierfür auf die Umstände des Falles an, insbesondere auf Schwere, Art und Grad der Verletzung [1]. Trotz des Verbots des § 216 StGB (Tötung auf Verlangen) könne eine Gefahrübernahme bezüglich eines eventuellen Todeserfolges wirksam sein, z.B. wenn die gefährdende Handlung geschehe zur Rettung des Lebens des Einwilligenden (der sich etwa, da ihm der Mut zum notwendigen Sprung fehlt, hinabstoßen läßt), oder eines Dritten (operative Haut- oder Blutübertragung) [2]. Auch das Reichsgericht macht in seinem grundlegenden Urteil vom 19. 6. 33, wo es die von FLAD vorgezeichnete Konstruktion übernimmt [3], die gewichtige Einschränkung, die Einwilligung des Fahrtteilnehmers in eine möglicherweise auf der Fahrt eintretende Verletzung müsse „vorbehaltlich der Grenzen des Erlaubten" zulässig sein. Aber dieser Vorbehalt hat in der Rechtsprechung zu keinen sichtbaren Auswirkungen geführt.

Das Schrifttum hat sich mittlerweile bei der Stellungnahme zum Problem des Handelns auf eigene Gefahr fast allgemein von der rechtsgeschäftlichen Betrachtungsweise abgewandt. Die Annahme einer wie immer gearteten Willenserklärung des Handelnden sei, so wird eingewandt, eine methodenunehrliche Fiktion [4]. Der Richter lege den Parteien in den Mund, was er auf Grund einer freien Beurteilung der Verhältnisse für billig halte [5]. Der Fahrgast, der sich gefälligkeitshalber befördern lasse, denke nicht an die Möglichkeit eines Unfalls, und es könne ihm daher auch nicht unterstellt werden, bei Antritt der Fahrt für diese Eventualität eine rechtsgeschäftliche Willenserklärung abzugeben [6]. Auch der Bundesgerichtshof scheint seine bisherige, auf der rechtsgeschäftlichen Theorie basierende Rechtsprechung zum Handeln auf eigene Gefahr überprüfen zu wollen, wie sein Urteil vom 25. 3. 58 [7] erkennen läßt.

---

[1] FLAD (oben S. 93 N. 3) 20.
[2] FLAD (oben S. 93 N. 3) 20 N. 26.
[3] Siehe oben S. 32 f.
[4] SCHNEIDER, DJZ 1908, 217 ff.; MEESKE, Der Dt. Justizbeamte (1936) 359; H.-D. FISCHER 13 ff.; KOFFKA, Festschrift für Bumke (1939) 302–306; STIENEN, DR 1940, 428; HAUPT, Faktische Vertragsverhältnisse (1941) 12 ff.; BÖHMER, VersR 1957, 205, und MDR 1958, 77; LARENZ I 185. Dagegen meint ERMAN(-GROEPPER), Anm. 6 d, dd, zu § 276, der fiktive Charakter des „stillschweigenden Haftungsverzichts" bzw. der Einwilligungs-Konstruktion gebe für sich allein nicht die Berechtigung für einen Vorwurf, da das Arbeiten mit Fiktionen dem Recht keineswegs fremd sei und vielfach gar nicht entbehrt werden könne.
[5] LÖHLEIN, ZHR 102 (1936) 299 und 301.
[6] STUTZER, Dt. GemWR 1941, 11 ff.; LÖHLEIN (vorige Note) 301 f.
[7] Siehe oben S. 33 f.

*II. Situationstheorien*

Die „Situationstheorien" suchen die Haftungsfreistellung, welche von der Lehre vom Handeln auf eigene Gefahr gefordert wird, dadurch zu rechtfertigen, daß sie aus der objektiven Eigenart des Verhältnisses der Beteiligten von vornherein eine Milderung der Haftung des Gefährders herleiten, wobei freilich fast immer nur an die besondere Sachlage der Gefälligkeitsfahrt gedacht wird.

1. Der rechtsgeschäftlichen Theorie am nächsten steht die Idee v. BLUME's, man könne vermittels der Konstruktion eines Gefälligkeitsvertrages zwischen Fahrer und Fahrgast an die Vorschriften über die verminderte Vertragshaftung des Verleihers und Schenkers (§§ 521, 599 BGB) „herankommen"[1]. Nach v. BLUME, dem andere Autoren beigetreten sind[2], sollen jene Vorschriften entweder unmittelbar – weil nämlich die Mitnahme aus Gefälligkeit rechtlich Leihe eines Platzes bzw. unentgeltliche Zuwendung der Beförderungsleistung sei – oder doch sinngemäß auf das Vertragsverhältnis anzuwenden sein, welches zwischen Fahrer und Gefälligkeitsgast angeblich besteht. Die Vertragskonstruktion ist hierbei nur Mittel zum Zweck. Ihre Funktion erschöpft sich darin, die Haftung des Fahrers auf Vorsatz und grobe Fahrlässigkeit zu vermindern[3]. Die Methode der Willensfiktion führt sonach mittelbar, in einer sublimierten Form, zum gewünschten Ziel, indem zwar kein Haftungsverzichtswille fingiert wird, wohl aber der Wille, die Beförderung des Gefälligkeitsgastes zum Gegenstand einer vertraglichen Vereinbarung zu machen. Dieser fingierte Vertragswille bildet dann die Grundlage für einen „Haftungsschnitt" gemäß §§ 521, 599 BGB.

Selbstverständliche Voraussetzung dieser Theorie ist natürlich, daß die Vorschriften über eine Verminderung der vertraglichen Haftung auf die gesetzliche Haftung des gefälligen Teils „durchschlagen", d.h. auch die deliktische Haftung auf Vorsatz und grobe Fahrlässigkeit beschränken und eine Kausalhaftung (§ 833 BGB) ausschließen. Das ist indes unbewiesen. Es sei auf die gründliche Untersuchung von DIETZ über die

[1] v. BLUME, Recht 1905, 481–484, und Recht 1908, 649–654.

[2] Namentlich GEIGEL, SeuffBl. 77 (1912) 37 ff.; JUNG, AcP 117 (1919) 51 ff.; STIENEN, DR 1940, 426–429. KRÜCKMANN, SeuffBl. 74 (1909) 113 ff. und 153 ff. sieht in der Gefälligkeitsfahrt einen Auftrag mit leiherechtlichen Elementen, was nach seiner Meinung immerhin zum Ausschluß der Gefährdungshaftung des Tierhalters (§ 833 BGB) bei Gefälligkeitsfahrten führt.

[3] Entsprechendes gilt für die Versuche, die Haftung des gefälligen Fahrers auf Grund von §§ 690, 708 BGB allgemein auf Vorsatz und Außerachtlassung der „diligentia quam in suis" zu beschränken, vgl. oben S. 27 N. 3 und N. 4.

Anspruchskonkurrenz bei Vertragsverletzung und Delikt verwiesen[1]. Dietz vertritt mit guten Gründen die Auffassung, daß die vertragliche Haftung und die deliktische Haftung auf ganz verschiedenen Tatbeständen beruhen und aus diesem Grunde die Vorschriften über eine vertragliche Haftungsminderung nicht auf eine eventuell eingreifende gesetzliche Haftung der vertraglich minder verantwortlichen Partei hinüberwirken[2].

2. Dieses Bedenken läßt auch Haupt außer acht. Er ist der Auffassung, die Gefälligkeitsfahrt begründe ein „faktisches Vertragsverhältnis"[3], und polemisiert gegen das Spiel mit Willensfiktionen. Das Verhältnis zwischen den Partnern einer Gefälligkeitsfahrt sei eine „durch den besonderen sozialen Kontakt qualifizierte Lebensbeziehung", was die unmittelbare Anwendung der Grundsätze des Vertragsrechts rechtfertige. Damit sei freilich noch nichts über den Inhalt der dieser Lebensbeziehung entspringenden Rechte oder Pflichten der Beteiligten ausgesagt. „Dieser bestimmt sich vielmehr nach den objektiven Merkmalen des Sachverhalts. Aus ihnen ist im Falle der Gefälligkeitsfahrt insbesondere die Normierung der Haftung zu entnehmen, wodurch die Unterstellung stillschweigender Vereinbarungen hierüber allerdings gegenstandslos wird"[4].

So einleuchtend die Forderung ist, die objektiven Merkmale des Sachverhalts zur Geltung kommen zu lassen, so wenig versteht man, warum es hierzu der Konstruktion eines Vertragsverhältnisses bedarf, das nicht fingiert, sondern – das ist die einzige Neuerung – „faktiziert" wird. Die Frage, ob dem behaupteten „faktischen Vertragsverhältnis" ein Leistungsanspruch des Fahrgastes entspringe, tut Haupt als unwichtig ab: sie treffe das Problem gar nicht[5]. Eingestandenermaßen wird also dem faktischen Vertragsverhältnis, das angeblich Fahrer und Fahrgast verbindet, wiederum die alleinige Aufgabe zugedacht, die gesetzliche Haftung des Fahrers abzuschwächen. Ob aber eine implizierte Vertragsnorm, welche den Umfang der vertraglichen Haftung regelt, dies überhaupt zu leisten vermag, prüft Haupt nicht.

---

[1] Dietz, Anspruchskonkurrenz bei Vertragsverletzung und Delikt (1934).

[2] Siehe Dietz, besonders S. 237 ff.

[3] Haupt, Faktische Vertragsverhältnisse 12 ff. Ähnlich Enneccerus(-Lehmann) 120 f., der bei Gefälligkeitserweisungen eine „vertragsähnliche Fürsorgepflicht" des gefälligen Teiles als Fall einer „Erklärungshaftung" annimmt. Das führe einerseits zu einer Anwendung des § 278 BGB bei Heranziehung von Erfüllungsgehilfen – also insoweit zu einer Haftungserweiterung –, andererseits zur Minderung der Haftung analog §§ 521, 599 BGB!

[4] Haupt 14.

[5] Haupt 14.

3. Noch bevor HAUPT seine Lehre von den „faktischen Vertragsverhältnissen" aufstellte, hatte LÖHLEIN[1] untersucht, ob die gesetzliche Interessenbewertung, die den §§ 521, 599 BGB zugrunde liegt, eine Einschränkung der gesetzlichen Haftung des pflichtigen Fahrers rechtfertigt. Die Überlegenheit, die diese Fragestellung gegenüber den bisher besprochenen „Situationstheorien" auszeichnet, liegt in dem Verzicht auf die Zweckkonstruktion eines Vertrags. LÖHLEIN meint, dem Fahrer, dem bei der Mitnahme seines Fahrgastes ein Interesse an der Mitnahme mangelt – dieses sei gleichbedeutend mit der Feststellung, daß eine Gefälligkeitsfahrt stattfindet –, müsse der allgemeine, den §§ 521, 599 BGB zu entnehmende Grundsatz[2] zustatten kommen, daß derjenige nur abgeschwächt zu haften hat, der die von ihm bewirkte Leistung nicht aus eigenem Interesse erbringt, insbesondere keine Gegenleistung erhält, sondern in fremdem Interesse tätig wird. Mit Rücksicht auf die Gleichheit der Interessenlage könne es nämlich keinen Unterschied machen, ob die Haftung des Fahrers eine vertragliche sein soll, oder, da die rein gesellschaftliche Beziehung zwischen dem Fahrer und seinem Fahrgast die Annahme eines Vertrages nicht zulasse, eine solche aus unerlaubter Handlung. Weiterhin komme es nicht darauf an, ob der Verletzte subjektiv oder objektiv in der Lage war, die Selbstgefährdung zu erkennen und die gefährliche Tragweite seines Tuns zu überblicken, ob er also die geistige Reife besaß, um zu wissen, daß er sich selbst gefährdete, oder ob die Umstände dazu angetan waren, ihm die Gefährlichkeit seines Handelns und Verhaltens vor Augen zu führen. Denn die Haftungsbeschränkung trete nicht ein wegen eines in der Person des Geschädigten liegenden Umstandes, der einen an sich gegebenen Schadensersatzanspruch beseitigt, sondern von vornherein in der Person des Schädigers, weil das Motiv seiner Handlungsweise ein fremdes Interesse sei[3]. Auf eigene Gefahr handele demnach, wer sich „auf Grund vertraglicher oder gesellschaftlicher, außerrechtlicher Beziehungen von einer anderen Person, dem Schädiger, eine Leistung erbringen läßt, die nur von seinem eigenen Interesse getragen und nur in seinem eigenen Interesse bewirkt wird; wenn ferner gerade diese Leistung einen Schaden herbeigeführt hat, und wenn schließlich dem Schädiger weder eine vorsätzliche noch eine grobfahrlässige Handlungsweise zum Vorwurf gemacht werden kann. Das

[1] LÖHLEIN, Das Handeln auf eigene Gefahr, ZHR 102 (1936) 297–318.

[2] LÖHLEIN läßt unberücksichtigt, daß der Beauftragte, wiewohl auch er kein Entgelt empfängt, nach dem BGB für jede Form eines Verschuldens haftet!

[3] LÖHLEIN 316 f.

Handeln auf eigene Gefahr wirkt sich dann dahin aus, daß der Geschädigte den ihm erwachsenen Schaden selbst zu tragen hat"[1].

LÖHLEIN sagt ausdrücklich, er wolle lediglich zu den spezifischen, in Zusammenhang mit der Gefälligkeitsfahrt aufgetauchten Rechtsfragen Stellung nehmen und nicht erörtern, inwieweit das Problem des Handelns auf eigene Gefahr sonst in der Rechtsordnung noch eine Rolle spielt.

4. Andere Autoren haben das zwischen Fahrer und Gefälligkeitsgast bestehende Verhältnis als eine einverständliche „Gefahrengemeinschaft" aufgefaßt, die eigenen, ihr angemessenen Normen unterstehe[2]. Diese dogmatisch fragwürdige Theorie wird schon dadurch diskreditiert, daß ihre Befürworter aus ihr die verschiedensten Rechtssätze ableiten: MAIER[3] die Verteilung des dem verletzten Fahrgast erwachsenen Schadens, LOUIS[4] den Ausschluß jeglicher Haftung des Fahrers bis zur Grenze des Vorsatzes (der Fahrgast habe die Verpflichtung, das Los seines Fahrers zu teilen und nicht mehr Recht zu beanspruchen, als ein Volksgenosse hat, von dem er eine Gefälligkeit verlangt), GROEBE[5] die Beschränkung der Haftung des Fahrers auf Vorsatz und grobe Fahrlässigkeit, wohingegen GÜLDE[6] dem Gedanken der Verkehrsgemeinschaft entnimmt, daß der Fahrer genug Verantwortungsfreudigkeit besitzen müsse, den Fahrgast, der sich seiner Obhut anvertraue, unversehrt ans Ziel zu bringen: „Die Gefälligkeit ist kein Freibrief für Sorglosigkeit und Nachlässigkeit. Im Gegenteil. Für den Gast sorgt man besonders gut."[7]

5. H.-D. FISCHER[8], der sich ebenso wie HAUPT und LÖHLEIN eindrucksvoll gegen das Arbeiten mit Willensfiktionen wendet, gelangt in sorgfältiger Analyse der reichsgerichtlichen Rechtsprechung über die Gefälligkeitsfahrt zu dem richtigen Schluß, daß die „besonderen Umstände", die das Reichsgericht für die Annahme eines stillschweigenden Haftungsverzichts fordert, ausnahmslos Momente sind, die die normalen Gefahren des Autofahrens erhöhen[9]. Darauf baut er seine Theorie von einer „objektiven" Gefahrübernahme auf, wobei er jedoch nicht, wie das durch die Praxis nahegelegt wird, den Haftungsausschluß tatbestandlich differenziert, sondern letztlich doch wieder zu einer generellen Haftungserleichterung gelangt.

---

[1] LÖHLEIN 318.
[2] Dawider mit Recht H.-D. FISCHER 39 ff.
[3] DR 1939, 1417–1420, vgl. oben S. 26 N. 2.
[4] JW 1936, 425–428.
[5] JW 1936, 1581–1584.
[6] JW 1936, 1584 f.; DR 1939, 1142–1144 und 1420 f.
[7] JW 1936, 1585.
[8] H.-D. FISCHER, Gefälligkeitsfahrt und vorvertragliche Haftung (1938); dazu REINHARDT, AcP 147 (1941) 314–318; GÜLDE, DR 1939, 1142–1144.
[9] Vgl. oben S. 39.

Fischer unterscheidet zwei Gefahrenzonen bei der Gefälligkeitsfahrt: die erste sei bei jeder Gefälligkeitsfahrt gegeben und bedeute – weil nun einmal das Kraftwagenfahren, aber auch das Lenken eines Fuhrwerks, eine weit größere Zahl von Gelegenheiten schaffe, menschlich zu versagen – die Erhöhung der Gefahrenlage gegenüber dem im sonstigen Leben Üblichen. Die zweite Gefahrenzone ergebe sich dann, wenn die Gefälligkeitsfahrt unter besonderen Umständen, welche die Fahrt als besonders gefährlich erscheinen lassen, vonstatten geht. In der ersten Gefahrenzone übernehme der Fahrgast die Gefahr einer leichten Fahrlässigkeit des Fahrers, während in der zweiten Gefahrenzone sogar die Haftung des Fahrers für grobe Fahrlässigkeit ausgeschlossen sein könne, ein Grundsatz, der auch für sonstige „gefährliche" Gefälligkeitsverhältnisse (z.B. die Teilnahme an einer Jagd, einer Bergtour oder der Fahrt in einem Segelboot) seine Richtigkeit habe.

Die Gefahrübernahme sei weder Rechtsgeschäft noch Willenserklärung, sondern eine Norm des objektiven Rechts, die durch die besondere Lage des Falles – der Gast begibt sich freiwillig und zu seinem Nutzen in einen erhöhten Gefahrenbereich – ihre innere Rechtfertigung erfahre. Es handele sich um eine objektive Zurechnung der Gefahr, nicht um eine gewollte Übernahme: der Fahrgast übernehme die Gefahr nicht, weil er es will, sondern weil er es muß. Immerhin sei zu fordern, daß der Mitgenommene die Gefahr erkennen konnte, wozu es einer gewissen Einsicht bedürfe, die z.B. – analog § 828 BGB – bei einem sechsjährigen Jungen nicht vorausgesetzt werden könne und die auch schon bei älteren Kindern im Einzelfall fehlen könne.

Zur Begründung der von ihm aufgestellten Rechtssätze beruft sich Fischer einmal darauf, daß die Regeln des Deliktsrechts auf solche Verhältnisse zugeschnitten seien, in denen sich zwei Parteien unbeteiligt, neutral, gegenüberstehen. Sie paßten also nicht für Gefälligkeitsverhältnisse. Zum andern entspreche die objektive Gefahrübernahme einem angeblich „einheitlichen Rechtsempfinden", das Fischer als „dritte Rechtsquelle" neben Gesetz und Gewohnheitsrecht stellt.

### *III. Kausaltheorien*

Krückmann lehrt, die schadensrechtliche Bedeutung der freiwilligen Selbstgefährdung sei stets und ausnahmslos ein Kausalproblem[1]. „Wer

---

[1] Krückmann, JW 1932, 3688–3692. So auch das Reichsgericht in dem oben (S. 15) berichteten Urteil vom 1. 10. 06.

sich in Gefahr begibt, kommt darin um, das heißt juristisch, er setzt eine Mitursache für sein Verderben"[1]. Es sei Mitverursachung, wenn sich jemand einem betrunkenen, auf der Straße zick-zack-fahrenden Kraftfahrer entgegenstellt. Es sei nicht minder Mitverursachung, wenn sich jemand zu einem Betrunkenen in das Auto oder auf das Rad setzt[2].

Ferner gebe es schuldlose Selbstgefährdungen, die zu einer „Aufrechnung" derjenigen Gefährdung führen, welche die Grundlage für eine vom Verschulden unabhängige Haftung des Gefährders bildet[3]. Wie der Verschuldenshaftung die Verschuldensaufrechnung nach § 254 BGB, so entspreche der Gefährdungshaftung die Gefährdungsaufrechnung, mit dem einzigen Unterschied, daß diese die Tierhalterhaftung (§ 833 BGB) – an diese Form der Gefährdungshaftung denkt KRÜCKMANN in erster Linie – völlig ausschalte. Für eine Gefährdungsaufrechnung sei zu fordern, daß die Schädigung aus einer besonderen Gefahr hervorgehe, in die sich der Beschädigte in deliktsrechtlich zurechenbarer Weise (§§ 827, 828 BGB) begeben habe. Solchenfalls komme die allgemeine Gefährdung durch den Tierhalter neben dieser besonderen Gefahr gar nicht in Betracht. Eine besondere, d.h. für andere Menschen nicht bestehende Gefahr, liege z.B. vor, wenn sich jemand in den Stall begebe, das Pferd reite oder fahre, es anschirre, es anspanne, es beschlage, auf den Wagen steige usw. Im Zweifel genüge es auch schon, wenn der Beschädigte sich oder seine Sachen in deliktsrechtlich zurechenbarer Weise in die unmittelbare Nähe des Tieres bringe, so daß das Tier nicht mehr zu ihm zu kommen braucht. Hingegen sei der Eisenbahn gegenüber nur eine Verschuldensaufrechnung möglich, da nach dem Reichshaftpflichtgesetz jedermann nicht bloß gegen die allgemeine Gefährdung, sondern auch gegenüber der besonderen Gefährdung, in die er sich z.B. als Reisender wissentlich und willentlich begibt, geschützt werden solle[4].

OERTMANN[5] modifiziert die Theorie KRÜCKMANNS, indem er die „Gefährdungsaufrechnung" nicht als einen Haftungsausschlußgrund, son-

[1] KRÜCKMANN, JW 1932, 3691.

[2] Auch OLG Kiel 5. 11. 35, SOERGEL, Rspr. 1935, 101, Nr. 38 zu § 823 BGB, KG 17. 8. 39, DR 1940, 453, und NOLL, Übergesetzliche Rechtfertigungsgründe, im besonderen die Einwilligung des Verletzten (Basel 1955) 101, halten bei freiwilliger Selbstgefährdung des Verletzten allein den Gesichtspunkt des mitwirkenden Verschuldens des Verletzten für maßgebend.

[3] KRÜCKMANN, Jh.Jhb. 52 (1907) 466 ff.; Jh.Jhb. 54 (1909) 107 ff.; Jh.Jhb. 55 (1910) 1 ff., insbesondere 180 ff.. Vgl. auch MÜLLER-ERZBACH, AcP 106 (1910) 309 ff.; Süss, DRWi 7 (1942) 197.

[4] KRÜCKMANN, Jh.Jhb. 52 (1907) 471.

[5] OERTMANN, Recht der Schuldverhältnisse[5] 2. Abt. (1929) Anm. 5 a und b, δ zu § 833 BGB.

dern analog § 254 BGB als einen Grund zur Schadensverteilung auffaßt, und außerdem eine Gefährdungsaufrechnung verneint, wenn der Beschädigte vom Tierhalter in dessen eigenem Interesse herbeigeholt wurde, oder er zum Verhalten, das ihn der tierischen Einwirkung aussetzte, besonders berechtigt oder gar verpflichtet war (z.B.: er war Mieter des Hauses, in dem ein Hund des Eigentümers ihn beißt; er erscheint dort als Post- oder Steuerbote; er war vom Hausherrn dorthin eingeladen). Man versteht freilich nicht recht, warum bei der Gefälligkeitsfahrt, die OERTMANN als den Musterfall einer Gefährdungsaufrechnung betrachtet, der Fahrgast nicht ebenfalls zur Selbstgefährdung „besonders berechtigt" ist.

### *IV. Subjektive Nichtgeltung des Haftungsgrundes*

Schon KRÜCKMANN stellte bei seiner Lehre von der Gefährdungsaufrechnung die Frage nach dem Schutzzweck der Gefährdungshaftungsnormen und erkannte richtig, daß der Zweck des Reichshaftpflichtgesetzes den Schutz der Eisenbahngäste umfaßt und es daher unmöglich ist, zu Lasten dieser Fahrgäste eine „Gefährdungsaufrechnung" vorzunehmen. ESSER[1] hat den Gedanken weiter verfolgt, das Problem des Handelns auf eigene Gefahr durch eine teleologische Restriktion der Haftungsnormen zu lösen. Der Ausschluß der Gefährdungshaftung ergebe sich in den Fällen des Handelns auf eigene Gefahr aus dem Wegfall der für die Haftung maßgebenden Interessenlage: der sozial erzwungenen Hinnahme einer Gefährdung, gegen welche Abwehrmaßnahmen versagt sind[2]. Ein solcher Ausschluß der Gefährdungshaftung des Kraftfahrzeughalters werde nur praktisch gegenüber Nichtinsassen, z.B. Zuschauern bei einem Straßenrennen. Die bewußte, sozial nicht erzwungene Gefahraussetzung könne aber auch den von Willenserklärungen unabhängigen Grund für den Ausschluß der deliktischen Haftung des Halters und Fahrers gegenüber dem Insassen oder Mitfahrer bilden, der alsdann dem Halter und Fahrer keinen Vorwurf daraus machen könne, daß dieser die von dem Verletzten bewußt übernommene Gefahr nicht gemeistert hat.

Schließlich hat der Schweizer STARK[3] die „subjektive Nichtgeltung des Haftungsgrundes" als einen neu entdeckten, selbständigen Haftungs-

---

[1] ESSER, Schuldrecht 517; DERS., Gefährdungshaftung 109, N. 6.
[2] Ähnlich LARENZ I 141.
[3] SJZ 50 (1954) 21–26 und 40–43 (akademische Antrittsvorlesung).

ausschlußgrund gepriesen, der das Rechtsphänomen des Handelns auf eigene Gefahr vollständig erkläre. STARK untersucht unter Berücksichtigung auch des deutschen und französischen Rechts die beiden Fallgruppen der Teilnahme an Sportveranstaltungen sowie der Gefälligkeitsfahrt und kommt zu dem Schluß, daß die freiwillige Selbstgefährdung des später Verletzten weder die Rechtswidrigkeit noch die Schuld des Verletzers zu beseitigen vermöge und der Gesichtspunkt des Selbstverschuldens des Verletzten nicht allen Gestaltungen gerecht werde. Für den Wegfall der Verschuldenshaftung des Verletzers in den Fällen des Handelns auf eigene Gefahr sei vielmehr der Gedanke maßgebend, daß der Geschädigte aus einer Unsorgfalt anderer Personen, mit der er bestimmt rechnen mußte und der er sich aus freien Stücken ausgesetzt habe, keine Vorwürfe ableiten könne. Wer sich freiwillig auf eine Skipiste, auf ein Eisfeld oder einen Fußballplatz begebe, wer einen Ringkampf austrage, wisse, mit welchem Verhalten der anderen Sportler bzw. des Gegners er rechnen müsse. Er habe daher dieses Verhalten hinzunehmen, womit – was dieses Verhalten anbetrifft – der innere Grund für die Anerkennung des Verschuldens als Haftungsgrund entfalle. Dies gelte auch für den Zuschauer bei einem Fußballmatch, der vom Ball am Kopf getroffen und verletzt werde. Auch er habe gewußt, als er seinen Platz einnahm, daß vor ihm Fußball gespielt werde und daß dabei der Ball einmal in den Zuschauerraum fliegen könne. Ihm stehe daher gegenüber dem Spieler, der den Ball gestoßen habe, kein Vorwurf zu, obschon dieser Spieler die Möglichkeit eines solchen Unfalls voraussehen konnte und ihr trotzdem nicht Rechnung getragen habe. Die Vorwerfbarkeit entfalle allerdings nur dann, wenn und soweit sich der Schädiger im Rahmen der Regeln und der allgemeinen Übung des fraglichen Sports gehalten habe, was an Hand der auch dem verletzten Teilnehmer oder Zuschauer bekannten besonderen Umstände des betreffenden Sports und der tatsächlichen Verhältnisse zu prüfen sei. In Fällen dieser Art existiere im subjektiven Verhältnis zwischen Schädiger und Geschädigtem der innere Grund nicht, der zur Bestellung der Fahrlässigkeit als Haftungsgrund Anlaß gegeben habe. Im Gebiet der Gefährdungshaftung führe eine ähnliche Konstruktion zum Ziel. Bei Gefälligkeitsfahrten wirke sich zwar auch gegenüber dem verletzten Fahrzeuginsassen die spezifische Betriebsgefahr des Motorfahrzeugs aus. Es fehle aber wiederum der Grund, der zur Bestellung der Betriebsgefahr als selbständigem Haftungsgrund Anlaß gegeben habe: der Halter des Motorfahrzeugs unterscheide sich nicht dadurch vom Geschädigten, daß nur ihm (dem Halter) der gefährliche Betrieb zum Nutzen gereicht; von der betreffenden Fahrt habe der Geschädigte ebensosehr profitiert wie der Halter.

Zusammenfassend meint STARK, die „subjektive Nichtgeltung des Haftungsgrundes", die in den Fällen des Handelns auf eigene Gefahr den Ausschluß der Haftung des Gefährders bewirke, habe einen selbständigen Platz neben den klassischen Ausschlußgründen für die Haftpflicht.

## *V. Flucht in die Generalklausel*

Aus der Auseinandersetzung des Schrifttums mit der in der Rechtsprechung noch immer vorherrschenden rechtsgeschäftlichen Theorie ist die neuerdings im Vordringen befindliche Lehre erwachsen, der Haftungsausschluß kraft Handelns des Verletzten auf eigene Gefahr könne nur mit Hilfe der Generalklausel des § 242 BGB begründet werden[1].

Wer sich bewußt in eine vermeidbare Gefahr hineinbegeben habe, verstoße gegen Treu und Glauben, wenn er für die Folgen eines solchen Handelns nachträglich einen anderen verantwortlich mache. Der Haftungsausschluß zufolge eines Handelns des Verletzten auf eigene Gefahr erkläre sich mithin aus dem Verbot eines „venire contra factum proprium".

Diese „Flucht in die Generalklausel" kennzeichnet die Resignation der wissenschaftlichen Forschung, die sich nach bedeutenden geistigen Leistungen anschickt, den Richter allein seiner Aufgabe der Ausgestaltung und Fortbildung der Rechtsgrundsätze vom Handeln des Verletzten auf eigene Gefahr zu überlassen.

---

[1] So schon für das Handeln auf eigene Gefahr bei Gefälligkeitsfahrten im Fuhrwerk ECKSTEIN, ArchBR 39 (1913) 402; RUMPF, Jh.Jhb. 49 (1905) 405; s. ferner (zum Handeln auf eigene Gefahr schlechthin) STUTZER, Dt.GemWR 1941, 9 ff.; GEIGEL, JZ 1951, 590 und Haftpflichtprozeß 171; SCHNEYER (oben S. 15 N. 1); WANGEMANN, NJW 1955, 85 und MDR 1956, 385; BÖHMER, VersR 1957, 205 f. und MDR 1958, 77; BEMMANN, VersR 1958, 584 f.; OLG Oldenburg 1. 11. 55, DAR 1956, 296.

# 2. BUCH: DIE „ACCEPTATION DES RISQUES“ IM FRANZÖSISCHEN RECHT

## A. ANWENDUNGSBEREICH DER RICHTERLICHEN FORMEL VON DER ACCEPTATION DES RISQUES

### § 6

### *Acceptation des risques bei Teilnahme an Fahrten*

#### *I. Gefälligkeitsfahrten (transports bénévoles, transports gratuits)*

#### *1. Gefälligkeitsfahrten im Kraftfahrzeug*

##### a) Haftungsgrundlagen

Es gibt kein französisches Gesetz, welches die Haftpflicht des Kraftfahrzeughalters oder -führers besonders regelt[1]; es gelten vielmehr für den Ausgleich der Schäden, die durch den Betrieb eines Kraftfahrzeugs verursacht werden, die allgemeinen haftungsrechtlichen Bestimmungen des Code civil. Daraus darf aber nicht voreilig der Schluß gezogen wer-

[1] Über verschiedene, in Frankreich diskutierte Vorschläge zur gesetzlichen Regelung der Haftpflicht des Kraftfahrzeughalters berichten MAZEAUD/TUNC II no. 1263. Durch Art. 15 des Gesetzes no. 51–1508 vom 31. 12. 1951 (J. O. vom 1. 1. 52, p. 48) – ergänzt durch Art. 20 der Ordonnance no. 58–896 vom 23. 9. 1958 (J. O. vom 28. 9. 58, p. 8912) und abgeändert durch die Ordonnance no. 59–112 vom 7. 1. 1959 (J. O. vom 9. 1. 59, p. 633) – wurde zum Schutz der Opfer von Verkehrsunfällen ein „fonds de garantie“ geschaffen, aus welchem die Entschädigungsansprüche der Verkehrsopfer befriedigt werden, falls der Haftpflichtige unbekannt (etwa flüchtig) ist oder er bzw. sein Versicherer zahlungsunfähig sind, PICARD, D. 1952, chr. 97–100; BESSON, J. C. P. 1952 I 1027; LALOU no. 216 bis; MEURISSE, J. C. P. 1959 I 1527. Diese Regelung hat sich nicht bewährt. Der Garantiefonds wurde übermäßig in Anspruch genommen, besonders weil bei den zahlreichen Unfällen, die durch Krafträder verursacht wurden, der Schaden in der Regel durch keine Versicherung gedeckt war. Ende 1957 war der Garantiefonds bereits um den Betrag von 6 Milliarden frs. überschuldet, vgl. BESSON, J. C. P. 1959 I 1476. Man entschloß sich daher, durch das Gesetz no. 58–208 vom 27. 2. 1958 (J. O. vom 28. 2. 58, p. 2148) mit Wirkung vom 1. 4. 59 (vgl. Art. 13 des Gesetzes) für Kraftfahrzeughalter den Haftpflichtversicherungszwang einzuführen (unter Beibehaltung des Garantiefonds), BESSON, J. C. P. 1959 I 1476.

den, der Kraftfahrzeughalter hafte nach französischem Recht nur für eigenes Verschulden (Artt. 1382/3 C. c.) sowie das Verschulden des von ihm angestellten Fahrers (Art. 1384 V C. c.); denn das differenzierte Haftungssystem, welches die französische Praxis auf der allgemeinen gesetzlichen Grundlage schuf, hat sich längst vielerorts von dem Verschuldensprinzip des Code civil gelöst und behandelt den Kraftfahrzeughalter im Ergebnis nicht weniger streng, als es das deutsche Straßenverkehrsgesetz tut. Hierbei greifen im französischen Recht zwei verschiedene, sich ergänzende Haftungsprinzipien ineinander.

aa) Für die Sicherheit der Insassen haftet der Kraftfahrzeughalter, sofern er zu ihrer Beförderung vertraglich verpflichtet ist, allein aus Vertrag. Nach der Auslegung, die der französische Kassationshof seit seinem berühmten Urteil vom 21. 11. 1911 [1] allen entgeltlichen Personenbeförderungsverträgen zuteil werden läßt – mag nun die Beförderung mit dem Kraftfahrzeug, der Eisenbahn, der Straßenbahn, dem Fuhrwerk oder dem Schiff erfolgen [2] –, hat der gegen Entgelt tätige Beförderer dafür einzustehen, daß die beförderten Personen heil und unversehrt ans Ziel gelangen [3]. Ihm obliegt es, „de conduire le voyageur sain et sauf à destination" [4] im Sinne einer Erfolgsgarantie („obligation de sécurité determinée" im Sinne einer „obligation de résultat"); der Gegensatz hierzu wäre die bloße Verpflichtung des Beförderers, die zumutbaren Vorkehrungen zum Schutz der Passagiere zu treffen („obligation de sécurité" im Sinne einer „obligation de moyens") [5]. Der verletzte Passagier, der den Beförderer auf Schadensersatz in Anspruch nehmen will, braucht nur darzutun, daß ein entgeltlicher Beförderungsvertrag zustande kam und ihm die Verletzung während der Fahrt [6] zu-

---

[1] Civ. 21. 11. 11, S. 1912. 1. 73 = D. P. 1913. 1. 249 mit Anm. SARRUT; vgl. neuerdings etwa Grenoble 14. 4. 58, D. 1958, j. 414 mit Anm. RODIÈRE.

[2] Für die Beförderung mit dem Flugzeug gelten gesetzliche Sonderbestimmungen, vgl. Artt. 117 ff., 123 des Dekrets vom 30. 11. 1955, abgeändert durch das Gesetz no. 57–259 vom 2. 3. 1957 (J. O. vom 3. 3. 57, p. 2402), MAZEAUD/TUNC II no. 1386; RIPERT, D. 1957, chr. 79; DE JUGLART, J. C. P. 1957 I 1362.

[3] Das Gesetz schweigt. Es sieht nur für die Beförderung von Sachen die bis zur Grenze der höheren Gewalt und des Zufalls reichende Verpflichtung des Frachtführers vor, für Transportschäden einzustehen, Art. 1784 C. c. und Art. 103 C. com. Eine entsprechende Anwendung dieser Bestimmungen auf die Personenbeförderung wird allgemein abgelehnt, LALOU no. 452.

[4] Civ. 21. 11. 11 (oben N. 1).

[5] Über den Unterschied vgl. insbesondere TUNC, J. C. P. 1945 I 449.

[6] Der Beförderungsvorgang, während dessen der Fahrgast vertraglichen Schutz genießt, ist erst beendet, wenn der Fahrgast das Fahrzeug verlassen und sich endgültig von ihm getrennt hat, Paris 24. 6. 59, D. 1959, j. 551.

gefügt wurde. Ist beides erwiesen, so steht fest, daß der Beförderer seine Vertragspflichten nicht erfüllt hat. Er kann sich dann seiner Verurteilung zum Schadensersatz nur durch den Nachweis entziehen, daß der Schaden auf einem ihm nicht zurechenbaren Umstand beruht (einer „cause étrangère qui ne peut lui être imputée", Art. 1147 C. c.); der Nachweis seiner Schuldlosigkeit reicht zu seiner Entlastung nicht aus[1].

Die herrschende Meinung nimmt überdies an, daß sich der gegen Entgelt beförderte Fahrgast im Beförderungsvertrag stillschweigend für den Fall seiner tödlichen Verletzung die Entschädigung derjenigen Personen ausbedingt, denen er unterhaltspflichtig ist (vor allem des Ehegatten und der Kinder[2] – nicht aber der Geschwister[3] –), und gelangt so zu einem vertraglichen Schadensersatzanspruch der Unterhaltsberechtigten bei Tötung des Ernährers. Dies ist das Beispiel einer stillschweigenden „stipulation pour autrui", d. h. einer stillschweigenden Vertragsabrede zugunsten Dritter.

bb) Soweit eine vertragliche Bindung des Halters („gardien")[4] des Kraftfahrzeugs ausscheidet, also insbesondere im Verhältnis zu Drittgeschädigten, haftet er für die durch das Kraftfahrzeug verursachten Schäden nach Maßgabe des Art. 1384 I C. c. Diese Bestimmung – sie ist eine der wichtigsten des französischen Haftpflichtrechts – enthält nach der Rechtsprechung des französischen Kassationshofes, die den

---

[1] Lalou, D. H. 1931, chr. 37 ff.; ders., nos. 452–462; Rodière, J. C. P. 1952 I 997; Ripert, Le régime démocratique et le droit civil moderne² (1948) 309 ff.; Mazeaud/Tunc I nos. 151–155.

[2] Civ. 6. 12. 32, D. P. 1933. 1. 137 = S. 1934. 1. 81; Ripert (vorige Note) 315 f.; Savatier, D. 1959, j. 101; Lalou no. 653.

[3] Civ. 24. 5. 33, D. P. 1933. 1. 137 = S. 1934. 1. 81; Civ. 1re sect. 15. 2. 55, D. 1955, j. 519.

[4] Der Begriff des „gardien" entspricht weitgehend dem Begriff des Halters in § 7 StVG, ist aber mit diesem Begriff nicht identisch. Die französische Rechtsprechung stellt einseitiger auf die tatsächliche Verfügungsgewalt (pouvoir de commandement) ab als die deutsche Rechtsprechung, die neben der Verfügungsgewalt auch den Gebrauch des Kraftfahrzeugs für eigene Rechnung fordert. So erklärt es sich, daß nach französischer Rechtsanschauung der Inhaber einer Reparaturwerkstätte als „gardien" haftbar ist, wenn sich bei der Probefahrt mit einem instandgesetzten Wagen wegen eines Fehlers des ausgebesserten Fahrzeugteils ein Unfall ereignet, Mazeaud/Tunc II no. 1180–2, – während nach deutscher Auffassung der Auftraggeber Halter des Wagens bleibt, Müller, Straßenverkehrsrecht 225 f. – und daß nach der neueren französischen Rechtsprechung die Haltereigenschaft, anders als nach deutschem Recht (vgl. § 7 III StVG), verlorengeht, sobald der Wagen gestohlen wird, Ch. réun. 2. 12. 41, S. 1941. 1. 217 = D. C. 1942, j. 25 (anders noch Civ. 3. 3. 36, D. P. 1936. 1. 81 = S. 1937. 1. 109).

Bedürfnissen der beginnenden Industrieepoche Rechnung trug[1], sich aber über den eigentlichen Sinn der Vorschrift hinwegsetzte[2], eine Haftpflichtvermutung (présomption de responsabilité)[3] zu Lasten des Halters („gardien") einer Sache, welche die wesentliche Ursache (cause génératrice) eines Schadens bildet. Die aus Art. 1384 I C. c. herausgelesene Haftpflichtvermutung reicht weiter als eine bloße Schuldvermutung: sie kann nicht durch den Nachweis der Schuldlosigkeit des „gardien", sondern allein durch den Beweis entkräftet werden, daß der Schaden durch höhere Gewalt (force majeure) oder die unvorhersehbare und unabwendbare Handlung eines Dritten oder des Verletzten selbst verursacht wurde[4]. Auf die lehrreiche Entwicklung der Rechtsprechung zu Art. 1384 I C. c. und die theoretische Grundfrage, ob die Haftpflicht des gardien mit dem Verschuldensprinzip der Artt. 1382/3 C. c. versöhnt werden kann, braucht hier nicht eingegangen zu werden[5]. Es genügt zu wissen, daß jedenfalls nach den Maßstäben, mit denen wir im deutschen Recht ein Verschulden messen, die Sachhalterhaftpflicht des französischen Rechts eine Haftung ohne Verschulden ist.

---

[1] Diese Rechtsprechung begann mit dem Urteil des Kassationshofs vom 16. 6. 96, D. P. 1897. 1. 433 mit Anm. SALEILLES = S. 1897. 1. 17 mit Anm. ESMEIN.

[2] Art. 1384 I C. c. sollte von der allgemeinen Deliktshaftung nach Artt. 1382/3 C. c. zu den Spezialfällen des Art. 1384 II und IV und der Artt. 1385/6 C. c. überleiten und war daher in den Augen der Gesetzesredaktoren nur eine Zusammenfassung ohne eigene Rechtsbedeutung, FRENER 23; ESMEIN, S. 1897. 1. 17; CAPITANT, D. H. 1927, chr. 49; MAZEAUD/TUNC II no. 1015; PLANIOL/RIPERT(-ESMEIN) VI no. 479.

[3] Ch. réun. 13. 2. 30, S. 1930. 1. 121 = D. P. 1930. 1. 57; dazu JOSSERAND, D. H. 1930, chr. 25 und CAPITANT, D. H. 1930, chr. 29.

[4] MAZEAUD/TUNC II nos. 1302–1328; LALOU nos. 1270–1273; SCHANZ, Die Gefährdungshaftung im französischen Recht (Diss. Tübingen 1957) 61 ff. In Belgien wird Art. 1384 I C. c. in engerem Sinne ausgelegt: der Verletzte müsse, um sich mit Erfolg auf diese Bestimmung zu berufen, analog Art. 1386 C. c. einen Fehler der Sache (vice de la chose) beweisen. Dieser Nachweis sei aber auch ausreichend, da ein Fehler der Sache eine unwiderlegliche Schuldvermutung zu Lasten des gardien begründe, DE PAGE II no. 994 und no. 1002.

[5] Hierzu SCHANZ (vorige Note). Als rechtsgeschichtliches Kuriosum sei vermerkt, daß der Kassationshof nur deshalb in seinem grundlegenden Urteil vom 16. 6. 96 (s. oben N. 1) seine Zuflucht zu einer extensiven Auslegung des Art. 1384 I C. c. nahm, weil er sich – übrigens im Gegensatz zu den höchsten Gerichten Belgiens und Luxemburgs, s. PLANIOL(-RIPERT/BOULANGER), Traité de droit civil II (1957) no. 944 mit Nachweisen – davor scheute, dem Arbeitnehmer eine vertragliche Sicherheitsgarantie zu Lasten des Arbeitgebers zu gewähren. Der Kassationshof versagte damals also dem Arbeitnehmer den vertraglichen Schutz, den er 14 Jahre später allen Personen zugestand, die einen Vertragsanspruch auf Beförderung gegen Entgelt haben! Siehe RIPERT, Le régime démocratique (oben S. 106 N. 1) 312; PLANIOL/RIPERT(-ESMEIN) VI no. 479.

Der Anwendungsbereich des Art. 1384 I C. c. ist in vielen Punkten zweifelhaft und kontrovers, besonders was die Voraussetzung einer den Kausalverlauf beherrschenden „Handlung der Sache“ („fait de la chose“ im Gegensatz zu einem „fait de l'homme“) anlangt[1]. Die Rechtsentwicklung ist noch im Fluß. Seit einem Urteil des Kassationshofs aus dem Jahre 1924[2] ist jedenfalls anerkannt, daß auch der Schaden, der durch ein fahrendes Kraftfahrzeug angerichtet wird, das weder fehlerhaft hergestellt noch mangelhaft unterhalten wurde, einem „fait de la chose“ zuzuschreiben ist[3]. Durch diese Interpretation hat Art. 1384 I C. c. im französischen Verkehrshaftpflichtrecht eine ähnliche Funktion erlangt wie die Gefährdungshaftung des Kraftfahrzeughalters nach deutschem Recht[4].

b) Haftungsgrundsätze

Bei Gefälligkeitsfahrten ist die Haftung des Fahrers oder Halters gegenüber dem Fahrgast nach der in der französischen Praxis und im Schrifttum vorherrschenden Auffassung abgeschwächt in der Weise, daß der Fahrer oder Halter nur für erwiesenes Verschulden einzustehen hat.

aa) Für eine vertragliche Sicherheitsgarantie zugunsten des Gefälligkeitsgastes ist schon deswegen kein Raum, weil die französischen Gerichte[5] sowie das Schrifttum[6] ganz überwiegend die Gefälligkeitsfahrt als eine rein tatsächliche Beziehung, einen „rapport mondain“[7] ansehen, der durch einen „acte de courtoisie“ des Transporteurs gekennzeichnet werde.

---

[1] Siehe Mazeaud/Tunc II nos. 1211–1272.

[2] Civ. 29. 7. 24, D. P. 1925. 1. 5. mit Anm. Ripert = S. 1924. 1. 321 mit Anm. Esmein.

[3] Es sei denn, daß der Fahrer vorsätzlich handelt, Frener 47 ff.; Mazeaud/Tunc II no. 1218.

[4] Mazeaud/Tunc II nos. 1259–1264. Entsprechendes gilt auch für die Haftpflicht des Eisenbahnunternehmers.

[5] Übersicht über die ältere Rechtsprechung bei Ricol, D. P. 1926. 2. 122; vgl. ferner Ripert, D. P. 1928. 1. 146; Req. 29. 3. 27, D. P. 1927. 1. 137. Ebenso die belgische Rechtsprechung, Rep. Prat. XV, „Transport par terre“ no. 135.

[6] Mazeaud/Tunc I nos. 110–115; Planiol/Ripert(-Esmein) VI no. 622 N. 3; Lalou no. 462; Ricol (vorige Note); Josserand, D. H. 1926, chr. 22; Thénard, Rev. crit. legis. et jur. 79 (1939) 180 ff.; Belgien: de Page II no. 1046; Pirson/de Villé II 653 ff.

[7] Ricol (vorletzte Note).

Soweit einzelne Gerichte[1] und wenige Autoren[2] zwischen Fahrer und Gefälligkeitsgast ein Vertragsverhältnis angenommen haben, folgerten sie aus einer entsprechenden Anwendung der Vorschriften über die Haftung des Verleihers und des unentgeltlich Beauftragten (Artt. 1891, 1992 II C. c.), daß der Gefälligkeitsgast anders als ein gegen Entgelt beförderter Fahrgast keine vertragliche Sicherheitsgarantie genießt.

bb) Fehlt es an einem Vertragsverhältnis zwischen gardien und Fahrgast, wie dies die herrschende Lehre bei Gefälligkeitsfahrten annimmt, so steht an sich einer Anwendung des Art. 1384 I C. c. nichts im Wege, falls ein Fahrgast bei einem Unfall zu Schaden kommt. Eine vom Verschulden unabhängige Haftung des aus Gefälligkeit handelnden gardien wurde aber als zu hart empfunden[3], hätte sie doch bedeutet, daß der gefällige gardien im Ergebnis nicht weniger streng haftet, als wenn er vom Fahrgast ein Entgelt erhielte. Wie aber war der Ausschluß des Art. 1384 I C. c. bei Gefälligkeitsfahrten rechtlich zu begründen? Die französische Jurisprudenz stand hier vor einem ähnlichen Problem wie die deutschen Gerichte bei ihren Bemühungen, für Gefälligkeitsfahrten eine Ausnahme von dem Grundsatz einer vom Verschulden unabhängigen Haftung des Tierhalters (§ 833 BGB) zu statuieren. Das anfängliche Rezept des Reichsgerichts, einen stillschweigenden Haftungsverzichtsvertrag zu konstruieren, wurde auch in der französischen Rechtsprechung gelegentlich angewandt[4], vermochte sich aber nicht durchzusetzen. Der französische Kassationshof entschied zunächst, daß der Kraftfahrzeughalter, der einen Fahrgast aus Gefälligkeit im Kraftfahrzeug mitnimmt, jedenfalls für erwiesenes Verschulden, sei es auch nur leichter Art, einzustehen habe (Artt. 1382/3 C. c.)[5], und ergänzte später seine Recht-

---

[1] Tr. civ. Avignon 22. 10. 24, D. H. 1924. 710 (Gefälligkeitsfahrt als contrat de bienfaisance: Der Fahrer hafte nur für schweres Verschulden), aufgehoben durch Nîmes 14. 12. 25, D. P. 1926. 2. 128; Dijon 14. 6. 27, D. H. 1927. 440 (contrat innommé); ebenso Dijon 2. 5. 29, Gaz. Pal. 1929 II 60 (convention sui generis), aufgehoben durch Civ. 3. 1. 33, D. H. 1933. 113.

[2] Savatier, D. P. 1925. 2. 44; ders. I nos. 124 ff.; vgl. auch Ricol, D. P. 1926. 2. 122.

[3] Anderer Ansicht Josserand, D. H. 1926, chr. 21 ff. und einige ältere Entscheidungen, s. Lalou no. 463.

[4] Dijon 14. 6. 27, D. H. 1927. 440 (tödlicher Unfall eines Fahrgastes, als der überbesetzte Wagen infolge eines Bruches der Lenkung aus der Fahrbahn geriet). Der Appellationshof unterstellte in erster Linie einen Vertrag sui generis zwischen Fahrgast und Fahrer, begründete aber hilfsweise den Ausschluß des Art. 1384 I C. c. mit einer „exonération tacite", „imposée par la plus stricte équité et certainement voulue par les parties".

[5] Req. 29. 3. 27, D. P. 1927. 1. 137.

sprechung in dem Grundsatzurteil vom 27. 3. 28 [1] dahingehend, daß dem aus Gefälligkeit mitgenommenen Fahrgast der Schutz des Art. 1384 I C. c. nach dem Sinn dieser Norm [2] abzusprechen sei [3].

Kassationshof vom 27. 3. 28: Während einer Fahrt, zu der die Klägerin zusammen mit ihrem Ehemann vom Beklagten „par pure complaisance" mitgenommen worden war, kam es zu einem Unfall, als ein Reifen platzte. Der Ehemann der Klägerin wurde getötet, sie selbst schwer verletzt. Mangels eines nachweisbaren Verschuldens des Bekl. schieden die Artt. 1382/3 C. c. von vornherein aus. Der Kassationshof erklärte auch Art. 1384 I C. c. für unanwendbar, da diese Vorschrift nur den Ausgleich des Schadens bezwecke, der durch eine Sache verursacht worden sei „à l'usage de laquelle elles (d. h. die Geschädigten) n'ont point participé". Fahrgäste seien entweder nach Maßgabe der von ihnen geschlossenen Beförderungsverträge geschützt oder aber, falls sie durch einen „acte de courtoisie purement bénévole" mitgenommen worden seien und somit „ont accepté ou sollicité de participer à titre gracieux à l'usage de la voiture, en pleine connaissance des dangers auxquels ils s'exposaient eux-mêmes", nach den Artt. 1382/3 C. c., deren Anwendung aber den Nachweis eines Verschuldens voraussetze [4].

Der Kassationshof ging ersichtlich davon aus, daß ein Fahrgast, der am Gebrauch der Sache teilnimmt, sich niemals – bei keiner denkbaren Form einer Beförderung – gegenüber dem gardien des Fahrzeugs auf Art. 1384 I C. c. berufen kann. Der Gesichtspunkt der bewußten freiwilligen Selbstgefährdung wird nur hilfsweise für den Sonderfall der

---

[1] Civ. 27. 3. 28, D. P. 1928. 1. 145 mit Anm. RIPERT = S. 1928. 1. 333 mit Anm. GÉNY.

[2] Der französische Kassationshof beruft sich nicht etwa auf den stillschweigenden Parteiwillen, s. RODIÈRE no. 1544; HOUIN, Rev. crit. législ. et jur. 79 (1939) 145 ff.; RIPERT, D. P. 1928. 1. 145; BICHOT 103. MAZEAUD/TUNC II nos. 1279–1289 bezeichnen den Ausschluß des Art. 1384 I C. c. bei Gefälligkeitsfahrten als „jurisprudence prétorienne".

[3] Auch die Hinterbliebenen des tödlich verletzten Fahrgastes können sich nicht auf Art. 1384 I C. c. berufen: Civ. 19. 2. 45, D. 1945, j. 181 mit Anm. FLOUR; Req. 6. 5. 46, J. C. P. 1947 II 3622; Aix 9. 6. 42, J. C. P. 1943 II 2164; Dijon 26. 1. 50, D. 1950, j. 175; Paris 8. 2. 52, D. 1952, j. 361; MAZEAUD/TUNC II no. 1288–2; LALOU no. 1284 bis; PLANIOL/RIPERT(-ESMEIN) no. 622.

Die luxemburgische Rechtsprechung schließt gleichfalls Art. 1384 I C. c. im Verhältnis des Fahrers zu Fahrgästen aus, die aus Gefälligkeit mitgenommen werden, vgl. Cour Supérieure de Justice Luxemburg 20. 10. 59, Pas. Lux. 1960, 11. In Belgien ist das Problem, ob Art. 1384 I auch bei Gefälligkeitsfahrten anwendbar ist, kaum von Belang, da die Haftung nach dieser Bestimmung den Nachweis eines Fehlers der Sachen voraussetzt, s. oben S. 107 N. 4. DE PAGE II no. 1046, S. 1016 spricht sich für die Anwendung jener Bestimmung aus.

[4] Civ. 27. 3. 28, D. P. 1928. 1. 148. Weitere Entscheidungen mit entsprechender Begründung Req. 9. 6. 28, D. P. 1928. 1. 153; Civ. 11. 6. 28, D. H. 1928. 414; Civ. 7. 1. 29, S. 1929. 1. 249; Civ. 1. 8. 30, D. H. 1930. 571.

Gefälligkeitsfahrt ins Feld geführt. Später hat jedoch der Kassationshof den Ausschluß des Art. 1384 I C. c. bei Gefälligkeitsfahrten nur noch auf die Teilnahme des Verletzten am unentgeltlichen Gebrauch der Sache gestützt in Verbindung mit dem Gesichtspunkt der freiwilligen Selbstgefährdung[1]. Der Kassationshof ließ damit seine ursprüngliche Hauptthese fallen, daß Fahrgäste niemals den Schutz des Art. 1384 I C. c. genießen. Diese Akzentverschiebung war notwendig, weil sich herausstellte, daß es sehr wohl Beförderungen gibt, für welche die Heranziehung des Art. 1384 I C. c. im Verhältnis des Fahrgasts zum Beförderer gerechtfertigt ist. Das sind die „transports intéressés", d. h. Beförderungen, die ohne vertragliche Verpflichtung im Interesse des Beförderers erfolgen[2].

Im Vergleich zu der Begründung, mit der das Reichsgericht den Ausschluß des § 833 BGB bei Gefälligkeitsfahrten im Fuhrwerk unter Berufung auf den Gesichtspunkt des Handelns auf eigene Gefahr aus der objektiven Sachlage herzuleiten versuchte[3], erscheint die Kombinationsformel des französischen Kassationshofes genauer, da sie das Gefälligkeitsmoment einschließt und außerdem durch den Zusatz, der Verletzte müsse am Gebrauch der Sache teilgenommen haben, erkennen läßt, daß der Haftungsausschluß an eine besondere tatsächliche Beziehung des Verletzten zur Gefahrenquelle geknüpft ist.

cc) Die Wirkung der „acceptation des risques" bei Gefälligkeitsfahrten beschränkt sich auf den Ausschluß der Erfolgshaftung des gardien (Art. 1384 I C. c.). Die deliktische Haftung des gardien für Verschulden gemäß Artt. 1382/3 C. c. bleibt unberührt[4]. Der gardien haftet für jeden Grad und jede Form von Verschulden. Der Kassationshof lehnt in Übereinstimmung mit der herrschenden Lehre bei Gefälligkeitsfahrten sowohl eine generelle Haftungsmilderung ab wie auch einen individuellen Haftungsausschluß in denjenigen Fällen, in denen der Fahrgast die ihm infolge der Pflichtwidrigkeit des gardien

---

[1] Vgl. Civ. 28. 5. 41, D. A. 1941, j. 306; Civ. 19. 2. 45, D. 1945, j. 181 mit Anm. Flour; Req. 6. 5. 46, J. C. P. 1947 II 3622.

[2] Civ. 26. 2. 40, Gaz. Pal. 1940 I 396; Civ. 3. 6. 40, D. H. 1940. 143; Civ. 29. 10. 40, D. A. 1941, j.8; Req. 25. 1. 43, D. A. 1943, j. 30; Req. 20. 4. 44, D. 1945, j. 18.

[3] Vgl. oben S. 21 ff.

[4] Art. 5 des im Jahre 1932 von der Société d'Etudes législatives ausgearbeiteten Entwurfs eines Gesetzes über die Haftpflicht des Kraftfahrzeughalters sieht vor, daß „une personne transportée à titre bénévole" vom Halter nur bei „faute démontrée" Schadensersatz verlangen kann, Mazeaud/Tunc II, no. 1263, 266. Entsprechendes gilt nach Art. 2 des Gesetzes no. 57–259 vom 2. 3. 1957 (s. oben S. 105 N. 2) für die unentgeltliche Personenbeförderung mit Luftfahrzeugen, Ripert, D. 1957, chr. 80.

(bzw. Fahrers) drohende konkrete Gefahr voll erkannt hat. Er läßt also den Einwand der acceptation des risques bei nachgewiesenem Verschulden des gardien nicht gelten, jedenfalls nicht mit der Wirkung eines Haftungsausschlusses, sondern allenfalls mit der Wirkung einer Schadensverteilung wegen konkurrierenden Verschuldens des Verletzten[1].

a 1) Eine generelle Beschränkung der Haftung des aus Gefälligkeit handelnden Fahrers auf „fautes lourdes" oder „imprudences graves" wird nur in einigen älteren Entscheidungen erst- und zweitinstanzlicher Gerichte postuliert[2]. Der Kassationshof hat diese These ausdrücklich verworfen[3].

Der Appellationshof Dijon befürwortete auf Grund seiner Auffassung, die Gefälligkeitsfahrt sei ein Vertrag sui generis[4], mehrfach eine individuelle Methode, nach welcher gemäß den Umständen des Einzelfalles die Haftung des Fahrers für gewisse Formen leichten Verschuldens auszuschließen sei[5]. Der aus Gefälligkeit handelnde Fahrer sei nur verantwortlich für „des fautes ou des faits qui, n'ayant pas été normalement envisagés par la personne transportée, n'ont pu, par la même être tacitement acceptés par avance"[6].

Dem Fahrer könne z. B. die Überbelastung des Wagens nicht zum Vorwurf gemacht werden, wenn der Fahrgast sie gekannt habe[7]. Der Fahrgast dürfe auch nicht immer auf seiten des Fahrers eine „présence d'esprit irréprochable" erwarten, wenn ein unvorhersehbares Ereignis eintrete[8].

Ähnlich will Ricol – ohne Zuhilfenahme einer Vertragskonstruktion – darauf abstellen, ob in den konkreten Fällen die „imprudences" der Fahrer so leicht und gewöhnlich sind, „qu'elles ont pu et dû raisonnable-

---

[1] Mazeaud/Tunc II nos. 1288, 1498; Lalou no. 463; Savatier I no. 127, II no. 1657.

[2] Douai 30. 11. 25, D. P. 1926. 2. 127; Pau 5. 6. 25, D. H. 1925. 617; Tr. civ. Avignon 22. 10. 24, D. H. 1924, 710, aufgehoben durch Nîmes 14. 12. 25, D. P. 1926. 2. 128; Tr. civ. Thiers 15. 1. 25, D. H. 1925. 254; Tr. civ. Mâcon 12. 7. 28, Gaz. Pal. 1928 II 527; Tr. com. Seine 10. 9. 40, Gaz. Pal. 1940 II 109; ebenso Roger, D. P. 1935. 1. 38.

[3] Req. 29. 3. 27, D. P. 1927. 1. 137; Civ. 18. 7. 34, D. P. 1935. 1. 38.

[4] Vgl. oben S. 109 N. 1.

[5] Dijon 14. 6. 27, D. H. 1927. 440; 9. 10. 28, Gaz. Pal. 1928 II 885; 2. 5. 29, Gaz. Pal. 1929 II 60, aufgehoben durch Civ. 3. 1. 33, D. H. 1933. 113; Dijon 20. 5. 30, Gaz. Pal. 1930 II 575; 28. 10. 30, D. H. 1930. 594; 28. 11. 30, aufgehoben durch Civ. 18. 7. 34, D. P. 1935. 1. 38.

[6] Dijon 14. 6. 27; 9. 10. 28; 28. 10. 30, (vorige Note).

[7] Dijon 14. 7. 27; 9. 10. 28, (vorletzte Note).

[8] Dijon 9. 10. 28, Gaz. Pal. 1928 II 886; 20. 5. 30, Gaz. Pal. 1930 II 575.

ment être prises en considération et acceptées par ceux qui consentent à profiter de la complaisance de ces chauffeurs“[1].

Der Kassationshof setzt sich im Urteil vom 3. 1. 33 mit der Rechtsauffassung des Appellationshofes Dijon kritisch auseinander[2].

Der Kl. war bei einer Gefälligkeitsfahrt verletzt worden, als der vom Bekl. gesteuerte, überbesetzte Bugatti-Wagen bei hoher Geschwindigkeit aus der Fahrbahn geriet. Der Appellationshof Dijon wies die Klage u. a. deswegen ab, weil sich der Kl. „en montant en surcharge dans une voiture Bugatti, dont la vitesse, la légèreté et le peu de stabilité lui étaient connus“ freiwillig der Gefahr des Unfalls ausgesetzt und dadurch stillschweigend den Bekl. von seiner Verantwortlichkeit befreit habe[3].

Der Kassationshof, der das Urteil aufhob, war der Ansicht, der Beklagte sei gemäß Art. 1382 C. c. zum Schadensersatz verpflichtet vorbehaltlich einer Verteilung des Schadens wegen mitwirkenden Verschuldens des Verletzten. Ein etwaiger – ausdrücklicher oder stillschweigender – Haftungsverzicht des Klägers scheitere schon daran, daß die Vorschriften über die deliktische Haftung dem „ordre public“ zuzurechnen und somit der Parteidisposition entzogen seien.

Mit der gleichen Begründung hob der Kassationshof durch Urteil vom 21. 3. 33[4] eine weitere Entscheidung des Appellationshofs Dijon auf, in welcher die zu schnelle Fahrweise des gefälligen Fahrers als eine „mögliche und normale Pflichtverletzung“ bezeichnet worden war, deren Risiko der Kl. stillschweigend akzeptiert habe.

An dieser Auffassung hat der französische Kassationshof stets festgehalten[5].

Er hat z. B. entschieden, daß der Gefälligkeitsgast, der sich an einer Kraftwagenfahrt beteiligt, obwohl er erkennt, daß der Fahrer wegen Alkoholgenusses fahruntüchtig ist[6], oder weiß, daß der Fahrer keinen Führerschein besitzt[7], sich ebenso wie der Nichtschwimmer, der sich

---

[1] D. P. 1926. 2. 124.

[2] D. H. 1933. 113.

[3] Vgl. Civ. 3. 1. 33 (vorige Note).

[4] Civ. 21. 3. 33, D. H. 1933. 301; vgl. ferner Civ. 18. 7. 34, D. P. 1935. 1. 38, wo wiederum ein Urteil des Appellationshofs Dijon kassiert wurde, und Civ. 26. 10. 38, Gaz. Pal. 1939 I 25.

[5] Ähnlich die belgische Rechtsprechung, vgl. Lüttich 27. 10. 49, Pas. 1950 II 13 (selbst bei Mitnahme eines nahen Verwandten – im gegebenen Falle der Mutter des Fahrers – hafte dieser für jedes Verschulden).

[6] Civ. 2e sect. 11. 12. 52, D. 1953, j. 317 = J. C. P. 1953 II 7549 mit Anm. Rodière.

[7] Civ. 2e sect. 20. 3. 56, D. 1956, j. 445 mit Anm. Savatier = J. C. P. 1956 II 9308 mit Anm. Esmein.

an einer Kanufahrt auf der Seine beteiligt[1], zwar ein mitwirkendes Verschulden an einer Verletzung in der Gefahr, aber keine haftungsausschließende „acceptation des risques" entgegenhalten lassen müsse. Die unteren Gerichte folgen meist dem Kassationshof. Nach einem Urteil des Appellationshofs Rouen muß der Fahrgast, der sich in einem mit sieben Personen besetzten, aber nur für vier bis fünf Personen eingerichteten Wagen befördern läßt, sich bei Verletzung durch einen vom Fahrer verschuldeten Unfall lediglich einen Abzug von einem Viertel von seiner Schadensersatzforderung gefallen lassen[2]. Der Appellationshof Pau teilt den Schaden zwischen Fahrer und Fahrgast in dem Fall, daß die Geliebte des Fahrers bei einer nächtlichen Fahrt, bei welcher der Fahrer trotz Nebels eine hohe Geschwindigkeit einschlägt, diesen durch Anschmiegen am Steuer behindert und dadurch einen Unfall mitverschuldet (der Wagen fuhr auf einen beleuchteten LKW auf): „qu'elle a ainsi accepté un risque anormal et doit être considerée comme ayant participé à la faute commise en commun"[3]. In dem praktisch wichtigsten Fall der Mitfahrt im Wagen eines Trunkenen verteilen die französischen Gerichte den Schaden zwischen Fahrer und Fahrgast im allgemeinen im Verhältnis 1 : 1[4], während bei bloßer Angetrunkenheit des Fahrers die Tendenz besteht, den Verletzten nur ein Drittel des Schadens selbst tragen zu lassen[5].

b 1) Überstieg die Gefahrenlage, die sich dem Fahrgast bei Fahrtbeginn darbot, nicht das bei der gewählten Beförderungsart normale Maß, so braucht sich der Fahrgast auch kein mitwirkendes Verschulden an einem bei einem Unfall zugezogenen Schaden entgegenhalten zu lassen.

Kassationshof 4. 1. 33[6]: Kein mitwirkendes Verschulden des Verletzten bei Beteiligung an einer Fahrt zur Nachtzeit über eine verkehrsreiche Strecke.

Die Risiken einer Fahrt im Motorradbeiwagen sind in diesem Sinne normal[7], und nicht anders sollte die Mitfahrt in einem Rennwagen beurteilt werden.

---

[1] Civ. 16. 6. 36, S. 1936. 1. 321.
[2] Rouen 30. 4. 58, Gaz. Pal. 1958 II 67.
[3] Pau 19. 5. 58, Gaz. Pal. 1958 II 67.
[4] Civ. 2e sect. 11. 12. 52, D. 1953, j. 317; Douai 17. 10. 50, J. C. P. 1951 II 6032; Rennes 22. 6. 56, D. 1956, somm. 168; Pau 17. 10. 57, Gaz. Pal. 1958 I 121; Tr. cor. Nice 21. 11. 38, D. H. 1939. 62. Vgl. aber Tr. civ. Châteauroux 24. 1. 50, S. 1952. 2. 61 mit Anm. BRUNET (Abzug von einem Drittel). Für die Schadensteilung auch die belgische Rechtsprechung: Lüttich 23. 1. 54, J. T. 1954. 369.
[5] Chambéry 16. 4. 56, D. 1956, j. 553.
[6] Civ. 4. 1. 33, D. H. 1933. 113.
[7] Civ. 26. 10. 38, Gaz. Pal. 1939 I 25; vgl. auch HULOT 130.

Der Appellationshof Kolmar[1] nahm dagegen in diesem Falle ein mitwirkendes Verschulden des Beifahrers an. Vgl. auch Paris 15. 4. 58[2]: Wer sich als Beifahrer an einem Auto-Rallye (einer Sternfahrt) beteiligt, handelt nicht schuldhaft (gegen sich selbst), falls die Bedingungen des Wettbewerbs mit den allgemeinen Verkehrsvorschriften in Einklang stehen und von den Teilnehmern keine „vitesse excessive" verlangt wird.

Vereinzelt wird bei Gefälligkeitsfahrten eine Ermäßigung des vom Fahrer zu ersetzenden Schadens auch unabhängig von einem mitwirkenden Verschulden des Fahrgasts allein wegen des Gefälligkeitscharakters der Fahrt für zulässig erachtet[3].

c 1) Ob den Fahrer ein Verschulden trifft, ist nach den konkreten Umständen zu beurteilen. Der besondere Charakter einer Fahrt (Rennen, Zuverlässigkeitsfahrt usw.) verlangt auch einen besonderen Maßstab für das Verhalten des Fahrers, befreit ihn aber nicht von der Beobachtung derjenigen Sorgfalt, die bei Fahrten der fraglichen Art erwartet werden darf[4].

Der Appellationshof Montpellier sagt über die Rechtsposition des Gefälligkeitsgastes, der sich an einer Fahrt beteiligte, bei welcher die Geschwindigkeit und die Straßenlage eines Wagens auf offener Strecke ausprobiert werden sollten: „Les essais de vitesse aussi bien que toutes les manifestations sportives nécessitent le respect et l'application de règles d'autant plus imperieuses que les dangers sont plus grands; celui qui est transporté dans ces conditions, accepte les risques d'une conduite sportivement audacieuse, mais non incorrecte, maladroite ou imprudente"[5].

Montpellier vom 2. 7. 30[6]: Der Pilot A. hatte den flugbegeisterten Mechaniker Ch. zu einem Übungsflug mitgenommen. Als A. wegen eines Propellerdefekts eine Notlandung versuchte, stürzte die Maschine ab. Beide Insassen der Maschine fanden den Tod. Die Klage der Witwe Ch. gegen die Witwe A. wurde abgewiesen, da ein Verschulden des A. nicht nachweisbar sei: „attendu que, pour être génératrice de responsabilité, la faute du pilote doit avoir augmenté les risques prévisibles et normaux de la navigation aérienne".

Dieser Grundsatz ist übrigens nicht auf Gefälligkeitsfahrten beschränkt.

Nach Ansicht des Appellationshofs Lyon ist der Angestellte, der sich im Auftrag seiner Firma, die einen Wagen kaufen möchte, an einer Geschwindigkeitsprüfung

---

[1] Colmar 11. 3. 33, Gaz. Pal. 1933 II 144.

[2] D. 1959, somm. 14 = J. C. P. 1959 II 10 982 mit Anm. Esmein.

[3] Tr. civ. Evreux 20. 5. 28, Gaz. Pal. 1928 II 526; Josserand, D. H. 1926, chr. 24; Esmein, J. C. P. 1956 II 9308. Dagegen Lyon 30. 12. 26, D. H. 1927. 177; Mazeaud/Tunc II no. 1288 N. 6.

[4] Savatier I no. 127 N. 5.

[5] Montpellier 19. 1. 31, D. H. 1931. 188.

[6] D. H. 1930. 484.

beteiligt, „mal venu à se plaindre des conséquences d'un accident provoqué par un essai sur route dont il avait prévu et accepté tous les périls"[1].

### c) Abgrenzungsfragen

Die genaue Abgrenzung des Begriffs der Gefälligkeitsfahrt ist im französischen Recht von großer praktischer Bedeutung, weil anerkanntermaßen nur bei Gefälligkeitsfahrten die Haftung des Fahrers im Verhältnis zum Fahrgast auf erwiesenes Verschulden beschränkt ist. Der Kassationshof definiert: „Un transport est bénévole lorsqu'il constitue un acte de courtoisie purement bénévole, comportant un désintéressement complet du transporteur, sans contrepartie"[2]. Der Gefälligkeitscharakter einer Beförderung werde nicht nur durch die Vereinbarung eines Entgeltes[3], sondern auch durch ein „intérêt indirect ou accessoire" des Beförderers ausgeschlossen[4]. In den entschiedenen Grenzfällen waren es regelmäßig inhärente geschäftliche oder berufliche Interessen des Beförderers, die die Gerichte veranlaßten, eine Gefälligkeitsfahrt zu verneinen.

Keine Gefälligkeitsfahrt liegt vor, falls:

die Fahrt aus beiderseitigem geschäftlichem Interesse unternommen wird[5];

ein Viehhändler einen Kaufinteressenten zur Vermittlung eines Kaufes mitnimmt, für den der Händler Provision erhält[6];

ein Geschäftsmann, der sich Bescheinigungen über Hypothekenlöschungen beschaffen will, einen erfahrenen Notariatsangestellten mitnimmt, damit ihn dieser berate und unterstütze[7];

eine staatliche Prüfungskommission, die ein neu konstruiertes Wasserflugzeug abnehmen will, an einem Probeflug über das Meer teilnimmt[8];

---

[1] Lyon 29. 10. 25, D. H. 1925. 658.

[2] Civ. 26. 2. 40, Gaz. Pal. 1940 I 396.

[3] Die Zahlung der Hälfte der Benzinkosten ist nach dem Urteil Tr. civ. Saint-Brieuc 11. 6. 57, zitiert nach MAZEAUD, Rev. trim. dr. civ. 55 (1957) 532, nicht als ein Entgelt anzusehen. Anders aber Civ. 2e sect. 7. 11. 57, J. C. P. 1957 IV 179: eine Fahrt habe keinen Gefälligkeitscharakter, wenn der Fahrgast die Benzinkosten bezahlt und der Fahrer ihm nur die Hälfte erstattet.

[4] Den Gefälligkeitscharakter hat der beklagte gardien zu beweisen, Civ. 2e sect. 16. 11. 56, D. 1957, j. 180; Civ. 2e sect. 14. 3. 58, J. C. P. 1958 II 10 674, mit ablehnender Anm. ESMEIN = D. 1958, j. 385 mit Anm. SAVATIER. Ebenso Cour Supérieure de Justice Luxemburg 20. 10. 59, Pas. Lux. 1960, 11.

[5] Civ. 26. 2. 40, Gaz. Pal. 1940 I 396.

[6] Civ. 3. 6. 40, D. H. 1940. 143. Erst recht ist eine Gefälligkeitsfahrt zu verneinen, wenn ein Metzger, der selbst Kaufinteressent ist, den Tiereigentümer im Wagen mitnimmt, um das zu verkaufende Tier zu besichtigen: Chambéry 3. 3. 59, Gaz. Pal. 1959 I 290.

[7] Amiens 4. 4. 33, Gaz. Pal. 1933 II 143.

[8] Paris 1. 12. 54, D. 1956, j. 85.

eine Firma, die mit Kunstdünger handelt, in einem ihrer Wagen einen Bodenforschungsspezialisten mitfahren läßt, dessen Untersuchungen über die rationelle Verwendung von Kunstdünger sie sich zunutze zu machen gedenkt[1].

Vgl. aber Nancy 14. 4. 58[2]: Nimmt ein Kaufmann auf die Fahrt zu seinem Geschäft einen Kunden unentgeltlich mit, so ist eine Gefälligkeitsfahrt nur dann zu verneinen, wenn die Unkosten der Fahrt gegenüber dem von dem Kaufmann angestrebten Vorteil unerheblich sind, in der Regel also nur, wenn der Kunde größere Einkäufe tätigen will.

Bei Mitnahme einer Person, die sich für den käuflichen Erwerb des Wagens interessiert, nahm der Kassationshof zunächst eine Gefälligkeitsfahrt an[3], änderte aber später seine Auffassung[4].

Gefälligkeitsfahrt bedeutet so viel wie Gefälligkeitstransport: die französische Sprache ist hier genauer. Ein „transport bénévole" ist jedoch zu verneinen, wenn der Fahrgast seinerseits dem Fahrer durch die Mitfahrt eine Gefälligkeit erweist.

Kassationshof 1. 3. 33[5]: Art. 1384 I C. c. ist anwendbar, falls bei einem Autounfall eine Person verletzt wird, die der Bekl. im Wagen mitgenommen hatte, damit sie seine Tochter pflege[6];

falls der bei dem Unfall verletzte Fahrgast mitfuhr, um dem Fahrer den Weg zu zeigen[7];

falls der bekl. Fahrer den Verletzten zu einem Auto-Rallye (einer Sternfahrt) als Beifahrer mitgenommen und ihm die Aufgabe übertragen hatte, auf die Strecke zu achten und die Geschwindigkeit des Wagens zu überwachen[8];

falls der bekl. Fahrer einen Kraftfahrzeugmechaniker zu einem Rennen als Beifahrer mitgenommen hatte, damit dieser ihm notfalls zur Hand gehe und den Rennwagen in der erforderlichen Weise belaste[9].

Handeln beide Teile aus Gefälligkeit, so muß unter Abwägung der Interessenlage geprüft werden, ob die Beförderung des Fahrgasts in

---

[1] Req. 25. 1. 43, D. A. 1943, j. 30 (bedenklich).

[2] Gaz. Pal. 1958 II 5.

[3] Civ. 7. 1. 29, S. 1929. 1. 249 mit Anm. ESMEIN.

[4] Civ. 29. 10. 40, S. 1941. 1. 97. Auch der von dem Kaufinteressenten zur Mitfahrt eingeladene Freund, der seine Ansicht über den Wagen äußern soll, genießt den Schutz des Art. 1384 I C. c.: Req. 20. 4. 44, D. 1945, j. 18.

[5] Req. 1. 3. 33, Gaz. Pal. 1933 I 865.

[6] Überhaupt steht der Anwendung des Art. 1384 I C. c. nichts im Wege, wenn sich jemand bei einem Gefälligkeitsdienst an der Sache verletzt; eine „acceptation des risques" ist hier ausgeschlossen: Civ. 2. 11. 38, J. C. P. 1939 II 1018 mit Anm. DALLANT; Civ. 2e sect. 23. 4. 53, J. C. P. 1953 II 7657 mit Anm. ESMEIN; Poitiers 28. 11. 52, J. C. P. 1953 II 7565 mit Anm. ESMEIN.

[7] Civ. 2e sect. 11. 6. 58, Gaz. Pal. 1958 II 193 (dieser Fall lag freilich deswegen zweifelhaft, weil der Fahrgast, der dem Dienstherrn des Fahrers eine Kuh verkaufen wollte, ebenfalls ein Interesse an der Fahrt hatte).

[8] Paris 15. 4. 58, D. 1959. somm. 14 = J. C. P. 1959 II 10 982.

[9] Colmar 11. 3. 33, Gaz. Pal. 1933 II 144.

ihrer Gesamtheit nach den Anschauungen des Lebens einen Gefälligkeitsakt des Fahrers auf gesellschaftlicher Ebene darstellt. Der Annahme einer Gefälligkeitsfahrt sollte nicht entgegenstehen, daß dem Fahrgast lediglich die Aufgabe zugedacht ist, notfalls den Fahrer am Steuer abzulösen[1]. Erst recht entbehrt des Schutzes des Art. 1384 I C. c. die Geliebte eines ungetreuen Ehemanns, die von diesem in ein verschwiegenes Hotel gefahren wird[2].

Der Kassationshof[3] begründet den Ausschluß des Art. 1384 I C. c. mit dem Fehlen eines „intérêt d'ordre patrimonial" des Fahrers. Aber ein vermögensrechtliches Interesse des Fahrers fehlt auch dann, wenn ihm der Fahrgast eine Gefälligkeit erweist. Gleichwohl ist sicher, daß hier jene Vorschrift Anwendung findet (s. oben S. 170).

Gervésie[4] hält einen „acte de volonté" des gardien für entscheidend, nämlich die Absicht des gardien, eine Gefälligkeit zu erweisen. Es kommt jedoch auf die objektive, für einen gesellschaftlichen Gefälligkeitsakt des Fahrers sprechende Sachlage an, nicht auf die interne Absicht des gardien.

## 2. *Gefälligkeitsfahrten im Fuhrwerk*

Im französischen Recht ist das Problem, ob die Tierhalterhaftung (Art. 1385 C. c.) bei Gefälligkeitsfahrten im Fuhrwerk (voiture attelée) im Verhältnis zum Fahrgast ausgeschlossen ist, nicht in gleicher Weise aktuell geworden wie im deutschen Recht. Das mag zum Teil darin seinen Grund haben, daß die französische Rechtsprechung lange Zeit den Art. 1385 C. c. nur als eine Verschuldensvermutung aufgefaßt und dem gardien[5] gestattet hat, den Nachweis seiner Schuldlosigkeit zu führen[6]. Nach der heute herrschenden Lehre ist aber die Tierhalterhaftung ebenso wie die Sachhalterhaftung (Art. 1384 I C. c.), von der jene nur ein Unterfall ist, eine vom Verschulden unabhängige Haftung, die bis zur „force majeure" reicht (kraft einer Haftpflichtvermutung)[7]. Folge-

[1] Anders aber Civ. 2e sect. 14. 3. 58, D. 1958, j. 385 mit Anm. Savatier.

[2] Civ. 2e sect. 16. 11. 56, D. 1957, j. 180 mit Anm. Ponsard; ähnlich Civ. 2e sect. 19. 5. 58, S. 1958. 326; Civ. 2e sect. 19. 5. 59, S. 1959. 106.

[3] Siehe die in der vorigen Note zitierten Entscheidungen.

[4] D. 1957, j. 517.

[5] Art. 1385 C. c. spricht von „propriétaire d'un animal ou celui qui s'en sert".

[6] Mazeaud/Tunc II nos. 1131 f.

[7] Mazeaud/Tunc II nos. 1133 ff.; Lalou no. 1117; Planiol/Ripert(-Esmein) VI no. 600.

richtig behandelt der Kassationshof[1] in Übereinstimmung mit dem Schrifttum[2] die Gefälligkeitsfahrt im Fuhrwerk rechtlich nicht anders als die Gefälligkeitsfahrt im Kraftfahrzeug: der auf einem Fuhrwerk mitgenommene Fahrgast kann sich ebensowenig wie der Fahrgast eines Kraftwagenfahrers im Verhältnis zu dem aus Gefälligkeit handelnden Beförderer auf eine gesetzliche Haftpflichtvermutung berufen.

*II. Unerlaubte Mitfahrt*

Personen, die sich bewußt gegen den Willen des Fahrzeugbesitzers oder seiner Leute an einer Fahrt im Kraftfahrzeug, in der Eisenbahn oder einem sonstigen Verkehrsmittel beteiligen, können sich nicht mit Erfolg auf die Sachhalterhaftung des Fahrzeugbesitzers (Art. 1384 I C. c.) berufen. Die unerlaubte Mitfahrt solcher Personen ist als eine „cause étrangère" anzusehen, die dem gardien nicht zugerechnet werden kann[3]. Eine Ausnahme gilt nur bei unbefugtem Aufspringen von Kindern auf ein langsam fahrendes Gefährt.

Poitiers 17. 2. 31[4]: Der Fahrer eines Schleppzugs muß zur Verhinderung des Aufspringens von Kindern „prendre toutes précautions utiles pour empêcher de jeunes enfants de s'exposer à des risques dont ils ne pouvaient se rendre compte". Der Halter des Zugs wurde gemäß Art. 1384 I C. c. dazu verurteilt, einem Kinde, das von einem Anhängerwagen heruntergefallen war und sich dabei verletzt hatte, drei Viertel des Schadens zu ersetzen.

Zweifelhafter ist, ob und in welchem Umfang der Fahrzeugbesitzer nach Artt. 1382/3 C. c. oder Art. 1384 V haftet, wenn er oder der von ihm angestellte Fahrer einen Unfall verschulden, bei welchem eine unbefugt mitfahrende Person verletzt wird.

1. In seinem Urteil vom 18. 7. 29[5] billigt der französische Kassationshof in einem solchen Fall die Abweisung der Schadensersatzansprüche einer Person, die sich ohne Erlaubnis des Fahrers auf die verdeckte Ladefläche eines LKW begeben hatte. Der Kläger habe seine Verletzung seiner eigenen „faute initiale" zuzuschreiben.

---

[1] Req. 11. 5. 31, D. H. 1931. 381: auf Art. 1385 C. c. könne sich nicht berufen, „celui qui, ayant accepté de participer à titre gracieux à l'usage d'une voiture attelée, connaissait les dangers auxquels il s'exposait volontairement". Anders entschied noch der Appellationshof Grenoble im Urteil vom 3. 2. 28, Sem. Jur. 1928. 593.

[2] Lalou nos. 1117$^{bis}$; Planiol/Ripert(-Esmein) VI no. 604–2.

[3] Aubry/Rau(-Esmein) VI § 448$^{bis}$, S. 622 N. 130; Planiol/Ripert(-Esmein) VI no. 622, S. 879 N. 5; Savatier I no. 127, S. 165 f.

[4] Gaz. Pal. 1931 I 482.

[5] Crim. 18. 7. 29, D. H. 1929. 493 = Gaz. Pal. 1929 II 618 = S. 1932. 1. 159.

Das Berufungsgericht hatte ausgeführt, daß der Fahrer „ne pouvait être ni pénalement ni civilement responsable des risques auxquels la partie civile s'est volontairement et librement exposée sans que le prévenu ait pu l'empêcher de le faire“.

In einer anderen Entscheidung sah aber der Kassationshof in dem Verhalten eines Ehepaars, das widerrechtlich einen ausschließlich für Arbeiter einer Fabrik bestimmten Zug der Beklagten benutzt hatte, kein so schweres Eigenverschulden, daß es gerechtfertigt sei, die Schadensersatzansprüche der Ehefrau voll abzuweisen, die bei einem von den Angestellten der Beklagten verschuldeten Unfall selbst verletzt und deren Ehemann getötet worden war[1]. Die abweichende Bewertung dürfte sich aus dem erhöhten Verantwortungsbereich des Eisenbahnunternehmers erklären, der bei seinen Sicherungsvorkehrungen die Größe des von ihm beherrschten Betriebs und der von dem Betrieb ausgehenden Gefahr zu berücksichtigen hat. Beim Betrieb einer Eisenbahn gehört die Verletzung eines blinden Passagiers viel eher als beim Betrieb eines Lastkraftwagens zu den Risiken, die der Unternehmer einkalkulieren muß. Die französische Rechtsprechung hat den Eisenbahnunternehmer, dessen Personal einen Unfall verschuldet, auch solchen, bei dem Unfall verletzten Passagieren nach Artt. 1382/3 C. c. (nicht aber aus Vertrag!) für haftbar erklärt, die zwar eine Fahrkarte gelöst, aber über das Ziel hinausgefahren[2] oder nicht berechtigt waren, den verunglückten Zug zu benutzen[3]. Dem Fahrgast, der sich in ein Abteil 2. Klasse begab, obwohl er nur eine Fahrkarte 3. Klasse gelöst hatte, wurde sogar gestattet, die vertragliche Haftung der Bahn geltend zu machen anläßlich eines Unfalls, bei welchem ihm der Daumen durch eine von einem Bahnbeamten zugeworfene Tür zerquetscht wurde[4]. In diesen Fällen wurde nicht einmal ein mitwirkendes Verschulden des Verletzten angenommen[5].

2. Die französische Rechtsprechung befaßte sich mehrfach mit der Sachlage, daß ein Fahrgast im Verlaufe einer Fahrt verletzt wird, zu der er von einem hierzu nicht befugten Angestellten des Fahrzeugbesitzers (gardien) eingeladen worden war. Es gilt hier folgendes. Nach

---

[1] Civ. 2e sect. 4. 5. 55, D. 1955, j. 593, Vorinstanz Besançon 14. 6. 44, S. 1945. 2. 21.

[2] Req. 13. 3. 1895, D. P. 1896. 1. 19; Pau 6. 3. 14, S. 1914. 2. 215; Paris 21. 12. 45, S. 1946. 2. 41.

[3] Civ. 6. 7. 25, D. P. 1925. 1. 233 mit Anm. ROGER.

[4] Tr. civ. Saumur 28. 2. 29, Gaz. Pal. 1929 II 28.

[5] Im Urteil des Kassationshofs vom 6. 7. 25 (vorletzte Note) beruht die Feststellung eines mitwirkenden Verschuldens des Getöteten allein darauf, daß er sich beim Unfall selbst unvorsichtig verhalten hatte.

Art. 1384 V C. c. haften die Geschäftsherren (commettants) ohne Rücksicht auf eigenes Verschulden für den Schaden, den ihre Gehilfen (préposés) in Ausübung der ihnen übertragenen Verrichtungen („dans les fonctions auxquelles ils les ont employés") schuldhaft verursacht haben[1]. Die gesetzliche Haftpflicht des Geschäftsherrn wird im französischen Recht sehr weit gespannt[2]. Sie umfaßt nicht nur den vom Gehilfen „dans l'exercise normal et régulier des fonctions" zugefügten Schaden, sondern auch den Schaden „qui résulte de l'abus de ces fonctions"[3].

Die verbotswidrige Mitnahme eines Fahrgastes durch den vom Geschäftsherrn angestellten Kraftfahrer wird als ein derartiger „abus de fonctions" angesehen, der grundsätzlich in den Verantwortungsbereich des Geschäftsherrn fällt[4]. Dieser Grundsatz unterliegt aber einer wichtigen Einschränkung. Wußte nämlich der Fahrgast, daß der Fahrer seine Befugnisse überschritt, als er ihn zusteigen ließ, oder mußte das der Fahrgast nach den Umständen annehmen, so ist der Geschäftsherr entlastet[5]. Auch für eine Schadensverteilung ist dann kein Raum. Der Fahrgast handelt „à ses risques et périls", wie sich der Appellationshof Dijon im Urteil vom 6. 11. 45 ausdrückt[6].

Bei Mitnahme aus Gefälligkeit muß sich der Fahrgast regelmäßig sagen, daß der Fahrer auf eigene Verantwortung handelt (pour son compte personnel et non pour le compte de son maître)[7].

Erst recht ist Art. 1384 V C. c. unanwendbar, wenn der Fahrgast den Fahrer für den Eigentümer des Wagens hält[8].

Im Streitfall hat der Fahrgast zu beweisen, daß er den Fahrer für befugt halten durfte, ihn mitzunehmen[9]. Dieser Beweis ist nicht schon dann als geführt anzusehen,

---

[1] Im Gegensatz zu § 831 BGB setzt Art. 1384 V C. c. ein Verschulden des Verrichtungsgehilfen voraus, MAZEAUD/TUNC I nos. 916ff.; PLANIOL/RIPERT(-ESMEIN) VI no. 652.

[2] Hierüber SCHÄFER, RabelsZ 22 (1957) 409 ff., insbesondere 425 ff.

[3] SCHÄFER (vorige Note) 426; MAZEAUD/TUNC II nos. 908 ff.

[4] MAZEAUD/TUNC (vorige Note); Civ. 11. 6. 28, D. H. 1928. 414; Req. 22. 11. 32, Gaz. Pal. 1933 I 236 (2. Fall); Crim. 10. 3. 33, D. H. 1933. 238; Req. 3. 4. 33, D. P. 1934. 1. 5 (1. Fall); Crim. 8. 4. 33, Gaz. Pal. 1933 II 156.

[5] MAZEAUD/TUNC II no. 914; LALOU nos. 1065 ff.; PLANIOL/RIPERT(-ESMEIN) VI no. 650–2, S. 913 N. 4; ferner die in der vorigen Note zitierten Entscheidungen sowie Dijon 6. 11. 45, J. C. P. 1946 II 3157 mit Anm. RODIÈRE.

[6] Dijon (vorige Note): „attendu ... qu'il acceptait donc le transport bénévole à lui offert ou accordé par son ami à ses risques et périls".

[7] Dijon (vorletzte Note). [8] Douai 17. 10. 50, J. C. P. 1951 II 6032.

[9] MAZEAUD/TUNC I no. 914, N. 2 bis; LALOU, no. 1066; PLANIOL/RIPERT(-ESMEIN) VI no. 650–2, S. 913 N. 4; NERSON in Rép. dr. civ. IV (1954), s. v. „Responsabilité du fait d'autrui", no. 274.

wenn Fahrgast und Fahrer zuvor einander nicht kannten[1]. Andererseits ergibt sich aus dem Umstand, daß der Fahrgast aus Gefälligkeit mitgenommen wurde, als solchem noch nicht zwingend die Schlechtgläubigkeit des Fahrgastes[2].

Ein Minderjähriger wird regelmäßig nicht in der Lage sein, einen „abus de fonctions" zu erkennen. Daher haftet der Geschäftsherr für die tödliche Verletzung eines Kindes bei einem Unfall, den der von dem Geschäftsherrn angestellte betrunkene Chauffeur, der das Kind aus Gefälligkeit mitgenommen hatte, verschuldet hat[3].

Gleiches gilt, wenn schon die Fahrt als solche, weil sie ohne Wissen und Willen des Geschäftsherrn unternommen wird (Schwarzfahrt), einen „abus de fonctions" darstellt[4]. Lädt etwa der pflichtvergessene Fahrer Freunde zu einer Schwarzfahrt ein, so können sich diese nur, soweit sie hinsichtlich der Ordnungsmäßigkeit der Fahrt gutgläubig sind, auf Art. 1384 V C. c. berufen[5]. Es ergibt sich hier, falls der Fahrer einen Unfall verschuldet, dem nicht nur Fahrgäste, sondern auch dritte Personen zum Opfer fallen, die eigenartige Situation, daß ein Teil der Unfallgeschädigten – nämlich die Drittgeschädigten – den Geschäftsherrn auf Schadensersatz in Anspruch nehmen können, während der andere Teil – die schlechtgläubigen Fahrgäste – den erlittenen Schaden selbst zu tragen haben, und zwar in voller Höhe.

## § 7

### *Acceptation des risques bei Teilnahme an gefährlichen Veranstaltungen*

Die haftungsrechtlichen Entscheidungen zu Unfällen bei gefährlichen Veranstaltungen im weitesten Sinne, vor allem bei Sportveranstaltungen und bei Schaustellungen oder Lustbarkeiten aus Anlaß eines Marktes

---

[1] Crim. 8. 4. 33, Gaz. Pal. 1933 II 156; NERSON (S. 121 N. 9) no. 275.

[2] MAZEAUD/TUNC I no. 914, N. 3 bis; NERSON (S. 121 N. 9) no. 276; Dijon 6. 11. 45, J. C. P. 1946 II 3157.

[3] Crim. 14. 4. 45, Gaz. Pal. 1945 I 203; vgl. ferner Crim. 23. 1. 47, Gaz. Pal. 1947 I 114. Vgl. andererseits aber Douai 17. 10. 50, J. C. P. 1951 II 6032.

[4] Anerkanntermaßen ist selbst die Schwarzfahrt ein bloßer „abus de fonctions", weshalb der Geschäftsherr grundsätzlich für die bei einer Schwarzfahrt verursachten Schäden haftet, NERSON (s. oben S. 121 N. 9) no. 264. Einschränkend aber neuerdings Civ. 2e sect. 14. 6. 57, J. C. P. 1957 II 10 188 mit Anm. RODIÈRE = Gaz. Pal. 1957 II 86. Vgl. auch ch. réun. 9. 3. 60, Gaz. Pal. 1960 I 313 (der landwirtschaftliche Arbeiter A., der keinen Führerschein besaß, hatte eigenmächtig aus einem ihm zugänglichen Schuppen einen Kraftwagen des Arbeitgebers herausgeholt und zu einer Privatfahrt benutzt. Hierbei verlor A. die Herrschaft über den Wagen und fuhr in das Schaufenster des Ladengeschäfts der Kläger. Der Arbeitgeber sei für den entstandenen Schaden nicht haftbar).

[5] Civ. 20. 5. 47, D. 1947, j. 361; Crim. 23. 1. 47, Gaz. Pal. 1947 I 114.

oder Festes (jeu forain), bilden neben der Rechtsprechung zur Gefälligkeitsfahrt den hauptsächlichen Anwendungsbereich der Lehre von der acceptation des risques im französischen Recht[1].

### *I. Haftung des Veranstalters*

Die Haftung des Veranstalters für Unfälle, die sich im Laufe der Veranstaltung ereignen, bedarf im Hinblick auf eine acceptation des risques des Verletzten einer getrennten Würdigung, je nachdem ob es sich um die Ansprüche von Außenstehenden (1), von Zuschauern und Benutzern einer dargebotenen Einrichtung (2) oder von aktiven Teilnehmern (3) handelt, welche die zur Schau gestellte Veranstaltung (Sportwettkampf u. ä.) selbst bestreiten.

#### *1. Haftung gegenüber Außenstehenden*

Der Veranstalter hat für die Verletzung Unbeteiligter gemäß Artt. 1382/3 C. c. einzustehen, wenn die Verletzung durch zumutbare Sicherungsvorkehrungen hätte verhindert werden können[2]. Für den Rechtsgedanken einer acceptation des risques durch den Verletzten ist hier, da sich der Verletzte keiner Gefahr bewußt ausgesetzt hat, naturgemäß kein Raum[3]. Das französische Recht erkennt vielmehr eine erhöhte Schutzbedürftigkeit des an der Veranstaltung nicht beteiligten Verkehrs an. Dies kommt z. B. in den Verwaltungsvorschriften zum Ausdruck, die das Verfahren bei der Erteilung einer öffentlich-rechtlichen Genehmigung einer Sportveranstaltung regeln[4]. So dürfen nach Art. 12 des Dekrets vom 18. 10. 1955[5] Kraftfahrzeugrennen – im Gegensatz zu

---

[1] Zur Haftung bei Sportunfällen: SAVATIER II nos. 853–871; LOUP, Les sports et le droit (1930); DERS., Les courses de chevaux et la responsabilité, J. C. P. 1940 I 140; AZÉMA, La responsabilité en matière de sport (Thèse Paris 1935); PACHE, La responsabilité civile en matière de sport (Thèse Lausanne 1951); BREDIN, D. 1958, j. 575–578.
Zur Haftung des Veranstalters von jeux forains: GARDENAT, Sem. jur. 1938 II 69; LALOU nos. 346, 477; RODIÈRE, J. C. P. 1948 II 4032 (Anm.); ESMEIN, J. C. P. 1957 II 9953 (Anm.).

[2] MAZEAUD/TUNC II no. 498; SAVATIER II nos. 855, S. 859–864; LOUP 223 ff.

[3] SAVATIER II no. 855, S. 468 N. 2.

[4] Dekret no. 55–1366 vom 18. 10. 1955 (J. O. vom 19. 10. 55, p. 10 318); MAZEAUD/TUNC I no. 498 N. 1 bis. Sportveranstaltungen werden nach Art. 3 des Dekrets nur dann genehmigt, wenn das Reglement dem von den beteiligten Sportverbänden mit ministerieller Genehmigung aufgestellten Muster entspricht, unter Berücksichtigung zusätzlicher Auflagen seitens der Behörde.

[5] Vgl. vorige Note.

bloßen Zuverlässigkeitsfahrten – nur auf geschlossener Bahn stattfinden, d. h. nur auf Strecken, die für den allgemeinen Verkehr gesperrt sind. Für Zuverlässigkeitsfahrten sind maximale Durchschnittsgeschwindigkeiten vorgeschrieben, die nicht überschritten werden dürfen. Der Veranstalter hat durch bestimmte Maßnahmen, unter anderem durch überraschende Kontrollen, die Einhaltung dieser zum Schutz des unbeteiligten Verkehrs ergangenen Vorschriften zu gewährleisten[1].

Auch die Rechtsprechung stellt hohe Anforderungen an die Sorgfaltspflichten des Veranstalters gegenüber dem unbeteiligten Verkehr.

Vgl. Kassationshof 16. 6. 14[2]: Ein Verein, der aus rein kommerziellen Motiven[3] ein Fahrradrennen veranstaltet, handelt schuldhaft (Artt. 1382/3 C. c.), wenn er nicht dafür sorgt, daß wenigstens innerhalb eines Stadtgebietes die Rennstrecke für den allgemeinen Verkehr gesperrt wird.

Der Appellationshof Toulouse[4] hält den Veranstalter eines Fahrradrennens für verpflichtet, auf Strecken, die für den übrigen Verkehr nicht gesperrt sind, das Publikum durch Transparente oder Tafeln auf das Rennen aufmerksam zu machen, besonders in der Nähe einer Stadt.

Die Erfüllung der behördlichen Auflagen ist noch kein zwingender Beweis, daß der Veranstalter alles Zumutbare zum Schutz des Publikums getan hat; denn die Sicherungspflichten des Veranstalters können weitergehen als die behördlichen Auflagen[5].

### 2. *Haftung gegenüber Zuschauern oder Benutzung einer dargebotenen Einrichtung*

#### a) Haftung aus Vertrag

Wird für den Zutritt zu einer Veranstaltung oder die Zulassung zu einer Einrichtung, deren Benutzung nicht ganz ungefährlich ist (Karussell, Achterbahn, Rutschbahn, Badeanstalt, Skilift usw.), ein Eintrittsgeld erhoben, so haftet der Veranstalter für die Sicherheit der Besucher auf Grund der mit ihnen geschlossenen Verträge. Lediglich der Umfang der vertraglichen Sicherungspflicht des Veranstalters ist nach französi-

---

[1] Art. 18–21 des arrêt vom 18. 10. 1955 zum Dekret gleichen Datums (J. O. vom 19. 10. 55, p. 10320).

[2] Req. 16. 6. 14, D. P. 1917. 1. 194.

[3] Das wirtschaftliche Interesse des Veranstalters rechtfertigt eine weiterreichende Sicherungspflicht, Savatier II no. 860; Poitiers 13. 7. 14, D. P. 1917. 2. 80.

[4] Toulouse 15. 12. 32, D. P. 1934. 2. 45 mit Anm. Loup.

[5] Mazeaud/Tunc I no. 498; Besançon 29. 10. 35, Gaz. Pal. 1935 II 952.

schem Recht zweifelhaft[1]. Es stehen wiederum zwei Verpflichtungsformen zur Auswahl[2]: die obligation de sécurité déterminée im Sinne einer Erfolgsgarantie (obligation de résultat), derzufolge sich der Veranstalter, falls ein Besucher im Laufe der Veranstaltung zu Schaden kommt, nur durch den Nachweis einer für den Schaden ursächlichen „cause étrangère, qui ne lui soit pas imputable" entlasten kann, und die nicht so weit reichende „obligation de prendre des mesures de sécurité"[3]. Sie ist nur dann verletzt, wenn der Veranstalter nicht alles Zumutbare zum Schutz der Besucher getan hat – was diese im Streitfall zu beweisen haben (obligation de moyens). Der französische Kassationshof hat, wie schon dargelegt, die „obligation de sécurité déterminée" 1911 in einer Entscheidung entdeckt, die den vertraglichen Schutzanspruch einer gegen Entgelt beförderten Person betraf[4]. Von hier aus trat der neugeschaffene Rechtsbegriff der obligation de sécurité déterminée im französischen Recht einen Siegeszug an und setzte sich auch in den Bereichen der jeux forains und der Sportveranstaltungen durch, was die vertraglichen Beziehungen des Veranstalters zu den Besuchern anlangt[5].

Etwa seit 1941 setzten sich jedoch die Gerichte zunehmend gegen eine uferlose Vermehrung der Anwendungsfälle der obligation de sécurité déterminée zur Wehr[6]. In der neueren Rechtsprechung wurde entschieden, daß der Hotelier[7] oder der Inhaber eines Cafés[8] ebensowenig die Sicherheit seiner Gäste vertraglich garantiert wie der Kinobesitzer die Sicherheit der Kinobesucher[9] oder der Inhaber einer Bade-

---

[1] Vgl. aber Paris 4. 7. 36, D. H. 1936.432, wo jede vertragliche Sicherungspflicht des Inhabers einer Eisbahn aus dem Gesichtspunkt einer acceptation des risques seitens der Gäste abgelehnt wird.

[2] Vgl. hierzu oben S. 105 f.

[3] Rodière, J. C. P. 1946 II 3236; der Kassationshof spricht in Civ. 1re sect. 9. 1. 57, J. C. P. 1957 II 9915 von einer „obligation de soins et de diligence consistant à prendre les précautions necessaires pour éviter qu'un accident soit causé", der Appellationshof Paris im Urteil vom 8. 12. 41, Gaz. Pal. 1942 I 156 von einer „obligation générale de prudence et de diligence".

[4] Siehe oben S. 105 N. 1.

[5] Hinsichtlich der jeux forains vgl. Mazeaud/Tunc I no. 158; Savatier I no. 137; II no. 860. Hinsichtlich der Sportveranstaltungen: Mazeaud/Tunc I no. 157–2, no. 161 N. 1; Savatier I no. 138; II no. 861; Gardenat, Sem. jur. 1938 II 69.

[6] Rodière, J. C. P. 1948 II 4032; ders., J. C. P. 1952 II 7275; ders., J. C. P. 1957 II 9915; Blin, J. C. P. 1954 II 8331; Esmein, J. C. P. 1957 II 9953.

[7] Civ. 6. 5. 46, J. C. P. 1946 II 3236 mit Anm. Rodière; Civ. 2e sect. 9. 1. 59, Gaz. Pal. 1959 I 292; Mazeaud/Tunc I no. 158.

[8] Req. 13. 11. 45, J. C. P. 1946 II 3040 mit Anm. Rodière.

[9] Civ. 17. 3. 47, J. C. P. 1947 II 3736; Paris 5. 2. 46, J. C. P. 1946 II 3186 mit Anm. Coste.

anstalt die Sicherheit der Besucher der Anstalt[1]. Diese Sachverhalte stehen dem Ausgangsfalle der obligation de sécurité déterminée, dem Personenbeförderungsvertrag, am fernsten. Es fehlt nicht nur jegliche Form der Beförderung – der Gast sorgt selbst für seine Fortbewegung –, sondern weitgehend auch das Moment der Gefährdung der sich exponierenden Partei durch eine dynamische, auf einem aktiven Tun des Unternehmers beruhende Gefahr, da die Besucher in erster Linie[2] durch den Zustand der von ihnen betretenen Grundstücke oder Anlagen gefährdet werden. In den letzten Jahren hat die rückläufige, einer obligation de sécurité déterminée abholde Tendenz aber auch zu einem Wandel der Rechtsprechung zur Haftung des Veranstalters eines jeu forain oder einer ähnlichen Darbietung geführt, obwohl es hier wiederum zuvörderst um den Schutz des Vertragspartners vor dynamischen Gefahren geht, ja mitunter – etwa bei einer Fahrt mit einem Karussell oder gar mit einem Skischlepplift – eine Analogie zum Personenbeförderungsvertrag sogar sehr naheliegt. Die Gerichte verneinen hier eine obligation de sécurité déterminée mit der Erwägung, daß die Besucher einer gefährlichen Veranstaltung deren inhärente Risiken freiwillig auf sich nehmen, und zwar desto eher, je aktiver die Rolle der Besucher der Veranstaltung ist.

Am augenscheinlichsten ist die aktive Rolle des Benutzers eines Skischlepplifts. Wer einen solchen Lift benutzt, muß selbst dafür sorgen, während der Fahrt nicht das Gleichgewicht zu verlieren, was ein gewisses Maß an Geschicklichkeit erfordert. Der Kassationshof folgerte aus der „rôle actif personnel et connu", die dem Benutzer des Lifts zufällt, daß der Inhaber des Lifts für die Sicherheit der Benutzer nicht im gleichen Maße verantwortlich ist wie ein „voiturier conservant la direction exclusive des opérations de transport" und er daher nur für nachweisbares Verschulden (fehlerhafte Anlage des Lifts, ungenügende Überwachung und ähnliches) haftet[3]. Während der Kassationshof zu-

---

[1] Paris 8. 12. 41, Gaz. Pal. 1942 I 156; Paris 12. 12. 58, D. 1959, j. 167, 2. Fall (der Badegast müsse die Fehlerhaftigkeit der Anlage oder die Verletzung der Aufsichtspflicht des Inhabers der Anstalt beweisen) Tr. com. Seine 9. 2. 56, Gaz. Pal. 1956 I 280; Mazeaud/Tunc I no. 157–2.

[2] Freilich nicht ausschließlich. Z. B. werden die Benutzer einer Badeanstalt oder einer Schlittschuhbahn auch durch Verkehr der anderen Besucher gefährdet. Vgl. Tr. civ. Seine 28. 10. 38, Gaz. Pal. 1938 II 926: Der Inhaber einer Schlittschuhbahn sei verpflichtet, durch geeignete Vorkehrungen sicherzustellen, daß ein Schlittschuhläufer, der durch Rücksichtslosigkeit einen Zusammenstoß mit einem anderen Läufer verschuldet hat, nicht unerkannt verschwinden kann (?).

[3] Com. 7. 2. 49, D. 1949, j. 377 mit Anm. Derrida = J. C. P. 1949 II 4959 mit

nächst noch, in einem Urteil aus dem Jahre 1947, den Inhaber einer Berg- und Talbahn, deren Hauptattraktion in den Anforderungen an die Gewandtheit der Besucher bestand („La Chenille") – diese mußten, um nicht zu fallen, die heftigen Bewegungen der Bahn auffangen –, mit einer „obligation de sécurité déterminée" belastete[1], verneinte er später, im Jahre 1957, eine solche Verpflichtung in dem Fall, daß ein Veranstalter Kinder auf einem hölzernen Stier reiten läßt, der durch einen Mechanismus auf- und abgerüttelt wird[2]. Die reitenden Kinder müßten nämlich eine gewisse „participation active, quelques efforts et quelque initiative" leisten. Schließlich lehnte der Kassationshof im Urteil vom 4. 3. 57 eine obligation de sécurité déterminée des Inhabers eines Rotors („roue joyeuse") ab, obwohl die Benutzer einer solchen Vergnügungseinrichtung durch die Zentrifugalkraft an die Wand des Rotors gepreßt werden und sich völlig passiv verhalten[3]. Das Berufungsgericht führe mit Recht aus, daß das Risiko, hinzufallen, untrennbar mit der Veranstaltung verbunden und die verletzte Klägerin allein dazu in der Lage gewesen sei, zu beurteilen, ob sie nach ihrer körperlichen Beschaffenheit dieser Gefahr gewachsen war. Sie habe „librement accepté ce risque". Auch in der neuesten einschlägigen Entscheidung vom 6. 1. 59, die die Benutzung einer Bahn für elektrisch betriebene Pufferautos („auto-tampons") betrifft, beruft sich der Kassationshof auf den Gedanken einer acceptation des risques, um eine vertragliche Sicherheitsgarantie des Veranstalters auszuschließen[4]. Der Veranstalter hafte nur für Mängel der Anlage und für Organisationsfehler, die der verletzte Besucher zu beweisen habe[5].

In gleicher Weise ist der Inhalt der vertraglichen Sicherungspflicht des Veranstalters eines Rennens oder einer sonstigen Sportveranstaltung zu

---

Anm. Rodière. Vgl. ferner Chambéry 21. 5. 51, D. 1951, j. 573; Chambéry 4. 2. 52, D. 1952, j. 552; Aix 9. 11. 55, J. C. P. 1955 II 8972; Mazeaud/Tunc I no. 157–2, N. 5.

[1] Req. 13. 5. 47, J. C. P. 1948 II 4032 mit Anm. Rodière; ebenso Paris 22. 2. 26, D. P. 1927. 2. 25 (Karussell); Toulouse 23. 10. 34, Gaz. Pal. 1934 II 890 (Toboggan); Limoges 26. 11. 34, Sem. jur. 1935. 29 (auto-scooter).

[2] Civ. 1re sect. 9. 1. 57, J. C. P. 1957 II 9915 mit Anm. Rodière = D. 1958, j. 245 mit Anm. Savatier.

[3] Civ. 4. 3. 57, J. C. P. 1957 II 9953 mit Anm. Esmein = D. 1958, j. 245 mit Anm. Savatier.

[4] D. 1959, j. 106; vgl. auch Bourges 25. 11. 58, D. 1959, somm. 34 (auto-tampons).

[5] Ebenso, gleichfalls unter Heranziehung des Gedankens der acceptation des risques, Lyon 17. 11. 49, D. 1950, j. 149 (Schiffschaukel); Colmar 1. 2. 55, Gaz. Pal. 1955 I 341 (auto-scooter); Tr. civ. Rouen 3. 11. 53, J. C. P. 1954 II 8143 (auto-scooter); Tr. civ. Nîmes 25. 1. 54, J. C. P. 1955 II 8484 (auto-scooter); Tr. civ. Aix-en-Provence 15. 11. 57, Gaz. Pal. 1958 I 136 (Karussell). Mit einem stillschweigenden

bestimmen. Der Veranstalter etwa eines Pferderennens haftet den Zuschauern, von denen er ein Eintrittsgeld erhebt, nur bei nachgewiesenem Verschulden[1]. Auch die vertragliche Haftung des Veranstalters eines Kraftfahrzeugrennens kann nicht abweichend beurteilt werden. Ältere Entscheidungen, die eine „obligation de sécurité déterminée" des Veranstalters eines solchen Rennens angenommen hatten[2], können angesichts der neueren Entwicklung der Rechtsprechung zur obligation de sécurité déterminée nicht länger als autoritativ gelten, obwohl sich der Kassationshof bislang zu dem speziellen Sachverhalt des Kraftfahrzeugrennens noch nicht geäußert hat[3]. Eine jüngst ergangene Entscheidung des Tribunal Civil de la Seine trägt bereits der neuen Entwicklung Rechnung: der Veranstalter eines Moto-Cross-Motorradrennens sei im Verhältnis zu den (zahlenden) Zuschauern vertraglich nur dazu verpflichtet, „à observer les mesures de prudence et de diligence"[4]. Die Verletzung dieser Pflicht habe der Zuschauer zu beweisen, der vom Veranstalter Schadensersatz begehrt.

Ähnlich wie im Bereich des Art. 1384 C. c. wirkt demnach der Begriff der acceptation des risques auch im vertraglichen Bereich nach der neueren Rechtsprechung gleichsam als ein Ausgleichsfaktor, der eine Hypertrophie gewisser Formen der Erfolgshaftung im französischen Recht verhindert[5].

b) Haftung kraft Gesetzes

Nur bei unentgeltlichen Veranstaltungen ist eine deliktische oder quasideliktische Haftung des Veranstalters (Artt. 1382–1386 C. c.) für Ver-

---

Haftungsverzicht operiert Rouen 17. 5. 24, D. P. 1927. 2. 25 mit Anm. LALOU (trottoir roulant).

[1] Civ. 1re sect. 12. 7. 54, J. C. P. 1954 II 8331 (1. Fall) mit Anm. BLIN; Civ. 1re sect. 25. 5. 56, J. C. P. 1956 IV 98.

[2] Orléans 19. 4. 37, D. P. 1938. 2. 68 (69): auf seiten des Zuschauers könne keine Rede sein von einer acceptation des risques, „qui non seulement ne se présume pas, mais encore serait contraire à l'esprit du contrat"; Tr. civ. Vesoul 28. 6. 55, Gaz. Pal. 1955 II 168.

[3] RODIÈRE, J. C. P. 1952 II 7275, Anm. unter II no. 2, gibt zu bedenken, daß die Gerichte bei Kraftfahrzeugrennen wegen der stets vorhandenen Haftpflichtversicherung – die Veranstaltung wird nach Art. 3 des arrêt vom 18. 10. 1955 (s. oben S. 124 N. 1) nur genehmigt, wenn der Abschluß eines Versicherungsvertrags nachgewiesen wird – dazu neigen, den Verantwortungsbereich des Veranstalters recht weit zu spannen.

[4] Tr. civ. Seine 22. 10. 58, Gaz. Pal. 1959 I 10. Ebenso die belgische Rechtsprechung: Lüttich 29. 6. 55, J. T. 1955, 713.

[5] Ein weiteres Beispiel für das Zurückdrängen der obligation de sécurité déter-

letzungen der Zuschauer bzw. der Benutzer einer Einrichtung denkbar[1], da bei Vorliegen eines Vertrags dieser allein über Art und Umfang der Haftung des Veranstalters entscheidet[2].

*aa) Haftung des Veranstalters für Verschulden (Artt. 1382/3 C. c.)*

Dem Veranstalter einer unentgeltlichen Darbietung[3] obliegt die allgemeine (deliktische) Pflicht, die zum Schutz der Besucher (Zuschauer) erforderlichen Vorkehrungen organisatorischer und sicherheitspolizeilicher Art zu treffen. Bei Rennen, aber auch bei sonstigen sportlichen Veranstaltungen, ist besonders wichtig die Pflicht des Veranstalters, die Zuschauer von der Kampfbahn bzw. der Spielfläche in angemessener Entfernung zu halten, eventuell Schutzwände, Barrieren usw. zu errichten, je nach Art der Veranstaltung[4]. Inhalt und Intensität dieser Pflichten bestimmen sich nach der Größe der von der Veranstaltung ausgehenden Gefahren[5]. Im übrigen läßt sich kaum Allgemeines sagen, da alles auf die Umstände des Einzelfalles ankommt[6].

---

minée mit Hilfe des Gedankens der acceptation des risques ist das Urteil des Kassationshofs vom 16. 1. 51 (Civ.), J. C. P. 1951 II 6163 mit Anm. Rodière: Wer in Vollzug eines Vertrags einen Hengst zum Beschälen einer Stute zur Verfügung stellt, gewährleiste nicht die Unversehrtheit der Stute, weil das Beschälen gewisse Risiken in sich schließt, die der Eigentümer der Stute auf sich nehme.

[1] Mazeaud/Tunc II no. 115–2, N. 4; Tr. civ. Epinal 3. 12. 40, Gaz. Pal. 1940 II 307; Rodière, J. C. P. 1952 II 7275.

[2] Das ist jedenfalls die – umstrittene – Ansicht des Kassationshofes. Auf das Konkurrenzproblem, das im französischen Recht sehr umstritten ist, kann hier nicht näher eingegangen werden; vgl. hierzu die gute Übersicht bei Rodière, J. C. P. 1946 II 3236.

[3] Es kann zweifelhaft sein, wer Veranstalter ist. Lädt ein Fußballverein die Mannschaft eines anderen Vereins zu einem Spiel ein, so ist nur der einladende Verein Veranstalter des Wettkampfes, Riom 30. 11. 31, D. P. 1932. 2. 81 mit Anm. Loup. Der Eigentümer eines Fußballspielfeldes, der es einem Verein zur Benutzung überläßt, ist nicht Veranstalter des von dem Verein ausgetragenen Spiels und daher für dessen Organisation nicht verantwortlich, Poitiers 22. 1. 41, Gaz. Pal. 1941 I 136; Paris 27. 4. 56, D. 1956, j. 551; Savatier II no. 859.

[4] Req. 19. 6. 29, S. 1930. 1. 61 (Autorennen); Riom 30. 11. 31 (vorige Note); Besançon 29. 10. 35, Gaz. Pal. 1935 II 952 (Bobrennen); Grenoble 24. 12. 35, Gaz. Pal. 1936 I 424 (Pferderennen); Poitiers 22. 1. 41 (vorige Note); Paris 27. 4. 56, D. 1956, j. 551 (Fußballspiel); Tr. civ. Bordeaux 9. 11. 33, Gaz. Pal. 1933 II 1018; Tr. civ. Epinal 3. 12. 40, Gaz. Pal. 1940 II 307 (Fahrradrennen).

[5] Savatier II no. 861; Loup 223 f.

[6] Die Teilnehmer an einer Sportveranstaltung sind keine „préposés“ des Veranstalters i. S. des Art. 1384 V C. c., Req. 19. 6. 29 und Tr. civ. Epinal 3. 12. 40 (vorletzte Note); Riom 30. 11. 31 (vorletzte Note); Mazeaud/Tunc I no. 894–2; Savatier II no. 862.

Eine interessante Entscheidung des Kassationshofes befaßt sich mit den deliktischen Sicherungspflichten einer Gesellschaft, die neben einem Skilift eine von ihr ausgebaute Skipiste unentgeltlich der allgemeinen Benutzung zur Verfügung stellte[1]. Die Piste führte von der Bergstation des von der Beklagten betriebenen Liftes bis in die Nähe der Talstation. Als der Kläger nach der Abfahrt über die Piste zur Talstation weiterfahren wollte, stürzte er über einen im Wege liegenden verschneiten Baumstamm. Die Unfallstelle lag also außerhalb der Piste auf einer etwa 50 m breiten Lichtung, die praktisch von allen Benutzern des Liftes durchfahren wurde, die die Abfahrt wiederholen wollten. Während die Vorinstanz eine Pflichtverletzung der Beklagten annahm, hielt der Kassationshof den Kläger nicht für berechtigt, sich auf die Sicherung der Bahn zu verlassen „qu'il lui appartenait donc de prendre les précautions ordinaires que le pratique du ski, qui comporte l'acceptation de certains risques, impose à tout skieur circulant, comme en l'espèce, en terrain libre et sur un parcours naturel".

Verletzt der Veranstalter die ihm obliegenden Sicherungspflichten und kommen deswegen Besucher zu Schaden, so ist er nach Artt. 1382/3 C. c. schadensersatzpflichtig, ohne sich auf eine acceptation des risques des Verletzten berufen zu können[2]. Die Selbstexponierung des verletzten Besuchers führt in diesem Falle zu keinem Haftungsausschluß, sondern allenfalls zu einer Schadensverteilung aus dem Gesichtspunkt eines mitwirkenden Verschuldens des Verletzten[3].

Vgl. Paris 27. 4. 56[4]: Bei einem Fußballspiel wurde ein 83jähriger (ohne Entgelt zugelassener) Zuschauer, der auf das Spielfeld vorgedrungen war, bei einem Zusammenprall mit einem Spieler tödlich verletzt, der sich den Ball noch „erlaufen" wollte, bevor der Ball „Aus" ging. Der veranstaltende Verein wurde verurteilt, drei Viertel des Schadens zu ersetzen, da er es schuldhaft unterlassen habe, das Spielfeld abzusperren. Eine Haftung des Spielers, mit dem der Zuschauer zusammenprallte, wurde jedoch abgelehnt, da der Spieler nicht habe damit rechnen müssen, im Spielfeld einen Zuschauer anzutreffen.

Der Kassationshof billigte eine Entscheidung des Appellationshofs Douai, in welcher sogar jegliches mitwirkende Verschulden des bei einem Autorennen verletzten Zuschauers geleugnet wurde, der sich in einer gefährlichen, in keiner Weise geschützten Kurve aufgestellt hatte[5].

---

[1] Civ. 2e sect. 24. 11. 55, J. C. P. 1956 II 9028 = D. 1956, j. 163; Vorinstanz: Toulouse 31. 1. 52, J. C. P. 1952 II 6867 mit Anm. Rodière.

[2] Die einschlägigen Entscheidungen übergehen regelmäßig den Gesichtspunkt der acceptation des risques.

[3] Riom 30. 11. 31, D. P. 1932. 2. 81; Paris 27. 4. 56, D. 1956, j. 551; Mazeaud/Tunc II nos. 1498, 1500; Savatier II nos. 657, 854 f.

[4] D. 1956, j. 551 = S. 1956. 143.

[5] Req. 19. 6. 1929, S. 1930. 1. 61 = Gaz. Pal. 1929 II 567.

Der Veranstalter habe die allgemeine Rechtspflicht verletzt, die Kurve durch eine Abschrankung zu sichern und dafür zu sorgen, daß gefährdete Personen entfernt würden. Der Kl., der durch einen aus der Kurve getragenen Rennwagen verletzt wurde, stand oder saß auf einer sich an den Straßengraben anschließenden Böschung oberhalb der Straße. Veranstalter und Fahrer des verunglückten Wagens wurden gesamtschuldnerisch zum Schadensersatz verurteilt. Der Einwand mitwirkenden Verschuldens wurde mit der Bemerkung abgetan, der Kl. habe sich außerhalb der Fahrbahn befunden!

*bb) Haftung des Veranstalters als Sachhalter*

Der Veranstalter, der unentgeltlich zugelassenen Besuchern eine Einrichtung oder eine sonstige Sache – etwa eine Tribüne – zur Verfügung stellt, kann auch nach Art. 1384 I C. c. ohne den Nachweis eines Verschuldens in Anspruch genommen werden, wenn die Sache die „cause génératrice" für die Verletzung eines Besuchers bildet. Der Appellationshof Poitiers hat z. B. Art. 1384 I C. c. in dem Falle angewandt (neben Artt. 1382/3 C. c.), daß die Einschrankung am Rande eines Fußballspielfeldes unter dem Druck der Masse zusammenbrach und dabei Zuschauer verletzt wurden [1].

### *3. Haftung gegenüber aktiven Teilnehmern an der Veranstaltung*

#### a) Haftung aus Vertrag

Auch zwischen dem Veranstalter und den aktiven Teilnehmern an der Veranstaltung können vertragliche Beziehungen entstehen. Die Tendenz der neueren Rechtsprechung, der schwächeren Verpflichtungsform „de prendre des mesures de sécurité" den Vorzug zu geben, ist in diesen Fällen, angesichts der aktiven Rolle der Teilnehmer, noch ausgeprägter.

Eine Entscheidung des Tribunal civil Bayonne [2] betrifft einen eigenartigen, den jeux forains nahestehenden Fall einer Tierjagd.

In Bayonne findet alljährlich eine traditionelle Kuhjagd (course de vaches) statt, bei welcher junge Leute aus den Reihen der – ein Eintrittsgeld zahlenden – Zuschauer den inneren Ring der Arena betreten und sich dort von einer Kuh jagen lassen, die durch Reizen und Hänseln wildgemacht wird. Der Kl., ein junger Mann, war hierbei verletzt worden. Seine Schadensersatzklage gegen den Veranstalter wurde abgewiesen.

---

[1] Poitiers 22. 1. 41, Gaz. Pal. 1941 I 136.

[2] Tr. civ. Bayonne 3. 6. 58, Gaz. Pal. 1958 II 232; ähnlich nunmehr auch Nîmes 4. 1. 60, D. 1960, j. 234 (bei einem Stierkampf wurde ein Zuschauer verletzt, der sich freiwillig – dem örtlichen Brauche entsprechend – in die gefährdete Zone unmittelbar vor der Umschrankung der Arena vorgewagt hatte; Ausschluß der Haftung des Veranstalters aus dem Gesichtspunkt einer acceptation des risques des Zuschauers).

Das Gericht führt aus, es handle sich um den Musterfall eines „risque accepté“, da sich der Kläger an einem erlaubten Spiel beteiligt habe, dessen Gefahren er genau kannte. Art. 1385 C. c. sei unanwendbar, da die Beziehungen der Parteien vertraglicher Natur seien. Daß aber vertraglich der Veranstalter nur zu angemessenen Sicherungsvorkehrungen im Sinne einer „obligation de moyens“ verpflichtet sei, liege klar „lorsque la manifestation organisée comporte certains risques, que le spectateur, devenu volontairement acteur, ne pouvait ignorer“.

Ferner haftet der Veranstalter eines Rennens im Verhältnis zu den Berufsfahrern, die er gegen Entgelt vertraglich zur Teilnahme an dem Rennen verpflichtet – Amateure starten hingegen meist ohne vertragliches Engagement[1] –, nur bei nachgewiesenem Verschulden[2]. Die Gerichte lehnen selbst bei Erteilung von Sportunterricht eine obligation de sécurité déterminée des Sportlehrers ab[3], wiewohl die Unerfahrenheit der Schüler für eine verstärkte Obhuts- und Fürsorgepflicht des Sportlehrers spricht.

Paris 25. 3. 54[4]: Da die Kl., die sich Reitunterricht geben ließ, an einem Sport teilgenommen habe, der, wie sie wisse, gewisse Gefahren mit sich bringe, könne sie nicht geltend machen, daß der mit dem bekl. Reitklub geschlossene Lehrvertrag den Beklagten verpflichte, „d'assurer sa sécurité et de lui éviter tout accident“.

## b) Haftung kraft Gesetzes

### *aa) Haftung für Verschulden*

Der Umfang der allgemeinen (deliktischen) Sicherungspflichten des Veranstalters gegenüber aktiven Teilnehmern, mit denen ihn keine vertraglichen Beziehungen verbinden, bestimmt sich nicht allein nach den objektiven Verhältnissen, sondern wird auch durch die Kenntnisse und

---

[1] Poitiers 13. 7. 14, D. P. 1917. 2. 80 (ländliches Reitturnier, deliktische Haftung des Veranstalters gegenüber den Teilnehmern); vgl. ferner BREDIN, D. 1958, j. 575.

[2] Civ. 27. 5. 52, J. C. P. 1952 II 7275 mit Anm. RODIÈRE (Fahrradrennen); Civ. 12. 7. 54, J. C. P. 1954 II 8331 (2. Fall) mit Anm. BLIN (Fahrradrennen); Tr. civ. Lille 24. 11. 54, Gaz. Pal. T. 1951–1955, s. v. Responsabilité civile, nos. 313–316 (Fahrradrennen).

[3] MAZEAUD/TUNC I no. 157–2; LALOU no. 485 quater.

[4] D. 1954, j. 295 = J. C. P. 1954 II 8094 mit Anm. RODIÈRE. Entsprechend Tr. civ. Lyon 26. 5. 54, Gaz. Pal. 1954 II 227 und Paris 29. 11. 58, D. 1959, j. 167 (1. Fall) unter Berufung auf eine acceptation des risques des Reitschülers; dieser müsse beweisen, daß ihn der Reitlehrer einem Hindernis ausgesetzt habe, das außer Verhältnis zu dem Können des Schülers stand. Vgl. auch Tr. civ. Versailles 18. 12. 59, Gaz. Pal. 1960 I 242 (Fahrunterricht).

die Erfahrenheit der Teilnehmer beeinflußt. Nach Ansicht des Appellationshofs Poitiers[1] dürfen sich die Veranstalter eines ländlichen Reitturniers, die rein ehrenamtlich – ohne persönliches Interesse – tätig werden und nur über geringe Hilfsquellen verfügen, damit begnügen, den über Wiesen führenden Parcours nur notdürftig herzurichten, falls die Turnierteilnehmer die örtlichen Verhältnisse, unter denen das Rennen stattfindet, genau kennen. Andererseits hält der Kassationshof in seinem Urteil vom 22. 7. 41[2] den Veranstalter einer Jagd für verpflichtet, bei seinen Anordnungen die Unerfahrenheit der Teilnehmer zu berücksichtigen.

Läßt es der Veranstalter an den hiernach erforderlichen Maßnahmen fehlen, so wird seine Verantwortlichkeit nicht dadurch aufgehoben, daß der Teilnehmer die ihm drohende besondere Gefahr erkannt hat. Dem Gedanken einer acceptation des risques im Sinne eines selbständigen Haftungsausschlußgrundes wird insoweit nicht stattgegeben.

Douai 13. 10. 30[3]: Dem verletzten Jagdgast, der die fehlerhafte Organisation der Jagd und die sich hieraus ergebenden Gefahren erkannt und sich in eine gefährliche Position begeben hat, fällt nur ein mitwirkendes Verschulden zur Last.

Tr. civ. Carpentras 25. 1. 39[4]: Der Ehemann der Klägerin, ein Amateurboxer, erhielt bei einer von dem Beklagten G. organisierten Boxsportveranstaltung eine tödliche Gehirnblutung, als er, von einem regelgerechten Schlag seines Gegners getroffen, zu Boden stürzte. Die tödliche Verletzung war u. a. darauf zurückzuführen, daß der Ring den Vorschriften der Fédération française de la boxe zuwider nur mit drei LKW-Planen anstatt mit einer Filzunterlage ausgelegt war. Das Gericht erörtert die Lehre von der acceptation des risques („la jurisprudence et la doctrine sont d'accord pour considérer le sport de la boxe comme illustrant de la manière la plus typique la théorie du risque accepté"), bewertet aber die Selbstexponierung des Getöteten nur als ein mitwirkendes Verschulden und gelangt zu einer Verteilung des Schadens zwischen Kläger und Beklagtem im Verhältnis 2 : 1. Dem Getöteten sei vorzuwerfen, daß er sich als unerfahrener Amateur ohne jegliche Vorbereitung auf den Kampf eingelassen und gegen die mangelhafte Herrichtung des Ringes keinen Einspruch erhoben habe. Dieses Verschulden wiege schwerer als dasjenige des Beklagten.

Das Verschulden des Veranstalters eines Boxkampfes kann auch darin bestehen, daß er den Verletzten gegen einen körperlich überlegenen Gegner antreten läßt. Die Kenntnis des Verletzten von diesem Mißverhältnis der Kräfte rechtfertigt keinen Haftungsausschluß.

---

[1] Poitiers 13. 7. 14, D. P. 1917. 2. 80, dazu Loup 223 f.

[2] Req. 22. 7. 41, Gaz. Pal. 1941 II 372.

[3] Gaz. Pal. 1930 II 702.

[4] D. P. 1940. 2. 22 mit Anm. Loup. Vgl. auch Tr. gr. Inst. Sables-d'Olonne 8. 7. 59, Gaz. Pal. 1959 II somm. 16 (die freiwillige Gefahrübernahme seitens eines Fechters befreie den Veranstalter nicht von der Haftung für Verschulden).

Paris 21. 12. 33[1]: Bei tödlichem Ausgang eines Boxkampfes sei der Veranstalter haftpflichtig, wenn er den Getöteten ohne vorgängige ärztliche Untersuchung „en état d'infériorité physique évidente" zum Kampf antreten ließ[2]. Der Veranstalter eines Boxkampfes sei aber nicht verpflichtet, eine Unfallversicherung zugunsten der teilnehmenden Berufsboxer abzuschließen: Paris 11. 3. 58[3].

Rouen 18. 10. 11[4]: Der Veranstalter eines Fußballspieles, der einen Dreizehnjährigen gegen die – zudem mit Nagelschuhen ausgestattete – Mannschaft eines Regiments mitspielen läßt, handle schuldhaft und sei gemäß Artt. 1382/3 C. c. dem verletzten Minderjährigen zum Schadensersatz verpflichtet.

*bb) Haftung als Sachhalter*

Haftet der Veranstalter, der den Teilnehmern Sportgeräte zur Verfügung stellt, nach Art. 1384 I C. c. für Verletzungen, die sich die Teilnehmer durch das Sportgerät oder bei Benutzung des Sportgeräts zuziehen?

Der Kassationshof hat jene Vorschrift in dem Falle angewandt, daß ein Jockey bei einem Pferderennen durch die Startbanddose im Gesicht verletzt wurde, als das Pferd eines Konkurrenten vor dem Start vorzeitig ausbrach, gegen das Startband rannte und dieses samt der Startbanddose niederriß[5]. Der beklagte Veranstalter sei für diesen Unfall als gardien der Startbanddose haftbar. Der Gesichtspunkt der freiwilligen Teilnahme des Kl. am Gebrauch der Sache könne den Beklagten nicht entlasten, da der Kl., was das Startband anlangt, „a demeuré étranger à son fonctionnement". Die Verletzung des Klägers beruhe auch nicht auf den von ihm allein akzeptierten normalen Gefahren der Veranstaltung.

Man wird daher annehmen dürfen, daß der Kassationshof die strenge Sachhalterhaftung des Veranstalters dann als ausgeschlossen ansähe, wenn Sportler bei normaler Handhabung der Sportgeräte, die ihnen der Veranstalter zur Verfügung stellt, sich selbst oder andere Teilnehmer an der Sportveranstaltung verletzen[6].

---

[1] D. P. 1935. 2. 64 mit Anm. LOUP, Vorinstanz Tr. civ. Seine 20. 6. 31, D. P. 1932. 2. 14; ähnlich das Strafurteil Aix 8. 12. 32, Sem. jur. 1933, 229.

[2] Zu der Frage, ob die Féd. française de la boxe bei tödlicher Verletzung oder Siechtum eines Boxers haftpflichtig ist, wenn sie – entgegen ihren Statuten – dem getöteten Boxer ohne ärztliche Untersuchung eine Lizenz erteilt hat, vgl. außer Paris 21. 12. 33 (vorige Note) auch Tr. civ. Seine 15. 4. 58, D. 1958, j. 572 (2. Fall) mit Anm. BREDIN.

[3] D. 1958, j. 572 (1. Fall) mit Anm. BREDIN.

[4] D. P. 1912. 5. 13.

[5] Req. 16. 6. 43, J. C. P. 1943 II 2346 = D. A. 1943, j. 58.

[6] Vgl. SAVATIER II no. 863; s. aber Bourges 26. 5. 59, Gaz. Pal. 1959 II somm. 15: Der Teilnehmer an einem Fahrradrennen nehme nicht die Gefahr auf sich, die da-

In diesem Sinne auch Lyon 19. 3. 56[1]: Der Teilnehmer an einer Partie Wasserski könne den Veranstalter, der die Ski zur Verfügung stellt, nicht für Unfälle verantwortlich machen, da er unentgeltlich am Gebrauch der schädigenden Sache teilgehabt habe.

Das Tribunal de Paix Marseille[2] verneint die Tierhalterhaftung (Art. 1385 C. c.) des Veranstalters eines Stierkampfes im Verhältnis zum Matador, ohne jedoch auf eine acceptation des risques seitens des Matadors abzustellen. Vielmehr sei in dem Augenblick, in dem die Stiere die Arena betraten, die Herrschaft über die Tiere, die von da an ganz dem Einfluß des Veranstalters entzogen waren, auf den Matador übergegangen. Dieser sei von nun an selbst Tierhalter gewesen.

## *II. Haftung der (aktiven) Teilnehmer*

### *1. Haftung gegenüber Außenstehenden*

Nicht nur der Veranstalter, sondern auch die Teilnehmer an der Veranstaltung sind Außenstehenden gegenüber, die keinerlei Gefahr auf sich nehmen[3], zu jeder nach der Sache gebotenen Vorsicht verpflichtet. Die in Frankreich beliebten Fahrradrennen, die meist auf offener Strecke stattfinden, haben die Gerichte häufig vor die Frage gestellt, wann die Teilnehmer an einem solchen Rennen für Zusammenstöße mit anderen Verkehrsteilnehmern verantwortlich gemacht werden können. Grundsätzlich sind die Rennteilnehmer, solange sie sich auf offener Strecke bewegen, von der Einhaltung der Verkehrsvorschriften des Code de la Route[4] nicht befreit[5]. Daher handelt der Rennfahrer pflichtwidrig, der nicht die rechte Straßenseite einhält[6] oder der auf einer für den allgemeinen Verkehr nicht gesperrten Ortsdurchfahrt mit einer Geschwindigkeit von 40 km/h fährt[7]. In Ausnahmefällen können allerdings be-

---

durch entsteht, daß das Fahrzeug des Schrittmachers wegen eines Reifenschadens (Entweichen der Luft) plötzlich anhält. Das Gericht sah den Veranstalter als den Sachhalter der Schrittmacherfahrzeuge an.

[1] J. Cl. civil, resp. civ. XXXIII, 11. 1957, p. 1 (no. 6).

[2] Trib. de Paix Marseille 30. 9. 47, D. 1948, somm. 12.

[3] Tr. civ. Dinant 6. 5. 32, Pas. 1933 III 33.

[4] Jetzige Fassung durch die Ordonnance no. 58–1216 vom 15. 12. 1958 (J. O. vom 16. 12. 58, p. 11 280) und das Dekret no. 58–1217 vom 15. 12. 1958 (J. O. vom 16. 12. 58, p. 11305).

[5] Crim. 6. 1. 54, D. 1954, j. 128; Aix 22. 6. 55, D. 1955, j. 600.

[6] Crim. 6. 1. 54 (vorige Note).

[7] Aix 22. 6. 55 (vorletzte Note).

sondere, sich aus der Situation des Rennens ergebende Umstände ein Verschulden des Rennteilnehmers ausschließen. Z. B. kann es einem Rennfahrer nicht vorgeworfen werden, daß er, eingekeilt in eine größere Gruppe von Fahrern, kurz vor dem Ziel im Endspurt mit Höchstgeschwindigkeit fährt und dabei den Kopf nach unten duckt[1]. Ebensowenig ist das Verhalten eines Rennfahrers vorwerfbar, der unmittelbar nach dem Start in einer belebten Ortschaft mit gesenktem Kopf losstürmt[2]. Der Rennteilnehmer darf sich wenigstens in diesem Falle darauf verlassen, daß der Veranstalter alle erforderlichen Vorkehrungen getroffen hat, um den Schutz des Publikums vor den startenden Fahrern zu gewährleisten. Im allgemeinen aber trägt der Rennteilnehmer eigene Verantwortung für den Schutz des Publikums, wenn es der Veranstalter an der nötigen Vorsorge fehlen läßt[3]. Der Grundsatz der Eigenverantwortlichkeit jedes Teilnehmers gegenüber gefährdeten Dritten gilt nicht nur, wie SAVATIER meint[4], für Rennen, sondern auch für sonstige Sportveranstaltungen. So kann die Teilnahme an einem Ballspiel auf offener Straße ein Verschulden darstellen, das bei Verletzung von Passanten die Haftbarkeit der Spieler gemäß Artt. 1382/3 C. c. nach sich zieht[5].

Das Tribunal civil de la Seine[6] macht jedoch den Vorbehalt, daß, wenn der Schaden durch den heftigen Stoß eines einzelnen Spielers unmittelbar herbeigeführt wurde, das in der Teilnahme am Spiel liegende Verschulden der anderen Spieler als für den Schaden nicht ursächlich außer Betracht zu bleiben habe.

Das belgische Tribunal civil Charleroi wies in einem Falle den Einwand, die Klägerin habe sich als Zuschauerin selbst den Gefahren des Spiels ausgesetzt, mit der interessanten Begründung zurück, die Klägerin sei erst auf dem Wege zum Spiel und daher noch nicht Zuschauerin gewesen[7]!

---

[1] Crim. 5. 1. 57, Gaz. Pal. 1957 I 453 (ein Polizeibeamter des Ordnungsdienstes wurde über den Haufen gerannt), dazu auch Paris 13. 2. 60, Gaz. Pal. 1960 I 315 (auch eine Haftung des Fahrers nach Art. 1384 I C. c. wird verneint). Dagegen wurde ein Rennfahrer, der eine 30 m hinter der Ziellinie stehende Person angefahren hatte, für haftpflichtig erklärt, Paris 19. 3. 59, D. 1960, somm. 18.

[2] Grenoble 13. 1. 33, Gaz. Pal. 1933 I 500.

[3] Toulouse 15. 12. 32, D. P. 1934. 2. 45; Tr. cor. Seine 30. 1. 36, D. H. 1936. 174 (Motorrad-Rallye).

[4] SAVATIER II no. 865.

[5] Tr. civ. Seine 8. 1. 12, D. P. 1912. 2. 312 (Fußball); Brüssel 2. 12. 33, J. T. 1934. 39 (petite balle dure); Tr. civ. Charleroi 7. 11. 31, S. 1932. 4. 29 (petite balle dure); Tr. civ. Dinant 6. 5. 32, Pas. 1933 III 33 (petite balle dure).

[6] Vorige Note.

[7] Tr. civ. Charleroi 7. 11. 31, S. 1932. 4. 29 (die Kl. wurde beim Verlassen des Hauses an der Tür getroffen, als ihr Begleiter, der sie herausgerufen hatte, sich vor dem heransausenden Ball bückte).

### 2. *Haftung gegenüber Zuschauern*

#### a) Haftung für Verschulden

Ein Zuschauer, der sich durch seine Anwesenheit bewußt den Gefahren der Veranstaltung aussetzt, übernimmt in gewissem Umfange selbst die Verantwortung für seine Sicherheit.

Das Tribunal civil Dinant führt aus[1], daß der Zuschauer bei einem Ballspiel „connaissant les risques inhérents au jeu de balle, s'oblige en quelque sorte jusqu'à un certain point à se prémunir lui-même contre un danger qu'il connaît et auquel il s'expose volontairement".

Das Tribunal civil de la Seine[2] erblickt das Wesen einer solchen Gefahrübernahme darin, daß sich z. B. der Zuschauer an einem Motorradrennen durch seine freiwillige Anwesenheit des Rechtes begibt, dem Rennteilnehmer eine Handlung, die in einfacher Anwendung der Sportregeln geschieht, zum Verschulden anzurechnen.

Ähnlich Montpellier 6. 2. 53[3]: Bei Fahrradrennen sei es den Rennfahrern und den Fahrern der ihnen folgenden Begleitautos gestattet, mit einer höheren Geschwindigkeit zu fahren, weswegen der Zuschauer, der einen Rennfahrer auf Schadensersatz in Anspruch nimmt, eine „faute particulière" zu beweisen habe[4].

Zuschauern gegenüber ist also den Teilnehmern, verglichen mit dem Verhältnis zu Unbeteiligten, ein größeres Maß an Gefährdung erlaubt bzw. – was dasselbe bedeutet – als „normal" und der Veranstaltung „inhärent" anzusehen. In diesem Sinne ist es zu verstehen, daß – wie sich manche Gerichte[5] und Autoren[6] ausdrücken – die Zuschauer auch im Verhältnis zu den Teilnehmern die inhärenten Risiken der Veranstaltung auf sich nehmen.

Die französischen Gerichte neigen dazu, die Sport- oder Spielregeln schlechthin als dafür verbindlich anzusehen, welche Verhaltensweisen der Teilnehmer sich die Zuschauer gefallen zu lassen haben[7]. Beispiels-

---

[1] Tr. civ. Dinant 6. 5. 32, Pas. 1933 III 33 [36].

[2] Tr. civ. Seine 22. 10. 58, Gaz. Pal. 1959 I 10. [3] D. 1953, somm. 76.

[4] Das Gericht folgert das aus einem angeblich zwischen den Fahrern und Zuschauern geschlossenen Vertrag. Diese fragwürdige Konstruktionsbrücke ist entbehrlich.

[5] Vgl. die zitierten Entscheidungen des Tr. civ. Seine und des Tr. civ. Dinant (oben N. 1 und 2); Lüttich 29. 6. 55, J. T. 1955. 713.

[6] Savatier II nos. 854 f.; Aubry/Rau(-Esmein) VI § 444 bis, S. 452 N. 67.

[7] Ebenso Savatier II no. 855; vgl. ferner die oben (N. 2) zitierte Entscheidung des Tr. civ. Seine vom 22. 10. 58.

weise meint der Appellationshof Poitiers, den Tennisspieler, der einen Ball mit solcher Kraft schmettert, daß der Ball das 3 m hohe, den Platz umgebende Schutzgitter überfliegt und eine dahinter stehende Zuschauerin verletzt, treffe „comme joueur" kein Verschulden; denn Schmetterbälle seien nach den Spielregeln statthaft[1]. Das Tribunal civil Bordeaux wies die Schadensersatzklage eines beim Kugelstoßen verletzten Zuschauers mit der Begründung zurück, der (nach Artt. 1382/3 C. c.) beklagte Sportler habe die Kugel den Sportregeln entsprechend gestoßen[2].

Diese Argumentation ist bedenklich. Die Sport- oder Spielregeln betreffen, wie Azéma gezeigt hat[3], in der Regel nur das Verhältnis der Sportler oder Spieler zueinander, aber nicht deren Verhältnis zu den Zuschauern. Es gibt keine Tennisregel, die es erlaubt, einen Ball so zu schmettern, daß er einem Zuschauer ins Gesicht fliegt, ebensowenig eine Sportregel, die es gestattet, beim Kugelstoßen die in der Nähe sitzenden Zuschauer zu ignorieren. Der Teilnehmer, der einen Zuschauer verletzt, ist nicht immer schon dann salviert, wenn er die Sport- oder Spielregeln beobachtet hat[4]. In dem Tennisfall kam es darauf an, ob nach den Umständen ein 3 m hohes Gitter einen hinreichenden Schutz für die Zuschauer darstellte, und ob, falls dies zu verneinen war, nicht nur der Eigentümer des Platzes, sondern auch der den Platz benützende Spieler für das Fehlen hinreichender Sicherungsvorkehrungen verantwortlich gemacht werden kann[5]. Die Haftung des Kugelstoßers war nach den gleichen Gesichtspunkten zu beurteilen.

Ist ein Verschulden des Teilnehmers im Verhältnis zu dem verletzten Zuschauer erwiesen, so steht nichts im Wege, den Teilnehmer gemäß Artt. 1382/3 C. c. zum Schadensersatz zu verurteilen. Der Teilnehmer kann sich dann auf keine „acceptation des risques" des Zuschauers berufen[6].

---

[1] Poitiers 25. 10. 26, D. P. 1927. 2. 105 mit Anm. Lalou = S. 1927. 2. 73.

[2] Tr. civ. Bordeaux 9. 11. 33, Gaz. Pal. 1933 II 1018; vgl. auch die oben (S. 130 N. 4) zitierte Entscheidung Paris 27. 4. 56, wo das Gericht alternativ ebenfalls argumentiert, der beklagte Spieler habe in normaler Sportausübung gehandelt.

[3] (s. oben S. 123 N. 1) 69 f.

[4] Azéma (vorige Note).

[5] Der Appellationshof Poitiers bejaht übrigens in seiner weiteren Urteilsbegründung beide Fragen.

[6] Savatier II no. 855. Die Gerichte erwägen hier eine acceptation des risques meist überhaupt nicht, vgl. die oben (N. 1) zitierte Entscheidung Poitiers 25. 10. 26.

b) Haftung als Sachhalter

Die Teilnehmer können „gardien“ eines Tieres oder einer sonstigen Sache sein, die an der Verletzung eines Zuschauers beteiligt ist. Zu denken ist etwa an den gardien eines bei einer Pferdesportveranstaltung eingesetzten Pferdes sowie vor allem an den Rennfahrer, der mit eigenem Fahrzeug an einem Rennen teilnimmt.

Ob in diesen Fällen der Zuschauer, der durch ein aus der Bahn geschleudertes Rennfahrzeug oder durch ein Pferd verletzt wird, den gardien ohne Nachweis eines Verschuldens gemäß Art. 1384 I C. c. bzw. Art. 1385 C. c. in Anspruch nehmen kann, ist im französischen Recht nicht voll geklärt. Die Gerichte verneinen hier im allgemeinen eine vom Verschulden unabhängige Haftung des gardien. Aber die hierfür gegebene Begründung ist nicht einheitlich[1].

Der Appellationshof Orléans[2] erleichterte den von dem beklagten Rennfahrer zu erbringenden Entlastungsbeweis, daß der Unfall, bei welchem der klagende Zuschauer verletzt wurde, auf einer dem gardien nicht zurechenbaren „cause étrangère“ beruhte. Das sei schon dann anzunehmen, wenn ein Rennfahrer wegen des schlechten Zustands der Rennstrecke und der „nécessité que la course lui imposait“ während eines Rennens die Herrschaft über seinen Wagen verloren habe. Die Schadensersatzklage des Zuschauers wurde demgemäß abgewiesen, da dem beklagten Rennfahrer ein Verschulden nicht nachzuweisen sei. Ähnlich Lyon 17. 11. 38: Art. 1385 C. c. sei unanwendbar, wenn bei einem Traberrennen infolge des Zusammenstoßes zweier Wagen ein Pferd durchgeht und einen Zuschauer verletzt; denn der Unfall sei nach den besonderen Regeln zu beurteilen, welchen die Teilnehmer an einem derartigen Wettbewerb unterworfen sind[3].

Vgl. ferner Kassationshof 25. 5. 56[4]: Das Zurückprallen eines Rennpferdes, das auf das plötzliche Anhalten eines anderen, weiter vorn liegenden Pferdes zurückzuführen ist, sei ein „cas fortuit“, der die Anwendung des Art. 1385 C. c. im Verhältnis zu einem verletzten Zuschauer ausschließt.

Das Tribunal civil St. Gaudens[5] wandte aber Art. 1385 C. c. in dem Fall an, daß ein Zuschauer am Rande der Rennbahn durch ein auskeilendes Rennpferd verletzt wurde, welches der Stallbursche vor dem Rennen herumführte.

---

[1] Vgl. Esmein, Rev. dr. comp. 1952, 688; ders., J. C. P. 1953 II 7657.

[2] Orléans 19. 4. 37, D. P. 1938. 2. 68 = Gaz. Pal. 1937 II 266.

[3] Nicht veröffentlichte Entscheidung, berichtet von Loup, Sem. jur. 1940 I 140.

[4] Civ. 1re sect. 25. 5. 56, J. C. P. 1956 IV 98.

[5] Tr. civ. St. Gaudens 9. 12. 35, D. H. 1936. 112.

Hingegen ist nach einem kürzlich ergangenen Urteil des Tribunal civil de la Seine[1] der bei einem Moto-Cross-Motorradrennen verletzte Zuschauer daran gehindert, den in den Unfall verwickelten Rennteilnehmer als Halter seiner Maschine in Anspruch zu nehmen. Ein Zuschauer sei nämlich in gewissem Umfange Teilnehmer an der Veranstaltung und nehme daher als solcher die normalen Gefahren der Veranstaltung auf sich.

Der Appellationshof Riom fand schließlich noch einen anderen Weg, um die Sachhalterhaftung des Teilnehmers an einer Sportveranstaltung im Verhältnis zu den Zuschauern auszuschließen[2]. Das Gericht hatte über die Schadensersatzklage eines Zuschauers an einem Fußballspiel zu entscheiden, der durch einen von dem beklagten Spieler getretenen Ball am Auge verletzt worden war. Das Gericht vertrat die Auffassung, nicht der Beklagte allein, sondern beide Mannschaften zusammen seien im Zeitpunkt des Unfalls, als der Beklagte den Ballbesitz hatte, „gardien" des Balles gewesen! Aus diesem Grund wurde die Klage abgewiesen.

### *3. Haftung der Teilnehmer untereinander*

Besonders häufig findet sich die Formel von der acceptation des risques in Entscheidungen zu der Frage, in welchem Umfange die Teilnehmer an einer Sportveranstaltung einander für Verletzungen haften. Allein maßgebliche Haftungsgrundlage sind hierbei die Artt. 1382–1385 C. c. Eine vertragliche Haftung der Teilnehmer untereinander scheidet auch beim Gemeinschaftssport aus[3].

#### a) Haftung für Verschulden

Die Teilnehmer an einem erlaubten[4] Spiel oder Sport übernehmen die – von ihrem Standpunkt aus – normalen (inhärenten) Gefahren, die der Veranstaltung notwendig innewohnen und die sich auch bei der dem Veranstalter und den übrigen Teilnehmern zuzumutenden Vorsicht

---

[1] Tr. civ. Seine 22. 10. 58, Gaz. Pal. 1959 I 10.

[2] Riom 30. 11. 31, D. P. 1932. 2. 81 mit Anm. Loup.

[3] Mazeaud/Tunc I no. 523–2, N. 2 bis; Rodière no. 1417; ders., J. C. P. 1950 II 5912; Azéma 63. A. A. namentlich Savatier II no. 853.

[4] Vgl. Savatier II no. 855, S. 467: „Une activité sportive contraire à la morale ou à l'ordre public ne peut délier les parties d'aucune obligation".

nicht vermeiden lassen[1]. Der in der Teilnahme an einer erlaubten Sportveranstaltung liegende Akt der Selbstgefährdung führt zu einer Modifikation der allgemeinen, für den Nachweis einer „faute" wesentlichen Handlungspflichten der anderen Teilnehmer an der Veranstaltung[2]. An die Stelle des allgemeinen Schuldmaßstabs tritt im Verhältnis der Teilnehmer zueinander die „faute de jeu", die sich nach den jeweiligen Sport- oder Spielregeln bemißt – soweit diese nicht nur das Sport- oder Spielgeschehen ordnen, sondern die Gefahren der Veranstaltung herabsetzen sollen (Sicherheitsregeln) –, mögen auch diese Regeln nur ein „guide précieux" für die Beurteilung der Schuldfrage und einer kritischen Sichtung durch den Richter zugänglich sein[3]. Die Sport- oder Spielregeln gestatten im Verhältnis der Teilnehmer zueinander gefährlichere Betätigungsformen als im Verhältnis der Teilnehmer zu den Zuschauern, und in diesem Sinne kann man sagen, daß die Teilnehmer ein höheres Maß an Gefährdung auf sich nehmen als die Zuschauer.

Eine generelle Beschränkung der deliktischen Haftung der Sportteilnehmer auf schweres Verschulden wird im französischen Recht überwiegend abgelehnt[4]. Ein ähnliches Ergebnis kommt aber in der Rechtsprechung vielfach dadurch zustande, daß die französischen Gerichte bei der haftungsrechtlichen Beurteilung von Sportverletzungen darauf abstellen, ob die dem Verletzer zur Last gelegte Handlungsweise einen „acte de brutalité" darstellt, der mit einem „exercice légal du sport" unvereinbar ist[5]. Hierbei ist besonders die Bewertung von Gesinnungsmomenten (wie der „déloyauté") bemerkenswert. Die Beschränkung

---

[1] Savatier II nos. 657, S. 854; Lalou no. 344; Montpellier 21. 10. 33, Gaz. Pal. 1933 II 1016 (Jagd); Paris 17. 3. 38, D. H. 1938. 345 (Autorennen); 24. 5. 44, Gaz. Pal. 1944 II 25 (baskisches Ballspiel); Lyon 26. 10. 50, D. 1951, j. 43 (Fußball); Tr. civ. Valence 20. 3. 23, Gaz. Pal. 1923 II 7 (Rugby); Tr. civ. Seine 18. 1. 32, D. H. 1932. 174 (Treibjagd); Tr. civ. Dinant 6. 5. 32, Pas. 1933 III 33 (Ballspiel); Tr. cor. Nantes 25. 1. 37, Gaz. Pal. 1937 I 783 (Ringkampf); Tr. gr. Inst. Seine 24. 4. 59, Gaz. Pal. 1959 II 140 (Fechten); Tr. civ. Gap 3. 12. 59, J. C. P. 1960 II 11 423 (Skilaufen).

[2] Mazeaud/Tunc I no. 523–2; Savatier II no. 855; Planiol/Ripert(-Esmein) VI no. 572, S. 794; Esmein, Rev. dr. comp. 1952, 690 f.; ders., J. C. P. 1957 II 9953.

[3] Mazeaud/Tunc, Savatier (vorige Note); Esmein, J. C. P. 1955 II 8541. Dagegen will Bredin, D. 1958, j. 575 die Sport- und Spielregeln allein darüber entscheiden lassen, welche Sporthandlungen „fautif" sind.

[4] Mazeaud/Tunc I no. 523–2, N. 13 bis. A. A. aber Lalou no. 344; Paris 17. 3. 38, S. 1938. 2. 143; Tr. cor. Nantes 25. 1. 37, Gaz. Pal. 1937 I 783.

[5] Savatier II no. 865 mit Nachweisen. Anders aber Paris 24. 5. 44, Gaz. Pal. 1944 II 25: Der Teilnehmer an einer Partie baskischen Ballspiels akzeptiere die Gefahren des Spiels, die sich trotz Einhaltung der Spielregeln nicht vermeiden lassen. Doch

der Haftung des Verletzers auf diese Schuldformen wird meist mit einer acceptation des risques des Verletzten in Zusammenhang gebracht.

Der Teilnehmer an einem Rugbyspiel akzeptiere die Gefahren dieses Spiels, sofern es „a été pratiqué loyalement et correctement, entre jeunes gens tenus, quoique se posant en adversaires, de se traiter mutuellement en camerades et non en ennemis"[1]. Hiervon könne aber keine Rede sein, wenn ein Rugbyspieler einen Gegner, der längst nicht mehr im Ballbesitz ist, zu Boden wirft und so heftig schüttelt, daß sich der Angegriffene tödliche Verletzungen zuzieht[2], oder wenn ein Rugbyspieler einem heranstürmenden Gegner den Kopf in den Unterleib rennt[3] oder gar ins Ohr beißt[4].

Ein Fußballspieler handelt schuldhaft, wenn er den Ball „avec brutalité ou d'une façon déloyale" tritt und dadurch einen anderen Spieler verletzt[5], wenn er den über dem Ball am Boden liegenden Torwart der Gegenmannschaft durch einen Tritt verletzt[6] oder wenn er mit einem Bein voraus einen Sprung in Richtung auf den Ball macht und dabei einen Gegenspieler heftig in den Magen stößt[7]. Auch der Kampfeseifer vermag eine solche Spielweise nicht zu entschuldigen.

Andererseits hat der Appellationshof Lyon[8] unter Hinweis auf eine acceptation des risques die Schadensersatzklage eines Torwarts abgewiesen, der bei einem Fußballspiel durch einen Tritt des beklagten Stürmers der Gegenmannschaft schwer am Kopf verletzt worden war, als er sich dem heranstürmenden Beklagten vor die Füße warf, um den in einer Distanz von 3–4 m vor dem Stürmer heranrollenden Ball aufzunehmen. Der Angriff des Beklagten sei keine „action déloyale ou inconsidéremment brutale" gewesen.

Analoge Grundsätze gelten für die Verantwortlichkeit des Teilnehmers an einem Ring- oder Boxkampf.

---

hafte der Gegner nach Artt. 1382/3 C. c. für jede Verletzung der Spielregeln, auch wenn sie nur geringfügig ist und keine „déloyauté" in sich schließt.

[1] Bordeaux 14. 4. 31, D. P. 1931. 2. 45 (49) (Affäre Taillantou); Tr. cor. Toulouse 14. 6. 49, Gaz. Pal. 1949 II somm. 34.

[2] Bordeaux (vorige Note).

[3] Tr. civ. Valence 20. 3. 23, Gaz. Pal. 1923 II 7; ähnlich Tr. cor. Bourg 6. 4. 38, Sem. jur. 1938. 679.

[4] Tr. cor. Toulouse 14. 6. 49, Gaz. Pal. 1949 II somm. 34.

[5] Tr. civ. Versailles 2. 2. 32, D. H. 1932, somm. 39 = Rec. Gaz. Trib. 35 (1932). 2. 42.

[6] Crim. 24. 1. 56, D. 1956, j. 197 (Strafurteil), Vorinstanz: Riom 6. 12. 51, D. 1952, somm. 32.

[7] Crim. 24. 1. 56 (vorige Note).

[8] Lyon 26. 10. 50, D. 1951, j. 43.

Tr. cor. Nantes 25. 1. 37[1]: Der Angeklagte war von F. aufgefordert worden, sich mit ihm in einem Ringkampf zu messen. Als F. den Angekl. packte, gerieten die beiden so unglücklich aneinander, daß sich F. das Knie brach. Der Angeklagte wurde freigesprochen.

Das Gericht führt aus, bei einem Box- oder Ringkampf seien die Teilnehmer mit Rücksicht auf ihre wechselseitige acceptation des risques nur verantwortlich für „fautes graves telles que des actes de sauvagerie et de brutalité incompatible avec la pratique franche et loyale des jeux et des sports". Ein solches Verhalten sei aber dem Angeklagten nicht nachzuweisen.

Ist die Verletzung eines Teilnehmers an einer Sportveranstaltung auf eine unkorrekte Kampf- oder Spielweise des Verletzers zurückzuführen, so bewirkt die Selbstexponierung des Verletzten keinen Haftungswegfall, sondern allenfalls eine Schadensverteilung aus dem Gesichtspunkt des mitwirkenden Verschuldens[2].

In einigen haftungsrechtlichen Entscheidungen zu Jagdunfällen klingt der Gedanke an, daß die bewußte Selbstexponierung des verletzten Jagdgastes für sich allein – unabhängig von einem Verschulden des Verletzten – zu einer Schadensverteilung berechtige, also gleichsam eine „teilweise" acceptation des risques bewirke[3]. Von einem gesicherten Grundsatz kann aber nicht die Rede sein. Nach der durchaus herrschenden Auffassung hat die Schadensverteilung auch im Falle der Teilnahme des Verletzten an gefährlichen Veranstaltungen dessen mitwirkendes Verschulden zur Voraussetzung[4].

Auch die Beteiligung an einem unerlaubten, gefährlichen Spiel ist als ein Verschulden zu erachten, demgegenüber keine acceptation des risques des Verletzten stattfindet. Der Kassationshof entschied, daß ein Kind, das gemeinsam mit anderen Kindern unbefugt auf ein Werkgelände eingedrungen war und sich dort beim Spiel an einer Drehscheibe verletzt hatte, die Väter zweier an dem Unfall mitschuldiger Spielkameraden nach Art. 1384 IV C. c. auf Schadensersatz in Anspruch

---

[1] Gaz. Pal. 1937 I 783.

[2] Mazeaud/Tunc II nos. 1495–1498, 1500; Savatier II nos. 657, 854; Amiens 4. 3. 36, Gaz. Pal. 1936 I 843 (der Teilnehmer an einer Jagd nehme die Gefahr eines „coup de fusil maladroit" nicht auf sich); Tr. civ. Gap 3. 12. 59, J. C. P. 1960 II 11423 (Unfall beim Skilaufen).

[3] Tr. civ. Seine 18. 1. 32, D. H. 1932. 174; Rouen 9. 3. 29, D. H. 1929. 323, bestätigt durch das Urteil des Kassationshofes Crim. 6. 8. 29, Gaz. Pal. 1929 II 815, der jedoch die Verteilung des Schadens mit einem mitwirkenden Verschulden des Verletzten begründet; ähnlich Montpellier 21. 10. 33, Gaz. Pal. 1933 II 1016.

[4] Gegen eine „teilweise" acceptation des risques: Savatier II no. 869; Mazeaud/Tunc II nos. 1497 f.

nehmen kann[1]. Mit Rücksicht auf das Alter des verletzten Kindes könne nicht angenommen werden, daß es „ait consciemment accepté le risque du jeu auquel elle avait pris part". Eine acceptation des risques war aber schon wegen des unerlaubten Charakters des Spiels ausgeschlossen: für ein unerlaubtes Spiel muß in dieser Hinsicht Gleiches gelten wie für einen unerlaubten Sport[2].

b) Haftung als Sachhalter

Nach einer konstanten, vom Schrifttum[3] gebilligten Rechtsprechung scheidet die Vorschrift des Art. 1384 I C. c. aus, falls die Teilnehmer an einem erlaubten Sport oder Spiel einander in normaler Ausübung des Sports oder Spiels vermittels eines Sport- oder Spielgerätes Verletzungen zufügen. Die Teilnehmer haften einander nur für erwiesenes Verschulden. Zum Teil wird hier der Ausschluß der Haftpflichtvermutung des Art. 1384 I C. c. in Anlehnung an die Rechtsprechung zur Gefälligkeitsfahrt damit begründet, daß der Verletzte durch seine Beteiligung an dem Sport oder Spiel unentgeltlich am Gebrauch der schädigenden Sache teilgenommen habe[4]. Diese Begründung gibt z. B. das Tribunal civil Carcassonne für seine Entscheidung, daß der Teilnehmer an einem Kugelspiel (jeu de boules) sich nicht auf Art. 1384 I C. c. berufen könne, wenn ein Mitspieler mit der Kugel einen Stein trifft und ein Steinsplitter, der sich dabei ablöst, dem Kläger ins Auge dringt[5]. Wie fragwürdig aber bei Sportverletzungen, die die Teilnehmer einander zufügen, im Grunde die Formel ist, der Verletzte habe am Gebrauch der ihn schädigenden Sache unentgeltlich teilgenommen, zeigt deutlich ein vom Appellations-

---

[1] Civ. 2e sect. 30. 5. 56, D. 1956, j. 680.

[2] Vgl. SAVATIER II no. 855, s. a. oben S. 140 N. 4; ferner Tr. civ. Bayonne 3. 6. 58 (s. oben S. 131 f.), wo ebenfalls auf die Erlaubtheit des Spiels abgehoben wird.

[3] MAZEAUD/TUNC II no. 1274, N. 1[5]; SAVATIER II no. 856, S. 866; ESMEIN, Rev. trim. dr. civ. 37 (1938) 394 ff.; DERS., J. C. P. 1955 II 8541; RODIÈRE, J. C. P. 1950 II 5912.

[4] MAZEAUD/TUNC, RODIÈRE (vorige Note).

[5] Tr. civ. Carcassonne 23. 12. 35, Gaz. Pal. 1936 I 460. Nach Tr. civ. Colmar 15. 10. 57, D. 1958, somm. 42 (dazu MAZEAUD, Rev. trim. dr. civ. 56 [1958] 394) haftet der Teilnehmer an einem Kegelspiel den Mitspielern nicht nach Art. 1384 I C. c., weil er nicht gardien der gestoßenen Kugel ist. Vgl. auch Tr. gr. Inst. Seine 24. 4. 59, Gaz. Pal. 1959 II 140: Ein Fechter nehme unentgeltlich am Gebrauch der Waffe des Gegners teil, durch die er verletzt wird. Hilfsweise beruft sich das Gericht, um den Ausschluß des Art. 1384 I C. c. zu begründen, auch auf eine acceptation des risques des Verletzten.

hof Lyon entschiedener Parallelfall, der wiederum einen Unfall bei einem „jeu de boules" betrifft[1].

Der Kl. war durch eine vom Beklagten auf dem benachbarten Spielfeld gestoßene und dann abgeprallte Kugel verletzt worden. Das Gericht argumentierte: da sämtliche Spiele auf allen Feldern auf das Endergebnis des Wettbewerbs von Einfluß sind, haben alle Spieler am Gebrauch sämtlicher Kugeln teilgenommen; folglich sei Art. 1384 I C. c. unanwendbar.

Esmein[2] kritisiert diese Entscheidung mit Recht. Sie läßt sich – wenn überhaupt – nur aus dem Gesichtspunkt einer von der Gebrauchsteilnahme unabhängigen acceptation des risques des Verletzten rechtfertigen (so Esmein). Diesen Gesichtspunkt verwendete auch die Mehrzahl der Gerichte bei vergleichbaren Sachverhalten, etwa in den Fällen, daß der Teilnehmer an einem baskischen Ballspiel (pelote basque) durch einen vom Gegner geschlagenen Ball verletzt[3] oder der Zuschauer an einem Golfspiel, der hinter dem Beklagten stand und diesem zusah, durch den zum Schlag ausholenden Beklagten an der Schläfe getroffen und tödlich verletzt wurde[4].

In erster Linie begründet der Appellationshof Paris seine Entscheidung in dem Golf-Fall damit, daß die Ehefrau des Getöteten, die sich auf Art. 1384 I C. c. berief, sich das erhebliche Eigenverschulden ihres Ehemannes entgegenhalten lassen müsse. Es sei als eine „cause étrangère" anzusehen. Jene Vorschrift sei aber auch deswegen unanwendbar, weil der Getötete, der demselben Klub angehörte wie der Bekl. und gemeinsam mit ihm übte, kein bloßer „tiers spectateur" gewesen sei, sondern ein Teilnehmer, der das Risiko des normalen Spielablaufs auf sich genommen habe.

Nach den gleichen Grundsätzen beurteilt der Appellationshof Paris die Rechtslage, wenn bei einem Motorradrennen die Maschine eines Rennteilnehmers bei einem Überholversuch mit der Maschine eines Konkurrenten zusammenstößt[5].

Jede Sportveranstaltung, besonders aber ein Motorradrennen, schließe ein gewisses Risiko ein, das von allen Teilnehmern akzeptiert werde. Jeder Teilnehmer an dem Rennen handle nach den besonderen Gesetzen des Rennens. Hiermit sei aber die Haftpflichtvermutung des Art. 1384 I C. c., was das Verhältnis der Teilnehmer zueinander anlangt, unvereinbar.

---

[1] Lyon 18. 10. 54, J. C. P. 1955 II 8541 mit Anm. Esmein = D. 1957, j. 515 mit Anm. Gervésie.

[2] Esmein (vorige Note).

[3] Paris 24. 5. 44, Gaz. Pal. 1944 II 25.

[4] Paris 5. 5. 36, D. H. 1936. 351.

[5] Paris 17. 3. 38, D. H. 1938. 345.

Hingegen hat der Appellationshof Rouen in einer älteren Entscheidung angenommen, daß zwischen den Teilnehmern an einem Trabrennen keine stillschweigende Vereinbarung über den Ausschluß der Tierhalterhaftung zustande komme[1]. Der auf Art. 1385 C. c. gestützten Schadensersatzklage des Eigentümers eines Pferdes gegen den Halter des Pferdes, das jenes Pferd beim Rennen getötet hatte, wurde stattgegeben.

Im übrigen wird von den Gerichten nur die Teilnahme an einem Gemeinschaftssport, nicht auch die Teilnahme an sonstigen, individuell ausgeübten Sportarten als eine acceptation des risques gewertet mit der Folge eines Ausschlusses der Haftpflichtvermutung des Art. 1384 I C. c.

Nach dem Urteil des Appellationshofes Chambéry vom 15. 2. 44[2] ist das Skilaufen, solange es nicht wettkampfmäßig betrieben wird, ein individueller Sport. Ein Skiläufer sei daher nach Maßgabe des Art. 1384 I C. c. haftbar, wenn sich bei seinem Sturz ein Ski löst, den Hang hinuntersaust und weiter unten einen anderen Skiläufer verletzt. Ebenso sei jene Vorschrift anwendbar, wenn bei einem Zusammenstoß von Skiläufern der eine Skiläufer durch den Ski des anderen verletzt wird[3], nicht aber bei Verletzung durch Zusammenprall der Körper[4].

Art. 1384 I C. c. wird auch angewandt und eine acceptation des risques verneint[5], wenn ein Jagdgast bei einer Jagdveranstaltung einen anderen Jagdteilnehmer durch einen Schuß – nicht vorsätzlich – verletzt, obgleich auch die Teilnehmer an einer Jagd zusammenwirken[6, 7]. Diese Ausnahme dürfte in der von den Gerichten in Rechnung gestellten besonderen Gefährlichkeit der schadenstiftenden Sache (des Gewehrs) ihren wahren Grund haben[8]. Vielleicht war auch für die Ent-

---

[1] Rouen 8. 8. 03, D. P. 1904. 2. 175.

[2] Gaz. Pal. 1944 I 134; ebenso Pau 7. 6. 50, Gaz. Pal. 1950 II 314 und Mazeaud/Tunc I no. 523–2, N. 1ter: auch der heutige Massenbetrieb auf den Skipisten vermöge daran nichts zu ändern; Lalou no. 344 III.

[3] Chambéry 19. 10. 54, J. C. P. 1954 II 8408 mit Anm. Esmein (1. Fall); entsprechend Tr. civ. Gap 3. 12. 59, J. C. P. 1960 II 11423.

[4] Chambéry 19. 10. 54, J. C. P. 1954 II 8408 mit Anm. Esmein (2. Fall). Über die Sorgfaltspflichten eines Skiläufers vgl. auch Tr. cor. Belfort 16. 4. 37, D. H. 1937. 344; Tr. civ. Gap 3. 12. 59 (vorige Note).

[5] Vgl. Civ. 25. 7. 34, D. H. 1934. 473; Amiens 4. 3. 36, Gaz. Pal. 1936 I 843.

[6] Trotz der aktiven Mitwirkung des Schützen wird angenommen, eine solche Verletzung beruhe auf einer „fait de la chose“ (nämlich des Gewehrs). Die Frage ist allerdings sehr umstritten, vgl. Mazeaud/Tunc II no. 1267.

[7] Über eine Schadensverteilung wegen „teilweiser“ acceptation des risques s. oben S. 143.

[8] Ähnlich Esmein, Rev. trim. dr. civ. 37 (1938) 399, der meint, bei Jagdunfällen spiele besonders häufig ein Verschulden des unglücklichen Schützen mit.

scheidungen der Umstand wesentlich, daß der Beklagte den Schaden nicht aus eigener Tasche begleichen mußte, weil eine Versicherung einsprang[1].

Selbst bei Verletzungen, die durch abgeprallte Geschosse verursacht werden, nimmt die französische Rechtsprechung eine Haftung des Schützen gemäß Art. 1384 I C. c. an[2], sofern es sich nicht um eine Verkettung ganz außergewöhnlicher Umstände handelt, die von dem Schützen in keiner Weise vorausgesehen werden konnten[3]. Letzteres sei, wie gelegentlich formuliert wird, dann der Fall, wenn der Schütze einen „acte normal de chasse" begangen habe[4].

## § 8

## *Acceptation des risques beim Betreten fremder Grundstücke oder Anlagen*

Der Zusammenhang der Lehre von der acceptation des risques mit der typischen Sachlage, daß eine Person beim Betreten fremder Grundstücke oder Anlagen verletzt wird, ist im französischen Recht weniger deutlich, läßt sich aber dort gleichwohl verfolgen. Insbesondere die neueste Judikatur bietet einiges Anschauungsmaterial[5]. Auch das Schrifttum erörtert gelegentlich Möglichkeiten und Voraussetzungen einer acceptation des risques beim Eindringen auf fremde Grundstücke[6].

### *I. Haftung des Inhabers gegenüber dem Gefälligkeitsverkehr*

#### *1. Haftung ohne Verschulden*

Außer der Sachhalterhaftung (Artt. 1384 I C. c., 1385 C. c.) des Grundstücksinhabers kommt im Verhältnis des Grundstücksinhabers zu Grund-

---

[1] BRUNET, J. C. P. 1956 II 9499; ESMEIN, J. C. P. 1956 II 9282. Seit dem Gesetz no. 55–1534 vom 28. 11. 1955 (J. O. vom 30. 11. 55, p. 11581) ist überdies die Jagdhaftpflichtversicherung auch in Frankreich obligatorisch.

[2] Civ. 2e sect. 19. 3. 56, J. C. P. 1956 II 9499 mit Anm. BRUNET; Angers 24. 7. 42, J. C. P. 1942 II 1998; Lyon 11. 2. 54, D. 1954, j. 359; MAZEAUD/TUNC II no. 1608; SAVATIER II no. 869; LALOU nos. 282, 344 bis.

[3] Civ. 9. 12. 40, D. A. 1941, j. 33; Civ. 2e sect. 19. 3. 56 (vorige Note); Orléans 17. 1. 51, D. 1951, j. 298; Bourges 6. 3. 57, S. 1957. 235.

[4] Civ. 9. 12. 40 und Orléans 17. 1. 51, (vorige Note).

[5] Siehe insbesondere Civ. 2e sect. 30. 5. 56, D. 1956, j. 680; Civ. 2e sect. 16. 2. 56, D. 1956, j. 445 (1. Fall); Civ. 2e sect. 15. 3. 56, D. 1956, j. 445 (2. Fall); Civ. 2e sect. 14. 11. 56, D. 1957, j. 74.

[6] ESMEIN, Rev. trim. dr. civ. 37 (1938) 399; DERS., J. C. P. 1956 II 9282; DURAND no. 21; DE PAGE II nos. 1045 f.

stücksbesuchern als weitere Form der Haftung ohne Verschulden die Haftung für Gebäudeeinsturz (Art. 1386 C. c.) in Betracht. Nach dieser Vorschrift haftet der Eigentümer eines Bauwerks (bâtiment)[1] für den durch den Einsturz (la ruine) verursachten Schaden, falls der Einsturz die Folge mangelhafter Unterhaltung des Bauwerks ist oder durch einen Konstruktionsfehler verursacht wird. Der Eigentümer kann sich nur durch den Nachweis eines für den Einsturz ursächlichen „cas fortuit" oder einer „force majeure" entlasten[2].

Was die Rechtsposition des Gefälligkeitsverkehrs anlangt, ist zunächst so viel klar, daß die Haftpflichtvermutungen der Artt. 1384–1386 C. c. keine Anwendung finden, falls der Grundstücksinhaber durch unentgeltlichen Vertrag einem anderen den Gebrauch des Grundstücks einräumt; denn es greifen dann die Normen über die vertragliche Haftung des Verleihers ein, welche die Vorschriften über eine deliktische oder quasideliktische Haftung verdrängen[3]. Der Code civil hat die Haftung des Verleihers für gefährliche Mängel der verliehenen Sache in Art. 1891 C. c. ausdrücklich geregelt. Nach dieser Vorschrift ist der Verleiher für gefährliche Mängel der Sache nur verantwortlich, wenn er sie kannte und er den Entleiher vor ihnen nicht warnte. Art. 1891 gilt auch für die Grundstücksleihe. Der Kassationshof hat unter Berufung auf Art. 1891 C. c. eine Haftung des Verleihers eines Grundstücks sogar gegenüber der Ehefrau des Entleihers abgelehnt, die infolge eines Gebäudefehlers, auf den der Verleiher den Ehemann aufmerksam gemacht hatte, einen tödlichen Unfall erlitt. Neben der vertraglichen Haftung des Verleihers sei hier für die Anwendung des Art. 1386 C. c. kein Raum[4].

Andererseits ist nach dem Urteil des Appellationshofs Pau vom 6. 1. 98[5] der Fiskus nach Art. 1386 C. c. zum Schadensersatz verpflichtet, wenn die staatliche Verwaltung ein Schulgebäude unentgeltlich einer Gesellschaft für ein Wohltätigkeitsfest zur Verfügung stellt und während des Festes der auf morschen Pfeilern stehende Boden eines Saales einbricht, so daß Besucher des Festes verletzt werden. Der Fiskus könne sich nur gegenüber der Gesellschaft, nicht aber gegenüber den Besuchern des Festes auf Art. 1891 C. c. berufen.

Esmein fordert eine entsprechende Anwendung des Art. 1891 C. c. zugunsten der Besucher, denen vom Grundstücksinhaber aus Gefällig-

---

[1] Zum Begriff des „bâtiment" Mazeaud/Tunc II nos. 1038–1040; Savatier I no. 418.

[2] Mazeaud/Tunc II nos. 1055 f.; Savatier I no. 422.

[3] Mazeaud/Tunc II nos. 1046 f.

[4] Req. 1. 4. 41, S. 1941. 1. 112.

[5] D. P. 1900. 2. 265.

keit, ohne vertragliche Bindung, der Zutritt zum Grundstück gestattet wird[1]. Den Gefälligkeitsgästen sei es nicht nur verwehrt, sich auf Art. 1386 C. c. zu berufen. Ihnen stehe auch der Schutz des Art. 1385 C. c. nicht zur Seite, etwa in dem Falle, daß ein Tierhalter das Überschreiten seiner Viehweide aus Gefälligkeit duldet. SAVATIER, der im Ergebnis gleicher Ansicht ist, begründet den Ausschluß der Haftpflichtvermutungen mit einer acceptation des risques seitens der aus Gefälligkeit zugelassenen Besucher[2]. Die Rechtsprechung hat sich weder die eine noch die andere Auffassung zu eigen gemacht, wenngleich sie eine gewisse Bereitschaft zeigt, die von einem Verschulden unabhängige Haftung des Grundstücksinhabers gegenüber einem Gefälligkeitsverkehr abzuschwächen. Der Appellationshof Caën entschied, daß eine Person, die aus bloßer Gefälligkeit beherbergt wird, stillschweigend auf die sich aus Art. 1386 C. c. ergebende Haftung des Wirts verzichte[3]. Der Appellationshof Chambéry wies die auf Art. 1385 C. c. gestützte Schadensersatzklage einer Person zurück, die an einem vom Beklagten geduldeten Verkehr auf einem über die eingefriedigte Viehweide des Beklagten führenden Abkürzungsweg teilgenommen hatte und hierbei von einer Kuh des Beklagten angefallen worden war[4]. Der Kl. habe seine Verletzung seinem eigenen Verschulden zuzuschreiben; denn er habe die ihm beim Betreten der Weide drohenden Gefahren erkannt. Der Kassationshof bewertete bei ganz entsprechenden Sachverhalt das mitwirkende Verschulden des Klägers nicht so schwer, sondern sprach ihm die Hälfte seines Schadens zu[5].

Das Berufungsgericht hatte die Klage wegen einer acceptation des risques des Verletzten abgewiesen. Der Kassationshof mißbilligte diese Auffassung: eine acceptation des risques könne ebensowenig wie ein ausdrücklicher Haftungsverzicht zum Ausschluß einer nichtvertraglichen Haftung führen.

Überzeugend ist die Annahme eines Verschuldens des Verletzten in beiden Fällen nicht. Wer mit stillschweigender Duldung des Eigentümers einen allgemein begangenen Pfad betritt, tut nichts, was ihm vorgeworfen werden könnte.

---

[1] ESMEIN, J. C. P. 1956 II 9282.
[2] SAVATIER, D. 1956, j. 445.
[3] Berichtet von VAN RYN, Responsabilité Aquilienne et contrats (Paris 1933) 310 N. 3.
[4] Chambéry 1. 12. 53, D. 1954, j. 175.
[5] Civ. 2e sect. 16. 2. 56, D. 1956, j. 445 (1. Fall) mit Anm. SAVATIER = J. C. P. 1956 II 9282 mit Anm. ESMEIN.

Der Art. 1385 C. c. wird vorbehaltlos angewandt, wenn jemand den Ort, an welchem sich das schädliche Tier aufhält, in Wahrnehmung eines beruflichen oder geschäftlichen Interesses betritt.

So verneint das Tribunal civil Lille in einer bereits berichteten Entscheidung eine acceptation des risques, falls ein Metzger auf einem Schlachthof ein zum Verkauf angebotenes Tier besichtigt[1].

Auch verneinen die Gerichte stets eine acceptation des riques, falls sich der Verletzte der Tiergefahr aussetzte, um dem Eigentümer eine Gefälligkeit zu erweisen[2] oder ein wildgewordenes Tier, das andere gefährdet, zu bändigen (sogenannter acte de dévouement)[3].

*2. Haftung für Verschulden*

Die Verschuldenshaftung des Grundstücksinhabers gemäß Artt. 1382/3 C. c. tritt im französischen Recht bei Verletzung von Grundstücksbesuchern hinter den Haftpflichtvermutungen (Artt. 1384–1386 C. c.) an Bedeutung zurück. Doch scheint sich der Rechtsgedanke, daß bei der Bemessung der deliktischen Sicherungspflichten des Grundstücksinhabers die besondere Situation des Gefälligkeitsverkehrs zu berücksichtigen ist, auch den französischen Juristen aufzudrängen. Der Appellationshof Chambéry meint, die Duldung des Verkehrs auf einem Abkürzungsweg könne nicht dazu führen, daß dem Grundstücksinhaber eine verschärfte Vorsichtspflicht (une surveillance plus attentive) obliege[4]. Der den Verkehr duldende Grundstücksinhaber sei nicht gehalten, die Risiken auszuschalten, welche die Besucher bewußtermaßen auf sich nehmen (d'écarter les risques qu'ils assumaient en connaissance de cause). Auch der Kassationshof sagt in einer Entscheidung beiläufig, daß auf eigene Gefahr handelt, wer an einem Verkehr über ein Grundstück teilnimmt, den der Grundstücksinhaber aus bloßer Gefälligkeit duldet.

---

[1] Tr. civ. Lille 13. 11. 57, Gaz. Pal. 1957 II somm. 40, s. oben S. 8 N. 4.

[2] Bordeaux 21. 7. 32, S. 1933. 2. 185; MAZEAUD/TUNC II no. 1499, N. 13 und 15; SAVATIER I no. 129.

[3] Civ. 5. 2. 34, D. H. 1934. 205; MAZEAUD-TUNC II no. 1499; SAVATIER I no. 103; PLANIOL/RIPERT(-ESMEIN) no. 569; RIOU, L'acte de dévouement, Rev. trim. dr. civ. 55 (1957) 221–245 [228 f.]. Die Tat des Retters unterbricht auch nicht den Kausalzusammenhang zwischen der Gefahr, die der Haftende pflichtwidrig geschaffen oder aus sonstigen Gründen zu verantworten hat, und der Verletzung, die sich der Retter bei seiner Tat zuzieht, es sei denn, daß dem Retter ein schweres Eigenverschulden zur Last fällt „qu'un homme de sens moyens n'aurait pas commise", Grenoble 7. 12. 59, D. 1960, j. 213, Anm. GORÉ; RIOU aaO 231 ff.

[4] Chambéry 1. 12. 53, D. 1954, j. 175, s. oben S. 149 N. 4.

Civ. 21. 10. 36[1]: „C'est par simple tolérance et pour faciliter le passage d'une rue à une autre, que la société y laisse pénétrer le public, à ses risques et périls."

## *II. Haftung gegenüber dem unbefugten Verkehr*

### *1. Haftung ohne Verschulden*

Im Schrifttum wird gelegentlich der Ausschluß der gesetzlichen Haftpflichtvermutungen (Artt. 1384 I, 1385/6 C. c.) im Verhältnis des Inhabers eines Grundstücks oder einer Anlage zum unbefugten Verkehr aus dem Gesichtspunkt einer acceptation des risques des Verletzten befürwortet[2]. Die Rechtsprechung kommt zum gleichen Ergebnis, indem sie das überwiegende Eigenverschulden des Verletzten als die dem Inhaber nicht zurechenbare Ursache (cause étrangère) des Schadens betrachtet[3].

Kassationshof 20. 1. 04[4]: Der Eigentümer eines Hundes hafte nicht, wenn der Hund eine Person beißt, die „sans motif plausible" und ungeachtet einer Warnung durch den Pförtner in ein umfriedetes Besitztum eingedrungen ist.

Entsprechendes gilt, wenn jemand auf einer Weidefläche, die er aus purer Neugier betreten hat, ein Fohlen streichelt und hierbei durch das ausschlagende Tier verletzt wird[5].

Für Kinder, die unbefugt auf ein Grundstück oder in eine Anlage eindringen oder sich unbefugt an einer Vorrichtung zu schaffen machen, gelten wiederum Besonderheiten. Bei Verletzung von Kindern muß der beklagte Sachhalter, um sich zu entlasten, den Nachweis führen, daß er

---

[1] D. H. 1936. 553.

[2] Esmein, Rev. trim. dr. civ. 37 (1938) 399; ders., J. C. P. 1956 II 9282; Savatier, D. 1956, j. 445; de Page II nos. 1045 f.

[3] Im Falle Colmar 5. 2. 36, Gaz. Pal. 1936 II 677 (Kinder setzen unbefugt einen Anhängerwagen, der keine Bremsen hatte, in Bewegung) sagt das Gericht ausdrücklich, daß der vom bekl. gardien ins Feld geführte Gesichtspunkt der acceptation des risques mit dem Einwand des Selbstverschuldens des Verletzten identisch sei. Diesem Einwand wurde stattgegeben und eine Haftung des Bekl. gegenüber einem Kind verneint, das beim Spiel durch den zurückrollenden Anhänger verletzt worden war.

[4] Req. 20. 1. 04, D. P. 1904. 1. 568 = S. 1904. 1. 320.

[5] Civ. 2e sect. 15. 3. 56, D. 1956, j. 445 (2. Fall). Savatier meint in seiner Anmerkung zu dieser Entscheidung, die Klageabweisung ergebe sich aus einer acceptation des risques seitens des Verletzten. In dem ähnlichen Fall Civ. 2e sect. 14. 11. 56, D. 1957, j. 74 = S. 1957. 85 (der Kl. brach sich das Bein auf der Flucht vor einer wildgewordenen Kuh, der er sich unbefugt genähert hatte) erblickte aber der Kassationshof in der Tatsache, daß sich der Kl. aus bloßer Neugier einer vermeidbaren Gefahr ausgesetzt hatte („avait pris le risque de s'exposer sans nécessité à un danger dont il ne dépendait que de lui de rester éloigné"), lediglich ein zur Schadensteilung führendes mitwirkendes Verschulden des Verletzten.

die erhöhte Vorsicht hat walten lassen, welche der Spieltrieb und die Unerfahrenheit von Kindern erforderlich machen[1]. Die französische Rechtsprechung scheint jedoch, was das Maß der hiernach gebotenen Vorsicht anbetrifft, weniger streng zu sein als die deutsche und sich eher dazu bereitzufinden, dem unbefugt handelnden Kinde den Schaden ganz oder teilweise aufzuerlegen.

Kassationshof 30. 5. 56[2]: Der gardien einer Drehscheibe, die sich auf einem eingefriedigten, nicht mehr benutzten Teil eines Bahnhofsgeländes in der Nähe einer Schule befand, hafte für den Schaden, den Kinder beim unbefugten Spiel mit der nicht blockierten Drehscheibe erleiden.

Entgegengesetzt entschied das Tribunal civil Nogent-Le-Rotrou am 20. 7. 37[3] in dem Fall, daß Kinder die Blockierung einer schweren Drehscheibe lösen.

Colmar 22. 4. 32[4]: Ein Kind fällt von einem Baugerüst, auf das es mittels einer in der Nähe stehenden Leiter hatte klettern können. Haftung des bekl. Bauunternehmers (nach Art. 1382) zu einem Fünftel.

Kassationshof 21. 10. 36[5]: Ein Kind verletzt sich beim Spiel auf den Puffern des in einem Fabrikgelände abgestellten Wagens einer Fabrikbahn. Keine Haftung des Unternehmers.

Montpellier 21. 10. 37[6]: Ein Kind verletzt sich beim Spiel an einer Dreschmaschine, die, mit einer Plane verdeckt, abseits der Straße auf einem Platz stand, wo solche Maschinen gewöhnlich abgestellt wurden. Keine Haftung des Inhabers der Maschine.

Allerdings läßt sich beobachten, daß die französischen Gerichte dem Inhaber einer Hochspannungsanlage sowie dem Halter explosiver Stoffe im Rahmen des Art. 1384 I C. c. durch Erschwerung des Entlastungsbeweises eine besonders strenge Haftung auferlegen. Das Urteil des Kassationshofs vom 23. 12. 29 erklärt den Inhaber einer Hochspannungsanlage einem Jungen für ersatzpflichtig, der auf einen Hochspannungs-

---

[1] Savatier I no. 189, S. 237.

[2] Civ. 2e sect. 30. 5. 56, D. 1956, j. 680 = J. C. P. 1956 II 9445 mit Anm. Rodière.

[3] Gaz. Pal. 1937 II 706.

[4] Gaz. Pal. 1932 II 251.

[5] Civ. 21. 10. 36, D. H. 1936. 553. Ähnlich Gent 30. 6. 09, Pas. 1910 II 363 (Kinder lösen die Bremsen der Wagen einer Werkbahn): Der Teil der Straße, auf dem die Wagen anläßlich von Straßenarbeiten abgestellt waren, sei sichtbar der Benutzung durch die Allgemeinheit entzogen gewesen, „ceux qui s'y engagent, malgré une défense formelle, agissent à leurs risques et périls".

[6] D. H. 1938. 44 = Gaz. Pal. 1937 II 851. Vgl. auch Lüttich 22. 1. 96, Pas. 1896 II 212: Ein achtjähriges Kind wurde auf einem Fabrikgelände durch ein niederstürzendes Eisengestell, an dem ein anderes Kind hantiert hatte, getroffen und tödlich verletzt. Keine Haftung des Fabrikanten. Vgl. auch die oben S. 151 N. 3 berichtete Entscheidung des Appellationshofs Colmar vom 5. 2. 36.

mast geklettert war, welcher sich in der Nähe belebter Orte befand[1]. Der Inhaber habe sich nicht mit dem Anbringen der behördlich vorgeschriebenen Schutzvorrichtungen begnügen dürfen, sondern habe das Besteigen durch Verkleidung des Mastes mit Stacheldraht unmöglich machen müssen. Nach dem Urteil des Tribunal de commerce de la Seine haftet der Eigentümer eines elektrischen Zünders zur Hälfte für den Schaden eines Jugendlichen, der sich verletzte, als er den Zünder, den er in der Nähe der vom Beklagten unterhaltenen Arbeitsstelle aufgelesen hatte, mit einer Metallsäge bearbeitete und so zum Explodieren brachte[2]. Die strengere Haftung des Inhabers besonders gefährlicher Anlagen oder Gegenstände findet erst dann ihr Ende, wenn das unbefugte Verhalten des verletzten Kindes böswillig ist und seine Handlungen, wie sich der Appellationshof Amiens ausdrückt, „dans leur matérialité" den Charakter eines Delikts annehmen[3].

Amiens 12. 5. 37[4]: Ein Junge klettert auf das Dach eines Gebäudes, um durch eine 1 cm weite Öffnung in der Umwandung eines Transformators einen Draht zu stecken. Keine Haftung des Inhabers der Hochspannungsanlage für die Verletzung des Jungen.

Chambéry 18. 11. 37[5]: Kinder entwenden aus der verschlossenen Baracke eines Steinbruchunternehmers eine Sprengpatrone, um sie anzuzünden. Keine Haftung des Unternehmers für die Verletzung eines Kindes bei Explosion der Patrone.

### 2. *Haftung für Verschulden*

Im französischen Recht läßt sich nicht die allgemeine Rechtsvorstellung nachweisen, daß die deliktischen Verhaltenspflichten des Inhabers eines Grundstücks oder einer Anlage und damit der sich aus Artt. 1382/1383 C. c. ergebende Begriff der „faute" im Verhältnis zum unbefugten Verkehr nach einem besonderen, den Inhaber begünstigenden Maß zu bestimmen seien. Eine solche Vorstellung hat sich schon deswegen nicht entwickeln können, weil der Inhaber aus Unfällen, die auf die gefährliche Beschaffenheit des Grundstücks oder der Anlage zurückzuführen sind, regelmäßig nach den für den Kläger günstigeren Artt. 1384 I, 1386 C. c. in Anspruch genommen werden kann.

---

[1] Req. 23. 12. 29, D. H. 1930. 102 = Gaz. Pal. 1930 I 341; s. auch Amiens 28. 10. 36, Gaz. Pal. 1937 I 108.
[2] Tr. com. Seine 10. 12. 40, Gaz. Pal. 1941 I 117.
[3] Amiens 12. 5. 37, Gaz. Pal. 1937 II 441 = D. H. 1937. 491.
[4] Siehe vorige Note.
[5] D. H. 1938. 72.

Im übrigen ist es auch nach französischem Recht unstatthaft, zur Abwehr unbefugter Grundstücksbesucher Selbstschutzanlagen zu errichten. Der Dieb, der nachts in einen umschlossenen Park klettert, um Fische zu stehlen und dabei durch einen Selbstschuß verletzt wird, muß sich allerdings ein überwiegendes Eigenverschulden entgegenhalten lassen [1], ebenso eine Person, die trotz Warnung durch Anschlag („attention aux armes à feu“) in einen eingefriedigten, durch Selbstschüsse gesicherten Wald eindringt, um Reisig zu sammeln [2].

Unerlaubt handelt auch der Chefpilot eines Aeroklubs, der drei Sturzflüge unternimmt, um einen Radfahrer von einem verbotenen Weg am Rande des Flugplatzes zu vertreiben: Nancy 28. 2. 51 [3].

## B. THEORETISCHE LÖSUNGSVERSUCHE

### § 9

### *Dogmatische Behandlung des Problems der acceptation des risques*

Die vielfältigen Bemühungen der französischen Doktrin, die von den Gerichten häufig gebrauchte Formel der acceptation des risques rechtlich zu erklären und zu begründen, bewegen sich im wesentlichen um drei rechtliche Gesichtspunkte für eine Lösung: Die Maßgeblichkeit des Willens des Verletzten (Willenstheorien), die Maßgeblichkeit der jeweiligen Pflichtstellung des Gefährders, die ihrerseits wieder durch die Tatsache der bewußten Selbstgefährdung des Verletzten determiniert wird (Pflichtentheorien), und schließlich die Bewertung der acceptation des risques als eine Schadensursache, die den kausalen Beitrag des Gefährders verdrängt oder doch abschwächt (Kausaltheorien).

#### *I. Willenstheorien*

#### *1. Vertragstheorien*

a) Acceptation des risques als stillschweigende vertragliche Nebenabrede

Ein Haftpflichtsystem, das – wie das französische – eine Kumulation von gesetzlicher und vertraglicher Haftung grundsätzlich nicht kennt, sondern beim Bestehen eines Vertragsverhältnisses zwischen den Be-

---

[1] Req. 25. 3. 02, D. P. 1902. 1. 356 = Gaz. Pal. 1902 II 389. ESMEIN, J. C. P. 1956 II 9282 spricht in diesem Zusammenhang von einer acceptation des risques seitens des Verletzten.

[2] Lüttich 21. 11. 29, Pas. 1930 II 77.

[3] D. 1951, j. 355.

teiligten ausschließlich dieses über die Haftung des Schädigers entscheiden läßt[1], muß in besonderem Maße dazu verlocken, das Problem der acceptation des risques durch weitherzige Unterstellung vertraglicher Bindungen zu lösen; denn auf vertraglicher Grundlage erscheint es ein Leichtes, jede gewünschte Risikoverteilung mit dem stillschweigend erklärten oder richterlich ergänzten Parteiwillen zu begründen. Namentlich die Auffassung SAVATIERS über die Rechtsnatur der acceptation des risques weist in diese Richtung[2]. SAVATIER behauptet, daß, wer einem anderen mit dessen Einverständnis eine Gefälligkeit erweist, zu diesem stets in vertragliche Beziehungen trete. Selbst zwischen den Teilnehmern an einem Spiel oder einem sportlichen Wettkampf kämen – ebenso wie zwischen den Veranstaltern und den Teilnehmern, die bloße Amateure sind – Gefälligkeitsverträge (rapports contractuels gratuits) zustande, deren wesentlicher Inhalt die Verpflichtung zur Einhaltung der Spiel- oder Sportregeln sei[3]. Die Haftung des gefälligen Teils sei – „dans une sage interprétation du contrat" – analog Art. 1992 II C. c. weniger streng, als wenn ein gleichartiger Dienst gegen Entgelt geleistet werde. Eine generelle Beschränkung der Haftung auf schweres Verschulden sei abzulehnen. Doch sei die Haftung des gefälligen Teils in dem Maße herabgesetzt, als es im Einzelfall den „intentions naturelles" der Parteien entspreche[4], woraus sich der Ausschluß der von einem Verschulden unabhängigen Sachhalterhaftung desjenigen rechtfertige, der sich zu einem Gefälligkeitsdienst einer Sache oder eines Tieres bedient (Art. 1384 I, Art. 1385 C. c.)[5]. Der im Kraftwagen mitgenommene Gefälligkeitsgast übernehme im Rahmen des Vertrags, der bei Verabredung der Fahrt zustande komme, die normalen Beförderungsrisiken, nicht aber die Gefahren, die von dem fehlerhaften Zustand des Fahrzeugs oder dem Verschulden des Fahrers ausgehen. Ebenso akzeptiere der Sportler die gewöhnlichen Risiken des Sports, nicht aber die Gefahren, die durch Unachtsamkeit oder Nachlässigkeit der Veranstalter oder die Verletzung der Spielregeln durch andere Teilnehmer entstehen[6]. SAVATIER kommt so für die acceptation des risques bei Gefälligkeitsfahrten und bei Teilnahme an gefährlichen Veranstaltungen auf Grund eines in sich ge-

---

[1] Vgl. oben S. 129 N. 2.

[2] Ebenso die Rechtsprechung des Appellationshofes Dijon, vgl. oben S. 109 N. 1 und S. 112 f.

[3] SAVATIER I no. 123, II no. 853.

[4] SAVATIER (vorige Note).

[5] SAVATIER I nos. 124, 380 f.; II no. 657.

[6] SAVATIER I no. 127, II no. 657, S. 854 ff.

schlossenen Systems zu ähnlichen Ergebnissen wie die Rechtsprechung, und er mag auch ursprünglich geglaubt haben, mit dem Schlüssel der Vertragskonstruktion die gesamte Problematik der acceptation des risques erschöpfen zu können[1]. Diese Überzeugung hat aber SAVATIER angesichts der neueren Entscheidungen des Kassationshofes zur acceptation des risques beim Betreten fremder Grundstücke oder Anlagen inzwischen selbst revidiert, wie eine neuere aus seiner Feder stammende Anmerkung zu den Urteilen des Kassationshofes vom 16. 2. 56, 15. 3. 56 und 20. 3. 56 zeigt[2]. Er hält zwar an seiner Auffassung fest, daß sich bei Gefälligkeitsfahrten und Sportwettkämpfen Art und Umfang der übernommenen Gefahren aus einem stillschweigend geschlossenen Vertrag ergeben, muß sich aber eingestehen, daß eine acceptation des risques auch im nichtvertraglichen Bereich denkbar ist, und zwar namentlich beim Betreten fremder Grundstücke oder Anlagen. Das Dickicht der acceptation des risques werde – so meint er resigniert – zusehends undurchdringlicher („le maquis juridique de l'acceptation des risques paraît, en s'étendant, devenir de plus en plus broussailleux"). Die acceptation des risques sei im außervertraglichen Bereich ein einseitiger Willensakt (émission unilatérale de volonté), sonst dagegen ein Vertragsbestandteil (annexe à un contrat). Konstruktionsfragen wie etwa das Problem, ob der einseitige Wille des auf eigene Gefahr Handelnden erklärt werden und dem potentiell Haftpflichtigen zugehen müsse, beschäftigen ihn im übrigen nicht. Auf den naheliegenden Einwand, der von ihm behauptete Wille des Gefährdeten sei fiktiv, bemerkt er nur, der Wille des Gefahrübernehmers sei „implicite, même présumée".

Der Begriff der acceptation des risques wird von SAVATIER neuerdings aber auch im Hinblick auf die Rechtswirkungen aufgespalten: es gebe eine haftungausschließende acceptation des risques (acceptation des risques im engeren Sinne) und eine zur bloßen Schadensverteilung führende acceptation des risques (acceptation des risques im weiteren Sinne). Die erstere Form beziehe sich auf die Gefahren einer normalen und daher grundsätzlich erlaubten Tätigkeit und habe zur Folge, daß einer-

---

[1] Doch stellt SAVATIER bereits in seinem „Traité de la responsabilité civile" den Fällen einer „echten" (d. h. vertraglichen) acceptation des risques in nicht ganz klarer Weise die Zustimmung (consentement) zu gefährlichen Handlungen gegenüber, die in gewissen Fällen eine „faute" des Gefährders ausschließe, SAVATIER I no. 191.

[2] D. 1956, j. 445. Zum Urteil des Kassationshofes vom 16. 2. 56 vgl. oben S. 149 N. 5; zum Urteil vom 15. 3. 56 oben S. 151 N. 5 und zum Urteil vom 20. 3. 56 oben S. 113 N. 7.

seits die Artt. 1384, 1385 C. c. ausgeschlossen seien, andererseits aber die konsentierten Handlungen nicht als „fautifs" angesehen werden könnten, während hinsichtlich der Gefahren, die vom Verantwortlichen über das normale Maß hinaus (und daher unerlaubt) erhöht wurden, nur eine acceptation des risques im weiteren Sinne möglich sei. Den vom Kassationshof im Urteil vom 16. 2. 56 entschiedenen Fall (jemand betritt eine Viehweide, um den Weg abzukürzen) hält SAVATIER für ein Beispiel einer einseitigen außervertraglichen acceptation des risques, die den Wegfall der Tierhalterhaftung des Beklagten (Art. 1385 C. c.) bewirke. Das Weidenlassen von Vieh sei eine „normale" Betätigung, deren Gefahren der Verletzte wirksam habe auf sich nehmen können.

Die uferlose Ausdehnung des Vertragsbegriffs durch SAVATIER, die – wie SAVATIER schließlich selbst erkennen muß – doch nicht überall zum Ziele führt, hat im französischen Recht wenig Beifall gefunden. Nur wenige Gerichte (vor allem der Appellationshof Dijon) nahmen, wie wir gesehen haben, bei Gefälligkeitsfahrten ein Vertragsverhältnis an. Der Kassationshof entschied stets in entgegengesetztem Sinne[1]. Vollends steht SAVATIER mit seiner Auffassung allein, zwischen den aktiven Teilnehmern an einem Sportwettkampf komme ein Vertrag zustande[2].

b) Acceptation des risques als eine selbständige Haftungsverzichtsklausel

Der französische Kassationshof begründet seine Auffassung, der aus Gefälligkeit mitgenommene Fahrgast könne nicht die Sachhalterhaftung des Wagenhalters geltend machen, mit einer restriktiven Gesetzesinterpretation, die er auf die freiwillige Selbstgefährdung des Fahrgasts sowie die unentgeltliche Teilnahme des Fahrgasts am Gebrauch der Sache stützt. Diese beiden Momente, die bei ihrem Zusammentreffen den Art. 1384 I C. c. ausschließen, sieht der Kassationshof – wie der von ihm entschiedene „Startband-Fall" erkennen läßt[3] – auch bei Verletzung eines Sportteilnehmers durch ein von ihm gehandhabtes Sportgerät für gegeben an. Diese primäre Form einer acceptation des risques ist auf den Bereich der gesetzlichen Haftpflichtvermutungen beschränkt. Außerdem aber verwendet der Kassationshof in seiner Rechtsprechung noch einen zweiten Begriff der acceptation des risques, dessen Wesen er

---

[1] Vgl. oben S. 108 N. 5 u. S. 113.
[2] Vgl. oben S. 140 N. 3.
[3] Siehe oben S. 134 N. 5.

– soweit das den stets sehr knapp gehaltenen Urteilsbegründungen entnommen werden kann – in einem stillschweigenden Haftungsverzicht des Verletzten erblickt. Der Haftungsverzicht betrifft allein die Verschuldenshaftung des Gefährders und wird daher nur bei pflichtwidriger, unerlaubter Gefährdung aktuell. Allerdings ist ein Verzicht auf die Verschuldenshaftung des Schädigers nach Ansicht des Kassationshofs unwirksam und daher auch die von ihm angenommene sekundäre Form der acceptation des risques rechtlich gegenstandslos, weil die Vorschriften über die Deliktshaftung Bestandteil des ordre public seien. Daraus dürfe aber nicht der Schluß gezogen werden, die bewußte Selbstgefährdung sei bei einem Pflichtenverstoß des Gefährders rechtlich irrelevant. Der Kassationshof ist in seinem Urteil vom 11. 12. 52, das die Mitfahrt im Wagen eines Betrunkenen betrifft[1], einem solchen Irrtum nachdrücklich entgegengetreten. Die Selbstgefährdung sei vielmehr in diesen Fällen als ein mitwirkendes Verschulden des Verletzten zu bewerten.

Auch im Schrifttum wird öfter die Auffassung vertreten, die acceptation des risques sei durchweg[2] oder wenigstens in einem Teil der in Betracht stehenden Fälle[3] eine stillschweigende, von einem „Grundvertrag" der Parteien unabhängige Vereinbarung („clause de non-responsabilité" oder „clause d'irresponsabilité")[4].

Esmein erachtet die Konstruktion eines stillschweigenden Haftungsverzichts für unumgänglich selbst zur Begründung des Ausschlusses der gesetzlichen Haftpflichtvermutungen (Art. 1384 I, Artt. 1385, 1386 C. c.) in den anerkannten Fällen einer acceptation des risques, insbesondere bei Teilnahme an einer Gefälligkeitsfahrt[5] oder einem Sportwettkampf, und glaubt, diese Auffassung stünde im Einklang mit der Rechtsprechung des Kassationshofes. Er will aus ihr, namentlich aus den Entscheidungen zur Gefälligkeitsfahrt, geradezu den allgemeinen Satz

---

[1] Siehe oben S. 113 N. 6.

[2] Lalou nos. 339–347 bis; van Ryn nos. 229–234.

[3] So insbes. Esmein, Rev. trim. dr. civ. 37 (1938) 387 ff.; Aubry/Rau(-Esmein) VI § 444 bis, S. 450–454; Planiol/Ripert(-Esmein) no. 572; Esmein, Rev. dr. comp. 1952, 683 ff.; ders., J. C. P. 1953 II 7657; ders., J. C. P. 1955 II 8541; ders., J. C. P. 1956 II 9282; ders., J. C. P. 1957 II 9953.

[4] Gegen diese Auffassung Mazeaud/Tunc II no. 1490; Colin/Capitant(-Julliot de la Morandière) II no. 320; Bichot 95 ff.; Durand no. 30.

[5] Esmein meint allerdings in Planiol/Ripert no. 622, S. 877 N. 1 und in J. C. P. 1957 II 9953, bei der Gefälligkeitsfahrt sei der Begriff der acceptation des risques fehl am Platze, solange die Fahrt keine „risques spéciaux" mit sich bringe. Gleichwohl führt er den Ausschluß des Art. 1384 I C. c. bei Gefälligkeitsfahrten auf den stillschweigenden Parteiwillen zurück.

herleiten, daß die gesetzlichen Haftpflichtvermutungen dispositives Recht seien und nur die deliktische Haftung des Verletzers für erwiesenes Verschulden (Artt. 1382/3 C. c.) nach französischem Recht unabdingbar sei[1].

Esmein verkennt nicht, daß der von ihm angenommene und angeblich vom Kassationshof gebilligte selbständige Haftungsausschlußvertrag fiktiven Charakter hat. Die Parteien dächten, wie er selbst zugibt, kaum an die Möglichkeit eines Unfalls und die Notwendigkeit, die Haftungsfrage zu regeln. Es sei vielmehr der Richter, der einen Haftungsausschluß annehme, weil er ihn in Übereinstimmung mit der allgemeinen Rechtsüberzeugung für billig halte. Der Richter bediene sich so der acceptation des risques als einer unentbehrlichen Waffe im Kampf um eine Zurückdrängung der in der neueren Praxis allzusehr um sich greifenden Haftpflichtvermutungen: „C'est bien plutôt le juge qui constate qu'une pareille convention d'irresponsabilité serait raisonable, et approuvée par le sentiment public"[2]. Selbst dort, wo die Parteien vertraglich verbunden seien – wie etwa bei Teilnahme des Klägers an einem vom Beklagten veranstalteten jeu forain – sei die Feststellung, daß der Verletzte gewisse Gefahren auf sich genommen habe, in Wahrheit eine reine Fiktion. Eine solche Feststellung des Richters sei nicht „le point de départ du raisonnement; c'est son aboutissement. C'est parce qu'il décide que le défendeur n'est pas responsable que le juge dit que le demandeur a accepté le risque"[3]. Aus dieser Erkenntnis zieht aber Esmein erstaunlicherweise nicht etwa den Schluß, daß sich die Berufung auf den Parteiwillen bei den typischen Sachverhalten der acceptation des risques verbiete und eine andere Rechtsgrundlage gefunden werden müsse. Er räumt lediglich ein, daß die Lehre von der acceptation des risques noch immer voll von Unsicherheiten (beaucoup d'incertitudes)[4] und ihr endgültiger Standort noch nicht bestimmt sei („une idée qui n'a pas encore sa place")[5].

## 2. *Acceptation des risques als einseitige Willensäußerung*

Soweit keine Haftpflichtvermutung, sondern eine Haftung des Gefährders nach Artt. 1382/3 C. c. in Betracht steht, konstruiert Esmein

[1] Esmein, Rev. trim. dr. civ. 37 (1938) 387 ff.; Planiol/Ripert(-Esmein) (vorige Note); J. C. P. 1951 II 6592; J. C. P. 1955 II 8541; D. 1956, j. 17.
[2] Rev. trim. dr. civ. 37 (1938) 397; vgl. auch J. C. P. 1957 II 9953.
[3] J. C. P. 1957 II 9953.
[4] J. C. P. 1953 II 7657; ähnlich äußert er sich in J. C. P. 1956 II 9282.
[5] J. C. P. 1957 II 9953, vgl. oben S. 113.

– der sich ebensowenig wie SAVATIER zu einer einheitlichen Konzeption entschließen kann – die acceptation des risques als eine einseitige Willensäußerung des Gefährdeten, durch die dieser in die ihm drohende Gefahr einwillige (consentement de la victime) mit der Rechtsfolge, daß das Verhalten des Gefährders seinen schuldhaften Charakter verliert[1]. Diese Rechtswirkung trete aber nur dann ein, wenn die gefährliche Betätigung, der zugestimmt wird, grundsätzlich erlaubt (licite) ist. Daher schließe die Zustimmung zu einer Operation, über deren Gefahren der Patient belehrt worden sei, die Haftpflicht des nach anerkannten Kunstregeln behandelnden Arztes aus, wohingegen ärztliche Experimente am menschlichen Körper, weil grundsätzlich unerlaubt, durch die Einwilligung der Versuchsperson nicht gedeckt würden. Ebenso befreie der Sportler, indem er durch seine Teilnahme an einem Wettkampf den normalen Risiken der Veranstaltung zustimme, den Konkurrenten, der sich an die Kampfregeln halte, von jeder Verantwortung für Sportunfälle, im Gegensatz zu dem Duellanten, der durch seine Zustimmung zu dem Duell dieses nicht erlaubt mache. HÉMARD formuliert den gleichen Gedanken dahingehend, daß stets zwei Momente zusammentreffen müßten, um demjenigen, der durch sein Tun außergewöhnliche Gefahren für die körperliche Integrität eines anderen herbeiführt, eine Handlungsbefugnis zu verschaffen: die Zustimmung des Gefährdeten und die soziale Nützlichkeit (utilité sociale) des Tuns[2]. Diese Auffassung entspricht der herrschenden Lehre im französischen Recht[3]. Vergleicht man sie mit der deutschen Lehre vom Rechtfertigungsgrund der Einwilligung des Verletzten, so springen vor allem zwei Besonderheiten ins Auge.

Einmal stellt die französische Doktrin den Gesichtspunkt der Einwilligung in eine Gefährdung in den Vordergrund, nicht den der Einwilligung in eine Rechtsverletzung. Dies wird überzeugend damit begründet, daß Fälle einer echten Einwilligung in eine Rechtsgutverletzung (consentement au dommage, acceptation d'un dommage) im Leben viel seltener seien als Fälle einer Einwilligung in eine Gefährdung[4]. Zum

[1] ESMEIN in PLANIOL/RIPERT VI (s. oben S. 158 N. 5); AUBRY/RAU VI (s. oben S. 158 N. 3); DERS., Rev. dr. comp. 1952, 687 ff.; J. C. P. 1956 II 9282; J. C. P. 1957 II 9953.

[2] HÉMARD, Le consentement de la victime dans le délit de coups et blessures, Rev. crit. legisl. et jur. 79 (1939) 293–319.

[3] MAZEAUD/TUNC II nos. 1485–1500; SAVATIER I nos. 190–194; RODIÈRE nos. 1415–1417.

[4] HALLER, Essai sur l'influence du fait et de la faute de la victime sur son droit à réparation (1926) 51; ESMEIN, Rev. dr. comp. 1952, 686; SAVATIER I no. 191.

anderen wird allgemein gelehrt, Einwilligungen in körperliche Verletzungen seien ebenso wie Einwilligungen in körperliche Gefährdungen grundsätzlich unwirksam. Die schuldausschließende Wirkung[1] sei die Ausnahme, die stets besonderer Begründung bedürfe.

## *II. Pflichtentheorien*

Von der Erkenntnis, daß die Einwilligung in eine Gefährdung für sich allein noch keine Gefährdungsbefugnis verschafft, führt nur ein kurzer Weg zu der Lehre, daß die Einwilligung des Gefährdeten gar nicht das tragende Rechtfertigungsmoment ist, sondern nur ein Faktor bei der Bewertung des Gefährderverhaltens, die nach einem überindividuellen Maßstab vorzunehmen ist. Am klarsten ist diese Theorie von RODIÈRE entwickelt worden[2]. Die Einwilligung des Gefährdeten in eine ihn bedrohende Handlungsweise beeinflusse grundsätzlich nicht die Qualifikation der Handlung als pflichtwidrig („fautif"), da diese Qualifikation nicht von der Auffassung des Verletzten, sondern von der allgemeinen Rechtsüberzeugung (opinion commune) getragen werde[3]. Doch sei die Einwilligung des Verletzten einer der äußeren Umstände, auf denen jene allgemeine Bewertung aufbaut („l'assentiment entre en ligne de compte pour ce jugement commun"). Hierbei sei die Einwilligung nur ein tatsächliches Moment (circonstance de fait) für die Bemessung der allgemeinen Schutzpflichten des Gefährders. Das Problem, in welcher Form der Wille des Gefährdeten zum Ausdruck gebracht werden müsse, sei daher in Wahrheit gegenstandslos. Es müsse zwar unter Umständen geprüft werden, ob die Zustimmuug des Gefährdeten freiwillig sei. Aber auch dies habe auf tatsächlicher Ebene zu geschehen, nicht „en considération des règles juridiques sur la capacité".

So bewirke die Zustimmung des Sportlers zu einem sportlichen Wettkampf mittelbar – durch das Medium der „opinion commune" –, daß gewisse gefährliche Handlungen, die sonst als pflichtwidrig anzusehen wären, unter den Sportlern erlaubt sind[4]. Freilich gelte das nur für

---

[1] Das französische Recht kennt die strenge Scheidung von Rechtswidrigkeit und Schuld nicht. In dem Begriff der „faute" sind beide Momente verschmolzen.

[2] RODIÈRE nos. 1415–1417; DERS., J. C. P. 1950 II 5912; ähnlich DÉSCHIZEAUD, Influence du fait de la victime sur la responsabilité civile délictuelle (1934) 66 ff.

[3] MAZEAUD/TUNC no. 1492: „ce qui est une imprudence vis-à-vis d'une personne quelconque demeure une imprudence vis-à-vis de celui qui consente à sa réalisation".

[4] So auch ESMEIN, J. C. P. 1956 II 9282; DERS., J. C. P. 1957 II 9953; COLIN, CAPITANT(-JULLIOT DE LA MORANDIÈRE) II no. 320, S. 230 N. 1.

Handlungen, die sich im Rahmen der Sportregeln halten. Die Zustimmung des Sportlers führe daher nur zur Modifikation der Handlungspflichten des Schädigers, und es sei in Wahrheit allein das Fehlen einer Schuld, was den Sportler bei Sportunfällen zu entlasten vermöge; die acceptation des risques durch den Verletzten verdiene keine „mention spéciale".

Die Pflichtentheorien beschäftigen sich ihrem Wesen nach nur mit dem Ausschluß der Verschuldenshaftung des Gefährders (Artt. 1382/3 C. c.), während der Ausschluß der gesetzlichen Haftpflichtvermutungen auf andere Weise – etwa mit einer teleologischen Gesetzesauslegung – begründet werden muß. Diese Zäsur veranlaßt die meisten Befürworter von Pflichtentheorien, die ganze Lehre von der acceptation des risques in Acht und Bann zu tun[1].

### *III. Kausaltheorien*

Der Belgier DE PAGE meint, das Problem der acceptation des risques laufe auf die Frage hinaus, ob nach den Umständen des Falles die freiwillige Selbstexponierung des Verletzten die alleinige Schadensursache sei (la cause unique et exclusive du dommage) – dann entfalle die Haftung des Gefährders – oder nur ein konkurrierendes Verschulden, was eine Schadensverteilung bedinge[2]. Seine Lehre ist ebenfalls in sich geschlossen. Sie läßt sich aber in dieser Form nur im belgischen Recht durchführen; denn dort herrscht die Auffassung vor, daß Art. 1384 I C. c. – dessen Ausschluß infolge einer acceptation des risques des Verletzten in erster Linie problematisch ist – einen Fehler der Sache voraussetzt[3]. Wer sich aber bewußt den Gefahren einer wegen eines Fehlers bedrohlichen Sache aussetzt, handelt stets vorwerfbar. Der Gesichtspunkt des ausschließlichen oder mitwirkenden Verschuldens des Verletzten reicht daher im belgischen Recht völlig aus, um die Haftung des Gefährders aus Art. 1384 I C. c. in Schranken zu halten.

Im französischen Recht gehen MAZEAUD/TUNC von ähnlichen Erwägungen aus wie DE PAGE[4]: die acceptation des risques sei eine Situation, die in der Mitte liege zwischen der bewußten Selbstschädigung des

[1] RODIÈRE nos. 1415–1417; DÉSCHIZEAUD 94; COLIN/CAPITANT(-JULLIOT DE LA MORANDIÈRE) (vorige Note).

[2] DE PAGE II no. 1045.

[3] Siehe oben S. 107 N. 4.

[4] MAZEAUD/TUNC II nos. 1486–1500.

Verletzten und der bloßen Voraussicht, daß ihm eine Gefahr drohe[1]. Die rechtliche Einschätzung dieser Situation habe aus dem Gesichtspunkt der Verdrängung oder Abschwächung der vom Gefährder gesetzten Schadensursache zu erfolgen, also in erster Linie im Hinblick auf ein ausschließliches oder konkurrierendes Verschulden des Verletzten[2]. Mit der Lehre von der acceptation des risques stünden aber noch andersartige Rechtserscheinungen in Zusammenhang wie z. B. der von einem Verschulden des Verletzten unabhängige Ausschluß des Art. 1384 I C. c. bei Gefälligkeitsfahrten und Sportveranstaltungen, so daß es „presque impossible" sei, eine allgemeine Theorie des „risque accepté" aufzustellen[3].

Zwischen der praktischen Anwendung der Lehre von der acceptation des risques und ihrer theoretischen Behandlung im französischen Schrifttum besteht eine bemerkenswerte Divergenz. Während die Praxis offensichtlich ohne den Begriff der acceptation des risques nicht auskommt, er im Gegenteil sogar in den neueren Urteilen immer häufiger wiederkehrt und sich in den letzten Jahren den Bereich der „jeux forains" sowie der Fälle des Betretens fremder Grundstücke und Anlagen zu erobern vermochte, leugnet die überwiegende Doktrin seine juristische Brauchbarkeit, weil er heterogene Rechtserscheinungen zusammenfasse[4]. Aber auch diejenigen Autoren, die einen eigenständigen Rechtsbegriff der acceptation des risques anerkennen, wie namentlich SAVATIER und ESMEIN, können nicht umhin, diesen Begriff in rechtlich verschiedenartige Unterbegriffe aufzuspalten.

---

[1] MAZEAUD/TUNC II no. 1486.

[2] Vgl. auch Paris 14. 4. 58, D. 1959, somm. 14 (der Verletzte war ein Beifahrer, der im Wagen des Teilnehmers an einem Auto-Rallye mitfuhr): Die acceptation des risques sei nur dann von Einfluß auf die Haftung des Verletzers, wenn das Verhalten des Verletzten ein Verschulden darstellt.

[3] MAZEAUD-TUNC II no. 1500; ähnlich DURAND nos. 16–34.

[4] MAZEAUD/TUNC II no. 1500; RODIÈRE nos. 1415–1417; DURAND no. 34; BICHOT 95 ff.; DESCHIZEAUD 66 ff.; BRUNET S. 1952. 2. 61. Weitere Nachweise bei MAZEAUD/TUNC II no. 1485, N. 1.

# 3. BUCH
# DIE „ASSUMPTION OF RISK“ IM ANGLO-AMERIKANISCHEN RECHT[1]

Zum Verständnis der Lehre von der „assumption of risk“ ist es erforderlich, einige Bemerkungen über die Grundzüge des englischen Deliktsrechts, insonderheit aber über den Begriff der „negligence“ vorauszuschicken; denn die „negligence“ ist die (deliktische) Haftungsgrundlage, die in den meisten Fällen der assumption of risk in Betracht steht.

## § 10

### *Zum Begriff der „negligence“*[2]

Die „negligence“ ist ein eigenständiges Delikt, das sich erst spät, ungefähr seit 1825, allmählich in der englischen Judikatur herausgebildet hat[3] unter Zurückdrängung gewisser älterer Klageformen des englischen Deliktsrechts (law of torts), das mit mancherlei historischen Absonderlichkeiten belastet ist[4]. Nach Common Law ist der Ersatz begehrende Geschädigte auf eine Anzahl selbständiger Klageformen (forms of action) verwiesen, die jeweils verschiedene Voraussetzungen, zum Teil auch verschiedene Rechtsfolgen haben (sogenanntes Aktionensystem)[5].

---

[1] Die folgende Darstellung baut auf dem englischen Recht auf. Es wird aber auch das gleicher Wurzel entsprungene nordamerikanische Recht berücksichtigt werden, soweit es in Praxis oder Theorie eigene Lösungen hervorgebracht hat, die unser Interesse verdienen.

[2] Vgl. KESSLER, Die Fahrlässigkeit im nordamerikanischen Deliktsrecht unter vergleichender Berücksichtigung des englischen und deutschen Rechts. Beiträge z. ausl. u. internat. Privatrecht Nr. 6 (1932).

[3] WINFIELD, 42 L.Q.R. (1926) 184 ff.; WINFIELD(-LEWIS) 475 ff.; SALMOND(-HEUSTON) 389 ff.; STREET 111; CHARLESWORTH 6 f. Daneben wird der Begriff der negligence in der Rechtssprache auch im Sinne von Nachlässigkeit, also wie im deutschen Recht zur Bezeichnung einer Schuldstufe verwendet, CHARLESWORTH 1 ff., SALMOND (-HEUSTON) aaO.

[4] Zur geschichtlichen Entwicklung vgl. insbes. WINFIELD in L. Q. R. (vorige Note).

[5] Z. B. kann nicht bei allen Delikten der Betroffene wenigstens „nominal damages“ verlangen, SALMOND(-HEUSTON) 704 f.

Das Verhältnis der einzelnen Klageformen zueinander ist nicht durchweg klar. Z. B. lassen sich die Delikte „trespass to the person" und „negligence" nicht genau gegeneinander abgrenzen. Es fehlt überhaupt an einem umfassenden System. Vielmehr zerfällt das law of torts, das erst verhältnismäßig spät wissenschaftlich gepflegt wurde (in Amerika früher als in England), in einzelne Maximen sowie in autonome Rechtsinstitute, die in ihrer geschichtlich bedingten Eigenart gesehen werden müssen.

Die einzelnen Klageformen sind von sehr verschiedener praktischer Bedeutung. Die negligence ist von den nicht-vorsätzlichen Delikten bei weitem das wichtigste. Sie hat im Zeitalter der Technik und des Massenverkehrs im anglo-amerikanischen Rechtskreis in zunehmendem Maße die Funktion einer deliktischen Generalklausel erlangt. Dennoch sind es bestimmte, durch Präjudizien festgelegte Voraussetzungen, die vorliegen müssen, wenn eine negligence-Klage Erfolg haben soll. Von dem allgemeinen Satz, daß jeder durch Nachlässigkeit verursachte Schaden ersetzt werden muß, ist das englische Recht weit entfernt.

Vgl. Lord *Wright* in *Lochgelly Iron & Coal Co.* v. *M'Mullan*[1]: „In strenger rechtlicher Analyse bedeutet negligence mehr als unachtsames oder nachlässiges Verhalten, sei es ein Unterlassen oder ein positives Tun: es bezeichnet richtigerweise den Komplex von Pflicht, Verletzung der Pflicht und Schaden, den hierdurch eine Person erleidet, der gegenüber die Pflicht geschuldet wurde".

Die Tatbestandsmerkmale der negligence sind demnach[2]:

(1) Das Bestehen einer Sorgfaltspflicht des Beklagten gegenüber dem Kläger (duty to take care, auch „duty of care" genannt).
(2) Die Verletzung dieser Pflicht durch den Beklagten (breach of duty).
(3) Ein durch die Pflichtverletzung verursachter, nicht ganz entfernt liegender Schaden des Klägers (damage not too remote in consequence).

## *I. Sorgfaltspflicht des Beklagten*

### *1. Allgemeines*

Ein Schädiger kann nur dann wegen negligence auf Schadensersatz in Anspruch genommen werden, wenn er eine duty to take care verletzt

---

[1] [1934] A. C. 1 [25] (H. L.).
[2] SALMOND(-HEUSTON) 389 ff.; WINFIELD(-LEWIS) 478 ff.; STREET 111 ff.; CHARLESWORTH 10.

hat, die ihm dem Geschädigten gegenüber oblag[1]. Der Akzent liegt auf der Relativität der Pflicht: es genügt nicht der allgemeine Nachweis, daß der Beklagte irgendwie zur Sorgfalt verpflichtet war. Die Pflicht, deren Verletzung dem Beklagten zur Last gelegt wird, muß vielmehr gerade den Schutz des Klägers, genauer: den Schutz des verletzten individuellen Rechtsgutes bezwecken.

Bowen L. J. in *Thomas* v. *Quartermaine*[2]: „Die Begriffe von negligence und duty sind streng wechselbezüglich, und da gibt es nichts derartiges wie ‚negligence in the abstract', negligence ist einfach die Außerachtlassung von Sorgfalt, die wir von Rechts wegen gegenüber jemandem üben müssen." Im Hinblick auf die Sorgfaltspflicht des Inhabers einer Anlage (occupier of premises) sagt Bowen L. J.: „Es gibt keine ‚duty in the air', sondern allein eine Pflicht gegenüber bestimmten Personen."

Vgl. auch Cardozo C. J. in der bekannten Entscheidung des New Yorker Appellationshofs *Palsgraf v. Long Island R. Co.*[3]: „Proof of negligence in the air, so to speak, will not do."

## 2. *Geschichtliche Entstehung der „duties of care"*

Geschichtlich gesehen sind das Delikt der „negligence" und die mit ihm verbundene Rechtsform der „duty of care" Ausdruck eines Fortschritts, der die Fesseln der überkommenen, tatbestandlich eng begrenzten Klageformen des Common Law lockerte und schließlich sprengte[4]. Diese Klageformen erfaßten im wesentlichen nur die vorsätzliche Schädigung sowie die unmittelbaren und direkten, wenn auch schuldlosen Verletzungen fremder Personen oder Sachen (trespass to the person, tres-

---

[1] Hierzu Salmond(-Heuston) 390 ff.; Street 112 ff.; Winfield, 34 Col. L. R. (1934) 41 ff.; Winfield(-Lewis) 478 ff.; Morrison, 11 Mod. L. R. (1948) 9 ff.; Fleming, 31 Can. Bar Rev. (1953) 471–502; Dias, Camb. L. J. 1955, 198–214; Montrose, 21 Mod. L. R. (1958) 259 ff. Aus der amerikanischen Literatur vgl. insbes.; Green, Judge and Jury (1930) 38 ff.; Prosser 165 ff.

Das Bestehen eines Pflichtenverhältnisses zwischen den Parteien ist eine Rechtsfrage, die stets der Richter zu entscheiden hat, die also nicht der Bank der Geschworenen (jury) überlassen werden darf, Pollock(-Landon) 326.

[2] (1887), 18 Q. B. D. 685 [694 f.] (C. A.).

[3] 248 N. Y. 339 = 162 N. E. 99 (29. 5. 28); dazu eingehend Prosser, Palsgraf Revisited in „Selected Topics on the Law of Torts" (1953), in deutscher Übersetzung erschienen unter dem Titel „Kausalzusammenhang und Fahrlässigkeit", H. 74 der Arbeitsgemeinschaft für Forschung des Landes Nordrhein-Westfalen (1957).

[4] Vorzügliche Schilderung der Entwicklung bei Bohlen 505 ff.

pass to the goods, trespass to the land). Nichtvorsätzliche, indirekte Schädigungen – die allerdings bis zum Aufkommen von Industrie und Technik nicht sehr ins Gewicht fallen mochten – waren grundsätzlich kein Unrecht, sofern der Schädiger keiner vertraglich übernommenen Pflicht zuwider gehandelt hatte, für die Person des Geschädigten besorgt zu sein, und sich eine solche Pflicht auch nicht aus der besonderen Stellung des Schädigers im öffentlichen Leben ergab. Schon frühzeitig war anerkannt, daß Personen, die in der Öffentlichkeit einen Beruf oder ein Gewerbe ausüben (common calling), kraft ihrer sozialen Stellung verpflichtet sind, bei Ausübung ihres Berufes oder Gewerbes jedermann gegenüber (unabhängig von einem Vertrag) ordentliche Sorgfalt zu üben. Aber derartige, nicht-vertragliche Sorgfaltspflichten waren Ausnahmen. Erst im 19. und in steigendem Maße im 20. Jahrhundert wurden die nicht-vertraglichen (deliktischen) Sorgfaltspflichten (duties of care) entsprechend den wachsenden Bedürfnissen des Verkehrs wesentlich vermehrt. Die zögernde Entwicklung erklärt sich nicht nur aus dem typisch englischen Verhaftetsein im Geschichtlichen. Sie entsprach der liberalen Grundhaltung des 19. Jahrhunderts, die sich allerdings wegen der eigenartigen Wachstumsbedingungen des englischen Rechts (Bindung an Präjudizien) dort über die eigentliche Ära des Liberalismus hinaus auszuwirken vermochte. Danach ist jedermann sich selbst der beste Wächter. Selbst bei Aufnahme eines engeren sozialen Kontaktes beschränkt sich die Vorsicht, die jedermann von Rechts wegen zur Vermeidung mittelbarer Schädigung anderer schuldet, in der Regel auf die Pflicht, die vom eigenen Herrschaftsbereich ausgehenden Gefahren für andere erkennbar zu machen. Wer weitergehenden Schutz begehrt, mag ihn sich vertraglich zusichern lassen[1].

Diese geschichtlich verwurzelte Grundhaltung des Common Law, die noch im heutigen englischen Recht nachwirkt, stellte sich übrigens auch den Versuchen hemmend entgegen, aus vertraglichen Beziehungen stillschweigende Schutzpflichten abzuleiten[2].

---

[1] Vgl. Bohlen (vorige Note).

[2] Noch heute ist es z. B. in England rechtens, daß der Vermieter eines Hauses oder einer nichtmöblierten Wohnung mangels ausdrücklicher Vereinbarung weder nach Vertragsrecht noch nach Deliktsrecht für die Gefahrlosigkeit der überlassenen Räumlichkeiten haftet, *Robbins* v. *Jones* (1863), 15. C. B. (N. S.) 221 = 143 E. R. 768; *Cavalier* v. *Pope*, [1906] A. C. 428 (H. L.). Nunmehr ist allerdings diese alte Common-Law-Regel für kleinere Wohnungen durch die Housing Acts (konsolidiert im Housing Act 1957, 5 and 6 Eliz. 2, c. 56) aufgehoben worden.

### 3. Heutige Bedeutung der „duties of care"

Der von dem Geschädigten zu erbringende besondere Nachweis, der Schädiger sei ihm gegenüber zur Sorgfalt verpflichtet gewesen, ist einmal dann von augenfälliger Bedeutung, wenn der Schädiger den Schaden nicht durch positives Handeln, sondern durch Unterlassen herbeigeführt hat. Auch nach englischem Recht ist nämlich im allgemeinen niemand dazu verpflichtet, andere vor Gefahren zu schützen, die er nicht selbst geschaffen hat[1].

Ferner schränkt das haftungsrechtliche Erfordernis einer duty of care des Schädigers die Tatbestände ein, in welchen eine nicht-vorsätzliche Schädigung zur Haftung führt. Das englische Recht zeigt deutliche Zurückhaltung davor, solche Handlungen als pflichtwidrig zu mißbilligen, die nur die Vermögensschädigung (financial damage), nicht aber die körperliche Verletzung eines anderen oder die Beschädigung einer fremden Sache (physical damage) befürchten lassen[2].

Beispielsweise entschied der Court of Appeal im Falle *Candler* v. *Crane, Christmas & Co.*[3], daß ein Wirtschaftsprüfer, der im Auftrage einer Firma eine Bilanz erstellt, keine Sorgfalt gegenüber dem Geldgeber schuldet, der sich auf Grund der Bilanz zu einer Investition entschließt.

Die Lehre von den duties of care erweist sich somit als ein rechtstechnisches Mittel, mit dessen Hilfe die englischen Gerichte dem Rechtsgedanken, daß nicht alle vermögenswerte Interessen den gleichen deliktischen Schutz verdienen, in begrenztem Umfange Eingang in das englische Recht gewährt haben.

Weniger klar ist die Bedeutung der „duties of care", falls der Schädiger einem anderen durch positives Tun nicht-vorsätzlich, aber vorhersehbar „physical damage" zugefügt hat. Tatsächlich wird hier der englische Richter heute in aller Regel die Verletzung einer „duty of care" annehmen[4]. Dennoch gibt es keinen allgemeinen Rechtssatz, wonach

---

[1] SALMOND(-HEUSTON) 400 ff.; STREET 117; POLLOCK(-LANDON) 333 f.; MARSH, RabelsZ 20 (1955) 653.

[2] SALMOND(-HEUSTON) 400 ff.; STREET 117.

[3] [1951] 2 K. B. 164; ebenso der Court of Appeals New York in dem entsprechenden Falle *Ultramares Corporation v. Touche,* 174 N. E. 441 (6. 1. 31).

[4] STREET 112 ff.; WINFIELD(-LEWIS) 488; CHARLESWORTH 22. Es ist freilich zu bedenken, daß die Vorhersehbarkeit eines „physical damage" nicht immer dazu verpflichtet, sich der gefährlichen Handlung zu enthalten. Die Umstände können so liegen, daß sich ein „reasonable man" nicht um die Eventualität eines solchen Schadens zu kümmern braucht; denn neben dem intellektuellen Moment des Vorhersehen-Können spielt auch die normative Frage des Vorhersehen-Sollens eine Rolle, vgl. *Bolton v. Stone,* [1951] A. C. 850 (H. L.); STREET 117; SALMOND(-HEUSTON) 394 f.

immer dann, wenn es die „Verkehrsauffassung“ erfordert, die Pflicht entsteht, auf andere Personen oder fremde Sachen Bedacht zu nehmen. Die Verkehrsauffassung ist höchstens das Leitmotiv der richterlichen Rechtsfindung, die sich an das System der vorhandenen Präjudizien anzulehnen hat. Die Pflichtwidrigkeit des Schädigerverhaltens muß also in jedem einzelnen Falle auf Grund der Präjudizien besonders dargetan werden, wobei es allerdings dem Richter freisteht, die in der Rechtsprechung bereits anerkannten Pflichten von Fall zu Fall zu ergänzen oder zu erweitern („the categories of negligence are never closed“)[1].

Von zweifelhaftem Wert sind die im englischen Recht vorhandenen Ansätze für eine Generalisierung der Tatbestände, die eine duty to take care entstehen lassen.

BRETT M. R. benutzte in *Heaven* v. *Pender*[2] zur Begründung einer Sorgfaltspflicht des Bekl. die folgende Formel, die im wesentlichen auf die Momente der Vorhersehbarkeit und der Wahrscheinlichkeit des Schadens abhebt:

„Immer, wenn eine Person nach den Umständen in Beziehung auf einen anderen in eine solche Position versetzt ist, daß jedermann, der gesunden Menschenverstand (ordinary sense) besitzt und sich Gedanken macht, sofort erkennen würde, daß, wenn er nicht in Ansehung jener Umstände ordentliche Sorgfalt und Geschicklichkeit bei seinem Verhalten walten läßt, er die Gefahr der Verletzung der Person oder des Eigentums des anderen verursacht, dann erwächst eine Sorgfalts- und Geschicklichkeitspflicht zur Vermeidung einer solchen Gefahr.“

Diese Formel, der im übrigen die beisitzenden Richter COTTON L. J. und BOWEN L. J. die Billigung versagten – wiewohl auch sie die Klage für begründet hielten –, ist fast allgemein als zu weit kritisiert worden[3]. Auch Lord ATKIN vertrat in dem berühmten Urteil des Oberhauses in Sachen *Donoghue* (*McAlister*) v. *Stevenson*[4] diese Ansicht und legte das Ge-

[1] Lord MACMILLAN in *Donoghue* v. *Stevenson*, [1932] A. C. 562 [619] (H. L.).

[2] (1883), 11 Q. B. D. 503 [509] (der Kl. stand in Diensten einer Firma, der das Anstreichen eines im Dock liegenden Schiffes vom Schiffseigentümer übertragen worden war. Der Kl. wurde bei der Ausführung dieser Arbeiten verletzt, als das vom beklagten Dockbesitzer gelieferte und erstellte Schiffsgerüst wegen eines Materialfehlers zusammenbrach).

[3] Z. B. von GREER L. J. und von MACKINNON L. J. in *Barnes* v. *Irwell Valley Water Board*, [1939] 1 K. B. 21 (C. A.); weitere Nachweise bei BEVEN I 45 ff.; POLLOCK(-LANDON) 326.

[4] [1932] A. C. 562; dazu RabelsZ 7 (1933) 337 ff.; MARSH, RabelsZ 20 (1955) 650; HEUSTON, 20 Mod. L. R. (1957) 1–24. Es handelt sich um einen schottischen Fall, weshalb das Urteil die englischen Gerichte an sich nicht bindet. Da sich aber die Lordrichter darüber einig waren, daß sich das englische Recht im gegebenen Fall von dem schottischen nicht unterscheide, wird *Donoghue* v. *Stevenson* allgemein auch als Autorität für das englische Recht angesehen, vgl. HEUSTON aaO 6.

wicht auf den nach seiner Meinung präziseren Gesichtspunkt der Nähe des Kl. zu der vom Bekl. geschaffenen Gefahr (S. 580):

„Das Gebot, ‚Du sollst Deinen Nächsten lieben', heißt im Recht ‚Du darfst Deinem Nächsten keinen Schaden zufügen', und die Frage des Juristen ‚Wer ist mein Nächster?' findet eine beschränkte Antwort. Du mußt vernünftige Vorsicht walten lassen, Handlungen und Unterlassungen zu vermeiden, die, soweit Du vernünftigerweise voraussehen kannst, Deinem Nächsten Schaden zufügen könnten. Wer ist nun im Rechtssinne mein Nächster? Die Antwort dürfte lauten: Personen, die so nahe und unmittelbar von meiner Handlung betroffen werden, daß ich, wenn ich mir Gedanken über die fraglichen Handlungen und Unterlassungen gemacht hätte, vernünftigerweise hätte daran denken müssen, daß sie so betroffen werden können" (sogenanntes „neighbour-principle")[1].

Lord ATKIN hat aber, wie aus seiner Urteilsbegründung klar hervorgeht, mit diesen Worten nur eine Richtlinie zur Entscheidung von Einzelfällen geben, nicht aber einen allgemeinen Rechtssatz aufstellen wollen[2]. Noch weniger billigten die beiden anderen Lordrichter, die Lord ATKIN im Ergebnis zustimmten (Lord THANKERTON und Lord MACMILLAN), einen solchen Rechtssatz. Trotzdem hat der leading-case *Donoghue* v. *Stevenson* eine Auflockerung der englischen Rechtsprechung zur „negligence" in der von Lord ATKIN gewiesenen Richtung eingeleitet.

Es hat im englischen Schrifttum nicht an Stimmen gefehlt, die im Hinblick auf die außerordentliche Vermehrung der anerkannten duties of care in Richtung auf die von Lord ATKIN formulierte Generalklausel den Begriff der duty of care als entbehrlich bezeichnet haben[3]. So meint WINFIELD, es sei alles Wesentliche gesagt, wenn für eine Haftung des Verletzers verlangt werde, daß er den Verletzten geschädigt habe „by not acting as a reasonably careful man would have behaved in similar circumstances"[4].

Dem ist entgegenzuhalten, daß der Begriff der duty of care ein taugliches Instrument ist, das haftungsrechtliche Risiko menschlichen Han-

---

[1] Übersetzung nach MARSH (vorige Note) 651.

[2] Vgl. POLLOCK(-LANDON) 326 ff.; STREET 114.

[3] WINFIELD, 34 Col. L. R. (1934) 41–66; BUCKLAND, 51 L. Q. R. (1935) 637 ff. Kritisch auch PROSSER, Palsgraf Revisited (oben S. 166 N. 3) 213 f.: „Pflicht ist lediglich ein Wort, durch das wir unseren Schluß ausdrücken, daß gehaftet wird oder nicht; es umgeht notwendig die entscheidende Frage." Beachtlich ist die Verteidigung des Rechtsbegriffs der duty to take care durch LAWSON in seiner rechtsvergleichenden Untersuchung in 22 Tulane L. R. (1947) 111–130, wo er sagt [130]: „The concept of a duty of care ... provides an admirable instrument of cautious advance congenial to the English temperament and wholly appropriate to the genius of the common law."

[4] WINFIELD (vorige Note) 43.

delns auf das wünschenswerte Maß herabzusetzen. Aus einem nachlässigen Verhalten eines Verkehrsteilnehmers sollen nur diejenigen Personen Rechte herleiten können, die zu dem schädigenden Ereignis in einer hinreichend nahen Beziehung stehen, so daß ihnen, gemessen an dem Schutzzweck der duties of care, ein Anspruch auf Respektierung ihrer gefährdeten Interessen zugebilligt werden muß.

Mit Recht sagt PROSSER[1]: „Es besteht eine Pflicht, wenn das Gericht sagt, daß sie besteht ... Die Entscheidung über das Bestehen einer Pflicht wird von vielen Faktoren beeinflußt: Von der geschichtlichen Entwicklung, unseren Moral- und Gerechtigkeitsvorstellungen, der Praktikabilität der Regelungen, unserer sozialen Auffassung darüber, wer den Verlust tragen sollte. Letzten Endes entscheidet das Gericht auf Grund der Sitten der Gesellschaft, ob eine Pflicht besteht, immer im Auge behaltend, daß wir in jedem Rechtsstreit bestrebt sind, eine Regel aufzustellen, die praktisch ist und im Einklang mit dem allgemeinen Verständnis der Menschheit steht."

Vgl. auch Lord ATKIN in *Donoghue* v. *Stevenson*[2]: „The liability for negligence ... is no doubt based upon a general public sentiment of moral wrongdoing for which the offender must pay."

Die geschilderte Funktion der duties of care tritt in der Grundsatzentscheidung *Donoghue* v. *Stevenson*[3] klar hervor.

Die Kl. behauptete, in einer Flasche Limonade, die ihr Begleiter in einem Café bestellt hatte, hätten sich, wegen des dunklen Glases der Flasche für sie nicht erkennbar, die verwesten Reste einer Schnecke befunden. Die Kl. habe durch den Genuß des verdorbenen Getränks, das der bekl. Hersteller dem Besitzer des Café geliefert hatte, wie auch durch den Ekel, der sie beim Anblick der Schnecke überkommen habe, gesundheitlichen Schaden davongetragen. Das Oberhaus entschied mit einer Mehrheit von 3 : 2, daß die Schadensersatzklage wegen negligence des Bekl. schlüssig sei[4].

Die Klage wäre unzweifelhaft schlüssig gewesen, wenn die vom Bekl. gelieferte Ware der Gattung der per se gefährlichen Sachen (geladene Feuerwaffen, Gift, explosive Stoffe usw.) zugehört hätte[5] oder die

---

[1] Palsgraf Revisited 213 f.

[2] *Donoghue* v. *Stevenson* (s. oben S. 169 N. 4) 580.

[3] Siehe oben S. 169 N. 4.

[4] Zu einer Beweisaufnahme in der unteren Instanz, an die die Sache zurückverwiesen wurde, ist es nicht mehr gekommen und daher auch nie entschieden worden, ob die Darstellung der Kl. wirklich zutraf; denn der Bekl. starb vor Abschluß des Rechtsstreits, woraufhin ein Vergleich geschlossen wurde, HEUSTON, 20 Mod. L. R. (1957) 2.

[5] Vgl. *Dixon* v. *Bell* (1816), 5 M. & S. 198 = 105 E. R. 1023; *Langridge* v. *Levy* (1837), 2 M. & W. 519 = 150 E. R. 863; *Dominion Natural Gas Co., Ltd.* v. *Collins and Pertrins,* [1909] A. C. 640 (Privy Council).

Klägerin hätte behaupten können, der Bekl. habe von der gesundheitsgefährdenden Beschaffenheit der von ihm gelieferten Limonade gewußt[1]. Aber noch nie zuvor war entschieden worden, daß der Hersteller einer Ware dem Verbraucher gegenüber, dem die Ware durch einen Zwischenhändler geliefert wird, nach den Grundsätzen des Deliktsrechts[2] zur sorgfältigen Herstellung verpflichtet ist. Das Oberhaus bejahte dies schließlich für den Fall, daß wegen der Beschaffenheit der Ware, ihrer Verpackung oder sonstiger Umstände eine Prüfung durch den Zwischenhändler oder durch eine sonstige Person, die die Ware an den Verbraucher verteilt oder weiterleitet, nicht zu erwarten ist. Das Kernproblem der Entscheidung, das mit Hilfe des Rechtsbegriffs der „duty of care" gelöst wurde, liegt also in der vernünftigen Begrenzung des Haftungsrisikos des Gefährders, falls die von ihm geschaffene Gefahrenquelle in den Verantwortungsbereich eines anderen eintritt oder den Verantwortungsbereich eines anderen passiert. Dieses Problem, das die englischen Gerichte in wechselnder Gestalt häufig beschäftigt hat, kann nicht allein aus dem Gesichtspunkt der Vorhersehbarkeit des Schadens (das Versagen der Zwischenperson ist sehr wohl vorhersehbar) oder der Kausalität angemessen gelöst werden.

### *II. Verletzung der Sorgfaltspflicht (breach of duty)*

Der Verletzte, der den Schädiger wegen negligence auf Schadensersatz in Anspruch nimmt, muß außer dem Bestehen einer Sorgfaltspflicht auch beweisen, daß sich der Schädiger anders verhielt als ein „reasonable man". Hiermit ist eine Durchschnittsperson gemeint, die in einer sozialethisch zu billigenden Weise handelt.

Alderson B. definiert in *Blyth* v. *Birmingham Waterworks Co.*[3]: „Negligence bedeutet, daß jemand etwas unterläßt, was ein ‚reasonable man', der sich von denjenigen Erwägungen leiten läßt, die für ein menschliches Verhalten maßgebend zu sein pflegen, tun würde, oder jemand etwas tut, was ein ‚prudent and reasonable man' nicht tun würde."

Der Verhaltensmaßstab (standard of conduct) des „reasonable man" ist objektiv, d. h. jedermann schuldet durchschnittliche Sorgfalt, ohne Rücksicht auf seine individuellen Fähigkeiten und Kenntnisse[4].

[1] Vgl. die die Lieferung einer betriebsunsicheren Lampe betreffende Entscheidung *Longmeid* v. *Holliday* (1851), 6 Exch. 761 = 155 E. R. 752.

[2] Erst recht nicht nach Vertrag. Nach englischem Recht können aus einem Vertrag nur die Parteien Rechte herleiten (Grundsatz der „privity of contract").

[3] (1856), 11 Exch. 781 [784].

[4] Gelegentlich wurde im Schrifttum behauptet, negligence sei ein Willensfehler

Diesen Grundsatz stellt bereits TINDAL C. J. in *Vaughan* v. *Menlove*[1] auf. Der Bekl. hatte an der Grenze zum benachbarten Grundstück des Kl. einen Heustadel so unfachmännisch aufgesetzt, daß eine Selbstentzündung des Heus zu befürchten war. Obwohl der Bekl. mehrfach auf diese Gefahr hingewiesen worden war, unternahm er nichts gegen sie. Als schließlich der Stadel niederbrannte, griff das Feuer auf das Anwesen des Kl. über. Der Bekl. wandte ein, er habe nach bestem Wissen und Gewissen gehandelt; mehr könne man von ihm nicht verlangen, da er nicht verantwortlich sei „for the misfortune of not possessing the highest order of intelligence". TINDAL C. J. mißbilligte diese Ansicht. Man könne die deliktische Verantwortlichkeit nicht mit dem Urteilsvermögen (judgement) des einzelnen enden lassen, sondern müsse von jedermann die Sorgfalt eines „man of ordinary prudence" verlangen[2].

Lord MACMILLAN sagt in *Glasgow Corporation* v. *Muir*[3]: „Das Maß an Voraussicht, welches ein reasonable man besitzt ... schließt das persönliche Ermessen (equation) aus und ist unabhängig von der persönlichen Eigenart der in Frage stehenden Person. Einige Menschen sind von Natur aus über Gebühr furchtsam und glauben, jeder Weg sei von Löwen umlauert; andere, von robusterem Gemüt, übersehen die nächstliegenden Gefahren oder setzen sich gleichgültig über sie hinweg. Von dem ‚reasonable man' wird angenommen, daß er frei von Überängstlichkeit und allzu großer Unbekümmertheit ist."

Zweifelhaft ist, wo die Grenzen der zulässigen Generalisierung liegen. Von Kindern wird nur die ihnen mögliche Sorgfalt erfordert, nicht die Sorgfalt eines Erwachsenen, und Entsprechendes mag auch für geisteskranke sowie für körperbehinderte Personen (Blinde, Taube usw.) gelten[4]. Andererseits kann sich niemand mit angeborener Dummheit oder Ungeschicklichkeit entschuldigen.

Der „standard of care" wird ferner anerkanntermaßen beeinflußt durch die Größe der mit einer Handlung verbundenen Gefahr, den zur Beseitigung der Gefahr erforderlichen Aufwand sowie den sozialethischen Wert des Handlungszwecks[5].

---

und setze daher eine persönlich verwerfbare Haltung voraus (sogenannte „mental theory" im Gegensatz zur „conduct theory"), s. dazu KESSLER 139 ff.; EDGERTON, 39 Harv. L. R. (1926) 849 ff. Die Praxis hat stets die Linie der „conduct theory" verfolgt.

[1] (1837), 3 Bing N. C. 468 = 132 E. R. 490.

[2] 132 E. R. 493.

[3] [1943] A. C. 448 [457] (H. L.).

[4] Vgl. § 283 des amerikanischen Restatement of the Law of Torts (maßgebende englische Entscheidungen fehlen); STREET 131; SALMOND(-HEUSTON) 71. Schuldhaft handelt aber in jedem Fall, wer eine Tätigkeit übernimmt, von der er sich sagen muß, daß sie seine Fähigkeiten und Kräfte übersteigt, STREET 133; SALMOND(-HEUSTON) 413 f.; CHARLESWORTH 50.

[5] STREET 125 f.; MUNKMAN 29–34; CHARLESWORTH 23 ff.; SALMOND(-HEUSTON) 414 ff.

Die Befolgung einer „general and approved practice" wird regelmäßig „reasonable" sein. Ausnahmen sind aber denkbar. Auch nach englischem Recht sind verkehrserforderliche und verkehrsübliche Sorgfalt nicht dasselbe[1].

## *III. Schaden*

Ein durch die Pflichtverletzung verursachter, nicht zu entfernt liegender Schaden (damage not too remote) ist ein weiteres Tatbestandsmerkmal der negligence. Die Schadensnähe ist schon dafür erheblich, ob der Handelnde dem Bedrohten gegenüber überhaupt zur Sorgfalt verpflichtet ist. Erhöhte Bedeutung gewinnt jener Gesichtspunkt nach englischem Recht für die weitere Frage, welche der durch pflichtwidriges Handeln verursachten Schäden dem Schädiger vernünftigerweise zugerechnet werden können. Hier unterscheidet sich der wertende Begriff der Schadensnähe noch deutlicher als dort von der Vorhersehbarkeit des Schadens. Während z. B. die Vorhersehbarkeit irgendeines Schadens für die Entstehung einer Sorgfaltspflicht gegenüber dem Bedrohten regelmäßig erforderlich ist – wenn auch nicht immer ausreichend –, muß der pflichtwidrig handelnde Schädiger unter Umständen selbst für solche Schäden aufkommen, die er nicht voraussehen konnte.

Der viel besprochene Polemis-Fall[2] zeigt z. B., daß ein Sachschaden, der die direkte Folge eines pflichtwidrigen Handelns ist, auch dann, wenn er nicht vorhersehbar war, dem Schädiger zugerechnet werden muß.

Die Bekl. verluden auf ein Schiff, das sie von dem Kl. (dem Schiffseigentümer) gechartert hatten, u. a. einige Kisten mit Benzin- und Petroleumkanistern. Auf See leckten einige Kanister, so daß sich im Laderaum Benzindämpfe entwickeln konnten. Eingeborene Hafenarbeiter, welche von den Bekl. in Casablanca zu Umladearbeiten herangezogen waren, ließen durch ihre Nachlässigkeit eine Planke durch die Verladeluke in den Verladeraum hinunterfallen. Beim Aufschlagen der Planke entstand ein Funke, der die Benzindämpfe entzündete und einen Brand verursachte, dem das Schiff zum Opfer fiel. Die von dem Schiffseigentümer angestrengte Schadensersatzklage, die auf negligence der von dem Bekl. angestellten Arbeiter gestützt war, hatte Erfolg. WARRINGTON L. J. faßt seine Ansicht mit den Worten zusammen:

„Das Vorhandensein oder die Abwesenheit des Umstandes, daß der Schaden vernünftigerweise vorhersehbar war, entscheidet über die rechtliche Qualifikation einer Handlung als ‚negligent' oder ‚innocent'. Wenn sie danach als ‚negligent' anzusehen

---

[1] STREET, MUNKMAN (vorige Note); CHARLESWORTH 28 f.; MONTROSE, 21 Mod. L. R. (1958) 259 ff.. Unrichtig RIEZLER, RabelsZ 5 (1931) 611.

[2] *Re Polemis & Furness, Whity & Co., Ltd.*, [1921] 3 K. B. 560 (C. A.); dazu auch v. CAEMMERER, Das Problem des Kausalzusammenhangs im Privatrecht (1956) 9.

ist, dann hängt die Frage, ob ein bestimmter Schaden ersetzt werden muß, allein davon ab, ob dieser die direkte Folge der Handlung ist" (S. 574).

Auch Scrutton L. J. meint: „Ist einmal eine Handlung negligent, dann ist der Umstand unerheblich, daß ihre genaue Wirkung nicht vorgesehen wurde" (S. 577).

Doch ist auch nach englischem Recht nicht jeder Schaden, für den das pflichtwidrige Verhalten des Verletzers eine „condicio sine qua non" ist, im Rechtssinne verursacht worden[1]. Schadensursache kann nur eine Bedingung von besonderem Gewicht sein. Sie wird bildhaft als proximate cause, dominant cause, causa causans usw. bezeichnet, ohne daß über ihre prinzipielle Beschaffenheit Klarheit bestünde. Die ganz am Praktischen orientierte Rechtsanschauung des Engländers, dem philosophische Gedankengänge bei der Entscheidung von Rechtsfällen suspekt sind, sträubt sich gegen eine Definition der „causa causans", so daß von einer Kausaltheorie des englischen Rechts im Grunde überhaupt nicht gesprochen werden kann.

Vgl. Lord Wright in *Monarch Steamship Co., Ltd.* v. *Karlshamns Oljefabriker* (A/B)[2]: „Ich gedenke nicht, irgendeine Kausaltheorie anzuschneiden oder zu diskutieren. Wer an Philosophie interessiert ist, wird moderne philosophische Ansichten über Kausalität erläutert finden bei Russel, Geschichte der westlichen Philosophie im Kapitel über Hume Bd. 3 Kap. 17. Das Common Law ist jedoch nicht mit philosophischer Spekulation, sondern ausschließlich mit dem alltäglichen Leben, alltäglichen Gedanken und Ausdrücken befaßt . . ."

Lord Wright in *Yorkshire Dale Steamship Co., Ltd.* v. *Minister of War Transport* (*The Coxwold*)[3]: „Die Auswahl der wirklichen oder wirksamen Ursache aus dem Gesamtkomplex der Tatsachen muß vorgenommen werden ‚by applying common sense standards'. Der Begriff der Verursachung muß so aufgefaßt werden, wie ihn der Mann auf der Straße und nicht der Naturwissenschaftler (scientist) oder Metaphysiker auffassen würde."

Der relevante Kausalzusammenhang ist somit eine Frage von „policy and expediency", deren richtige Beurteilung letztlich dem Richter, der den konkreten Fall vor sich hat, überlassen wird[4].

---

[1] Street 147 f.; Winfield(-Lewis) 74 f.; Munkman 42 f.; Charlesworth 599 f.

[2] [1949] A. C. 196 [228] (H. L.).

[3] [1942] A. C. 691 [706] (H. L.); ähnlich Lord Reid in *Stapley* v. *Gypsum Mines, Ltd.*, [1953] A. C. 663 [681] (H. L.).

[4] Street 148 f.; Winfield(-Lewis) 74 f.; Munkman 40.

## A. ANWENDUNGSBEREICH DER RICHTERLICHEN FORMEL VON DER ASSUMPTION OF RISK

Der Schwerpunkt der Lehre von der „assumption of risk" liegt dogmengeschichtlich in der Rechtsprechung zur Haftung des Arbeitgebers (master, employer) für Unfälle des Arbeitnehmers (servant, employee). Mit der Darstellung dieser Rechtsprechung ist daher zu beginnen.

## § 11

### *Assumption of risk bei Ausführung gefährlicher Arbeiten*

### *I. Übernahme von Gefahren, die der Arbeitgeber pflichtwidrig geschaffen hat*

In den Bereich der negligence-Haftung gehören nur die Fälle, in welchen dem Arbeitgeber die Verletzung von allgemeinen, gesetzlich nicht besonders geregelten Schutzpflichten zur Last fällt. Besonderer Betrachtung bedarf die Rechtslage beim Eingreifen besonderer arbeitsrechtlicher Schutzgesetze.

#### *1. Verletzung allgemeiner Schutzpflichten durch den Arbeitgeber*

a) Allgemeine Schutzpflichten des Arbeitgebers nach jetzigem Recht

Nach dem jetzt geltenden englischen Recht obliegt dem Arbeitgeber eine dreifache Elementarpflicht zum Schutze der Arbeitnehmer: er hat für die sorgfältige Auswahl der von ihm eingestellten Leute, brauchbare Arbeitsgeräte und eine zweckmäßige Organisation der Arbeit zu sorgen[1].

Lord WRIGHT in *Wilsons & Clyde Coal Co., Ltd.* v. *English*[2]: „The obligation is threefold: the provision of a competent staff of men, adequate material, and a proper system and effective supervision."

Diese Pflichten entspringen nach englischer Rechtsauffassung nicht dem Arbeitsvertrag, sondern sind deliktischer Natur, mithin nichts an-

---

[1] MUNKMAN 58 ff.; SALMOND(-HEUSTON) 130 ff.; CHARLESWORTH 394 ff.; FRANK, 18 Law and Contemporary Problems (1953) 320 ff. Der Arbeitgeber ist aber z. B. nicht verpflichtet, dafür zu sorgen, daß die Privatsachen des Arbeitnehmers während der Arbeit vor Diebstahl geschützt sind, *Edwards* v. *West Herts. Group Hospital Management Committee,* [1957] 1 W. L. R. 415 (C. A.).

[2] [1938] A. C. 57 [78] (H. L.).

deres als konkrete Beispiele von „duties of care", deren Verletzung den Kern des Tatbestands der „negligence" ausmacht[1].

Meist sagen die englischen Richter über den Rechtsgrund der von ihnen angenommenen Schutzpflichten des Arbeitgebers nichts, und wo dies beiläufig geschieht, dürfen die Worte nicht immer auf die Goldwaage gelegt werden. Man vergleiche etwa die Äußerungen von Lord ABINGER in *Priestley* v. *Fowler*[2] und MELLISH L. J. in *Woodley* v. *Metropolitan District Railway Co.*[3] einerseits (die Pflichten erwachsen aus der objektiven Tatsache der Einstellung eines Arbeiters) und von Lord HERSCHELL in *Smith* v. *Baker & Sons*[4] andererseits (die Pflichten beruhen auf Vertrag).

BOWEN L. J. meint in *Thomas* v. *Quartermaine*[5]: „It is in most cases a barren and metaphysical inquiry to discuss whether such duties are best treated as arising by implication from the contract or from the general law outside."

Für den deliktischen Charakter der Pflichten spricht aber, daß sie bei der Verleihung von Arbeitern unter Unternehmern in gleicher Weise auch dem entleihenden Unternehmer obliegen, sofern der Arbeiter vollständig in die Arbeitsorganisation des Entleihers eingefügt wird. In diesem Falle entstehen die Schutzpflichten unabhängig von einem Arbeitsvertrag[6].

Wiewohl deliktisch, sind die Sorgfaltspflichten des Arbeitgebers in dem Sinne „persönlich", daß die Heranziehung von Erfüllungsgehilfen auf die Gefahr des Pflichtigen erfolgt[7]. Der Arbeitgeber haftet daher im Verhältnis zu den Arbeitnehmern auch für das Verschulden der unabhängigen Unternehmer, die er mit Aufgaben betraut, welche in den Rahmen seiner persönlichen Schutzpflicht fallen (für das Verschulden seiner Leute haftet er ohnehin). Im englischen Recht ist die Haftung für Erfüllungsgehilfen nicht auf den Bereich vertraglicher oder „vertragsähnlicher" Pflichten beschränkt[8].

---

[1] MUNKMAN 60 f.; SALMOND(-HEUSTON) 131. GOODHART, 74 L. Q. R. (1958) 398, meint, diese Pflichten entsprängen sowohl dem Arbeitsvertrag wie auch dem allgemeinen Deliktsrecht; so neuestens auch der Court of Appeal in *Matthews* v. *Kuwait Bechtel Corp.*, [1959] 2 All E. R. 345.

[2] (1837), 3 M. & W. 1 = 150 E. R. 1030 [1032].

[3] (1877), 2 Exch. 384 [391] (C. A.).

[4] [1891] A. C. 325 [367] (H. L.).

[5] (1887), 18 Q. B. D. 685 [698 f.] (C. A.).

[6] *Garrard* v. *A. E. Southey & Co. and Standard Telephones and Cables, Ltd.*, [1952] 2 Q. B. 174; DENNING L. J. in *Denham* v. *Midland Employers' Mutual Assurance, Ltd.*, [1955] 2 All E. R. 561 [564] (C. A.); MUNKMAN 62 f.

[7] *Wilsons & Clyde Coal, Ltd.* v. *English*, [1938] A. C. 57 (H. L.); SALMOND(-HEUSTON) 131; GOODHART, 74 L. Q. R. (1958) 397 ff. Stellt dagegen der Arbeitgeber dem Arbeitnehmer ein latent fehlerhaftes Werkzeug zur Verfügung, das er vom Händler bezogen hat, so haftet der Arbeitgeber nur im Falle persönlichen Verschuldens: *Davie* v. *New Merton Board Mills, Ltd.*, [1959] 1 All E. R. 346 (H. L.), dazu MUNKMAN, 108 L. Jour. (1958) 196 f.; GOODHART aaO.

[8] Die Frage ist allerdings sehr zweifelhaft und noch nicht voll geklärt. Für den hier vertretenen Standpunkt spricht die Entscheidung des Oberhauses *Thomson* v.

b) Geschichtliche Entwicklung der Schutzpflichten des Arbeitgebers Ihre Begrenzung durch den Gedanken der assumption of risk.

Die Common-Law-Lehre von der assumption of risk ist aus der geschichtlichen Entwicklung des Spannungsverhältnisses zwischen den Schutzpflichten des Arbeitgebers und der Eigenverantwortlichkeit des Arbeitnehmers erwachsen und nur aus dieser Entwicklung heraus zu verstehen. Sie soll im folgenden geschildert werden[1].

*aa) Frühperiode (1837–1887)*

Seit dem Urteil *Priestley* v. *Fowler*[2] (1837) bis ungefähr zur Entscheidung *Yarmouth* v. *France* (1887)[3] standen die englischen Gerichte auf dem Standpunkt, der Arbeitgeber habe zum Schutz der Arbeitnehmer nicht mehr zu tun, als sie vor den ihm bekannten Gefahren zu warnen und hierdurch den Arbeitnehmern die äußere Möglichkeit zur Selbstsicherung zu verschaffen. Das entsprach der liberalen Grundhaltung des frühen Common Law, wonach jedermann für seine Sicherheit zuvörderst selbst verantwortlich ist[4]. Mit besonderer Klarheit und Härte wird dieser Grundsatz in der schottischen Entscheidung *Crichton* v. *Keir and Crichton* aus dem Jahre 1863[5] ausgesprochen. Der in den Diensten des Beklagten stehende Kläger beschwerte sich darüber, daß das ihm zugewiesene Pferd für die Arbeit ungeeignet sei und ihn gefährde. Der Beklagte versprach, ein anderes Pferd zu stellen. Aber es geschah nichts. Die Schadensersatzklage des Kl., der dann tatsächlich durch das Pferd

---

*Cremin,* [1953] 2 All E. R. 1185, wo dem Inhaber einer Anlage (occupier) im Verhältnis zu einer Person, die die Anlage im Interesse des Inhabers betrat (invitee), das Verschulden des vom Inhaber mit der Herrichtung der Anlage betrauten unabhängigen Unternehmers zur Last gelegt wird, obwohl zwischen den Parteien keinerlei vertragliche Beziehungen bestanden. Andererseits behaupten SCOTT L. J. in *Haseldine* v. *C. A. Daw & Son, Ltd.,* [1941] 2 K. B. 343 [356] (C. A.) und neuerdings wieder SALMON J. in *Green* v. *Fibreglass, Ltd.,* [1958] 3 W. L. R. 71 [75–77] – Entscheidungen, die schwer mit *Thomson* v. *Cremin* zu vereinbaren sind –, eine Haftung für das Verschulden eines unabhängigen Unternehmers könne sich nur aus Vertrag ergeben. Beide Richter führen in diesem Zusammenhang die Haftung des Arbeitgebers als das Beispiel einer solchen vertraglichen Haftung an!

[1] Vgl. hierzu namentlich WILLIAMS 295–316; GOW, The Defence of Volenti non fit Injuria, 61 Jur. Rev. (1949) 37–62; BOHLEN, Voluntary Assumption of Risk in Selected Essays on the Law of Torts, hrsg. von der Harv. Law Review Ass'n (1925) 497–542; WARREN, Volenti non fit Injuria, 8 Harv. Law Rev. (1895) 457–471.

[2] Siehe oben S. 177 N. 2.

[3] 19 Q. B. D. 647 (C. A.).

[4] Vgl. oben S. 167.

[5] 1 Sess. Cases 3d 407 [410 f.] (Ct. of Session, 2nd Div.).

verletzt wurde, hatte keinen Erfolg. Der Lord Justice Clerk stellt fest, daß die Schadensgefahr beiden Teilen bekannt gewesen sei, und meint:

„Dies ist ein Land mit freier Arbeit. Wir haben keine „travaux forcés" oder dergleichen, noch weniger haben wir irgendetwas, was der Sklaverei ähnelt. Der vorliegende Fall betrifft auch nicht ein Lehrlingsverhältnis, wo der Meister in gewissem Umfange in loco parentis handelt; beide Vertragsparteien sind sui juris und frei. Es ist behauptet worden, der master sei mächtiger als der servant. Aber ich denke eher, daß in diesem Land der servant nicht weniger Macht besitzt als der Arbeitgeber; und sicherlich ist er durchaus in der Lage, den Vollzug eines Vertrags zu erzwingen und seine Rechte zu verteidigen. Wenn es nun ein servant angesichts einer offenkundigen Gefahr vorzieht, die Arbeit fortzusetzen, so tut er das ‚at his own risk and not at the risk of his master'."

Der Standpunkt der englischen Gerichte war nicht anders[1]. In *Priestley* v. *Fowler*[2] wurde die Schadensersatzklage eines Bediensteten abgewiesen, der bei einer Fahrt, die er im Auftrage des Dienstherrn zusammen mit einem anderen Bediensteten unternahm, verletzt wurde, als der überladene und schadhafte Wagen des Dienstherrn zusammenbrach. Es war nicht behauptet worden, daß der Arbeitgeber den gefährlichen Zustand des Wagens gekannt habe.

Lord Abinger erklärt:

„In Wahrheit kann das Verhältnis von master und servant als solches niemals für den Arbeitgeber die Verpflichtung mit sich bringen, besser für den servant zu sorgen, als von diesem vernünftigerweise erwartet werden kann, es selbst zu tun; der servant ist nicht gezwungen, seine Sicherheit im Dienst des master aufs Spiel zu setzen und mag, wenn er das für richtig hält, jeglichen Dienst ablehnen, bei dem er mit Grund befürchtet, verletzt zu werden: und in den meisten, wenn nicht in allen Fällen, in denen eine Gefahr übernommen wird, hat er genau die gleiche Chance wie der master, die Wahrscheinlichkeit und den Umfang der Gefahr zu ermessen."[3]

Lord Abinger leugnet nicht, daß der master gewisse Schutzpflichten gegenüber dem servant hat[4]. Aber diese Pflichten fänden ihr Ende, wenn

[1] Allerdings billigte der Court of Exchequer Chamber in dem Fall, daß der Arbeitgeber die Reparatur einer während der Dauer des Arbeitsverhältnisses unsicher gewordenen Maschine zusichert, dem verletzten Arbeitnehmer trotz dessen Kenntnis von der Gefahr einen Schadensersatzanspruch zu, *Clarke* v. *Holmes* (1862), 7 H. & N. 937 = 158 E. R. 751. Diese vereinzelte, einen Sonderfall betreffende Entscheidung darf aber nicht darüber hinwegtäuschen, daß *Crichton* v. *Keir and Crichton* durchaus dem Geist entspricht, der die ältere schottische und englische Rechtsprechung zur Haftung bei Arbeitsunfällen erfüllt, Bohlen 519; Gow, 61 Jur. Rev. (1949) 38 f.

[2] Siehe oben S. 177 N. 2.

[3] 150 E. R. 1032.

[4] „He [the master] is, no doubt, bound to provide for the safety of his servant

sich der Arbeitnehmer selbst schützen könne. Die Schutzwürdigkeit des servant sei schon dann zu verneinen (so wird man Lord ABINGER zu verstehen haben), wenn er die besonderen Gefahren der Arbeit erkennen konnte, mag er sie auch tatsächlich nicht erkannt haben[1].

So wird es erklärlich, daß *Priestley* v. *Fowler* zum Ausgangspunkt der berüchtigten Lehre werden konnte, der servant nehme im Verhältnis zum master die – lediglich abstrakt erkennbare! – Gefahr auf sich, durch negligence seiner Arbeitskollegen (fellow-servants) verletzt zu werden (sogenannte common-employment-Lehre)[2]. Diese Lehre bedeutete eine Einschränkung des in England seit langem anerkannten Grundsatzes, daß der Dienstherr für das Verschulden seiner Bediensteten „stellvertretend" auch ohne eigenes Verschulden einzustehen hat (respondeat superior, ein Fall von „vicarious liability"). Merkwürdigerweise, obwohl in *Priestley* v. *Fowler* von einem vertraglichen Haftungsausschluß mit keinem Wort die Rede ist, wurde die common-employment-Lehre – jedenfalls in England – später überwiegend damit begründet, daß nach dem stillschweigenden Inhalt des Arbeitsvertrags der Arbeitnehmer alle gewöhnlichen Risiken der Arbeit auf sich nehme, darunter auch das Risiko, durch die negligence von Arbeitskollegen verletzt zu werden[3].

---

in the course of his employment, to the best of the judgment, information and belief" (150 E. R. 1032).

[1] Im gegebenen Fall kam es darauf nicht an, weil nicht behauptet war, daß der master die Mängel des Wagens gekannt habe. Dies war aber nach Ansicht Lord ABINGERS eine Voraussetzung für die Haftung des master. COCKBURN C. J. sagt in *Woodley* v. *Metropolitan District Railway Co.* (1877), 2 Exch. 384 [389] deutlich in bezug auf die Rechtsposition des servant: „If he becomes aware of the danger which has been concealed from him, and which he had not the means of becoming acquainted with before he entered on the employment ... his proper course is to quit the employment."

[2] Endgültig fixiert wurde diese Lehre durch ALDERSON B. in *Hutchinson* v. *York, Newcastle and Berwick Railway Co.* (1850), 5 Exch. 343 = 155 E. R. 150 (Exch.). Von ihr wurde daher gesagt: „Lord Abinger planted it, Baron Alderson watered it, and the Devil gave it increase", KENNY, Cases on Torts, 90, zitiert nach SALMOND (-HEUSTON) 126 N. 60.

[3] ARCHIBALD J. in *Lovell* v. *Howell* (1876), L. R. 1 C. P. D. 161 [167]: „When a man enters into the service of a master, he tacitly agrees to take upon himself to bear all ordinary risks which are incident to his employment, and amongst others the possibility of injury happening to him from the negligent acts of his fellow-servants or fellow-workmen." Ähnlich *Morgan* v. *Vale of Neath Railway Co.* (1865), L. R. 1 Q. B. 149 (Exch. Chamber); *Tunney* v. *Midland Railway Co.* (1866), L. R. 1 C. P. 291; vgl. auch MELLISH L. J. in *Woodley* v. *Metropolitan District Railway Co.* (oben N. 1) 391. In Amerika nahm dagegen der Supreme Judicial Court of Massachusetts (SHAW C. J.) in seiner grundlegenden Entscheidung *Farwell v. Boston and Worcester Railroad Co.* (1842), 4 Metcalf's Reports 49, an, daß der Dienstherr nach dem Zweckgedanken der Dienstherrnhaftung nur im Verhältnis zu Außenstehenden (strangers) für das Verschulden seiner Bediensteten verantwortlich sei. Der durch negligence seiner Arbeitskollegen verletzte Arbeitnehmer könne daher den Arbeitgeber allenfalls aus Vertrag in Anspruch nehmen. Doch gebe es keine allgemeine Regel, wonach die Verantwortlichkeit des Arbeitgebers für seine Leute stillschweigend in jedem Arbeitsvertrag vereinbart werde.

Der Haftungsausschlußgrund der „common-employment" wurde im Jahre 1948 durch den Law Reform (Personal Injuries) Act[1] endgültig abgeschafft, nachdem bereits der Employers' Liability Act von 1880[2] die schlimmsten Härten beseitigt und die spätere Rechtsprechung ein Übriges getan hatte, um den viel kritisierten Grundsatz in der Praxis auszuhöhlen[3].

Später, als sich der extreme Liberalismus der Gründerjahre (Mitte des 19. Jahrhunderts bis etwa 1880) abzuschwächen begann, festigte sich die Rechtsprechung in dem Sinne, daß nur die volle Kenntnis des Arbeitnehmers von einer anomalen Gefahr den Arbeitgeber entlastet.

Nach der Entscheidung des Court of Appeal in *Griffiths* v. *London and St. Katherine Docks Co.* (1884)[4] ist die Schadensersatzklage des Arbeitnehmers, der auf dem Werkgelände durch eine fehlerhafte Anlage verletzt wird, nur dann schlüssig, wenn behauptet wird, der Arbeitgeber habe die von der Anlage ausgehende Gefahr gekannt, wogegen sie dem Arbeitnehmer unbekannt gewesen sei. Bowen L. J. bemerkt (S. 261), die Kenntnis des Kl. von der Gefahr sei keine „matter of defence", sondern vielmehr die Unkenntnis des Kl. von der Gefahr eine anspruchbegründende Tatsache!

In diesem Stadium der Rechtsprechung taucht erstmals in den Begründungen der Urteile, in denen eine Haftung des Dienstherrn abgelehnt wird, die Formel „volenti non fit injuria" im Sinne einer freiwilligen Gefahrübernahme (voluntary assumption of risk) auf. Charakteristisch ist das Grundsatzurteil des Court of Appeal in *Thomas* v. *Quartermaine*[5].

Bei der Arbeit in der Brauerei der Bekl. stürzte der Kl., der einen Deckel unter einem Faß hervorziehen wollte, beim plötzlichen Nachgeben des Deckels in ein mit einer heißen Flüssigkeit gefülltes Faß, das unabgedeckt in der Nähe stand. Der Kl. wurde verbrüht. Beide Parteien wußten, daß das Faß nicht abgesichert war, und hatten die hierdurch heraufbeschworene Gefahr erkannt.

Der Kl. stützte den erhobenen Schadensersatzanspruch nicht auf Common Law, sondern auf den Employers' Liability Act von 1880[6], ein Gesetz, das dem Arbeitnehmer bei gewissen typischen Arbeitsunfällen einen umfänglich begrenzten und mit gewissen prozessualen Besonderheiten verbundenen Schadensersatzanspruch gewährt. Es war zweifelhaft, ob dieses Gesetz innerhalb seines Anwendungsbereichs nur die Be-

---

[1] 11 & 12 Geo. 6, c. 41.
[2] 43 & 44 Vict., c. 42.
[3] Salmond(-Heuston) 126 ff.
[4] 13 Q. B. D. 259.
[5] S. oben S. 177 N. 5.
[6] S. oben N. 2.

seitigung des common-employment-Einwands oder noch eine weitere Besserstellung des servant bezweckt. Lord ESHER behauptete das letztere in seiner dissenting opinion. Das Gesetz lege dem master die allgemeine Pflicht auf „not to have his ways, machinery or plant in such a defective condition as to cause injury to the servant"[1]. Bei Verletzung dieser Pflicht könne sich der master seiner Verantwortung nicht durch den Nachweis entziehen, daß der servant die pflichtwidrig geschaffene Gefahr erkannt habe[2]. Die Mehrheit der Richter war jedoch der Meinung, der Employers' Liability Act wolle die Arbeitnehmer nur den nichtbediensteten Personen gleichstellen, die ein Grundstück auf Aufforderung und im Interesse des Inhabers betreten (invitees). Über den sonach auch für die Arbeitnehmer maßgebenden Schutz der invitees sagt BOWEN L. J.[3]:

„The duty of an occupier of premises which have an element of danger upon them reaches its vanishing point in the case of those who are cognisant of the full extent of the danger, and voluntarily run the risk. Volenti non fit injuria."

Bei der näheren Erörterung des „vanishing point" prägt BOWEN L. J. das für die gesamte spätere Rechtsprechung richtungweisende Wort[4]:

„The maxim ... is not ‚scienti non fit injuria' but ‚volenti'."

BOWEN L. J. wollte mit diesem Ausspruch nur unterstreichen und sinnfällig machen, daß der verletzte Arbeitnehmer nur dann auf eigene Gefahr handelt, wenn er die ihm drohende vermeidbare Gefahr ihrer Natur und ihrem Umfange nach voll erfaßt hat[5]. Nach seiner Ansicht ergab sich das „volens" ohne weiteres aus der vollen Gefahrenkenntnis (und vielleicht dem Fehlen eines physischen Zwanges, sich der Gefahr auszusetzen), weshalb er auch im gegebenen Falle nicht zögerte, die Schadensersatzklage des verletzten Arbeitnehmers wegen assumption of risk abzuweisen. Sein berühmter Ausspruch war also in Wahrheit eine ziemlich inhaltlose und – von seinem Standpunkt aus – irreführende

---

[1] S. 689.

[2] Lord ESHER sagt (S. 690): „To me it seems an unnatural doctrine that merely telling the servant of the defect should absolve the master from liability, and unless there is some authority that binds me to accept it I cannot do so."

[3] S. 695.

[4] S. 696.

[5] Vgl. BOWEN L. J. 696: „There may be a perception of the existence of the danger without comprehension of the risk: as where the workman is of imperfect intelligence, or, though he knows the danger, remains imperfectly informed as to its nature and extent."

Floskel[1]. Ungeachtet dessen hat die spätere Rechtsprechung das von Bowen L. J. gegebene Schlagwort so, wie es nun einmal lautete, eifrig aufgegriffen, weil es den Tendenzen der Zeit entgegenkam. Immer weniger konnte man die Augen davor verschließen, daß die Arbeitnehmer wirtschaftlich abhängig waren und deshalb ihre Verweisung auf die Möglichkeit des Selbstschutzes zur Farce würde.

*bb) Übergangsperiode (1887–1891)*

Im Falle *Yarmouth* v. *France*[2] setzte sich schließlich die Auffassung Lord Esher's durch, daß den Arbeitgeber die allgemeine Schutzpflicht treffe, den Arbeitnehmer vor Gefahr zu schützen, und der Arbeitgeber nur dann entlastet sei, wenn der Arbeitnehmer die ihm drohende Gefahr nicht nur erkannt, sondern auch innerlich gebilligt habe.

Der in den Diensten des beklagten Fuhrunternehmers stehende Kl. hatte Fahrten mit einem bösartigen Pferd auszuführen. Er beschwerte sich erfolglos bei dem Vorarbeiter des Bekl. Daß der Bekl. selbst von dem Mangel des Pferdes wußte, war nicht dargetan. Dem Kl. wurde nach Maßgabe des Employers' Liability Act von 1880 ein Schadensersatzanspruch gegen seinen Dienstherrn zugesprochen. Lord Esher erklärte in bezug auf *Thomas* v. *Quartermaine*: „Faßt man das gesamte Urteil zusammen, so scheint es mir das zu ergeben, daß die bloße Kenntnis der Gefahr nicht ausreicht: da muß auf seiten des Arbeitnehmers, damit er in den Bereich der Maxime ‚volenti non fit injuria' kommt, Zustimmung (assent) dazu vorliegen, die Gefahr zu übernehmen ‚with a full appreciation of its extent'."[3] Ob das der Fall ist, sei eine Tatfrage. Sie wurde verneint. An einer Zustimmung des Kl. habe es u. a. auch deswegen gefehlt, weil der Kl. befürchtet habe, seine Stellung zu verlieren, wenn er sich nicht füge[4].

Hawkins J. faßt ein Jahr später in *Thrussell* v. *Handyside & Co.* den gleichen Gedanken in die Worte: „His (d. h. des bei der Arbeit verletzten Kl.) poverty, not his will, consented to incur the danger."[5]

Während *Yarmouth* v. *France* immerhin noch die Auslegung zuließ, daß der Arbeitnehmer, der die den Schaden herbeiführende Gefahr erkannt hat, nur im Rahmen des Employers' Liability Act (1880) vom Arbeitgeber Schadensersatz verlangen kann, ist das in die gleiche Rich-

---

[1] Vgl. Gordon, 61 L. Q. R. (1945) 144. [2] (1887), 19 Q. B. D. 647 (C. A.).

[3] S. 657. Daß das ein gründliches Mißverständnis der die Mehrheitsauffassung repräsentierenden Ausführungen von Bowen L. J. bedeutet, hebt Bohlen 526 N. 2 treffend hervor.

[4] Lord Esher 657, Lindley L. J. 661. [5] (1888), 20 Q. B. D. 359 [364].

tung gehende Urteil des Oberhauses in *Smith* v. *Baker & Sons*[1], wiewohl der Kl. auch hier seine Klage auf den Employers' Liability Act stützte, in so allgemeinen Wendungen gehalten, daß es nach allgemeiner Ansicht auch auf die Rechtslage nach Common Law bezogen werden muß.

Über den Arbeitsplatz des Kl. wurden von Zeit zu Zeit von einem Kran der beklagten Firma, für die der Kl. arbeitete, Steine hinweggeschwenkt. Einmal bemerkte der Kl., der sonst immer aus dem Wege ging, bei der Arbeit mit einem Bohrer das Herannahen des Kranes nicht. Er wurde durch einen von dem Kran herabfallenden Stein schwer verletzt. Seiner Schadensersatzklage wurde stattgegeben.

Lord WATSON und Lord HERSCHELL erklären ausdrücklich, die Schutzpflicht des Arbeitgebers beziehe sich nicht allein auf die ihm bekannten Gefahrenquellen[2]. Damit war die Entscheidung *Griffiths* v. *London and St. Katherine Docks Co.*[3] endgültig „overruled".

Der Einwand der Beklagten, der Kläger habe „voluntarily undertaken the risk", wurde mit einer Mehrheit von 4 : 1 Richtern verworfen, da der Kläger zwar „sciens", aber nicht „volens" gewesen sei. Lord WATSON und Lord HERSCHELL unterscheiden zwischen den der Arbeit notwendig innewohnenden Gefahren (dangers necessarily inherent in the work, intrinsic dangers, natural dangers) und den vermeidbaren Gefahren, die auf negligence des Arbeitgebers oder seiner Leute beruhen. Lediglich die erstgenannten Gefahren nehme der Arbeitnehmer allein schon dadurch auf sich, daß er seine Arbeit in Kenntnis ihrer Gefährlichkeit beginne oder fortsetze.

Lord HERSCHELL sagt hierzu[4]: „Wo sich jemand einer Arbeit unterzieht, die ‚intrinsically dangerous' ist, obgleich ordentliche Sorgfalt angewandt wurde, um sie so wenig gefährlich wie möglich zu machen, setzt er sich ohne Zweifel freiwillig den Gefahren aus, welche die Arbeit unvermeidbar begleiten, und es ist ihm im Falle der Verletzung nicht gestattet, sich zu beklagen, es sei ihm ein Unrecht zugefügt worden."

Und ferner[5]: „Ich denke, daß, wo ein Arbeitnehmer einer Gefahr ausgesetzt ist, die auf einer Pflichtverletzung auf seiten des Arbeitgebers beruht, die bloße Tatsache, daß er die Arbeit fortsetzt, obwohl er das Risiko erkennt und sich nicht dagegen verwahrt, nicht auf Grund der hier unanwendbaren Lehre ‚volenti non fit injuria' sein Recht ausschließt, wegen der Pflichtverletzung Schadensersatz zu verlangen."

---

[1] [1891] A. C. 325.
[2] S. 356 und 362.
[3] S. oben S. 181 N. 4.
[4] S. 360.
[5] S. 365.

*cc) Letzte Entwicklung (ab 1891)*

Mit *Smith* v. *Baker & Sons* war die Grundlage für die heutige englische Rechtsprechung über die Haftung des Arbeitgebers für Arbeitsunfälle geschaffen. Spätere Entscheidungen haben wohl die einzelnen deliktischen Schutzpflichten des Arbeitgebers substantiiert und variiert – wobei die Gerichte die Anforderungen an die Sorgfalt des Arbeitgebers mehr und mehr erhöht haben[1] –, aber an der grundsätzlichen Auffassung über Möglichkeiten und Formen einer voluntary assumption of risk nichts mehr geändert. Nach Ansicht von ROMER L. J. in *Williams* v. *Birmingham Battery and Metal Co.*[2] muß der Arbeitgeber, um der Haftung für einen Arbeitsunfall zu entgehen, den Nachweis führen, daß der Arbeitnehmer die von dem Arbeitgeber pflichtwidrig geschaffene, schadensursächliche Gefahr „without the precautions“, d. h. unter Verzicht auf Sicherungsmaßnahmen, auf sich genommen habe. MCCARDIE J. behauptet in *Baker* v. *James Brothers & Sons, Ltd.*[3] sogar, der Arbeitnehmer, der seine Arbeit in Kenntnis der vom Arbeitgeber verschuldeten Gefahr fortsetze, gehe nur dann seiner Ansprüche verlustig, wenn er „has voluntarily undertaken and contracted to accept the risk for himself“. Vorsichtiger äußert sich jedoch in dieser Hinsicht GODDARD L. J. in *Bowater* v. *Rowley Regis Corp.*[4], einer grundlegenden Entscheidung, die fast denselben Sachverhalt zum Gegenstand hat wie *Yarmouth* v. *France*:

> „Ich glaube nicht, daß notwendig dargetan werden muß, daß er [der Bedienstete] ‚contracted to take the risk‘, da dies eine consideration in sich schließen würde, wenn auch eine einfache Weise, zu zeigen, daß der Bedienstete tatsächlich ein Risiko auf sich nahm, darin bestünde, daß er extra dafür bezahlt war, und bei manchen Beschäftigungen wird oft eine Gefahrenzulage gezahlt. ... Damit diese Maxime oder Doktrin [sc. volenti non fit injuria] zur Anwendung kommt, muß dargetan werden, daß ein Bediensteter, der aufgefordert wird oder von dem verlangt wird, eine gefährliche Vorrichtung zu benutzen, ‚is a volunteer in the fullest sense, that, knowing of the danger, he expressly or impliedly said that he would do the job at his own risk and not at that of his master‘.“

Tatsächlich verlangen die englischen Gerichte heute für einen Haftungsausschluß wegen voluntary assumption of risk praktisch den Nach-

---

[1] Vgl. etwa die Entscheidung des Oberhauses *General Cleaning Contractors, Ltd.* v. *Christmas,* [1953] A. C. 180: Eine Fensterreinigungsfirma ist unter Umständen verpflichtet, ihre Arbeiter anzuweisen, bestimmte Sicherungsvorkehrungen zur Vermeidung typischer Gefahren zu treffen.

[2] [1899] 2 Q. B. 338 [345] (C. A.).

[3] [1921] 2 K. B. 674 [683].

[4] [1944] 1 K. B. 476 [481] (C. A.).

weis des aktuellen Willens des Verletzten, die rechtlichen Folgen der Pflichtwidrigkeit des Gefährders auf sich zu nehmen[1]. Aufschlußreich hierfür ist namentlich die Entscheidung des Court of Appeal in *Neil* v. *Harland & Wolff, Ltd.*[2].

Der Kl., ein erfahrener Elektroinstallateur, hatte im Werk der Bekl., in deren Diensten er stand, elektrische Leitungen zu verlegen. Zunächst entfernte er mit Hammer und Meißel den Verputz, unter dem die unter hoher Spannung stehenden Leitungen lagen. Im Einverständnis mit dem Werkmeister der Bekl. drehte er dabei, um nicht das ganze Werk stillzulegen, die Sicherungen nicht heraus. Er war sich der dadurch entstehenden Gefahr voll bewußt und wies auch den Werkmeister der Bekl. darauf hin. Was zu befürchten war, geschah: der Kl. kam mit dem Meißel an eine Leitung und wurde durch eine Stichflamme verletzt.

Der Court of Appeal erblickte eine negligence der Beklagten darin, daß sie nicht für die Dauer der Arbeiten die Stillegung der Leitungen veranlaßt hatte. Der Einwand, der Kl. habe die dadurch heraufbeschworene Gefahr auf sich genommen, wurde verworfen. COHEN L. J.[3] setzt sich mit der Aussage des als Zeugen vernommenen Klägers auseinander, er sei, um das Werk nicht stillzulegen, darauf vorbereitet gewesen, das Risiko auf sich zu nehmen. Der Kl. habe nur sagen wollen, er sei bereit gewesen, sich dem Risiko zu unterziehen (to occur the risk):

„It seems to me a long way from that to infer that the witness meant ‚I will exonerate the master from liability'."

Nach der Entscheidung des High Court (HALLETT J.) in *Merrington* v. *Ironbridge Metalworks, Ltd.*[4] setzt eine assumption of risk zweierlei voraus, nämlich:

1. Der Verletzte muß „sciens" gewesen sein, d. h. den gefährlichen Charakter der durch negligence des Verletzers herbeigeführten Situation voll übersehen haben.
2. Der Verletzte muß „volens" gewesen sein, d. h. die Umstände müssen ergeben, daß er der Übernahme der Gefahr ohne das Recht, bei Verletzung entschädigt zu werden, voll zustimmte („a real consent to the assumption of the risk without compensation must be shown by the circumstances").

An einer solchen Zustimmung gebricht es, wenn der Wille der sich der Gefahr aussetzenden Person nicht frei war. Hierher gehört insbesondere der Fall, daß jemand unter dem Zwange einer rechtlichen

---

[1] WILLIAMS 306 ff.

[2] (1949), 82 Loyd's List L. R. 515.

[3] S. 520.

[4] [1952] 2 All E. R. 1101 [1103].

oder sittlichen Pflicht eine Gefahr auf sich nimmt[1]. Eine assumption of risk wurde dementsprechend verneint, wenn ein Wachmann in Ausübung seines Dienstes in das brennende Fabrikgebäude eilt[2], wenn ein Polizeibeamter hinzueilt, um ein durchgegangenes Wagenpferd anzuhalten, das der Besitzer unbewacht auf der Straße hatte stehen lassen[3], wenn ein Arzt in einen Brunnenschacht hinabsteigt, um zwei Arbeitern zu helfen, die unter der Einwirkung giftiger Gase das Bewußtsein verloren haben[4], oder wenn sich ein Feuerwehrmann bei Bekämpfung eines (vom Gebäudebesitzer verschuldeten) Brandes Verletzungen zuzieht[5].

Die Problematik der sogenannten „rescue"-cases ist zuerst von der amerikanischen Rechtsprechung erkannt und in fortschrittlichem Geiste entschieden worden. Hierbei ging es vor allem um zwei Fragen, nämlich einmal darum, ob die Pflichtwidrigkeit des Gefährders, der den Notstand verursacht, auch eine Pflichtwidrigkeit im Verhältnis zu dem aus Anlaß des Notstandes eingreifenden Retter ist (duty-Problem), zum anderen um die Berechtigung des Einwands, der Retter habe die Gefahr auf sich genommen (assumption of risk).

Bahnbrechend waren die berühmten Worte von CARDOZO J. in *Wagner v. International Railway Co.*[6] (der Kl. suchte nach seinem Vetter, der aus dem fahrenden Zug der Bekl. gestürzt war, und fiel dabei in der Dunkelheit eine Brücke hinunter): „Danger invites rescue. The cry of distress is the summons to relief. The law does not ignore these reactions of the mind in tracing conduct to its consequences. It recognizes them as normal. It places their effects within the range of the natural and probable. The wrong that imperils life is a wrong to the imperiled victim; it is a wrong also to his rescuer." Der englische Appellationshof übernahm unter dem Eindruck einer Abhandlung des englischen Autors GOODHART[7] im Falle *Haynes* v. *Harwood*[8] die amerikanische Rechtsprechung zu den rescue-cases: ein seltenes

---

[1] Vgl. *The Gusty* and *The Daniel M.* [1940] P. 159. Die *„Daphne"* wurde beschädigt, als sie bei einer Schiffskollision, die von dem Kapitän der *„Daniel M."* verschuldet worden war, zu Hilfe eilte. BUCKNILL J. hielt die Lehre von der assumption of risk für unanwendbar, weil die Pflicht zu einer solchen Hilfeleistung in s. 6 des Maritime Conventions Act, 1911 [1 & 2 Geo. 5, c. 57] gesetzlich festgelegt sei und daher der Kapitän der *„Daphne"* nicht als „volunteer" gehandelt habe. Der Eigner der *„Daniel M."* wurde zum Schadensersatz verurteilt.

[2] *D'Urso* v. *Sanson*, [1939] 4 All E. R. 26.

[3] *Haynes* v. *Harwood*, [1935] 1 K. B. 146 (C. A.).

[4] *Baker* v. *T. E. Hopkins & Son, Ltd.*, [1959] 1 W. L. R. 966 (C. A.) = [1959] 3 All E. R. 225.

[5] So lag der Fall *Merrington* v. *Ironbridge Metalworks, Ltd.*, s. oben S. 186 N. 4; vgl. ferner FRIDMAN, Fireman and Assumption of Risk, 104 L. Jour. (1954) 503.

[6] 133 N. E. 437 (Court of Appeals of New York 22. 11. 21).

[7] GOODHART, Rescue and Voluntary Assumption of Risk, 5 Camb. L. J. (1933–35) 192–203.

[8] Siehe oben N. 3. Noch in *Cutler* v. *United Dairies (London), Ltd.*, [1933] 2 K. B. 297 hatte der Court of Appeal eine assumption of risk des Kl. angenommen, der auf

Beispiel für eine direkte Einflußnahme amerikanischer Judikatur auf die englische Rechtsprechung. Auch die englische Rechtsprechung verneint nunmehr ein assumption of risk des Retters, und zwar selbst dann, wenn die Gefahr, welcher der Retter zuvorkam oder der er zuvorzukommen hoffte, nur einen Sachschaden herbeizuführen drohte[1].

Seit 1945 läßt sich im übrigen keine einzige englische Entscheidung nachweisen, in der der Einwand des Arbeitgebers, der verletzte Arbeitnehmer habe die von dem Arbeitgeber pflichtwidrig geschaffene Gefahr auf sich genommen, von Erfolg gewesen wäre[2]. SCOTT L. J. gibt in *Bowater* v. *Rowley Regis Corp.*[3] zu: „Ohne eine allgemeine Regel geben zu wollen, wage ich zu bezweifeln, ob die Maxime (volenti non fit injuria) sehr oft zur Anwendung kommen kann in Fällen einer Verletzung eines Arbeitnehmers durch die negligence seines Arbeitgebers" (S. 479).

Die – soweit ich sehe – einzige neuere Entscheidung, in der die Klagabweisung wenigstens alternativ darauf gestützt wurde, daß der verletzte Arbeitnehmer „voluntarily incurred the risk", ist *Taylor* v. *Sims and Sims*[4].

Ein Hausbesitzer hatte die beklagte Firma damit beauftragt, das Dach seines bombenbeschädigten Hauses zu reparieren. Der Kl., ein Arbeiter der Bekl., wurde verletzt, als der Boden des Daches beim Betreten plötzlich nachgab und der Kl. zu Fall kam. LEWIS J. verneinte eine Ersatzpflicht des beklagten Arbeitgebers, da dieser dem Kl. gegenüber nicht verpflichtet gewesen sei, sich davon zu überzeugen, daß das nicht in seinem Besitz befindliche Grundstück, auf dem sich der Unfall ereignete, sicher war, und überdies der Kl. die ihm beim Betreten des bombenbeschädigten Hauses drohenden Gefahren freiwillig auf sich genommen habe. Der Gesichtspunkt der assumption of risk war indes gegenstandslos, wenn es bereits an einer negligence des Bekl. fehlte[5]!

Der Rückgang der Fälle, in denen der Einwand der voluntary assumption of risk zur Abweisung der Schadensersatzklage eines Arbeitnehmers führte, hat zum Teil auch darin seinen Grund, daß die Gerichte seit dem Inkrafttreten des Law Reform (Contributory Negligence)

---

Hilferufe des Fahrers eines Wagens versuchte, das durchgegangene Wagenpferd anzuhalten; der Sachverhalt war allerdings insofern etwas verschieden, als offenbar im konkreten Falle kein Mensch durch das Pferd gefährdet war.

[1] *Hyett* v. *Great Western Railway Co.*, [1947] 2 All E. R. 264; vgl. ferner den schottischen Fall *Steel* v. *Glasgow Iron and Steel Co.*, [1944] S. C. 237 (es sei die Größe der Gefahr, der sich der Retter aussetzt, abzuwägen gegen das gefährdete Rechtsgut); DWORKIN, 23 Mod. L. R. (1960) 103–107.

[2] WILLIAMS 207 f.; FRANK (s. oben S. 176 N. 1) 325.

[3] Siehe oben S. 185 N. 4; vgl. auch HALSBURY(-HILBERY/EVERETT/WHITBY), XXV (1958) s. v. „Master and Servant", no. 982, S. 515 (m).

[4] [1942] 2 All E. R. 375.

[5] WILLIAMS 302.

Act (1945)[1] gezwungen sind, zwischen diesem Einwand und dem Einwand des mitwirkenden Verschuldens zu unterscheiden. Nach diesem Gesetz führt das mitwirkende Verschulden des Verletzten – anders als nach Common Law, das dem Mitschuldigen ebenso wie dem die Gefahr Übernehmenden jeglichen Schadensersatz verwehrte[2] – nur noch zur Sanktion der Schadensverteilung. Zweifellos wären die meisten der älteren Fälle, in denen eine voluntary assumption of risk angenommen wurde, richtiger unter dem Gesichtspunkt eines mitwirkenden Verschuldens des Verletzten entschieden worden. Sie würden sicherlich auch heute unter diesem Gesichtspunkt entschieden werden – allerdings mit der Folge der Schadensverteilung[3].

## *2. Verletzung gesetzlicher Schutzpflichten durch den Arbeitgeber*

Schon im 19. Jahrhundert ergingen in England Gesetze, in denen gewissen Gruppen von Arbeitgebern auferlegt wurde, bestimmte Maßnahmen zum Schutze ihrer Arbeiter zu ergreifen. Meist wurde die Nichterfüllung der gesetzlichen Anordnungen mit Strafe bedroht[4]. Von den derzeit geltenden Arbeitsschutzgesetzen sind besonders wichtig der „Factories Act" von 1937[5] und der „Mines and Quarries Act" von 1954[6].

Die Gerichte prüfen im Wege der Auslegung, ob solche Gesetze auch den privatrechtlichen Schutz der Arbeiter bezwecken oder nur Pflichten gegenüber der Allgemeinheit (public duties) begründen[7]. Ist die privatrechtliche Wirkung zu bejahen, dann kann der Arbeiter, der wegen des Fehlens gesetzlich vorgeschriebener Sicherungen Verletzungen davonträgt, nach Common Law Schadensersatz verlangen. Dieser Schadensersatzanspruch ist ein Anspruch eigener Art, kein Anspruch wegen

---

[1] 8, 9 & 10 Geo. 6, c. 28.

[2] Diese Regel des Common Law gilt in den Vereinigten Staaten meistenteils noch fort. Im einzelnen voneinander abweichende Systeme der Schadensverteilung werden nur in Arkansas, Georgia, Mississippi, Nebraska, South Dakota, Tennessee und Wisconsin befolgt, vgl. PECK, 58 Mich. L. R. (1960) 689–728.

[3] Diese Überzeugung äußert insbes. WILLIAMS 295 ff.

[4] MUNKMAN 16 ff., 138 ff. Das erste englische Arbeitsschutzgesetz ist nach MUNKMAN, 16, der „Health and Morals of Apprentices Act" von 1802.

[5] 1 Edw. 8 & 1 Geo. 6, c. 67.

[6] 2 & 3 Eliz. 2, c. 70.

[7] Hierbei stellen die englischen Gerichte ähnliche Erwägungen an wie die deutschen Gerichte im Rahmen des § 823 II BGB, vgl. MUNKMAN 148 ff.

negligence, da er kein Verschulden des Unternehmers voraussetzt[1]. Die Pflichtverletzung als solche begründet bereits die Haftung[2].

Nach einer feststehenden Rechtsprechung kann der Unternehmer, der eine gesetzliche Sicherungspflicht (statutory duty) verletzt, nicht geltend machen, der Arbeitnehmer nehme die vom Unternehmer pflichtwidrig geschaffene Gefahr auf sich, wenn er in Kenntnis dieser Gefahr arbeite. Die Gerichte haben von Anfang an eine solche Gefahrübernahme als der „public policy" der Schutzgesetze zuwiderlaufend angesehen[3]. Der Arbeitgeber ist jedoch haftungsfrei, wenn die Selbstgefährdung des verletzten Arbeitnehmers in so hohem Grade töricht und leichtsinnig war, daß der Verletzte selbst als der Urheber des erlittenen Schadens anzusehen ist[4].

### *II. Übernahme von Gefahren, für die der Arbeitgeber absolut, d. h. unabhängig von einem Pflichtenverstoß einzustehen hat*

Das englische Recht knüpft in einigen Fällen bereits an die objektive Tatsache, daß jemand – sei es auch erlaubterweise – eine Gefahrenquelle eröffnet oder unterhält, die Haftung des Gefährders für den durch die Gefahrenquelle verursachten Schaden („strict liability" oder „absolute liability"). So hat der Tierhalter, auch wenn ihm keine Pflichtverletzung zur Last fällt, für alle durch das Tier angerichteten Schäden einzustehen, falls dieses zu einer Gattung von Tieren gehört, die ihrer Natur nach für Menschen gefährlich sind (ferae naturae), oder das Tier, obwohl seiner Gattung nach ungefährlich (mansuetae naturae), nach Wissen des Tierhalters gefährliche Eigenschaften besitzt (sogenannte scienter-action)[5]. Größere Bedeutung hat unter den derzeitigen wirtschaftlichen Verhältnissen die Haftungsquelle erlangt, welche durch die Rechtsregel der berühmten Entscheidung *Rylands* v. *Fletcher*[6] eröffnet worden ist. Das

---

[1] MUNKMAN 143 f. mit Nachweisen.

[2] Deswegen hat der Unternehmer stets auch für das Verschulden eines von ihm mit der Anbringung der Schutzvorrichtungen beauftragten unabhängigen Unternehmers einzustehen, MUNKMAN 154 f.; FRANK (s. oben S. 176 N. 1) 323.

[3] *Baddeley* v. *Earl Granville* (1887), 19 Q. B. D. 423; *Wheeler* v. *New Merton Board Mills, Ltd.*, [1933] 2 K. B. 669 (C. A.); MUNKMAN 158 f.; HALSBURY(-HILBERY/EVERETT/WHITBY) XXV (1958) s. v. „Master and Servant" no. 973, S. 508 (c).

[4] *Rushton* v. *Turner Brothers Asbestos Co.*, [1960] 1 W. L. R. 96.

[5] Vgl. SALMOND(-HEUSTON) 582 ff.; STREET 277 ff.; WILLIAMS, Liability for animals (Cambridge 1939).

[6] (1866), L. R. 1 Exch. 265, bestätigt durch die Entscheidung des Oberhauses (1868), L. R. 3 H. L. 330 = L. Jour. N. S. 37, 2, S. 161; dazu OPPIKOFER, Zur Gefährdungshaftung im englischen Recht, Beiträge zum Wirtschaftsrecht II 1027 ff.

Prinzip dieser Entscheidung ist durch eine umfängliche Rechtsprechung erweitert worden zu der Haftungsnorm, daß jede Person, die im Zuge einer nicht-natürlichen Benutzung ihres Grundstücks auf diesem einen Stoff ansammelt, der im Falle des Entweichens andere zu schädigen droht (z. B. Wasser, Gas, Dampf, Elektrizität, explosives Material), bei Realisierung der Gefahr den Schaden zu ersetzen hat, den andere Personen bei der Benutzung ihres Grundstücks erleiden[1]. Wiederum ist ohne Belang, ob der Schädiger im konkreten Falle pflichtwidrig handelte oder nicht.

Für beide Tatbestände einer Gefährdungshaftung ist mindestens in der Theorie anerkannt, daß der Einwand, der Verletzte habe die Gefahr bewußt auf sich genommen, eine „good defence" ist[2].

Die Rechtsprechung ist wenig ergiebig. Der Anspruch nach *Rylands* v. *Fletcher* wird versagt, wenn der Geschädigte Räumlichkeiten in einem Gebäude gemietet hatte, in welchem sich – und zwar in dem nichtvermieteten Teil – eine Wasseranlage befand, von der aus später Wasser in die gemieteten Räume eindrang und den Kl. schädigte. Der Vermieter hafte in einem solchen Falle nur beim Nachweis eines Verschuldens, da der Geschädigte das Gebäude samt seinen Anlagen, so wie es bei Abschluß des Mietvertrages beschaffen war, gebilligt habe[3].

Eine scienter-action wurde, soweit ich sehe, allein im Falle *Sylvester* v. *Chapman Ltd.*[4] aus dem Gesichtspunkt der Gefahrübernahme zurückgewiesen. Der Kläger war über die vor einem Leopardenkäfig befindliche Abschrankung hinweggeklettert, um eine Zigarette auszulöschen, die inmitten des dort aufgehäuften Strohs glimmte[5]. Der Leopard schlug aus seinem Käfig heraus nach dem Kläger und verletzte ihn. Die Klagabweisung war hier jedoch schon wegen des mitwirkenden Verschuldens des Verletzten unvermeidlich[6]!

Übernimmt der Arbeitnehmer, der sich zur Dienstleistung an einem gefährlichen Tier des Dienstherrn verpflichtet oder bei seiner Dienstleistung einer Gefahr ausgesetzt ist, für welche der Dienstherr nach der Rylands-v.-Fletcher-Rule verantwortlich ist, diese Gefahren mit der Wirkung, daß die Gefährdungshaftung des Dienstherrn entfällt? In der

---

[1] Street 256 ff.; Salmond(-Heuston) 553 ff.

[2] Williams 313 ff.; Street 266 f., 282; Salmond(-Heuston) 566 f., 593.

[3] *Peters* v. *Prince of Wales Theatre (Birmingham), Ltd.*, [1943] 1 K. B. 73 (C. A.), wo die übrige Rechtsprechung angeführt wird.

[4] (1935), 79 Solicitor's Journal 777, zitiert nach Street 282 (C. A.). Im Falle *Behrens* v. *Bertram Mills Circus, Ltd.*, [1957] 2 Q. B. 1 kam es auf die Volens-Maxime nicht an.

[5] Der Kläger war nicht vom Beklagten, sondern von einem anderen Schausteller angestellt.

[6] Auch gegenüber einer scienter-action kann contributory negligence eingewandt werden, Williams 209 N. 14.

Literatur wird diese Frage z. B. von WILLIAMS bejaht[1]. Die Rechtsprechung scheint den Ausschluß der Gefährdungshaftung des Arbeitgebers eher aus dem Wesen des Arbeitsverhältnisses zu folgern. DENNING L. J. sagt apodiktisch im Falle *Rands* v. *McNeil*[2] – der Kl., ein landwirtschaftlicher Arbeiter, war von einem als bösartig bekannten Bullen des beklagten Arbeitgebers angefallen worden, als er den Stall ausmisten wollte –, die Pflicht des Arbeitgebers, der ein gefährliches Tier hält, sei gegenüber seinen Leuten nicht „strict", sondern beschränke sich darauf, mit ordentlicher Sorgfalt darauf bedacht zu sein, daß seine Leute keiner unnötigen Gefahr ausgesetzt werden. Die Mehrheit der Richter begründete allerdings die Klagabweisung mit dem schwer einzuschätzenden Argument, der Bulle sei niemals der Obhut des Beklagten entwichen[3].

Eine Haftung des Arbeitgebers nach *Rylands* v. *Fletcher* wird im Verhältnis zu den Arbeitnehmern so gut wie nie in Betracht kommen, weil – wie das Oberhaus in *Read* v. *J. Lyons & Co., Ltd.*[4] klargestellt hat – nur außenstehende Personen diese Haftung geltend machen können, d. h. Personen, die sich außerhalb des Grundstücks befinden, von dem die schädliche Einwirkung ausgeht[5].

### *III. Heutige Rechtslage bei Arbeitsunfällen*

Nach heutiger Anschauung obliegt dem Arbeitgeber kraft ungeschriebenen Rechts gegenüber seinen Arbeitnehmern eine umfassenden persönliche[6] Schutzpflicht, deren schuldhafte Verletzung ihm den Vorwurf der „negligence" einträgt. Die Haftung des Arbeitgebers entfällt nicht schon deshalb, weil ein Arbeitnehmer die ihm infolge der Pflichtwidrigkeit des Arbeitgebers drohende Gefahr erkennt, sei es nun, daß der Arbeitnehmer diese Kenntnis schon bei Dienstantritt besitzt oder sie erst im Verlaufe der Arbeit erwirbt. Es ist auch nicht erforderlich, daß der Verletzte, um sich seine Schadensersatzansprüche zu erhalten, wegen der ihm drohenden Gefahr vorstellig wird[7]. Eine „voluntary assumption

---

[1] WILLIAMS 313 f.
[2] [1955] 1 Q. B. 253 [257] (C. A.).
[3] Dazu SALMOND(-HEUSTON) 585 N. 18.
[4] [1947] A. C. 156.
[5] Damit ist in England allen Bestrebungen ein Riegel vorgeschoben, das Rechtsprinzip von *Rylands* v. *Fletcher* zu einer allgemeinen Gefährdungshaftung für „ultrahazardous activities" auszubauen, wie dies im amerikanischen Tort-Restatement (§§ 519–524, dazu PROSSER 329–338) vorgeschlagen wird.
[6] Siehe oben S. 177.
[7] WILLIAMS 303.

of risk" durch den Arbeitnehmer setzt vielmehr den Nachweis voraus, daß der Arbeitnehmer bereit war, sich unter Verzicht auf etwaige Ersatzansprüche der Gefahr auszusetzen.

Bei Verletzung gesetzlicher Schutzpflichten steht der Gesetzeszweck einer Gefahrübernahme entgegen. Ferner war nie zweifelhaft, daß sich der Arbeitgeber seiner Haftung nach der Workmen's Compensation-Gesetzgebung – es handelt sich um eine erstmals durch den Workmen's Compensation Act von 1897 eingeführte, vom Verschulden unabhängige Haftung des Arbeitgebers für Arbeitsunfälle [1] – nicht mit dem Einwand entziehen konnte, der Arbeitnehmer habe die Gefahr auf sich genommen. Neben dieser gesetzlichen „Gefährdungshaftung" hatte jedoch die Haftung des Arbeitgebers wegen negligence und damit auch die Lehre von der voluntary assumption of risk nie ihre Bedeutung verloren, da der Schutz, den die Workmen's Compensation-Gesetze gewährten, unvollkommen war.

Ähnlich steht es mit dem seit 1948 geltenden System der staatlichen Versicherung der Arbeitnehmer gegen Arbeitsunfälle und Berufskrankheiten [2], das die Workmen's Compensation-Gesetze abgelöst hat. Eine assumption of risk ist auf die Ansprüche des Arbeitnehmers aus der gesetzlichen Unfallversicherung ohne Einfluß. Der versicherte Arbeitnehmer muß sich jedoch die Leistungen, die er aus der staatlichen Versicherung empfängt, in jedem Falle teilweise auf seinen Schaden anrechnen lassen. Im übrigen verbleibt ihm aber sein Recht, den Arbeitgeber nach den Common-Law-Regeln, insbesondere wegen negligence, haftbar zu machen, wobei er sich freilich gegebenenfalls auch den Einwand der assumption of risk gefallen lassen muß [3]. Die Lehre von der assumption of risk ist also durch die neuen englischen Sozialversicherungsgesetze im Arbeitsrecht keineswegs gegenstandslos geworden.

---

[1] Workmen's Compensation Act 1897, 60 & 61 Vic., c. 37. Das Gesetz wurde verschiedentlich ergänzt bzw. die Materie neu geregelt: Workmen's Compensation Act 1900, 63 & 64 Vic., c. 22; Workmen's Compensation Act 1906, 6 Edw. 7, c. 58; Workmen's Compensation Act 1925, 15 & 16 Geo. 5, c. 84. Dazu MUNKMAN 14–16; FRANK, 18 Law and Contemporary Problems (1953) 327 ff.

[2] National Insurance Act 1946, 9 & 10 Geo. 6, c. 67 mit zahlreichen seitdem ergangenen Abänderungen und Verbesserungen, vgl. zuletzt den National Insurance Act 1957, 5 & 6 Eliz. 2, c. 26 und (no. 2) 6 & 7 Eliz. 2, c. 1; hierzu MUNKMAN 445–448; FRANK (s. oben N. 2) 338 ff.

[3] Law Reform (Personal Injuries) Act 1948 (11 & 12 Geo. 6, c. 41) s. 2 subs. 1; SALMOND(-HEUSTON) 136 f.; FRANK (s. oben N. 2) 342 f.

### *IV. Rechtslage in den Vereinigten Staaten*

In Amerika ist die Rechtsprechung zur voluntary assumption of risk des Arbeitnehmers, der sich einer gefährlichen Arbeit unterzieht, bis heute im wesentlichen unverändert auf dem der englischen Entscheidung *Thomas* v. *Quartermaine* entsprechenden Stand geblieben[1]. Das erklärt sich nicht nur aus dem in besonderem Maße liberalen „Klima" Amerikas, sondern auch aus den dortigen wirtschaftlichen Verhältnissen. In Amerika stand der Arbeitsmarkt viel länger als in England im Zeichen des Mangels an Arbeitskräften jeglicher Art, so daß für arbeitsfähige Personen tatsächlich weitgehend die freie Wahl der Arbeitsstätte und damit auch der Arbeitsbedingungen gewährleistet war[2]. Allerdings ist in Amerika der tatsächliche Anwendungsbereich der Lehre von der voluntary assumption of risk bei Arbeitsunfällen durch die Einführung von Workmen's Compensation-Gesetzen inzwischen sehr begrenzt worden. Die meisten Arbeitsunfälle werden heute schadensrechtlich nach diesen Gesetzen abgewickelt, wobei dem Arbeitgeber der Einwand der voluntary assumption of risk abgeschnitten ist[3]. Und soweit für Arbeitsverhältnisse Bundesrecht gilt – so für die Arbeitsverhältnisse der im zwischenstaatlichen Eisenbahn- oder Schiffsverkehr tätigen Personen –, wurde der Einwand der voluntary assumption of risk 1939 durch Bundesgesetz abgeschafft[4].

## § 12

### *Assumption of risk bei Teilnahme an gefährlichen Veranstaltungen*

Das Problem der Gefahrübernahme bei der Teilnahme an einer gefährlichen Veranstaltung, insbesondere an einem Sport oder Spiel, ist in der englischen Rechtsprechung sowie im Schrifttum zur assumption of risk weniger hervorgetreten. Das Schrifttum begnügt sich meist mit der Feststellung, daß die Teilnehmer an einer gefährlichen Veranstaltung alle Gefahren auf sich nehmen, die der Veranstaltung notwendig innewohnen[5].

---

[1] PROSSER 379; HARPER/JAMES II 1178.

[2] Darauf weist BOHLEN (542) hin.

[3] Alle amerikanischen Staaten haben inzwischen Workmen's Compensation-Gesetze eingeführt, HARPER/JAMES II 1178 f.

[4] HARPER/JAMES II 1177 N. 9.

[5] SALMOND(-HEUSTON) 40; WINFIELD(-LEWIS) 39 f.; STREET 169; HALSBURY (-DAVIES/COPLESTONE-BOUGHEY) XXVIII (1959) s. v. „Negligence", no. 89, S. 84 f.; PROSSER 83 f., 307 f.; s. auch *Asquith J.* in *Dann* v. *Hamilton,* [1939] 1 K. B. 509 [516] (obiter).

Bei der Untersuchung der Fallgruppe der Teilnahme an gefährlichen Veranstaltungen soll zunächst nur die Übernahme der Gefahren behandelt werden, die von der Veranstaltung selbst, d. h. dem Verhalten der Teilnehmer, ausgehen. Hinsichtlich der Gefahren, die auf der Beschaffenheit des Grundstücks, auf welchem die Veranstaltung stattfindet, oder der vom Veranstalter zur Verfügung gestellten Einrichtungen beruhen, bestimmt sich die Verantwortlichkeit des Veranstalters zum Teil nach anderen Grundsätzen. Hiervon wird in einem späteren Kapitel (§ 13) die Rede sein.

## *I. Haftung des Veranstalters*

### *1. Haftung gegenüber Außenstehenden*

Auch im englischen Recht wird die deliktische Pflicht des Veranstalters, sachdienliche Vorkehrungen zum Schutze Außenstehender zu treffen, streng bemessen[1]. Ein Golfklub wurde zum Ersatz des Schadens verurteilt, welchen ein Golfball anrichtete, der vom Spielgelände auf die nahe Straße flog und die Windschutzscheibe eines vorbeifahrenden Taxi zertrümmerte, wobei der Fahrer des Taxi durch Glassplitter ein Auge verlor[2]. Ähnlich liegt eine amerikanische Entscheidung[3]. Sie betrifft den Fall, daß von einem Baseballplatz ein Ball auf eine angrenzende Straße drang.

Das Oberhaus betont jedoch in *Bolton* v. *Stone*[4], daß die Vorhersehbarkeit der entfernten Möglichkeit, ein Ball könne über die Umzäunung eines Cricketfeldes auf eine an dem Feld vorbeiführende Straße fliegen, noch nicht den Vorwurf der negligence gegen den Veranstalter begründet, der diese Möglichkeit außer acht läßt.

Die Schutzpflichten des Veranstalters gegenüber Außenstehenden sind strenger als die Schutzpflichten gegenüber den Teilnehmern an der Veranstaltung. Street[5] ist der Meinung, ein Golfklub sei für das Abirren eines Balls auf eine angrenzende Straße zwar verantwortlich, falls ein gewöhnlicher Straßenpassant verletzt werde. Doch stehe dem Klub der Einwand der voluntary assumption of risk zu Gebote, sofern durch den Ball ein Golfspieler getroffen werde, der auf dem Weg zu einem anderen Spielfeld sei. Die auch in der anglo-amerikanischen Rechtsprechung zu

---

[1] Vgl. Charlesworth 176.
[2] *Castle* v. *St. Augustine's Links, Ltd.* (1922), 38 T. L. R. 615 = 14 Mew's Digest 51 (Haftungsgrundlage war „nuisance").
[3] *Salevan v. Wilmington Park, Inc.*, 72 A. 2d 239 (Sup. Ct. of Delaware 21. 3. 50).
[4] [1951] A. C. 850 (H. L.).
[5] Street 169.

beobachtende Relativierung der Schutzpflichten des Veranstalters tritt in der amerikanischen Entscheidung *McLeod Store v. Vinson*[1] besonders deutlich hervor.

Eine Kaufhausfirma veranstaltete zu Reklamezwecken eine Preishühnerjagd. Einige Hühner wurden vom Dach des Kaufhauses aus auf die Straße fliegen gelassen und dann von der dort wartenden Menge eingefangen. Der sich an der Jagd beteiligende siebzehnjährige Kl. wurde von mehreren Personen, die sich auf ein Huhn stürzten, überrannt und erheblich verletzt.

Der Court of Appeals of Kentucky wies die gegen den Veranstalter gerichtete Schadensersatzklage zurück. Der Kläger habe bei seinem Alter die Gefahren der Jagd voll ermessen können und müsse sich daher den Einwand der voluntary assumption of risk gefallen lassen. Unbeteiligten gegenüber habe aber der Veranstalter pflichtwidrig gehandelt, indem er durch die Hühnerjagd eine Rempelei verschuldet habe. Der Veranstalter würde sich daher nach Ansicht von McCandless J. haftbar gemacht haben, falls ein unbeteiligter Straßenpassant bei dem Handgemenge verletzt worden wäre.

### 2. *Haftung gegenüber Zuschauern und Teilnehmern*

#### a) Haftungsgrundlagen

Bestand und Inhalt der Schutzpflichten, die dem Veranstalter im Verhältnis zu den Zuschauern und den Teilnehmern obliegen, sind Gegenstand zahlreicher Gerichtsentscheidungen und ausführlicher Erörterungen des Schrifttums. Aber die Rechtsnatur dieser Schutzpflichten wird kaum behandelt, weil der englische Jurist nicht gewohnt ist, aus der Rechtsnatur solcher Pflichten praktische Folgerungen abzuleiten[2]. Immerhin läßt die Mehrzahl der englischen Entscheidungen erkennen, daß die Schutzpflichten des Veranstalters gegenüber einem Besucher, der ein Eintrittsgelt zahlt, dem stillschweigenden Inhalt des mit dem Besucher geschlossenen Vertrags (terms to be implied) entnommen werden[3], während andererseits der Veranstalter im Verhältnis zu unentgeltlich zu-

---

[1] 281 S. W. 799 (Ct. of Appeals of Kentucky 9. 3. 26).

[2] Vgl. oben S. 176 f.

[3] *Francis* v. *Cockrell* (1870), L. R. 5 Q. B. 184 (Pferderennen); *Cox* v. *Coulson,* [1916] 2 K. B. 177 (C. A.: Theatervorstellung); *Gillmore* v. *London County Concil,* [1938] 4 All E. R. 331 (Teilnahme an einer Turnstunde); *Hall* v. *Brooklands Auto Racing Club,* [1933] 1 K. B. 205 (C. A.: Autorennen); *Murray* v. *Harringay Arena, Ltd.,* [1951] 2 K. B. 529 (Eishockeyspiel).

gelassenen Besuchern nur für „negligence", also nur deliktisch haftet. Hingegen lassen die amerikanischen Entscheidungen regelmäßig[1] jeglichen Hinweis auf die Rechtsgrundlage der angenommenen „duties of care" vermissen. Man wird annehmen müssen, daß in diesen Entscheidungen nur an eine deliktische Haftung wegen „negligence" gedacht ist.

b) Haftung aus Vertrag

Der Veranstalter eines Sporttreffens oder einer sonstigen öffentlichen Darbietung garantiert nach englischer Rechtsauffassung nicht die Sicherheit der (zahlenden) Besucher; er verpflichtet sich nur, ordentliche Sorgfalt zum Schutze der Besucher anzuwenden.

Scrutton L. J. sagt in *Hall* v. *Brooklands Auto Racing Club*[2] über die Haftung des Veranstalters eines Autorennens: „This is not an absolute warranty of safety, but a promise to use reasonable care to ensure safety."

In den amerikanischen Entscheidungen heißt es meist: Der Veranstalter ist nicht „the insurer of the safety of his patrons, but owes to them only the duty of reasonable care"[3].

Die ordentliche Sorgfalt verlange nur, daß der Veranstalter die Besucher vor den besonderen Gefahren schützt, die er kennt oder kennen muß, wohingegen der Veranstalter nicht verantwortlich sei für die gewöhnlichen, der Veranstaltung innewohnenden Gefahren, die jeder vernünftige Besucher vorhersehe und daher auch auf sich nehme. Der Begriff der voluntary assumption of risk, der in diesem Zusammenhang häufig benutzt wird, hat hier also die Funktion, die implizierten Vertragspflichten des Veranstalters zu begrenzen.

*Hall* v. *Brooklands Auto Racing Club*[4]: Bei einem Autorennen wurde ein Rennwagen nach einem Zusammenstoß über die Umzäunung in die Zuschauermenge geschleudert. Der Court of Appeal wies die gegen den Veranstalter gerichtete Scha-

---

[1] Vgl. aber *Scott v. University of Michigan Athletic Ass'n*, 116 N. W. 624 (Supr. Ct. of Michigan 26. 5. 08: vertragliche Haftung des Veranstalters eines Football-Spiels).

[2] (S. 196 N. 3) 214; ähnlich Laidlaw J. A. in der kanadischen Entscheidung *Payne* v. *Maple Leaf Gardens Ltd., Stewart and Marucci*, [1949] 1 D. L. R. 369 [371] (Ontario Ct. of Appeal: Eishockeyspiel).

[3] Hefferman J. in *Ingersoll v. Onondaga Hockey Club*, 281 N. Y. S. 505 (Supr. Ct. of New York 27. 6. 35: Eishockeyspiel). Vgl. ferner etwa *Modec v. City of Eveleth*, 29 N. W. 2d 453 (Supr. Ct. of Minnesota 31. 10. 47: Eishockeyspiel); *Leek v. Tacoma Baseball Club*, 229 P. 2d 329 (Supr. Ct. of Washington, Dep. 2, 29. 3. 51: Baseballspiel).

[4] Siehe oben S. 196 N. 3; ähnlich Singleton L. J. in *Murray* v. *Harringay Arena Ltd.* (S. 196 N. 3).

densersatzklage eines der Verletzten ab (die Schadensersatzklage gegen die beteiligten Rennfahrer war schon in der Vorinstanz mangels negligence der Rennfahrer zurückgewiesen worden).

Scrutton L. J. sagt[1]: „I think ... that there is no obligation to protect against a danger incident to the entertainment which any reasonable spectator foresees and of which he takes the risk." Der Veranstalter habe keine negligence begangen, wenn er die Zuschauer nicht vor der Gefahr gewarnt habe, daß beim Rennen ein Wagen aus der Bahn geschleudert werden könne, zumal sich Derartiges seit Eröffnung der Bahn vor 23 Jahren nicht ereignet habe[2].

Für die amerikanische Rechtsprechung ist grundlegend die Entscheidung des Court of Appeals of New York in Sachen *Murphy v. Steeplechase Amusement Co., Inc.*, über die eingangs der Arbeit schon berichtet wurde[3] (Cardozo: „The timorous may stay at home").

Für die Gefahrverteilung ist somit das Erkenntnisvermögen eines „vernünftigen" Zuschauers wesentlich. Die Einschaltung des normativen Begriffs des „reasonable man" bedeutet, daß nicht die aktuelle Kenntnis des Bedrohten von der Gefahr, sondern die potentielle Kenntnis einer Durchschnittsperson ausschlaggebend ist, d. h. in Wahrheit die objektive Vorhersehbarkeit der Gefahr. Dabei haben sich in der Praxis Zweifel ergeben, inwieweit bei der Generalisierung, die der Begriff des „reasonable man" impliziert, von der Einzelpersönlichkeit des Klägers abgesehen werden darf.

Im Falle *Murray* v. *Harringay Arena Ltd.*[4] war ein sechsjähriges Kind, das von seinem Vater zu einem Eishockeyspiel mitgenommen worden war, durch den aus dem Felde geschlagenen Puck verletzt worden. Singleton L. J. meinte, die Gefahr, daß der Puck in den Zuschauerraum fliege, könne „every reasonable spectator" vorhersehen und müsse daher jeder Zuschauer auf sich nehmen. Es erscheine zwar hart, diesen Grundsatz auch bei Verletzung eines erst sechsjährigen Kindes anzuwenden, aber es gehe nicht an, die sich aus einer stillschweigenden

---

[1] aaO (S. 196 N. 3) 217.

[2] Vgl. auch *Payne* v. *Maple Leaf Gardens Ltd., Stewart and Marucci* (S. 197 N. 2) 369: Daß ein Eishockeyspieler mit einem Stock, den ein anderer Spieler im Streit festhält und dann plötzlich losfahren läßt, einen Zuschauer verletzt, ist ein außergewöhnliches Ereignis, mit dem der Veranstalter nicht zu rechnen und gegen das er daher auch keine Vorsorge zu treffen braucht.

[3] Siehe oben S. 12 f. Vgl. auch *Wright v. Mt. Mansfield Lift, Inc.*, 96 F. Suppl. 786 (United States Distr. Ct., D. Vermont 16. 4. 51): Eine Skiläuferin war bei der Abfahrt auf einer markierten Piste gegen einen etwa 10–12 cm hohen, im Schnee versteckten Baumstumpf gerannt und hatte sich ein Bein gebrochen. „The pl., in hitting a snow-covered stump as she have claims to have hit, was merely accepting a danger that inheres in the sport of skiing."

[4] Siehe oben S. 196 N. 3.

Vertragsbestimmung (implied term in this contract) ergebende Haftung des Veranstalters wegen der Jugendlichkeit einzelner Zuschauer strenger ausfallen zu lassen[1].

In amerikanischen Entscheidungen werden noch subtilere Überlegungen angestellt[2]. Nach dem Urteil des Supreme Court of New York in Sachen *Ingersoll v. Onondaga Hockey Club*[3] nimmt selbst der Besucher, der zum ersten Male einem Eishockeyspiel beiwohnt, die Gefahr auf sich, vom Puck getroffen zu werden, falls sich der Besucher auf einen der Plätze begibt, die nicht mittels eines Netzes geschützt sind. Der Veranstalter sei nicht verpflichtet, jeden Besucher zu fragen, ob er schon einmal einem solchen Spiele zugesehen habe. Der Supreme Court of Minnesota[4] ist der Ansicht, in Minnesota werde Eishockey so häufig gespielt, daß von Rechts wegen (d. h. ohne daß hierüber die Jury zu befinden hat) eine allgemeine Kenntnis der Gefahr, als Zuschauer vom Puck getroffen zu werden, anzunehmen sei. Zum entgegengesetzten Ergebnis kam ein kalifornisches Gericht[5] im Jahre 1939. Das Eishockeyspiel sei in Kalifornien ein neues Spiel, das erst seit zwei Jahren allmählich aufkomme. Eine Durchschnittsperson „of ordinary intelligence" wisse in Kalifornien zwar, daß bei einem Baseballspiel die Bälle hart und schnell geworfen werden, so daß sie nicht selten in den Zuschauerraum fliegen. Beim Eishockeyspiel könne aber eine entsprechende Gemeinkenntnis nicht unterstellt werden.

Bei dem in Amerika beliebten und viel geübten Baseballspiel scheint die Rechtsprechung einheitlich dahin zu gehen, daß die Zuschauer die Gefahr übernehmen, durch einen aus dem Feld geworfenen Ball verletzt zu werden, falls der Veranstalter eine hinreichende Zahl von Plätzen, die durch ein Netz geschützt sind, bereitstellt, so daß die Besucher zwischen einem gesicherten und einem ungesicherten Platz wählen können[6].

Schafft aber der Veranstalter pflichtwidrig, durch Unterlassen der gebotenen Sicherungsvorkehrungen, zusätzliche Gefahren, die über das normale Risiko der Veranstaltung hinausführen, so weist die Praxis stets

---

[1] (oben S. 196 N. 3) 534, 536. [2] Harper/James II 1169 f., 1183 f.

[3] Siehe oben S. 197 N. 3.

[4] *Modec v. City of Eveleth* aaO (oben S. 197 N. 3).

[5] *Thurman v. Ice Palace,* 97 P. 2d 999 (Distr. Ct. of App. 2d Distr., Div. 2, 29. 12. 39).

[6] Vgl. *Blakely v. White Star Line,* 118 N. W. 482 (Supr. Ct. of Michigan 30. 11. 08); *Crane v. Kansas City Baseball & Exhibition Co.,* 153 S. W. 1076 (Kansas City Ct. of App., Missouri, 17. 2. 13); *Leek v. Tacoma Baseball Club,* s. oben S. 197 N. 3.

den Einwand zurück, der verletzte Zuschauer oder Teilnehmer habe diese Gefahren, weil er sich ihnen bewußt ausgesetzt habe, freiwillig auf sich genommen[1].

*Gillmore* v. *London County Council*[2]: Der Kl. verletzte sich bei einer von der Bekl. veranstalteten Turnstunde, weil der Boden der Halle, in der aushilfsweise geübt wurde, poliert war und der Kl. deswegen ausglitt. Du Parcq L. J. bejahte eine Gefahrübernahme hinsichtlich der normalen Gefahren des Turnens. Die von der Glätte des Bodens ausgehende Gefahr sei aber eine „added danger" gewesen, die der Kl. nicht auf sich genommen habe.

*Dixon* v. *City of Edmonton* (Supr. Ct. of Canada 11. 11. 24)[3]: Die Bekl. eröffnete anläßlich eines Winterfestes eine Bobbahn, die gegen Entgelt benutzt werden durfte. Ein Starter gab am Anfang der Bahn in gewissen Abständen die einzelnen Bobs frei, ohne die gesamte Strecke übersehen zu können. So kam es, daß der Kl., der nach einer Kurve mit seinem Bob gestürzt war, von einem nachfolgenden Bob angefahren und verletzt wurde. Der Schadensersatzklage wurde stattgegeben. Die Bekl. hafte, weil sie ihre Pflicht verletzt habe „to prevent the exposure of the participants in the sport to unnecessary and unexpected perils"[4]. Der Kl. habe nur die Gefahren übernommen, die „incidental and inseparable from the sport" sind.

Auch ein Flugschüler nimmt nicht die Gefahr eines Unfalls auf sich, der auf negligence des Clubs, dem der Schüler angehört, oder der Leute dieses Clubs beruht: *McWilliams* v. *Thunder Bay Flying Club*[5].

Cardozo C. J. schließt ferner in *Murphy* v. *Steeplechase Amusement Co. Inc.*[6] (Verletzung des Klägers bei Benutzung einer Berg- und Talbahn) interessanterweise eine Gefahrübernahme hinsichtlich derjenigen Gefahren aus, die so ernst sind „as to justify the belief that precautions of some kind must have been taken to avert them". Ein Haftungsausschluß sei möglicherweise auch dann ungerechtfertigt, wenn Unfälle so häufig seien, daß daraus der Schluß gezogen werden müsse, die Veranstaltung sei ihrer Natur nach zu gefährlich, als daß sie unverändert fortgeführt werden dürfe.

c) Deliktische Haftung

Für die deliktische Haftung des Veranstalters gegenüber Zuschauern oder Teilnehmern gelten entsprechende Grundsätze. Nach *O'Dowd* v.

---

[1] So auch Salmond(-Heuston) 40; Williams 303 f.; Charlesworth 541.

[2] Siehe oben S. 196 N. 3.

[3] [1925] 1 D. L. R. 80.

[4] Newcombe J. (vorige Note) 86.

[5] [1951] 1 D. L. R. 128 (Supr. Ct. of Ontario); ähnlich *Olsen* v. *Corry and Gravesend Aviation, Ltd.*, [1936] 3 All E. R. 241.

[6] Ct. of Appeals of New York 16. 4. 29, 250 N. Y. 479 = 166 N. E. 173.

*Fraser-Nash*[1] ist der Veranstalter eines Autorennens der Witwe eines Arztes, der sich zur Hilfeleistung während des Rennens erboten hatte und bei Ausübung seines Dienstes durch einen aus der Bahn geschleuderten Rennwagen getötet wurde, nicht (wegen negligence) zum Schadensersatz verpflichtet, sofern der Veranstalter vor den drohenden Gefahren hinreichend gewarnt hatte.

## II. Haftung der (aktiven) Teilnehmer

### 1. Haftung gegenüber Zuschauern

Auch im Verhältnis der Teilnehmer zu den Zuschauern gilt der Grundsatz, daß die Zuschauer nur die Risiken auf sich nehmen, die von normalen Aktionen der Teilnehmer ausgehen, nicht aber die Gefahr, durch pflichtwidriges Verhalten der Teilnehmer verletzt zu werden.

*Cleghorn* v. *Oldham*[2]: Als die Bekl. einem anderen Golfspieler eine bestimmte Spielweise vorführte, war die Kl., die hierbei zusah, durch einen Stockschlag des Bekl. verletzt worden. Swift J. gab der Schadensersatzklage statt mit der Begründung, der Bekl. habe unachtsam gehandelt. Die Klägerin habe nicht das Risiko auf sich genommen „of being injured by negligence".

Vgl. ferner den schon berichteten Fall *Payne* v. *Maple Leaf Gardens Ltd., Stewart and Marucci*[3], wo die Schadensersatzklage gegen den Spieler durchdrang, der zu Unrecht den von ihm festgehaltenen Stock für den seinigen gehalten hatte: „Es kann richtigerweise nicht angenommen werden, daß einer der Kläger das Risiko auf sich nahm, das sich unmittelbar aus der negligence oder dem unrichtigen Verhalten eines Spielers ergab."[4]

### 2. Haftung der Teilnehmer untereinander

Bislang ist in der englischen Rechtsprechung die Frage noch nicht praktisch geworden, wann die Teilnehmer an einem Sport oder Spiel einander für Verletzungen haften, die sie bei dem Sport oder Spiel einander zufügen.

Das Schrifttum ist sich darüber einig, daß in der Teilnahme an einem Sport oder Spiel zwar keine Einwilligung in eventuelle Verletzungen zu

---

[1] [1951] W. N. 173 = [1951] 3 C. L., no. 377.

[2] (1927), 43 T. L. R. 465 = Mew's Digest 1925–1935, Sp. 1706; dazu 43 L. Q. R. (1927) 437, wo beanstandet wird, daß der Gesichtspunkt der contributory negligence der Kl. nicht geprüft worden sei.

[3] Siehe oben S. 197 N. 2.

[4] Laidlaw J. A. aaO (oben S. 197 N. 2) 373.

erblicken ist, wohl aber die Übernahme des inhärenten Risikos des Sports oder Spiels[1]. Gelegentlich wird auch die Bedeutung der Spielregeln für die Abgrenzung des erlaubten Risikos erkannt[2].

Comment c zu § 50 des amerikanischen Tort-Restatement lautet: „In der Teilnahme an einem Spiel manifestiert sich die Bereitschaft, solche körperlichen Berührungen oder Beschränkungen der Freiheit auf sich zu nehmen, die durch die Spielregeln oder -gewohnheiten erlaubt sind. In der Teilnahme an einem solchen Spiel liegt aber nicht die Zustimmung zu Berührungen (contacts), die durch die Spielregeln oder -gewohnheiten verboten sind, falls diese Regeln oder Gewohnheiten den Schutz der Teilnehmer bezwecken und nicht nur den besseren Fortgang des Spielgeschehens als Geschicklichkeitsprobe sicherstellen sollen. Das ist auch dann so, wenn der Spieler weiß, daß seine Mit- oder Gegenspieler gewöhnlich die Regeln verletzen."

In *Walsh v. Machlin*[3] entschied der Supreme Court of Errors of Connecticut, die Sorgfaltspflicht, die ein Golfspieler gegenüber seinen Mitspielern schuldet, sei „the usual one of reasonable care under the circumstances".

Nach Winfield findet nur bei einem „lawful game" eine Gefahrübernahme statt[4]. So sei ein Faustkampf mit bloßen Fäusten „unlawful"[5], ebenso aber ein Boxkampf, wenn er mit genügender Wildheit (sufficient ferocity) ausgetragen werde und zu schwerem Schaden (severe punishment) führe.

Der Supreme Court of Alabama zieht aber im Urteil *McAdams v. Windham*[6] mit Recht eine differenziertere Betrachtungsweise vor. Ein Boxkampf mit bloßen Fäusten sei erlaubt, wenn er auf freundschaftliche Weise („in the spirit of play") ausgetragen werde. Der Ehemann der Kl. hatte bei einem solchen Kampf durch einen normalen Schlag des Beklagten aufs Herz tödliche innere Verletzungen erlitten. Die Schadensersatzklage seiner Witwe wurde abgewiesen.

---

[1] Winfield(-Lewis) 27 ff.; Salmond(-Heuston) 40; s. auch Asquith J. in *Dann v. Hamilton* (S. 194 N. 5) 516; Prosser 83.

[2] Vgl. Winfield(-Lewis 33; Gordon, 61 L.Q.R. (1945) 160.

[3] 23 A. 2d 156 (5. 12. 41).

[4] Winfield(-Lewis) 29 f.; vgl. auch Halsbury(-Davies/Coplestone-Boughey) XXVIII (1959), s. v. „Negligence", no. 89, S. 84 (k).

[5] Ebenso Pollock(-Landon) 114.

[6] 94 So. 742 (30. 11. 22); vgl. auch Thomas v. Barlow, 138 A. 208 (Supr. Ct. of New Jersey 23. 7. 27), wo die Schadensersatzklage eines beim Spiel verletzten Baseballspielers zurückgewiesen wird mit der Begründung, der schädigende Schlag des Gegners sei „entirely accidental, and not the result of any preconceived purpose" gewesen.

# § 13

# *Assumption of risk beim Betreten fremder Grundstücke oder Anlagen*

## *I. Grundsätze über die Verantwortlichkeit für die von einem Grundstück ausgehenden Gefahren*

Die überaus komplizierten Normen des Common Law, welche darüber bestimmen, inwieweit der Inhaber (occupier) einer Anlage (premises) – insbesondere eines Grundstücks [1] – für die Sicherheit der die Anlage betretenden Personen stillschweigend-vertraglich oder deliktisch haftet, sind in England durch den Occupiers' Liability Act von 1957 [2] vereinfacht worden. Das Gesetz hat im wesentlichen die Empfehlungen des britischen Law Reform Committee verwirklicht, das im Auftrage des Lord Chancellor das Rechtsgebiet überprüft und im Jahre 1954 einen eingehenden Bericht über die gebotene Reform vorgelegt hatte [3]. Zum Verständnis des Gesetzes ist es notwendig, zunächst die frühere Rechtslage zu schildern.

### *1. Haftung des Inhabers (occupier) nach der Rechtslage vor Erlaß des Occupiers' Liability Act*

a) Stillschweigend-vertragliche Haftung

Wofern eine Person einen vertraglichen Anspruch darauf hat, ein Grundstück zu benutzen oder auf ihm zu verweilen [4], bemißt sich ihr

---

[1] Unter den Begriff der „premises" fallen außer den Grundstücken auch Vorrichtungen, die auf einem Grundstück angebracht werden, z. B. eine Tribüne oder ein Gerüst, aber auch ein Schiff im Trockendock, vgl. SALMOND(-HEUSTON) 475. Die Regeln der occupiers' liability gelten ferner entsprechend für bewegliche Vorrichtungen (movable structures), soweit sie von Menschen betreten werden können wie etwa Fahrzeuge jeder Art, vgl. Occupiers' Liability Act, s. 1 subs. 3 a.

[2] 5 & 6 Eliz. 2, c. 31, in Kraft getreten am 1. 1. 1958, s. 8 subs. 3. In Schottland gilt der in einigen Punkten abweichende Occupiers' Liability (Scotland) Act 1960, 8 & 9 Eliz. 2, c. 30. Zu dem englischen Gesetz s. namentlich ODGERS, Camb. L. J. 1957, 39–54; PAYNE, 21 Mod. L. R. (1958) 359–374.

[3] The Third Report of the Law Reform Committee (Occupiers' Liability to Invitees, Licensees and Trespassers), London, Her Majesty's Stationery Office, Cmd. 9305, im folgenden abgekürzt zitiert als „Report"; dazu MUNKMAN, 105 L. Jour. (1955) 3–7.

[4] Das ist nach englischer Anschauung nur dann anzunehmen, wenn die Gestattung des Zutritts unmittelbarer Bestandteil der vertraglichen Leistung des occupier ist, für welche der Besucher ein Entgelt gewährt, die Gestattung also nicht jederzeit widerrufen werden kann. Wird dagegen lediglich anläßlich einer Vertragsbeziehung das Grundstück einer Vertragspartei betreten, oder fiele die Gewährung

Recht, vor den von dem Grundstück ausgehenden Gefahren geschützt zu werden, nach dem mit dem Grundstücksinhaber geschlossenen Vertrag, und zwar in Ermangelung einer ausdrücklichen Vereinbarung nach einer stillschweigenden Vertragsbestimmung (term to be implied). Die Rechtsprechung nahm diese Vertragsergänzung – denn darum handelt es sich – nicht immer in der gleichen Weise vor. Es war zwar unstrittig, daß der „contractual visitor“ keinen absoluten Schutz genießt, sondern nur Anspruch darauf hat, daß sich sein Vertragspartner mit ordentlicher Sorgfalt um die Sicherheit des Besuchers bemüht. Aber einige Male wurde entschieden, daß der Grundstücksinhaber hierbei auch für das Verschulden eines von ihm mit der Herrichtung des Grundstücks beauftragten unabhängigen Unternehmers einzustehen hat, während der Grundstücksinhaber nach anderen Entscheidungen nur bei persönlichem Verschulden oder einem Verschulden seiner Leute haftet[1].

Andererseits wurde durch die Entscheidung *Dunster* v. *Hollis*[2] Klarheit darüber geschaffen, daß die stillschweigend-vertragliche Pflicht des Grundstücksinhabers, den Besucher vor Gefahr zu schützen, nicht schon damit ihr Ende findet, daß der Besucher die auf dem Grundstück vorhandenen Gefahrenstellen kennt.

Im Falle *Dunster* v. *Hollis* kannte der Kl., ein Mieter des Bekl., den schlechten Zustand der in dem Mietshaus befindlichen Treppe, über die der Bekl. Kontrolle und Aufsicht behielt. Trotzdem wurde der Bekl. für den Zustand der Treppe verantwortlich erklärt. Es sei allerdings in solchen Fällen stets zu prüfen, ob nicht ein mitwirkendes Verschulden des Verletzten vorliege.

### b) Deliktische Haftung

Die deliktische Pflicht des Grundstücksinhabers, die Grundstücksbesucher vor den von der Beschaffenheit des Grundstücks ausgehenden Gefahren zu schützen, war verschieden, je nachdem ob es sich um das Verhältnis zu Besuchern handelte, an denen der Inhaber ein mate-

---

des Zutritts nach deutscher Rechtsauffassung in den Rahmen eines Schuldverhältnisses ex contrahendo wie vor allem im Falle des Betretens eines Warenhauses durch einen Kunden, so genießt der Besucher, weil er nach englischem Recht kein „contractual visitor“ ist, nur den Schutz des Deliktsrechts. Die Grenze zwischen vertraglicher und deliktischer Haftung des occupier ist nicht immer leicht zu ziehen, vgl. Report no. 39.

[1] Siehe *Francis* v. *Cockrell* (oben S. 196 N. 3) und *Maclenan* v. *Segar*, [1917] 2 K. B. 325 einerseits, *Gillmore* v. *London County Council* (s. oben S. 196 N. 3) andererseits. Vgl. ferner Report no. 4; Charlesworth 180 ff.

[2] [1918] 2 K. B. 795, s. ferner Salmond(-Heuston) 489; Charlesworth 185.

rielles – insbesondere geschäftliches[1] – Interesse hatte (invitees), oder zu solchen Besuchern, denen der Zutritt vom Inhaber uneigennützig gestattet worden war (licensees), oder schließlich zu Personen, die das Grundstück unbefugt betraten (trespassers). Das Musterbeispiel eines invitee ist der Kunde, der ein Warenhaus betritt[2], und dasjenige eines licensee der Gast, der auf Grund einer gesellschaftlichen „Einladung" in das Haus des Gastgebers kommt.

Das Schutzinteresse der invitees wurde am höchsten bewertet. Der Inhaber hatte sie vor außergewöhnlichen Gefahren (unusual dangers) zu sichern, die er kennt oder kennen muß[3]. Nach der Entscheidung des Oberhauses in *Thomson* v. *Cremin* aus dem Jahre 1941[4] haftete der Inhaber im Verhältnis zu den invitees auch für das Verschulden eines unabhängigen Unternehmers, den er mit der Ausbesserung oder Instandhaltung des Grundstücks beauftragt hatte, jedenfalls wenn der Inhaber selbst die für die Arbeiten erforderliche Sachkunde besaß und daher nicht den Unternehmer hätte hinzuzuziehen brauchen[5].

Gegenüber den licensees oblag ihm lediglich die Pflicht, sie vor den ihm bekannten, auf dem Grundstück verborgenen Gefahren (concealed dangers) zu warnen. Dabei wurde der Begriff der „concealed danger" enger verstanden als der Begriff der „unusual danger".

Gegenüber den trespassers schuldet der Inhaber in Ansehung des Grundstücks überhaupt keine Sorgfaltspflichten, was aber nicht heißt, daß er die trespassers durch vorsätzliche Machenschaften (etwa durch Selbstschutzanlagen) oder durch ein aktives Tun gefährden dürfte, bei welchem er die ihm bekannte Anwesenheit von trespassers auf dem Grundstück ignoriert oder deren Anwesenheit aus Rücksichtslosigkeit außer acht läßt (reckless disregard of trespassers)[6].

Der Grundstücksinhaber war nach der Rechtsprechung stets, auch im

---

[1] Das amerikanische Restatement of the Law of Torts, § 332, spricht schlechthin von „business visitors" anstelle von „invitees". Der business visitor sei eine Person, die eingeladen oder der der Zutritt vom Grundstücksinhaber gestattet worden sei „for a purpose directly or indirectly connected with business dealings between them".

[2] Vgl. Report no. 8.

[3] Willes J. in *Indermaur* v. *Dames* (1866), L. R. I C. P. 274 [288].

[4] [1953] 2 All E. R. 1185; die Entscheidung wurde erst 1953 berichtet.

[5] Besitzt der Inhaber diese Sachkunde nicht, so haftet er, wenn er einen unabhängigen Unternehmer beauftragt, nach *Haseldine* v. *C. A. Daw & Son Ltd.*, [1941] 2 K. B. 343 (C. A.) und *Green* v. *Fibreglass, Ltd.*, [1958] 3 W. L. R. 71 (dazu 74 L. Q. R. 476 f.) nur für culpa in eligendo. Es ist nicht leicht, diese Entscheidungen mit *Thomson* v. *Cremin* in Einklang zu bringen, vgl. oben S. 177 N. 8.

[6] Salmond(-Heuston) 518; Street 193 ff.; Report nos. 28, 29.

Verhältnis zu den invitees, aller Verantwortung für eine auf dem Grundstück befindliche Gefahrenquelle ledig, sobald der Besucher sie in ihrer vollen Tragweite erkannt hatte, mochte auch der Besucher nur „sciens" gewesen sein[1]. In dieser Hinsicht bestand also eine bemerkenswerte, schwerlich berechtigte Divergenz zwischen der Rechtsstellung der invitees und der günstigeren Position der contractual visitors, deren Schutzanspruch sich auch auf die ihnen bekannten Gefahren bezog[2].

Die verschiedenen deliktischen Pflichten eines occupier waren besonders geregelte Spezialfälle von „duties of care", bei deren Verletzung der occupier wegen negligence haftet[3]. Im ganzen gesehen bedeutete die Sonderregelung eine Begünstigung des Grundstücksbesitzes. Es ist jedoch unzutreffend, diese Privilegierung als den Ausdruck einer veralteten Feudalordnung anzusehen, welche den Grundstücksbesitzern eine soziale Vorrangstellung einräumte[4]. Zu der Zeit, als die englischen Gerichte die Regeln über die occupier-Haftung aufstellten (Mitte des 19. Jahrhunderts), war das gesamte englische Deliktsrecht von dem liberalen Prinzip der eigenverantwortlichen Selbstsicherung beherrscht[5]. Die Haftung des occupier gegenüber den licensees ist der klassische Ausdruck dieses Prinzips. Im Jahre 1866, in einer Zeit also, in der selbst der Arbeitnehmer im Verhältnis zum Arbeitgeber nur den Status eines licensee hatte, stellte WILLES J. im Urteil *Indermaur* v. *Dames*[6] für den Rechtsschutz der invitees Sonderregeln auf, welche jenen Rechtsschutz über das sich aus dem Prinzip der Selbstsicherung ergebende Mindestmaß hinaus verbesserten. Das war eine fortschrittliche Entscheidung, die schließlich auch zu einer Erhöhung des Rechtsschutzes der Arbeitnehmer führte[7]. Allerdings hat sich nach *Indermaur* v. *Dames* das Recht der occupier-Haftung nicht mehr wesentlich fortentwickelt. Der Grund für dieses „Einfrieren" eines ehemals angemessenen Rechtszustands

[1] Das war mindestens seit *London Graving Dock Co., Ltd.* v. *Horton,* [1951] A. C. 737 (H. L.) unbestreitbar, ergab sich aber auch schon aus *Indermaur* v. *Dames,* vgl. BOWEN L. J. in *Thomas* v. *Quartermaine* (1887), L. R. 18, Q. B. D. 685 [696], ferner oben S. 181 ff. Diese Entscheidungen betreffen den deliktischen Schutz der invitees. Im Verhältnis zu licensees war jenes Prinzip ohnehin selbstverständlich, da eine erkannte Gefahr niemals „verborgen" ist und der licensee nicht vor ihr gewarnt zu werden braucht.

[2] Vgl. *Dunster* v. *Hollis,* oben S. 204 N. 2.

[3] SALMOND(-HEUSTON) 478 mit Nachweisen.

[4] So aber HARPER/JAMES II 1432 N. 13 und die dort Zitierten; SALMOND(-HEUSTON) 477.

[5] Siehe oben S. 166 f.

[6] Siehe oben S. 205 N. 3.

[7] *Indermaur* v. *Dames* betraf die Schadensersatzansprüche eines Installateurs, der im Auftrag seines Dienstherrn das Grundstück eines Kunden besuchte.

dürfte darin zu sehen sein, daß die stärker individuell gefärbte Rechtsbeziehung des Grundstücksbesitzers zu den Grundstücksbesuchern weniger dringlich nach einer sozialen Neugestaltung verlangte als z. B. das Recht des Schadensausgleichs bei Arbeitsunfällen.

## 2. *Haftung des Inhabers nach Erlaß des Occupiers' Liability Act*

Das geschilderte Haftungssystem ist in England heftig kritisiert worden[1]. Es sei zu starr und zu kompliziert. Die Kritik hatte vornehmlich die Grenzfälle im Auge, in denen die Unterscheidung zwischen invitees und licensees nicht leicht durchzuführen ist und die Rechtsprechung nicht immer zu befriedigenden Resultaten gelangte[2]. Das neue Gesetz sucht die Mängel der Common-Law-Regeln durch die Beseitigung des Unterschiedes zwischen invitees und licensees sowie zwischen deliktischem und stillschweigend-vertraglichem Schutz der Grundstücksbesucher zu beheben. Alle Personen, die nach Common Law invitees oder licensees waren oder die nach bisherigem Recht als „contractual visitors" anzusehen waren, sind nunmehr als „lawful visitors" im Verhältnis zum Grundstücksinhaber haftungsrechtlich einander im Grundsatz gleichgestellt (s. 1 und 5). Das Gesetz normiert die Sorgfaltspflichten, die der Grundstücksinhaber gegenüber den „lawful visitors" schuldet, einheitlich. Der neue Einheitsstandard, den das Gesetz als „common duty of care" bezeichnet (s. 2), deckt sich nicht etwa mit den bisherigen Pflichten des Inhabers gegenüber den invitees, sondern bringt gegenüber diesem Haftungstyp Verschärfungen wie auch Erleichterungen. Die wichtigste Neuerung ist die Flexibilität der Grundformel der s. 2 subs. 2, die dem richterlichen Ermessen einen weiten Spielraum läßt:

„Die ‚common duty of care' ist eine Pflicht, die nach den gesamten Umständen des Falles angemessene Sorgfalt anzuwenden, um zu erreichen, daß der Besucher angemessene Sicherheit genießt bei Benutzung der Anlage für die Zwecke, für die er eingeladen oder ihm das Verweilen vom Inhaber gestattet worden ist."

Subs. 4 a der s. 2 bestimmt, daß die Warnung, einem Besucher drohe Gefahr, den occupier, der zur common duty of care verpflichtet ist, nur

---

[1] Vgl. Report S. 21–39; MUNKMAN (S. 203 N. 3).

[2] So nahm etwa die Rechtsprechung an, daß die Besucher von öffentlichen Einrichtungen (Parks, Bedürfnisanstalten usw.) nur die Rechtsstellung von licensees haben, ebenso die Besucher eines Mieters im Verhältnis zum Vermieter, der die Kontrolle über die „means of access" behält, vgl. Report nos. 35, 37, 68; PAYNE, 21 Mod. L. R. (1958) 373.

dann von seiner Verantwortung befreit, wenn die Warnung nach den Umständen ausreicht „to enable the visitor to be reasonably safe" – womit *London Graving Dock Co., Ltd.* v. *Horton*[1] überholt ist –, während subs. 4 b die Haftung des occupier gegenüber lawful visitors, verglichen mit seiner bisherigen Haftung gegenüber invitees, erleichtert: der occupier hat danach – entgegen der Entscheidung des Oberhauses in *Thomson* v. *Cremin*[2] – bei Beauftragung eines unabhängigen Unternehmers nur für persönliches Verschulden einzustehen.

Subs. 5 gesteht ferner dem occupier ausdrücklich zu, den Wegfall seiner Haftung geltend zu machen, soweit der (befugte) Besucher Gefahren, die von dem Grundstück ausgehen, willentlich übernommen hat (in respect of risks willingly accepted as his by the visitor). Dabei sei die Frage, ob eine Gefahrübernahme vorliege, nach den gleichen Grundsätzen zu entscheiden, die auch sonst gelten, falls eine Person gegenüber einem anderen zur Sorgfalt verpflichtet ist.

Das Gesetz regelt nur die Pflichten des occupier gegenüber dem befugten Verkehr. Die Rechtsstellung der trespassers wird von dem Gesetz nicht berührt.

## *II. Übernahme der von einem Grundstück ausgehenden Gefahren durch Personen, die es befugt betreten*

### *1. Gefälligkeitsverkehr*

Man wird annehmen dürfen, daß die Praxis jedenfalls für den typischen Gefälligkeitsverkehr – insbesondere den Musterfall, daß der Grundstücksinhaber das Begehen eines Abkürzungsweges duldet – auch nach Inkrafttreten des Occupiers' Liability Act an dem bisherigen Leitsatz festhalten wird „a licensee takes premises, which he is merely permitted to enter, just as he finds them"[3], soweit es sich um die Inkaufnahme offenkundiger oder dem Besucher bekannter Gefahrenquellen handelt[4]. Das neue Gesetz dürfte für den typischen Gefälligkeitsverkehr nur darin eine Änderung bzw. Klarstellung bringen, daß der occupier fortan nicht nur für die ihm bekannten, sondern auch für die bei ordentlicher Inspek-

---

[1] Siehe oben S. 206 N. 1. [2] Siehe oben S. 205 N. 4.

[3] Lord SUMNER in *Mersey Docks and Harbour Board* v. *Procter*, [1923] A. C. 253 [274] (H. L.); vgl. ferner WILLES J. in *Gautret* v. *Egerton* (1867) L. R. II C. P. 371 [375]; CHARLESWORTH 211; SALMOND(-HEUSTON) 505.

[4] Dieser Rechtssatz wird durch die dehnbare Formel der s. 2 subs. 2 gedeckt.

tion des Grundstücks erkennbaren Gefahren einzustehen hat, es sei denn, sie seien offenkundig oder dem Besucher bekannt. Die an der Rechtsstellung des licensee geübte Kritik richtete sich hauptsächlich gegen das Erfordernis, der occupier müsse die für den Schaden ursächliche Gefahrenquelle gekannt haben, welches die Rechtsprechung ohnehin schon recht großzügig auslegte[1]. Namentlich aber ist eine Analogie zu ziehen zu den Sorgfaltspflichten des Verleihers und des Schenkers. Die Rechtsstellung des licensee ist stets mit der Parömie in Zusammenhang gebracht worden, daß es niemandem verstattet ist „to look a gift horse in the mouth"[2]. Unter Berufung auf diese Parömie wurde bislang im englischen Schrifttum vielfach auch angenommen, der Verschenker oder Verleiher einer wegen eines Fehlers gefährlichen Sache hafte dem Empfänger, der durch den Fehler verletzt wird, nur dann – wegen negligence! – auf Schadensersatz, wenn der Verschenker oder Verleiher den Fehler gekannt, der Empfänger ihn aber nicht gekannt habe[3]. Neuerdings aber wird dieses Haftungsprinzip mehr und mehr in Zweifel gezogen. STREET[4] macht darauf aufmerksam, daß noch niemals in der englischen Rechtsprechung die Schadensersatzklage eines Beschenkten oder eines Entleihers zurückgewiesen wurde, der durch einen ihm unbekannten Fehler der empfangenen Sache verletzt worden war, den der freigebige Teil hätte erkennen müssen. STREET behauptet nunmehr – gleichwie DENNING L. J. in einem neueren Urteil[5] –, daß der Schenker oder Verleiher gemäß *Donoghue* v. *Stevenson* auch für die nur erkennbaren gefährlichen Eigenschaften der Sache einzustehen hat. Auch STREET stellt aber bei seinen Darlegungen keineswegs in Frage, daß der Schenker oder Leiher solche gefährlichen Fehler nicht zu verantworten hat, die offenkundig oder dem Empfänger bekannt sind.

Im übrigen gilt der Grundsatz „a licensee takes premises as he finds them" nur für die von der Beschaffenheit des Grundstücks herrührenden Gefahren, nicht aber für die Gefahren, die der Grundstücksinhaber durch aktives Tun auf dem Grundstück hervorruft. Deswegen hat z. B. der Eisenbahnunternehmer, der das Durchschreiten eines Tunnels dul-

---

[1] Vgl. Report no. 27.

[2] Lord REID in *A. C. Billings & Sons, Ltd.* v. *Riden*, [1957] 3 W. L. R. 496 [501] (H. L.); WILLES J. in *Gautret* v. *Egerton* (1867), L. R. II C. P. 371 [375]; DENNING L. J. in *Hawkins* v. *Coulsdon and Purley Urban District Council*, [1954] 1 Q. B. 319 [333] (C. A.).

[3] SALMOND(-HEUSTON) 44; WINFIELD(-LEWIS) 656; MUNKMAN 123.

[4] STREET 186 N. 7; ebenso MARSH, 66 L. Q. R. (1950) 39–61.

[5] *Hawkins* v. *Coulsdon and Purley Urban District Council* (oben N. 2) 333.

det, bei dem Betrieb der Bahn auf den Gefälligkeitsverkehr gebührend Rücksicht zu nehmen[1].

Die Haftungserleichterung jenes Grundsatzes kommt auch nur dem gefälligen Grundstücksinhaber selbst zustatten, nicht auch sonstigen Personen, die mit oder ohne Erlaubnis des Grundstücksinhabers Gefahrenquellen auf dem Grundstück schaffen[2]. Ein Bauunternehmer, der den Zugang zu einem Haus umbaute, wurde demgemäß einer Person, die auf dem Weg in das Haus wegen der ungenügenden Sicherung der Baustelle zu Fall kam, für haftbar erklärt, obwohl der verletzten Person die von dem Unternehmer geschaffene Gefahrenstelle bekannt gewesen war[3]. Das Oberhaus nahm indes ein mitwirkendes Verschulden der Verletzten an mit der Folge der Schadensverteilung.

### *2. Sonstiger befugter Verkehr*

Invitees gegenüber ist der Grundstücksinhaber verpflichtet, alles nach den Umständen Gebotene zu tun, um die Besucher vor vermeidbarer Gefahr zu schützen. Eine Warnung kann ihnen, je nach Lage des Falls, ausreichenden Schutz gewähren, vgl. s. 2 subs. 4 a. Doch wird der Inhaber häufig zur Beseitigung der Gefahrenstelle gehalten sein. Verletzt der Inhaber die ihm sonach obliegende Schutzpflicht und kommt deswegen ein invitee zu Schaden, so wird ihm der Grundstücksinhaber regelmäßig auch dann haften, wenn sich der Besucher selbst bewußt der vom Inhaber pflichtwidrig geschaffenen Gefahr ausgesetzt hat. Der Occupiers' Liability Act läßt zwar den Einwand der voluntary assumption of risk ganz allgemein ausdrücklich zu (s. 2 subs. 5), verlangt aber für eine solche Gefahrübernahme, wie schon der Vergleich von s. 2 subs. 4a und s. 2 subs. 5 zeigt, außer der Kenntnis der Gefahr deren Billigung („willingly"). Es ist zu bezweifeln, ob die Rechtsprechung den Nachweis des „volens" jemals als geführt ansehen wird, falls eine Pflichtwidrigkeit des occupier feststeht. Schon vor dem Inkrafttreten des

---

[1] *Slater* v. *Clay Cross Co., Ltd.*, [1956] 2 Q. B. 264. Der Einwand der voluntary assumption of risk wurde zurückgewiesen, da die Kl. nur die Gefahren eines ordnungsgemäßen Betriebs der Bahn auf sich genommen, nicht aber „the risk of negligence by the driver".

[2] Der Occupiers' Liability Act erfaßt diesen Fall überhaupt nicht. So überzeugend Payne, 21 Mod. L. R. (1958) 367 f. trotz des mißverständlichen Wortlauts der s. 1 subs. 1, die von Gefahren handelt „due to the state of the premises or to things done or omitted to be done on them".

[3] *A. C. Billings & Sons, Ltd.* v. *Riden* (s. oben S. 209 N. 2).

Occupiers' Liability Act hatten englische Gerichte wiederholt eine assumption of risk in dem Falle abgelehnt, daß sich ein „invitee" einer von ihm erkannten, vom occupier pflichtwidrig geschaffenen Gefahrenquelle aussetzte[1]. Dabei sprachen die Präjudizien dafür, daß die Schutzpflicht des Grundstücksinhabers gegenüber einem invitee stets mit der Gefahrenkenntnis des invitee endet (so auch ausdrücklich das Oberhaus in der Entscheidung *London Graving Dock* v. *Horton* aus dem Jahre 1951!)[2]. Erst recht dürften die Gerichte nach der neuen, durch den Occupiers' Liability Act geschaffenen Rechtslage mit der Feststellung zögern, der invitee habe die von ihm gelaufene Gefahr nicht nur erkannt, sondern auch innerlich gebilligt. Dieser Ansicht ist auch ODGERS[3]. Er meint, die Bestimmung s. 2 subs. 5 sei nur „ex abundantia cautelae" in das Gesetz aufgenommen worden, d. h. um keine rechtliche Möglichkeit unberücksichtigt zu lassen.

Ferner scheint auch die englische Rechtsprechung die Personen, die sich bei Teilnahme an einem allgemeinen Verkehr auf öffentlichen Wegen oder Plätzen einer daselbst angetroffenen, vom occupier oder einer sonstigen Person verschuldeten Gefahr aussetzen, grundsätzlich nicht auf eine „assumption of risk" zu verweisen, gleichviel ob nun die Verkehrsteilnehmer als „licensees" oder als „invitees" anzusehen waren. BOWEN L. J. führt in *Thomas* v. *Quartermaine*[4] unter Hinweis auf ältere englische Entscheidungen das Betreten eines Grundstücks, auf dem ein Markt oder Jahrmarkt abgehalten wird, als ein Beispiel dafür an, daß jemand ein Recht habe „to find these particular premises free from danger". Wegen dieses Rechtes sei es nicht möglich, die bewußte Selbstgefährdung der Besucher als eine Gefahrübernahme zu werten[5]. In der Entscheidung *Clayards* v. *Dethick*[6] – das Pferd des Kl. kam zu Fall, als der Kl.

---

[1] *Osborne* v. *London and North Western Railway Co.* (die Kl. verunglückte auf einer vereisten Bahnhofstreppe), s. oben S. 10 N. 3, und *Letang* v. *Ottawa Electric Railway Co.* (die Kl. verunglückte auf dem Weg zu einer Straßenbahnhaltestelle der Bekl., weil eine von der Bekl. angelegte Treppe vereist war), s. oben S. 10 N. 4. Vgl. auch den nach dem Recht der kanadischen Provinz Québec entschiedenen Fall *Montreal Stockyards Co.* v. *Poulin*, [1941] 3 D. L. R. 646 (Supr. Ct. of Canada: Betreten eines Viehhofes; keine Übernahme der Gefahr, durch ein Tier verletzt zu werden).

[2] Vgl. oben S. 206 N. 1.

[3] Camb. L. J. 1957, 42.

[4] (s. oben S. 177 N. 5) 696 f.

[5] Vgl. auch die oben N. 1 zitierten Entscheidungen *Osborne* v. *London and North Western Railway Co.* und *Letang* v. *Ottawa Electric Railway Co.*

[6] (1848), 2 Q. B. 439 = 116 E. R. 932. Vgl. aber *Torrance* v. *Ilford Urban District Council* (1909), 25 T. L. R. 355 (C. A.).

mit seinem Wagen einen vom Beklagten gezogenen Dränierungsgraben überqueren wollte, durch den die einzige Zufahrt zum Anwesen des Kl. vorübergehend versperrt war – wurde eine voluntary assumption of risk überhaupt nicht erwogen, obwohl der Kl. die Gefahr erkannt hatte, der er sich auslieferte.

### *III. Übernahme der von einem Grundstück ausgehenden Gefahren durch Personen, die es unbefugt betreten*

Nach englischem Recht kann der unbefugte Besucher (trespasser) grundsätzlich keine Schadensersatzansprüche stellen, wenn er wegen der Beschaffenheit des von ihm betretenen Grundstücks zu Schaden kommt[1]. „The general rule, therefore, is that a man trespasses at his own risk"[2]. Doch bestehen einige wichtige Einschränkungen.

#### *1. Verbot von Selbstschutzanlagen*[3]

Die Frage der Zulässigkeit von Selbstschutzanlagen kam erstmals im Falle *Ilott* v. *Wilkes* (1820)[4] vor Gericht.

Der Kl. wurde durch einen von dem Bekl. gelegten Selbstschuß verletzt, als er den Wald des Bekl. betrat, um Nüsse zu sammeln. Der Kl. hatte den Anschlag des Bekl. gelesen gehabt, daß sich Selbstschüsse in dem Wald befänden. Aber er hatte sich um diese Warnung nicht gekümmert. Seine Schadensersatzklage wurde zurückgewiesen, weil er die Gefahr einer Verletzung bewußt auf sich genommen habe: „The maxim of law, volenti non fit injuria, applies; for he voluntarily exposes himself to the mischief which has happened" (BAYLEY J.)[5].

Diese Entscheidung ist für die Lehre von der „assumption of risk" richtungsweisend. Mehrfach wurde bemerkt, die Entscheidung sei im Ergebnis richtig, rechtfertige sich aber allein aus dem Gesichtspunkt des mitwirkenden Verschuldens des Verletzten; denn der Kl. habe die Gefahr, durch eine Selbstschutzanlage verletzt zu werden, zwar gekannt, aber keineswegs gebilligt[6]. Mir scheint Kern der Begründung zu sein,

---

[1] Siehe oben S. 205. Über das amerikanische Recht vgl. HUGHES, 68 Yale L. J. (1959) 633–704; Restatement of the Law of Torts §§ 329, 333–39, 381–84, 386–87.

[2] Lord ROBSON in *Grand Trunk Railway Company of Canada* v. *Barnett*, [1911] A. C. 361 [370] (Privy Council); HAMILTON L. J. in *Latham* v. *R. Johnson & Nephew, Ltd.*, [1913] 1 K. B. 398 [411] (C. A.).

[3] Über das amerikanische Recht BOHLEN/BURNS, 35 Yale L. J. (1926) 525–547.

[4] 3 B. & Ald. 304 = 106 E. R. 674.

[5] 106 E. R. 677.

[6] WILLIAMS 297; WARREN, 8 Harv. L. R. (1895) 462 f.

daß das Gericht die Errichtung von Selbstschutzanlagen für erlaubt hielt, wenn der Grundstücksbesitzer in gehöriger Form vor ihnen warnt; damit war die Haftungsfrage erledigt, gleichviel ob nun der Kl. von der Anlage wußte oder nicht.

BAYLEY J. sagt ausdrücklich, daß die Entscheidung wohl hätte anders ausfallen müssen, wenn die Errichtung einer Selbstschutzanlage für sich genommen – d. h. ohne Rücksicht auf das Anbringen von Warntafeln – ein „unlawful act" wäre (was er aber verneint)[1]. BEST J., einer der Richter in *Ilott* v. *Wilkes*, erklärt in dem späteren Urteil *Bird* v. *Holbrook* (eine Person, die in einen eingefriedigten Garten geklettert war, um verirrtes Geflügel einzufangen, wurde durch eine Selbstschutzanlage verletzt, vor welcher der Bekl. nicht gewarnt hatte): „Ich bin deshalb der festen Überzeugung, daß wer Selbstschutzanlagen errichtet, ohne davor zu warnen [!], sich einer inhumanen Handlung schuldig macht, und daß er, wenn schädliche Folgen daraus entstehen, verpflichtet ist, dem Opfer Ersatz zu gewähren"[2].

Offensichtlich war es auch dieser Entscheidungssatz – daß nämlich Selbstschutzanlagen jeglicher Art erlaubt seien, sofern nur vor ihnen gewarnt werde –, der in England einen Sturm der Entrüstung auslöste und schon bald zu einem strafgesetzlichen Verbot von Selbstschutzanlagen führte[3].

Ein Gesetz aus dem Jahre 1827[4] verbietet das „setting of spring guns and man traps, and other engines calculated to destroy human life, or inflict grievous bodily harm". Eine Ausnahme wird nur für Wohnhäuser gemacht. Ihr Schutz durch Anlagen der genannten Art sei erlaubt „from sunset to sunrise". Diese Bestimmungen sind in ein Gesetz aus dem Jahre 1861 übernommen worden, das heute noch gilt[5].

Nach dem jetzt geltenden Recht sind somit Selbstschutzanlagen grundsätzlich verboten und nur solche Maßnahmen erlaubt, die in üblicher Weise den Zutritt zu einem Grundstück erschweren oder trespassers abschrecken (z. B. Zaun, Stacheldraht, Glasscherben auf der Gartenmauer usw.)[6]. Man wird annehmen dürfen, daß das Verhalten eines trespassers, der sich bewußt einer verbotswidrig errichteten Selbstschutzanlage aussetzt, heute nur noch ein mitwirkendes Verschulden darstellt, das eine Schadensverteilung nach Maßgabe des Contributory Negligence Act von 1945 nach sich zieht[7].

---

[1] 106 E. R. 677.
[2] (1828), 4 Bing 628 = 130 E. R. 911 [916].
[3] POLLOCK(-LANDON) 166 N. 67; BOHLEN/BURNS, 35 Yale L. J. (1926) 538 f.
[4] 7 & 8 Geo. 4, c. 18.
[5] 24 & 25 Vict., c. 100, s. 31; WINFIELD(-LEWIS) 61.
[6] SALMOND(-HEUSTON) 517.
[7] WILLIAMS und WARREN (oben S. 212 N. 6).

### 2. Besondere Pflichten gegenüber Kindern

Der oberste Gerichtshof der Vereinigten Staaten entschied im Falle *Sioux City & Pacific Railroad C. v. Stout* (1873)[1], daß der Inhaber eines Grundstücks, auf dem sich eine Anlage befindet, die eine verführerische Anziehungskraft auf Kinder ausübt, mit deren Anwesenheit der Inhaber nach Lage des Falles rechnen muß, im Verhältnis zu den Kindern, wiewohl diese „trespassers" sind, zur Sicherung der Anlage verpflichtet ist, falls die Sicherung keinen unverhältnismäßigen Aufwand erfordert.

Der Schadensersatzklage eines sechsjährigen Jungen, der beim Spiel auf der Drehscheibe verletzt wurde, wurde stattgegeben, da es die beklagte Eisenbahngesellschaft versäumt habe, die Drehscheibe festzuschließen.

Die englische Rechtsprechung ist nie so weit gegangen. Sie hat daran festgehalten, daß der Grundstücksinhaber auch gegenüber Kindern, die sein Grundstück unbefugt betreten, nicht verpflichtet ist, das Grundstück gefahrlos zu halten[2]. Gleichwohl hat der Rechtsgedanke, daß der Grundstücksinhaber dem „allurement" von Kindern Rechnung zu tragen hat, auch in England mittelbar dazu geführt, daß die Härte dieses Prinzips im Interesse spielender Kinder abgemildert wurde. Dies wurde auf zwei verschiedenen Wegen erreicht. Einmal unterstellen die Gerichte häufig eine stillschweigende Gestattung des Zutritts (implied license), wenn ein Grundstücksinhaber weiß, daß Kinder, durch Anlagen auf seinem Grundstück angelockt, sein Grundstück zu betreten pflegen, er aber nichts unternimmt, um die Kinder fernzuhalten[3]. Zum andern tragen die Gerichte bei der Bemessung der Sorgfalt, die der Grundstücksinhaber zum Schutze der ausdrücklich oder „impliedly" zugelassenen Kinder schuldet, der kindlichen Unbesonnenheit Rechnung. Vor dem Inkrafttreten des Occupiers' Liability Act wurde in der Praxis der Begriff der „concealed danger" gegebenenfalls danach bestimmt, was

---

[1] 17 Wallace 657 = 84 U. S. 657. Vgl. § 339 des Tort Restatement. Über die Entwicklung und den heutigen Stand des amerikanischen Rechts in dieser Frage Prosser, Trespassing Children, 47 Cal. L. R. (1959) 427–469.

[2] Salmond(-Heuston) 520 f.; Report no. 30.

[3] *Cooke* v. *Midland Great Western Railway of Ireland,* [1909] A. C. 229, (H. L.) (Anlockung von Kindern durch eine Drehscheibe); *Gough* v. *National Coal Board,* [1953] 2 All E. R. 1283, C. A. (Kinder spielen mit einer Rollbahn); Report no. 30. Dagegen wurde eine implied license verneint, wenn der Bekl. die Kinder regelmäßig verjagt hatte – *Hardy* v. *Central London Railway Co.,* [1920] 3 K. B. 459 (C. A.) – oder ein Loch im Zaun, durch das häufig Kinder schlüpften, vom Bekl. immer wieder ausgebessert worden war, *Edwards* v. *Railway Executive,* [1952] 2 All E. R. 430 (H. L.).

Kinder und nicht was Erwachsene zu erkennen vermögen[1]. Der Occupiers' Liability Act bezeichnet nunmehr die Erfahrungstatsache, daß Kinder weniger achtsam zu sein pflegen als Erwachsene, ausdrücklich als einen der Umstände, die für den konkreten Inhalt der „common duty of care" maßgebend sind[2].

## § 14

## *Assumption of risk bei Teilnahme an Fahrten*

### *I. Grundlagen der Haftung des Beförderers*

Das Recht des Fahrgasts, wegen einer während der Fahrt erlittenen Verletzung den Beförderer auf Schadensersatz in Anspruch zu nehmen, bestimmt sich nach Deliktsrecht (negligence) oder – sofern die Beförderung gegen Entgelt erfolgt – nach den stillschweigenden Haftungsbestimmungen des Beförderungsvertrages, mag nun die Beförderung mit dem Fuhrwerk, dem Kraftfahrzeug, der Eisenbahn oder dem Flugzeug erfolgen. Eine Gefährdungshaftung des Kraftfahrzeughalters oder Eisenbahnunternehmers ist sowohl dem englischen wie auch dem amerikanischen Recht unbekannt[3], und auch der Luftfahrzeughalter haftet

---

[1] *Cooke* v. *Midland Great Western Railways of Ireland* (vorige Note); Salmond (-Heuston) 522 ff.; Report no. 30.

[2] Sect. 2 subs. 3 a.

[3] Prosser 346 f. N. 78 und 80 (doch hat der kanadische Staat Saskatchewan 1946 für Kraftfahrzeughalter eine Gefährdungshaftung eingeführt; vgl. Grad, 50 Col. L. R. [1950] 320 ff.). Immerhin wird durch die großzügige Handhabung der Regeln über den Anscheinsbeweis (res ipsa loquitur) – in Amerika auch durch eine Ausdehnung der „vicarious liability" des Halters sowie vermittels des Billigkeitsdenkens der Jury, die in Amerika in Schadensersatzprozessen häufig über die konkrete Schuldfrage entscheidet – im Ergebnis weitgehend doch eine vom Verschulden unabhängige Haftung des Kraftfahrzeughalters (bzw. Eisenbahnunternehmers) erreicht, vgl. Grad aaO 303 f. In England (Road Traffic Act 1930, Pt. II, ss. 35–44, 20 & 21 Geo. 5, c. 43) und in den amerikanischen Staaten Massachusetts (seit 1927) und New York (seit 1957) ist die Rechtsstellung der Verkehrsopfer außerdem durch die Einführung der obligatorischen Haftpflichtversicherung des Kraftfahrzeugbesitzers verbessert worden. Nach englischem Recht geht bei Konkurs des Versicherungsnehmers dessen Anspruch gegen den Haftpflichtversicherer auf den Drittgeschädigten über, so daß dieser dann unmittelbar und unter Ausschluß der übrigen Konkursgläubiger vom Versicherer Befriedigung erlangen kann, Third Parties (Rights against Insurers) Act 1930, 20 & 21 Geo. 5, c. 25. Die englische Rechtsprechung nimmt sogar an, daß der Kraftfahrzeugbesitzer, der sein Fahrzeug (entgegen s. 35 des Road Traffic Act) einer nicht haftpflichtversicherten Person überläßt, dem durch diese geschädigten Dritten, der von dem Schädiger nichts bekommt, wegen Verletzung einer „statutory duty" ersatzpflichtig ist, *Monk* v. *Warbey*, [1935] 1 K. B. 75 (C. A.).

Ferner haben die meisten Staaten der USA die eigenartige Einrichtung der „financial responsibility" der Kraftfahrzeugbesitzer. Nach den diesbezüglichen statutes

jedenfalls für Unfälle, die Passagiere während der Beförderung erleiden, nur im Falle seines Verschuldens (oder des Verschuldens seiner Leute)[1].

## *1. Vertragliche Haftung*

Der Unternehmer, der Personen gegen Entgelt befördert, ist – im Gegensatz zum französischen Recht – nicht „an insurer of the safety of the passengers", sondern nur dazu verpflichtet, auf die Sicherheit seiner Passagiere mit der ihm und seinen Leuten zuzumutenden Sorgfalt bedacht zu sein (to take all due care to carry safely)[2]. Kommt es wegen eines Fehlers des Fahrzeugs zu einem Unfall, so haftet der Beförderer den bei dem Unfall verletzten Fahrgästen nur dann, wenn er den Fehler kannte oder bei Anwendung ordentlicher Sorgfalt und Geschicklichkeit erkennen konnte[3].

---

muß jeder Kraftfahrzeugbesitzer, der zum ersten Male einen Unfall verschuldet und dabei einen gewissen Mindestschaden anrichtet, durch Vorlage einer Haftpflichtversicherungspolice oder durch Sicherheitsleistung in vorgeschriebener Form und Höhe den Nachweis erbringen, daß er in der Lage ist, künftigen, an ihn anläßlich eines Verkehrsunfalls gerichteten Schadensersatzansprüchen zu genügen. Widrigenfalls – unter Umständen auch dann, wenn er die Schadenssumme nicht ersetzt, zu der er im Anlaßfalle verurteilt wurde – wird ihm die behördliche Zulassung des Kraftfahrzeugs entzogen. Diese statutes wollen die Last der Haftpflichtfürsorge allein den erweislich schlechten Fahrern aufbürden. Doch hat sich weder die an die statutes geknüpfte Erwartung erfüllt, die Aussicht der Verkehrsopfer, vom schuldigen Schädiger Ersatz zu verlangen, werde fühlbar erhöht, noch ist der erhoffte erzieherische Effekt eingetreten, vgl. den Bericht von GRAD aaO 305 ff.

[1] Nach s. 40 subs. 2 des englischen Civil Aviation Act 1949 (12 & 13 Geo. 6, c. 67), welcher den Air Navigation Act 1920 (10 & 11 Geo. 5, c. 80) ablöste, haftet der Eigentümer eines Luftfahrzeugs auch ohne Verschulden für allen Personen- oder Sachschaden, der durch das Luftfahrzeug auf der Erde angerichtet wird. Das amerikanische Restatement of the Law of Torts (§ 520 comment b) erklärte 1938 den Betrieb eines Flugzeugs für eine „ultrahazardous activity", woraus eine dem englischen Recht entsprechende „strict liability" des Flugzeugeigentümers für die auf der Erde angerichteten Schäden hergeleitet wurde. Diese Restatement-Regel gilt aber allgemein als überholt, soweit sie nicht, wie dies in einigen amerikanischen Staaten geschehen ist, gesetzlich verankert wurde, vgl. PROSSER 345 f.; HARPER/JAMES II § 14. 13.

[2] Vgl. neuestens *O'Connor* v. *British Transport Commission,* [1958] 1 All E. R. 558; ferner CHARLESWORTH 111 f.; HALSBURY(-MOSES), IV (1953) s. v. „Carriers", 174 ff. Hingegen ist der Frachtführer, der in der Öffentlichkeit seine Dienste anbietet (common carrier), „an insurer of the safety of goods he contracts to carry". Er haftet daher für den Verlust oder die Beschädigung der ihm zur Beförderung übergebenen Güter ohne Rücksicht auf ein Verschulden bis zur Grenze der höheren Gewalt (injury caused by act of God, or by the Queen's enemies), KAHN-FREUND, The Law of Carriage by Inland Transport[3] (1956) 190; HALSBURY(-MOSES) aaO no. 382, S. 141.

[3] *Readhead* v. *Midland Railway Co.* (1867), L. R. 2 Q. B. 412; vgl. auch Report

Die englischen Entscheidungen lassen meist nicht erkennen, ob diese Sorgfaltspflichten ihre Grundlage in dem Beförderungsvertrag oder im Deliktsrecht haben. Es dürfte sich aber die Auffassung durchgesetzt haben, daß diese Pflichten auch vertraglicher Natur sind[1]. Hiervon geht auch der Occupiers' Liability Act von 1957 aus[2].

## *2. Deliktische Haftung*

### a) Beförderung gegen Entgelt

Die genannten Sorgfaltspflichten obliegen dem Beförderer auch unabhängig von einem Vertrag als deliktische Pflichten (duties to take care) immer schon dann, wenn er eine Person als Fahrgast annimmt[3]. Der verletzte Fahrgast, der für die Beförderung ein Entgelt entrichtet, kann also den Beförderer sowohl aus Vertrag wie auch wegen negligence in Anspruch nehmen[4]. Ist aber der verletzte Fahrgast nicht selbst Vertragspartei – wurde er etwa von dem Vertragspartner des Beförderers zur Fahrt eingeladen –, so ist er auf einen deliktischen Ersatzanspruch angewiesen[5], ohne deswegen benachteiligt zu sein[6].

### b) Gefälligkeitsfahrten

aa) Nach englischem Recht ist der Fahrer auch Gefälligkeitsgästen gegenüber verpflichtet, das Fahrzeug mit ordentlicher Sorgfalt zu steuern[7]. Überholt ist die Entscheidung des Privy Council in *Moffatt*

---

no. 43. Der Occupiers' Liability Act 1957 hat an dieser Haftung nichts geändert: sect. 5 subs. 3.

[1] SALMOND(-HEUSTON) 10; CHARLESWORTH 112; KAHN-FREUND (vorletzte Note) 391; Report no. 43.

[2] Vgl. s. 5 subs. 3.

[3] *Austin* v. *Great Western Railway Co.* (1867), L. R. 2 Q. B. 442; CHARLESWORTH 114 f.; HALSBURY(-MOSES) IV (1953), s. o. „Carriers" no. 450, S. 176 f.

[4] WINFIELD(-LEWIS) 806; KAHN-FREUND (s. oben S. 216 N. 2) 391; SALMOND (-HEUSTON) 10.

[5] *White* v. *Steadman,* [1913] 3 K. B. 340; HALSBURY(-MOSES) (vorletzte Note) S. 177.

[6] Vgl. LINDLEY J. in *Hyman* v. *Nye* (1881), 6 Q. B. D. 685 [689]: „Wheter the plaintiff sues the defendant in tort for negligence in not having supplied such a fit and proper carriage as he ought to have supplied, or whether the plaintiff sues him in contract for the breach of an implied warranty ... appears to me wholly immaterial."

[7] PARKE B. in *Lygo* v. *Newbold* (1854), 9 Exch. 302 = 156 E. R. 129; *Harris* v. *Perry & Co.,* [1903] 2 K. B. 219 (C. A.); *Pratt* v. *Patrick,* [1924] 1 K. B. 488; *Lewys* v. *Burnett and Dunbar,* [1945] 2 All E. R. 555; *Armand* v. *Carr,* [1926] 3 D. L. R. 592 (Supr. Ct. of Canada); KELLOCK J. in *Car & General Insurance Corp., Ltd.* v. *Seymour*

v. *Bateman,* in der die Haftung des gefälligen Fahrers auf „gross negligence" beschränkt wurde (ohne daß die Entscheidung hiervon abhing)[1].

In den Vereinigten Staaten hat der Supreme Judicial Court of Massachusetts im Falle *Massaletti v. Fitzroy*[2] angenommen, daß der gefällige Fahrer in Analogie zu den Common-Law-Vorschriften über die unentgeltliche Verwahrung nur für „gross negligence" haftet. Diese Entscheidung wird noch immer in Massachusetts befolgt – sie entspricht auch dem in Georgia geltenden Recht –, obwohl *Massaletti v. Fitzroy* in der amerikanischen Literatur heftig angegriffen wurde und die Entscheidung überwiegend mißbilligt wird[3]. In den meisten nordamerikanischen Staaten ist heute anerkannt, daß nach Common Law der Fahrer auch einem Gefälligkeitsgast gegenüber selbst für nur leichte Verstöße gegen die Pflicht, sorgsam zu fahren, einzustehen hat. Doch haben mehr als die Hälfte der Staaten der USA diese Regel gesetzlich geändert und in sogenannten „guest statutes" angeordnet, daß der Fahrer eines Kraftfahrzeugs, der aus Gefälligkeit Personen mitnimmt, diesen „guests" gegenüber nur für schwerere Formen von Verschulden haftet wie z. B. für „intentional misconduct" (Washington), „intoxication and wilful misconduct" (Kalifornien, Utah), „wanton" bzw. „gross negligence" oder „heedlessness and reckless disregard of the rights of others" – welche Begriffe alles andere als eindeutig sind[4].

bb) Was aber die Gefahren anlangt, die von dem Zustand des Fahrzeugs ausgehen, genießt der Gefälligkeitsgast nach herrschender Ansicht nur den Schutz eines „licensee"[5]. Er konnte also nach dem Rechts-

---

*and Maloney* (1956), 2 D. L. R. (2d) 369 [377] (Supr. Ct. of Canada); DIXON J. in *Insurance Commissioner* v. *Joyce* (1948), 77 C. L. R. 39 [55] (High Ct. of Australia); SALMOND(-HEUSTON) 476; CHARLESWORTH 112.

[1] (1869) L. R. III P. C. 115, dazu CHARLESWORTH 113 N. (m).

[2] 118 N. E. 168 (29. 10. 17).

[3] HARPER/JAMES II 950; RICE 429 ff.; PROSSER 451.

[4] HARPER/JAMES II 951 f.; PROSSER 451; MALCOM, Automobile Guest Law. Statutes and Decisions (Chicago 1937). Auch die kanadischen Staaten, in denen Common Law gilt, haben entsprechende „guest statutes" erlassen, MACARTHUR, 38 Can. Bar R. (1960) 47 N. 2. In Ontario und Neubraunschweig ist sogar jegliche Haftung des Fahrers gegenüber „guests" durch Gesetz aufgehoben worden, Ontario Highway Traffic Act, R. S. O., 1950, c. 167, s. 50 subs. 2, und N. B. Motor Vehicle Act, R. S. N. B., 1955, c. 13, s. 242 subs. 1.

[5] GODDARD L. J. in *Haseldine* v. *C. A. Daw & Son, Ltd.* (S. 205 N. 5) 373 f.; Report no. 42, entspr. s. 1 subs. 3 a des Occupiers' Liability Act; *Galbraith v. Busch,* 196 N. E. 36 (Ct. of Appeals of New York 17. 4. 35); *Dickerson v. Connecticut Co.,* 118 A. 518 (Supr. Ct. of Errors of Connecticut 18. 10. 22); SALMOND(-HEUSTON) 476; CHARLESWORTH 112; PROSSER 450 ff.; HARPER/JAMES II 1181 N. 9; einschränkend KAHN-FREUND (s. oben S. 216 N. 2) 391 N. 4.

zustand, wie er in England vor dem Inkrafttreten des Occupiers' Liability Act von 1957 bestand und wie er in den Vereinigten Staaten noch immer besteht, den Inhaber des Fahrzeugs nur für verborgene Mängel des Fahrzeugs verantwortlich machen, welche der Inhaber, nicht aber der Fahrgast kennt[1].

Der Occupiers' Liability Act von 1957 hat die starre Haftungsformel, die bisher für das Verhältnis des occupier zu den licensees maßgebend war, durch die „common duty of care" ersetzt[2]. Diese Änderung dürfte aber, wie dargelegt[3], nicht dazu führen, daß der occupier innerhalb von reinen Gefälligkeitsverhältnissen für offenkundige oder dem licensee bekannte Fehler der Sache einzustehen hat. Insoweit dürfte es in England bei dem bisherigen case-law verbleiben. Für derartige Fehler des Fahrzeugs haftet also der Fahrzeugbesitzer dem Gefälligkeitsgast weiterhin nicht. Wohl aber hat der Fahrzeugbesitzer spätestens seit dem Inkrafttreten des Occupiers' Liability Act nicht nur die ihm bekannten Fehler des Fahrzeugs, sondern auch die Fehler, die er kennen müßte, zu verantworten, sofern sie nicht offenkundig sind oder der Fahrgast von ihnen weiß.

## *II. Assumption of risk bei Gefälligkeitsfahrten*[4]

### *1. Übernahme gewöhnlicher Risiken*

a) In amerikanischen Entscheidungen wird gelegentlich gesagt, der Fahrgast übernehme „the risks which would naturally attach to riding"[5] oder „all the ordinary risk of injury from dangers and accidents incident to travel" oder ähnliches[6]. Analoge Formulierungen finden sich auch in amerikanischen Entscheidungen, die Unfälle bei Beförderungen mit der Eisenbahn oder mit einem Luftfahrzeug zum Gegenstand haben[7]. „Gewöhnlich" in diesem Sinne sind die Risiken, die bestehen bleiben, wenn sich der Fahrer pflichtgemäß verhält. Sie werden vom Fahrgast ohne Rücksicht darauf übernommen, ob er sich ihrer bewußt ist.

---

[1] Siehe oben S. 205 ff.

[2] Siehe oben S. 207 f.

[3] Siehe oben S. 208 ff.

[4] Dazu insbesondere RICE, The Automobile Guest and The Rationale of Assumption of Risk, 27 Minnesota L. R. (1943) 329–382, 429–467.

[5] *Roy v. Kirn,* 175 N. W. 475 (Supr. Ct. of Michigan 23. 12. 19).

[6] RICE 431 N. 237 mit Nachweisen.

[7] RICE 366 f., 431 f.

Zu den gewöhnlichen, vom Fahrgast ohne Rücksicht auf seine Kenntnis übernommenen Risiken gehört nach amerikanischem Recht bei Gefälligkeitsfahrten auch das Risiko, daß sich wegen verborgener Mängel des Fahrzeugs, welche der Fahrer nicht kennt, ein Unfall ereignet, während nach englischem Recht weiter zu verlangen ist, daß der Fahrer den Mangel auch nicht zu kennen brauchte.

Vgl. die amerikanischen Entscheidungen *Galbraith v. Busch*[1]: Der Gefälligkeitsgast nimmt die Gefahr auf sich (assumes the risk), die von einem Fehler des Fahrzeugs ausgeht, der weder dem Fahrzeugbesitzer noch dem Fahrer bekannt ist. Ferner *Higgins v. Mason*[2]: Der Gefälligkeitsgast nimmt die Gefahr auf sich, daß der Eigentümer eines Wagens sich wegen unzulänglicher technischer Kenntnisse nicht vergegenwärtigt, daß ein bestimmter Defekt des Wagens das Fahren gefährlich macht.

Nicht selten heißt es in amerikanischen Entscheidungen auch, der Gefälligkeitsgast akzeptiere den Wagen „as he finds it"; auch diese Wendung ist so zu verstehen, daß das Wissen des Fahrgasts um eine Gefahr unerheblich ist.

Vgl. *Marple v. Haddad*[3]: Wer aus Gefälligkeit und auf seinen Wunsch in einem Kraftfahrzeug befördert wird, nimmt das Fahrzeug, wie es ist (as he finds it), vorbehaltlich der Pflicht des Fahrers, den Fahrgast vor jedem dem Fahrer bekannten gefährlichen Mangel des Fahrzeugs zu warnen[4].

b) Einige amerikanische Gerichte haben noch weitergehend entschieden, daß der aus Gefälligkeit mitgenommene Fahrgast nicht nur das Fahrzeug, sondern auch den Fahrer „takes as he finds him"[5]. Danach ist der Fahrer einem Gefälligkeitsgast gegenüber nur verpflichtet, die ihm (dem Fahrer) mögliche Sorgfalt anzuwenden, mag nun der Fahrgast die vielleicht unterdurchschnittliche Geschicklichkeit oder die Unerfahrenheit des Fahrers oder dessen Behinderung kennen oder nicht.

Vgl. das Urteil des Supreme Court of Wisconsin in *Eisenhut v. Eisenhut*[6]: Der Gefälligkeitsgast hat kein Recht, von dem Fahrer ein Maß an Geschicklichkeit zu verlangen, das der Fahrer zu seinem eigenen Schutz nicht erbringen kann. Das

---

[1] 196 N. E. 36 (Ct. of Appeals of New York 17. 4. 35).

[2] 174 N. E. 77 (Ct. of Appeals of New York 25. 11. 30).

[3] 138 S. E. 113 (Supr. Ct. of Appeals of West Virginia 26. 4. 37).

[4] Vgl. auch Owen J. in *O'Shea v. Lavoy,* 185 N. W. 525 [528] (Supr. Ct. of Wisconsin 13. 12. 21); *Dickerson v. Connecticut Co.,* 118 A. 518 (Supr. Ct. of Errors of Connecticut 18. 10. 22).

[5] Dazu eingehend Rice 433–440.

[6] 250 N. W. 441 (10. 10. 33); vgl. auch *Dickerson v. Connecticut Co.* (vorletzte Note); *Cleary v. Eckart,* 210 N. W. 267 (Supr. Ct. of Wisconsin 12. 10. 26).

gelte auch dann, wenn der Fahrgast den Mangel an Geschicklichkeit des Fahrers nicht kenne (verletzter Fahrgast war ein fünfjähriges Kind!). „The stranger takes the automobile as it is and the driver as he is; he accepts such hospitality as the host has to offer."

Der Ausdruck „assumption of risk" ist auch in diesem Zusammenhang, wie RICE[1] treffend bemerkt, „descriptive rather than definitive", d. h. nur eine Umschreibung der Tatsache, daß der Fahrer die gegenüber dem Fahrgast geschuldete Sorgfalt erbracht hat.

Die Individualisierung des Sorgfaltsmaßstabs mit Rücksicht auf die Gefälligkeitserweisung des Pflichtigen steht im Widerspruch zu dem Grundsatz, daß der Fahrer auch einen Gefälligkeitsgast mit der Sorgfalt eines „reasonable man" zu befördern hat; denn die dem Fahrer persönlich mögliche Sorgfalt kann erheblich unter der Norm des „reasonable man" liegen. Das Abstellen auf die persönliche Eigenart des Fahrers ist eine rechtliche Besonderheit, die sich, soweit ich sehe, mit Sicherheit nur für den Staat Wisconsin nachweisen läßt[2]. Die englische Rechtsprechung und die meisten nordamerikanischen Staaten halten hingegen daran fest, daß sich die von einem gefälligen Fahrer geschuldete Sorgfalt nach dem Durchschnittsmaßstab des „reasonable man" bemißt.

### 2. *Übernahme außergewöhnlicher Risiken*

Die Frage, ob der aus Gefälligkeit beförderte Fahrgast außergewöhnliche Fahrtrisiken dadurch übernimmt, daß er sich ihnen wissentlich und willentlich aussetzt, wird im anglo-amerikanischen Recht nur problematisch, wenn die außergewöhnlichen Gefahren in der Fahruntüchtigkeit des Fahrers, seiner inkorrekten Fahrweise oder der Beschaffenheit der Fahrtstrecke ihren Grund haben; denn hinsichtlich der Beschaffenheit des Fahrzeugs stellt bereits die Kenntnis des Gefälligkeitsgastes von dem Zustand des Fahrzeugs den Fahrer pflichtenlos.

#### a) England

Erstaunlicherweise ist in England erstmals in der Entscheidung *Dann v. Hamilton* aus dem Jahre 1939[3] eine „voluntary assumption of risk" in einem Fall jener Art erwogen worden.

---

[1] RICE 439. [2] RICE 435 ff.

[3] [1939] 1 K. B. 509; ASQUITH J. sagt (512): „The situation involved is one which must often have occured in the past, and which may be expected to recur; but I have been unable to find, nor have counsel cited to me, any authorities precisely in point."

H. hatte die Kl. in seinem Wagen aus Gefälligkeit zu den Krönungsfeierlichkeiten in London mitgenommen. Abends besuchten beide zusammen mit anderen Personen verschiedene Gaststätten, wobei H. jeweils Alkohol zu sich nahm. Er war schließlich so weit angetrunken „as substantially to increase the chances of a collision arising from his negligence", was die Kl., der das wilde und unsichere Fahren des H. nicht entgangen war, wohl wußte. Als H. anhielt, um einen anderen Fahrgast abzusetzen, macht die Kl. von der Gelegenheit, zum Auszusteigen keinen Gebrauch, obwohl sie mit dem Bus billig hätte nach Hause gelangen können. Bald darauf ereignete sich infolge der Trunkenheit des H. ein Unfall, bei welchem H. getötet und die Kl. verletzt wurde.

Asquith J. verwarf den von der Bekl.[1] erhobenen Einwand, die Kl. habe die Gefahr der Fahruntüchtigkeit des H. freiwillig auf sich genommen – einen Einwand, den Asquith J. rechtlich als einen mit dem Zugeständnis einer negligence unvereinbaren „denial of any duty at all" bezeichnete.

Asquith J. geht zunächst auf die im Schrifttum aufgestellte Behauptung ein, bei erwiesener negligence des Gefährders sei eine voluntary assumption of risk ausgeschlossen. Dieser Satz bedürfe der Einschränkung. Zwar handle auf eigene Gefahr, wer sich einer pflichtwidrig geschaffenen gegenständlichen Gefahr (dangerous physical condition) bewußt aussetze. Aber durch die Zustimmung zu einer bestimmten Handlung werde nicht ein dieser Handlung nachfolgendes pflichtwidriges Verhalten des Zustimmungsempfängers im voraus erlaubt. So sei es auch hier. Indem sich die Klägerin in Kenntnis der Trunkenheit des H. an der Fahrt beteiligt habe, habe sie nicht stillschweigend „any subsequent negligence" des H. gebilligt oder den Fahrer von der Haftung für eine solche negligence befreit. Die Trunkenheit des Fahrers könne allerdings einen solchen Grad erreichen, daß die Mitfahrt gleichstehe einem „engaging in an intrinsically and obviously dangerous occupation, intermeddling with an unexploded bomb or walking on the edge of an unfenced cliff". Ob dann die Maxime „volenti non fit injuria" eingreife, brauche nicht entschieden zu werden, da der Fall nicht so liege. Es könne auch dahingestellt bleiben, ob diese Maxime deswegen versage, weil sich H. einer strafbaren Handlung schuldig gemacht habe.

Die von Asquith J. gegebene Urteilsbegründung ist widerspruchsvoll. Sind dynamische Gefahren als solche einer Übernahme nicht zugänglich, so kann auch für den Fall der Volltrunkenheit des Fahrers keine Ausnahme gelten[2]. Im Schrifttum wurde an dem Urteil auch aus-

---

[1] Bekl. war die Witwe des H. als Vertreterin seines Nachlasses.

[2] Charlesworth 546, der den Gesichtspunkt der contributory negligence allein für entscheidend hält.

gesetzt, der Gesichtspunkt des mitwirkenden Verschuldens der Kl. – der nach damaligem Recht zu voller Abweisung der Klage hätte führen müssen – sei übersehen worden[1]. ASQUITH J. hat sich selbst gegen diesen Vorwurf verteidigt[2]: Der Einwand der contributory negligence sei nicht erhoben worden. Der Anwalt der Bekl. habe nicht einmal die Anregung des Richters befolgt, zu beantragen, daß dieser Einwand in Ergänzung des schriftlichen Verteidigungsvorbringens nachgeschoben werden dürfe.

In anderen Ländern des Common Law hat sich die Entscheidung *Dann* v. *Hamilton,* die in England bis jetzt nicht „overruled" ist, nicht durchsetzen können.

b) Australien

Nach den Entscheidungen des High Court of Australia in *Insurance Commissioner* v. *Joyce*[3] und in *Roggenkamp* v. *Bennett*[4] ist bei der Mitfahrt eines Gefälligkeitsgastes im Wagen eines Betrunkenen eine Gefahrübernahme grundsätzlich möglich. *Dixon* J. mißbilligt in dem ersteren Urteil die englische Entscheidung *Dann* v. *Hamilton* ausdrücklich[5]. Er unterscheidet drei Rechtsgründe, die die Haftung des betrunkenen Fahrers im Verhältnis zum Gefälligkeitsgast ausschließen können[6]:

(1) Der Fahrer haftet nicht, weil er keine ihm gegenüber dem Fahrgast obliegende Sorgfaltspflicht verletzt hat (*no breach of duty*). Art und Umfang der jeweiligen Sorgfaltspflichten seien abhängig von der Eigenart des tatsächlichen Verhältnisses, das die Parteien verbindet. Wer sich wissentlich einem betrunkenen Fahrer anvertraue und dessen freiwillige Dienste annehme, habe nur Anspruch auf die einem betrunkenen Fahrer mögliche Sorgfalt, nicht auf die Sorgfalt eines reasonable man.

(2) *Volenti non fit injuria.* Dieser Einwand setze nicht nur die Kenntnis des Fahrgasts von der Trunkenheit des Fahrers, sondern auch die Einwilligung in die Gefahr bzw. deren freiwillige Übernahme voraus. Daran fehle es z. B., wenn sich ein Fahrgast ohne „real or practical choice" unter dem Zwang der Verhältnisse der Gefahr aus-

[1] GOODHART, 55 L. Q. R. (1939) 184; BAKER, 65 L. Q. R. (1949) 20 ff.; MORRISON/KOLTS, 1 Sydney L. R. (1953) 80.

[2] 69 L. Q. R. (1953) 317.

[3] (1948), 77 C. L. R. 39.

[4] (1950), 80 C. L. R. 292.

[5] S. 59: „Every element was present to form a conscious and intentional assumption of the very risk for which she suffered."

[6] S. 57 ff.

setze, oder er einen rechtlichen oder moralischen Anspruch auf einen Platz im Wagen habe, so daß er durch die Trunkenheit des Fahrers vor das Dilemma gestellt werde, entweder jenen Anspruch preiszugeben oder die in der Unsicherheit des Fahrers liegende Gefahr zu laufen.

(3) *Mitwirkendes Verschulden des Fahrgasts.*

Der erstgenannte Entlastungsgrund erinnert an das „taking the driver as he is“ der Wisconsin-Urteile, über die berichtet wurde[1]. Während aber nach diesen Urteilen die subjektive Einstellung des Fahrgasts ohne Belang ist, wird nach Ansicht von DIXON J. das für den Fahrer gültige Pflichtenmaß nur dann und insoweit herabgesetzt, als der Gefälligkeitsgast dessen unterdurchschnittliche Fahrerqualitäten erkennt; das Gefälligkeitsmoment muß sich also mit diesem subjektiven Moment verbinden.

Einen eigenartigen Fall entschied der Supreme Court of South Australia in *Walker* v. *Turton Sainsbury*[2].

Bei einem Sportwagenrennen machte der Eigentümer eines schweren Sportwagens den Vorschlag, die A. – eine im Steuern eines solchen Wagens unerfahrene Frau – solle mit dem Wagen eine Runde fahren und dabei den Kl. mitnehmen. Der Wagen kam ins Schleudern und überschlug sich, wobei der Kl. verletzt wurde.

Die Schadensersatzklage wurde abgewiesen, da der Kl. als routinierter Rennfahrer die unzulängliche Fahrkunst der A. gekannt habe und daher das Risiko auf sich genommen habe „of her being unable to control the car as an experienced driver could have controlled it“.

c) Kanada

Auch die kanadischen Gerichte erkennen grundsätzlich an, daß der Gefälligkeitsgast die von der Person des Fahrers oder der Fahrtstrecke ausgehenden Gefahren übernimmt, wenn er sich freiwillig in Kenntnis dieser Gefahren an der Fahrt beteiligt.

Vgl. *McDermid* v. *Bowen*[3]: Übernahme der Gefahren einer schnellen Fahrt über eine neblige Strecke. Dagegen sei eine Gefahrübernahme nicht schon dann anzunehmen, wenn sich der Fahrgast einer ihm als schneller Fahrer bekannten Person anvertraut: *Smythe* v. *Campbell*[4]; *Ridell* J. A. meint (S. 384), der Kl. habe nur die Ge-

[1] Siehe oben S. 220 f.
[2] [1952] S. A. S. R. 159 = Austr. Digest, Suppl. 1952, 358 und 475.
[3] [1938] 3 D. L. R. 617 (British Columbia Ct. of Appeal 12. 4. 38).
[4] [1930] 4 D. L. R. 376 (Ontario Supr. Ct. 20. 6. 30).

fahren übernommen „attending the fast driving itself, while being done with due care".

Wichtig sind insbesondere die den Fall der Mitfahrt im Wagen eines Trunkenen betreffenden Entscheidungen des Supreme Court of Canada in *Car & General Insurance Corp. Ltd.* v. *Seymour and Maloney* (*Seymour's Case*)[1] und in *Miller* v. *Decker*[2]. In beiden Entscheidungen fragte der Supreme Court danach, welche Haftungsvereinbarungen nach den gesamten Umständen, wie sie bei Antritt der Fahrt gegeben waren, stillschweigend getroffen worden seien.

Im Seymour's Case prüft RAND J. an Hand von hypothetischen Beispielen, was die Parteien wohl vereinbart hätten, wenn sie bei Antritt der Fahrt die Möglichkeit eines falschen Verhaltens des Fahrers erörtert hätten: „These examples illustrate the fact that the basic understanding must be reduced to an actual or constructive exchange of terms under which the commitment of the interests of both is brought."[3] Sowohl RAND J.[4] wie auch CARTWRIGHT J.[5] prüfen als maßgeblich, ob der Fahrer vom Fahrgast stillschweigend die Übernahme des Risikos, durch ein fehlerhaftes Verhalten des Fahrers geschädigt zu werden, als eine Bedingung für die unentgeltliche Beförderung (as a term of his undertaking to carry gratiously) verlangt und der Fahrgast diese Bedingung angenommen hat.

Im *Seymour's Case* wurde eine voluntary assumption of risk abgelehnt, da die Klägerin bei Antritt der Fahrt nicht habe voraussehen können, daß der Fahrer während der Fahrt über den Durst trinken werde. Daß die Klägerin trotz der von ihr erkannten Fahruntüchtigkeit des Fahrers unterwegs nicht ausgestiegen sei, obwohl sie hierzu bei einer Fahrtunterbrechung Gelegenheit gehabt habe, sei ihr nur als mitwirkendes Verschulden anzurechnen mit der Folge der Schadensverteilung (25% zu Lasten der Klägerin). Dagegen hielt der Supreme Court of Canada im Falle *Miller* v. *Decker* eine voluntary assumption of risk für gegeben, weil unter den Fahrtteilnehmern von Anfang an eine „Bierreise" (beering) vereinbart gewesen sei.

d) Vereinigte Staaten

Auch nach der Rechtsprechung der meisten nordamerikanischen Staaten nimmt der Gefälligkeitsgast die Fahruntugenden des Fahrers, seine

---

[1] (1956) 2 D. L. R. (2d) 369.
[2] (1957) 9 D. L. R. (2d) 1.
[3] (vorletzte Note) 373.
[4] (s. oben N. 1) 373, ebenso in *Miller* v. *Decker* (vorletzte Note) 3.
[5] (s. oben N. 1) 381.

Fahrweise und die Gefahren der Fahrtstrecke auf sich, sofern der Gefälligkeitsgast diese Umstände kennt und billigt[1].

*Markovich v. Schlafke*[2], *Garrity v. Mangan*[3], *Saxton v. Rose*[4]: Gefahrübernahme bei Mitfahrt im Wagen eines Betrunkenen.

*Doggett v. Lacey*[5]: Der Gefälligkeitsgast eines einarmigen Fahrers könne keinen Schadensersatz verlangen, wenn ein Unfall dadurch entsteht, daß eine Bremse in einer Weise blockiert, die es einem Einarmigen unmöglich macht, die Bremse zu bedienen.

*Maybee v. Maybee*[6]: Mutter und Tochter steuerten auf einer Vergnügungsreise abwechselnd den Wagen. Die stark kurzsichtige Mutter übernahm im Einverständnis mit ihrer Tochter das Steuer, obwohl ihre Brille am Vortage zerbrochen war, und fuhr – wie gewöhnlich – mit einer Geschwindigkeit von etwa 70 km/h. Währenddessen las die Tochter in einem Buch. Als die Mutter kurzsichtig ein Schlagloch übersah, kam es zu einem Unfall, bei welchem die Tochter verletzt wurde. Das Gericht entschied, daß die Tochter die Gefahr eines derartigen Unfalls auf sich genommen habe.

*White v. Cochrane*[7]: Fährt ein Gefälligkeitsgast in einem Wagen mit, der – wie er weiß – mangelhaft beleuchtet ist, so nimmt der Fahrgast die sich daraus ergebenden Gefahren auf sich.

*Clise v. Prunty*[8]: Übernahme der Gefahren einer Fahrt ohne Ketten, die über eine vereiste Strecke führt.

Die amerikanische Praxis ist in Einzelfragen nicht einheitlich[9]. Weiß der Fahrgast, daß der Fahrer schon öfters nachlässig gefahren ist, so wird dies grundsätzlich als für eine Gefahrübernahme nicht ausreichend gehalten. Die Kenntnis des Fahrgasts müsse sich vielmehr auf bestimmte fehlerhafte Eigenschaften oder Gewohnheiten des Fahrers beziehen[10]. Begreiflicherweise sind die Grenzen fließend und beginnen sehr bald die Unstimmigkeiten[11]. Die Gerichte bejahen im allgemeinen eine Gefahrübernahme unbedenklicher, wenn der Fahrgast gefahrenbringende Umstände schon bei Antritt der Fahrt kannte, als wenn er von diesen Umständen erst während der Fahrt erfuhr[12].

---

[1] PROSSER 451; HARPER/JAMES II 1171 ff.; RICE 441 ff.
[2] 284 N. W. 516 (Supr. Ct. of Wisconsin 7. 3. 39).
[3] 6 N. W. (2d) 292 (Supr. Ct. of Iowa 12. 2. 43).
[4] 29 So. (2d) 646 (Supr. Ct. of Mississippi, Div. B. 24. 3. 47) s. oben S. 12. N. 1.
[5] 9 P (2d) 257 (Distr. Ct. of Appeal, 2 Distr., Div. 2, California, 4. 3. 32).
[6] 11 P. (2d) 973 (Supr. Ct. of Utah 7. 6. 32).
[7] 249 N. W. 328 (Supr. Ct. of Minnesota 16. 6. 33).
[8] 152 S. E. 201 (Supr. Ct. of Appeals of West Virginia 25. 2. 30).
[9] Einen Überblick über die amerik. Kasuistik gibt RICE 443–449.
[10] HARPERJAMES II 1171.
[11] HARPER/JAMES (vorige Note).
[12] RICE 441 f.

### *III. Rechtslage bei unerlaubter Mitfahrt*

#### *1. Blinde Passagiere*

Personen, die sich als blinde Passagiere (stowaways) auf ein Fahrzeug einschmuggeln, müssen sich nach dem Prinzip behandeln lassen: „A man trespasses at his own risk."[1] Der blinde Passagier hat daher keinen Schutzanspruch gegenüber dem Fahrer, mindestens solange dieser von seiner Anwesenheit nichts weiß.

*Grand Trunk Railway Co. of Canada* v. *Barnett*[2]: Der Kl. war auf einen Zug der Bekl. aufgesprungen, der nach Beendigung des Fahrdienstes in die Heimatstation zurückrangiert werden sollte. Unterwegs kam es durch Verschulden der Angestellten der Bekl. zu einem Zusammenstoß, bei welchem der Kl., von dessen Anwesenheit die Angestellten der Bekl. nichts wußten, verletzt wurde. Die Schadensersatzklage des Kl. wurde abgewiesen, da er ein trespasser gewesen sei. Die Bekl. sei daher ihm gegenüber nur verpflichtet gewesen „not wilfully to injure him" und „not to increase the normal risk by deliberately placing unexpected dangers in his way"[3].

#### *2. Personen, die zugelassen werden, ohne daß die allgemeinen Voraussetzungen hierfür vorliegen*

Die deliktischen Sorgfaltspflichten des Beförderers entstehen auf Grund der objektiven Tatsache der Annahme einer Person als Fahrgast. Der Schutzanspruch des Fahrgasts wird nicht dadurch beeinträchtigt, daß der Fahrgast nicht willens ist, den Fahrpreis zu zahlen und er durch Täuschung seine Zulassung zur Fahrt erwirkt. Es bleibt auch gleich, ob der Fahrgast nach seiner Zulassung von einer Beförderungsmöglichkeit Gebrauch macht, auf die er keinen Anspruch hat[4].

ATKIN L. J. in *Vosper* v. *Great Western Railway Co.*[5]: „Ein Fahrgast III. Klasse ist nicht rechtlos, wenn er in einem I. Klasse-Wagen reist. Tut er das, dann ist die Eisenbahngesellschaft ihm gegenüber noch immer persönlich verpflichtet."

---

[1] CHARLESWORTH 115; SALMOND(-HEUSTON) 515; vgl. oben S. 212.
[2] [1911] A. C. 361 (Privy Council). [3] (vorige Note) 369.
[4] CHARLESWORTH 115; anders für den ersterwähnten Fall KAHN-FREUND (s. oben S. 216 N. 2) 394.
[5] [1928] 1 K. B. 340 [349].

### 3. Personen, die von Angestellten des Fahrzeuginhabers unbefugt mitgenommen werden

Nach den Entscheidungen *Twine* v. *Bean's Express, Ltd.* [1] und *Conway* v. *Wimpey & Co., Ltd.* [2] ist ein Fahrgast, der vom Fahrer entgegen einem Verbot des Dienstherrn des Fahrers mitgenommen wird, im Verhältnis zum Dienstherrn selbst dann ein „trespasser", wenn der Fahrgast von dem Verbot nichts wußte und der Fahrer glaubte, der Fahrgast gehöre zu dem Kreis von Personen, die mitgenommen werden dürfen. Der Fahrgast kann daher hier den Dienstherrn nicht in Anspruch nehmen, falls dessen Fahrer einen Unfall verschuldet, bei welchem der Fahrgast verletzt wird.

Der Sachverhalt der beiden Entscheidungen ist ähnlich. Eine Firma (jeweils die Bekl.) hatte ihren Fahrern verboten, andere Personen als die Arbeiter der Firma mitzunehmen. Ein entsprechender Anschlag wurde im Führerhaus der Wagen angebracht. Nur im Falle *Twine* v. *Bean's Express, Ltd.* war dem Fahrgast dieses Verbot bekannt, während nur in *Conway* v. *Wimpey & Co., Ltd.* sich der Fahrer dessen bewußt war, daß der Kl. bei einer anderen Firma arbeitete. In beiden Fällen wurde der Kl. als „trespasser" behandelt, der sich nicht auf die Leute-Haftung der Bekl. (respondeat superior) berufen könne. ASQUITH L. J. stellt in *Conway* v. *Wimpey & Co., Ltd.* fest, die Mitnahme des Kl. habe nicht die schlechte Ausführung einer Handlung bedeutet, für welche der Fahrer bestellt war, sondern die Ausführung einer Handlung, zu der er überhaupt nicht berufen war.

Die Urteile sind in England auf Kritik gestoßen [3]. Nach STREET kommen die Grundsätze der occupier-Haftung in beiden Fällen überhaupt nicht zum Zuge, weil die Entscheidung allein vom Umfang der Leute-Haftung abhänge: falle die Mitnahme noch in den Kreis der dem Fahrer übertragenen Verrichtungen – was selbst bei einem Verbot der Mitnahme denkbar ist –, so hafte der Dienstherr für Verletzungen der Mitgenommenen, mochten diese auch im Verhältnis zum Dienstherrn trespassers sein. Überschreite dagegen der Fahrer seine Kompetenzen, wenn er Fahrgäste mitnimmt, dann entfalle die Haftung des Dienstherrn gegenüber den Fahrgästen schon deshalb, weil dem Dienstherrn das Verschulden seines Fahrers nicht zur Last gelegt werden könne, der Dienstherr selbst aber nicht pflichtwidrig gehandelt habe [4]. Die eigentliche

---

[1] [1946] 1 All E. R. 202; das Urteil wurde durch den C. A. bestätigt, 62 T. L. R. 458 = 175 L. T. 131; s. auch schon *Lygo* v. *Newbold* (1854), 9 Exch. 302 = 156 E. R. 129.

[2] [1951] 2 K. B. 266 (C. A.).

[3] NEWARK, 17 Mod. L. R. (1954) 102–118.

[4] STREET 452; ebenso DENNING L. J. in dem entsprechenden Falle *Young* v. *Edward Box & Co., Ltd.*, [1951] 1 T. L. R. 789 (C. A.); vgl. auch CHARLESWORTH 71 f.

in jenen Fällen zu entscheidende Frage lautete also: Entspricht es dem Grundgedanken der Leute-Haftung, daß der Dienstherr unter den gegebenen Umständen im Verhältnis zu Dritten das Risiko eines weisungswidrigen Verhaltens des Fahrers trägt? Hierbei mochte von Bedeutung sein, daß der Fahrgast wegen des Anschlags im Wagen die Weisungswidrigkeit immerhin erkennen konnte, und es bleibt abzuwarten, wie entschieden werden wird, wenn diese Besonderheit fehlt.

## B. THEORETISCHE LÖSUNGSVERSUCHE

### § 15

### *Dogmatische Behandlung des Problems der „assumption of risk"*

Die Untersuchungen der angelsächsischen Doktrin zur assumption of risk dienen vorwiegend praktischen Zielen, wie etwa der Erarbeitung einer präzisen Formel für die in der Rechtsprechung anerkannten Fälle einer assumption of risk. Die Konstruktion, d. h. die Unterordnung der assumption of risk unter rechtliche Oberbegriffe, tritt demgegenüber etwas in den Hintergrund. Gleichwohl werden in der Lehre von der assumption of risk die gleichen theoretischen Gesichtspunkte sichtbar, die uns schon in den französischen Arbeiten zur „acceptation des risques" begegnet sind, nämlich die Maßgeblichkeit des Willens des Verletzten (Willenstheorien), die Ableitung des Haftungsausschlusses aus der konkreten Pflichtenstellung des Gefährders, die ihrerseits wieder durch das Verhalten des Verletzten objektiv beeinflußt wird (Pflichtentheorien), und schließlich die Betonung der kausalen Bedeutung des Verhaltens des Verletzten für die Entstehung des Schadens (Kausaltheorien).

#### *I. Willenstheorien*

#### *1. „Assumption of risk" und die Maxime „volenti non fit injuria"*

Die assumption of risk ist nach überkommener englischer Lehre nur ein Anwendungsfall des Grundsatzes, daß demjenigen kein Unrecht geschieht, der nach seinem Willen behandelt wird (volenti non fit injuria). Die englischen Richter führen regelmäßig diesen lateinischen Lehrsatz an, wenn sie eine Gefahrübernahme feststellen, und die meisten englischen text-books, z. B. SALMOND(-HEUSTON)[1], WINFIELD(-LEWIS)[2] und POLLOCK(-LANDON)[3], behandeln die Lehre von der Gefahrübernahme zusammen mit den Fällen der Zustimmung zu einer Verletzung in einem Abschnitt unter dem Titel „volenti non fit injuria". Seinen Standort hat dieser Abschnitt regelmäßig bei den allgemeinen Lehren des Deliktsrechts vor den Kapiteln über die einzelnen Delikte.

Die Verselbständigung des Begriffs der assumption of risk geht auf die Arbeiten amerikanischer Autoren zurück, namentlich auf die 1906 erschienene Abhandlung von FRANCIS H. BOHLEN „Voluntary Assumption of Risk"[4], wie denn überhaupt dieser Rechtsausdruck in den Vereinigten Staaten verbreiteter zu sein scheint als in England. Aber auch dort wird die Notwendigkeit, zwischen einer assumption of risk und der Zustimmung zu einer Verletzung zu unterscheiden, mehr und mehr erkannt[5]. STREET und der Australier FLEMING erörtern in den neuesten Darstellungen des Law of Torts[6] nach amerikanischem Vorbild[7] die assumption of risk und die Zustimmung zu einer Verletzung (consent) getrennt, und zwar die assumption of risk unter dem Blickwinkel der Verteidigung gegen eine Klage wegen „negligence", wogegen sie den „consent" als eine Verteidigung gegen eine Klage wegen vorsätzlicher Verletzung fremder Rechtsgüter auffassen[8].

### 2. *Erscheinungsformen der Willenstheorie*

Nicht eindeutig ist das Postulat, der Verletzte müsse die für den Schaden ursächliche Gefahr gebilligt haben. Hiermit kann zweierlei gemeint sein: entweder die Billigung der tatsächlichen Gefahr (des „physical risk") oder das Einverständnis, bei Verletzung in der Gefahr keine Rechtsansprüche gegen den Gefährder zu haben (Billigung des „legal risk")[9]. Beide Varianten der „Willenstheorie" finden sich in der Rechtsprechung und im Schrifttum, meist ohne klare Scheidung.

---

[1] Vgl. §§ 11–13. [2] Vgl. § 13. [3] Vgl. chapt. 4 Nr. 10.

[4] 20 Harv. L. R. (1906) 14 ff. und 91 ff. = Selected Essays on the Law of Torts, hrsg. von der Harv. L. R. Ass'n (1924) 497–542.

[5] Vgl. WILLIAMS 295 f.; WINFIELD(-LEWIS) 27 f.; STREET 77 und 167 f.

[6] Das Buch von STREET erschien 1955 und dasjenige von FLEMING 1957.

[7] Vgl. PROSSER § 18 und § 55; HARPER/JAMES I § 1. 11, § 3. 10, und II, § 21. 1–8.

[8] ODGERS bezeichnet diese Einordnung in seiner Besprechung des Werkes von Fleming – 74 L. Q. R. (1958) 593 – als eine Verbesserung der konventionellen Darstellungsweise.

[9] Diese grundlegende Unterscheidung stammt von WILLIAMS 308.

a) Theorie vom faktischen Willen

Anfangs erachtete man in der englischen Lehre die Billigung der tatsächlichen Gefahr, aus der der Schaden erwuchs, als hinreichend für einen Haftungsausschluß kraft assumption of risk (Theorie vom faktischen Willen), eine Auffassung, die in der amerikanischen Judikatur noch immer vorherrscht. Zunächst wurde auch allgemein die bloße Kenntnis einer Gefahr ihrer Billigung gleichgeachtet. Als dann aber im Zuge der Veränderung der sozialpolitischen Anschauungen der Anwendungsbereich der assumption of risk eingeschränkt wurde, geschah dies rechtstechnisch in der Weise, daß man die subjektiven Voraussetzungen für eine assumption of risk verfeinerte. Der Verletzte müsse die Gefahr nicht nur ohne physischen Zwang gebilligt, sondern sich ihr aus freien Stücken unterzogen haben, d. h. ein „volunteer in the fullest sense" gewesen sein[1]. Eine freie Billigung wurde schließlich selbst bei nur mittelbarer Beeinträchtigung der Motivationsfreiheit (HAWKINS J. in *Thrussell* v. *Handyside Co.*: „His poverty, not his will, consented to incur the danger")[2] verneint, sofern ein Haftungsausschluß unangemessen erschien. In der Zuspitzung des Erfordernisses einer freiwilligen (voluntary) Selbstgefährdung des Verletzten sah die Theorie vom faktischen Willen auch die einzige Möglichkeit, die „rescue-cases" zu meistern: wer sich in Erfüllung einer rechtlichen oder sittlichen Pflicht einer Gefahr aussetze, handle – so wurde argumentiert – nicht freiwillig[3].

Ganz auf dem Boden der Theorie vom faktischen Willen steht – wenigstens der Sache nach – der Amerikaner PROSSER in seinem führenden Lehrbuch des Deliktsrechts. Obwohl er in seiner Definition der assumption of risk („the defense of assumption of risk rests upon the plaintiff's consent to relieve the defendant of an obligation of conduct toward him, and to take his chances of harm from a particular risk")[4] die Parteiautonomie ins Spiel setzt, verlangt er tatsächlich nicht den Nachweis eines rechtlichen Entlastungswillens des Klägers; denn er folgert diesen Willen ausnahmslos aus der Tatsache, daß sich der Kläger freiwillig in eine Situation begibt, die gewisse, vom Kläger in ihrer vollen Tragweite erkannte Gefahren in sich birgt. Diese Fiktion eröffnet der voluntary assumption of risk einen weiten Anwendungsbereich, was der amerikanischen Praxis entsprechen mag, aber der neueren englischen

[1] GODDARD L. J. in *Bowater* v. *Rowley Regis Corp.* (s. oben S. 185 N. 4).
[2] Siehe oben S. 183 N. 5. [3] Siehe oben S. 186 ff. [4] PROSSER 303.

Rechtsprechung nicht gerecht wird. Gleichwie die ältere englische Doktrin versucht zwar PROSSER, die Anwendung seiner Formel durch erschwerende Anforderungen an die „Freiwilligkeit" der Selbstgefährdung zu begrenzen und unter Kontrolle zu halten. Er meint beispielsweise, niemand brauche auf eine rechtliche Befugnis, etwa den Genuß seines Eigentums, deswegen zu verzichten, weil bei Ausübung der Befugnis von einem anderen Schaden droht. Werde der Berechtigte vor ein solches Dilemma gestellt, so könne ihm, wenn er sich dafür entscheide, die Gefahr in Kauf zu nehmen, keine assumption of risk entgegengehalten werden; denn sein Entschluß sei nicht „frei" gewesen. PROSSER unterscheidet im übrigen vier Typen der voluntary assumption of risk: 1. Das ausdrückliche Einverständnis des Klägers, eine bestimmte Gefahr auf sich zu nehmen und den Beklagten insoweit von der ihm obliegenden Sorgfaltspflicht zu befreien. 2. Den freiwilligen Eintritt des Klägers in eine Beziehung zum Beklagten, die, wie der Kläger weiß, bestimmte Gefahren mit sich bringt. 3. Die freiwillige, nicht unvernünftige Inkaufnahme einer vom Beklagten pflichtwidrig geschaffenen (dem Kläger bekannten) Gefahr. 4. Die freiwillige, unvernünftige Inkaufnahme einer solchen Gefahr. Für den letzten Fall nimmt PROSSER an, daß sich der Beklagte sowohl auf „contributory negligence" wie auch auf „voluntary assumption of risk" berufen könne.

b) Rechtsgeschäftliche Theorie

Die namentlich von WILLIAMS[1] herausgearbeitete Lehre, die assumption of risk setze den – aktuellen, wenn auch nur konkludent erklärten – Willen voraus, das „legal risk" zu übernehmen, entspricht der neueren englischen Praxis zur Haftung des Arbeitgebers für Arbeitsunfälle[2]. Auch das neuere englische Schrifttum geht meist von dieser Lehre aus, die man als die „rechtsgeschäftliche Theorie" bezeichnen könnte, weil sie im Ergebnis auf die Parteiautonomie abstellt[3]. Die meisten Vertreter dieser Lehre konstruieren auch die assumption of risk als eine Vereinbarung (agreement) und nicht als einseitigen Willensakt, wie dies die Theorie vom faktischen Willen tut[4].

---

[1] WILLIAMS 308.

[2] Siehe oben S. 185 ff.

[3] Vgl. SALMOND(-HEUSTON) 39 (erforderlich sei „consent to the assumption of risk without compensation"); WINFIELD(-LEWIS) 27 f.; CHARLESWORTH 536 ff.

[4] Vgl. PROSSER 309: „the basis of the defense is not contract but consent."

WILLIAMS[1]: „Consent, in modern law, means agreement, and it would be much better if the latter word replaced the former."

SALMOND(-HEUSTON)[2]: „The maxim ‚volenti non fit injuria' is ... an express or implied agreement to suffer harm or to run the risk of." Unklar STREET[3]: „The defendant must show that the plaintiff has consented to the risk and has agreed to absolve the defendant from liability for the consequences."

Allerdings machen nur WILLIAMS und CHARLESWORTH mit dieser Konstruktion wirklich Ernst. WILLIAMS erklärt, nicht hinreichend sei der einseitige, insgeheime Entschluß, ein Risiko zu laufen: „There must be evidence of a bargain"[4]. WILLIAMS meint hiermit, daß auf Grund von Verhandlungen eine gewisse wechselseitige Kontaktnahme stattgefunden haben müsse („there must be some sort of intercourse or communication"), aus welcher sich ein stillschweigender Haftungsverzicht ergebe. Er bildet die folgenden Beispiele: Wenn jemand, der über den Ärmelkanal geflogen zu werden wünscht, damit einverstanden ist, daß er mangels einer anderen Möglichkeit mit einer nicht mehr voll flugtüchtigen Maschine befördert wird, so nehme er die Gefahr auf sich, daß es wegen des schlechten Zustands der Maschine zu einem Unfall kommt. Anders sei hingegen zu entscheiden, wenn ein Fahrgast bei Benutzung einer regulären Flugverbindung vor dem Start erkenne, daß das bereitstehende Flugzeug defekt sei, sich aber der Fahrgast gleichwohl von der Flugreise nicht abhalten lasse. Hier finde keine „transaction" zwischen den Parteien statt, aus welcher der Schluß gezogen werden könne, der Passagier verzichte auf seine Ansprüche aus negligence; der Passagier übernehme die Unfallgefahr nur „physically", nicht aber „legally".

WILLIAMS prüft auch die Frage, ob die assumption of risk ein Schuldvertrag im Rechtssinne (contract) sei, verwirft aber – im Gegensatz zu CHARLESWORTH[5] – diese Ansicht, vor allem deshalb, weil einem Minderjährigen, der nach seinem Alter eine Gefahr ermessen könne, die Übernahme dieser Gefahr möglich sein müsse[6]. Doch seien gewisse Vorschriften des Vertragsrechts, namentlich über die Nichtigkeit von Ver-

---

[1] WILLIAMS 311.

[2] SALMOND(-HEUSTON) 45; entsprechend CHARLESWORTH 536–546.

[3] STREET 170.

[4] WILLIAMS 310.

[5] CHARLESWORTH 540 N. (m.) hält die assumption of risk für einen „contract enforceable at law".

[6] WILLIAMS 312. Gegen die Annahme eines „contract" auch GODDARD L. J. in *Bowater* v. *Rowley Regis Corp.* (vgl. oben S. 185) und SALMOND(-HEUSTON) 39 N. 54.

trägen wegen Verstoßes gegen die „public policy", auf die assumption of risk sinngemäß anzuwenden. Daraus erkläre sich die Unmöglichkeit, eine Gefahr zu übernehmen, die auf der Verletzung einer gesetzlichen Sicherungspflicht (statutory duty) beruht[1].

### *II. Pflichtentheorien*

#### *1. Rechtsprechung*

Die gesamte ältere Rechtsprechung zur assumption of risk bei Ausführung gefährlicher Arbeiten beruht auf der konstruktiven Auffassung, daß die Schutzpflichten des Arbeitgebers ihr Ende finden, sobald der Arbeitnehmer in der Lage ist, sich selbst zu schützen. Charakteristisch hierfür ist der Anspruch von BOWEN L. J. in *Thomas* v. *Quartermaine*[2]:

„The duty ... reaches its vanishing point in the case of those who are cognisant of the full extent of the danger, and voluntarily run the risk. ‚Volenti non fit injuria'."

Diese Konzeption verwischte sich aber allmählich, als die Rechtsprechung seit *Yarmouth* v. *France* dazu überging, die Billigung der Gefahr durch den Arbeitnehmer anstelle der bloßen Kenntnis der Gefahr als den „vanishing point" der Pflichten des Arbeitgebers anzusehen[3]. Es gelangte die der „Willenstheorie" entsprechende Auffassung zur Herrschaft, die assumption of risk sei eine „defence" des Beklagten, der sich einen „breach of duty" hat zuschulden kommen lassen[4].

Immerhin weisen auch in der neueren Rechtsprechung einige Formulierungen auf eine Rechtsauffassung hin, welche auf die konkrete Pflichtenstellung des Gefährders abhebt.

Vgl. ASQUITH J. in *Dann* v. *Hamilton*: „The plea ‚volenti' is a denial of any duty at all."[5]

Lord REID in *London Graving Dock Co., Ltd.* v. *Horton*[6], S. 784: „In effect his [invitee's] acceptance of the risk brings to an end the invitor's duty to him with regard to that danger."

Ähnlich selbst die gesetzliche Formulierung in s. 2 subs. 5 des Occupiers' Liability Act: „The common duty of care does not impose on an occupier any obligation to a visitor in respect of risks willingly accepted as his by the visitor."[7]

---

[1] Siehe oben S. 189 ff.

[2] (s. oben S. 166 N. 2) 695.

[3] Siehe oben S. 183 ff.

[4] Nachweise bei PAYNE, 35 Can. Bar. Rev. (1957) 951 N. 4.

[5] Siehe oben S. 221 N. 3.

[6] Siehe oben S. 206 N. 1.

[7] Siehe oben S. 208.

Dixon J. vom High Court of Australia stellt in dem Urteil *Insurance Commissioners* v. *Joyce* den Nichthaftungsgrund des „no breach of duty" der Maxime „volenti non fit injuria" gegenüber [1]. Fleming [2] und Blackburn [3] halten beide Gesichtspunkte für identisch; Sykes [4] widerspricht dieser Ansicht. Praktische Unterschiede zwischen den beiden Rechtsbehelfen sind in der Tat nicht nachweisbar. Dixon J. sah zwar offenbar die Freiwilligkeit der Selbstexponierung als eine Besonderheit des „volenti non fit injuria" an. Läßt sich aber bestreiten, daß die Freiwilligkeit der Mitfahrt des Gefährdeten auch zu den Voraussetzungen eines „no duty" gehört? In der Gegenüberstellung von „no duty" und „volenti non fit injuria" kommt lediglich ein konstruktiver Gegensatz zum Ausdruck, nämlich der Gegensatz von „Pflichtentheorie" und „Willenstheorie".

## 2. *Schrifttum*

a) Bereits der Amerikaner Warren hat in seiner 1895 in der Harvard Law Review erschienenen Abhandlung „Volenti non fit injuria" die Auffassung vertreten, die assumption of risk sei im strengen Sinne des Wortes keine „defence", sondern „a rule of law regarding a plaintiff's conduct which forms a bar to a suit brought by him based on another's alleged negligence". [5] Der Bekl. habe nämlich gegenüber einer Person, die sich einer vom Bekl. geschaffenen Gefahr wissentlich und willentlich aussetze, keine Sorgfaltspflicht und sei daher nicht negligent [6].

Warren erkennt auch, daß die assumption of risk situationsbedingt ist, d. h. an bestimmte objektive Situationen geknüpft, welche das Maß der Pflichten des Gefährders beeinflussen. Die assumption of risk setze bestimmte unterscheidbare Beziehungen („some distinct relation", „a specific relation") zwischen den Parteien voraus, wie das Verhältnis des Arbeitgebers zum Arbeitnehmer, des Grundstücksinhabers zum Grundstückbesucher, der Eisenbahn zum Passagier oder des Verkäufers einer

---

[1] Siehe oben S. 223 f.

[2] Fleming 242 f.

[3] 24 Austr. L. J. (1951) 351–353.

[4] 24 Austr. L. J. (1951) 444–446.

[5] 8 Harv. L. R. (1895) 457–471 [459].

[6] Vgl. auch Bohlen 501: „Voluntary subjection to a known risk negatives the existence of any duty on the defendant's part by the breach of which he could be a wrongdoer."

Ware zu dem Käufer oder voraussichtlichen Käufer[1]. Der Kläger müsse die freie Wahl haben, ob er in eine solche Beziehung eintreten wolle oder nicht.

b) Die Amerikaner HARPER und JAMES[2] haben in ihrem 1956 erschienenen Lehrbuch des Deliktsrechts die Pflichtenthorie weiter ausgebaut[3].

Die assumption of risk sei in ihrem eigentlichen Sinne – im Unterschied zum Haftungsausschluß wegen mitwirkenden Verschuldens des sich unvernünftig exponierenden Verletzten – das Korrelat des Fehlens der Pflicht des Bekl., den Kl. vor Gefahr zu schützen: „It is simple a left-handed way of describing a lack of duty"[4]. In einem allgemeineren Sinne könne man sagen, daß jedermann das Risiko auf sich nehme, von anderen ohne deren Verschulden verletzt zu werden. Aber diese Ausdrucksweise sei wenig förderlich. Der Schlüssel zur Lösung des Problems der assumption of risk liege in dem besonderen Charakter der zwischen den Parteien bestehenden Beziehung und den wechselseitigen, dieser Beziehung entspringenden Pflichten[5]. Der Kläger, der in eine Verbindung zu dem Beklagten trete, nehme hierbei die ihm bekannten, unter Umständen auch die nur erkennbaren[6] Risiken freiwillig auf sich, sofern der Beklagte das Recht habe, ihn mit dem Dilemma zu konfrontieren: „take it or leave it" – mit anderen Worten: wenn der Beklagte nicht die Pflicht habe, die Gegebenheiten der beiderseitigen Verbindung sicherer zu gestalten als sie es nach ihrer äußeren Erscheinung sind (safer than they appear to be)[7]. Die assumption of risk sei „a negation

---

[1] WARREN (S. 235 N. 5) 471; ähnlich neuerdings FLEMING 240: die assumption of risk sei auf Gefahren beschränkt, „which are incidental to a relatinship of free association between the parties".

[2] HARPER/JAMES II 1162–1192.

[3] In Anlehnung an den 1952 veröffentlichten Aufsatz von JAMES, Assumption of Risk, 61 Yale L. J. (1952) 141–169.

[4] HARPER/JAMES II 1190; ebenso FLEMING 231 und GOW, 61 Jur. Rev. (1949) 38: „But the essence of the defence of ‚volenti' is that there has been no breach of duty on the part of the defender; in as much as the pursuer voluntarily encountered and took the risk, the defender was not owing him any duty to take care."

[5] HARPER/JAMES II 1168–1174. Ähnlich FLEMING 240: „The defense relates only to risks which are incidental to a relationship of free association between the parties."

[6] Z. B. müsse der Teilnehmer an einer Sportveranstaltung unter Umständen auch offenkundige oder gemeinhin bekannte Gefahren hinnehmen, die er selbst nicht kenne, vgl. HARPER/JAMES II 1169 ff.

[7] HARPER/JAMES II 1174; ebenso FLEMING 240 (ob der Bekl. diese Befugnis habe, ergebe sich aus einem Werturteil, für welches die „social policy" der bestimmende Faktor sei).

of duty by one to look out affirmatively for the other's safety"[1]. Besitze der Beklagte jenes Konfrontierungsrecht, so sei es gleichgültig, ob der Kläger in der Freiheit seines Entschlusses, die fragliche Verbindung zu dem Beklagten einzugehen, durch gewisse, vom Kläger nicht herbeigeführte Umstände wie Armut, Wohnungsmangel usw. behindert werde. Habe aber umgekehrt der Kläger ein allgemeines oder individuelles Recht „to find these particular premises free from danger" – wie z. B. der Verkehrsteilnehmer hinsichtlich der Straße, der Benutzer einer öffentlichen Einrichtung hinsichtlich dieser Einrichtung und des Grundstücks, auf dem sie sich befindet, oder der Mieter hinsichtlich der gemeinsamen Zugänge zu einem Miethaus (Flur, Aufzug usw.), die der Vermieter unter seiner Kontrolle behält –, so übernehme er selbst dann nicht die von der Unsicherheit dieser Anlagen ausgehenden Gefahren, wenn er sich ihnen freiwillig aussetzt.

Prozessual gesehen sei die assumption of risk, weil sie lediglich einen Pflichtenmangel indiziere, keineswegs eine „defence". Bei einer negligence-Klage habe grundsätzlich der Kläger zu beweisen, daß der Beklagte eine ihm gegenüber bestehende Pflicht verletzt habe. Deswegen hätten auch die Gerichte dem Kläger nicht selten den Nachweis auferlegt, daß der Beklagte seiner Pflicht nicht nachgekommen sei, ihm bekannte Gefahren offenzulegen.

Es sei aber zu bedenken, daß die assumption of risk die ausnahmsweise Herabsetzung der Pflichten des Bekl. unter den allgemeinen Standard bedeute, und man daher die Auffassung vertreten könne, der Beklagte trage die Beweislast für diese Ausnahme.

Insgesamt sei die Lehre von der assumption of risk eine Erbschaft des extremen Individualismus der frühen Industrieepoche[2] und der gleichen Geisteshaltung entsprungen wie die Lehre „caveat emptor" oder die Lehre von der Vertragsfreiheit der Arbeitspartner. Mit der Abschwächung dieser Geisteshaltung habe die Lehre von der assumption of risk zusehends an Boden verloren. Dogmatisch sei der Begriff der assumption of risk wertlos, da er, vielleicht abgesehen von der ausdrücklichen Gefahrübernahme, auf eine Wiederholung bekannter Begriffe, wie Umfang der Sorgfaltspflichten oder mitwirkendes Verschulden, hinauslaufe. Der Begriff solle daher abgeschafft werden: „It adds nothing to modern law except confusion."

---

[1] Harper/James II 1165.
[2] Ebenso Fleming 233.

c) In England hat neuestens Payne[1] die Pflichtentheorie mit Nachdruck verfochten. Die Frage, ob der Kläger eine bestimmte Gefahr auf sich genommen habe, sei identisch mit der Frage, ob der Beklagte in Ansehung dieser Gefahr negligent gewesen sei. Die Billigung einer Gefahr durch den Kläger sei einer jener Umstände, die auf das Urteil von Einfluß seien, ob der Beklagte „reasonably" handelte. Deswegen komme es auch nicht so sehr auf die Tatsache der Billigung einer Gefahr durch den Kläger, sondern darauf an, ob der Beklagte vernünftigerweise glauben durfte, der Kläger billige die Gefahr.

Grundsätzlich habe der Kläger die negligence des Beklagten zu beweisen. Das schließe aber nicht aus, daß der Beklagte die Beweislast für gewisse Ausnahmetatsachen trage, die für die Angemessenheit seines Verhaltens sprechen, wie etwa für die Wichtigkeit des von ihm verfolgten Handlungszweckes oder die Untunlichkeit von Sicherungsvorkehrungen. Zu diesen Ausnahmetatsachen gehöre auch die Billigung einer Gefahr durch den Kläger. Deswegen dürfe man aber nicht die assumption of risk als eine „defence" gegenüber einem „presumptive tort" bezeichnen. Nur gegenüber Klagen, die keine „unreasonableness" des Beklagten zur Voraussetzung haben (wie z. B. trespass), sei die assumption of risk eine wirkliche defence.

## *III. Kausaltheorien*

### *1. Assumption of risk und contributory negligence*

Viele Fälle, in denen in der früheren englischen Rechtsprechung ein Haftungswegfall wegen assumption of risk angenommen worden wäre, würden heute aus dem Gesichtspunkt eines mitwirkenden Verschuldens des Verletzten entschieden werden[2]. Die Lehre von der assumption of risk hat in England viel von ihrem ursprünglichen Terrain an diesen Rechtsbehelf abgeben müssen, zumal der Contributory Negligence Act von 1945 die Möglichkeit eröffnet hat, bei mitwirkendem Verschulden des Verletzten den Schaden zu verteilen, und die englischen Richter in Schadensfällen gern von dieser Möglichkeit Gebrauch machen. Gleichwohl hält die Doktrin die assumption of risk für ein selbständiges Rechtsinstitut, das nach wie vor von der contributory negligence unter-

---

[1] Payne, Assumption of Risk and Negligence, 35 Can. Bar Rev. (1957) 950–955; dazu Leitch, 36 Can. Bar Rev. (1958) 137.

[2] Williams 296 ff.; Street 168; vgl. oben S. 188 f.

schieden werden müsse. Die Selbstgefährdung des Verletzten, die zu einem Haftungsausschluß wegen assumption of risk führe, sei nicht notwendig schuldhaft. Ein gewisses Maß an Risiko dürfe jedermann, selbst in voller Kenntnis, auf sich nehmen, ohne sich dem Vorwurf eines Selbstverschuldens auszusetzen. Andererseits räume nur die assumption of risk den Vorwurf der Pflichtwidrigkeit der Gefährdung aus, während ein mitwirkendes Verschulden des Verletzten diesen Vorwurf zur logischen Voraussetzung habe[1].

### 2. *Unterbrechung des Kausalzusammenhangs durch bewußte Selbstgefährdung*

Nach GORDON[2] sind bei wissentlicher Selbstgefährdung des Klägers zwei rechtliche Möglichkeiten zu unterscheiden:

(1) Das eigene Verhalten des Klägers ist im Rechtssinne die Ursache (legal cause) seiner Verletzung.

Das sei einmal dann so, wenn sich die Sorgfaltspflicht des Beklagten darauf beschränke, den Kläger vor der Gefahr zu warnen, in der er sich verletzte. Aber auch bei pflichtwidrigem Verhalten des Beklagten erscheine die bewußte Selbstgefährdung des Klägers häufig als die „direkte" Schadensursache, welche die vom Beklagten gesetzte Ursache in ihrer kausalen Bedeutung verdränge. Der Kläger verletze sich hier selbst[3].

(2) Das pflichtwidrige Verhalten des Beklagten bleibt trotz der bewußten Selbstgefährdung des Klägers die „legal cause" des Schadens, was in der Regel voraussetze, daß dieses Verhalten der Selbstgefährdung nachfolge.

Nur in Fällen dieser Art werde der Kläger durch einen anderen verletzt, so daß die Volens-Maxime praktisch werden könne. Sie scheitere dann freilich meist daran, daß der Kläger den nachfolgenden Pflichtenverstoß des Beklagten nicht voraussehen könne, es also an einem „sciens" (und erst recht einem „volens") fehle.

---

[1] SALMOND(-HEUSTON) 44 f.; POLLOCK(-LANDON) 118; FLEMING 231 ff.; PROSSER 304 f.; BOWEN L. J. in *Thomas* v. *Quartermaine* (s. oben S. 166 N. 2) 694, 697 f.

[2] GORDON, Wrong Turns in the Volens Cases, 61 L. Q. R. (1945) 140–160; dazu WILLIAMS 306 N. 1.

[3] So argumentiert auch HOLROYD J. in *Ilott* v. *Wilkes* (s. oben S. 212 N. 4), 106 E. R. 678.

Die Theorie GORDON's würde die Lehre von der assumption of risk praktisch gegenstandslos machen. WILLIAMS[1] wendet jedoch mit Recht ein, man müsse sich davor hüten, als „legal cause" einfach die letzte Schadensursache anzusehen; auch könne der Schaden durch mehrere Personen im Rechtssinne verursacht sein.

[1] WILLIAMS 306 N. 1.

## 2. Teil

# Kritische Analyse der Lehre vom Handeln auf eigene Gefahr

## 1. BUCH
## DELIKTISCHE HAFTUNG DES GEFÄHRDERS UND HANDELN DES VERLETZTEN AUF EIGENE GEFAHR

### 1. Abschnitt:
### Die Wechselwirkung von erlaubter Gefährdung (erlaubtem Risiko) und Handeln des Verletzten auf eigene Gefahr

Der Rechtsgehalt der richterlichen Formel vom Handeln des Verletzten auf eigene Gefahr (der „acceptation des risques", der „assumption of risk") läßt sich am leichtesten bei den Fallgruppen der Teilnahme an einer gefährlichen Veranstaltung und des Betretens fremder Grundstücke oder Anlagen übersehen. Mit der vergleichenden Betrachtung der Rechtsprechung zu diesen Fallgruppen soll daher begonnen werden, wobei wir vorerst die besondere Problematik einer eventuellen Vertrags- oder Gefährdungshaftung des Schädigers außer acht lassen.

### A. Vergleich der Lösungen bei den Fallgruppen der Teilnahme des Verletzten an einer gefährlichen Veranstaltung und des Betretens fremder Grundstücke oder Anlagen

#### § 16

#### *Teilnahme an einer gefährlichen Veranstaltung*

#### *I. Allgemeine Grundsätze*

Über die konkrete Abgrenzung des Risikos, das die Zuschauer und die Teilnehmer an einer gefährlichen Veranstaltung übernehmen, besteht unter den verglichenen Rechten ein erstaunliches Maß an sachlicher

Übereinstimmung. Im wesentlichen lassen sich die folgenden gemeinsamen Grundsätze feststellen. Übernommen werden sowohl von den Zuschauern wie auch von den Teilnehmern nur die gewöhnlichen, der Veranstaltung notwendig innewohnenden Gefahren, nicht auch die vermeidbaren Gefahren, die durch zumutbare Sicherungsvorkehrungen hätten abgewendet werden können, die mithin der Gefährder (der Veranstalter oder ein Teilnehmer an der Veranstaltung) pflichtwidrig schafft. Was unter einer „gewöhnlichen" Gefahr zu verstehen ist, läßt sich nicht abstrakt, ein für allemal, entscheiden. Der Begriff ist relativ. Maßgebend ist nicht nur die Eigenart der jeweiligen Veranstaltung, sondern auch die Position des Bedrohten. Die Gefährdung, die ein Zuschauer als gewöhnlich hinzunehmen hat, ist nach sämtlichen verglichenen Rechten geringer als die Gefährdung, die sich für einen aktiven Teilnehmer an der Veranstaltung als „gewöhnlich" darstellt. Und weil eben gewöhnliche Gefahren stets solche sind, die nicht pflichtwidrig, sondern erlaubterweise geschaffen wurden, entspricht der Relativität des Begriffs der gewöhnlichen Gefahr die Notwendigkeit, die deliktischen Schutzpflichten des Veranstalters und der Teilnehmer danach zu differenzieren, ob es sich um das Verhältnis zu Unbeteiligten, Zuschauern oder Teilnehmern handelt. Unbeteiligte haben Anspruch auf ein höheres Maß an Sicherheit als die Zuschauer oder gar die aktiven Teilnehmer, die die erheblichsten Risiken auf sich nehmen. Diese allenthalben nachweisbare Differenzierung betrifft nicht das Maß der von den Sicherungspflichtigen anzuwendenden persönlichen Sorgfalt, sondern den Inhalt der Schutzpflichten selbst, genauer: deren Leistungsziel, das in der Bewahrung anderer Personen vor der Gefahr körperlicher Verletzung besteht. Es ist im Verhältnis zu Unbeteiligten weiter gespannt als im Verhältnis zu Zuschauern oder aktiven Teilnehmern.

Die vermeidbaren (außergewöhnlichen) und daher pflichtwidrig geschaffenen Gefahren werden selbst von denjenigen Zuschauern oder Teilnehmern nicht übernommen, die sich solchen Gefahren bewußt und freiwillig aussetzen. Die bewußte Unvorsichtigkeit der sich exponierenden Zuschauer und Teilnehmer wird in diesem Fall von der deutschen, französischen und englischen Judikatur nur als ein mitwirkendes Verschulden an einer eventuellen Verletzung gewertet[1].

Die eine Gefahrübernahme ausschließende Pflichtwidrigkeit des Veranstalters kann auch in der Veranstaltung als solcher liegen, falls näm-

---

[1] S. oben S. 64 f., 68 ff., 73, 79, 130 f., 133 f., 138, 143, 199 f.

lich die inhärenten, trotz aller Sicherungsvorkehrungen unvermeidlichen Gefahren das sozialadäquate Maß übersteigen. Die Gefahren einer derartigen, als solchen unerlaubten Veranstaltung sind durchweg „außergewöhnlich". Beispiele liefern die Entscheidungen des Landgerichts Mönchen-Gladbach über den unerlaubten Betrieb einer gefährlichen Motorrollerrennbahn[1], das Urteil des Appellationshofes Paris über die Unzulässigkeit eines Boxkampfes zwischen Gegnern, von denen sich der eine in einem „état d'infériorité physique évidente" befindet[2] oder die Mißbilligung von Fußballspielen, an denen sich körperlich stark unterlegene Spieler beteiligen, durch französische und schweizerische Gerichte[3]. Hierher gehört schließlich die aus einem sicheren Rechtsgefühl gegebene Äußerung des amerikanischen Richters CARDOZO im Falle *Murphy* v. *Steeplechase Amusement Co.*, die Gefahren einer Berg- und Talbahn würden von den Besuchern nicht übernommen, falls der Betrieb der Bahn zu gefährlich sei, als daß er unverändert fortgeführt werden dürfe[4]. In einem ähnlichen Gedankengang heben englische Autoren hervor, daß eine Übernahme der Gefahren eines Sports oder Spieles nur dann stattfindet, wenn der Sport oder das Spiel „lawful" ist[5].

Die Grenzen des von den Zuschauern und Teilnehmern übernommenen Risikos koinzidieren also mit den Grenzen der Schutzpflichten des Veranstalters und der anderen Beteiligten[6]. Das Handeln auf eigene Gefahr beginnt dort, wo die Schutzpflichten der für die Gefahrenquelle verantwortlichen Personen aufhören. Die Kenntnis von einer Gefahr oder deren Billigung ist keinesfalls das ausschlaggebende Kriterium einer solchen Gefahrübernahme, die mit der Beendigung der Schutzpflichten des Gefährders zusammenfällt. Einerseits werden, wie dargelegt, pflichtwidrig geschaffene Gefahren von den Beteiligten selbst bei voller Kenntnis und Billigung nicht übernommen. Andererseits vollzieht sich die Übernahme der normalen Gefahren der Veranstaltung ohne Rücksicht darauf, ob sich die Beteiligten dieser Gefahren bewußt sind. Es kommt nur auf die Erkennbarkeit der Gefahren an, und zwar auf die Erkennbarkeit für eine Durchschnittsperson. Die Gerichte fragen, was die Erkennbarkeit normaler Gefahren anlangt, nicht nach der individuellen Persönlichkeit des im konkreten Falle Verletzten, sondern werten das

---

[1] S. oben S. 70 N. 5.
[2] S. oben S. 134 N. 1.
[3] S. oben S. 178 N. 6, 134 N. 4.
[4] S. oben S. 200.
[5] S. oben S. 202.
[6] PROSSER 311 sagt richtig: „In general, the boundaries of assumption of risk coincide with those of the defendant's obligation of care".

Erkenntnisvermögen des Zuschauers oder Teilnehmers typisch. Deutlich ergibt sich das aus der von den englischen und amerikanischen Gerichten verwendeten Formel vom „reasonable spectator", mit dem allein der Veranstalter zu rechnen brauche[1]. Und weil z. B. der Veranstalter eines Eishockeyspieles im Staate New York wegen der allgemeinen Üblichkeit dieses Spieles in diesem Staate davon ausgehen darf, daß der durchschnittliche Besucher mit dem Spiel und seinen Gefahren vertraut ist, übernimmt selbst ein Zuschauer, der zum erstenmal einem Eishockeyspiel beiwohnt und daher dessen Gefahren tatsächlich nicht kennt, das typische Risiko, durch den aus dem Feld geschlagenen Puck verletzt zu werden[2]. Auch das Landgericht Hamburg nimmt an, der Zuschauer an einem Eishockeyspiel nehme diese typische Gefahr „in Kauf", obwohl in dem gegebenen Fall nicht erwiesen war, daß die verletzte Zuschauerin das Gefährdungsbewußtsein besaß[3]. Hingegen darf nach einer im Jahre 1939 ergangenen kalifornischen Entscheidung der Veranstalter eines Eishockeyspieles, weil es in Kalifornien damals noch neu war, beim durchschnittlichen Zuschauer keine Kenntnis der Gefahren des Spieles voraussetzen und muß dies bei seinen Sicherungsvorkehrungen berücksichtigen[4]. Das Reichsgericht hält in seiner Entscheidung vom 24. 5. 28 (Knallerbsenfall)[5] eine Gefahrübernahme selbst dann für möglich, wenn dem Kläger das Werfen der Knallerbsen entgangen war, es aber in den Hamburger Ballhäusern zur Faschingszeit so häufig sei, daß die Gäste hiermit rechnen mußten; auch das Reichsgericht bewertet hier also den typischen Gesichtskreis der Personengruppe, der der Verletzte angehört.

In ähnlicher Weise stellt der französische Kassationshof in seinem Urteil vom 24. 11. 54, das die Gefahrübernahme eines Skiläufers betrifft[6], generalisierend fest, es sei Sache jedes Skiläufers („à tout skieur"), selbst die erforderlichen Vorkehrungen gegen die gewöhnlichen Gefahren des Skisports zu treffen („de prendre les précautions ordinaires que la pratique du ski, qui comporte l'acceptation de certains risques, impose à tout skieur").

Sonach ist es ein generalisierendes Werturteil über die Schutzwürdigkeit der Teilnehmer oder Zuschauer, auf dem die vorgenommene Risiko-

---

[1] S. oben S. 197 ff.

[2] Vgl. die Entscheidung des Supreme Court of New York *Ingersoll v. Onondaga Hockey Club*, oben S. 199 N. 3.

[3] S. oben S. 62 f.

[4] S. oben S. 199 N. 5.

[5] S. oben S. 67.

[6] S. oben S. 130 N. 1.

verteilung basiert. Die Schutzwürdigkeit der Zuschauer ist hierbei höher einzuschätzen als die der aktiven Teilnehmer, die typischerweise bewußt das Wagnis suchen und von denen eher erwartet werden kann, daß sie im richtigen Urteil über ihre eigenen Kräfte und ihre Fähigkeit zur Selbstsicherung sich nur solchen Wagnissen aussetzen, denen sie gewachsen sind.

Der für das Handeln auf eigene Gefahr wichtige Gesichtspunkt der Zumutbarkeit des Selbstschutzes klingt manchesmal in den gerichtlichen Entscheidungen an. Über das Urteil des französischen Kassationshofes vom 24. 11. 54 wurde bereits berichtet[1]. Im Falle RG 9. 11. 32[2] hatte die bekl. Stadtgemeinde, die auf der Spielwiese eines Schwimmstadions das wilde Fußballspielen nicht verhindert hatte, gegenüber dem Schadensersatzanspruch der durch einen Fußball verletzten Klägerin eingewandt, wer eine solche Spielwiese besuche, deren Zweckbestimmung er kenne und Benutzungsweise er sehe, tue es auf eigene Gefahr und müsse selber dafür sorgen, daß er nicht von einem Ball getroffen werde[3]. Das Reichsgericht entschied jedoch, daß die Bekl. jedenfalls im Verhältnis zu den am Spiel unbeteiligten Badegästen verpflichtet gewesen sei, das Spiel zu verhindern, womit sich der Einwand des Handelns dieser Badegäste auf eigene Gefahr in der Tat erledigte.

Vgl. ferner OLG München 9. 3. 12[4] (die Kl. war in einer Badeanstalt auf eine Glasscherbe getreten): Bei einer primitiven und billigen Badeanstalt rechne das Publikum nicht damit, daß besondere Vorkehrungen gegen das Eindringen schädlicher Gegenstände getroffen werden, und wisse es, daß es selbst auf seine Sicherheit bis zu einem gewissen Grade bedacht sein müsse.

OLG Köln 18. 9. 41[5] (der Kl., der im Hause der Bekl. Anstreicherarbeiten ausführte, erlitt einen elektrischen Schlag, als er mit der Lichtleitung an der Decke in Berührung kam): Jeder Handwerker müsse sich selbst gegen die Gefahren sichern, die mit seinen Arbeiten verbunden sein können. Denn er kenne am besten den Umfang und die Einzelheiten seiner Tätigkeit und überblicke daher am ehesten, welcher Schutz erforderlich ist gegen die Gefahren, die ihm bei seinen Arbeiten drohen. Folglich habe der Kl. „auf eigene Gefahr" gehandelt, wenn er nicht vor Beginn der Arbeit die elektrische Leitung durch Herausnehmen der Sicherungen außer Betrieb setzte.

---

[1] S. oben S. 244. [2] S. A. 86 (1932) Nr. 125, S. 226.

[3] Vgl. auch RG 27. 2. 36, JW 1936, 2214 (Kugelstoßen in der Badeanstalt): Einer besonderen Sicherung der sporterfahrenen Teilnehmer an dem Kugelstoßen seitens der Badeanstalt bedürfe es nicht. Wohl aber seien besondere Vorkehrungen zum Schutze jugendlicher Teilnehmer vonnöten.

[4] Seuff.Bl. 77 (1912) 537.

[5] DR 1941, 2673. Vgl. dazu die englische Entscheidung *Neil* v. *Harland & Wolff, Ltd.*, oben S. 186 f.

### *II. Handeln auf eigene Gefahr als Auswirkung der Befugnis des Gefährders, andere einer Gefahr zu überlassen*

Die Rechtsprechung zum Handeln auf eigene Gefahr bei Teilnahme an gefährlichen Veranstaltungen lehrt mithin, daß dem Problem des Handelns auf eigene Gefahr – jedenfalls in dem bisher besprochenen Bereich – niemals allein mit Hilfe einer Bewertung des Verhaltens des sich selbst gefährdenden Verletzten beizukommen ist. Dessen Selbstexponierung muß vielmehr, damit ihre rechtliche Tragweite erfaßt werden kann, in ihrer Relation zur Pflichtstellung des Gefährders gewürdigt werden. Wann die Möglichkeit eines Handelns auf eigene Gefahr besteht und wie das Verhalten des sich selbst Gefährdenden, um einen Haftungsausschluß zu rechtfertigen, beschaffen sein muß, das hängt von dem Bestand und dem Inhalt der jeweiligen Schutzpflichten des Gefährders ab.

Diese Erkenntnis scheint den Begriff des Handelns auf eigene Gefahr zur Bedeutungslosigkeit zu verurteilen. Nimmt nicht auch der Straßenpassant alle diejenigen Gefahren „auf sich", die bestehen bleiben, wenn alle anderen Verkehrsteilnehmer ihre Verkehrspflichten erfüllen? Ist es nicht Willkür, wenn die Praxis den Begriff des Handelns auf eigene Gefahr (der „acceptation des risques", der „assumption of risk") mit Vorliebe gerade zur Kennzeichnung der Anspruchslosigkeit verletzter Zuschauer oder Teilnehmer an einer gefährlichen Veranstaltung verwendet? Handelt nicht, falls sich das Wesen des Handelns auf eigene Gefahr in dem Fehlen eines Pflichtenverstoßes des Gefährders erschöpft, selbst der an einer Veranstaltung Unbeteiligte „auf eigene Gefahr", insofern er nämlich ohne Entschädigung bleibt, wenn das ihn schädigende, in den Verantwortungsbereich des Veranstalters fallende Ereignis trotz aller dem Veranstalter zumutbaren Sicherungsvorkehrungen nicht verhindert werden konnte?

In der Tat ist diesen Fällen und den Tatbeständen des Handelns auf eigene Gefahr gemeinsam, daß der Gefährder dem Bedrohten deliktisch deswegen nicht verantwortlich ist, weil der Gefährder nicht pflichtwidrig gehandelt hat. Diese übereinstimmende äußere Struktur des Haftungsausschlusses beim Handeln des Verletzten auf eigene Gefahr und bei sonstigen, diesem Rechtsgedanken sicherlich nicht zuweisbaren Fällen einer Nichthaftung des Schädigers hat dem Begriff des Handelns auf eigene Gefahr die meiste Kritik eingetragen, namentlich im französischen und im amerikanischen Schrifttum. In Frankreich wendet ein Teil der

Doktrin ein, die Übernahme der gewöhnlichen Gefahren eines Sports oder Spieles erkläre sich, was den Ausschluß der deliktischen Haftung des Schädigers anbetrifft, einfach daraus, daß das Verhalten des Schädigers nicht „fautif" sei[1]. In die gleiche Richtung geht auch die Polemik von HARPER und JAMES[2], die assumption of risk sei nichts weiter als „a lefthanded way of describing a lack of duty", weshalb ein Rechtsbegriff der assumption of risk nur Verwirrung stifte.

Diese Kritik haftet am Äußerlichen. Der in der Rechtsprechung festverwurzelten Formel vom Handeln des Verletzten auf eigene Gefahr liegt, jedenfalls was die bisher untersuchte Fallgruppe anbetrifft, durchaus ein spezifischer Rechtsgedanke zugrunde. Die Nichthaftung des Gefährders beruht nämlich in den Betracht stehenden Fällen darauf, daß seine Schutzpflichten im Verhältnis zu Zuschauern und Teilnehmern an der Veranstaltung nur ein begrenztes, unterdurchschnittliches Leistungsziel haben, folglich das erlaubte Risiko im Verhältnis zu diesen Personen erhöht ist, und zwar deshalb, weil – wie die Amerikaner HARPER und JAMES am klarsten formuliert haben – der Gefährder die Zuschauer und Teilnehmer vor die Alternative stellen darf, entweder der Veranstaltung, deren Gefahren offenbar sind, fernzubleiben oder sich vor diesen Gefahren in weitergehendem Umfang selbst zu schützen, als dies im allgemeinen sozialen Verkehr von den beteiligten Personen verlangt werden könnte. Es handelt sich also um Ausnahmesituationen, in welchen die Grenze zwischen pflichtwidriger Gefährdung (unerlaubtem Risiko) und hinzunehmender Gefahr zum Nachteil gewisser schutzbedürftiger Personengruppen verschoben wird, denen in höherem Maße, als dies sonst zulässig wäre, zugemutet werden darf, sich vor erkennbaren, typischen Gefahren selbst zu sichern. Dies ist jedenfalls der Grundtyp des Handelns auf eigene Gefahr, bei welchem die Sicherungspflichten des Gefährders am schwächsten sind und die Zumutung an die Bedrohten, sich selbst zu sichern, am weitesten reicht. Die Befugnis des Gefährders, andere einer Gefahr zu überlassen, kann auch davon abhängen, daß die Bedrohten die Gefahr voll erkannt oder die Gefahr nicht nur erkannt, sondern auch gebilligt haben, und es sind noch weitere Einschränkungen denkbar (erschwerte Formen eines Handelns auf eigene Gefahr). In diesen Fällen sind die Schutzpflichten des Gefährders verstärkt: sie zessieren erst mit der Gefahrenkenntnis des Bedrohten bzw. mit der Billigung der Gefahr durch den Bedrohten usw. Ein Beispiel für deliktische

[1] S. oben S. 161 f.

[2] S. oben S. 236 f.

Sicherungspflichten, die erst mit der Gefahrenkenntnis, aber auch stets mit ihr – unabhängig von einer Billigung der Gefahr – ihr Ende nehmen, bietet etwa die bis zum Inkrafttreten des Occupiers' Liability Act von 1957 maßgebende englische Rechtsprechung über die Schutzpflichten (duties of care), die dem Grundstücksinhaber (occupier) im Verhältnis zu den invitees oblagen. Danach war der occupier einem invitee gegenüber aller Verantwortung für eine auf dem Grundstück befindliche Gefahrenquelle ledig, sofern der invitee sie erkannt hatte, mochte der invitee auch nur „sciens" gewesen sein[1]. Hingegen hat z. B. die Gefährdungsbefugnis des Arztes, der an einem Patienten eine gefährliche Behandlung durchführen will, nicht nur die Kenntnis der Gefahr seitens des Patienten, sondern auch die Einwilligung des Patienten zur Voraussetzung[2].

Die Möglichkeit eines Handelns auf eigene Gefahr ist verschlossen, wenn die Sicherungspflichten des Gefährders so intensiv sind, daß der Gefährder nicht einmal diejenigen Personen der Gefahr überlassen darf, die sie erkennen und sie freiwillig in Kauf zu nehmen bereit sind. Eine solche Pflicht zur Verhinderung freiwilliger Selbstgefährdung trifft – wenn überhaupt – im allgemeinen nur solche Personen, die die Gefahrenlage, welche die Möglichkeit der Selbstgefährdung eröffnet, geschaffen haben. Eine gleiche Pflicht ergibt sich nicht selten aber auch für sonstige Personen im Rahmen einer deliktischen oder auch vertraglichen Aufsichts- oder Fürsorgepflicht, wie sie namentlich gegenüber Kranken, Gebrechlichen oder Kindern bestehen kann.

Vgl. hierzu etwa BGH 3. 7. 58[3] (Unfall einer Schülerin beim Geräteturnen): Beim Turnunterricht ist eine gewisse Gefährdung der an der Übung teilnehmenden Schüler nicht ganz zu vermeiden. Andererseits aber ist es die Pflicht der Schüler und ihrer Lehrkräfte, die Gefahr so niedrig wie den Umständen nach möglich und geboten zu halten und entsprechende Vorsichtsmaßnahmen zu ergreifen, um einer Gefährdung ihrer Schützlinge tunlichst zu begegnen.

Denkbar sind aber auch noch andere Fälle einer deliktischen Pflicht, andere davon abzuhalten, sich freiwillig einer Gefahr auszusetzen, welche der Pflichtige nicht selbst – wenigstens nicht unmittelbar selbst – hervor-

---

[1] Vgl. das Urteil des Oberhauses *London Graving Dock Co., Ltd.* v. *Horton,* s. oben S. 206 N. 1.

[2] Vgl. etwa BGH 10. 7. 54, NJW 1956, 1106; BGH 5. 12. 58, BGHZ 29, 33; BGH 9. 12. 58, BGHZ 29, 46.

[3] MDR 1958, 752.

gerufen hat. Beispielsweise muß der Veranstalter eines Volksfestes damit rechnen, daß die Besucher des Festes in gehobener Feststimmung eine in unmittelbarer Nähe des Festplatzes gelegene und zum Besuch verlockende Höhle aufsuchen, die durch Steinschlag gefährdet ist. Der Veranstalter hat daher in einem solchen Falle die Verkehrspflicht, durch geeignete Maßnahmen das Betreten der Höhle zu unterbinden[1].

Das OLG Braunschweig[2] hält den Leiter einer Reisegesellschaft nach § 823 BGB für verpflichtet, erwachsene Reisegäste davon abzuhalten, im „Herdentrieb" zur Vermeidung eines Umwegs allesamt einen gefährlichen Weg über eine Eisenbahnbrücke zu wählen. Schließlich kann sich das Fürsorgeelement in den deliktischen Sicherungspflichten so weit verstärken, daß die Pflicht erwächst, andere Personen nicht nur vor freiwilliger Selbstgefährdung, sondern sogar vor vorsätzlicher Selbstbeschädigung zu bewahren. Diese Fälle bilden gleichsam das Gegenstück zu den Situationen des Handelns auf eigene Gefahr. Bei der Unterstellung einer so weitreichenden Pflicht ist allerdings Vorsicht geboten. Eine Stadtgemeinde, die sich vor die Tatsache gestellt sieht, daß alljährlich lebensüberdrüssige Menschen sich von einer Brücke oder einem Aussichtsturm hinabstürzen, ist nur moralisch, nicht aber rechtlich dazu verpflichtet, geeignete Vorkehrungen zur Verhinderung der Todessprünge zu treffen. Andererseits muß von dem Leiter eines Krankenhauses erwartet werden, daß er alles Zumutbare tut, um die Selbsttötung depressiver Patienten zu verhindern, die nach verständigem ärztlichem Urteil selbstmordgefährdet sind[3].

Eine fast lückenlose Skala der denkbaren Stufen eines Handelns auf eigene Gefahr zeigt die Entwicklung der englischen Rechtsprechung zur Übernahme der Risiken einer gefährlichen Arbeit. Nach der älteren, extrem liberalen Judikatur war der Arbeitgeber berechtigt, den Arbeitnehmer beliebigen Gefahren zu überantworten, sofern diese nur erkennbar waren (Grundtyp des Handelns auf eigene Gefahr)[4]. Später ge-

---

[1] BGH 16. 2. 59, VRS 16 (1959) Nr. 142, S. 331. Vgl. auch die oben (S. 64 N. 2) berichtete Entscheidung des OLG Karlsruhe, 13. 1. 54, wonach der Veranstalter eines Kraftfahrzeugrennens in Betracht zu ziehen hat, daß die Zuschauer unter dem Einfluß der Massensuggestion erfahrungsgemäß die ihnen gezogenen räumlichen Grenzen überschreiten.

[2] OLG Braunschweig 22. 12. 51, VersR 1952, 103.

[3] Zahlreiche Beispiele aus der Praxis bei PERRET, Arzthaftpflicht (1956) 173; EBERMAYER, Der Arzt im Recht (1930) 113; RABEL, Die Haftpflicht des Arztes (1904) 59.

[4] S. oben S. 178 ff., bes. S. 180.

standen die Gerichte dem Arbeitgeber eine solche Befugnis nur hinsichtlich der unvermeidlichen Gefahren sowie derjenigen Gefahren zu, die der Arbeitnehmer voll erkannt hatte, eine Voraussetzung, die dann schließlich noch weiter verschärft wurde, indem außer der Kenntnis der Gefahren auch deren Billigung durch den Arbeitnehmer verlangt wurde [1]. Nach heutigem englischen Recht genügt für eine Übernahme der vermeidbaren Gefahren nicht einmal mehr deren tatsächliche Billigung. Der Arbeitnehmer muß vielmehr den Willen haben, das „legal risk" auf sich zu nehmen [2], wie WILLIAMS treffend formuliert [3]. Ein solcher, auf die Übernahme des haftungsrechtlichen Risikos gerichteter Wille („to do the job at his own risk, and not at that of his master") ist nach den Begriffen des deutschen Rechts nichts anderes als der Wille zum Haftungsverzicht, also ein rechtsgeschäftlicher Wille, dessen Vorhandensein abseits aller Fiktionen vom beklagten Arbeitgeber zu beweisen ist.

Die englische Rechtsprechung wandelte sich äußerlich in der Weise, daß die Anforderungen an die assumption of risk verschärft wurden. Der Arbeitnehmer müsse, so wurde mit zunehmender Strenge verlangt, „volens" gewesen sein, und dieser dehnbare Begriff gewann im englischen Recht eine ähnlich restriktive Funktion wie der Begriff des „Gefährdungsbewußtseins" in der deutschen Rechtsprechung zum Handeln auf eigene Gefahr [4]. Was sich in Wirklichkeit änderte, war aber der von den Gerichten implizierte Inhalt der Schutzpflichten des Arbeitgebers. Der Sieg sozialer Ideen führte zur Intensivierung dieser Pflichten, was zugleich eine Einschränkung des dem Arbeitgeber erlaubten Risikos bedeutete. Nach dem heutigen Stand der englischen Rechtsprechung ist es dem Arbeitgeber verwehrt, selbst diejenigen Arbeitnehmer, die die ihnen drohenden Gefahren voll erkennen und billigen, vermeidbaren Risiken auszusetzen. Immerhin aber sind die Schutzpflichten des Arbeitgebers, soweit sie nicht auf „statute" beruhen, nach englischer Auffassung abdingbar: die Arbeitnehmer können auf den Rechtsschutz, der ihnen nach Common Law zusteht, vermittels der konkludenten Äußerung eines dahingehenden Rechtsfolgewillens wirksam verzichten.

Das OLG München kommt in seinem Urteil vom 18. 6. 53 [5], das die Vergnügung mit einem Laufteppich („Toboggan") betrifft, dem für das Handeln auf eigene Gefahr entscheidenden Gesichtspunkt sehr nahe,

---

[1] S. oben S. 181 f., 183 ff.
[2] S. oben S. 185 ff.
[3] Vgl. oben S. 232.
[4] Vgl. dazu namentlich oben S. 40 ff. und 75 f.
[5] S. oben S. 68 N. 2.

wenn es fragt: Durfte der beklagte Veranstalter seine Gäste mit deren Willen dem Risiko überlassen, ohne sich einer unerlaubten Handlung schuldig zu machen? Hinzuzufügen ist nur, daß die Verweisung auf die Einwilligung des Bedrohten für den Begriff des Handelns auf eigene Gefahr zu eng ist, ein Einwand, der sich auch gegen die Theorie des Franzosen Rodière richten muß, in den Fällen der acceptation des risques sei die Einwilligung des Bedrohten einer jener äußeren Umstände, auf denen das von der allgemeinen Rechtsüberzeugung getragene Werturteil über die Erlaubtheit gefährlichen Handelns aufbaut („l'assentiment entre en ligne de compte pour ce jugement commun")[1]. Gewiß gibt es, wie wir gesehen haben, solche Fälle, in denen die Einwilligung des Bedrohten unerläßliche Voraussetzung für die Gefährdungsbefugnis und die relative Erhöhung des erlaubten Risikos ist[2]. Bei den Sachgestaltungen aber, denen wir innerhalb der Fallgruppe der Teilnahme an einer gefährlichen Veranstaltung begegnen, ist die Erhöhung des erlaubten Risikos nicht durch eine Einwilligung in die Gefährdung bedingt, sondern ergibt sich diese Erhöhung schon daraus, daß den Bedrohten zuzumuten ist, entweder der Veranstaltung fernzubleiben oder die ihr notwendig innewohnenden, erkennbaren Gefahren in Kauf zu nehmen („take it or leave it")[3]. Diesem Grundtyp des Handelns auf eigene Gefahr ist nicht nur die Gefahrübernahme der Zuschauer oder Teilnehmer im Verhältnis zum Veranstalter, von der bereits die Rede war, sondern auch die Gefahrübernahme zuzuordnen, die im Verhältnis der an einem Sport oder Spiel teilnehmenden Personen zueinander zustande kommt. Die Befugnis eines Teilnehmers, andere Teilnehmer den inhärenten Gefahren des Sports oder Spieles auszuliefern, setzt nur die Erkennbarkeit der Gefahren für die Teilnehmer voraus, nicht aber die Erkenntnis der Gefahren durch die Teilnehmer. In allen verglichenen Rechten fragen die Gerichte nicht nach der subjektiven Einstellung der Teilnehmer, wenn es sich nur um Übernahme gewöhnlicher Gefahren handelt. Die deutschen Gerichte prüfen z. B. nur dann das „Gefährdungsbewußtsein" des verletzten Teilnehmers, wenn es ihnen darum geht, die Übernahme anomaler Gefahren auszuschließen. Manchmal, z. B. im Urteil des Reichsgerichts vom 19. 6. 42[4] – der Kl. wirkte bei der Vorführung eines Zauberkünstlers mit –, wird von der deutschen Pra-

[1] S. oben S. 161.
[2] S. oben S. 248 N. 2.
[3] S. oben S. 236.
[4] S. oben S. 68 N. 1.

xis sogar ausdrücklich eingeräumt, daß der Teilnehmer die gewöhnlichen Gefahren der Veranstaltung selbst dann zu tragen hat, wenn sie nur erkennbar sind.

### *III. Rechtfertigung des Grundsatzes, daß pflichtwidrig geschaffene Gefahren nicht übernommen werden*

Im englischen Schrifttum wird darüber gestritten, ob sich die Feststellung einer „negligence" des Gefährders mit dem Tatbestand einer „assumption of risk" verträgt. POLLOCK verneint dies: „The whole law of ‚negligence' assumes the principle of volenti not to be applicable"[1]. WILLIAMS[2], WINFIELD(-LEWIS)[3] und STREET[4] wollen sich über das Dilemma, daß einerseits erlaubtes Risiko und Gefahrübernahme offenbar sich wechselseitig entsprechen, andererseits aber die assumption of risk traditionell als ein Einwand (defence) verstanden wird, der den Tatbestand eines Delikts voraussetzt, durch Einführung des Begriffs eines „presumptive tort" hinweghelfen[5]: der Einwand der assumption of risk setze voraus, daß der Kläger den vollen Tatbestand einer „negligence" nachgewiesen habe mit Ausnahme der fehlenden Zustimmung des Klägers zu der vom Bekl. geschaffenen Gefahr (sogenanntes „presumptive tort"). PROSSER[6] meint hingegen, der Kl. nehme zwar nicht das Risiko einer negligence auf sich, mit welcher er nicht zu rechnen brauche; sei er sich aber eines solchen Risikos voll bewußt, so stehe einer Gefahrübernahme nichts im Wege.

Hinter dieser Auseinandersetzung stehen zwei verschiedene Ordnungsprobleme, die unter der Rubrik der „assumption of risk" in einen Topf geworfen werden. Einmal stellt sich in jedem Recht die Frage, ob eine bestimmte Gefährdung bei Berücksichtigung der gesamten Umstände des Falles erlaubt oder unerlaubt (pflichtwidrig) ist. Zu diesen Umständen gehört, wie die „Pflichtentheorie" richtig erkannt hat, auch die

---

[1] POLLOCK(-LANDON) 120 N. 88; ebenso SWIFT J. in *Cleghorn* v. *Oldham* (s. oben S. 201 N. 2 ) 467; vgl. auch Lord BRAMWELL in *Smith* v. *Baker & Sons* (s. oben S. 184 N. 1) 344: „I said that the maxim ‚volenti non fit injuria' did not apply to a case of negligence; that a person never was volens that he should be injured by negligence – at least, unless he specially agreed to it; I think so still."

[2] WILLIAMS 295.

[3] WINFIELD(-LEWIS) 28 N. 1.

[4] STREET 169.

[5] FLEMING 232 spricht von einem „prima-facie-tort".

[6] PROSSER 309.

Offenkundigkeit der Gefahr und gegebenenfalls die Tatsache, daß der Bedrohte die Gefahr erkannt oder sogar gebilligt hat. Rechtfertigen diese Umstände die Gefährdung im Verhältnis zu dem Bedrohten, so nimmt dieser die Gefahr auf sich. Diese „echte" Gefahrübernahme schließt in der Tat die Feststellung einer Pflichtwidrigkeit des Gefährders aus. Das ist leicht einzusehen, wenn man den Fehler vermeidet, den Vorwurf der Pflichtwidrigkeit abstrakt auf die Schaffung einer Gefahrenquelle anstatt auf die Frage zu beziehen, ob der Gefährder den im konkreten Fall Bedrohten der Gefahr aussetzen durfte. Die Bejahung einer konkreten Pflichtwidrigkeit in diesem Sinne ist gleichbedeutend mit der Ablehnung eines Handelns des Bedrohten auf eigene Gefahr. Es bleibt dann aber noch immer zu prüfen, ob die Selbstgefährdung geeignet ist, die Pflichtwidrigkeit des Gefährders in ihrer schadensrechtlichen Wirkung aufzuheben. Dieses sekundäre Sachproblem, das die Feststellung einer Pflichtwidrigkeit des Gefährders zur Voraussetzung hat und sich deswegen notwendig im prozessualen Gewande einer vom Beklagten vorzubringenden „defence" stellt, möchte ich das Problem einer „unechten" Gefahrübernahme nennen; denn es ist offensichtlich, daß es sich nur um einen Sonderfall eines mitwirkenden Verschuldens des Verletzten handelt. Durfte der Gefährder den Bedrohten nach den Anschauungen eines Rechts der Gefahr nicht überlassen, so handelt derjenige, der sich unter diesen Umständen selbst der Gefahr aussetzt, notwendig – das ist logisch unausweichlich – den eigenen wohlverstandenen Interessen zuwider, welche das Recht schützen will. Die Selbstgefährdung ist regelmäßig auch persönlich vorwerfbar, wenn sie bewußt geschieht oder der sich Gefährdende die Gefahr zu erkennen vermochte. Welche Rechtsfolgen sich aus einem solchen „Verschulden gegen sich selbst" ergeben, bestimmen die Rechtsnormen über das mitwirkende Verschulden des Verletzten. Alle verglichenen Rechte enthalten Vorschriften, welche das Rechtsinstitut des mitwirkenden Verschuldens jeweils in sich geschlossen regeln. Es gibt keinen stichhaltigen Grund, diese Vorschriften auf den von ihnen gedeckten Sonderfall nicht anzuwenden, daß mit der Pflichtwidrigkeit des Schädigers die bewußte oder unbewußte Unvorsichtigkeit des sich selbst gefährdenden Verletzten konkurriert.

Die Unterscheidung von echten und unechten Fällen des Handelns auf eigene Gefahr ist von erheblicher praktischer Bedeutung, weil nach den meisten Rechten der Gesichtspunkt des mitwirkenden Verschuldens, der in den unechten Fällen des Handelns auf eigene Gefahr allein maßgebend ist, nur die Verteilung des Schadens zwischen Schädiger und Geschädigtem nach sich zieht. Eine Ausnahme gilt nur für einige Gebiete des anglo-amerikanischen Rechtskreises, welche die alte Common-Law-Regel noch nicht geändert haben, daß der mitschuldige Verletzte ebensowenig Schadensersatz verlangen kann wie der auf eigene Gefahr Handelnde[1]. Hier ist es nur von theoretischem Interesse, ob sich die Abweisung der Schadensersatzklage des Selbstgefährders aus dem Gesichtspunkt des mitwirkenden Verschuldens oder der assumption of risk rechtfertigt. Bei der Fallgruppe der Teilnahme an einer gefährlichen Veranstaltung empfindet die internationale Praxis meist richtig, daß sich die Feststellung einer Pflichtwidrigkeit des Gefährders und eine Gefahrübernahme gegenseitig ausschließen, mögen sich auch die Gerichte gelegentlich mit Kunstgriffen behelfen, wie etwa mit der Verneinung eines „Gefährdungsbewußtseins". An einem typischen Beispiel sei das verdeutlicht. Handelt der Zuschauer an einem Kraftfahrzeugrennen, der auf den gesperrten Sicherheitsstreifen vordringt, auf eigene Gefahr, so daß er bei Verletzung weder vom Veranstalter noch von dem ihn anfahrenden Rennfahrer wegen unerlaubter Handlung Schadensersatz beanspruchen kann? Die Entscheidung hängt davon ab, wie die deliktischen Rücksichtspflichten dieser Personen bemessen werden. Obliegt dem Veranstalter den Zuschauern gegenüber nur die Pflicht, einen genügend breiten Sicherheitsstreifen in ersichtlicher Weise (durch einen übersteigbaren Draht oder durch sonstige Zeichen) zu markieren, so nehmen die Zuschauer, die diese Markierung mißachten, die Gefahr eines solchen Verhaltens auf sich, gleichviel ob sie sich ihrer Gefährdung bewußt sind oder nicht. Hält man dagegen den Veranstalter für verpflichtet, die Zuschauer durch geeignete Absperrungen (unübersteigbaren Stacheldraht, Ordnungsposten usw.) am Betreten des Sicherheitsstreifens zu hindern, so handeln die Zuschauer, die unter Mißachtung des von ihnen wahrgenommenen Verbots des Veranstalters auf den lediglich markierten Sicherheitsstreifen vordringen, nicht auf eigene Gefahr, weil eben der Veranstalter diese Form der Selbstexponierung der Zuschauer nicht zulassen darf. Es kommt dann bei der Verletzung der Zuschauer nur eine Schadensverteilung nach § 254 BGB in Betracht. Entsprechendes gilt auch für die Haftung des den Schaden unmittelbar verursachenden Rennfahrers, der sich nach der deutschen, schweizerischen und französischen Rechtsprechung der Teilnahme am Rennen zu enthalten hat, wenn die zum

[1] So z. B. in weiten Gebieten der Vereinigten Staaten, s. oben S. 189 N. 2.

Schutze des Publikums getroffenen Maßnahmen unzureichend waren und er dies erkennen konnte[1]. Die deutschen Gerichte begründen die Ablehnung einer Gefahrübernahme in Fällen dieser Art meist mit dem angeblich fehlenden Gefährdungsbewußtsein des Verletzten[2], während sich z. B. das Obergericht Zürich in dem Fall, daß bei einem Bobrennen sich eine Zuschauerin entgegen einer mit dem Lautsprecher bekanntgegebenen Warnung an eine gefährliche Kurve vorwagt, mit der Feststellung begnügt, die Klägerin habe nicht die Gefahr der „Rücksichtslosigkeit und Unvorsichtigkeit" des Veranstalters sowie der Mannschaft des verunglückten Bobs auf sich genommen[3]. Der sachliche Kern der Entscheidung ist darin zu sehen, daß das Gericht die über den Lautsprecher ausgerufene Warnung als für den Schutz der Zuschauer unzulänglich erachtete und den Veranstalter für verpflichtet ansah, allen Zuschauern, gleichviel ob sie nun die Warnung vernommen hatten oder nicht, das Herantreten an die Kurve unmöglich zu machen. Den entscheidenden Punkt erkennt der Appellationshof Douai in einem vom französischen Kassationshof gebilligten Urteil. In ihm wird ausgeführt, der Veranstalter eines Autorennens sei verpflichtet gewesen, gefährdete Zuschauer von der Kurve zu entfernen (de prescrire des mesures pour faire éloigner les personnes qui auraient pu se trouver en danger)[4]. Daraus ergab sich von selbst, daß die gefährdeten Zuschauer nicht auf eigene Gefahr handelten, mochten sie nun ein wie immer geartetes „Gefährdungsbewußtsein" besessen haben oder nicht.

Ein „Gefährdungsbewußtsein" des Zuschauers oder Teilnehmers ist stets oder nie vorhanden, je nach dem, was man unter diesem Begriff versteht. Jeder Zuschauer weiß, daß sich bei einer Rennsportveranstaltung Unfälle ereignen können, denen Zuschauer zum Opfer fallen. Kein Zuschauer rechnet aber damit, daß sich an dem Platz, an welchem er Aufstellung nimmt, demnächst ein Unfall ereignen werde. Sonst würde sich kein Zuschauer dorthin begeben. Zwischen diesen beiden extremen Formen eines schwachen und eines gesteigerten Gefährdungsbewußtseins sind beliebige Zwischenstufen denkbar (z. B. der Kl. wußte, daß sich bei einem früheren Rennen auf der gleichen Bahn schon Unfälle ereignet hatten; daß sich in der Nähe des Platzes, an dem er sich aufstellt, schon einmal ein Unfall – oder mehrere Unfälle – ereignet hatten

---

[1] Vgl. oben S. 72 f. und S. 136.
[2] S. oben S. 75 f.
[3] S. oben 72 f.
[4] Gaz.Pal. 1929 II 569 (req. 19. 6. 29), s. dazu oben S. 130 N. 5.

usw.). Die deutschen Gerichte sollten das fruchtlose Spiel mit dem Begriff des Gefährdungsbewußtseins aufgeben und sich in den fraglichen Fällen der Sachfrage zuwenden, ob der Gefährder im Verhältnis zum Verletzten alle ihm nach den Umständen obliegenden Pflichten erfüllt hatte. Ist dies zu verneinen und dem Beklagten seine Pflichtwidrigkeit auch persönlich vorzuwerfen, so kann der Schadensersatzanspruch des sich selbst gefährdenden Verletzten nur aus dem Gesichtspunkt des § 254 BGB geschmälert werden oder – bei besonders leichtfertigem Verhalten des Verletzten – nach dieser Vorschrift auch gänzlich entfallen.

### *IV. Einfluß der sozialethischen Anschauungen*

Wie wir gesehen haben, lassen sich zwar charakteristische Tatbestandselemente des Handelns auf eigene Gefahr nachweisen wie z. B. beim „Grundtyp" des Handelns auf eigene Gefahr die Offenkundigkeit der Gefahr, der sich der Verletzte aussetzt. Aber es gibt keinen einheitlichen Typ des Handelns auf eigene Gefahr, sondern mehrere Erscheinungen dieser Rechtsfigur. Wenngleich sie jeweils eine übereinstimmende äußere Struktur aufweisen, entziehen sie sich einer tatbestandlichen Fixierung. Welche Veranstaltungen erlaubt oder welche per se unerlaubt sind, so daß die Zuschauer und Teilnehmer nicht einmal den erkennbaren, inhärenten Gefahren der Veranstaltung überlassen werden dürfen, und welche Sicherungsvorkehrungen bei erlaubten Veranstaltungen notwendig und „zumutbar" sind – um nur die wichtigsten der als maßgeblich erkannten Gesichtspunkte zu nennen –, läßt sich nicht allgemein angeben. Es lassen sich nur einige Momente anführen, die hierfür regelmäßig beachtlich sein werden, wie z. B. der billigenswerte Zweck der Veranstaltung (körperliche Ertüchtigung usw.), die Größe der durch die Veranstaltung heraufbeschworenen Gefahren, die Höhe des Aufwands, welchen die Sicherungsvorkehrungen erfordern, die Verbreitung eines Sports oder Spieles, die Entgeltlichkeit oder Unentgeltlichkeit des Eintritts – ohne daß diese Aufzählung erschöpfend wäre. Besonders schwierig ist zu beurteilen, ob verbreitete, aber nicht völlig ungefährliche Kinderspiele erlaubt sind oder nicht. In dem Bericht über das deutsche Recht wurde diese Einzelfrage anhand einiger praktischer Beispiele näher erörtert[1].

---

[1] S. oben S. 78.

Letztlich entscheiden über die Befugnis, andere Personen einer Gefahr zu überlassen, die in einem Gemeinwesen zur Zeit der Entscheidung herrschenden sozialethischen Anschauungen[1]. Einer abstrakten Erfassung unzugänglich stehen sie im Hintergrund der praktischen Rechtsanwendung. Schon oft wurde ausgesprochen, daß das Schadensersatzrecht „in ganz besonderem Grade das Produkt und der Niederschlag der ethischen Überzeugungen sowie der sozialen und wirtschaftlichen Verhältnisse einer bestimmten Kulturepoche" ist[2]. Diese rechtsbestimmenden Faktoren vermögen sich im Richterrecht des Handelns des Verletzten auf eigene Gefahr noch stärker auszuwirken als in sonstigen Bereichen des Schadensersatzrechts. Der beste Beweis hierfür ist das hohe Maß an Übereinstimmung, das bei der Fallgruppe der Teilnahme an einer gefährlichen Veranstaltung in mehreren Rechten trotz der beträchtlichen Divergenz der maßgeblichen Schadensausgleichsnormen im Ergebnis zustande kommt. Diese Entscheidungsharmonie läßt sich nicht anders erklären, als daß die Gerichte an den sozialethischen Wertvorstellungen Rückhalt nehmen, welche in Deutschland, Frankreich, England und den Vereinigten Staaten, wo vergleichbare kulturelle Verhältnisse bestehen und die Gesellschaft eine ähnliche Sozialstruktur aufweist, im wesentlichen dieselben sind.

Auch im ausländischen Schrifttum wird hervorgehoben, daß die zeitgemäßen sozialethischen Anschauungen für das Problem des Handelns auf eigene Gefahr von Bedeutung sind. Rodière will die „opinion commune" darüber entscheiden lassen, ob eine konsentierte Gefährdung erlaubt ist. Im englischen und amerikanischen Recht machte der Wandel der Rechtsprechung zur „assumption of risk" der Arbeitnehmer das Zeitbedingte der Anschauungen über Voraussetzungen und Möglichkeit einer assumption of risk besonders augenfällig. Die Amerikaner Harper und James[3] charakterisieren die Lehre von der assumption of risk geradezu als das Relikt einer liberalen Geisteshaltung, die den sozialen

---

[1] Über den Einfluß der sozialethischen Anschauungen auf das Schadensersatzrecht vgl. Enneccerus(-Nipperdey) I 2, 916 ff. und Niese, JZ 1956, 460 unter Berufung auf Welzel, Das deutsche Strafrecht[6] (1958) 73, 114 ff., und Ders., Das neue Bild des Strafrechtssystems[3] (1957) 23 f., 31 ff.

[2] Unger, Handeln auf eigene Gefahr[2] (1893) 1; Flad 13; Rümelin, Schadensersatz ohne Verschulden (1910) 2; Esser, Gefährdungshaftung 89; Nipperdey, Festschrift Alex Meyer (1954) 95.

[3] S. oben S. 237. Rice sagt in 27 Minnesota L. R. (1943) 460, die Lehre von der assumption of risk sei „conditioned by contemporary ethical and social considerations".

Wirklichkeiten des Industriezeitalters zum Opfer fiel, in England schneller als in den Vereinigten Staaten. Im frühen Common Law war in der Tat, wie wir gesehen haben, die assumption of risk die Regel, falls sich jemand einer erkennbaren Gefahr aussetzte, dagegen die deliktische Pflicht „to look out affirmatively for the other's safety" die Ausnahme[1]. Heute dagegen ist im englischen und im nordamerikanischen Recht, ebenso wie in anderen modernen Rechten, der Rechtsgedanke des Handelns auf eigene Gefahr nur noch bedeutsam für gewisse Sondersituationen wie die Teilnahme an einem Sport oder Spiel, das Betreten fremder Grundstücke oder Anlagen und für Gefälligkeitsfahrten. Ansonsten schafft der Gefährder vermeidbare Gefahrenquellen grundsätzlich auf sein Risiko, mögen die Gefahren auch erkennbar sein, so daß ihnen der Verkehr bei einiger Aufmerksamkeit aus dem Wege gehen kann. Selbst die bewußte Unvorsichtigkeit des der Gefahr nicht achtenden Verkehrs geschieht im allgemeinen nicht auf eigenes Risiko. Vielmehr erfolgt hier regelmäßig ein Schadensausgleich nach den Grundsätzen vom mitwirkenden Verschulden des Verletzten.

## *V. Theoretischer Ausblick*

Die bisherigen Überlegungen zum Problem des Handelns auf eigene Gefahr haben im wesentlichen die „Pflichtentheorie" bestätigt, die im französischen und im anglo-amerikanischen Recht entwickelt worden ist. Im Schrifttum zum deutschen bzw. schweizerischen Recht kommt dieser Theorie der Schweizer STARK am nächsten, der den Haftungsausschluß beim Handeln des Verletzten auf eigene Gefahr mit einer „subjektiven Nichtgeltung des Haftungsgrundes" begründen will[2]. Nach STARK ist bei Sportveranstaltungen, sofern die Sport- oder Spielregeln eingehalten werden, die Haftung des Veranstalters und des einen Unfall verursachenden Teilnehmers gegenüber einem verletzten Zuschauer oder Teilnehmer deswegen ausgeschlossen, weil „der Geschädigte aus einer Unsorgfalt anderer Personen, mit der er bestimmt rechnen mußte und der er sich aus freien Stücken ausgesetzt hat", keinen Vorwurf ableiten könne. Es existiere zwischen Schädiger und Geschädigtem „der innere Grund nicht, der zur Bestellung der Fahrlässigkeit als Haftungsgrund Anlaß gegeben habe". Diese Argumentation geht davon aus, daß der

---

[1] S. oben S. 237.

[2] S. oben S. 101 ff.

Veranstalter und der den Schaden verursachende Teilnehmer trotz Einhaltung der Sport- oder Spielregeln fahrlässig handeln. STARK räumt zwar ein, daß die Fahrlässigkeit des Veranstalters und Teilnehmers nach einem besonderen, der Sportsituation zu entnehmenden Maßstab zu bemessen sei [1]. Dieser verschiedene Maßstab sei aber nur anzulegen an das Voraussehen der Möglichkeit einer Schädigung (Wissenskomponente des Fahrlässigkeitsbegriffs), nicht auch an die Anpassung des Verhaltens an die voraussehbaren Schäden (Willenskomponente). Sportunfälle seien aber stets voraussehbar [2] und daher auch, weil sich der Schädiger dennoch an dem Sport beteiligte, fahrlässig verursacht.

STARK verkennt, daß die Vorhersehbarkeit einer Schädigung für sich allein niemals den Vorwurf der Fahrlässigkeit rechtfertigt [3]. Das Zusammenleben in einem Gemeinwesen erfordert unzählige Formen einer gefährlichen Betätigung, welche die Schädigung anderer befürchten lassen, gleichwohl aber, eben weil sie sozial angemessen sind, nicht unerlaubt sind und daher als solche auch nicht dem Vorwurf der Fahrlässigkeit zur Grundlage dienen können. Zu den erlaubten gefährlichen Betätigungen gehören namentlich die anerkannten Sportarten [4]. Es ist absurd, die Ausübung eines Sports deswegen als eine Fahrlässigkeit per se zu betrachten, weil der Teilnehmer an dem Sport weiß, daß sich Sportunfälle ereignen können. STARK übersieht den grundlegenden Unterschied zwischen erlaubter und objektiv pflichtwidriger Gefährdung. In den von STARK erörterten praktischen Beispielen der Verletzung eines Zuschauers oder Teilnehmers fehlt gewiß der „innere Grund für die Bestellung der Fahrlässigkeit als Haftungsgrund" – weil nämlich der Schädiger nicht objektiv pflichtwidrig und daher auch nicht fahrlässig handelte. Sicher richtig ist auch die Ansicht STARKS, daß der verletzte Zuschauer oder Teilnehmer gegen den Schädiger, der die Sport- und Spielregeln beachtet hat, keinen Vorwurf erheben kann. Nur bedarf es zur Begründung nicht des von STARK empfohlenen neuen Haftungsausschlußgrundes: ein erlaubtes, pflichtgemäßes Verhalten entzieht sich als solches dem persönlichen Vorwurf.

---

[1] STARK, SJZ 50 (1954) 40. [2] STARK (vorige Note) 40.

[3] BGH 23. 10. 52, VersR 1953, 28 [29]: Der Fahrlässigkeitsvorwurf erschöpft sich nicht in dem Kennen oder Kennenmüssen der Gefährlichkeit, sondern setzt weiterhin voraus, daß der Täter sich gemäß dieser Kenntnis oder dieses Kennensollens hätte verhalten können und müssen, daß ihm insbesondere ein die Gefahr vermeidendes Verhalten im gegebenen Falle zuzumuten war. Vgl. ferner MEZGER in Leipz. Kommentar zum StGB [8] I (1957) Anm. III, 23 b, aa zu § 59.

[4] S. dazu NIPPERDEY, NJW 1957, 1778.

Das überwiegende deutsche Schrifttum versucht noch immer, alle Zweifelsfragen, die die strafrechtliche und zivilrechtliche Verantwortlichkeit für Sportverletzungen aufwerfen, mit Hilfe des Gesichtspunktes einer rechtfertigenden Einwilligung des Verletzten zu lösen[1]. Wer sich an einer Sportveranstaltung aktiv beteilige – die Rechtsposition des Zuschauers bleibt meist außer acht –, willige in solche Verletzungen ein, die durch regelgerechte Sporthandlungen zugefügt werden mit der Folge der Rechtfertigung dieser Verletzungen. Im übrigen sind Gegenstand, Umfang und Tragweite der Einwilligung des Sportlers umstritten. Die Auseinandersetzung hierüber ist neuerdings neu belebt worden durch eine Kontroverse zwischen EBERHARD SCHMIDT[2] und HARTUNG[3], die allerdings unter strafrechtlichem Aspekt ausgetragen wurde. SCHMIDT meint, der Teilnehmer an einem Sportkampf willige nur in das Risiko des Kampfes ein, nicht auch in eventuelle, aus diesem Risiko entstehende Verletzungen. Z. B. „wolle" der Boxer nicht verletzt werden[4]; er bekunde im Gegenteil aufs deutlichste seinen entgegengesetzten Willen, indem er durch seine Abwehr alles tue, um das Verletztwerden zu vermeiden. Daher befänden sich alle diejenigen auf dem Holzweg, die bei Sportkämpfen eine Einwilligung des Verletzten und demgemäß in § 226 a StGB eine Rechtfertigungsmöglichkeit sähen. SCHMIDT schließt sich der von LISZT begründeten „Zwecktheorie" an, die den Rechtfertigungsgrund für Sportverletzungen, die bei anerkannten Sportarten erfahrungsgemäß vorkommen, darin erblickt, daß sportgerechte Handlungen „angemessene, gebilligte Mittel zur Erreichung des durch den Sport erstrebten staatlich und rechtlich anerkannten Zieles" seien. HARTUNG hält SCHMIDT entgegen, daß, wer ein Risiko eingehe, auch den möglichen Mißerfolg in Kauf nehme, was in der Tat der in Deutschland herrschenden Lehre entspricht. MAHLING beispielsweise führt in seiner gründlichen Dissertation über die strafrechtliche Behandlung von Sportverletzungen[5] aus, die Billigung eines Sportkampfes schließe die Einwilligung in die mit ihm verbundenen entweder notwendigen oder doch nach der Lebens-

---

[1] Vgl. die Übersicht bei G. MAHLING, Die strafrechtliche Behandlung von Sportverletzungen (Diss. Berlin 1940) 30 ff.; A. BRUNNER, Die Sportverletzung im schweizerischen Strafrecht (Diss. Zürich 1949) 77 ff.; SCHÖNKE(-SCHRÖDER), Komm. zum StGB[8] (1957) Anm. V zu § 226 a; KNEFELI, Die Haftung bei Sportverletzungen (Diss. Jena 1937) 26 ff.; ZEILER, DJZ 1926, 1603–1606; HOFACKER, DJZ 1927, 554.

[2] JZ 1954, 369 ff. (371–373).

[3] NJW 1954, 1225 ff.

[4] EB. SCHMIDT (vorletzte Note) 372.

[5] S. oben N. 1.

erfahrung zu erwartenden Verletzungen in sich ein[1]. Sie umfasse bei einem Sportkampf oder Kampfspiel nicht nur die Verletzungen, die dem Sport oder Spiel wesenseigen sind, sondern auch die Verletzungen, die erfahrungsgemäß durch fahrlässige Übertretung der Regeln beider Sportarten geschehen. Hingegen sei die Einwilligung unwirksam bei Verletzungen, die auf Roheitsakte und vorsätzliche Übertretung der Sportregeln zurückzuführen sind.

Die „Einwilligung des Verletzten“ ist das dogmatische Gegenstück zum „mangelnden Gefährdungsbewußtsein des Verletzten“. Beiden Momenten ist ihre Mehrdeutigkeit und die Aufgabe gemeinsam, eine der objektiven Sachlage entnommene Lösung hinterher zu rechtfertigen. Der Verletzte hat in solche Verletzungen „eingewilligt“, für die der Verletzer nach dem Billigkeitsurteil des jeweiligen Richters oder Autors nicht verantwortlich ist, während umgekehrt dem Verletzten das „Gefährdungsbewußtsein“ hinsichtlich derjenigen Verletzungen gefehlt hat, für die eine Entschädigung angemessen erscheint. In Wahrheit willigt der Teilnehmer nur eben in die Teilnahme an einem nach gewissen Regeln auszutragenden Sport oder Spiel stets ein. Was er im übrigen erkennbar über die Veranstaltung und deren offenkundige Gefahren denkt, überlegt oder sich vorstellt, ist von Fall zu Fall verschieden. Eine allgemeine Regel hierüber läßt sich nicht aufstellen. Die Möglichkeit ernsthafter Verletzung oder gar die Möglichkeit eines tödlichen Unfalls – man denke an Boxkämpfe, die, wie die Erfahrung der letzten Jahre leider lehrt, mitunter einen tödlichen Ausgang nehmen – erwägt der Teilnehmer meist überhaupt nicht. Tut er es doch, so vertraut er in aller Regel darauf, daß Derartiges nicht eintreten werde. Das ist dieselbe subjektive Einstellung zu einem möglichen Erfolg, welche die Strafrechtstheorie beim Täter als „bewußte Fahrlässigkeit“ bewertet und in Gegensatz stellt zum „bedingten Vorsatz“[2]. Eberhard Schmidt ist aus diesem Grunde darin Recht zu geben, daß – wie auch die französische und englische Doktrin längst erkannt haben – die Einwilligung in ein Risiko in aller Regel nicht die Billigung eventueller Verletzungen in sich schließt, vollends nicht solcher Verletzungen, die unter Mißachtung der Sicherheitsregeln des Sports oder Spiels zustande kommen (was Mahling übersieht)[3]. Zudem vermöchte eine eventuelle Einwilli-

---

[1] Mahling (S. 260 N. 1) 53 f.; ebenso Schönke(-Schröder), Anm. V zu § 226 a StGB; Knefeli (s. oben S. 260 N. 1) 32 f.

[2] Vgl. Mezger in Leipz. Komm.[8] I (1957) Anm. III, 23 b zu § 59.

[3] Vgl. Noll 98: Wer in eine abstrakte Gefährdung einwilligt, willigt damit nicht

gung eine schwere körperliche Verletzung oder die Tötung gar nicht zu rechtfertigen[1].

Ich halte die Erforschung des variablen Willens der Sportteilnehmer im Grundsatz für verfehlt. Die Rechtsbeziehungen der an einem Sport oder einem Spiel Beteiligten werden schadensrechtlich in ihrer objektiven Typizität bewertet. Haftungsrechtlich maßgebend ist allein die Rechtsposition, die „einem Fußballspieler" bei einem Fußballspiel zukommt, ebenso wie die Rechte und Pflichten eines Fußgängers im Straßenverkehr nach den Rechtsregeln beurteilt werden, die für „einen Fußgänger" gelten, und Entsprechendes ist auch für die Position des Zuschauers bei einer Sportveranstaltung anzunehmen. Die deliktischen Verhaltensnormen, welche für die Haftung bei Sportveranstaltungen maßgeblich sind, ordnen den besonderen sozialen Sachverhalt des Sports oder Spiels. Für diese Normen ist folglich der sich in der Teilnahme ausdrückende Handlungswille der Beteiligten tatbestandliche Voraussetzung, nicht aber Rechtsgrund, weder ganz noch teilweise. Die Einwilligungstheorie ist nicht imstande, die grundlegenden Fragen zu beantworten, welche Sportarten oder Spiele als solche erlaubt sind und welche Verkehrspflichten dem Veranstalter und den Teilnehmern bei einem solchen Sport oder Spiel obliegen[2]. Beide Fragen setzen nämlich den durch Willens- und Gesinnungsakte der Beteiligten geschaffenen Tatbestand des Sports oder Spieles bereits voraus und lassen sich daher nicht durch eine Sezierung des subjektiven Gehalts dieser Akte lösen.

Die herrschende Lehre betrachtet überdies die Problematik der Sportverletzungen unter einem falschen Blickwinkel, wenn sie allein nach der Verletzungsbefugnis des Schädigers fragt[3]. Die bei weitem wichtigere Besonderheit des „Sportrechts" ist die erhöhte Gefährdungsbefugnis des Sportlers, die nicht nur Teilnehmern gegenüber, sondern auch – freilich in geringerem Ausmaß – Zuschauern gegenüber besteht. Eine Verletzungsbefugnis steht dem Sportler nur beim Kampfsport sowie bei Kampfspielen in gewissen Grenzen zu, soweit nämlich körperliche Ein-

---

auch in die konkrete Gefährdung ein, und wer in eine konkrete Gefährdung einwilligt, willigt damit nicht auch in die Verletzung ein. Ferner KG 29. 7. 54, VRS 7 (1954) Nr. 85, S. 184 = JR 1954, 428.

[1] Nipperdey, NJW 1957, 1778; unrichtig Wussow, NJW 1958, 892.

[2] S. auch Nipperdey, NJW 1957, 1778 f.; Noll 97–102.

[3] Dies tut auch Nipperdey (vorige Note).

wirkungen zum notwendigen Inhalt des Sports oder Spieles gehören[1]. Sowohl die erhöhte Gefährdungsbefugnis wie auch eventuelle Verletzungsbefugnis des Sportlers ergeben sich aus einer veränderten Pflichtstellung, die in den sozialethischen Anschauungen der Zeit wurzelt. NIPPERDEY, der den von WELZEL geprägten Gedanken der Sozialadäquanz aufnimmt, äußert sich im gleichen Sinne[2]. Die von v. LISZT aufgestellte „Zwecktheorie" scheint mir im wesentlichen dasselbe auszudrücken. Sie geht nur darin fehl, daß auch sie – in Übereinstimmung mit der traditionellen Lehre – die Problematik ausschließlich in der beschränkten Optik der erlaubten Verletzung sieht und zu einseitig auf die staatliche Anerkennung des Sports abstellt. Eine solche Anerkennung ist keine unerläßliche Voraussetzung der Sozialadäquanz, sondern nur – je nachdem in welcher Form die Anerkennung kundgegeben wird – ein mehr oder weniger gewichtiges Indiz für die soziale Angemessenheit einer Sportart. Bei Kinderspielen versagt der Gesichtspunkt einer staatlichen Anerkennung ohnehin so gut wie ausnahmslos.

---

[1] Dies verkennt NIPPERDEY (vorletzte Note), der alle Verletzungen, die durch sportgerechte Handlungen zugefügt werden, als rechtmäßig ansieht.

[2] NJW 1957, 1777 ff. Unzutreffend ist jedoch die Ansicht NIPPERDEYS, alle aus sozialadäquater Gefährdung hervorgegangenen Verletzungen seien rechtmäßig. Dagegen habe ich mich schon in JZ 1958, 142 gewandt. Die Sozialadäquanz ist überhaupt kein einheitlicher Rechtfertigungsgrund für Rechtsverletzungen. Aus dem Wesen der absoluten Rechte sowie aus § 823 I BGB folgt, daß der Eingriff in absolute Rechte nur in bestimmten, tatbestandlich abgrenzbaren und vom Beklagten zu beweisenden Ausnahmesituationen gerechtfertigt ist, die allerdings nicht notwendig gesetzlich geregelt sein müssen (vgl. LARENZ II 340 f.). Diese Ausnahmesituationen sind, obzwar allesamt Ausprägungen des Gedankens der Sozialadäquanz, ganz verschieden gestaltet (insoweit ist die Kritik, die WUSSOW, NJW 1958, 891 ff. an den Ausführungen NIPPERDEYS übt, nicht unberechtigt). Selbst den rechtfertigenden Tatbeständen, die man gemeinhin unter der Rubrik der „Einwilligung des Verletzten" zusammenwürfelt, liegt – genauer besehen – kein durchweg einheitliches Rechtsprinzip zugrunde. Der Tatbestand des erlaubten Kampfsports hat nicht viel zu tun mit dem Tatbestand der rechtmäßigen ärztlichen Operation. Diese ist grundsätzlich nur dann erlaubt und sozialadäquat, wenn der Patient nach Belehrung über alle typischen, nicht ganz entfernt liegenden Gefahren des Eingriffs in diesen eingewilligt hat. Hier mag man von einer rechtfertigenden Einwilligung sprechen, wenngleich das rechtlich entscheidende Moment die der Einwilligung vorgegebene, sozialadäquate Befugnis des Arztes ist, mit Einwilligung des Patienten gewisse körperliche Eingriffe vorzunehmen und den Patienten dadurch bestimmten Gefahren auszusetzen. Für die Rechtmäßigkeit eines Kampfsports und die sich hierbei ergebende Gefährdungs- und Verletzungsbefugnis der Teilnehmer kommt es dagegen nicht darauf an, daß die Teilnehmer über die ihnen drohenden Gefahren belehrt worden sind oder diese Gefahren ohne Belehrung in vollem Umfange kennen.

## § 17

## *Betreten fremder Grundstücke oder Anlagen*

### *I. Allgemeine Grundsätze*

Die bisher, am Beispiel der gefährlichen Veranstaltungen gewonnenen Erkenntnisse über Voraussetzungen und Formen eines Handeln des Verletzten auf eigene Gefahr werden bestätigt durch die Rechtsprechung zur deliktischen Haftung des Grundstücksinhabers gegenüber Grundstücksbesuchern. Auch bei dieser Fallgruppe hängt die Möglichkeit eines Handelns des Verletzten auf eigene Gefahr ab von der Beschaffenheit der jeweiligen Schutzpflichten des Grundstückinhabers. Die Grundstücksbesucher handeln beim Betreten des Grundstücks dann und insoweit auf eigene Gefahr, als der Grundstücksinhaber ihre Sicherung vor erkennbaren, auf dem Grundstück vorhandenen Gefahrenstellen ihrer eigenen Verantwortung anheimstellen darf („schützt euch selbst").

Die Schutzpflichten des Grundstücksinhabers sind abgestuft nach dem Grade der Schutzwürdigkeit der Besucher, die unter diesem Gesichtspunkt in verschiedene Gruppen einzuteilen sind. Deren augenfälligste ist die Gruppe der unbefugten Besucher, denen nach allen verglichenen Rechten eine weniger vorteilhafte Behandlung zuteil wird als dem befugten Verkehr. Die den Rechtsschutz der unbefugten Besucher (trespassers) regelnden Normen des Common Law, welches unter den verglichenen Rechten die genauesten Vorschriften über die Haftung des Grundstücksinhabers (occupier) hervorgebracht hat, kehren in ihren wesentlichen Zügen in der deutschen und zum Teil auch in der französischen Praxis wieder. Personen, die ein Grundstück unbefugt betreten, handeln grundsätzlich „auf eigene Gefahr", weil der Grundstücksinhaber im allgemeinen nicht verpflichtet ist, ihnen einen gefahrlosen Zugang zu verschaffen („the general rule, therefore, is that a man trespasses at his own risk"). Immerhin darf der Grundstücksinhaber auch unbefugte Besucher nicht durch Selbstschutzanlagen oder durch eine aktive, auf dem Grundstück ausgeübte Tätigkeit gefährden. Der englische Standardfall zur Rechtslage bei Errichtung einer Selbstschutzanlage ist die – inzwischen freilich überholte – Entscheidung *Ilott* v. *Wilkes*[1], die fast den gleichen Sachverhalt betrifft, wie das Urteil des Appellationshofes Lüttich vom 21. 11. 29[2]. In *Ilott* v. *Wilkes* wurde der Schadensersatzanspruch

[1] S. oben S. 212 N. 4.

[2] S. oben S. 154 N. 2.

des Kl., der unbefugt in den Wald des Bekl. eingedrungen und dort durch einen vom Bekl. gelegten Selbstschuß verletzt worden war, aus dem Gesichtspunkt der voluntary assumption of risk zurückgewiesen. Für die Entscheidung war jedoch die subjektive Einstellung des Kl. zu der ihm drohenden Gefahr ohne Belang. Das Urteil wäre nach der rechtlichen Grundkonzeption, von der das Gericht ausging, nicht anders ausgefallen, wenn der Kl. von dem Selbstschuß nichts gewußt hätte; denn das Gericht hielt das Legen von Selbstschüssen unter der Voraussetzung für erlaubt, daß der Grundstücksbesitzer vor der Anlage in gehöriger Form warnt, etwa durch Anschläge oder Tafeln[1]. Nach den seither in England ergangenen gesetzlichen Vorschriften müßte dagegen das Verhalten des Bekl. in *Ilott* v. *Wilkes* als eine Pflichtwidrigkeit beurteilt werden, welcher die wissentliche Selbstgefährdung eines „trespasser" als ein mitwirkendes Verschulden an einer Verletzung gegenübersteht, während der Gesichtspunkt eines Handelns des „trespasser" auf eigene Gefahr ausscheidet[2]. In diesem Sinne hat auch der Appellationshof Lüttich entschieden[3].

Besonderer Betrachtung bedürfen die deliktischen Pflichten des Grundstücksinhabers, Kinder vor Gefahren zu schützen, die von dem Grundstück oder den auf ihm befindlichen Anlagen ausgehen. Über den notwendigen Umfang dieser verschärften Pflichten des Grundstücksinhabers kann man verschiedener Ansicht sein, und es mögen in dieser Hinsicht Differenzen zwischen den einzelnen Rechten bestehen. Die englische Rechtsprechung dürfte bei der Annahme einer „implied licence" zugunsten von Kindern zu zurückhaltend sein[4], während die deutsche Rechtsprechung vom Grundstücksinhaber mitunter Menschenunmögliches verlangt[5]. Die richtige Mitte scheint mir im ganzen die französische Rechtsprechung innezuhalten[6]. Sicher ist aber – darin sind sich die verglichenen Rechte einig –, daß Kinder erhöhten Schutzes bedürfen und daß dem Grundstücksinhaber erhöhte Verantwortung obliegt, wenn Kinder in vorhersehbarer Weise durch gewisse auf dem Grundstück befindliche Anlagen angelockt werden (sogenannte „allurements"). Der Gesichtspunkt des unbefugten Eindringens auf das Grundstück tritt demgegenüber in den Hintergrund. Gleichwohl erlangt er in extrem

---

[1] Vgl. auch die Entscheidung des französischen Kassationshofs vom 25. 3. 02, oben S. 154 N. 1.

[2] Vgl. oben S. 213.

[3] S. oben S. 154.

[4] S. oben S. 214 f.

[5] S. oben S. 91 f.

[6] S. oben S. 151 ff.

gelagerten Fällen Gewicht. Namentlich die französische Rechtsprechung veranschaulicht, daß die Verantwortung des Inhabers einer Anlage aufhört, sobald ein Kind in böswilliger Absicht in ihren Gefahrenbereich eindringt[1]. In dieser Rechtsprechung tritt der Gedanke einer immanenten Begrenzung selbst der gesteigerten Schutzpflichten zutage, die dem Inhaber gegenüber Kindern obliegen. Ganz richtig sagt das Reichsgericht in dem Urteil vom 18. 6. 17, daß ein Grundstücksinhaber gegenüber einem elfjährigen Jungen, der trotz Warnung in eine verschlossene Hochspannungsanlage eindringt, um ein dort liegendes Messer zu entwenden, eine „Sorgfaltspflicht nicht zu vertreten habe“[2].

Wenn sonach Kinder beim Betreten fremder Grundstücke im allgemeinen nicht auf eigene Gefahr handeln, so rührt das nicht etwa daher, daß sie keine rechtsverbindlichen Willenserklärungen abzugeben vermögen. Am Kern der Sache vorbei geht auch die am Beispiel der Gefälligkeitsfahrt ausgerichtete Lehre H. D. Fischers, daß Minderjährige, die sich freiwillig einem Risiko aussetzen, dann auf eigene Gefahr handeln, wenn sie – analog § 828 BGB – ihrer geistigen Entwicklung nach imstande sind, das Risiko abzuschätzen[3]. Die altersbedingte Sorglosigkeit und Einsichtslosigkeit von Kindern wirkt sich auf die Rechtslage zunächst nur mittelbar aus, insofern nämlich der Gefährder, der mit der Anwesenheit von Kindern rechnen muß, bei seinen Sicherungsvorkehrungen jene kindlichen Eigenschaften zu berücksichtigen hat. Im übrigen ist auch hier eine typisierende Bewertung der Schutzwürdigkeit der bedrohten Personen geboten, ohne Ansehung der Mentalität des im konkreten Falle verletzten Kindes. Die geistige Reife des Kindes, das sich im konkreten Fall exponiert, wird erst dann rechtserheblich – und zwar für die Frage eines mitwirkenden Verschuldens des Kindes gemäß § 254 BGB! –, wenn eine Pflichtwidrigkeit des Gefährders nach den dargelegten Grundsätzen erwiesen ist. Dann aber ist § 828 BGB nach allgemeinen Grundsätzen im Rahmen dieser Vorschrift sinngemäß anzuwenden.

Weniger sicher ist die Rechtsposition der Besuchergruppe der „licensees“, d. h. der gefälligkeitshalber zugelassenen Personen, sowie der „invitees“, also des sonstigen befugten Verkehrs. In England wurde erst jüngst der althergebrachte Grundsatz des Common Law, daß der occupier gegenüber bloßen licensees geringere Pflichten hat als gegenüber invitees, im Occupiers' Liability Act von 1957 preisgegeben und die

---

[1] S. oben S. 153. [2] S. oben S. 92. [3] S. oben S. 99.

Pflichten des occupier im Verhältnis zu allen befugten Besuchern („lawful visitors") nach einem einheitlichen Schema geordnet, welches dem richterlichen Ermessen einen weiteren Spielraum beläßt, als es die bisherigen allzu kasuistischen und starren Regeln der occupier-Haftung taten[1]. Der Grundgedanke, welcher der Sonderstellung der licensees nach Common Law zugrunde liegt, ist indes durchaus gesund und sachgerecht: das Gefälligkeitsmoment darf bei der Bemessung der Verkehrssicherungspflichten des Grundstücksinhabers nicht außer acht gelassen werden. Für eine Berücksichtigung des Gefälligkeitsmomentes hat sich auch das Reichsgericht in seinem Urteil vom 1. 2. 17[2] ausgesprochen, und im gleichen Sinne hat der Appellationshof Chambéry[3] entschieden, indem er es für ausgeschlossen erachtete, daß ein Grundstücksinhaber, der einen Verkehr auf einem Abkürzungsweg duldet, diesem Verkehr gegenüber zu einer „surveillance plus attentive" gehalten ist. Die überkommenen, in England bis zum Erlaß des Occupiers' Liability Act geltenden Regeln des Common Law über die Rechtslage des befugten Verkehrs scheinen mir nur darin fehlsam zu sein, daß sie das Verhältnis des occupier zu den einzelnen Grundstücksbesuchern individuell bewerten und darauf abstellen, ob der einzelne Grundstücksbesucher nach den Interessen, die ihn mit dem occupier verbinden, der Gruppe der „licensees" oder „invitees" zugehört. Die Sachlage erfordert aber eine typische Bewertung der inhärenten Interessen des Grundstücksinhabers. Entscheidend muß sein, ob der Verkehr, an welchem der Verletzte teilnahm, an der Unfallstelle nur aus Gefälligkeit geduldet wurde, oder ob daselbst ein allgemeiner Verkehr eröffnet war. Die den Begriff der Verkehrseröffnung verwertende Lösung der deutschen Rechtsprechung[4] halte ich für überlegen gegenüber dem Common Law. Verunglückt ein Gast, den ich in mein Haus eingeladen habe, auf der spiegelglatt polierten Haustreppe, so kann er nicht deswegen mindere Rechte haben, weil er ein Gast ist. Ihm gebührt beim Betreten der Haustreppe derselbe deliktische Schutz wie dem Warenhausboten, dem bei Ablieferung einer von mir bestellten Ware das gleiche Schicksal widerfährt. Hingegen ist es durchaus angemessen, denjenigen Personen, die an einem Gefälligkeitsverkehr teilnehmen, schwächeren Schutz zu gewähren als etwa den Besuchern, die die allgemeinen Zugänge zu einem Haus benutzen. Auch beim Verkehr, der aus Gefälligkeit geduldet wird, bleibt die individuelle

---

[1] S. oben S. 207 f.

[2] S. oben S. 150 N. 4.

[3] S. oben S. 86 N. 2.

[4] S. oben S. 82 ff.

Interessenlage außer Betracht. Es bleibt gleich, ob auf dem wegen Eisglätte gefährlichen Abkürzungsweg, dessen Benutzung der Grundstücksinhaber allgemein duldet, ein den Grundstücksinhaber aufsuchender Warenhausbote oder ein sonstiger Passant zu Fall kommt und sich verletzt; beide Grundstücksbesucher haben billigerweise dieselben Rechte.

Nur für den Verkehr, den der Grundstücksinhaber aus bloßer Gefälligkeit duldet, paßt der Satz, daß, wer von einer Gefälligkeit Gebrauch macht, sie nehmen muß, wie sie geboten wird („a licensee takes premises just as he finds them"), und für den typischen Gefälligkeitsverkehr dürfte auch die englische Rechtsprechung, selbst nach Erlaß des Occupiers' Liability Act von 1957, an ihm festhalten[1]. Die Teilnehmer an einem Gefälligkeitsverkehr nehmen die auf dem Grundstück vorhandenen, erkennbaren Gefahren auf sich und handeln insoweit auf eigene Gefahr (Grundtyp des Handelns auf eigene Gefahr). Eine Ausnahme ist – jedenfalls nach deutschem Recht – nur für besonders schwere Gefahren zu machen[2]. Auch der aus bloßer Gefälligkeit handelnde Grundstücksinhaber darf nicht die Inkaufnahme besonders schwerer Gefahren zulassen. Die Erhöhung des dem Grundstücksinhaber erlaubten Risikos bezieht sich auch nur auf den gefährlichen Zustand des Grundstücks selbst, nicht auf eine Tätigkeit, die der Inhaber auf dem Grundstück ausübt. Wenn der Grundstücksinhaber bei seinem Tun auf dem Grundstück selbst auf trespassers Rücksicht nehmen muß, so besteht eine solche Pflicht zur Rücksichtnahme erst recht im Verhältnis zu licensees[3].

Für nicht erkennbare Gefahren haftet der Grundstücksinhaber auch dem Gefälligkeitsverkehr nicht nur dann, wenn der Inhaber von ihnen wußte. Es genügt, daß er die Gefahren bei gehöriger Inspektion des Grundstücks hätte erkennen und bei ordentlicher Unterhaltung des Grundstücks hätte vermeiden können. Überholt ist spätestens seit dem Inkrafttreten des Occupiers' Liability Act von 1957 die in England mit Recht kritisierte Regel des Common Law, daß der occupier einem licensee nur dann auf Schadensersatz haftet, wenn der licensee auf dem Grundstück durch eine „unusual danger" verletzt wurde, die der occupier nachweislich kannte[4]. In Deutschland besteht im Rahmen des § 823 BGB vollends keine Veranlassung, dieser antiquierten Regel zu folgen, welche die Schutzinteressen der licensees allzusehr beeinträchtigt.

---

[1] Vgl. oben S. 208 ff.

[2] Vgl. oben S. 86 f.

[3] Vgl. dazu die deutsche und englische Rechtsprechung oben S. 87 und S. 209 f.

[4] S. oben S. 208 f.

Ist es dem Grundstücksinhaber verwehrt, die das Grundstück betretenden Personen einer erkennbaren oder von ihnen gar erkannten Gefahr zu überlassen, so kann die Tatsache der Selbstgefährdung solcher Personen ihre Schadensersatzansprüche nur noch aus dem Gesichtspunkt des mitwirkenden Verschuldens schmälern oder aufheben. Hieraus rechtfertigt sich die im deutschen und anglo-amerikanischen Recht anzutreffende Rechtsprechung[1], daß Teilnehmer an einem allgemeinen Verkehr auch bei bewußter Selbstgefährdung grundsätzlich nicht „auf eigene Gefahr“ handeln; denn der für diesen Verkehr Verantwortliche hat alle erheblichen Gefahrenstellen zu beseitigen und genügt seiner Verkehrssicherungspflicht im allgemeinen nicht schon dann, wenn er die Gefahrenstellen offenlegt.

Es ist wahrscheinlich, daß auch die englischen Gerichte trotz der Bestimmung s. 2 subs. 5 des Occupiers' Liability Act, die in Anlehnung an die „Willenstheorie“[2] die Übernahme von Grundstücksgefahren durch Willensakt („risks willingly accepted as his by the visitor“) unbeschränkt zuläßt[3], bei Teilnahme des Verletzten an einem allgemeinen Verkehr eine Übernahme pflichtwidrig geschaffener Gefahren verneinen werden, indem sie weiterhin, wie schon bisher, in diesen Fällen das „volens“ des Grundstücksbesuchers nicht für erwiesen halten, so daß jene Bestimmung keine praktische Bedeutung erlangen dürfte[4].

## *II. Interessenlage*

Die (echten) Fälle eines Handelns auf eigene Gefahr beim Betreten fremder Grundstücke oder Anlagen sind gleichfalls Ausnahmesituationen, in denen der Gefährder gewisse Personengruppen erkennbaren Gefahren überantworten darf, die zu beseitigen ihm unter normalen Umständen obliegt. Die Gründe für diese Erhöhung des dem Gefährder erlaubten Risikos sind andere als bei der zuerst besprochenen Fallgruppe. Dort beruht die Privilegierung des Gefährders vorwiegend darauf, daß das allgemeine Interesse der Öffentlichkeit an gewissen gefährlichen Veranstaltungen, insbesondere an Sportveranstaltungen, rechtliche Billigung findet. Dagegen besteht im allgemeinen kein öffentliches Inter-

---

[1] S. oben S. 87 und 211 f.

[2] S. oben S. 208.

[3] S. oben S. 230 ff.

[4] Odgers, Camb. L. J. 1957, 47.

esse an der Aufrechterhaltung eines Verkehrs, der vom Grundstücksinhaber aus bloßer Gefälligkeit geduldet wird. Hier wirkt der Umstand privilegierend, daß sich die Gefahrenstelle in der räumlichen Exklusivsphäre des Gefährders befindet, in welche dieser den Besucher aus bloßer Gefälligkeit einließ oder in die der Besucher sogar gegen den Willen des Gefährders eindrang. Innerhalb seiner ureigenen Privatsphäre kann von niemandem das gleiche Maß an schützender Vorsorge für andere erwartet werden wie bei einem gefährlichen Verhalten, das sich in der Öffentlichkeit vollzieht. Dies ist der Grundgedanke, der die rechtliche Sonderbehandlung des Gefälligkeitsverkehrs rechtfertigt.

## *III. Haftungsausschluß durch Anschlag*

Die Praxis ist häufig vor die Frage gestellt, ob der Verkehrssicherungspflichtige seine Haftung durch das Anbringen von Warn- oder Verbotsschildern oder durch Anschläge auszuschließen oder zu beschränken vermag. Es sind die folgenden Sachverhalte zu unterscheiden.

### *1. Warnungen und Verbote*

Die Verkehrssicherungspflicht kann den speziellen Inhalt haben, daß der Verkehr durch ein Hinweisschild oder durch einen Anschlag vor bestimmten Gefahren zu warnen oder daß dem Publikum in gleicher Form das Betreten einer Gefahrenstelle zu untersagen ist. Beispielsweise folgt aus der allgemeinen Verkehrssicherungspflicht, die einer Körperschaft oder einem Verband hinsichtlich einer öffentlichen Straße obliegt, gegebenenfalls die konkrete Pflicht, die Verkehrsteilnehmer in geeigneter Form, insbesondere durch Aufstellung von Warnschildern, vor unvermuteten, sich aus der Beschaffenheit der Straße ergebenden Gefahrenstellen zu warnen [1]. Diese deliktische Warnpflicht des Verkehrssicherungspflichtigen besteht neben der öffentlich-rechtlichen (polizeilichen) Pflicht der Straßenverkehrsbehörden, durch amtliche Verkehrszeichen, zu welchen namentlich auch Warnzeichen gehören [2], eine sichere Abwicklung

---

[1] BGH 8. 4. 57, VRS 12 (1957) Nr. 171, S. 408; BGH 2. 6. 58, L.-M. Nr. 31 zu § 823 (Dc) BGB.

[2] Vgl. Anlage zur StVO, A I a.

des Straßenverkehrs zu gewährleisten (vgl. § 3 IV StVO)[1]. Ferner kann, wie schon dargelegt, selbst unbefugten Grundstücksbesuchern gegenüber eine deliktische Warnpflicht bestehen[2]. Die Verkehrsauffassung kann den Grundstücksinhaber auch dazu verpflichten, das Betreten einer Gefahrenstelle durch Anschlag oder in sonstiger kenntlicher Weise zu verbieten[3].

Andererseits entledigt sich der Grundstücksinhaber seiner Verkehrssicherungspflicht keineswegs immer schon dadurch, daß er Warn- oder Verbotsschilder anbringt. Ob in diesen Fällen der Verkehrssicherungspflicht Genüge getan ist, ergibt sich wiederum aus den im Verkehr herrschenden Anschauungen. Diesen zufolge wird z. B. der Hauseigentümer, der vor der frisch gebohnerten Haustreppe das Schild aufhängen läßt „Vorsicht! Frisch gewachst!", im allgemeinen das Erforderliche zur Sicherung der die Treppe betretenden Personen veranlaßt haben. Aber er kann sich seiner Verpflichtung, bei Glatteis den Hauseingang zu bestreuen, nicht dadurch entschlagen, daß er durch ein Schild oder durch einen Anschlag vor dem Glatteis warnt. Der Veranstalter eines Volksfestes darf sich nicht damit begnügen, die Besucher des Festes durch Schilder vor dem Betreten einer wegen Steinschlags gefährlichen, in unmittelbarer Nähe des Festplatzes gelegenen und zum Besuch verlockenden Höhle zu warnen. Er hat vielmehr den zur Höhle führenden Pfad durch geeignete und zumutbare Vorrichtungen zu versperren, etwa durch Stacheldraht oder Dorngestrüpp[4]. Was die Sicherung des Straßenverkehrs anlangt, macht der Bundesgerichtshof folgende Unterscheidung: die örtlichen Verhältnisse können die Verpflichtung begründen, durch Hinweisschild vor der drohenden Vereisung oder Glätte der Straße zu warnen im Sinne einer vorbeugenden Sicherungsmaßnahme; bei einer konkreten Glatteisgefahrenlage besteht dagegen grundsätzlich eine Streupflicht[5].

---

[1] RG 9. 2. 37, RGZ 154, 16; RG 27. 5. 37, HRR 1937, Nr. 1438; OLG Hamm 1. 12. 50, VRS 3 (1951) Nr. 29, S. 93; BGH 8. 4. 57 und BGH 2. 6. 58 (vorletzte Note).

[2] S. oben S. 90. Dagegen wurde z. B. in OLG Karlsruhe 24. 9. 41, HRR 1942, Nr. 305 eine solche Warnpflicht gegenüber Unbefugten verneint. Es kommt eben darauf an, ob der Verkehrssicherungspflichtige nach Lage des Falles mit dem unbefugten Verkehr rechnen muß.

[3] S. oben S. 90.

[4] BGH 16. 2. 59 (s. oben S. 249 N. 1).

[5] BGH 8. 4. 57, VRS 12 (1957) N. 171, S. 408; vgl. auch BGH 15. 4. 57, L.-M. Nr. 10 zu § 823 (Ea) BGB: Bei Vorhandensein eines Straßenpflasters, das bei Nässe eine Rutsch- oder Schleudergefahr auslöst, genügt der Verkehrssicherungspflichtige

Die gleichen rechtlichen Gesichtspunkte gelten für das Anbringen von Verbotsschildern. Wie das OLG Schleswig im Urteil vom 22. 5. 57[1] entschieden hat, genügt z. B. der Inhaber eines Maschinenraumes, in welchem sich eine abgedeckte Kreissäge befindet, im allgemeinen seiner Verkehrssicherungspflicht im Verhältnis zu betriebsfremden Personen, wenn er durch Anschlag darauf hinweist, daß der Zutritt nur Betriebsangestellten gestattet sei. Der nicht zum Betriebe des Bekl. gehörige Kl. handelte deswegen beim Betreten des Raumes auf eigene Gefahr, wiewohl er den Anschlag nicht gelesen hatte. Hingegen vermag nach der Verkehrsauffassung das Schild, Unbefugten sei der Zutritt zu einem Schützenplatz verboten, die Haftung des Eigentümers für die gefährliche Beschaffenheit des hinter dem Eingang beginnenden Weges nicht auszuschließen, falls das Schild verwittert ist und der Zugang allgemein benutzt wird, ohne daß der Eigentümer dagegen einschreitet[2].

Hat der Grundstücksinhaber seine Verkehrssicherungspflicht vermittels der kundgemachten Warnung oder des kundgemachten Verbots erfüllt, so ist seine Haftung deswegen „ausgeschlossen", weil der Haftungstatbestand nicht verwirklicht ist[3]. Durfte aber der Grundstücksinhaber es nicht bei dem Schild oder dem Anschlag bewenden lassen, oblag ihm vielmehr die Pflicht, die Gefahrenstelle zu beseitigen oder durch geeignete Maßnahmen abzusperren, so haftet er trotz des Schildes oder Anschlags wegen Verletzung seiner Verkehrssicherungspflicht. Folglich handelt der Verkehrsteilnehmer, der sich bei dieser Sachlage der Gefahr aussetzt, nicht auf eigene Gefahr, muß sich aber, falls er ungeachtet der ausgesprochenen Warnung keine besondere Vorsicht walten läßt oder falls er ein Verbotsschild ignoriert, ein mitwirkendes Verschulden im Sinne des § 254 BGB anrechnen lassen. Über diese Vorschrift führt so das Anbringen eines Warn- oder Verbotsschildes, je nach Lage des Falles, zu einer Beschränkung oder möglicherweise gar zur Aufhebung der Haftung des Verkehrssicherungspflichtigen[4].

---

in der Regel seiner Sicherungspflicht durch Anbringung eines entsprechenden Warnzeichens, wenn nicht durch eine besondere Gefährlichkeit der Straßenstelle sofortige bauliche Maßnahmen geboten sind.

[1] SchlHAnz. 1957, 232; vgl. auch LG München 15. 1. 53, VersR 1954, 549.

[2] OLG Celle 16. 3. 55, VersR 1956, 593.

[3] Auch ODGERS, Camb.L. J. 1957, 43 unterscheidet Warnungen, durch welche der occupier seine Verkehrssicherungspflichten ganz oder teilweise erfüllt, und Schilder, die einen Haftungsausschluß erklären.

[4] Vgl. WEIGELT, IRPV 1937, 243 ff.; WEIMAR, Der Versicherungsnehmer 1953, 27; DERS., Der Versicherungsnehmer 1956, 108; unklar MOLITOR, Schuldrecht, Besond. Teil, 1. u. 2. Aufl. (1949) 190.

*2. Hinweise, daß das Betreten des Grundstücks auf eigene Gefahr erfolgt*

Besonders zweifelhaft ist die rechtliche Tragweite der häufig anzutreffenden Hinweisschilder oder Anschläge, das Betreten eines Grundstücks oder einer Anlage erfolge „auf eigene Gefahr“ [1]. Solche Anschläge können als Warnung gemeint sein, verfehlen aber als solche meist ihren Zweck, weil das Publikum nicht erfährt, welche besonderen Gefahren ihm beim Betreten des Grundstücks oder der Anlage drohen. Der Verkehrssicherungspflichtige erfüllt durch einen derartigen unsubstantiierten Hinweis auf eine Gefahrenlage eine ihm etwa obliegende Warnpflicht nicht, es sei denn, daß aus den äußeren Umständen hervorgeht, welche besonderen Gefahren gemeint sind. Noch weniger erledigt ein solcher allgemeiner Hinweis eine über die Warnung hinausgehende Sicherungspflicht.

Immerhin mag jedoch der Hinweis, das Betreten eines Weges erfolge auf eigene Gefahr, nach den Umständen ein taugliches Mittel sein, dem Publikum in der erforderlichen Weise ersichtlich zu machen, daß das Begehen des Weges nur gefälligkeitshalber geduldet wird [2]. Es greifen dann die besonderen Regeln über die Verkehrssicherungspflicht gegenüber einem Gefälligkeitsverkehr ein [3]; die Besucher nehmen – gleichviel, ob sie nun den Hinweis wirklich gelesen haben oder nicht – die erkennbaren, von der Beschaffenheit des Weges ausgehenden Gefahren auf sich. Voraussetzung ist aber immer, daß die äußeren Umstände nicht den Hinweis widerlegen, indem sie das eigene Interesse des Grundstücksinhabers an der Zulassung des Verkehrs offenbaren. Dies ist z. B. der Fall, wenn der Inhaber einer Rodelbahn, der ein Eintrittsgeld erhebt, das Schild anbringen läßt: „Die Benutzung der Bahn erfolgt auf die ausschließliche Gefahr der Rodler.“ [4] Hier obliegt dem Inhaber der Bahn trotz des Schildes eine unverminderte Verkehrssicherungspflicht [5].

---

[1] In England wurde im Fall *Ashdown* v. *Samuel Williams & Sons, Ltd.*, [1956] 3 W.L.R. 1104 (C.A.) einem solchen Schild die Wirkung eines Haftungsausschlusses beigelegt; denn die der Klägerin erteilte „licence“ sei den Bedingungen des Schildes unterworfen gewesen. Die Entscheidung ist jedoch heftig angegriffen worden, vgl. GOWER, 19 Mod. L. R. (1956) 532; ODGERS, Camb.L.J. 1957, 44 ff. Es bleibt abzuwarten, inwieweit sie auch unter dem Occupiers' Liability Act von 1957 befolgt werden wird, nach dessen s. 2 subs. 1 die common duty of care durch den occupier ausgeschlossen oder beschränkt werden kann „by agreement or otherwise“, sofern er „is free to and does extend, restrict, modify or exclude his duty“; hierüber PAYNE, 21 Mod.L.R. (1958) 364.

[2] S. oben S. 85.

[3] S. oben S. 86 f.

[4] RG 14. 11. 12, Gruchot 57 (1913) 691.

[5] RG (vorige Note).

Ein Hinweis, der Besucher handele auf eigene Gefahr, könnte auch als ein rechtsgeschäftliches Angebot zum Abschluß eines Haftungsausschlußvertrages aufgefaßt werden, das dann allerdings der Annahme durch den jeweiligen Besucher bedarf. Ein rechtsgeschäftlicher Ausschluß der deliktischen Haftung ist nach der im deutschen Recht herrschenden Auffassung prinzipiell möglich; nur die Haftung für Vorsatz kann nicht im voraus erlassen werden, § 276 II BGB[1]. In dem Betreten des Grundstücks trotz Kenntnisnahme von dem Anschlag, vielleicht sogar schon in dem Betreten trotz der bloßen Möglichkeit der Kenntnisnahme, kann nach der Verkehrssitte unter Umständen die stillschweigende Annahme des von dem Verkehrssicherungspflichtigen gemachten Angebots erblickt werden[2]. Doch wie dem auch sei: eine etwaige rechtsgeschäftliche Vereinbarung, der Besucher handele beim Betreten des Grundstücks „auf eigene Gefahr", ist in aller Regel rechtlich deswegen bedeutungslos, weil der Umfang des Haftungsausschlusses völlig im Unklaren bleibt und sich derjenige, der sich unklar ausdrückt, die für ihn ungünstigere Auslegung gefallen lassen muß[3]. Die Vereinbarung läßt sich daher regelmäßig nur auf solche Gefahren beziehen, die der

---

[1] Vgl. RG 18. 10. 10, JW 1911, 30 = WarnRspr. 1910, Nr. 411, S. 426; RG 19. 5. 27, RGZ 117, 102; Enneccerus(-Lehmann) 930; Larenz I 191. Diese Auffassung ist bedenklich, soweit es sich um den Ausschluß der deliktischen Haftung für Personenschäden handelt. Ich vermag nicht einzusehen, warum die allgemein gebilligte Lehre, daß grundsätzlich niemand über das Rechtsgut der körperlichen Integrität verfügen kann, wohl der Wirksamkeit der Einwilligung in schwere körperliche Verletzungen entgegenstehen soll, nicht aber einem Haftungsverzicht, der sich auf die Schäden bezieht, die durch solche Verletzungen bewirkt werden. Das Reichsgericht begründet seine Ansicht, die deliktische Haftung für Personenschäden sei abdingbar, in dem ersten einschlägigen Fall (Urteil vom 18. 10. 10, s. oben) mit der Erwägung, § 276 II BGB sei allgemein gefaßt und habe seine systematische Stellung im allgemeinen Teil des Rechts der Schuldverhältnisse. Aber § 276 II BGB bezieht sich nach seinem Wortlaut („dem Schuldner") allein auf die Haftung für die gehörige Erfüllung eines Schuldverhältnisses. Hierfür spricht auch die Entstehungsgeschichte der Vorschrift. In den Motiven (II S. 31) wird gesagt: „Andererseits ist man allerseits darüber einverstanden und ist im bestehenden Rechte anerkannt, daß die Haftung wegen vorsätzlicher Nichterfüllung der Verbindlichkeit im voraus nicht erlassen werden kann. Ein derartiger Erlaß widerspricht dem Wesen des Schuldverhältnisses." (!)

Auch ein Teil der schweizerischen Lehre sieht die Wegbedingung der Haftung für Personenschäden als unzulässig an, vgl. die Nachweise bei Oftinger, Haftpflichtrecht I 415 N. 8. In Frankreich ist diese Auffassung herrschend, vgl. Mazeaud III nos. 2572, 2574 („la personne n'est pas dans le commerce").

[2] Über den Haftungsausschluß durch Anschlag an einer Kleiderablage RG 14. 5. 26, RGZ 113, 425 = JW 1926, 2739; vgl. ferner Geigel, Haftpflichtprozeß 161 f.

[3] Vgl. Wussow 528; Geigel 162.

Benutzung des Grundstücks oder der Anlage eigentümlich sind, nicht aber auf Gefahren, mit denen der Besucher nicht zu rechnen braucht. Für jene eigentümlichen Gefahren haftet aber der Grundstücksinhaber in der Regel schon deshalb nicht, weil er sie nicht pflichtwidrig herbeigeführt hat[1].

## B. WESEN UND RECHTSNATUR DER SOGENANNTEN VERKEHRSPFLICHTEN

## § 18

## *Dogmatische Bedeutung der Verkehrspflichten im deutschen Recht*

### *I. Verteilung von Risiken durch Aufstellung von Verkehrspflichten*

Der Begriff der Verkehrspflicht ist, wie gerade die vergleichende Betrachtung der Lehre vom Handeln des Verletzten auf eigene Gefahr zeigt, unentbehrlich zur Lösung der Schadensausgleichprobleme, die sich bei verwickelten sozialen Verhältnissen stellen. Den Bedürfnissen der Praxis gehorchend hat auch die deutsche Rechtsprechung zahlreiche Verkehrspflichten entwickelt, und es erhebt sich die Frage, inwieweit diese judizielle Rechtsfortbildung – denn darum handelt es sich – mit dem vom Schuldgedanken beherrschten System unseres Deliktsrechts vereinbar ist. Vor allem ESSER hat die Legitimität des Richterrechts der Verkehrspflichten in beachtenswerten Ausführungen angezweifelt[2]. Die Unterstellung weitgespannter Verkehrspflichten pervertiere den Gedanken persönlicher Verantwortung (der Schuld) und bringe praeter legem ein „verstecktes Gefährdungsprinzip" zur Geltung, mit dessen Hilfe unvermeidbare Wagnisse eines technisierten Alltags sozial gerecht verteilt würden, also eine Haftung für Unglück unter dem Deckmantel einer Haftung für Unrecht statuiert werde. Unbestreitbar erliegen die Gerichte nicht selten der Versuchung, ad hoc und ex post Verkehrspflichten

---

[1] Vgl. RG 14. 11. 12 (S. 390 N. 3) 692: „Die Anschläge konnten auch nicht wohl anders verstanden werden, als daß die Besucher der Bahn die dem Rodeln eigentümlichen, nicht aber, daß sie die aus einer fehlerhaften Herstellung der Bahn entstehenden Gefahren zu übernehmen hatten". Zur Auslegung der Klausel, die Teilnahme an einem Flug erfolge „auf die alleinige Gefahr der Fluggäste" RG 19. 5. 27, RGZ 117, 102. Zum Anschlag „Sie fahren in diesem Wagen auf eigene Gefahr" RG 22. 11. 34, RGZ 145, 390 = JW 1935, 1021 mit Anm. LOUIS.

[2] ESSER, Gefährdungshaftung 30 ff.; DERS., Die Zweispurigkeit unseres Haftpflichtrechts, JZ 1953, 129–134; vgl. ferner REIMER SCHMIDT, Obliegenheiten 79.

zu konstruieren, um dem Geschädigten, dessen Beschwernis das soziale Gewissen des Richters bewegt, zu einem Ausgleichsanspruch gegen den kapitalkräftigen Rechtsträger zu verhelfen, aus dessen Herrschaftsbereich die Schadensursache hervorgegangen ist. Die Gefahr einer solchen „Gefühlsjustiz" ist im deutschen Recht größer als im anglo-amerikanischen Rechtskreis, wo die Gerichte durch eine strenge Falldisziplin gebunden sind [1]. Doch sind die von ESSER eindrücklich geschilderten Mißbräuche lediglich Randerscheinungen, welche die prinzipielle Berechtigung der Institution der Verkehrspflichten nicht widerlegen. Über diese Institution vollzieht sich die erforderliche und durchaus legitime Anpassung der in § 823 BGB enthaltenen Grundnorm, sich der Verletzung der dort bezeichneten Rechte und Rechtsgüter zu enthalten, an die Gegebenheiten des technischen Zeitalters [2]. Das Bürgerliche Gesetzbuch geht im Recht der unerlaubten Handlungen entsprechend den überkommenen gemeinrechtlichen Kategorien davon aus, daß die Beziehungen der sich vertraglos einander gegenüberstehenden Verkehrsbeteiligten so lange „außerrechtlich" sind, als „nichts passiert", d. h. kein Schadensfall eingetreten ist. Erst die vollzogene Schädigung läßt unter den Voraussetzungen der §§ 823 ff. BGB Rechtspflichten entstehen in Form eines auf den Schadensausgleich gerichteten Schuldverhältnisses, welches der Gesetzgeber den durch Vertrag begründeten Schuldverhältnissen in formaler Egalisierung an die Seite stellt. Diese dogmatische Konzeption ist auf sozial einfache Verhältnisse zugeschnitten, wo die Rechtsgenossen im Genuß ihrer Rechte und Rechtsgüter meist nur durch unmittelbare Übergriffe gestört werden, Rechtsgutgefährdungen aber, die erst die Vorbedingungen für die mögliche Beeinträchtigung der Rechte anderer schaffen, keine wesentliche Rolle spielen. Das Leitbild einer unerlaubten Handlung, das dem Gesetzgeber des Bürgerlichen Gesetzbuchs offenbar vorschwebte, ist nicht weit entfernt von den älteren Deliktstypen des Common Law, das von Eingriffstatbeständen seinen Ausgang nahm und erstaunlich lange mit diesen auskam.

---

[1] Vgl. ESSER, JZ 1953, 132, N. 39 und 133.

[2] ESSER, JZ 1953, 132, behauptet unter Berufung auf HOFACKER, Die Verkehrssicherungspflicht (1929), die Verkehrssicherungspflichten seien „aus wilder Wurzel entsprungen". Die scharfe Kritik HOFACKERS – dazu HEINRICH STOLL, AcP 135 (1932) 119–126 – bezog sich indes allein darauf, daß das Reichsgericht die Verantwortlichkeit der öffentlichen Hand für die verkehrssichere Beschaffenheit der öffentlichen Straßen und Plätze rein privatrechtlich (nach § 823 BGB) beurteilte, anstatt die Grundsätze der Amtshaftung (§ 839 BGB in Verbindung mit Art. 131 WRV) heranzuziehen.

Die technische Entwicklung der Neuzeit hat aber die Möglichkeiten und Formen einer Rechtsgutgefährdung in einer ungeahnten Weise vermehrt. Die zahlreichen Wagnisse des „technisierten Alltags" verlangen gebieterisch, daß das Recht nicht erst bei geschehener Verletzung, sondern bereits im Stadium der Gefährdung zum Schutze des Publikums regelnd eingreift mit dem Ziel, die Gefahren, die jedermann im Verkehr hinzunehmen hat, auf das sozialadäquate Maß herabzusetzen. Dies geschieht unter anderem durch die Aufstellung von Verkehrspflichten. Sie entsprechen einem sachlichen Bedürfnis nach vorbeugendem Rechtsschutz und haben normativen Charakter, auch soweit sie nicht gesetzlich reglementiert und sanktioniert sind, wie dies in allen modernen Rechten zunehmend geschieht. Die Verkehrspflichten haben, obschon sie nicht relative Schuldpflichten im Sinne von § 241 BGB sind, den Charakter von echten Rechtspflichten allgemeiner Natur gleichwie die „duties of care" des englischen Rechts. ESSER verkennt die normative Aufgabe der Verkehrspflichten, wenn er behauptet, sie seien nur „Lasten, deren Versäumnisregelung nicht als Unrechtsfolge zu verstehen ist"[1], und dem gleichen Irrtum erliegt REIMER SCHMIDT, der diese Pflichten als eine bloße „gedankliche Hilfskonstruktion" bezeichnet[2]. Die Vermehrung der Gefährdungsmöglichkeiten durch die Technik rechtfertigt nicht den Fatalismus, alle Wagnisse des technisierten Alltags seien unvermeidlich und die aus diesen Wagnissen erwachsenden Schädigungen allesamt „Unglück", dessen Last sozial gerecht verteilt werden müsse, sondern zwingt zunächst einmal dazu, Rechtsregeln zu entwickeln, die bestimmte Gefährdungsformen untersagen – sei es auch nur mittels der Sanktion der Schadensersatzpflicht bei Realisierung der Gefahr – und so das im Verkehr erlaubte Risiko im einzelnen abgrenzen. Derartige Rechtsregeln sind ebensowenig wie etwa die Normen der Straßenverkehrsordnung eine „gedankliche Hilfskonstruktion". Im englischen Recht läßt sich besonders gut verfolgen, wie die Notwendigkeiten des „technisierten Alltags" dazu geführt haben, den deliktischen Schutz gegen Rechtsverletzungen durch die neue Deliktsform der „negligence" sowie die damit eingeführten „duties of care" zu verstärken und in den Bereich der Gefährdung vorzuverlegen[3]. Die Entwicklung im deutschen Recht verlief grundsätzlich ebenso. Sie ist nur weniger deutlich, weil die Vorschriften des Bürgerlichen Gesetzbuchs über die un-

---

[1] ESSER, Gefährdungshaftung 32.

[2] REIMER SCHMIDT, Obliegenheiten 79.

[3] S. oben S. 166 ff.

erlaubten Handlungen elastisch genug waren, um verschiedenartigen „Verkehrspflichten" Heimstatt zu gewähren.

Die unumgängliche Differenzierung unseres Haftpflichtrechts durch die Aufstellung von Verkehrspflichten läuft dem Verschuldensprinzip nicht zuwider. Dieses würde erst dann mißachtet, wenn den Verkehrsteilnehmern Pflichten auferlegt werden, deren Erfüllung unzumutbar ist, oder wenn der Pflichtige haftbar gemacht wird, obwohl ihm die Nichterfüllung von Verkehrspflichten persönlich nicht zum Vorwurf gereicht[1]. Mit dieser Einschränkung halte ich es auch für legitim und mit dem Verschuldensprinzip für vereinbar, daß die Praxis[2] bei Bemessung der Verkehrspflichten die Gesamtheit der sozialethischen Anschauungen wirksam werden läßt und z. B. auch die wirtschaftlichen Verhältnisse des Gefährders berücksichtigt. Es verdient auch der Umstand Beachtung, daß der Gefährder die Kosten, die durch die Sicherungsvorkehrungen entstehen, den allgemeinen Geschäftsunkosten zuschlagen und so auf seine Geschäftskunden abwälzen kann. Dieser Gesichtspunkt ist in erster Linie im Bereich der Gefährdungshaftung beheimatet. Er kann aber schon, wie überhaupt die Verteilungsprinzipien der Gefährdungshaftung dies vermögen, die Abgrenzung zwischen erlaubtem und unerlaubtem Risiko und damit auch die deliktische Haftung beeinflussen. Es ist nicht einzusehen, warum die angemessene Verteilung der sozialen Wagnisse die ausschließliche Domäne der Tatbestände der Gefährdungshaftung und außerhalb dieser Tatbestände schlechthin illegitim sein sollte[3]. Der von ESSER herausgearbeitete Gegensatz zwischen dem Gedanken der persönlichen Verantwortung, der das Deliktsrecht beherrscht, und dem Gedanken der objektiven Einstandspflicht für einen zurechenbaren Gefahrenbereich (Gefährdungshaftung) darf nicht im Sinne eines unversöhnlichen Entweder-Oder verstanden werden[4]. Es handelt sich in Wahrheit um einander ergänzende Haftungsgesichtspunkte, welche bei den einzelnen Tatbeständen deliktischen Unrechts oder der Verantwortung für objektive Gefährdung mit unterschiedlicher Stärke wirksam werden in dem Sinne, daß der eine Tatbestand mehr in Richtung

---

[1] Im übrigen ist der Schuldgedanke im deliktischen Bereich nicht konsequent durchgeführt. Zum objektiven Fahrlässigkeitsbegriff vgl. unten S. 283 f.

[2] Nicht nur nach deutschem (s. oben S. 58 u. 82 N. 2), sondern auch nach französischem Recht, vgl. oben S. 124 N. 3, 133. Ebenso PROSSER, Palsgraf Revisited 238 f. für die Bemessung der duties of care nach amerikanischem Recht (mit Nachweisen).

[3] Ähnlich REINHARDT, AcP 148 (1942/1943) 180 f.

[4] Auch REINHARDT (vorige Note) spricht von einer „überspitzten Antithese".

auf diesen, der andere mehr auf jenen Gesichtspunkt tendiert[1]. Die Übergänge zwischen der deliktischen Haftung und der sogenannten Gefährdungshaftung sind unmerklich und fließend[2]. Mit der Lupe suchen muß man die praktischen Unterschiede etwa zwischen einer deliktischen Haftung für vermutetes Verschulden, welche an die objektive Fehlerhaftigkeit der schadenstiftenden Sache anknüpft (vgl. § 836 BGB), und einem Typ der „Gefährdungshaftung", nach welchem sich der Haftpflichtige durch den Nachweis entlasten kann, die schadenstiftende Sache sei fehlerfrei gewesen und er habe jede nach den Umständen des Falles gebotene Sorgfalt beobachtet (ähnlich § 7 II StVG). Wegen der engen Verzahnung von deliktischer Haftung und Gefährdungshaftung ist es auch nicht überraschend, daß gewisse sachliche Ordnungsprobleme wie etwa die Haftpflicht des Kraftfahrzeughalters in einem Teil der Rechtsordnungen (Frankreich und Deutschland) durch Normen entschieden werden, die rechtstheoretisch der Gefährdungshaftung zuzurechnen sind, in anderen Rechten hinwieder (England und Vereinigte Staaten) mit praktisch demselben Resultat durch deliktische Rechtsnormen. Insgesamt halte ich es somit für wenig förderlich, die richterliche Praxis, in deren Händen zu wesentlichen Teilen die Fortbildung unseres Schadensausgleichsrechtes liegt, auf den einen oder anderen Haftungsgesichtspunkt festlegen zu wollen und jede Mittel- oder Übergangslösung als illegitim zu brandmarken.

## *II. Verkehrspflichten und Abgrenzung von Rechtswidrigkeit und Schuld*

Im deutschen Recht wird neuerdings lebhaft darüber gestritten, wie sich die Verkehrspflichten zu den dogmatischen Elementarbegriffen der Rechtswidrigkeit und der Schuld verhalten. Im Rahmen dieser Arbeit muß ich es mir versagen, zu dieser vorwiegend theoretischen Frage, zu der ich mich schon früher geäußert habe[3], nochmals umfassend Stellung zu nehmen. Es seien jedoch die folgenden, mir wesentlich erscheinenden Punkte herausgestellt:

### *1. Erlaubtes Risiko und unerlaubte Verletzungen*

Es gehört zur Wesensart der objektiven Verkehrspflichten, daß sie das im Verkehr erlaubte Risiko abstrakt begrenzen. Solange ein Verkehrs-

---

[1] Zu ähnlichen Folgerungen gelangt OPPIKOFER, Beiträge zum Wirtschaftsrecht II, 1027 auf Grund rechtsvergleichender Forschungen. Vgl. auch RIEZLER, RabelsZ 5 (1931) 568; WUSSOW, VersR 1959, 778.

[2] REINHARDT, AcP 148 (1942/1943) 180.

[3] JZ 1958, 137–143.

teilnehmer die objektiven Verkehrspflichten beobachtet, kann die Rechtmäßigkeit seines Handelns jedenfalls nicht um deswillen in Frage gestellt werden, daß es für andere jenes abstrakte Maß an Gefahr mit sich bringt, das auch bei Einhaltung der Regeln eines ordnungsmäßigen Verkehrs unvermeidlich ist. Die Bedrohten haben diese Gefährdung als sozialadäquat hinzunehmen. Wer sich verkehrsrichtig verhält, handelt also insofern befugt, als er andere sozialadäquat gefährden darf. Aus einer solchen Gefährdungsbefugnis darf aber nicht das Recht gefolgert werden, absolut geschützte Rechtsgüter unmittelbar zu bedrohen oder gar zu verletzen[1]. Wenn das Gesetz in § 823 I eine „widerrechtliche" Rechtsverletzung voraussetzt, so geht es von den allgemeinen Normen über den negatorischen Rechtsschutz aus, die alle sozialinadäquaten Bedrohungen absoluter Rechte oder ihnen gleichstehender Rechtspositio-

---

[1] So richtig nunmehr auch LARENZ II 363 ff. und in Karlsruher Forum 1959 (Beiheft zu VersR) 12 ff.; ENNECCERUS(-LEHMANN) 933 f. und LEHMANN, Begrenzung der Rechtswidrigkeit unter vergleichender Berücksichtigung des schweizerischen Rechts, Festschrift Hedemann (1958) 188 ff.; MAY, NJW 1958, 1262–1265, sowie R. SCHMIDT, NJW 1958, 488–496, entgegen der Entscheidung des Großen Zivilsenats des Bundesgerichtshofs vom 4. 3. 57, BGHZ 24, 21 = JZ 1957, 543 = NJW 1957, 785. Auch NIPPERDEY, zu dessen Ausführungen in NJW 1957, 1777 ff. ich mich in meiner erwähnten Abhandlung (vorige Note) kritisch geäußert habe, räumt nunmehr ein, daß ein verkehrsrichtiges Verhalten nicht zu Rechtsverletzungen befugt (Karlsruher Forum 1959, S. 5). Es sei aber, so meint NIPPERDEY aaO, „eine Unterstellung, daß Rechtsgutverletzungen nur rechtmäßig sein können, wenn ein subjektives Recht besteht, den Erfolg herbeizuführen". Zunächst ist zu erwidern, daß natürlich nicht jede Rechtsgutverletzung, sondern nur die Verletzung eines absoluten Rechts (oder einer absolut geschützten Rechtsposition) per se rechtswidrig ist, sofern der Verletzer keine Eingriffsbefugnis hat. Was ich hierbei „unterstelle", ist nichts weiter als eben den absoluten Rechtsschutz. NIPPERDEY stößt sich an der Ordnungsform des absoluten Rechts. Gäbe es sie nicht, so wäre die NIPPERDEYsche Unrechtstheorie gewiß ohne Widerspruch durchzuführen. Solange aber das geltende Recht absolute Rechte kennt, ist die NIPPERDEYsche Lehre zum Scheitern verurteilt. Z. B. kann der Eigentümer einer Sache gemäß § 903 BGB, soweit nicht das Gesetz oder Rechte Dritter entgegenstehen, „andere von jeder Einwirkung ausschließen" – auch von solchen Einwirkungen, die weder vorsätzlich noch unter Verletzung objektiver Verkehrspflichten erfolgen! Jede Einwirkung auf die Sache eines anderen ist daher grundsätzlich rechtswidrig und verboten. Unzutreffend ist die von SCHÖNKE-SCHRÖDER übernommene Behauptung NIPPERDEYS, es sei rein platonisch, festzustellen, daß eine Gefährdung zwar rechtmäßig, die daraus hervorgehende unvermeidbare Rechtsverletzung gleichwohl aber rechtswidrig sei. Die genaue Bestimmung des Zeitpunktes, von dem an eine Handlung rechtswidrig ist, hat vielmehr erhebliche Bedeutung für die Frage, ob und wielange der von der Handlung Betroffene sie dulden muß. Mir scheint im Gegenteil die Bewertung einer Handlung als rechtmäßig rein platonisch zu sein, sofern diese Bewertung keinen Aufschluß darüber gibt, ob die Handlung von dem Betroffenen hingenommen werden muß oder nicht.

nen (wie z. B. des Besitzes) wie erst recht alle Eingriffe in solche Rechte oder Rechtspositionen verbieten, gleichviel ob den Eingriffen eine verkehrsmäßige oder aus sonstigem Grund erlaubte Gefährdung vorangeht oder nicht[1]. Deshalb ist gegenüber ursprünglich verkehrsrichtigem Handeln die Notwehr zulässig, sobald ein Eingriff in absolute Rechte unmittelbar bevorsteht – von diesem Zeitpunkt an hört die Verkehrsrichtigkeit und damit auch die Sozialadäquanz auf –, und ebenso gewährt unser Recht einen wiederherstellenden (negatorischen) Rechtsschutz gegen die durch verkehrsrichtige Handlungen unbefugt herbeigeführten Verletzungen absoluter Rechte[2].

[1] Entsprechendes gilt für die Rechtswidrigkeit des Gehilfenverhaltens in § 831 BGB, unbeschadet der Einsicht, daß die sinngemäße Auslegung dieser Vorschrift nicht durch den Theorienstreit über den Rechtswidrigkeitsbegriff präjudiziert werden darf (das habe ich in JZ 1958, 157 ff. näher dargelegt). Meinem Bedenken, daß das Erfordernis eines vom Gehilfen verwirklichten „Handlungsunwerts" dann den Zweckgedanken des § 831 BGB verfehlt, wenn eine Verletzung der dem Geschäftsherrn obliegenden Sorgfaltspflicht bei der Beschaffung von Vorrichtungen und Geräten oder bei der Überwachung der Verrichtung in Frage steht, hält NIPPERDEY (Karlsruher Forum 1959, S. 7) entgegen, die schadensursächliche Handlung sei hier deshalb rechtswidrig, weil dem Geschäftsherrn selbst (wenn auch nicht den Verrichtungsgehilfen) eine objektive Pflichtwidrigkeit zur Last falle. Das ist aber hier gerade die Schwierigkeit, daß *nur der Geschäftsherr* unsorgfältig handelt! § 831 BGB verlangt ein rechtswidriges Verhalten des *Gehilfen* und knüpft daran die Vermutung, daß der Geschäftsherr unsorgfältig (was nach NIPPERDEY so viel wie „rechtswidrig" bedeutet) gehandelt habe. NIPPERDEY kann daher bei der fraglichen Sachlage von seinem Standpunkt aus *nicht § 831,* sondern *nur § 823 BGB* anwenden, wodurch die gesetzlich vorgesehene Beweislastverteilung zum Nachteil des Verletzten verändert wird. Hierauf hatte ich schon in JZ 1958, 139 hingewiesen.

[2] Nach NIPPERDEY (Karlsruher Forum 1959, S. 7) ist die Interessenlage bei der Notwehr und beim negatorischen Schutz absoluter Rechte „eine ganz andere als beim Schadensersatzanspruch". Die den negatorischen Schutz auslösende Störung könne in einer Beeinträchtigung durch eine rechtswidrige Handlung bestehen. Sie könne aber ebensogut auch bloß „unbefugt" sein (!). In Wahrheit greifen negatorischer und deliktischer Rechtsschutz eng ineinander und ergänzen sich gegenseitig. NIPPERDEY fordert die Übernahme strafrechtlicher Lehren in das Zivilrecht um der Einheitlichkeit des Unrechtsbegriffes willen, nimmt aber in Kauf, daß bei einer solchen Übernahme im engeren Bereich des zivilrechtlichen Güterschutzes der bislang einheitliche Unrechtsbegriff zerstört wird. Vergeblich sucht NIPPERDEY die Systemlücken, die durch die gewaltsame Ausrichtung des gesamten Schadensrechtes auf einen „handlungsbezogenen" Unrechtsbegriff entstehen, durch das Wortspiel eines rechtmäßigen, gleichwohl aber „unbefugten" Handelns zu verdecken. NIPPERDEY nennt solche Handlungen „unbefugt", die nicht geduldet zu werden brauchen. Ob es so ist, bestimmt sich indes im außervertraglichen Bereich allein nach dem Inhalt des Rechts, in das eingegriffen wird. Jedwelche Handlungen, die absolute Rechte verletzen, sind rechtswidrig und damit notwendig zugleich rechtsordnungswidrig. Gewiß richtet sich die actio negatoria unter Umständen auch gegen rechtsbeeinträchtigende Zustände, die nicht auf einem menschlichen Verhalten beruhen, dennoch aber einem andern zuzurechnen sind. Ich kann aber nicht verstehen, in-

Das durch die Verletzung von Verkehrspflichten zustande kommende „Gefährdungsunrecht“ (unerlaubtes Risiko), das ein Eingriffsunrecht ein-

---

wiefern diese Erkenntnis – welche die Skepsis gegen den finalen Handlungsbegriff vermehren muß – dazu berechtigen sollte, menschliche Handlungen, die solche Zustände herbeiführen, als lediglich unbefugt-rechtmäßig zu bezeichnen.

Aus dem Postulat einer allgemein gültigen Unrechtsbewertung folgt im übrigen keineswegs – wie ich schon in JZ 1958, 143 betont habe – die Entsprechung der Unrechtsmaterien in allen Gebieten des Rechts. Auch für denjenigen, der alles strafbare Unrecht als handlungsbezogen ansieht, gibt es keinen stichhaltigen Grund, einer besonderen erfolgsbezogenen Unrechtsform des Zivilrechts die Anerkennung zu versagen. Ganz im Gegenteil: diese Unrechtsform ist geeignet, gewisse strafrechtliche Lösungen zu erklären, die einer rein strafrechtlich orientierten Unrechtslehre Schwierigkeiten bereiten müssen. Hat man einmal erkannt, daß die Rechtswidrigkeit eines weder vorsätzlichen noch objektiv verkehrswidrigen Angriffs auf das Eigentum sich nicht aus den strafrechtlichen Verbotsnormen, sondern aus dem Zivilrecht ergibt (nämlich aus dem Inhalt des Eigentumsrechts), so läßt sich die Zulässigkeit der Notwehr in diesem Fall widerspruchslos mit einer rein handlungsbezogenen Konzeption des strafbaren Unrechts vereinbaren. Die strafrechtliche Grundlagenforschung mag, verglichen mit dem Zivilrecht, einen Vorsprung haben. Die Zivilrechtslehre täte ihr indes einen schlechten Dienst, wenn sie, vor diesem Vorsprung resignierend, es versäumte, auf die Besonderheiten des Zivilrechts zu verweisen und der Strafrechtsdogmatik Anregungen zur Systemergänzung zu geben.

Weil ich nicht anstehe, auch innerhalb des Zivilrechts handlungsbezogene Unrechtsmaterien anzuerkennen, hält mir nun Nipperdey eine unhaltbare „Auswechslung des Beurteilungsgesichtspunktes“ vor (Karlsruher Forum 1959, S. 4). Der für die Unrechtsbewertung maßgebende Beurteilungsgesichtspunkt ist der Inhalt der rechtlichen Verbote und Gebote, und soweit diese verschieden sind, weichen auch die von ihnen geprägten Unrechtstypen voneinander ab. Darüber kann sich keine Theorie hinwegsetzen. Selbstverständlich wäre es logisch möglich, z. B. nur die vorsätzlich-sittenwidrigen Eigentumsverletzungen zu verbieten, also den Eigentumsschutz in der gleichen Weise zu limitieren wie nach § 826 BGB den allgemeinen Vermögensschutz. Aber das ist nun einmal nicht geschehen. Unser Recht verbietet *jede* Einwirkung auf das Eigentum ohne besondere Eingriffsbefugnis (§ 903 BGB) und widerlegt damit alle Behauptungen, ein solch absolutes Verbot sei undenkbar. Bisher wurde es auch nicht als unpraktikabel empfunden. Dem absoluten, erfolgsbezogenen Verbot entspricht ein erfolgsbezogener Unrechtstyp, partiellen (Nipperdey sei zugegeben, daß die Bezeichnung „relativ“ hier mißverständlich ist), handlungsbezogenen Verboten dagegen handlungsbezogene Unrechtsformen. Entsprechend verhält es sich mit den Unrechtstypen, die durch Rechtsgebote geprägt werden. Es gibt rechtliche Gebote, einen Erfolg schlechthin herbeizuführen oder zu verhindern (Erfolgsgebote), und Gebote, die sich darauf beschränken, eine bestimmte Tätigkeit im Interesse der Herbeiführung oder Verhinderung eines – möglicherweise sogar außerhalb des Gebotstatbestandes liegenden – Erfolges vorzuschreiben (Tätigkeitsgebote). Im ersten Fall begründet die bloße Tatsache des Erfolgseintritts gegen den Pflichtigen den Vorwurf rechtswidrigen Unterlassens (sachverhaltsbezogenes Unrecht), im zweiten Fall ist das Unterbleiben der jeweils gebotenen konkreten Tätigkeit für den Unrechtsvorwurf erforderlich, aber auch genügend (handlungsbezogenes Unrecht). Somit erweist sich die Ansicht Nipperdeys als verfehlt, gebotswidriges Unterlassen sei seinem Wesen nach handlungsbezogenes Unrecht.

leiten kann, ist ebenso wie dieses sachverhalts- und nicht handlungsbezogen, jedenfalls soweit es die Beeinträchtigung absoluter Rechte zum Gegenstande hat.

### 2. *Erlaubtes Risiko und fahrlässige Verletzungen*

Ein erlaubtes Verhalten kann nicht Gegenstand eines Schuldvorwurfes sein. Deshalb schließt die Verkehrsrichtigkeit eines abstrakt gefährdenden Verhaltens, wenn auch nicht eine rechtswidrige, so doch in aller Regel eine schuldhafte Verletzung fremder Rechte aus. Für einen Schuldvorwurf ist bei verkehrsrichtigem Verhalten des Schädigers nur in dem Maße Raum, als der Schädiger persönliche Sorgfaltspflichten verletzt, die ihm unabhängig von dem verkehrsrichtigen Verhalten obliegen. Dies sei durch das folgende Beispiel veranschaulicht.

Der mit verkehrsrichtiger Geschwindigkeit fahrende Kraftfahrer A. überfährt einen auf der Straße liegenden Betrunkenen. Dem A. kann das Fahren mit der verkehrsrichtigen Geschwindigkeit als solches nicht vorgeworfen werden, wohl aber unter Umständen, daß er die Straße nicht mit genügender Aufmerksamkeit beobachtet und daher nicht rechtzeitig angehalten hat. Insoweit kann A. – was im Einzelfall zu prüfen ist – fahrlässig gehandelt haben. Die Verletzung des Betrunkenen ist aber in jedem Falle rechtswidrig, selbst wenn der Betrunkene an einer unübersichtlichen Stelle auf der Fahrbahn lag, so daß ihn A. trotz gehöriger Aufmerksamkeit nicht mehr rechtzeitig bemerken konnte.

Die objektiven Verkehrspflichten begrenzen also nicht nur das erlaubte Risiko, sondern erlangen auch für die Frage Bedeutung, ob Verletzungen, die in Verwirklichung eines unerlaubten Risikos zugefügt werden, vom Handelnden fahrlässig verschuldet sind[1].

### 3. *Objektive Verkehrspflichten und persönliche Sorgfalt*

Die Verletzung (objektiver) Verkehrspflichten reicht weder aus, den Vorwurf der Fahrlässigkeit zu begründen, noch ist die objektive Verkehrswidrigkeit eine notwendige Voraussetzung dieses Schuldvorwurfs.

a) Die Verletzung von Verkehrspflichten zieht nur dann den Vorwurf der Fahrlässigkeit nach sich, wenn die Verletzung persönlich vorwerfbar ist. Im Zivilrecht erfährt zwar der Gedanke der persönlichen Verantwortung (der Schuld) nach der herrschenden Lehre[2] dadurch eine

[1] Vgl. Nowakowski, JZ 1958, 337. Insoweit stimme ich Esser zu, wenn er von einer „Verschleifung von Unrechts- und Schuldurteil" in § 276 BGB spricht; s. Esser, Karlsruher Forum 1959, S. 17.

[2] Larenz I 182 f. mit Nachweisen. BGH 23. 10. 52, VersR 1953, 28; BGH 23. 12.

gewisse Einschränkung, daß die im Verkehr erforderte Sorgfalt (§ 276 I, 2 BGB) in gewissem Umfange objektiv, nach den durchschnittlichen Kenntnissen und Fähigkeiten der Alters- und Berufsgruppe des Verkehrsteilnehmers, bemessen wird (sogenannter objektiver Fahrlässigkeitsbegriff). Damit ist jedermann die Garantiepflicht auferlegt, daß er jene Fähigkeiten habe[1]. „Objektive Fahrlässigkeit" und „Verkehrswidrigkeit" sind aber keineswegs dasselbe[2]. Die objektiven Verkehrspflichten sind ihrem Wesen nach streng objektbezogen und von der Individualität des Pflichtigen unabhängig, wohingegen das zur Erfüllung der deliktischen Rechtspflichten zuzumutende Maß an persönlicher Willensanspannung, welches bei konsequenter Durchführung des Schuldgedankens an sich ganz der Persönlichkeit des einzelnen anzupassen wäre, nach dem objektiven Fahrlässigkeitsbegriff lediglich nach Maßgabe der Alters- und Berufsgruppe des Pflichtigen – aber immerhin doch in diesem Rahmen – individualisiert wird[3]. Beispielsweise gibt es objektive, der Verkehrsauffassung entsprechende Sicherungspflichten, die „beim Holzfällen", „bei Abbrucharbeiten" usw. zu beobachten sind. Diese Verkehrspflichten beziehen sich allein auf den Sachverhalt einer bestimmten gefährlichen Betätigung und obliegen dem Fachmann in der gleichen Weise wie dem Laien. Beim Holzfällen andere Menschen durch sachwidriges Verhalten zu gefährden, ist dem unkundigen Stadtbürger ebensowenig erlaubt wie einem gelernten Facharbeiter[4]. Erst die Frage, ob dem Pflichtigen die Nichteinhaltung der Sicherungsvorschriften persönlich vorgeworfen werden kann, läßt – in den erwähnten Grenzen – eine individuelle Abwägung zu. An einem praktischen Beispiel soll das näher erörtert werden.

---

53, L.-M. Nr. 2 zu § 276 (Be) BGB = JZ 1954, 297. In beiden Entscheidungen wird jedoch die Frage, welche Verkehrspflichten spielenden Jugendlichen obliegen, vermengt mit dem Gesichtspunkt der persönlichen Vorwerfbarkeit einer Pflichtverletzung, vgl. auch oben S. 77, N. 3.

[1] Gegen den objektiven Fahrlässigkeitsbegriff namentlich LEONHARDT, Fahrlässigkeit und Unfähigkeit, Festgabe für ENNECCERUS (1913); PLANCK(-SIBER) Anm. 2 b, B, bb zu § 276; DÖLLE, Gutachten für den 34. Deutschen Juristentag I (1926) 114 ff.; ENNECCERUS(-NIPPERDEY) I 2, 925, N. 11 und NIPPERDEY, NJW 1957, 1780 ff.

[2] So mit Recht neuerdings LARENZ I 183, N. 6 und STEINDORFF, JZ 1959, 4, N. 53 gegen NIPPERDEY, NJW 1957, 1782.

[3] Ähnlich nunmehr ESSER, Karlsruher Forum 1959, S. 19, der mit Recht betont, der Schuldvorwurf der Fahrlässigkeit sei zwar nicht persönlichkeitsgebunden, wohl aber situationsgebunden; „d. h. Mängel des individuellen Könnens entschuldigen nicht, wohl aber Situationen, denen auch ein normal tüchtiger Verantwortlicher [desselben Verkehrskreises] nicht gewachsen wäre".

[4] Vgl. LARENZ I 183, N. 6.

Nach dem vom Bundesgerichtshof im Urteil vom 8. 6. 56[1] behandelten Sachverhalt hatte der Bekl., ein Elektromeister, während eines Krankenhausaufenthalts sich aus seinem Geschäft eine Leselampe bringen lassen, diese an das Stromnetz angeschlossen und mit einer Klammer an dem Holm seines eisernen Bettes befestigt. Der Kl., ein anderer Patient, erlitt einen elektrischen Schlag, als er bei einem Gehversuch das Bett des Bekl. berührte.

Die Vorinstanzen stellten fest, daß die Lampe nicht den Sicherheitsvorschriften (VDE) entsprach und unzweckmäßig angebracht war. Der Beklagte handelte deswegen, ohne Rücksicht auf seine fachmännische Qualifikation, verkehrswidrig und schuf dadurch unerlaubt ein sozialinadäquates Risiko. Die Berufsausbildung des Bekl. war erst für die weitere Frage von Belang, ob der Bekl. die Mängel der Lampe und die Unzweckmäßigkeit der Montage erkennen konnte und mußte. Zu Recht entschied der Bundesgerichtshof, daß in dieser Hinsicht von einem Elektromeister ein höheres Maß an Sorgfalt zu verlangen sei als von einem Laien[2].

Allerdings gibt es auch Berufspflichten objektiver Natur, die aus der sozialen Stellung einer Berufsperson fließen, wie etwa die Berufspflichten des Arztes[3], des Frachtführers, Lagerhalters oder eines sonstigen Gewerbetreibenden[4]. Nach Ansicht des Bundesgerichtshofs muß es sich um Personen handeln, die „beruflich oder im gewerblichen Leben eine gewisse selbständige Stellung erlangt haben oder ihre beruflichen oder gewerblichen Dienste der Allgemeinheit anbieten und die damit kraft ihres Berufs oder Gewerbes eine besondere Verantwortlichkeit der Allgemeinheit gegenüber übernommen haben"[5]. Diese Berufspflichten sind ebenfalls an einen objektiven Sachverhalt, nämlich den der Berufsausübung, gebunden. Z. B. obliegt dem Lagerhalter nur hinsichtlich der Güter, die ihm in seiner beruflichen Eigenschaft anvertraut worden sind, eine besondere, außervertragliche Obhutspflicht. Bei den Berufspflichten

---

[1] VersR 1956, 618.

[2] Vgl. auch ESSER, Karlsruher Forum 1959, S. 20; LARENZ II 363 N. 3.

[3] RG 14. 3. 11, JW 1911, 449 (Arzt); RG 19. 9. 21, RGZ 102, 372 [374] (Tierarzt); ENNECCERUS(-LEHMANN) 947.

[4] RG 23. 3. 21, RGZ 102, 38 [42]; RG 28. 10. 22, RGZ 105, 302 [304]; RG 4. 2. 28, RGZ 120, 121; BGH 28. 4. 53, BGHZ 9, 301; BGH 17. 12. 53, L.-M. Nr. 2 zu § 823 (H) BGB. Vgl. ferner ENNECCERUS(-LEHMANN) 947; MICHAELIS, Festschrift SIBER (1943) II 225 ff. und (ablehnend) DIETZ 314 ff.

[5] BGH 17. 12. 53 (vorige Note); vgl. auch § 1299 ABGB. Über die Berufspflichten nach französischem Recht und den damit zusammenhängenden Begriff der „faute professionelle" VAN RYN, Responsabilité Aquilienne et contrats (1933) 210 ff. Über das englische Recht vgl. oben S. 167.

handelt es sich somit um einen Sonderfall von objektiven Verkehrspflichten, die von der subjektiven Sorgfalt, die bei ihrer Erfüllung anzuwenden ist, unterschieden werden müssen, in ähnlicher Weise wie etwa im Handelsgesetzbuch bei der Regelung der vertraglichen Haftung des Kommissionärs, Spediteurs oder Lagerhalters den von diesen Handelspersonen geschuldeten Vertragspflichten das Maß der zur Erfüllung aufzuwendenden Sorgfalt („Sorgfalt eines ordentlichen Kaufmanns") gegenübergestellt wird, vgl. §§ 390, 408, 417 HGB[1].

In dem oben besprochenen Fall kommen besondere, objektive Berufspflichten des beklagten Elektromeisters schon deswegen nicht in Betracht, weil der Bekl. den gefährlichen Zustand, aus dem der Schaden erwuchs, nicht in Ausübung seines Berufs geschaffen hat.

Abgesehen von der Anpassung des Sorgfaltsmaßstabs an die Alters- und Berufsgruppe des Verkehrsteilnehmers, ist aber – was nicht übersehen werden sollte – auch im Zivilrecht der Schuldgedanke voll durchzuführen. Dem Verkehrsteilnehmer ist es daher nicht verwehrt, sich zu seiner Entlastung auf besondere Umstände zu berufen, die eine durchschnittliche Person der gleichen Alters- und Berufsgruppe von dem Vorwurf befreien würden, die Verkehrspflichten nicht eingehalten zu haben[2]. Wenn z. B. in der Notzeit nach 1945 Stadtbürger die ihnen von der Gemeinde zugeteilten Bäume unsachgemäß fällten, weil sie es selbst nicht besser konnten oder wußten, sachkundige Kräfte aber nicht zur Verfügung standen, so war zwar die durch ein solches Vorgehen bewirkte Gefährdung anderer Menschen nicht erlaubt, aber doch, je nach Lage des Falles, entschuldigt. Unter normalen Verhältnissen wäre es dagegen stets schuldhaft, eine gefährliche Tätigkeit zu übernehmen, von der man sich sagen muß, daß man sie nicht sachgemäß ausüben kann.

Auch ein entschuldbarer Irrtum, Bestürzung, Überraschung oder eine entschuldbare Erregung vermögen unter Umständen ein sachwidriges Verhalten zu entschuldigen[3]. Es kann nicht von jedermann Geistes-

---

[1] Vgl. ESSER, Karlsruher Forum 1959, S. 20.

[2] HAFFERBURG, NJW 1959, 1398 ff.; ESSER, Karlsruher Forum 1959, S. 19 N. 43 und 44.

[3] Der BGH 23. 10. 52, VersR 1953, 28 [29] erwägt, daß gerade Jugendliche häufig in Ärger und Erregung geraten, wenn sie von Jüngeren angegriffen werden. Der Spieltrieb könne leicht alle vernünftigen Erwägungen „hinwegspülen", ohne daß dies dem Jugendlichen stets als Verschulden angerechnet werden müßte. Doppelschichtig sind die Fälle, in welchen jemand zur Abwendung einer allgemeinen Not eingreift. Die Notlage kann die durch die Verletzung von Verkehrspflichten herbeigeführte, sonst unerlaubte Gefährdung nach dem Prinzip der Güterabwägung (eine geringere Gefährdung ist erlaubt, um eine größere Gefahr abzuwenden) erlaubt

gegenwart und entschlossenes Verhalten bei plötzlich auftretender Gefahr erwartet werden[1]. In diesen Zusammenhang gehört auch die Frage, ob bei Sportwettkämpfen gewisse Regelverstöße, die in der „Hitze des Gefechts" unterlaufen, schuldfrei sind. Grundsätzlich ist das im Sinne einer Möglichkeit zu bejahen[2]. Damit steht auch die Tendenz der französischen Rechtsprechung in Einklang, nur solche Regelverstöße als schuldhaft zu betrachten, die einen „acte de brutalité" darstellen oder „d'une façon déloyale" begangen werden[3], und ähnliches dürften auch die deutschen Autoren im Auge haben, die vorschlagen, die Haftung der Teilnehmer an einem Sportwettkampf untereinander auf schwere Regelverstöße zu beschränken[4]. Eine feste Regel läßt sich aber nicht aufstellen. Es kommt alles auf die Umstände des Einzelfalles an. Dieses spezielle Schuldproblem hat im übrigen mit der Frage des bei Sportwettkämpfen erlaubten Risikos, welches durch die Sportregeln begrenzt wird, oder dem Handeln des Verletzten auf eigene Gefahr nichts zu tun.

Auch die im Arbeitsrecht viel erörterte Frage, ob der mit einer „gefahrgeneigten" Tätigkeit betraute Arbeitnehmer im Verhältnis zum Arbeitgeber sowie im Verhältnis zu Arbeitskollegen für jede Form von Fahrlässigkeit einzustehen hat[5], scheint mir nicht den Inhalt der vom Arbeitnehmer geschuldeten Schutz- oder Verkehrspflichten zu berühren[6], sondern allenfalls die Vorwerfbarkeit der Verletzung solcher Pflichten, in erster Linie aber wohl die unbillig erscheinende Haftung des risikobetrauten Arbeitnehmers für minder vorwerfbare Pflichtenverstöße.

---

machen, also das erlaubte Risiko erhöhen, vgl. etwa den von WELZEL, Das neue Bild des Strafrechtssystems[3] (1957) 34, besprochenen Arztfall. Außerdem aber dürfte es zutreffen, daß die Notsituation unter Umständen das objektive Versagen der Person zu entschuldigen vermag, die sich trotz zu geringen Könnens zur Verfügung stellt und lediglich um der Errettung eines anderen willen eingreift, vgl. WAHL, Das Verschuldensprinzip im künftigen Schadensersatzrecht, in „Grundfragen der Reform des Schadensersatzrechts" (1940) 26; DIETZ 249 f.; RABEL, Die Haftpflicht des Arztes (1904) 79 f. Auch im amerikanischen Recht wird angenommen, daß bei „first aid" der Grundsatz „imperitia culpae adnumeratur" nicht gilt; KESSLER 127.

[1] ERMAN(-GROEPPER) Anm. 4 c zu § 276 mit Nachweisen; ESSER, Karlsruher Forum 1959, S. 19 N. 43 und 44; ENNECCERUS(-LEHMANN) 949; BGH 29. 10. 59, VersR 1960, 82.

[2] Vgl BGH 23. 10. 52 (vorletzte Note).

[3] S. oben S. 141 ff.

[4] S. oben S. 79 N. 2 und 260 f.

[5] Vgl. BAG Gr. Sen. 25. 9. 57, BAGE 5, 1 = NJW 1958, 235 = MDR 1958, 276 = JZ 1958, 254; BGH 1. 4. 58, BGHZ 27, 62 = NJW 1958, 1086; dazu SCHEUERLE, RdA 1958, 247 ff.; GUMPERT, BB 1958, 740; GAUL, DB 1958, 1011; REIMER SCHMIDT, MDR 1958, 193–195; KLEIN, JZ 1958, 585–591; STEINDORFF, JZ 1959, 1–9.

[6] Ebenso BAG 19. 3. 59, NJW 1959, 1796.

b) Eine unerlaubte Handlung kann auch ohne Verletzung objektiver Verkehrspflichten fahrlässig begangen werden. Es ist an die Fälle unmittelbarer Verletzung absoluter Rechte zu denken, welcher kein Gefahrzustand vorangeht, den der Verletzer verkehrswidrig geschaffen hat[1].

*Beispiel:* Der Jagdpächter A. erschießt den Hund des B., weil er irrtümlich annimmt, der Hund wildere, oder weil er den Hund für ein Stück Wild hält.

A. hat fahrlässig gehandelt, wenn er – was wir unterstellen wollen – seinen Irrtum erkennen mußte. Die objektive Rechtspflicht, gegen welche A. verstieß, ist die Pflicht, sich unmittelbarer Eingriffe in fremdes Eigentum zu enthalten. A. ist vorzuwerfen, das zur Erfüllung dieser Pflicht geschuldete Maß an persönlicher Sorgfalt außer acht gelassen zu haben (§ 276 I 2 BGB). Es wäre ebenso gekünstelt wie überflüssig, die Verletzung einer „objektiven" Verkehrspflicht etwa des Inhalts zu interpolieren, sich beim Jagen die Ziele, auf die man schießt, genau anzusehen.

## § 19

## *Vergleich der Verkehrspflichten des deutschen Rechts mit den „duties of care" des anglo-amerikanischen Rechts*

### *I. Verhältnis der „duties of care" zum „standard of care"*

Die begriffliche Trennung der objektiven Verkehrspflichten von dem zu ihrer Erfüllung aufzuwendenden Maß an persönlicher Sorgfalt findet eine Parallele im englischen Recht, das zwischen den „duties of care" und dem „breach of duty" unterscheidet[2]. Ein „breach of duty" fällt dem Pflichtigen zur Last, wenn er sich anders verhielt als ein „reasonable man". Mit dieser bildhaften Umschreibung ist ein objektiver Sorgfaltsmaßstab gemeint, der im wesentlichen mit dem objektiven Fahrlässigkeitsbegriff des deutschen Rechts übereinstimmt. Allerdings ist für das englische Recht der theoretische Gesichtspunkt, daß die Einhaltung der objektiven Verkehrspflichten (der „duties of care") in einer Gefährdungsbefugnis des Handelnden ihren äußeren Ausdruck findet, bislang noch nicht genutzt worden, obwohl allein dieser Gesichtspunkt es

---

[1] Vgl. Steindorff, JZ 1959, 4, N. 53.

[2] S. oben S. 165 ff. und 172 ff.

ermöglicht, die Verkehrspflichten ihrem Bestand und Inhalte nach von dem bei ihrer Erfüllung geschuldeten „standard of care" abzugrenzen. Eine verkehrsmäßige und daher erlaubte Gefährdung ist etwas anderes als eine unerlaubte, aber persönlich vorwurfsfreie Gefährdung. Richtiger Ansicht nach bezieht sich der „standard of care" allein darauf, ob dem Handelnden eine Verletzung der Verkehrspflichten persönlich zum Vorwurf gemacht werden kann. Das läßt sich an dem instruktiven Urteil des Court of Appeal in Sachen *Watt* v. *Hertfordshire County Council*[1] zeigen.

Der bekl. Kommunalverband hatte für seine Feuerwehr einen schweren Wagenheber entliehen, für dessen Transport nur einer der Feuerwehrwagen der Bekl. eingerichtet war. Dieser Wagen befand sich gerade im Einsatz, als ein Notruf eintraf: Eine Frau sei unter einem Bus festgeklemmt. Der Feuerwehroffizier R. entsandte daraufhin zur Hilfeleistung einen anderen, für den Transport ungeeigneten Wagen mit dem Wagenheber, den einige Feuerwehrleute während der Fahrt festhalten mußten. Der Kl., einer dieser Feuerwehrleute, wurde durch den Wagenheber verletzt, als der Fahrer plötzlich bremsen mußte.

Der Court of Appeal wies die auf „negligence" gestützte Schadensersatzklage ab, sicherlich mit Recht. Die Begründung schwankt zwischen dem Argument, daß der Bekl. nicht die Pflicht gehabt habe, den Kl. vor einem Risiko der fraglichen Art zu bewahren, und der Feststellung, daß der Bekl. und seine Leute bei Erfüllung der von ihnen geschuldeten Sicherungspflichten („in the performance of their duties") gemäß dem „standard of reasonable care" verfahren seien. Richtig ist allein der erstgenannte Gesichtspunkt. Der humanitäre Handlungszweck war, wie DENNING L. J. zutreffend ausführt, abzuwägen gegen die Gefahr, welcher der Kl. und seine Kameraden durch den Befehl des R. ausgesetzt wurden. Diese Überlegung führt dazu, das Vorgehen des R. angesichts der ernsten, keinerlei Aufschub duldenden Notlage der unter dem Bus festgeklemmten Frau als sachgerecht, somit als erlaubt und nicht nur als entschuldigt zu betrachten.

## *II. Schutzzweck der „duties of care" und der Verkehrspflichten*

Es ist eine gesicherte Lehre des englischen und amerikanischen Rechts, daß der Kreis der durch eine Verkehrspflicht (duty of care) geschützten Personen begrenzt ist, und es daher in jedem einzelnen Fall gesonderter Prüfung bedarf, ob der Schädiger im Verhältnis zum Geschädigten zur Sorgfalt verpflichtet war. Hingegen erblickt das deutsche Schrifttum die

[1] [1954] 2 All E.R. 368.

Eigenart der deliktischen Verhaltenspflichten in ihrer allgemeinen Natur: im Gegensatz zu den schuldrechtlichen Pflichten, welche nur bestimmten anderen Personen gegenüber zu erfüllen sind, seien die deliktischen Verhaltenspflichten dem Gebotsempfänger gegenüber jedermann auferlegt (cuivis ex populo)[1]. Nur wenige Autoren, die sich vom Common Law inspirieren ließen, erkennen die Notwendigkeit einer Relativierung der deliktischen Verhaltenspflichten in persönlicher und sachlicher Hinsicht[2].

Wir haben gesehen, daß es zur Lösung des Problems des Handelns auf eigene Gefahr notwendig ist, den Kreis der durch eine Verkehrspflicht geschützten Personen normgerecht zu beschränken. Der Zweckgedanke läßt sich darüber hinaus fortführen zu dem allgemeinen Prinzip, daß die deliktische Haftung einer Person, der die schuldhafte Verletzung einer Verkehrspflicht zur Last gelegt wird, in dem Schutzzweck der Verkehrspflicht ihre notwendige Grenze findet[3]. Bei Verletzung gesetzlich geregelter Verkehrspflichten ist diese Haftungsschranke unzweifelhaft. Die Rechtsprechung behandelt alle Rechtsvorschriften, die zum Schutz des Publikums Gefährdungsverbote aufstellen, als Schutzgesetze im Sinne des § 823 II BGB mit der als selbstverständlich empfundenen Konsequenz, daß der Übertreter hiernach nur dann haftet, wenn sich diejenige Gefahr verwirklichte, welche die Schutzvorschriften verhüten wollten, wenn das Rechtsgut oder Interesse verletzt ist, zu dessen Schutz sie erlassen wurden, und wenn eine Person durch den Verstoß geschädigt worden ist, die sie schützen wollten[4]. RABEL[5] hat durch seine rechts-

[1] So namentlich DIETZ 12 f. und 280 ff. Auch das Reichsgericht verwirft im Urteil vom 1. 2. 26, JW 1926, 2534 = JR 1926, 831, rundweg die Ansicht, daß die Sorgfaltspflichten eines Fahrers, der sich an einer Dauerprüfungsfahrt beteiligt, im Verhältnis zu einem im Wagen mitfahrenden Unparteiischen anders sein könnten als einem Teilnehmer am Straßenverkehr gegenüber. Hingegen hat das OLG Jena 28. 10. 26, RdK 1927, 71, entschieden, daß ein Unparteiischer, der bei einer Zuverlässigkeitsfahrt im Wagen eines Teilnehmers mitfährt, diesem nicht für einen Schaden haftet, der sich aus den Besonderheiten der Fahrt und aus der technischen Unzulänglichkeit des Fahrers ergibt.

[2] WAHL, Das Verschuldensprinzip im künftigen Schadensersatzrecht in „Grundfragen der Reform des Schadensersatzrechts“ (1940) 32 ff.; v. CAEMMERER, Das Problem des Kausalzusammenhangs im Privatrecht 14 ff.; ablehnend LEHMANN, Festschrift Hedemann (s. oben S. 280 N. 1) 179 ff.

[3] v. CAEMMERER (vorige Note) 13 ff.; WAHL (vorige Note).

[4] Nachweise bei RABEL, Warenkauf I (1936) 502 ff.; LANGE, AcP 156 (1957) 127 f.; s. ferner OLG Hamburg 6. 3. 12, HansGZ 1912, B. Nr. 118, S. 207; BGH 23. 11. 55, BGHZ 19, 114 = NJW 1956, 217; BGH 22. 4. 58, BGHZ 27, 137 = JZ 1958, 742 = NJW 1958, 1041.

[5] RABEL (vorige Note) 473–509; ebenso v. CAEMMERER (vorige Note).

vergleichenden Forschungen im Anschluß an ARMIN EHRENZWEIG[1] nachgewiesen, daß es im gesamten Bereich der Schadensordnung der Begrenzung der Haftung nach dem Schutzzweck der Schadensausgleichsnormen bedarf. Hierdurch erledigen sich viele Zurechnungsprobleme, die bisher fälschlich unter dem Gesichtspunkt der Kausalität erörtert wurden. Der Bundesgerichtshof hat sich diese Lehre in einem neueren Urteil zu eigen gemacht[2]. In der erforderlichen Präzisierung führt der RABELsche Schutzzweckgedanke bei den gesetzlich nicht geregelten deliktischen Verkehrspflichten (§ 823 I BGB) in entsprechender Weise wie bei der Verletzung eines gesetzlichen Gefährdungsverbotes im Sinne des § 823 II BGB zu einer angemessenen Begrenzung der Haftung des Schädigers auf das „pflichtadäquate" Schadensrisiko[3]. Das soll – unter Verzicht auf eine umfassende Erörterung, welche die gesamte Rechtsprechung und Literatur zum Kausalitätsproblem einbeziehen müßte – durch einige der Judikatur entnommene Beispiele verdeutlicht werden.

Die allgemeinen Verkehrspflichten, die es verbieten, an einer Baustelle Drahtabfälle unverwahrt herumliegen zu lassen, bezwecken nicht nur den Schutz der Passanten, sondern auch den Schutz spielender Kinder, die sich an den scharfen Kanten der Abfälle verletzen könnten. Haftet der Bauunternehmer, der die Abfälle weggeworfen hat, auch dann, wenn ein Kind ein Drahtstück nach einem anderen Kinde wirft und dieses dabei verletzt? Das OLG Düsseldorf fragt richtig danach (freilich in voreiliger Zuflucht zur Generalklausel des § 242 BGB), ob dieser Vorgang zu den typischen Gefahren des Herumliegens von Drahtstücken gehört, das zu vermeiden der Bekl. verpflichtet war[4]. Entgegen der Ansicht des Oberlandesgerichts ist diese Frage m. E. zu bejahen[5]. In gleichem Sinne hat auch das Schweizerische Bundesgericht[6] den Fall entschieden, daß ein Schuljunge einem anderen Jungen gelöschten Kalk ins Gesicht warf, den der bekl. Bauunternehmer in einem Schulhof hatte herumstehen lassen. Allerdings erhielt dieser Fall dadurch eine besondere Note, daß der Bekl. den Kalk gerade in einem Schulhof unverwahrt ließ[7].

---

[1] EHRENZWEIG, Das Recht der Schuldverhältnisse, 1. Hälfte (1928) 40 f.

[2] BGH 22. 4. 58, BGHZ 27, 137 = NJW 1958, 1041: Es liege außerhalb des Schutzzweckes des § 823 I BGB, einem an einem Verkehrsunfall Beteiligten, der im Strafverfahren freigesprochen war, die Verteidigungskosten zu ersetzen.

[3] Manche sprechen auch von dem Erfordernis eines „Rechtswidrigkeitszusammenhangs", vgl. ENNECCERUS(-NIPPERDEY) I/2, § 216 III; ESSER, Schuldrecht, § 95.

[4] OLG Düsseldorf 19. 3. 57, NJW 1957, 1153 = BB 1957, 449.

[5] Anderer Ansicht wohl LARENZ I 127.

[6] BG 29. 1. 10, BGE 36 II 18.

[7] In dem vom englischen Court of Appeal kürzlich entschiedenen Falle *Prince*

Der Schaden, der der Bundesrepublik (Bundesstraßenverwaltung) dadurch entsteht, daß anläßlich einer durch einen Verkehrsunfall verursachten Verkehrsstockung Kraftfahrer in großer Zahl über den Grünstreifen der Autobahn fahren, liegt außerhalb des typischen Risikos, welches die Verkehrsvorschriften hintanhalten wollen[1]. Deshalb kann die Bundesstraßenverwaltung den an dem Unfall schuldigen Kraftfahrer nicht auf Ersatz dieses Schadens in Anspruch nehmen, weder nach § 823 II BGB in Verbindung mit den Straßenverkehrsvorschriften noch unmittelbar nach § 823 I BGB[2].

Kann der Händler, der einem Kind ohne Zustimmung der Eltern ein Kindergewehr verkauft, nach § 823 BGB für den Schaden verantwortlich gemacht werden, den das Kind mit dem Gewehr anrichtet? Nach Ansicht des Reichsgerichts ist das ausgeschlossen, falls die Eltern oder ein Elternteil nachträglich, und bevor das Unglück geschah, die Übergabe des Gewehrs an das Kind genehmigen[3]. Kaufte ein Erwachsener ein solches Gewehr, um es einem Kind zu schenken, so übernehme er, oder wer sonst die Aufsicht über das Kind zu führen hat, die Verantwortung für alles, was danach geschieht. „Damit setzt eine neue Kette der Verursachung im rechtlichen Sinne des Wortes ein". Nicht anders liege es rechtlich, wenn zwar das Kind selbst, jedoch mit Zustimmung der Eltern, das Gewehr kauft, und dem stehe schließlich der zu entscheidende Fall gleich. Der vom Reichsgericht für maßgeblich erklärte Gesichtspunkt, durch die Genehmigung der Übergabe des Gewehrs werde der Kausalzusammenhang unterbrochen, ist ein Verlegenheitsargument. Offenbar nimmt das Reichsgericht an, der Händler habe die allgemeine (deliktische) Verkehrspflicht verletzt, ein Gewehr der fraglichen Art an Jugendliche nur mit Billigung des Erziehungsberechtigten abzugeben.

---

v. *Gregory*, [1959] 1 W.L.R. 177, hatte der Beklagte Kalk vor seinem Haus am Rande der Straße aufgehäuft. Ein Junge warf eine Handvoll von diesem Kalk einem anderen Jungen ins Gesicht. Der Court of Appeal hielt die von diesem Jungen erhobene Schadensersatzklage nicht für schlüssig. Die Lagerung von Kalk an der fraglichen Stelle sei „reasonably" gewesen und habe kein „allurement" für Kinder bedeutet. Der Kl. sei nicht „neighbour" des Bekl. i. S. von *Donoghue* v. *Stevenson* gewesen. Hingegen verlangt das OLG Köln 21. 11. 58, MDR 1959, 488, daß eine Kalkpfanne, in welcher sich ungelöschter Kalk befindet, zum Schutze spielender Kinder durch eine Bretterwand abgesichert wird.

[1] LG Düsseldorf 8. 3. 55, NJW 1955, 1031; v. Caemmerer (s. oben S. 290 N. 2) 8 ff.; s. ferner hierzu Larenz, NJW 1955, 1009 ff., und Lehmann, Festschrift Hedemann (s. oben S. 280 N. 1) 185 ff.

[2] Letzteres übersieht Larenz (vorige Note) 1010.

[3] RG 4. 6. 17, Recht 1917, Nr. 1818.

Das typische Risiko, vor dem eine derartige Pflicht den Verkehr bewahren will, erschöpft sich aber darin, daß ein Jugendlicher, der das Gewehr ohne Wissen des Erziehungsberechtigten und die danach zu erwartende Kontrolle desselben benutzt, dabei einen anderen verletzt. Folglich hatte der Händler bei der geschilderten Sachlage für den von dem Jugendlichen angerichteten Schaden nicht einzustehen, weil die Schädigung außerhalb jenes Risikos lag. Dem Schweizerischen Bundesgericht lag zwei Jahre zuvor ein ähnlicher Fall vor[1]. Ein Vater kaufte seinem Sohn ein Flobert-Gewehr. Der Junge ließ es bei einem älteren Knaben, der damit im Scherz auf ein anderes Kind anlegte und ihm ein Auge ausschoß. Auch hier kam es, wie RABEL gezeigt hat[2], für die Haftung des Vaters auf den Inhalt seiner Verkehrspflicht an: hatte er dem Sohn einzuschärfen, daß er das Gewehr niemand überlassen dürfe? Das Schweizerische Bundesgericht verneinte mit unzureichender Begründung ein Verschulden des Vaters und bezweifelte auch zu Unrecht den Kausalzusammenhang zwischen dem Verhalten des Vaters und der Verletzung des Kindes.

Der Schutzzweckgedanke, der manche Zweifel zu klären vermag, ist freilich kein Allerheilmittel zur Lösung des schadensrechtlichen Zurechnungsproblems[3]. Auch die „Relativierung" der Verkehrspflichten hat in der Natur der Sache nach ihre Grenzen. Sie werden in der Rechtsprechung zum Handeln auf eigene Gefahr sichtbar[4]. Dort handelt es sich, was die Relativierung der Verkehrspflichten anlangt, stets nur darum, daß gewisse Verkehrspflichten allein das Verhältnis des Pflichtigen zu einer bestimmten Gruppe von Personen regelnd erfassen, deren Schutzinteressen gleichzubewerten sind. Es gibt keine individuellen Verkehrspflichten, die ausschließlich im Verhältnis zwischen bestimmten Personen gelten; denn die Verkehrspflichten ordnen Verkehrslagen, d. h. abstrakte Sachverhalte. Das ist der richtige Kern der im deutschen Schrifttum verbreiteten Ansicht, die Verkehrspflichten seien „allgemeiner" Natur.

---

[1] BG 6. 2. 15, BGE 41 II 90.

[2] RABEL, Warenkauf I 506.

[3] LANGE, AcP 156 (1957) 129.

[4] Die amerikanische Praxis scheint, weil sie den Zusammenhang der Relativierung mit dem Schutzgedanken nicht erfaßt, die Relativierung zu übertreiben; vgl. hierzu die tiefgründigen Untersuchungen von PROSSER, Palsgraf Revisited.

## 2. Abschnitt: Insbesondere: Handeln auf eigene Gefahr bei Teilnahme an Fahrten

### A. Überblick über die einzelnen Lösungen

Anders als in den bisher behandelten Fallgruppen weichen bei den Fällen der Teilnahme an einer Fahrt die in den einzelnen Rechten entwickelten Lösungen des Problems des Handelns auf eigene Gefahr erheblich voneinander ab, und zwar gerade hinsichtlich der sich in allen Rechten stellenden Frage, wann die Verschuldenshaftung des Fahrers ausgeschlossen ist. Zwar kann es als Gemeingut der verglichenen Rechte gelten, daß die deliktische Haftung des Fahrers auch bei Gefälligkeitsfahrten ohne Eingreifen des Gesetzgebers – wie es in einigen Staaten der Vereinigten Staaten und Kanada erfolgte – nicht generell und von vornherein auf Grade schwereren Verschuldens beschränkt ist, jedenfalls nicht die Haftung des Fahrers für fehlerhafte Steuerung des Wagens oder Gefährts. Entgegengesetzte deutsche und französische Entscheidungen sind vereinzelt geblieben, und in den Vereinigten Staaten wird *Massaletti* v. *Fitzroy,* wonach der gefällige Fahrer im Verhältnis zum Fahrgast nur für „gross negligence" haftet, allein in den Staaten Massachusetts und Georgia befolgt[1]. Alle verglichenen Rechte ziehen den Ausschluß der Verschuldenshaftung des Fahrers nur hinsichtlich bestimmter, vom Fahrgast übernommener Gefahren in Betracht, wie etwa der Gefahr, die in einem Mangel des Fahrzeugs, einer besonderen Fahrweise, der Fahruntüchtigkeit des Fahrers oder in einem sonstigen konkreten Umstand ruht. Voraussetzung und Umfang einer solchen Gefahrübernahme werden jedoch in den einzelnen Rechten zum Teil recht verschieden beurteilt. Die Lösungen schwanken zwischen dem Extrem, daß der Fahrgast bei einer Gefälligkeitsfahrt ohne Rücksicht auf seine subjektive Einstellung Gefährt und Fahrer so zu nehmen hat, wie sie sind, und dem anderen Extrem, daß die Haftung des Fahrers allenfalls in ihrem Umfang nach den Grundsätzen der Verschuldensaufrechnung ermäßigt wird, falls der Fahrgast die Umstände, welche die Fahrt besonders gefährlich machen, kannte oder erkennen konnte. Die erstere Lösung verdient nur insoweit ernsthafte Erwägung, als sie dem Gefälligkeitsgast von vornherein in gewissem Umfange das Risiko der

[1] S. oben S. 218.

Mangelhaftigkeit des Fahrzeugs auferlegt, wie dies nach dem Common Law Rechtens ist. Der weitergehende Satz, daß der Gefälligkeitsgast von dem Fahrer schlechthin nur das Maß an Geschicklichkeit verlangen kann, zu dem der Fahrer befähigt ist, vermochte sich nur in der Rechtsprechung des Staates Wisconsin durchzusetzen. Eine derartige Individualisierung des Sorgfaltsmaßstabes, die darauf hinauslaufen würde, daß die Fahrlässigkeit des Fahrers in seinem Verhältnis zum Fahrgast subjektiv bemessen wird, verbietet sich schon aus praktischen Gründen[1]. Sie würde erfordern, daß in jedem einzelnen Fall geprüft wird, wie groß die Fahrkunst des Fahrers war und ob der Fahrer unter seinem Können handelte. Es ist aber meist unmöglich, hierüber verläßliche Feststellungen zu treffen.

Auch abgesehen von der singulären Rechtsprechung des Staates Wisconsin haben die Länder des Common Law, welches unter den geprüften Rechten dem gefälligen Fahrer am meisten gewogen ist, keine einheitliche Lösung hervorgebracht, wie sich namentlich im Fall der Mitfahrt des Fahrgastes im Wagen eines Betrunkenen zeigt. Nach dem Recht der Vereinigten Staaten, Australiens sowie Kanadas nimmt der Fahrgast in diesem Fall, wie auch bei anderen Formen der Fahruntüchtigkeit des Fahrers oder bei Fehlern des Fahrzeugs, im allgemeinen die Gefahr dann auf sich, wenn er sie erkannte, während in England die Entscheidung des High Court of Justice in *Dann* v. *Hamilton*[2], die bei Trunkenheit des Fahrers eine assumption of risk grundsätzlich ausschließt, noch immer maßgebend ist.

Die deutsche Rechtsprechung zum Haftungsausschluß bei Gefälligkeitsfahrten steht der amerikanischen Lösung am nächsten, ohne ganz so liberal zu sein wie diese. Auch die deutschen Gerichte gehen von der rechtlichen Möglichkeit aus, daß der Fahrgast besondere, mit der Fahrt verbundene Risiken durch freiwillige Inkaufnahme übernimmt. Aber die deutsche Judikatur stellt für ein Handeln des Fahrgasts auf eigene Gefahr so detaillierte und kleinlich überwachte Voraussetzungen auf, daß in der Praxis der Einwand des Handelns auf eigene Gefahr kaum je Erfolg hat. Namentlich ist der dem Fahrer abverlangte Nachweis, der Fahrgast sei sich der ihm drohenden, sich demnächst verwirklichenden Gefahr voll bewußt gewesen, ein prozessualer Fallstrick, über den der in Anspruch genommene Fahrer fast immer stolpert.

---

[1] RICE (oben S. 219 N. 4) 437. Er fragt mit Recht: „Shall there be as many standards of legal fault in these cases as there are automobile drivers?"

[2] S. oben S. 221 ff.

## B. Risikoverteilung zwischen Fahrer und Fahrgast nach Maßgabe der Lehre vom erlaubten Risiko

Bei den Fallgruppen der Teilnahme an einer gefährlichen Veranstaltung und des Betretens fremder Grundstücke oder Anlagen haben wir in den verglichenen Rechten im wesentlichen übereinstimmende Grundsätze für ein Handeln des Verletzten auf eigene Gefahr festgestellt. Diese Grundsätze müssen sich, sollen sie zutreffen, auch bei der Fallgruppe der Teilnahme an einer Fahrt bewähren und den Schlüssel zur Lösung der besonderen, durch die hier fehlende internationale Entscheidungsharmonie unterstrichenen Problematik dieser Fallgruppe liefern.

### § 20

### *Echte Fälle eines Handelns des Fahrgasts auf eigene Gefahr*

Nach den früher gewonnenen Erkenntnissen läßt sich das Problem des Handelns auf eigene Gefahr im Bereich des Deliktsrechts auf die Kernfrage zurückführen, ob der Gefährder bei Berücksichtigung der gesamten Umstände es nach den zeitgemäßen sozialethischen Anschauungen zulassen durfte, daß sich der Verletzte in der geschehenen Weise der Gefahr aussetzte, oder ob er pflichtwidrig handelte, wenn er dies nicht verhinderte. Im ersteren Falle ist das von dem Gefährder geschaffene Risiko erlaubt, weshalb es von dem sich Exponierenden übernommen wird (echte Fälle einer Gefahrübernahme), im anderen Falle aber unerlaubt, so daß der Gefährder, sofern ihm sein Verhalten auch persönlich zum Vorwurf gereicht, dem in der Gefahr Verletzten aus unerlaubter Handlung haftet, unbeschadet des § 254 BGB (unechte Fälle eines Handelns auf eigene Gefahr). Die genaue Abgrenzung des erlaubten Risikos ergibt sich aus den objektiven Verhaltenspflichten des Gefährders. Hiervon ist auch in den Fällen der Teilnahme an einer Fahrt auszugehen.

#### *I. Gefahrübernahme bei erlaubter Mitfahrt*

#### *1. Gewöhnliche Fahrtrisiken*

Nach allen verglichenen Rechten nimmt der Fahrgast die gewöhnlichen Risiken der gewählten Beförderungsart auf sich. Die Parallele zur Gefahrübernahme bei Teilnahme an einer erlaubten gefährlichen Veranstaltung ist offensichtlich. In beiden Fällen vollzieht sich die Übernahme der gewöhnlichen Risiken ohne Rücksicht auf ein Gefährdungsbewußtsein des Bedrohten; es genügt die Erkennbarkeit der Risiken für eine Durchschnittsperson. Eine solche kann die gewöhnlichen Gefahren einer Fahrt im Fuhrwerk, Kraftfahrzeug, in der Eisenbahn oder im Flugzeug unter heutigen Verhältnissen stets erkennen. Die Bezeichnung „Handeln auf eigene Gefahr", „assumption of risk" usw. ist für die Übernahme der gewöhnlichen Beförderungsrisiken, wenigstens in der heutigen Rechtssprache[1], allein deswegen nicht gebräuchlich, weil die Benutzung eines Kraftfahrzeugs, der Eisenbahn oder selbst eines Flugzeugs längst ein alltäglicher Vorgang geworden ist, der von niemandem mehr als eine mit erhöhter Gefährdung verbundene Ausnahmesituation empfunden wird. Es ist nach heutiger Anschauung ganz selbstverständlich und keiner besonderen Rechtfertigung bedürftig, daß z. B. der Führer eines Kraftfahrzeugs den Fahrgast den gewöhnlichen Risiken der Beförderung aussetzen darf. Ein prinzipieller rechtlicher Unterschied gegenüber den sozial weniger integrierten Situationen des Sports oder Spieles besteht aber nicht.

### 2. *Besonderheiten beim Kraftfahrsport und bei Geschwindigkeitsprüfungen*

Der Vorgang der Beförderung kann sich mit der Situation des Sports verbinden. Rennfahrer und Teilnehmer an Zuverlässigkeitsfahrten nehmen nicht selten Begleitpersonen mit. In diesen Fällen sind die gewöhnlichen, dem Fahrer erlaubten und für die Begleitperson erkennbaren Risiken der Fahrt erhöht, weil nämlich das Gebot richtigen Verhaltens der Eigenart der jeweiligen Veranstaltung anzupassen ist. Zutreffend sagt das Reichsgericht in seinem Urteil vom 1. 2. 26, das die Mitfahrt eines Unparteiischen im Wagen eines Teilnehmers an einer Dauerprüfungsfahrt betrifft: „Natürlich erhöht sich bei einer Rennfahrt und auch schon bei einer Prüfungsfahrt, wie hier in Rede stehend, auch die bei richtigem Verhalten des Fahrers zu gewärtigende Gefahr, und in diesem Sinne nimmt hier der Mitfahrer eine erhöhte Gefahr auf sich. Aber dafür, daß er einen durch Verschulden des Fahrers verursachten Schaden auf sich nehmen wolle, spricht hier keine größere Wahrscheinlichkeit als bei anderen Fahrten"[2].

---

[1] Zahlreiche Beispiele für eine solche Begriffsverwendung finden sich aber in der älteren amerikanischen Rechtsprechung, vgl. oben S. 219 f.

[2] JW 1926, 2534 f., s. oben S. 80 N. 5.

In ähnlicher Weise haben französische Gerichte entschieden, daß Geschwindigkeitsprüfungen, die zur Erprobung eines Wagens unternommen werden, einen besonderen Verhaltensmaßstab bedingen, der Fahrer aber nicht davon befreit sei, ein der erhöhten Geschwindigkeit entsprechendes Maß an Umsicht walten zu lassen[1].

In den geschilderten Fällen erhöht sich das dem Fahrer erlaubte Risiko ohne Rücksicht auf die Art der Interessenbindung der Parteien. Die Mitnahme braucht kein Gefälligkeitsakt zu sein. Der Mechaniker, der im Interesse eines Rennfahrers im Rennwagen mitfährt[2], übernimmt die gleichen Risiken wie eine rennbegeisterte Person, die auf ihren Wunsch, einmal dabeigewesen zu sein, im Rennwagen Platz nehmen darf. Zutreffend vertraten das Reichsgericht und das OLG Jena die Ansicht, daß ein Unparteiischer, der dem Teilnehmer an einer Zuverlässigkeitsfahrt zur Mitfahrt zugeteilt wird, die erhöhten Gefahren einer solchen Veranstaltung selbst zu tragen hat[3]. Aber es geht zu weit, wenn das OLG Jena[4] zu den vom Unparteiischen übernommenen gewöhnlichen Risiken einer Zuverlässigkeitsfahrt auch die Gefahren rechnet, die sich aus dem technischen Unvermögen des Fahrers ergeben. Ein technisch unzuverlässiger Fahrer hat weder bei einer Zuverlässigkeitsfahrt noch auf einer sonstigen, ein besonderes Können voraussetzenden Veranstaltung des Kraftfahrsports etwas zu suchen. Seine Teilnahme am Rennen ist schlechthin unerlaubt und erfolgt auf sein Risiko, nicht auf das Risiko der Begleitperson.

### *3. Sportähnliche Situationen*

Auch bei gewissen sportähnlichen Situationen kann eine Erhöhung des dem Fahrer erlaubten Risikos stattfinden. Stets bedarf es jedoch einer sorgfältigen Abwägung der gesamten Umstände des Falles. Beispielsweise bin ich mit dem OLG Celle[5] der Ansicht, daß der Fahrer, der am Vortage eines Kraftwagenrennens einen Funktionär der Rennleitung zur Rennstrecke fährt und auf dessen Aufforderung unter der Zeitkontrolle des die Stoppuhr ziehenden Funktionärs eine Proberunde macht, nicht unerlaubt handelt, wenn er diese Runde mit Renngeschwin-

---

[1] Vgl. oben S. 115 f.

[2] Vgl. Colmar 11. 3. 33, oben S. 115 N. 1, ferner auch den vom Appellationshof Lyon entschiedenen Fall, oben S. 116 N. 1.

[3] S. oben S. 80. [4] S. oben S. 80 N. 4. [5] S. oben S. 37 N. 9.

digkeit fährt. Es ist auch die Einschränkung des Oberlandesgerichts zu billigen, daß die Geschwindigkeit nicht in leichtsinniger Weise maßlos übertrieben werden darf und der Fahrer keinesfalls von seiner Verantwortung für einen Steuerfehler befreit ist.

Ähnlich lag der vom Kammergericht entschiedene Avus-Fall[1]. Die Entfaltung einer hohen Geschwindigkeit auf der Berliner Avus (Autobahn) mochte in gewissen Grenzen erlaubt sein, auch wenn die Klägerin tatsächlich nicht bedachte, daß der Fahrer auf der Avus schneller fahren werde, sie hiermit aber „als Berlinerin" rechnen mußte. Keinesfalls aber durfte der bekl. Fahrer die Klägerin den Gefahren eines der hohen Geschwindigkeit nicht angepaßten, unsachgemäßen Verhaltens aussetzen. Von einer Übernahme dieser besonderen, unerlaubten Gefahren konnte keine Rede sein[2].

Ebensowenig verdient es rechtliche Billigung, wenn sich eine unkundige Fahrerin an das Steuer eines schweren Sportwagens setzt und anläßlich eines Sportwagenrennens probeweise die Rennstrecke abfährt, wobei sie sich und den mitfahrenden Wagenbesitzer durch ihre Unerfahrenheit in Gefahr bringt. Die Mißbilligung dieses leichtsinnigen Abenteuers wird nicht dadurch ausgeräumt, daß der Wagenbesitzer die Sonntagsfahrerin selbst zu der Fahrt überredet hatte. Die Entscheidung des Supreme Court of South Australia[3], der in diesem Fall eine Gefahrübernahme bejahte, halte ich für falsch, jedenfalls nach deutschem Recht.

### *4. Keine Erhöhung des erlaubten Risikos bei körperlicher Abnormität oder noch nicht beendeter Ausbildung des Fahrers*

Körperliche Abnormitäten sind zwar bei der Bemessung der dem Fahrer zuzumutenden persönlichen Sorgfalt zu berücksichtigen, erhöhen aber nicht das dem Fahrer erlaubte Risiko. Kommt es z. B. deswegen zu einem Unfall, weil die Bremse eines Kraftwagens in einer Weise blockiert, die es dem einarmigen Fahrer unmöglich macht, die Bremse zu bedienen, so verletzt der Fahrer zwar seine Verkehrspflicht, bei drohender Gefahr rechtzeitig zu bremsen; aber ihm kann diese Pflicht-

---

[1] S. oben S. 37 N. 8.

[2] So mit Recht PROSKAUER in seiner ablehnenden Anmerkung zu der Entscheidung des KG, JW 1931, 891.

[3] S. oben S. 224 N. 2.

verletzung persönlich nicht vorgeworfen werden[1]. Dagegen handelt ein stark kurzsichtiger Fahrer, der seine Brille verloren hat, nicht nur objektiv, sondern auch subjektiv pflichtwidrig, wenn er bei seiner Fahrweise nicht auf sein vermindertes Sehvermögen Rücksicht nimmt. In dem amerikanischen Fall *Maybee* v. *Maybee*[2] hätte daher nach deutschem Recht eine Haftung bejaht werden müssen, unbeschadet einer Schadensverteilung wegen mitwirkenden Verschuldens der Verletzten.

Ein Fahrschüler genießt im Verkehr keine Privilegien. Für ihn gelten die allgemeinen Verkehrsvorschriften. Auch im Verhältnis zum Fahrlehrer ist er nicht zu erhöhter, durch verkehrswidriges Fahren verursachter Gefährdung berechtigt. Wohl aber muß das Maß an persönlicher Sorgfalt, das von einem Fahrschüler zu erwarten ist, dem Ausbildungsstand des Schülers angepaßt werden, und zwar kommt es nach dem objektiven Fahrlässigkeitsbegriff auf das durchschnittliche Können eines Fahrschülers der gleichen Unterrichtsstufe an[3]. Verletzt ein Fahrschüler trotz Anwendung dieser Sorgfalt die Verkehrsvorschriften, so ist im Verhältnis zu Dritten regelmäßig der zur Aufsicht verpflichtete Fahrlehrer verantwortlich[4]. Der Fahrschüler selbst haftet in einem solchen Falle mangels Verschuldens weder anderen Verkehrsteilnehmern noch dem mitfahrenden Fahrlehrer für den durch einen Unfall zugefügten Schaden. In diesem Sinne hat auch der Appellationshof Dijon entschieden: der Fahrschüler sei im Verhältnis zum mitfahrenden Fahrlehrer für einen Unfall, bei welchem der Fahrlehrer verletzt wird, nur verantwortlich, falls sich der Schüler nicht an die Weisungen des Lehrers gehalten oder eine „faute personnelle" begangen habe[5].

Im Gegensatz zum Fahrschüler ist der Fahrer, der noch nicht lange den Führerschein besitzt, zu keiner geringeren Sorgfalt verpflichtet als ein geübter Fahrer[6]. Diese Überlegung rechtfertigt die Entscheidung des Reichsgerichts, daß der Anfänger, der von einem im Wagen mitfahrenden langjährigen Kraftfahrer aufgefordert wird, nicht allzu schul-

---

[1] Vgl. die amerikanische Entscheidung *Doggett v. Lacey*, oben S. 206 N. 5; ferner Schweizer. BG 13. 7. 32, BGE 58 II 244: Die Mitfahrt im Wagen eines ein Kunstbein tragenden Verkrüppelten, der einen Führerschein besitzt, rechtfertige nicht den Vorwurf mitwirkenden Verschuldens gegen den Fahrgast, der bei einem vom Fahrer verschuldeten Unfall verletzt wird.

[2] S. oben S. 226 N. 6.

[3] Müller, Straßenverkehrsrecht 793, 247. Vgl. auch OLG München 28. 12. 59, VersR 1960, 378 (Flugschüler).

[4] Müller (vorige Note) 415; Req. 9. 12. 46, Gaz. Pal. 1947 I 136.

[5] Dijon 6. 4. 32, D.H. 1932, 354.

[6] Müller (oben N. 3) 247.

mäßig zu fahren, auch nicht im Verhältnis zu seinem Fahrgast von der Verantwortung dafür befreit ist, eine Kurve mit sachgemäßer Geschwindigkeit anzugehen [1]. Einer Schadensverteilung wegen mitwirkenden Verschuldens des Verletzten stand hier freilich nichts im Wege.

### *5. Erhöhung des erlaubten gegenständlichen Risikos bei Gefälligkeitsfahrten*

Nach Common Law ist bei Gefälligkeitsfahrten das dem Fahrer im Verhältnis zum Fahrgast erlaubte und vom Fahrgast zu übernehmende Risiko gegenüber sonstigen Fahrten erhöht, soweit es sich um gegenständliche, auf der Unzulänglichkeit des Fahrzeugs beruhende Gefahren handelt. Alle wahrnehmbaren und erst recht alle vom Fahrgast erkannten Mängel des Fahrzeugs gehen bei Gefälligkeitsfahrten zu Lasten des Fahrgastes, während im übrigen die Sorgfaltspflichten des Fahrers (duties of care) unvermindert sind [2]. Das Common Law schätzt insoweit gegenständliche Gefahren anders ein als dynamische Gefahren, die durch Mängel des Fahrers oder eine fehlerhafte Fahrweise herbeigeführt werden. Das ist nicht unbegründet. Das Schutzbedürfnis des Fahrers ist hinsichtlich der gegenständlichen Gefahren, die sich „aus der Sachlage von selbst ergeben" – wie sich das Reichsgericht ausdrückt [3] – und daher leichter zu übersehen sind, geringer als hinsichtlich dynamischer Gefahren. Es ist dies der gleiche Gesichtspunkt, der sich nach deutschem und englischem Recht auch bei der Regelung der Haftung des Grundstücksinhabers auswirkt. Dieser ist auch gegenüber einem bloßen Gefälligkeitsverkehr voll verantwortlich für dynamische Gefahren, die durch eine auf dem Grundstück ausgeübte Tätigkeit bewirkt werden, während die an einem solchen Verkehr teilnehmenden Personen die wahrnehmbaren Gefahren, die von der Beschaffenheit des Grundstücks ausgehen, grundsätzlich auf sich zu nehmen haben [4]. Die im Common Law konsequent durchgeführte Analogie der Haftung des Fahrzeugbenutzers zur Haftung des Grundstücksinhabers halte ich für zwingend. Wer sich zu einer Gefälligkeitsfahrt mitnehmen läßt, begibt sich ebenso wie ein Grundstücksbesucher, der an einem Gefälligkeitsverkehr auf einem Abkürzungsweg teilnimmt, als geduldeter Gast in einen fremden Gefahrenbereich. Es ist nicht einzusehen, warum der auch von der deut-

---

[1] Vgl. oben S. 37 N. 7.

[2] Vgl. oben S. 217 ff.

[3] Vgl. das Urteil vom 13. 10. 10, oben S. 22 f.

[4] Vgl. oben S. 84 ff. u. 208.

schen Rechtsprechung gebilligte Satz, daß wer von einer Gefälligkeit Gebrauch macht, sie nehmen muß, wie sie geboten wird[1], nur für den Grundstücksgefälligkeitsverkehr, nicht aber für Teilnehmer an Gefälligkeitsfahrten gelten soll. Tatsächlich sind in der älteren Rechtsprechung des Reichsgerichts Ansätze für eine solche Gleichstellung vorhanden. Auf richtigem Wege befand sich das Reichsgericht namentlich in seinem trefflichen Urteil vom 16. 5. 07[2], in dem es ausführt, daß, wer sich in einem Fuhrwerk gefälligkeitshalber befördern läßt, sich die wahrnehmbaren Mängel des Fuhrwerks gefallen lassen muß und insoweit auf eigene Gefahr handelt. Die vom Reichsgericht gegebene Begründung, das Gefälligkeitsmoment beeinflusse das Maß der von der Verkehrssitte erforderten Sorgfalt (genauer: den Inhalt der objektiven Verkehrspflichten), deckt sich mit dem Rechtsgedanken des Common Law, daß die Schutzpflichten des occupier im Verhältnis zu licensees einer gesonderten, für den occupier vorteilhafteren Normierung bedürfen. Auch die vom Reichsgericht in jenem Urteil weiter vertretene Ansicht, daß der Fuhrherr dem Fahrgast für verborgene Mängel des Fahrzeugs jedenfalls dann haftet, wenn der Fuhrherr sie kennt, entspricht ganz dem Common Law. Nach dem Vorbild des neueren englischen Rechts wird man fernerhin die Haftung des Fahrzeugbesitzers auf solche verborgenen und dem Fahrgast nicht bekannten Mängel des Fahrzeugs ausdehnen müssen, die der Fahrzeugbesitzer kennen mußte[3]. Die Übernahme gegenständlicher Gefahren bei Gefälligkeitsfahrten ist in der gleichen Weise einzuschränken wie im Falle der Teilnahme an einem Gefälligkeitsverkehr. Ebenso wie bei dieser Fallgruppe[4] umfaßt die Erhöhung des erlaubten Risikos bei Gefälligkeitsfahrten keine schweren Gefahren für Leib oder Leben des Gefälligkeitsgastes, wobei die hiernach zulässige Höchstgrenze nach den Umständen des Falles zu bemessen ist.

### *II. Gefahrübernahme bei unerlaubter Mitfahrt*

Auch bei Beurteilung der Rechtsposition des unbefugten Fahrgastes leistet die „Pflichtentheorie" gute Dienste. Welche Risiken der unbefugte Fahrgast übernimmt, hängt von den Verkehrspflichten ab, die dem

---

[1] Vgl. oben S. 84 ff.

[2] S. oben S. 15 f.; vgl. ferner das Urteil des österreichischen OHG vom 16. 10. 12, s. oben S. 16, N. 1 sowie die Urteile des Reichsgerichts vom 13. 10. 10 und 24. 1. 10, s. oben S. 22, N. 3, auch OLG Jena 14. 11. 29, s. oben S. 36 N. 3.

[3] Hierüber hatte das Reichsgericht nicht zu entscheiden.

[4] Vgl. oben S. 268.

Fahrer oder Fahrzeugbesitzer im Verhältnis zu unerlaubt mitfahrenden Personen obliegen.

Solange der Fahrer von der Anwesenheit eines unbefugten Fahrgasts (eines blinden Passagiers) nichts weiß und ihm dessen Anwesenheit auch nicht bekannt sein muß, ist es freilich uninteressant zu wissen, welche objektiven Verkehrspflichten der Fahrer gegenüber blinden Passagieren hat. Daß in diesem Fall der Fahrer für die durch einen Unfall verursachte Verletzung des blinden Passagiers deliktisch keinesfalls verantwortlich ist, steht außer Zweifel, mag sich nun die Begründung daraus ergeben, daß der Fahrer grundsätzlich nur gegenüber befugten Fahrgästen zu ordentlicher Steuerung und zur Gewährung eines mangelfreien Fahrzeugs verpflichtet ist – so das Common Law [1] –, oder aus der Unmöglichkeit folgen, dem Fahrer die Verletzung etwaiger, ihm gegenüber einem blinden Passagier obliegenden Pflichten vorzuwerfen, solange er von der Anwesenheit des blinden Passagiers nichts weiß. Ferner lassen sich als mit der überkommenen Dogmatik lösbar die Fälle ausscheiden, daß Passagiere, die durch Täuschung ihre Zulassung erwirken, unterwegs verletzt werden. Die im Common Law vorgenommene deliktische Gleichstellung solcher Passagiere mit den erlaubten Passagieren [2] sollte auch im deutschen Recht Anerkennung finden. Ich halte die Entscheidung des Reichsgerichts [3] für zu eng, daß der Fahrer eines Wehrmachtkraftwagens gegenüber einem Soldaten, dem auf Grund unwahrer Angaben die Mitfahrt gestattet wird, keine Amtspflichten zu erfüllen habe [4]. Erst recht bestehen Bedenken gegen die Ansicht des österreichischen Obersten Gerichtshofs [5], ein LKW-Fahrer sei einem Mädchen gegenüber, das gegen den Willen des Fahrers auf das Trittbrett aufsteigt, nur zur Warnung verpflichtet, müsse es aber nicht zum Verlassen der eingenommenen gefährlichen Position zwingen. Immerhin ist die Fragestellung des Gerichts einwandfrei: Hatte der Angeklagte zur Abwendung der dem Mädchen drohenden Gefahr alles nach der Verkehrsauffassung Erforderliche getan? Das Gericht prüft diese Frage, auf die es in der Tat ankam, nach den gesamten Umständen des Falles. Es stellt dabei auch die durchaus sachgerechte Erwägung an, ob die Verkehrs-

[1] S. oben S. 227 f., vgl. aber auch das Urteil des französischen Kassationshofs vom 18. 7. 29, s. oben S. 119 f.

[2] S. oben S. 227.

[3] S. oben S. 52.

[4] Die in Rede stehenden Amtspflichten decken sich ihrem Inhalt nach mit den Verkehrspflichten eines privaten Fahrers unter gleichen Umständen.

[5] S. oben S. 51.

pflichten des Angeklagten im Verhältnis zu dem Mädchen auf Grund besonderer Umstände etwa einen fürsorgeähnlichen Charakter hatten.

Allein der Gesichtspunkt der Pflichtenbegrenzung ermöglicht ferner eine angemessene Lösung der Fälle, in denen der an einer Schwarzfahrt teilnehmende Fahrgast den Fahrzeugbesitzer, der die Schwarzfahrt schuldhaft ermöglichte, wegen einer während der Fahrt erlittenen Verletzung auf Schadensersatz in Anspruch nimmt. Die Verkehrspflicht, eine Schwarzfahrt zu verhindern, bezweckt nicht den Schutz von Personen, die sich selbst wissentlich an einer Schwarzfahrt beteiligen[1]. Ähnlich ist die Sachlage zu beurteilen, daß sich der Fahrgast von einem im Dienst des Fahrzeugbesitzers stehenden Fahrer zur Mitfahrt einladen läßt, der – wie der Fahrgast wohl weiß – hierzu nicht berechtigt ist. Die Pflicht des Dienstherrn, auf die sorgfältige Auswahl und Überwachung des Fahrers sowie die ordentliche Beschaffenheit des Fahrzeugs bedacht zu sein, besteht ihrem Zweckgedanken nach nicht gegenüber Personen, die in bewußter Mißachtung des Willens des Dienstherrn das Fahrzeug besteigen und sich auf diese Weise der von dem Dienstherrn zu verantwortenden Gefahr, durch das Verhalten des Gehilfen Schaden zu nehmen, selbst bewußt aussetzen. Es entfällt hier die ratio des § 831 BGB, mag auch das für den Unfall ursächliche pflichtwidrige Verhalten des Fahrers objektiv dem ihm übertragenen Tätigkeitsbereich zuzurechnen sein. Das übersieht das Reichsgericht in seinem Urteil vom 4. 11. 12[2]. Hingegen hatte das OLG München, wie seine Entscheidung vom 26. 5. 33 zeigt[3], in einem Fall der in Frage stehenden Art das richtige Empfinden, daß der Fahrgast, der sich entgegen den Weisungen des Dienstherrn des Fahrers auf der Ladefläche eines LKW mitnehmen läßt, die besonderen Risiken einer solchen Beförderung (der Fahrgast wurde durch ein rollendes Faß erdrückt) nicht auf den Dienstherrn abwälzen kann. Weil aber das Oberlandesgericht den maßgeblichen rechtlichen Gesichtspunkt nicht erkannte, half es sich mit einer nicht näher begründeten Erleichterung des Entlastungsbeweises, den der Dienstherr nach § 831 BGB zu führen hat. Es sah diesen Beweis als erbracht an, obwohl die Möglichkeit eines leichten Verschuldens des Bekl. offenblieb. Richtiger wäre gewesen, § 831 BGB überhaupt nicht anzuwenden; denn nach den Umständen konnte dem Kläger keinesfalls

---

[1] S. oben S. 54 f. Vgl. auch Art. 75 II des schweizerischen Bundesgesetzes über den Straßenverkehr vom 19. 12. 1958 (BBl. II 1649).

[2] S. oben S. 53 N. 2.

[3] S. oben S. 53.

entgangen sein, daß die Beförderung inmitten der Ladung eines LKW nicht dem Willen des Wagenbesitzers entsprach und daher vom Fahrer „auf eigene Kappe" geduldet wurde. Allerdings möchte ich nicht so weit gehen wie die französische Rechtsprechung, die die Leutehaftung des Dienstherrn immer schon dann ausschließt, wenn der Fahrgast lediglich erkennen konnte, daß der Fahrer, indem er die Mitfahrt gestattete, einen „abus de fonctions" beging [1]. Vollends ist die Tendenz der englischen Rechtsprechung zu mißbilligen, sogar dem gutgläubigen Fahrgast das Risiko weisungswidrigen Verhaltens des Fahrers zur Last zu legen [2]. Dies läuft dem Sinn der Leutehaftung zuwider. Der Dienstherr hat grundsätzlich die Gefahr zu tragen, daß der Gehilfe von den erteilten Weisungen abweicht und dadurch in Ausübung der ihm übertragenen Verrichtung anderen Schaden zufügt. Dieser Grundsatz sollte nur dann durchbrochen werden, wenn der Geschädigte vorsätzlich wider den Willen des Dienstherrn an der Pflichtvergessenheit des Gehilfen teilgenommen und sich hierbei selbst in Gefahr gebracht hatte.

## § 21

### *Unechte Fälle eines Handelns des Fahrgasts auf eigene Gefahr*

Über die rechtliche Lösung der bisher erörterten Fälle, in welchen der Fahrgast den Risiken der Fahrt überlassen werden darf, besteht im allgemeinen keine Meinungsverschiedenheit. Die eigentlichen Zweifel beginnen erst, wenn besondere Umstände die Fahrt derart gefährlich machen, daß der Fahrer mindestens im Verhältnis zu solchen Fahrgästen, die die Gefährdung nicht billigen, pflichtwidrig handelt, falls er unter diesen Umständen fährt. Ausschließlich in diesen Fällen verwendet die neuere deutsche Praxis in Übereinstimmung mit dem Schrifttum den Rechtsbegriff des „Handelns auf eigene Gefahr" bzw. des „stillschweigenden Haftungsverzichts" [3]. Durch diese Begriffe wird das eigentliche Sachproblem verschleiert, ob der Fahrer immerhin solche Fahrgäste, die sich der ihnen drohenden Gefahren voll bewußt sind und die vom Fahrer nur aus Gefälligkeit mitgenommen werden, den besonderen Gefahren der Fahrt überantworten darf, oder ob er auch ihnen gegenüber pflichtwidrig handelt, wenn er sie in der geschehenen Weise gefährdet.

---

[1] Vgl. oben S. 121. [2] Vgl. oben S. 228 f. [3] Vgl. oben S. 34 ff.

Wir haben gesehen, daß in der Tat das Gefälligkeitsmoment und die subjektive Einstellung des Fahrgasts zu der Gefahr in engen Grenzen geeignet sind, das dem Fahrer im Verhältnis zum Fahrgast erlaubte Risiko zu erhöhen. Z. B. übernimmt ein aus Gefälligkeit mitgenommener Fahrgast gegenständliche Gefahren in weiterem Umfange als ein gegen Entgelt beförderter Passagier. Weiterhin vermögen subjektive Momente, wie das Bewußtsein des Fahrgastes, zur Teilnahme an der Fahrt nicht berechtigt zu sein, oder etwa seine Aufforderung an den Fahrer, eine Probefahrt über eine Rennstrecke zu machen, in gewissen Zusammenhängen die deliktischen Pflichten des Fahrers zu beeinflussen. Stets handelt es sich aber nur darum, daß diese Umstände bei dem sozialethischen Gesamturteil, ob die Gefährdung des Fahrgasts in der geschehenen Form erlaubt und nicht pflichtwidrig war, mitberücksichtigt werden. Es gibt keine feste Rechtsregel, daß das Gefälligkeitsmoment oder die freie Billigung der Gefahr durch den Fahrgast oder beide Momente vereint dazu imstande sind, Fahrtrisiken beliebiger Art zu rechtfertigen. Ist aber eine Gefährdung als pflichtwidrig zu qualifizieren, so ist – gleichwie bei den Fallgruppen der Teilnahme an einer gefährlichen Veranstaltung und des Betretens fremder Grundstücke oder Anlagen – einer Gefahrübernahme die Grundlage entzogen und die Bewertung der bewußten Selbstgefährdung des Fahrgasts in den Bereich des § 254 BGB verwiesen (sogenannte „unechte“ Fälle eines Handelns auf eigene Gefahr). Das soll im folgenden näher dargetan werden.

### *I. Einwilligung in eine Gefährdung und Gefährdungsbefugnis*

Die von Flad begründete Lehre, das Handeln auf eigene Gefahr sei rechtlich eine Einwilligung in eine eventuelle Verletzung, identifiziert fälschlich die Einwilligung in ein Risiko mit der Einwilligung in eine eventuelle Verletzung[1] und geht überdies darin fehl, daß sie aus der Erlaubtheit eines Risikos die Befugnis des Gefährders folgert, den befugterweise Bedrohten körperlich zu verletzen oder ihn gar zu töten. Dennoch hat diese Lehre einen richtigen Ansatzpunkt. Sie führt nämlich bei unvoreingenommener Würdigung zu der Frage nach dem erlaubten Risiko in dem besonderen Fall, daß die Verletzung oder Tötung einer Person droht, die ihre Gefährdung voll erkennt und billigt. Flad erliegt durch-

[1] S. oben S. 93 f., ferner OLG Oldenburg 1. 11. 55, DAR 1956, 296; KG 29. 7. 54, VRS 7 (1954) Nr. 85, S. 184; Bemmann, VersR 1958, 584.

aus nicht dem Irrtum, die Einwilligung des Bedrohten mache jedwedes Risiko erlaubt. Er verlangt vielmehr für die Rechtfertigung einer ernsthaften Gefahr für Leib oder Leben außer der Einwilligung der bedrohten Personen einen sozialethisch billigenswerten Handlungszweck wie etwa die Absicht des Gefährders, einer noch ernsteren Gefahr entgegenzutreten. Dieser entscheidende Gesichtspunkt, wie überhaupt die Einsicht, daß sich die Rechtfertigung eines Risikos nicht schematisch aus dem Willen des Gefährdeten ableiten läßt, ist indes bei der Anwendung der FLADschen Theorie in der Praxis verlorengegangen. Charakteristisch hierfür ist bereits das reichsgerichtliche Urteil vom 19. 6. 33, in welchem das Reichsgericht von FLAD die Einwilligungskonstruktion übernimmt[1]. In diesem Urteil macht zwar das Reichsgericht für die Beachtlichkeit der Einwilligung des Fahrgasts noch den allgemeinen Vorbehalt der „Grenzen des Erlaubten". Aber dieser Vorbehalt ist rein deklamatorisch. Der Sache nach wird die Frage, ob nicht die Grenzen des Erlaubten längst überschritten waren, als sich der Kl. leichtsinnig einem unter Alkoholeinfluß stehenden Fahrer anvertraute, der ihn hierbei in Lebensgefahr brachte, nicht einmal gestellt, obwohl das Reichsgericht den Gesichtspunkt eines Handelns des Verletzten auf eigene Gefahr in einem vergleichbaren Fall noch nie herangezogen hatte. Alle früheren Entscheidungen des Reichsgerichts zum Handeln auf eigene Gefahr bei Teilnahme an Gefälligkeitsfahrten betrafen entweder nur den Ausschluß der Gefährdungshaftung des Tierhalters oder gegenständliche Gefahren. Es konnte aber, was den vom Reichsgericht neu zu entscheidenden Fall anlangt, kaum zweifelhaft sein, daß die Gefährdung eines Menschen durch Trunkenheit am Steuer in keiner denkbaren Beziehung rechtliche Billigung verdient, ganz gleich, ob nun der Gefährdete in die Gefährdung einwilligt oder nicht, ob es sich um eine Vergnügungsreise oder eine Beförderung gegen Entgelt handelt.

Die Zivilgerichte haben im Anschluß an das Urteil des Reichsgerichts vom 19. 6. 33 die Zulässigkeit einer vom Fahrgast gebilligten Gefährdung einfachhin unterstellt und ihre Aufmerksamkeit allein der Frage zugewendet, ob eine Einwilligung in die Gefährdung nach den Umständen anzunehmen war. Hingegen ist der strafrechtlichen Judikatur die Frage nach dem bei Fahrten erlaubten Risiko nicht ungeläufig. Die Strafgerichte haben im allgemeinen das auch strafrechtlich relevante

---

[1] S. oben S. 32 ff. und 94.

Problem des Handelns des Fahrgasts auf eigene Gefahr richtiger eingeschätzt und besser gelöst als die Zivilgerichte, die sich den Blick durch verfehlte Rechtsgeschäftskonstruktionen trüben ließen.

Auch für die zivilrechtliche Betrachtung vorbildlich ist das richtungweisende Urteil des 4. Strafsenats des Reichsgerichts vom 3. 1. 23[1].

Der angeklagte Fährmann hatte auf das unausgesetzte Drängen des Sch. und des T. aus Gefälligkeit den Versuch unternommen, Sch. und T. trotz stürmischen Wetters und Hochwassers in seinem Boot über die Memel zu setzen. Dabei war das Boot gekentert, Sch. und T. ertranken. Der Fährmann wurde von der Anklage der fahrlässigen Tötung freigesprochen.

Das Reichsgericht verweist darauf, daß die Überfahrt auf eigenen Wunsch des Sch. und des T. und letztlich in deren eigenem Interesse unternommen wurde. Beide Verunglückten seien erwachsene und verständige Männer gewesen, die das Gefährliche der beabsichtigten Fahrt vollständig und in genau demselben Maße wie der Angeklagte übersahen. Irgendwelche Tatsachen, die diesem eine Obhut oder Fürsorge hinsichtlich beider auferlegt hätten, wie sie unter Umständen aus dem Bestehen eines Vormundschafts- oder Pflegschaftsverhältnisses, aus dem Unterschied der Einsicht und Erfahrung oder der Lebensjahre und ähnlichem mehr entnommen werden könnten, seien nicht erkennbar. Wenn unter diesen Umständen der Angeklagte dem Drängen des Sch. und des T., als sie seinen persönlichen Mut in Zweifel zogen, widerwillig nachgegeben und aus Gutmütigkeit, um gefällig zu sein, sein eigenes Leben auf das Spiel gesetzt habe, so liege darin keine Pflichtwidrigkeit, weswegen sich der Angeklagte keine Fahrlässigkeit habe zuschulden kommen lassen.

Es ist nicht ganz klar, ob das Reichsgericht die Gefährdung des Sch. und des T. auf Grund der besonderen Umstände als erlaubt ansah, oder ob es lediglich der Auffassung war, dem Angeklagten könne die Gefährdung des Sch. und des T., obgleich sie objektiv pflichtwidrig sei, persönlich nicht vorgeworfen werden. Gleichwie in dem ähnlichen, vom österreichischen Obersten Gerichtshof entschiedenen Fall der unerlaubten Mitfahrt auf einem LKW[2] halte ich weder den einen noch den anderen Entlastungsgrund für gegeben. Doch wie dem auch sei, das Gericht wägt in vorbildlicher Weise alle Umstände ab, die für die Würdigung der Verhaltenspflichten des Angeklagten von Bedeutung sein konnten. Wie dogmatisch unbekümmert sind dagegen die

---

[1] RGSt 57, 172.

[2] S. oben S. 51.

zivilrechtlichen Urteile, die schlankweg aus dem Gefährdungsbewußtsein des Gefälligkeitsgastes eine rechtfertigende Einwilligung in eine eventuelle Körperverletzung oder gar in eine Tötung folgern, wiewohl die für die Zivilrechtsprechung typischen Fälle der „lustigen Weinreise“, „Bierreise“ usw. sicherlich noch weniger als der mitgeteilte Sachverhalt einer sozialethischen Kritik standhalten! Der Einwand, für die strafrechtliche Beurteilung seien andere Grundsätze maßgebend als für das Zivilrecht, schlägt nicht durch. Ein Risiko, das nach zivilrechtlichen Grundsätzen erlaubt ist und insoweit den Schuldvorwurf ausschließt, ist es auch im strafrechtlichen Sinne und umgekehrt. Wenn eine Rechtsnorm eine Gefährdungs- oder Verletzungsbefugnis gewährt, so geschieht dies mit Wirkung für alle Gebiete des Rechts. Die Begriffe der Rechtswidrigkeit und der Rechtfertigung (im Gegensatz zur bloßen Sanktionslosigkeit) sind in diesem Sinne einheitlich und für die gesamte Rechtsordnung gültig[1].

Die Strafsenate des Reichsgerichts haben sich stets einer Ausdehnung der im Urteil vom 3. 1. 23 entwickelten Gegensätze auf die typischen, in der Zivilrechtsprechung behandelten Fälle einer gefährlichen Gefälligkeitsfahrt widersetzt. Im Urteil vom 11. 6. 25[2], das eine für den Fahrgast tödlich verlaufene Motorradgefälligkeitsfahrt betrifft, erklärt das Reichsgericht, aus dem Urteil vom 31. 1. 23[3] dürfe nicht der allgemeine Satz herausgelesen werden, daß bei Einverständnis des fahrlässig Getöteten der Täter straffrei bleiben müsse, ja daß man einem Einverstandenen gegenüber gar nicht strafbar fahrlässig handeln könne.

Das Reichsgericht sagt hierzu: „Jenes Urteil bewertet das Einverständnis des Gefährdeten lediglich als einen der Umstände, unter denen man eine gefährliche, aber aus irgendwelchen triftigen Gründen geboten oder zweckmäßig erscheinende Handlung ohne Pflichtverletzung vornehmen darf, und zwar unter dem Gesichtspunkt der vorherigen völligen Aufklärung eines Mitgefährdeten über die Art und Tragweite der Gefahr; es sagt aber keineswegs, daß ein solches Einverständnis schon für sich allein gegen die Erfolgshaftung decke, geht vielmehr davon aus, daß die Vornahme der gefährdenden Handlung keiner Pflicht, namentlich keinem Rechtsverbot widerspricht und daß sie mit schuldiger Sorgfalt erfolgt.“

Aus dem gleichen Grund hielt das Reichsgericht im Urteil vom 18. 3. 30 einen Kraftfahrer der fahrlässigen körperlichen Verletzung eines Fahr-

---

[1] S. hierzu neuerdings ENGISCH, Die Relativität der Rechtsbegriffe (Deutsche Landesreferate zum V. Internat. Kongreß für Rechtsvergleichung in Brüssel 1958) 74 f. mit Nachweisen; NOLL 16 f.; ENNECCERUS(-NIPPERDEY) I/2 (1955) 919 f.

[2] JW 1925, 2250 mit Anm. MITTERMAIER = JR 1925, 921 Nr. 1288.

[3] RGSt 57, 172.

gastes für schuldig (§ 230 StGB), obwohl der Verletzte mit der vom Angeklagten eingeschlagenen, für den Unfall ursächlichen hohen Fahrgeschwindigkeit einverstanden gewesen war[1].

Die Strafsenate des Bundesgerichtshofs schlossen sich der Rechtsprechung der Strafsenate des Reichsgerichts an. Im Urteil vom 22. 1. 53[2] bekräftigt der Bundesgerichtshof den Leitsatz des reichsgerichtlichen Urteils vom 11. 6. 25[3] und legt in einer späteren Entscheidung folgendes dar[4]: Wer sich in Kenntnis der Fahruntüchtigkeit eines Fahrzeugführers an einer Fahrt beteilige, drücke zwar möglicherweise für die zivilrechtliche Betrachtung durch sein Verhalten aus, daß er auf die Haftung des Fahrers für Schäden verzichte, die dieser während der Fahrt verursacht. Ob er sich aber dadurch auch mit etwaigen Körperverletzungen, die der Fahrzeugführer durch seine Fahrweise fahrlässig herbeiführt, einverstanden erkläre, „bedarf in jedem Falle besonders eingehender Untersuchung“[5].

Bezeichnenderweise will der Bundesgerichtshof, der im Ergebnis eine solche Einwilligung ablehnt, in dieser Entscheidung dem „stillschweigenden Haftungsverzicht“ einen weiteren Anwendungsbereich zuweisen als dem „Handeln auf eigene Gefahr“ im Sinne einer Einwilligung in eine eventuelle Verletzung, obgleich die zivilrechtliche Praxis beide Begriffe synonym gebraucht[6]. Das Zögern des Bundesgerichtshofs, die zivilrechtliche Rechtsprechung vom Haftungsausschluß bei Gefälligkeitsfahrten auch für die strafrechtliche Betrachtung hinsichtlich der Tatbestände der §§ 230, 222 StGB maßgebend sein zu lassen, ist das Eingeständnis, daß jene Rechtsprechung, wie immer sie sich auch rechtfertigen mag, Recht und Unrecht nicht zuverlässig gegeneinander abgrenzt.

So kann es nicht wundernehmen, daß es nur wenige strafgerichtliche Entscheidungen gibt, in welchen die Einwilligung des Fahrgasts in ein Risiko als ein Rechtfertigungsgrund auch mit Wirkung für das Straf-

---

[1] DAR 1930, 190; vgl. auch BayObLG 10. 9. 26, JW 1927, 460 mit Anm. PETERS.

[2] BGHSt 4, 88 = NJW 1953, 912.

[3] BGH (vorige Note): unter ganz besonderen Umständen könne die Rechtswidrigkeit eines Tuns entfallen, wenn der Verletzte eine gewisse Gefahr für sein Leben in dessen klarer Erkenntnis in Kauf nimmt und der Täter seiner „allgemeinen Sorgfaltspflicht“ nachgekommen ist.

[4] BGH 24. 6. 54, BGHSt 6, 232 = VRS 7 (1954) Nr. 53, S. 117.

[5] BGH (vorige Note) 119; ebenso OLG Hamm 11. 6. 51, VRS 4 (1952) Nr. 19, S. 39.

[6] S. oben S. 49 f.

recht angesehen und der Fahrer von der Anklage der fahrlässigen Körperverletzung des Fahrgasts (niemals der fahrlässigen Tötung)[1] freigesprochen wurde. Keine dieser Entscheidungen betrifft die Mitfahrt im Wagen eines wegen Alkoholgenusses fahruntüchtigen Fahrers[2], den Hauptfall der zivilrechtlichen Rechtsprechung zum Handeln auf eigene Gefahr.

Das OLG Hamm[3] und das OLG Oldenburg[4] messen der Einwilligung in ein Risiko unter Berufung auf § 226 a StGB dann rechtfertigende Wirkung bei, wenn sich ein Gefälligkeitsgast auf der Ladefläche eines behelfsmäßig hergerichteten LKW befördern läßt und allein deswegen verletzt wird, weil der Fahrgast bei einem plötzlich eintretenden Ereignis (Herabsetzung der Fahrgeschwindigkeit; vom Fahrer nicht verschuldeter Zusammenstoß mit einem andern Wagen) mangels eines gesicherten Platzes den Halt verliert. Ähnlich lag ein kürzlich vom Bundesgerichtshof im Urteil vom 13. 7. 59[5] entschiedener Fall: Der Angeklagte floh mit drei Kameraden, die er allesamt auf seinem Motorroller beförderte (!), nachts vor anderen Burschen, mit denen es zu einer Auseinandersetzung gekommen war. Beim Ausweichen vor einem entgegenkommenden Lastzug verlor der Angeklagte die Herrschaft über den Roller. Zwei der Kameraden, die auf die Straße stürzten, wurden verletzt. Auch der Bundesgerichtshof wollte hier § 226 a StGB angewandt wissen. In der Tat läßt sich darüber streiten, ob in diesen Fällen nicht die allgemeine Regel Anwendung zu finden hat, daß der aus Gefälligkeit mitgenommene Fahrgast das Fahrzeug in gewissem Umfang so zu nehmen hat „as he finds it". Ich halte jedoch die gegenteilige Lösung für richtig. Die mangelnde Eignung oder Herrichtung eines Wagens für die Personenbeförderung begründet ebenso wie die sinnlose Überlastung

---

[1] Bei fahrlässiger Tötung des Fahrgasts wird dessen Einwilligung in die Gefahren der Fahrt stets die rechtfertigende Kraft abgesprochen, vgl. Bay. ObLG 16. 4. 57, VRS 13 (1957) Nr. 104, S. 272 = NJW 1957, 1245, und BGH 13. 7. 59, DAR 1959, 300.

[2] Der Fahrer, der trotz Trunkenheit ein Fahrzeug steuert, macht sich im übrigen eines Vergehens der Straßenverkehrsgefährdung nach § 315 a Nr. 2 StGB schuldig. Diese Vorschrift scheidet jedoch, falls nur Gefälligkeitsgäste durch den trunkenen Fahrer gefährdet wurden, regelmäßig wegen Mangels am Tatbestand aus; denn nach dem Urteil des Bundesgerichtshofs vom 16. 1. 58, BGHSt 11, 199 = JZ 1958, 443 = NJW 1958, 507, wird keine konkrete Gemeingefahr im Sinne der §§ 315 a Nr. 2, 315 III StGB hervorgerufen, wenn nur solche Personen gefährdet werden, die mit dem Fahrer durch persönliche Beziehung und innere Zuneigung verbunden sind.

[3] OLG Hamm 6. 4. 54, VRS 7 (1954) Nr. 91, S. 202.

[4] OLG Oldenburg 14. 10. 58, DAR 1959, 128.

[5] DAR 1959, 300.

eines Kraftfahrzeugs so ernste Gefahren für Leib und Leben der Mitfahrenden, daß die Durchführung solcher Fahrten nicht der freien Disposition der Beteiligten überlassen werden darf. Daher vermag die Einwilligung der Fahrgäste die Risiken einer Beförderung, die unter Umständen der geschilderten Art stattfindet, nicht zu rechtfertigen, nicht einmal im Verhältnis des Fahrers zu den Einwilligenden[1]. Verfehlt war in jedem Falle die Heranziehung des § 226 a StGB, der nur von der Einwilligung in eine Verletzung, nicht aber von der Einwilligung in ein Risiko handelt. Weil das Gesetz die Einwilligung in eine vorsätzliche Körperverletzung mit gewissen Einschränkungen als einen Rechtfertigungsgrund anerkennt, ließen sich der Bundesgerichtshof und das OLG Hamm, die im Banne der zivilrechtlichen Judikatur standen, zu dem irrigen Schluß verleiten, die Einwilligung in ein Risiko habe schlechthin rechtfertigende Kraft. In Wahrheit sind aber die Rechtfertigung eines Risikos kraft Einwilligung und die Rechtfertigung einer Verletzung kraft Einwilligung zwei verschiedene Sachprobleme, die selbständiger Betrachtung bedürfen. Sowohl das eine wie auch das andere Problem entzieht sich einer schematischen Lösung und verlangt eine Würdigung der Umstände des Einzelfalls.

Eine andere, vom Kammergericht eingehend begründete Entscheidung[2] betrifft einen eigenartig gelagerten Sonderfall.

F. überließ auf einer Fahrt innerhalb eines abgeschlossenen und umzäunten Geländes dem ihm befreundeten Angeklagten, der keine Fahrerlaubnis besaß und außer einigen Fahrten auf dem Werkstatthof noch kein Kraftfahrzeug geführt hatte, kurzfristig das Steuer des Wagens, weil er den Grund für ein Klappern im hinteren Teil des Fahrzeugs feststellen wollte. Der Wagen geriet, während ihn der Angeklagte steuerte, bei einem plötzlichen Nachlassen des Windes aus der Fahrbahn und prallte gegen einen Baum. F. wurde schwer verletzt.

Das Kammergericht führt zunächst aus, der Angeklagte habe zwar den Unfall durch unsachgemäßes Verhalten verursacht. Ihm könne aber sein falsches Verhalten mit Rücksicht auf seine fehlende Fahrpraxis nicht vorgeworfen werden. Dem ist zuzustimmen. Entgegen der Ansicht des Kammergerichts konnte aber dem Angeklagten bei der geschilderten besonderen Sachlage auch daraus kein Vorwurf gemacht werden, daß er sich trotz seiner geringen Erfahrung überhaupt auf den Vorschlag

---

[1] An sich halte ich es für denkbar, daß eine Gefährdung polizeiwidrig und daher der Allgemeinheit gegenüber unerlaubt, gleichwohl aber im Verhältnis zu bestimmten Einzelpersonen befugt ist.

[2] KG 29. 7. 54, VRS 7 (1954) Nr. 85, S. 184 = JR 1954, 428.

einließ, das Steuer zu übernehmen. Es handelte sich um eine Fahrt in geschlossenem Gelände, die nach vernünftiger Erwartung kein besonderes Können erforderte. Der Angeklagte durfte sich auch darauf verlassen, daß F. alsbald wieder ans Steuer zurückkehren werde. Wenn schließlich F. als routinierter Fahrer keine Bedenken dagegen hatte, daß der Angeklagte auf der Strecke, auf der sich der Unfall ereignete, für eine kurze Zeit steuerte, so brauchte der Angeklagte nicht ängstlicher zu sein. Es fehlte an der Schuld des Angeklagten. Zu Unrecht verschiebt das Kammergericht die Problematik auf die Ebene der Rechtfertigung der dem F. zugefügten Körperverletzung.

Zusammenfassend ist zu sagen, daß die Einwilligung des Verletzten in Grenzfällen für die Bemessung des dem Fahrer erlaubten Risikos Bedeutung gewinnen kann. Sie ist aber grundsätzlich nicht geeignet, riskante Touren zu rechtfertigen, die keinem billigenswerten Zweck dienen.

### *II. Kein Haftungsausschluß bei unerlaubter Gefährdung*

Handelte der Fahrer unerlaubt und persönlich vorwerfbar, wenn er den Fahrgast den Gefahren überantwortete, die dessen Verletzung zur Folge hatten, so ist die sich aus §§ 823, 276 BGB ergebende Haftung des Fahrers weder aus dem Gesichtspunkt eines „stillschweigenden Haftungsverzichts" noch auf Grund von § 242 BGB ausgeschlossen. Die Rechtslage ist dieselbe, wie wenn sich der Teilnehmer an einer gefährlichen Veranstaltung oder ein Grundstücksbesucher einem vom Veranstalter bzw. Grundstücksinhaber unerlaubt geschaffenen Risiko aussetzt[1].

#### *1. Kein stillschweigender Haftungsverzicht*

Daß der stillschweigende Haftungsverzicht des sich selbst gefährdenden Fahrgastes eine unzulässige Fiktion ist, wird heute meist richtig erkannt. Es kann auf die kritischen Ausführungen zahlreicher Autoren, namentlich die Ausführungen von H.-D. Fischer[2], Haupt[3] und Löhlein[4] verwiesen werden. Das komplizierte Ineinandergreifen verschiedener Umstände, welches nach der Rechtsprechung über den Haftungsausschluß bei Gefälligkeitsfahrten entscheidet, ist selbst für einen Juri-

---

[1] Vgl. oben S. 252 ff.
[2] S. oben S. 96.
[3] S. oben S. 98 f.
[4] S. oben S. 97 f.

sten nur schwer übersehbar. Es liegt auf der Hand, daß sich dieses komplizierte System aus dem am Einzelfalle orientierten Suchen nach objektiver Situationsgerechtigkeit erklärt, seine Geltung aber nicht auf einem vorangehend erklärten Parteiwillen beruhen kann. Die einzelnen Voraussetzungen, von denen nach der Rechtsprechung der Haftungsausschluß abhängen soll, entziehen sich auch ihrer Beschaffenheit nach einer rechtsgeschäftlichen Bewertung. Wenn etwa die Rechtsprechung verlangt, der Fahrgast müsse sich tatsächlich der ihm drohenden Gefährdung bewußt gewesen sein, so handelt es sich hierbei um ein Schuldmoment, keinesfalls aber um ein rechtsgeschäftliches Tatbestandselement. Empfangsbedürftige Willenserklärungen werden mit dem Inhalt wirksam, der für den Erklärungsempfänger erkennbar ist[1]. Wegen der Maßgeblichkeit des „Empfängerhorizonts" müßte es bei einer rechtsgeschäftlichen Bewertung der Selbstgefährdung des Fahrgasts allein darauf ankommen, ob der Fahrer des Glaubens sein durfte, der Fahrgast erkenne und billige die Gefahr. Fehlte aber dem Fahrgast, der diesen Eindruck erweckte, in Wirklichkeit das Gefährdungsbewußtsein, so müßte er sich nach der Rechtsgeschäftskonstruktion gleichwohl eine Haftungsverzichtserklärung zurechnen lassen und könnte diese Erklärung lediglich anfechten (§ 119 BGB). Er hätte aber bei einer Anfechtung dem Fahrer den Vertrauensschaden zu ersetzen (§ 122 BGB). Das würde regelmäßig bedeuten, daß er den Fahrer von seiner Haftung freistellen muß; denn der Fahrer wird mit Recht geltend machen, er habe den Fahrgast nur im Vertrauen darauf mitgenommen, daß der Fahrgast die ihm drohende Gefahr erkenne und billige[2]. Diese Folgerungen aus der Rechtsgeschäftskonstruktion würden in der Tat den Fahrgast weitgehend schutzlos machen. Sie werden indes von der Rechtsprechung nicht gezogen.

Die Lehre vom stillschweigenden Haftungsverzicht hat auch in der kanadischen Rechtsprechung zur Gefälligkeitsfahrt eine Rolle gespielt. In den Entscheidungen *Car & General Insurance Corp., Ltd.* v. *Seymour and Maloney* und *Miller* v. *Decker*[3] faßt der Supreme Court of Canada eine Gefälligkeitsfahrt als ein einheitliches Unternehmen auf, das zu gewissen stillschweigenden Bedingungen (terms of undertaking) durchgeführt werde. Für diese seien der von den Parteien geplante Gesamtcharakter der Fahrt („Bierreise" usw.) sowie die bei Antritt der Fahrt

---

[1] ENNECCERUS(-NIPPERDEY) I/2, 897.
[2] Vgl. BGH 3. 7. 52, VRS 4 (1952) Nr. 256, S. 484 [488].
[3] S. oben S. 225.

gegebenen Umstände maßgebend. RANDS J. stellt im *Seymour's-Case* ausdrücklich die Frage: Was hätten die Parteien vereinbart, wenn die Haftungsfrage unter ihnen zu Beginn der Fahrt diskutiert worden wäre? Ähnliche Gedankengänge haben auch viele deutsche Gerichte dazu veranlaßt, einen Haftungsausschluß eher zuzugestehen, wenn die Parteien von Anfang an eine alkoholische Vergnügungsreise geplant hatten[1].

Die Entscheidung *Miller* v. *Decker* zeigt jedoch hinlänglich, wie problematisch es ist, den genauen Zeitpunkt zu bestimmen, in dem die Fahrt begann, bei welcher der Fahrgast verletzt wurde, und nicht minder zweifelhaft ist die Ermittlung eines hypothetischen Verzichtswillens. In dem zur Entscheidung stehenden Fall konnte über beide Punkte keine Einigkeit erzielt werden: Von fünf Richtern sprachen sich in *Miller* v. *Decker* drei für einen Haftungsausschluß wegen „assumption of risk", zwei für eine Schadensteilung im Verhältnis 1 : 1 aus! Man kann daraus ermessen, welche Rechtsunsicherheit durch den unbrauchbaren Maßstab des hypothetischen Parteiwillens gemeinhin geschaffen wird.

## 2. *Kein Haftungsausschluß gemäß § 242 BGB*

Der neuerdings bevorzugten Lehre, der Haftungsausschluß kraft Handelns auf eigene Gefahr rechtfertige sich aus dem Gesichtspunkt eines unzulässigen venire contra factum proprium, ist zuzugeben, daß der sich freiwillig selbstgefährdende Fahrgast sich zu seinem eigenen Verhalten in Widerspruch setzt, wenn er zum Zwecke der Schadensersatzforderung die Rüge erhebt, ihm sei eine Form von Sicherheit, die er selbst gering schätzte, nicht gewährt worden. Dieser besondere Fall eines venire contra factum proprium wird aber von der Vorschrift des § 254 BGB ihrem Wortlaut und ihrem Zweck nach vollständig erfaßt. REIMER SCHMIDT hat jüngst nachgewiesen, daß § 254 BGB gesetzlich besonders geregelte Fälle des Verbots eigenen gegensätzlichen Verhaltens betrifft[2]. Aus § 254 BGB darf nicht die allgemeine Rechtspflicht herausgelesen werden, jedermann müsse mit der im Verkehr erforderlichen Sorgfalt darauf bedacht sein, keinen Schaden zu erleiden oder erlittenen Schaden nicht zu vergrößern. Erst aus der Perspektive der Geltendmachung des Schadensersatzanspruchs wird die Selbstschädigung von der Rechtsordnung mißbilligt[3]. Wer selbst nicht achtsam war, gleich-

---

[1] S. oben 34f.

[2] REIMER SCHMIDT, Obliegenheiten 109 ff.; s. auch ENNECCERUS(-LEHMANN) 76; ERMAN(-GOERKE) Anm. 1 zu § 254; PALANDT(-DANCKELMANN) Anm. 2 zu § 254

[3] REIMER SCHMIDT, Obliegenheiten 109; LARENZ I 140 N. 1.

wohl aber von einem Haftpflichtigen den vollen Ersatz seines Schadens begehrt, setzt sich mit einer so weitgehenden Schadensersatzforderung in Widerspruch zu seinem eigenen früheren Verhalten. Ein solches Vorgehen verdient keine rechtliche Billigung: dies ist der Grundgedanke des § 254 BGB. Als lex specialis geht die Vorschrift des § 254 BGB innerhalb ihres Anwendungsbereichs der Generalnorm des § 242 BGB vor. Besteht also der dem Verletzten zur Last gelegte Verstoß gegen Treu und Glauben gerade darin, daß er trotz der eigenen Förderung des Schadenseintritts eine andere Person auf Schadensersatz in Anspruch nimmt, die den Schaden verantwortlich verursacht hat, so kann die in § 254 BGB angeordnete Rechtsfolge nicht durch Rückgriff auf § 242 BGB umgangen oder korrigiert werden[1]. Das Verhältnis der Gesetzeskonkurrenz[2] von § 254 und § 242 BGB ist auch allein der Grund dafür, daß es z. B. einem Arzt verwehrt ist, sich auf § 242 BGB zu berufen, wenn er von einem Patienten haftbar gemacht wird, an dem er mit dessen Einverständnis einen gesetzwidrigen Eingriff vollzogen hat.

Vgl. BGH 25. 9. 52[3]: Eine Schwangere verstarb an den Folgen eines von ihr gewünschten Eingriffs, den der beklagte Arzt im ganzen so durchgeführt hatte, wie es den Regeln der ärztlichen Kunst und Wissenschaft entsprach. Das Gericht erklärte die Schadensersatzansprüche der Kinder der Getöteten gemäß §§ 254, 846 BGB zum Teil für unbegründet, wies aber den vom Bekl. im Hinblick auf das Einverständnis der Getöteten erhobenen Einwand der unzulässigen Rechtsausübung zurück. Auf § 242 BGB könne sich nicht berufen, wer „in so schwerer Weise gegen eine Vorschrift des StGB verstößt"[4].

Die französische Rechtsprechung hat in einem entsprechenden Fall (Vornahme des tödlichen Eingriffs durch eine Abtreiberin; Schadensersatzklage des Ehemannes und der Kinder der Getöteten) ebenfalls den Schaden geteilt (1 : 1) und den Einwand der „acceptation des risques" sowie des „nemo auditur propriam turpitudinem allegans" ausdrücklich zurückgewiesen[5]. Und das mit Fug.

Die Rechtsprechung hat überdies in den Fällen, in denen Schädiger und Geschädigter die gleiche Unvorsichtigkeit begangen hatten, mit Recht stets allein § 254 BGB angewendet und den auf § 242 BGB gestützten Einwand verworfen, der Geschädigte setze sich zu seinem Ver-

[1] Auch Wieacker, Zur rechtstheoretischen Präzisierung des § 242 BGB (1956) 32 N. 69, mißbilligt die „fortschreitende Tendenz der Rechtsprechung, neben § 254 BGB noch einmal aus § 242 BGB eine selbständige Beschränkung der Schadensersatzpflicht mittels des Einwandes der unzulässigen Rechtsausübug abzuleiten".

[2] Zum Wesen der Gesetzeskonkurrenz Dietz 16 ff.

[3] BGHZ 7, 198.

[4] Dazu Wieacker (oben N. 1).

[5] Crim. 7. 6. 52, J.C.P. 1952 II 7074. Auf diese Kassationsentscheidung erging das Urteil Amiens 4. 12. 52, Gaz. Pal. 1953 I 130. Die amerikanische Rechtsprechung ist uneinheitlich, dazu Prosser 87.

halten in Widerspruch, wenn er unter Berufung auf die gleichgeartete Unvorsichtigkeit des Schädigers irgendwelchen Schadensersatz fordere [1]. Der Fall der bewußten, vom Gefährder pflichtwidrig zugelassenen Selbstgefährdung des Verletzten liegt aber im Prinzip nicht anders.

Aus der Anwendung des § 254 BGB folgt im übrigen, daß in den „unechten" Fällen einer Gefahrübernahme die Minderjährigkeit des Fahrgastes im Rahmen der §§ 827, 828 BGB [2] Beachtung findet. Der minderjährige Fahrgast muß sich daher ein mitwirkendes Verschulden entgegenhalten lassen, sofern er die erforderliche geistige Reife besaß, um die Gefahren der Fahrt zu erkennen und richtig einzuschätzen.

### *3. Vergleich mit ausländischen Rechten*

Die hier für das deutsche Recht vertretene Lösung steht auch mit denjenigen ausländischen Rechten in Einklang, die sich am meisten für eine Vergleichung anbieten.

Sowohl dem schweizerischen [3] wie auch dem österreichischen Recht [4] ist die Lehre völlig unbekannt, der Fahrgast, der sich freiwillig und bewußt einer vom Fahrer pflichtwidrig geschaffenen Gefahr aussetzt, handele auf eigene Gefahr oder verzichte stillschweigend auf die Verschuldenshaftung des Fahrers. Beide Rechte verteilen in diesem Falle den Schaden nach den Prinzipien der sogenannten Verschuldensaufrechnung. Allein in diesem Sinne sprechen die schweizerischen und österreichischen Gerichte von einer Gefahrübernahme des Fahrgastes bzw. einem Handeln auf eigene Gefahr [5].

---

[1] BGH 21. 10. 58, VersR 1958, 851 (beide Parteien entluden ihr Gewehr nach Beendigung der Jagd nicht); vgl. ferner OLG München 10. 3. 42, HRR 1942, Nr. 572.

[2] Über die entsprechende Anwendung dieser Vorschriften im Falle des § 254 BGB LARENZ I 140; ENNECCERUS(-LEHMANN) 78.

[3] BG 28. 5. 14, BGE 40 II 279 (Mitfahrt im ungenügend beleuchteten Kraftwagen eines Angetrunkenen; der Fahrgast wurde von einem Dritten gewarnt; Schadensteilung 1 : 1); BG 6. 10. 31, BGE 57 II 469 (der Fahrgast wurde auf sein wiederholtes Bitten und Zureden von einem angetrunkenen Fahrer im überfüllten Kraftwagen mitgenommen); BG 13. 7. 32, BGE 58 II 244; BG 13. 5. 58, BGE 84 II 292 (ein Fahrgast vertraut sich einem angetrunkenen Fahrer nach gemeinsamem Abendessen an; dichter Nebel macht die Sichtverhältnisse außerordentlich schlecht: Mitverschulden des Fahrgastes zu einem Drittel); GMÜR(-BECKER), Kommentar zum OR, Anm. 10 zu Art. 44; OFTINGER, Haftpflichtrecht I 140; WATTENWYL, SJZ 29 (1932/33) 211.

[4] Österr. OGH 5. 10. 32, ZBl. f. Jur. Pr. 1933, 57, Nr. 3; österr. OGH 16. 2. 55, J. Bl. 77 (1955) 277; österr. OGH 6. 3. 57, J. Bl. 79 (1957) 292 f.

[5] Das erinnert an einen auch im deutschen Recht vorkommenden Sprachgebrauch, vgl. oben S. 5 N. 1.

Schweizer. BG 13. 5. 58[1]: „Zum gleichen Ergebnis [der Schadensteilung nach Art. 44 OR] führt der Gedanke, daß wer sich bewußt einer außergewöhnlich erhöhten Betriebsgefahr aussetzt, dadurch mindestens einen Teil des gesamten Unfallrisikos übernimmt."

Österr. OGH 16. 2. 55[2]: Für ein Mitverschulden des Fahrgastes komme es nicht auf die Tatsache der Alkoholisierung des Fahrers, sondern darauf an, ob und inwieweit die Alkoholisierung und die darauf zurückzuführende Herabminderung der Fahrfähigkeit für den Fahrgast erkennbar waren bzw. von ihm erkannt wurden. „Nur dann könnte gesagt werden, daß der Kläger eine von ihm erkannte Gefahr auf sich genommen habe."

In die gleiche Richtung geht die französische[3] und, soweit *Dann* v. *Hamilton* diesen Schluß erlaubt, auch die englische Rechtsprechung[4]. Nach französischem Recht wäre selbst ein ausdrücklicher Verzicht auf die Deliktshaftung des Fahrers unwirksam, da die Vorschriften über unerlaubte Handlungen dem „ordre public" zugerechnet werden.

Unterstützung erfährt die von mir abgelehnte deutsche Lehre von der Übernahme unerlaubter Fahrtrisiken allein durch die australische, kanadische und nordamerikanische Rechtsprechung[5]. Der Vergleichswert der hauptsächlich anzuführenden nordamerikanischen Judikatur ist aber gering, weil in den meisten der Vereinigten Staaten die Common-Law-Regel noch fortgilt, daß jedes mitwirkende Verschulden des Fahrgastes zum Ausschluß der Schädigerhaftung führt[6] und deshalb die Unterscheidung zwischen „contributory negligence" und „assumption of risk" nach dem Recht dieser Staaten rein theoretische Bedeutung hat.

## *III. Maßstab für die Schadensverteilung nach § 254 BGB*

Die Schadensverteilung nach § 254 BGB kann unter ganz besonderen Umständen auch dazu führen, daß der verletzte Fahrgast den erlittenen Schaden allein zu tragen hat. Man denke etwa an den Fall, daß der Fahrgast den Fahrer freigehalten und zu übermäßigem Trinken verleitet hat. Die Tatsache der freiwilligen Selbstgefährdung des Fahrgastes als solche rechtfertigt es aber nicht, dem Fahrgast jeglichen Schadensersatz abzusprechen. Auch darin ist der schweizerischen, österreichischen und französischen Rechtsprechung zu folgen.

---

[1] BG (s. oben S. 317 N. 3) 297.
[2] Österr. OGH (s. oben S. 317 N. 4).
[3] S. oben S. 113 f.
[4] S. oben S. 221 ff.
[5] S. oben S. 223 ff.
[6] Harper/James II 1283; vgl. oben S. 189 N. 2.

Das Schweizerische Bundesgericht[1] hat von der Schadensersatzforderung des verletzten oder getöteten Fahrgastes bis zur Höhe von einem Drittel gehende Abzüge gemacht, wenn das Verhalten des Fahrgastes als nicht besonders schwerwiegend erschien, z. B. wenn er trotz erkennbarer schwerer Ermüdung des Lenkers an der Fahrt teilnahm, ohne jedoch besonders auf diese zu drängen und den Fahrer zu unvorsichtigem Verhalten anzufeuern[2]. Auf ein Viertel wurde der Abzug festgesetzt in einem Fall, wo der Mitfahrer mit einer gewissen Ermüdung des Fahrers rechnen mußte und auf der Fahrt verschiedentlich eingekehrt und Alkohol getrunken wurde[3]. In Fällen dagegen, welche hinsichtlich des Verhaltens des Mitfahrers als besonders kraß erschienen, wurde der Abzug auf 50% erhöht, so z. B. in einem Fall, in welchem der Mitfahrer vor der Rückfahrt von Zeugen auf die Angetrunkenheit des Lenkers aufmerksam gemacht und ihm vorgeschlagen worden war, mit einem anderen Wagen zurückzufahren[4]. Ein Abzug von ebenfalls 50% erfolgte gegenüber einem Mitfahrer, der einen nicht im Besitz der Fahrberechtigung befindlichen, zum Fahren ungeeigneten Mechaniker einer Garage trotz Einwendungen eines anderen Garagenangestellten und obgleich er vom Fehlen der Fahrberechtigung Kenntnis hatte, zum Fahren drängte und mit ihm verschiedene Wirtschaften besuchte[5].

Die österreichische Rechtsprechung neigt dazu, zwischen dem angetrunkenen Fahrer und dem Fahrgast, der sich ihm anvertraut, den dem Fahrgast bei einem Unfall entstehenden Schaden zu teilen[6].

Die französischen Gerichte nehmen – ähnlich der schweizerischen Rechtsprechung – in den unechten Fällen eines Handelns des Fahrgastes auf eigene Gefahr nur bei schwerem Eigenverschulden des Fahrgastes eine Schadensteilung vor und begnügen sich im übrigen mit geringeren Abzügen von der Schadensersatzforderung des verletzten Fahrgastes[7].

Vom rechtspolitischen Standpunkt aus wäre es zu begrüßen, wenn durch Gesetz die Möglichkeit geschaffen würde, bei der Schadensverteilung wegen mitwirkenden Verschuldens des Verletzten außer der Schwere des Selbstverschuldens des Geschädigten auch dem Umstand der Gefälligkeitserweisung des Schädigers Rechnung zu tragen. Bislang besteht diese Möglichkeit nicht; denn es geht nicht an, dem Gefälligkeits-

---

[1] Übersicht in BG 13. 5. 58, BGE 84 II 294 (298).
[2] BG 23. 3. 32, BGE 58 II 135 [139].
[3] BG 27. 10. 53, BGE 79 II 395.
[4] BG 28. 5. 14, BGE 40 II 279.
[5] BG 30./31. 3. 17, BGE 43 II 181.
[6] Vgl. österr. OGH 16. 2. 55, J.Bl. 77 (1955) 277.
[7] S. oben S. 114.

moment bei konkurrierendem Verschulden Einfluß auf die Höhe des zu ersetzenden Schadens einzuräumen, solange der Nichts- oder Alles-Standpunkt unseres Schadensersatzrechts die Berücksichtigung dieses Umstandes im übrigen – bei alleinigem Verschulden des Schädigers – schlechterdings ausschließt[1].

Zusammenfassend ist zu sagen, daß bei unerlaubter Gefährdung des Fahrgastes dessen bewußte, freiwillige Selbstexponierung nach deutschem Recht allein nach Maßgabe des § 254 BGB rechtlich zu würdigen ist. Die verfehlten Konstruktionen einer rechtfertigenden Einwilligung in eine eventuelle Verletzung und eines stillschweigenden Haftungsverzichts, die in der deutschen Praxis lediglich Verwirrung gestiftet haben und noch immer Verwirrung stiften, sollten nach dem Vorbild uns nahestehender ausländischer Rechte preisgegeben werden. Rechtssicherheit und Rechtsklarheit wären die hervorstechenden Folgen der geforderten Preisgabe, ohne daß sich an der bisherigen Rechtsprechung im praktischen Ergebnis viel ändern würde; denn der Anteil der Urteile, in denen ein Handeln des Fahrgastes auf eigene Gefahr oder ein stillschweigender Haftungsverzicht des Fahrgastes erfolgreich eingewendet wird, ist ohnehin schon verschwindend gering[2].

# 2. BUCH

# VERTRAGLICHE HAFTUNG DES GEFÄHRDERS UND HANDELN DES VERLETZTEN AUF EIGENE GEFAHR

Jeder Vertragsabschluß involviert eine Interessenexponierung der Parteien. Diese setzen sich, in einem allgemeinen Sinne, beim Vertragsschluß dem Risiko aus, daß ihre Interessen durch Leistungsstörungen beeinträchtigt oder vereitelt werden. Die Leistungsstörungen berühren entweder das Interesse der Parteien an der den Gegenstand des Vertrags bildenden Güterbewegung (Leistungsinteresse) oder aber das Interesse an der Erhaltung derjenigen Rechtsgüter, die aus Anlaß des durch den Vertrag bewirkten sozialen Kontaktes vom Ver-

---

[1] Vgl. hierzu oben S. 26 f.

[2] S. oben S. 42 f.

tragspartner gefährdet werden (Schutzinteresse)[1]. Abgesehen von dem Sonderfall, daß das Leistungsinteresse selbst in der Bewahrung der Rechtsgüter des Gläubigers besteht[2], braucht uns die Verteilung der das Leistungsinteresse berührenden Risiken nicht weiter zu beschäftigen. Falls sich eine Partei trotz Kenntnis besonderer Umstände, die ihr Leistungsinteresse gefährden, vom Vertragsschluß nicht abhalten läßt oder trotz der nach Vertragsschluß erlangten Kenntnis auf der Abwicklung des Vertrags besteht, ergeben sich Rechtsfragen, die mit dem Problem des Handelns auf eigene Gefahr in dem hier erörterten Sinne eine entfernte Verwandtschaft haben. Wie ist z. B. die Rechtsposition des Verkäufers zu beurteilen, der ein notarielles Grundstückskaufangebot annimmt, obwohl ihm der Käufer nach dem Angebot mitgeteilt hat, er könne den Kaufpreis nur bezahlen, wenn er ein größeres Darlehen erhalte? Der Bundesgerichtshof entschied im Ergebnis richtig, daß in diesem Fall der Verkäufer weder ganz noch teilweise das Risiko der Zahlungsunfähigkeit des Käufers „übernimmt"[3]. Die durch das vorbehaltlose Kaufangebot herbeigeführte Bindung des Käufers (§ 145 BGB) widerspricht einer derartigen Gefahrübernahme, mag man sie nun unter dem Gesichtspunkt der stillschweigenden Hinnahme einer Änderung des Inhalts der Käuferofferte, dem Gesichtspunkt eines mitwirkenden Verschuldens des Verkäufers oder auf Grund von § 242 BGB (mißbräuchliche Ausnutzung einer Rechtsstellung durch den Verkäufer) erwägen[4].

Noch weniger hat mit einem Handeln des Verletzten auf eigene Gefahr der Fall zu tun, daß sich der Schädiger in einer bestimmten, von ihm erkannten oder für ihn erkennbaren Gefahrenlage – z. B. angesichts drohenden Kriegsausbruchs – zu einer Leistung verpflichtet oder an einer bereits bestehenden Leistungspflicht festhält, obwohl er sich befreien oder auf andere Weise (z. B. durch Erhebung eines

---

[1] Hierzu HEINRICH STOLL, AcP 136 (1932) 288 ff.; DERS., Die Lehre von den Leistungsstörungen (1936) 25 ff.

[2] Man denke etwa an einen Bewachungsvertrag. Hierher gehören auch die Fälle, in welchen die gefahrlose Ausführung der Leistungsgestaltung (primärer) Leistungsinhalt ist, vgl. HEINRICH STOLL, AcP 136 (1932) 299 N. 89.

[3] BGH 28. 11. 56, NJW 1957, 217 = DB 1957, 42.

[4] Hierüber der Bundesgerichtshof (vorige Note). Vgl. anderseits BGH 23. 12. 53, L.-M. Nr. 3 zu § 537 BGB: die Vertragspartei, die bei Vertragsschluß das Leistungsunvermögen des Partners kennt, habe möglicherweise das sich aus dem Unvermögen ergebende Risiko auf sich genommen. „Damit könnten über den Aufwendungsersatz oder die Bereicherung hinausgehende Ansprüche stillschweigend ausgeschlossen sein."

Ausgleichsanspruchs) eine Änderung des Vertrags erzielen könnte[1]. KEGEL[2] spricht auch hier von einer „Gefahrübernahme" und meint hiermit die stillschweigende Übernahme oder Bestätigung vertraglicher Leistungspflichten durch Inkaufnahme eines leistungsgefährdenden Umstandes, nicht aber den Wegfall eines eventuellen Schadensersatzanspruchs des Übernehmers, ähnlich UNGER, der im außervertraglichen Bereich unter dem Handeln auf eigene Gefahr die Inkaufnahme einer gesetzlichen Schadensersatzpflicht versteht[3].

Im ganzen heben sich solche und ähnliche Rechtsfragen deutlich von der bislang untersuchten Problematik des Handelns auf eigene Gefahr ab. Die Vertragspartei, die ihr Leistungsinteresse selbst gefährdet, muß lediglich gewärtig sein, durch Verlust von Vertragsrechten einen Vermögensnachteil zu erleiden[4]. Das von ihr eingegangene Risiko ist also ausschließlich ein vermögensmäßiges, während es beim Handeln auf eigene Gefahr um die Rechtsfolgen der physischen Exponierung gegenständlicher Rechtsgüter geht, die dem Berechtigten unabhängig von einem mit dem Gefährder geschlossenen Vertrage zustehen. Immerhin kann jedoch der Schutz solcher Rechtsgüter, wie schon bemerkt, auch Gegenstand vertraglicher Haupt- oder Nebenpflichten sein, und insoweit – aber auch nur in dieser Version – ist das Problem des Handelns des Verletzten auf eigene Gefahr zugleich ein Problem des Vertragsrechts. Es erhebt sich einmal die Frage, ob und wann die Selbstgefährdung einer Vertragspartei ihr das Recht nimmt, bei Verletzung den Vertragspartner wegen Nichtgewähr des vertraglich geschuldeten Schutzes in Anspruch zu nehmen. Besteht kein vertraglicher Schutzanspruch, so kann es überdies zweifelhaft sein, ob die vertragliche Regelung auf die sich nach Deliktsrecht ergebende Rechtslage einwirkt, so daß mitsamt den vertraglichen auch die deliktischen Schadensersatzansprüche des Selbstgefährders entfallen.

---

[1] Hierüber KEGEL in KEGEL/RUPP/ZWEIGERT, Die Einwirkung des Krieges auf Verträge (1941) 133 ff.

[2] KEGEL (vorige Note).

[3] UNGER, s. oben S. 1 N. 2.

[4] Hierher gehört auch der Fall des § 439 I BGB: Der Käufer, der bei Abschluß des Kaufes einen Rechtsmangel kennt, nimmt im Zweifel das Risiko auf sich, daß der Dritte von seinem Recht Gebrauch macht, vgl. hierzu die Ausführungen in den Protokollen, MUGDAN II 652; BGH 5. 1. 60, NJW 1960, 720. Über die ganz anders geartete „Gefahrübernahme" bei gefährlichen Aufträgen oben S. 2.

## § 22

## *Ausschluß vertraglicher Schadensersatzansprüche bei Exponierung einer Vertragspartei*

### *I. Gefahrübernahme bei vertragsgemäßer Gefährdung*

1. Eine Vertragspartei hat grundsätzlich Gefährdungen ihres Schutzinteresses ohne Anspruch auf Ausgleich eventueller Schäden hinzunehmen, falls die Gefährdungen vertragsgemäß sind, der Vertragspartner also nicht verpflichtet ist, sie zu vermeiden. Die regelmäßige Übernahme aller vertragsgemäßen Risiken ohne vertraglichen Schutz versteht sich von selbst, weil die Vertragswidrigkeit einer Gefährdung nach dem Verschuldensgrundsatz (§ 276 I) eine Voraussetzung dafür ist, daß der Gefährder vertraglich für den Schaden einzustehen hat, die dem bedrohten Vertragsteil bei Verwirklichung der Gefahr erwächst. Freilich steht es den Vertragschließenden frei, von dem Verschuldensgrundsatz abzuweichen und zu bestimmen, daß der Schuldner schlechthin für die Verwirklichung derjenigen Gefahren einstehen muß, vor denen er den Gläubiger zu schützen hat. Eine solche Schutzgarantie, die von dem Nachweis eines vertragswidrigen Verhaltens unabhängig ist, kann sich auch aus dem stillschweigenden Vertragsinhalt ergeben[1]. Beispiele hierfür bietet die französische Rechtsprechung zur „obligation de sécurité

---

[1] Mit der nebenvertraglichen Schutzgarantie darf nicht verwechselt werden die nebenvertragliche Versicherungsschuld, nach welcher der Schuldner für alle Schäden aufzukommen hat, die sich der Gläubiger bei Ausübung der vertraglich übernommenen Tätigkeit zuzieht. Die deutsche Rechtsprechung nimmt eine nebenvertragliche Versicherungsschuld zu Lasten des Auftraggebers bei erkennbar gefährlichen Aufträgen und zu Lasten des Geschäftsherrn bei befugter, erkennbar gefährlicher Geschäftsführung ohne Auftrag an, spricht hierbei jedoch von einer stillschweigenden „Gefahrübernahme" oder zieht – neuerdings – den Gesichtspunkt des Aufwendungsersatzes heran, s. oben S. 1 N. 2. Die französische Rechtsprechung konstruiert in vergleichbaren Fällen eine besondere „convention d'assistance" mit demselben Ergebnis (vgl. civ. 1[er] sect. 27. 5. 59, J.C.P. 1959 II 11187 mit Anm. ESMEIN = D. 1959, j. 524 mit Anm. SAVATIER: Ein Kraftfahrer hatte einen Landmann gerufen, ihm zu helfen, einen am Straßenrande eingesunkenen LKW wieder flott zu machen. Als der Helfer mit seiner Hacke Steine unter die Räder schlug, wurde er durch einen Steinsplitter am Auge verletzt. Ein „mandat" kam nicht in Betracht, da es nach französischem Recht einen „acte juridique" zum Gegenstande haben muß). Während die Schutzgarantie eine gesteigerte Schutzpflicht ist, obliegt dem Versicherungsschuldner keinerlei Gefahrabwendungspflicht; er hat lediglich den Schaden zu decken, den sich der Gläubiger bei vertragsgemäßer Exponierung zuzieht, wobei meist der typische Vertragszweck gerade darin besteht, daß der Gläubiger die Gefahr eingeht und meistert.

déterminée"[1]. Ob eine vertragliche Schutzgarantie so weit reicht, daß der Vertragspartner auch im Falle der freiwilligen Selbstgefährdung Schutz genießt, ist eine Auslegungsfrage, für die die Möglichkeit und Zumutbarkeit des Selbstschutzes entscheidend sein können. Der Vertragspartner, der sich einer Gefahr bewußt aussetzt, obwohl er ihr ebensogut hätte fernbleiben können, genießt im Zweifel keinen vertraglichen Schutz, sondern handelt auf eigene Gefahr. In diesem Sinne nimmt die französische Rechtsprechung an, daß dem Veranstalter eines jeu forain oder eines Sportwettkampfes im Verhältnis zu den Teilnehmern und Zuschauern keine vertragliche Schutzgarantie obliegt (im Gegensatz zur früheren Rechtsprechung), weil die Teilnehmer und Besucher alle normalen, trotz der zumutbaren Sicherungsvorkehrungen unvermeidlichen Gefahren der Veranstaltung bewußt auf sich nehmen[2]. Der bei der Veranstaltung verletzte Teilnehmer oder Zuschauer kann daher nach französischem Recht den Veranstalter nur dann auf Schadensersatz in Anspruch nehmen, wenn der Schaden nachweislich darauf beruht, daß der Veranstalter seine „obligation de prudence et de diligence" versäumt hat[3].

Die gleiche Interessenbewertung, wie sie in der französischen Rechtsprechung zur „obligation de sécurité" des Veranstalters zum Ausdruck kommt, dürfte auch für die deutschen Gerichte maßgeblich sein, wenn sie zögern, auf den Vorstellungsbesuchsvertrag die Beweisregeln anzuwenden, die für die Verletzung werkvertraglicher Nebenpflichten sonst allgemein gelten[4]. Der bei einer Sportveranstaltung oder gefährlichen Vergnügung verletzte Besucher oder Teilnehmer hat auch nach der deutschen Rechtsprechung bei vertraglicher Inanspruchnahme des Veranstalters zu beweisen, daß der Veranstalter die nach der Sachlage erforderlichen Sicherungsvorkehrungen unterlassen hat[5]. Die Beweislast wird insoweit nicht etwa umgekehrt. Andernfalls würde nämlich dem Veranstalter in der versteckten Form der Beweislastverteilung ein Risiko aufgebürdet, welches die Teilnehmer und Besucher bewußt suchen und in Kauf nehmen. Dieses Ergebnis scheuen die Gerichte. Die Teilnehmer und Besucher können billigerweise eine Schutzgarantie auch nicht in der abgeschwächten Form für sich in Anspruch nehmen, daß der Veranstalter den Nachweis seiner Schuldlosigkeit erbringen muß, wenn immer ein Teilnehmer oder Besucher während der Veranstaltung verletzt wurde.

[1] S. oben S. 125 ff. [2] S. oben S. 126 ff. [3] S. oben S. 127 N. 5.
[4] S. oben S. 60 f. [5] S. oben S. 61.

3. Welche Gefährdungen vertragsgemäß sind, so daß sie vom bedrohten Vertragspartner grundsätzlich entschädigungslos hingenommen werden müssen, bestimmen die Parteien selbst, soweit nicht – wovon noch zu sprechen ist – das Gesetz den Parteien zwingende Schutzpflichten auferlegt. Die Parteiautonomie steckt somit im vertraglichen Bereich den Rahmen ab, in welchem ein Handeln auf eigene Gefahr stattfindet; denn Bestand und Inhalt der vertraglichen Schutzpflichten richten sich, von jener Ausnahme abgesehen, nach dem Parteiwillen. Deswegen kann bei ein und demselben Sachverhalt die Entscheidung über ein Handeln auf eigene Gefahr verschieden ausfallen, je nachdem, ob man die vertraglichen oder die außervertraglichen Beziehungen der Parteien ins Auge faßt. Überrede ich einen Lastkraftwagenführer, mich gegen Entgelt auf der Pritsche seines zur Personenbeförderung nicht eingerichteten Wagens mitzunehmen[1], so handelt der Fahrer zwar deliktisch unerlaubt, aber nicht vertragswidrig. Inhalt des Beförderungsvertrages ist eine Beförderung zu den geschilderten Bedingungen. Daher stehen mir in einem solchen Fall keine vertraglichen Schadensersatzansprüche zu, wenn ich infolge der von mir eingenommenen gefährlichen Position verunglücke.

Oft ist der Vertragsinhalt zweifelhaft. Es kann keine Rede davon sein, daß eine Vertragspartei alle ihr bei Vertragsschluß bekannten Umstände, welche ihr Schutzinteresse gefährden, stillschweigend als vertragskonform anerkennt[2]. Die Anerkennung hängt von den Umständen ab. Das Reichsgericht hatte im Urteil vom 14. 1. 28[3] einen eigenartigen, in diesen Zusammenhang gehörigen Fall zu entscheiden.

Der Bekl. war vom Kl. zum Kapitän eines Segelschiffes bestellt worden, das bei einer Fahrt durch die Nordsee strandete und verlorenging. Das Unglück wäre vermieden worden, wenn der Bekl. die Sorgfalt eines ordentlichen und gewissenhaften Segelschiff-Kapitäns angewandt hätte. Hierzu war aber der Bekl., wie der Kl. bei der Anstellung wohl wußte, nicht in der Lage, weil die Ausbildung und die Erfahrung des Bekl. unzureichend waren, namentlich für eine Segelfahrt durch die Nordsee.

---

[1] Vgl. den Fall OGH Köln 4. 11. 49, VRS 1 (1949) Nr. 127, S. 263 = NJW 1950, 143.

[2] Gegen ein derartiges Prinzip sprechen schon die §§ 460, 539 BGB. Ob sich diese Vorschriften überhaupt auf vertragliche Ansprüche wegen „positiver" Schädigung durch eine gefährliche Sache beziehen, kann hier dahinstehen. Jedenfalls geht das Gesetz nicht so weit, bei Kenntnis des Empfängers von der Mangelhaftigkeit der Sache die Anerkennung ihrer Vertragsmäßigkeit zu fingieren, STAUDINGER (-KIEFERSAUER) Anm. 6 zu § 539. Anders freilich § 377 II HGB.

[3] RGZ 119, 397 = JW 1928, 1049.

Der Bekl. hatte nach der Feststellung des Berufungsgerichts bei der Unglücksfahrt alles getan, was er zu leisten imstande war.

Das Berufungsgericht nahm mit Billigung des Reichsgerichts an, der Kl. habe nach dem stillschweigenden Inhalt des mit dem Bekl. geschlossenen Vertrags nur Anspruch auf solche seemännischen Leistungen des Bekl. gehabt, welche das dem Kl. bekannte Maß der nautischen Fähigkeiten und Erfahrungen des Bekl. nicht überstiegen. Ich halte es jedoch für sehr bedenklich, das Maß der von einem Vertragsteil geschuldeten, für die ordnungsgemäße Durchführung des Vertrags nötigen Sorgfalt allein schon deswegen herabzusetzen, weil dem Vertragspartner bei Vertragsschluß die unterdurchschnittliche Befähigung des Schuldners bekannt war. Den Vorzug verdient die von Heinrich Stoll in seiner Anmerkung zu der Entscheidung[1] vertretene Auffassung, in dem Verhalten des Kl. sei lediglich ein mitwirkendes Verschulden an dem Unfall zu erblicken, welches das Gericht als so entscheidend ansehen konnte, daß jeder Anspruch des Kl. abzulehnen war.

## *II. Gefahrübernahme bei vertragswidriger Gefährdung*

Falls eine Vertragspartei bei Vertragsschluß ein ihr Schutzinteresse gefährdendes, vom Vertragspartner zu verantwortendes Risiko erkennt oder erkennen kann, so ergibt sich daraus allein – wie ausgeführt – nicht schon die Vertragsmäßigkeit des Risikos. Doch können die Gefahrkenntnis oder die Erkennbarkeit einer Gefahr die sich auf die Gefahr beziehenden vertraglichen Schutzpflichten[2] des Vertragspartners gegenstandslos machen. Ob dem so ist, richtet sich nach dem Inhalt der vertraglichen Schutzpflichten. Die Denkformen, zu denen das Problem des Handelns auf eigene Gefahr bereits auf der Ebene des Deliktsrechts nötigt, bewähren sich, wie wir sehen werden, auch im vertraglichen Bereich.

Besonders nachhaltig ist eine Vertragspartei vor vertragswidriger Gefährdung geschützt, wenn das Gesetz den Vertragspartner zwingend zu bestimmten Schutzmaßnahmen verpflichtet, wie etwa in § 618 BGB[3].

---

[1] JW 1928, 2318.

[2] Zum Wesen der vertraglichen Schutzpflichten Heinrich Stoll, Die Lehre von den Leistungsstörungen (1936) 55 ff.

[3] Entsprechend in § 62 HGB und den §§ 120 a ff. GewO.

Dem Dienstberechtigten obliegt die unabdingbare Pflicht, dafür zu sorgen, daß der Dienstverpflichtete nicht durch die Beschaffenheit der vom Dienstberechtigten zur Verfügung gestellten Räume, Vorrichtungen oder Gerätschaften oder infolge mangelnder Organisation der übertragenen Verrichtung gesundheitlichen Schaden davonträgt[1]. Eine absolute Sicherstellung des Dienstverpflichteten verlangt das Gesetz freilich nicht. Die Schutzpflicht des Dienstberechtigten geht nur so weit, „als die Natur der Dienstleistung es gestattet"[2]. Gewisse verkehrsübliche Gefahren, wie z. B. normale Glätte des Bodens in den Diensträumen, hat der Dienstverpflichtete in Kauf zu nehmen[3]. Die Schutzpflicht des § 618 BGB ist eine echte Fürsorgepflicht. Sie nimmt nicht damit ihr Ende, daß der Dienstverpflichtete bei Dienstantritt vermeidbare Gefahren der genannten Art erkennt oder billigt[4]. Darauf weist schon der Wortlaut des § 618 BGB hin. Die Unabdingbarkeit der Schutzpflichten (§ 619 BGB) liefert ein weiteres, zwingendes Argument. Wenn schon die Übernahme des „legal risk" im Sinne des Engländers WILLIAMS dem Dienstverpflichteten nach deutschem Recht verwehrt ist, so vermag erst recht nicht die Billigung eines vom Dienstberechtigten pflichtwidrig geschaffenen „physical risk" durch den Dienstverpflichteten die in § 618 BGB normierten Schutzpflichten des Dienstberechtigten gegenstandslos zu machen. Durch § 618 BGB sollen auch unvorsichtige Dienstverpflichtete geschützt werden[5], insbesondere Dienstverpflichtete, die wegen der Gewöhnung an die Gefahren und wegen der Abstumpfung gegen diese es an der gebotenen Vorsicht fehlen lassen[6]. Ob der Dienstverpflichtete sich den Gefahrenstellen, die ihm aus Anlaß des Dienstes zugänglich sind, deren Betreten aber der Dienstberechtigte verboten hat, auf eigene

---

[1] § 618 BGB läßt sich nicht, auch nicht analog, auf den Schutz des Arbeitnehmereigentums ausdehnen, das der Arbeitnehmer aus Anlaß seiner Dienstleistung in den Betrieb einbringt, vgl. BAG 5. 3. 59, JZ 1959, 645 = NJW 1959, 1555.

[2] STAUDINGER(-MOHNEN), Kommentar zum BGB[11] (1958) Anm. 19, 32 zu § 618.

[3] NIKISCH, Arbeitsrecht[2] (1955) 411 N. 11; STAUDINGER(-MOHNEN) (vorige Note) Anm. 32.

[4] Deswegen ist auch einem Handeln des Dienstverpflichteten auf eigene Gefahr von vornherein die Grundlage entzogen, falls er sich im Rahmen seiner dienstlichen Obliegenheiten vom Dienstberechtigten zu einer Fahrt mitnehmen läßt, die wegen gefahrerhöhender Umstände besonders gefährlich ist, vgl. RG 9. 1. 20, BayZ 1920, 154 = Recht 1920, Nr. 2344, 2367 und 2393; RG 25. 10. 34, S.A. 89 (1935) Nr. 52, S. 103.

[5] RG 4. 7. 22, Recht 1923, Nr. 26.

[6] RG 24. 3. 16, WarnRspr. 1916, Nr. 102, S. 158; BGH 9. 2. 55, BGHZ 16, 265 [271].

Gefahr nähert, hängt davon ab, wie man die Schutzpflichten des Dienstberechtigten unter den gegebenen Umständen bemißt[1].

Nach dem Urteil des OLG Königsberg vom 19. 11. 14[2] darf sich ein Theaterdirektor nicht damit begnügen, das Betreten eines zu dünnen Laufbretts einer als Brücke dienenden Theaterdekoration zu verbieten. Er hat vielmehr die Pflicht, das Betreten der Brücke zu verhindern, sei es durch Wegnahme des Brettes, sei es durch eine geeignete Sperre; denn er muß damit rechnen, daß die Schauspieler im Eifer des Spieles an das Verbot nicht denken und die Brücke betreten[3]. Folglich handelt ein Schauspieler, der das Verbot nicht achtet, zwar schuldhaft gegen sich selbst (§ 254 BGB), keinesfalls aber auf eigene Gefahr[4].

Die Vorschrift des § 618 BGB findet überall dort sinngemäße Anwendung, wo eine Vertragspartei in Erfüllung ihrer Vertragspflichten unter ähnlichen Bedingungen tätig wird[5], z. B. als Werkunternehmer die Räume des Bestellers betritt[6] oder als Beauftragter Dienste verrichtet, die sonst von einem Dienstverpflichteten geleistet werden müßten.

Vgl. BGH 9. 2. 55[7]: Der Ehemann (E) der Kl. hatte sich aus eigenem Interesse dazu erboten, an dem stark beschädigten Haus des Bekl. ohne Entgelt gefährliche Arbeiten vorzunehmen. Bei den Arbeiten stürzte E ab und verletzte sich tödlich. Der Unfall war auf die Unzulänglichkeit der Sicherungsvorkehrungen zurückzuführen. Der in großer Höhe arbeitende E hatte sich nicht einmal angeseilt.

Der Bundesgerichtshof gab der Schadensersatzklage der Witwe in entsprechender Anwendung des § 618 BGB statt. Der Bekl. habe die Pflicht gehabt, dem E. das Weiterarbeiten ohne Anseilung zu unter-

---

[1] Hierzu STAUDINGER(-MOHNEN) Anm. 22 zu § 618 BGB.

[2] DJZ 1916, 828; vgl. andererseits RG 17. 12. 08, WarnRspr. 1909, Nr. 205, S. 194 = Gruchot 53 (1909) 966.

[3] Vgl. auch BAG 5. 3. 59, JZ 1959, 645 = NJW 1959, 1555: Es bestehe zwar keine allgemeine Pflicht des Arbeitgebers, Einrichtungen zum Schutze eingebrachter Motorroller seiner Belegschaftsmitglieder zu schaffen. Wohl aber folge aus der allgemeinen Fürsorgepflicht des Arbeitgebers, daß dieser die Benutzung von Räumlichkeiten, die eine Gefahr für das eingebrachte Eigentum der Arbeitnehmer mit sich bringen, nicht dulden dürfe, sondern sie für eine derartige Benutzung sperren müsse.

[4] In dem vom OLG Königsberg entschiedenen Fall war es allerdings nicht der Schauspieler, der die Brücke betrat, sondern eine Schauspielerin, die durch den Sturz dieses Schauspielers verletzt wurde. Der vom Oberlandesgericht angenommene Inhalt der sich aus § 618 BGB ergebenden Schutzpflichten des Bekl. schloß aber auch ein Handeln des sich verbotswidrig verhaltenden Schauspielers auf eigene Gefahr aus.

[5] Siehe STAUDINGER(-MOHNEN) Anm. 5 zu § 618 BGB.

[6] RG 20. 12. 38, RGZ 159, 268; BGH, GSZ 5. 2. 52, BGHZ 5, 62.

[7] BGHZ 16, 265 = NJW 1955, 785.

sagen. E. habe weder auf die Haftung des Bekl. verzichtet noch auf eigene Gefahr gehandelt, weil hierzu Willenserklärungen nötig seien, die von E. nicht wirksam hätten abgegeben werden können (§ 619 BGB). E. sei jedoch an dem Unfall mitschuldig (§ 254 BGB). Der Einwand des Handelns auf eigene Gefahr erledigte sich hier indes schon damit, daß – wie der Bundesgerichtshof der Sache nach entschied – der Bekl. analog § 618 BGB verpflichtet war, sogar eine bewußte Selbstgefährdung des E. zu verhindern.

Das Landgericht Stuttgart hält auch den Vertrag, der zwischen dem Veranstalter eines Fahrradrennens und einem Amateurrennfahrer zustandekommt, für dienstvertragsähnlich, so daß die Schutzpflichten des Veranstalters analog § 618 BGB zu beurteilen seien[1].

Diese Vorschrift hat im übrigen im Arbeitsrecht, ihrem eigentlichen Anwendungsgebiet, ihre frühere Bedeutung fast völlig verloren, weil beim Eingreifen der gesetzlichen Unfallversicherung, der seit dem 6. Gesetz über Änderungen in der Unfallversicherung vom 9. 3. 1942[2] alle in abhängiger Stellung Beschäftigten unterstellt sind, der Dienstberechtigte nur dann für die Verletzung des Dienstverpflichteten haftet, wenn er den Unfall vorsätzlich herbeigeführt hat und diese Tatsache strafgerichtlich festgestellt ist (§ 898 RVO)[3].

Eine sehr viel schwächere Schutzpflicht regelt die Dispositivnorm des § 694 BGB. Danach hat der Hinterleger die vertragliche Nebenpflicht, eine ihm bekannte oder für ihn erkennbare gefahrdrohende Beschaffenheit der hinterlegten Sache dem Verwahrer anzuzeigen, falls dieser von der Gefährlichkeit der Sache nichts weiß. Folglich handelt der Verwahrer, der eine ihm als gefährlich bekannte Sache in seine Obhut nimmt, wenigstens im Rahmen des Vertragsrechts auf eigene Gefahr: bei Verletzung durch die Sache kann er den Hinterleger vertraglich nicht auf Schadensersatz in Anspruch nehmen[4]. Aus § 694 BGB darf indes nicht das allgemeine Prinzip herausgelesen werden, daß vertragliche Schutzvorschriften – von den Fällen einer zwingenden Schutzpflicht abgesehen – stets mit der Gefahrkenntnis des Vertragspartners ihr Ende finden. Ein allgemeines Prinzip dieses Inhalts wird auch nicht durch die gesetzlichen Vorschriften über den Ausschluß von Gewähr-

---

[1] Urteil vom 10. 7. 53, s. oben S. 65, N. 3 und S. 66 N. 1. [2] RGBl. I 107.

[3] Hierzu STAUDINGER(-MOHNEN) Anm. 50 zu § 618 BGB.

[4] Ob gleichzeitig auch deliktische Schadensersatzansprüche abgeschnitten sind, ist später zu erörtern.

leistungsansprüchen bei Kenntnis des Empfängers von der Mangelhaftigkeit der geleisteten Sache (§§ 460, 464, 539, 524, 600 BGB) belegt. Nach der herrschenden Lehre finden diese Vorschriften allerdings auch in dem Falle Anwendung, daß der Sachempfänger durch eine fehlerhafte Sache, deren Gefährlichkeit er bei Vertragsschluß oder bei Annahme kannte, „positiv" geschädigt wird[1]. Die Gerichte gestehen infolgedessen dem Empfänger, der den schädigenden Mangel der Sache erkannte oder sich so behandeln lassen muß, als habe er die Sache genehmigt (§ 377 HGB), Ansprüche wegen positiver Vertragsverletzung ebensowenig zu wie Gewährleistungsansprüche[2]. RAAPE[3] hat jedoch überzeugend dargelegt, daß mangelhafte Sachen nicht dasselbe sind wie gefährliche Sachen und daß die Vorschriften, die von den Gewährleistungsansprüchen bei Lieferung einer mangelhaften Sache handeln, nichts über das Recht einer Vertragspartei besagen, bei Schädigung durch eine gefährliche Sache den Vertragspartner wegen positiver Vertragsverletzung auf Schadensersatz in Anspruch zu nehmen. RAAPE geht es um den Nachweis, daß es ungerechtfertigt ist, dem Schenker oder Verleiher einer gefährlichen Sache die Haftungsmilderung der §§ 524, 600 BGB zugute kommen zu lassen. Auch RAAPE will aber – wenn ich ihn recht verstehe – nicht in Abrede stellen, daß der um die Gefährlichkeit der Sache wissende Beschenkte oder Entleiher keine Ansprüche wegen positiver Vertragsverletzung hat. RAAPE scheint vielmehr insoweit (freilich nicht hinsichtlich der Beweislastverteilung) den § 694 BGB für entsprechend anwendbar zu halten. Eine Analogie zu dieser Vorschrift leuchtet ein, wenn Vertragsgegenstand eine bewegliche Sache ist, die mit der Aushändigung an den ihre Gefährlichkeit kennenden Empfänger vollständig in dessen Machtbereich übergeht. In anderen Fällen einer positiven Vertragsverletzung ist aber eine solche Analogie nicht möglich. Zu Unrecht spricht das Reichsgericht z. B. dem Besucher

---

[1] Vgl. STAUDINGER(-OSTLER), Komm. zum BGB[11] (1955) Anm. 13 zu § 464; HEINICHEN in RGR-Komm. zum HGB (1943) Anm. 120 zu § 377.

[2] RG 9. 5. 40, DR 1940, 1425 (Benutzung einer als gefährlich erkannten Rutschbahn – § 539 BGB); RG 1. 7. 13, WarnRspr. 1913, Nr. 411, S. 493; RG 12. 4. 11, JW 1911, 540 und RG 11. 11. 19, JW 1920, 284 (Miete gefährlicher Räume – § 539 BGB); RG 26. 6. 29, RGZ 125, 76 und OLG Karlsruhe 7. 11. 57, NJW 1958, 226 (Lieferung gefährlicher Ware – § 377 II HGB). Hingegen sind vertragliche Schadensersatzansprüche nicht ausgeschlossen, wenn der Vermieter die Abstellung des gefährlichen Mangels zusagt, mag auch der Mieter die Hinauszögerung der Reparatur widerspruchslos hinnehmen: RG 6. 2. 17, RGZ 89, 384; RG 20. 3. 17, RGZ 90, 65; OLG Celle 27. 11. 57, VersR 1958, 615.

[3] AcP 147 (1941) 245 ff.

eines Kostümfestes, der sich bei Benutzung einer von ihm als gefährlich erkannten Rutschbahn verletzt hatte, alle vertraglichen Schadensersatzansprüche gegen den Veranstalter ab unter Berufung auf § 539 BGB[1]. § 539 BGB war hier ebensowenig anwendbar wie (analog) § 694 BGB. Die Schutzinteressen des Teilnehmers an einer Veranstaltung sind höher zu bewerten als die Schutzinteressen des Empfängers einer beweglichen Sache, der die vollständige Herrschaft über sie erlangt. Auch nach der neueren französischen Rechtsprechung, welche die vertragliche Haftung des Veranstalters auf Verschulden beschränkt, versteht es sich, daß der Veranstalter für erweisliche Fehler der dargebotenen Anlage oder Vorrichtungen stets vertraglich verantwortlich ist, mochte auch der verletzte Besucher den Fehler erkannt haben.

Vgl. Chambéry 21. 5. 51[2]: Die Kl. benutzte einen Skischlepplift, der, für jedermann ersichtlich, wegen ungenügender Absicherung gegen die Pfeiler der Anlage besonders gefährlich war. Haftung des Veranstalters, obwohl ihm nach Ansicht des Gerichts nur eine „obligation de prudence et de diligence" oblag.

Der als Mietvertrag (§§ 535 ff. BGB) zu qualifizierende Sachleistungsvertrag über die Benutzung einer Rutschbahn, eines Bades oder einer ähnlichen Einrichtung ist werkvertragsähnlich und steht z. B. dem Werkvertrag nahe, der zwischen dem Veranstalter eines Sportwettkampfes und den zahlenden Zuschauern zustande kommt[3]. Weder in der deutschen noch in der französischen Rechtsprechung wird aber bezweifelt, daß der einen Sportwettkampf besuchende Zuschauer, der das Fehlen zureichender Sicherungsvorkehrungen erkennt, bei Verletzung nicht an der Geltendmachung vertraglicher Schadensersatzansprüche gehindert ist[4]. Richtiger Ansicht nach hat der Schausteller in jedem Falle, auch wenn sein Vertragsverhältnis zum zahlenden Besucher lediglich als ein werkvertragsähnlicher Mietvertrag zu beurteilen ist, gegenüber dem Besucher die vertragliche Pflicht, ihn auch vor solchen vermeidbaren Gefahren zu bewahren, welche der Besucher erkennt.

Vollends ist die Heranziehung des § 539 BGB unangemessen, falls ein Mieter durch die ihm bei Vertragsschluß oder spätestens beim Ein-

---

[1] RG 9. 5. 40, s. oben S. 68 N. 4.

[2] D. 1951, j. 573 = J.C.P. 1951 II 6516 mit Anm. Rodière.

[3] Vgl. oben S. 65.

[4] Nach dem klaren Wortlaut des § 640 BGB bringt im übrigen die vorbehaltlose Abnahme eines mangelhaften Werkes einen Schadensersatzanspruch wegen eines Mangels, den der Unternehmer zu vertreten hat (§ 635 BGB), nicht zum Erlöschen, vgl. RG 2. 3. 17, RGZ 90, 18.

zug bekannte Gefährlichkeit der gemieteten Wohnräume gesundheitlichen Schaden erleidet. Man kann schwerlich leugnen, daß dem Vermieter einer Wohnung gegenüber dem Mieter eine verstärkte, fürsorgeähnliche Pflicht obliegt, dafür zu sorgen, daß die Wohnung nicht gesundheitsgefährlich ist[1]. Es liegt hier näher, § 618 BGB sinngemäß anzuwenden, anstatt den Mieter auf § 539 BGB zu verweisen[2]. Für verfehlt halte ich daher die verbreitete Rechtsprechung, daß dem Mieter, der sich infolge der ihm bekannten Gefährlichkeit der gemieteten Wohnung gesundheitlichen Schaden zuzieht – etwa auf der zur Wohnung gehörigen schadhaften Treppe zu Fall kommt und sich hierbei verletzt –, gemäß § 539 BGB kein vertraglicher Schadensersatzanspruch zusteht. In gleicher Weise entscheiden übrigens die französischen Gerichte, falls der Mieter einer Wohnung deren gefährliche Mängel bei Vertragsschluß kannte, obwohl in dem von der Gewährleistungspflicht des Vermieters handelnden Art. 1721 C. c. – im Gegensatz zu den Vorschriften über die Haftung des Verkäufers (Artt. 1625, 1641, 1649 C. c.) – nichts von einer Beschränkung der Gewährleistung auf „vices cachés" zu lesen ist[3]. Fortschrittlicher ist die englische Entscheidung *Dunster* v. *Hollis*[4], die dem Mieter einer Wohnung in Ansehung der in dem Miethaus befindlichen Treppe, über die der Vermieter die Kontrolle und Aufsicht behielt, einen vertraglichen Schutzanspruch zubilligt, der nicht schon bei Kenntnis des Mieters von der Gefährlichkeit der Treppe in Wegfall kommt. Diese Entscheidung ist um so bemerkenswerter, als die englischen Gerichte gewiß nicht in dem Verdacht stehen, die Sicherungspflichten des Grundstücksinhabers zu übersteigern.

### *III. Unechte Gefahrübernahme*

Handelte eine Vertragspartei durch die Zulassung der Selbstgefährdung des Vertragspartners einer vertraglichen Schutzpflicht zuwider, so ist es nicht möglich, in der Selbstgefährdung eine haftungsausschließende

---

[1] Vgl. RG 20. 3. 17, RGZ 90, 65 [67], wo dargelegt wird, daß Ortsgebräuche, welche eine die Sicherheit des Mieters in Frage stellende Treppe und ebensolche Ausbesserungen schadhafter Bodendielen für erlaubt halten, unbeachtlich sind.

[2] Vgl. auch § 544 BGB, wonach das Recht des Mieters, wegen gesundheitsgefährlicher Beschaffenheit der gemieteten Räume fristlos zu kündigen, unverzichtbar ist.

[3] MAZEAUD/TUNC II no. 1405, N. 7; LALOU no. 630.

[4] S. oben S. 204 N. 2.

Gefahrübernahme zu erblicken. Was über die „unechte" Gefahrübernahme bei deliktischer Haftung des Gefährders ausgeführt wurde, gilt sinngemäß auch hier. Die Selbstgefährdung des Vertragspartners stellt allenfalls ein Eigenverschulden an der in der Gefahr zugezogenen Verletzung dar, das den vertraglichen Schadensersatzanspruch des Verletzten mindert, unter Umständen sogar aufhebt (§ 254 BGB). Außer den Fällen, die bereits bei Erörterung des § 618 BGB behandelt wurden, ist namentlich hinzuweisen auf die deutsche[1], französische[2] und englische Rechtsprechung[3] zur Rechtslage der sich exponierenden Zuschauer oder Teilnehmer an einer gefährlichen Veranstaltung.

## § 23

## *Vertragliche Gestaltung und deliktische Haftung*

Kann die Vertragspartei, die nach vertraglichen Grundsätzen auf eigene Gefahr handelt und deshalb bei Verletzung keine vertraglichen Schadensersatzansprüche hat, vom Vertragspartner nach Deliktsrecht Ersatz ihres Schadens begehren, oder macht die vertragliche Gestaltung der Rechtsbeziehungen auch etwaige deliktische Ansprüche hinfällig? Diese Frage läßt sich nicht eindeutig bejahen oder verneinen.

### *I. Deliktische Verantwortung für vertraglich gestattete Gefährdungen*

Ein Vertrag kann die Einwilligung in eine Rechtsgutverletzung zum Inhalt haben. Beispielsweise liegt in dem Werkvertrag über den Abbruch eines Hauses die Einwilligung des Bestellers dazu, daß sein Eigentum in der von ihm gewünschten Weise verletzt wird. Häufiger und praktisch bedeutsamer sind jedoch die variablen Vertragsgestaltungen, wonach eine Vertragspartei das Recht hat, den Vertragspartner in einer bestimmten Form zu gefährden[4]. So darf etwa die Bundesbahn unter den Voraussetzungen des § 83 I a EVO Güter, die ihr zur Beförderung übergeben worden sind, im offenen Waggon verladen[5]. WILLIAMS bildet das Beispiel, daß ein Reisender, der über den Ärmelkanal geflogen zu

---

[1] S. oben S. 64 f., S. 68 ff.
[2] S. oben S. 127 f. u. 131 f.
[3] S. oben S. 199 f.
[4] Hierüber DIETZ 246 ff.
[5] Dazu DIETZ 246.

werden wünscht, sich damit einverstanden erklärt, mit einer nicht mehr voll flugtüchtigen Maschine befördert zu werden[1]. Bereits besprochen wurde auch der in der deutschen Rechtsprechung entschiedene Fall, daß sich ein Reisender auf der Ladefläche eines nicht für die Mitnahme von Personen eingerichteten LKW behelfsmäßig befördern läßt[2]. Nach der im deutschen Recht herrschenden Lehre, welche die Konkurrenz von vertraglicher und gesetzlicher Haftung grundsätzlich zuläßt[3], kommt in den angeführten Beispielen im Falle der Verletzung des Gutes oder des Fahrgasts neben der Vertragshaftung des Beförderers unter anderem (außer einer Gefährdungshaftung) auch eine Haftung wegen unerlaubter Handlung in Betracht. Während nun daran nicht zu zweifeln ist, daß bei gefährlicher Beförderung fremden Gutes die vertraglich eingeräumte Gefährdungsbefugnis dem Auftraggeber das Recht nimmt, dem Beförderer die gefährliche Form der Beförderung als Verstoß gegen allgemeine Verhaltenspflichten anzurechnen, vermag in den beiden anderen Beispielen der vertragliche Konsens des Gefährdeten die deliktische Verantwortung des Beförderers für die Gefährdung des Fahrgastes nicht aufzuheben.

Mit Dietz[4] bin ich der Ansicht, daß die allgemeinen (deliktischen) Verkehrspflichten in ihrem Bestand und ihrem Inhalt autonom neben etwaigen gleichlaufenden vertraglichen oder vertragsähnlichen Schutzpflichten stehen. Das deliktische Unrecht ist ein vom vertraglichen Unrecht gänzlich unabhängiger Tatbestand, der seinen eigenen Rechtsregeln untersteht und daher stets gesonderter Prüfung bedarf. Das ergibt sich schon aus der Verschiedenheit der Ordnungsaufgaben, die den vertraglichen und den deliktischen Schutznormen im allgemeinen gestellt sind. Während die vertraglichen Schutzpflichten vorwiegend vom Parteiwillen und den interindividuellen Parteiinteressen geprägt werden, beruhen die Verkehrspflichten auf der Gestaltungskraft der Gemeinüberzeugung, welche die Gemeinbelange stärker zur Geltung kommen läßt. Diese Gegensätzlichkeit verschiebt allerdings nur die Akzente. Es liegt auf der Hand, daß sich auch in der Gestaltung des Vertragsrechts die von der Gemeinüberzeugung getragenen Gemeinbelange niederschlagen, und andererseits dienen auch die deliktischen Verhaltenspflichten dem allgemeinen Ziel der Gerechtigkeit zwischen den einzelnen. Der Ge-

---

[1] S. oben S. 233.

[2] S. oben S. 36 N. 5.

[3] Dietz (oben N. 2); Enneccerus(-Lehmann) § 232; RG 19. 6. 16, RGZ 88, 317; RG 13. 10. 16, RGZ 88, 433; BGH 13. 5. 55, BGHZ 17, 214.

[4] Dietz, namentlich 264 ff.

setzgeber entledigt sich auch nicht selten einer Ordnungsaufgabe, zu deren Lösung sich die Rechtsform der allgemeinen Verhaltenspflichten als normales rechtstechnisches Instrument anbietet, mit Mitteln des Vertragsrechts. Beispielsweise werden durch die Vorschrift des § 618 BGB, welche dem Dienstberechtigten zwingende vertragliche Schutzpflichten auferlegt, sozialpolitische Gemeinbelange wahrgenommen. Die vertragliche Einkleidung der Pflichten verstärkt den dem Dienstverpflichteten zugedachten Rechtsschutz, besonders weil nach deutschem Recht der Pflichtige nur im Rahmen eines Schuldverhältnisses für den Schaden, den die von ihm zur Erfüllung der Pflicht herangezogenen Hilfspersonen schuldhaft anrichten, ohne Entlastungsmöglichkeit haftet[1]. Das englische Recht, das dem Dienstherrn (master) auch außervertraglich das schuldhafte Verhalten der weisungsabhängigen Hilfspersonen stets zurechnet, konnte sich bislang zum Schutz der Arbeitnehmer mit den Rechtsformen des Deliktsrechts begnügen. Immerhin scheint im englischen Recht neuerdings die Auffassung vorzudringen, daß für das Verschulden eines vom Pflichtigen beauftragten unabhängigen Unternehmers nur im Rahmen vertraglicher Beziehungen gehaftet wird[2], und diese Entwicklung könnte der von einer Minderheit verfochtenen Lehre zum Siege verhelfen, daß die dem master gegenüber den servants obliegenden duties of care in Wahrheit vertragliche Pflichten sind[3]. Das französische Recht bevorzugt zur Lösung der durch den sozialen Kontakt hervorgerufenen Schutzprobleme einseitig das Vertragsrecht. Diese Bevorzugung erklärt sich – anders als die im deutschen Recht beliebte Übersteigerung des vertraglichen Schutzes in der Lehre von der culpa in contrahendo und in der Lehre von den vertraglichen Nebenpflichten – nicht aus einer Insuffizienz des Deliktsrechts, sondern umgekehrt aus dem Bedürfnis, die das Haftungsrecht überwuchernden deliktischen Generalklauseln, namentlich aber den Art. 1384 I C. c., im Zaume zu halten. Dies ist der Hintergrund der im französischen Recht noch immer vorherrschenden Meinung, das Vertragsrecht verdränge schlechthin konkurrierendes Deliktsrecht. Die Belastung des Vertragsrechts mit Ordnungsaufgaben, die wegen des Prädominierens der Gemeinbelange überindividuell und daher recht eigentlich „deliktisch" sind, macht auch den wunderlichen Rechtssatz des französischen Rechts verständlich, daß ein ausdrücklicher Verzicht auf die Haftung des Vertragspartners nur

---

[1] § 278 BGB gegenüber § 831 BGB.

[2] Vgl. oben S. 177 N. 8.

[3] Vgl. oben S. 177 N. 1.

eine Umkehr der Beweislast nach sich zieht, den Partner aber nicht von der Haftung für nachgewiesenes Verschulden freistellt[1].

Trotz der vielfachen, um rechtstechnischer Vorteile willen vorgenommenen Aufgabenverlagerung und der hierdurch bedingten Relativierung der Begriffe von Vertrag und Unrecht ist jedoch an der genuinen Wesensverschiedenheit von vertraglicher und deliktischer Haftung festzuhalten. Diese Verschiedenheit ist die innere Rechtfertigung für die Anspruchskonkurrenz bei Vertragsverletzung und Delikt und die gesonderte Behandlung der Tatbestände.

In den oben angeführten Beispielen ist ohne Rücksicht auf die vertragliche Bindung der Parteien danach zu fragen, ob die Gestattung des Risikos, die ebensogut auch außerhalb eines Vertragsverhältnisses hätte erfolgen können[2], nach den allgemeinen deliktsrechtlichen Grundsätzen eine Gefährdungsbefugnis verschafft. Das ist ohne Bedenken zu bejahen, falls bei der Durchführung des Vertrages nur das Eigentum des Vertragspartners gefährdet wird (Eisenbahnfall). Im übrigen, bei der Gefährdung der Person des Vertragspartners, hängt die deliktsrechtliche Wirkung der Gestattung von den Umständen ab, insbesondere von dem sozialethisch billigenswerten Zweck der Gefährdung. Die Mitnahme von Personen auf der dazu nicht hergerichteten Ladefläche eines LKW war trotz der Einwilligung des Fahrgastes auch in der Notzeit nach dem Kriege unerlaubt (vgl. § 34 StVO); der Fahrer durfte die Selbstgefährdung seiner Fahrgäste nicht zulassen. Zu Unrecht nahm der OGH Köln, soweit es um die Gefährlichkeit des auf dem LKW eingenommenen Platzes ging, unter Berufung auf den Inhalt des Beförderungsvertrages ein Handeln des Verletzten auf eigene Gefahr an. Die deliktische Verantwortlichkeit des Fahrers wäre, wie dargelegt[3], unter den geschilderten Umständen selbst bei einer Gefälligkeitsfahrt nicht aufgehoben, und die Tatsache der Entgeltlichkeit der Beförderung ist keinesfalls geeignet, diese Verantwortlichkeit zu vermindern. Auch in dem von WILLIAMS gebildeten Flugzeugfall vermag ich, was das deutsche Recht anlangt, eine Gefahrübernahme mit der Folge des Ausschlusses der Deliktshaftung des Luftfahrtunternehmers nicht anzuerkennen. Der Unternehmer kann sich, falls er ein fahruntüchtiges Flugzeug zur Verfügung stellt und es dieserhalb zu einem Unglück kommt, nicht mit Erfolg darauf berufen,

---

[1] MAZEAUD, 4. Aufl. III nos. 2544–2546; COLIN/CAPITANT(-JULLIOT DE LA MORANDIÈRE) II no. 320; SAVATIER I nos. 660–664.

[2] DIETZ 247.

[3] S. oben S. 311 f.

der Fahrgast habe die Gefahr vertraglich gebilligt. Der Unternehmer handelt zwar vertragsgemäß, wenn eine solche Einwilligung wirklich erteilt wurde – das ist nicht schon anzunehmen bei widerspruchslosem Einsteigen des Passagiers in Kenntnis der Fahruntüchtigkeit des Flugzeugs [1] –, gleichwohl aber deliktisch unerlaubt.

Ferner handelt der Vermieter einer gesundheitsgefährlichen Wohnung selbst dann deliktsrechtlich unerlaubt, wenn sich der Mieter im Mietvertrag ausdrücklich mit der gesundheitsgefährlichen Beschaffenheit einverstanden erklärt hat und somit die Beschaffenheit der Wohnung vertragsgemäß ist. Es wäre widersinnig, den Grundstücksinhaber zwar für verpflichtet zu halten, bei Eröffnung eines Verkehrs selbst die bewußte Inkaufnahme vermeidbarer, von der Beschaffenheit des Grundstücks ausgehender Gefahren zu verhindern, ihm aber die Gewährung gesundheitsgefährlicher Wohnräume zu erlauben.

Nicht so eindeutig ist die deliktsrechtliche Beurteilung des Falles, daß vertragsgemäß eine für den Empfänger gefährliche bewegliche Sache geliefert wird, sei es zum Zwecke der Übereignung, sei es zur Gebrauchsüberlassung. Wiederum muß die Rechtslage nach Deliktsrecht selbständig geprüft werden. Die deliktische Gefährdungsbefugnis des Lieferanten bemißt sich ausschließlich nach dem in Rede stehenden sozialen Sachverhalt, zu welchem allerdings auch die Tatsache der Gefahrenkenntnis oder gegebenenfalls der Gefahrenbilligung des Empfängers gehört. Dagegen ist der Umstand, daß die Lieferung in Vollzug eines Vertrags erfolgt, deliktsrechtlich belanglos. Die allgemeine Rechtspflicht, keine gesundheitsgefährlichen Sachen in den Verkehr zu bringen [2], steht

---

[1] Die von Williams geforderte „some sort of intercourse or communication“ ist also nur für die Vertragsmäßigkeit der Leistung des Beförderers von Belang, entscheidet aber nicht über die Rechtslage nach Deliktsrecht.

[2] Vgl. RG 19. 4. 16, Gruchot 60 (1916) 1011 (Lieferung einer schadhaften Leiter); RG 19. 4. 18, Recht 1918, Nr. 1363 (Verkauf verdorbener Fleischkonserven – Stichproben nötig); RG 17. 1. 40, RGZ 163, 21 [26] und RG 3. 4. 40, DR 1940, 1293 (Herstellung oder Verkauf eines nicht verkehrssicheren Kraftfahrzeugs); BGH 23. 6. 52, VersR 1952, 357 (Herstellung eines Langholzwagens mit an sich einwandfreiem Patentverschluß; jedoch wurden gefährliche Bedienungsfehler durch die überfeinerte Konstruktion des Verschlusses in vermeidbarer Weise begünstigt); BGH 16. 12. 53, L.-M. Nr. 3 zu § 823 (E h) BGB = VersR 1954, 100 (Pflicht des Unternehmers und Leiters einer Molkerei, Tbc-verdächtige Milch nicht ohne vorherige Pasteurisierung an die Verbraucher abzugeben); OLG Stuttgart 10. 12. 07, OLGE 18, 69 (Lieferung einer Holzsägemaschine ohne zureichende Schutzvorrichtung); OLG Bremen 11. 10. 51, NJW 1952, 145 (Lieferung eines fehlerhaft konstruierten Motorkolbens).

Über das englische Recht s. namentlich die Entscheidung des Oberhauses *Donoghue* v. *Stevenson,* oben S. 247 ff.

selbständig neben einer etwaigen vertraglichen Schutzpflicht. Diese allgemeine Rechtspflicht mag in erster Linie Bedeutung erlangen, wenn dritte Personen, die zu dem Lieferanten in keinem Vertragsverhältnis stehen, durch die Sache Schaden erleiden. Aber auch der Erstabnehmer, der die Sache vom Lieferanten auf Grund eines Vertrags bezieht, kann aus der schuldhaften Verletzung dieser Pflicht deliktische Ersatzansprüche herleiten, etwa den Anspruch auf ein Schmerzensgeld (§ 847 BGB). Entspricht die gefährliche Beschaffenheit der Sache den vertraglichen Abmachungen, so werden dem Abnehmer sowohl vertragliche wie im allgemeinen auch deliktische Schadensersatzansprüche versagt sein. Dies ergibt sich nicht aus einem Hinüberwirken des Vertragsrechts auf das Deliktsrecht, sondern aus dem begrenzten Zweck der in Rede stehenden Verkehrspflichten. Er umfaßt grundsätzlich nicht den Schutz solcher Sachempfänger, die die Gefährlichkeit der gefährlichen Sache kennen, weil der Empfänger einer gefährlichen beweglichen Sache, der die vollständige Herrschaft über sie erlangt, nach der Verkehrsanschauung nicht länger des Schutzes bedarf.

Vgl. BGH 5. 11. 55[1]: Der Hersteller eines in den Handel gegebenen giftigen Schädlingsbekämpfungsmittels (Jacutin) muß prüfen, ob mit einer Anwendung des Mittels zu rechnen ist, die zur Schädigung der Benutzer oder ihres Eigentums führen kann. Ist eine solche Schädigung bei Anwendung der erforderlichen Sorgfalt voraussehbar, so hat der Hersteller die Verkehrspflicht, dafür Sorge zu tragen, daß eine ausreichende Belehrung der Käufer über die möglichen Gefahrenquellen und die Grenzen der Anwendung des Mittels erfolgt[2].

Nach englischem Recht endet die in *Donoghue* v. *Stevenson* festgelegte Verkehrspflicht des Herstellers einer gefährlichen Sache[3] ebenfalls mit der Gefahrenkenntnis des Sachempfängers.

Ausnahmen sind vorstellbar beim verbotswidrigen Inverkehrbringen besonders gefährlicher Stoffe (Gifte oder Explosivstoffe) sowie bei der Aushändigung gefährlicher Sachen an Kinder. Hätte in dem vom Reichsgericht entschiedenen Kindergewehrfall[4] der jugendliche Käufer den Kaufpreis mit Mitteln beglichen, die ihm zur freien Verfügung über-

---

[1] RdL 1956, 46 = VersR 1955, 765.

[2] Auch der Hersteller eines Arbeitsgeräts, mit dessen fehlerhafter, für den Benutzer gefährlichen Verwendung zu rechnen ist, kann unter dem Gesichtspunkt der Verkehrssicherung verpflichtet sein, durch eine entsprechende Gebrauchsanweisung für die Belehrung der Abnehmer zu sorgen, BGH 14. 4. 59, MDR 1959, 654 = NJW 1959, 1219.

[3] Dazu oben S. 247 ff.; STREET 185; *Farr* v. *Butters Brothers & Co.*, [1932] 2 K.B. 606 (C.A.); Lord PORTER in *London Graving Dock Co., Ltd.* v. *Horton*, [1951] A.C. 737 [749].

[4] S. oben S. 262 f.

lassen worden waren, so wäre zwar der Kaufvertrag von Anfang an wirksam gewesen, selbst wenn die Eltern nie von dem Kauf erfahren hätten (§ 110 BGB). Dennoch wäre die Aushändigung des Gewehres, obschon vertragsgemäß, deliktsrechtlich unerlaubt geblieben, auch dem Kinde gegenüber.

### *II. Deliktische Verantwortung für Risiken, hinsichtlich derer der Gefährder seine vertraglichen Schutzpflichten erfüllt hat*

Die besprochenen Grundsätze gelten auch dann sinngemäß, wenn der Gefährdete zwar nicht im Zusammenhang mit einem Vertragsschluß in die Gefährdung einwilligt, der Gefährder jedoch die ihm kraft Vertrages obliegenden Schutzpflichten erfüllt hat.

Der Verwahrer, dem die gefahrdrohende Beschaffenheit der hinterlegten Sache gemäß § 694 BGB angezeigt wurde oder ohne Anzeige bekannt ist, handelt auch deliktsrechtlich „auf eigene Gefahr", ebenso wie der Käufer, Mieter, Beschenkte oder Entleiher, der die geleistete bewegliche Sache annimmt, obwohl er deren Gefährlichkeit kennt; denn der Lieferant einer gefährlichen beweglichen Sache entledigt sich im allgemeinen, wie schon dargelegt[1], der ihm in Ansehung der Sache obliegenden Verkehrspflichten im Verhältnis zum Empfänger, wenn er diesen über die Gefährlichkeit der Sache belehrt. Die Befreiung des Übergebers von seiner deliktischen Verantwortung im Verhältnis zum Empfänger beruht also nicht auf der Modifizierung der ihm obliegenden Verkehrspflichten durch Vertrag, sondern darauf, daß bei dem gegebenen sozialen Sachverhalt seine von der vertraglichen Regelung unabhängigen Verkehrspflichten mit seinen vertraglichen Schutzpflichten inhaltlich übereinstimmen. Sobald es daran fehlt, ergeben sich nach Deliktsrecht andere Lösungen als nach Vertragsrecht. Auch wer z. B. die §§ 524, 600 BGB mit der herrschenden Lehre auf positive Vertragsverletzungen erstreckt und folglich den Schenker und den Verleiher einer wegen eines Mangels gefährlichen Sache nur bei arglistigem Verschweigen des Fehlers dem durch die Sache verletzten Vertragspartner für vertraglich haftbar hält, kann eine weitergehende deliktische Haftung des Schenkers oder Verleihers nicht leugnen. Das Gefälligkeitsmoment ist zwar auch dazu imstande, die deliktischen Verkehrspflichten des Gefälligen abzuschwächen. Beispiele bieten der Sachverhalt der Ge-

[1] S. oben S. 337 f.

fälligkeitsfahrt, soweit der Fahrgast gegenständlichen Gefahren ausgesetzt wird, und die Duldung eines Gefälligkeitsverkehrs über ein Grundstück. Doch enthebt das Gefälligkeitsmoment, dessen Einflußnahme auf den Umfang der Verkehrspflichten selbständig, unabhängig von der vertraglichen Regelung, zu ermitteln ist, den Lieferanten der gefährlichen Sache nicht von der deliktischen Mindestpflicht, alle Gefahren, die er kennt oder kennen muß, dem Empfänger mitzuteilen. Nachdem sich selbst im englischen Recht, das bei der Unterstellung von Verkehrspflichten besonders zurückhaltend ist, diese Ansicht durchgesetzt hat und dort die frühere Lehre aufgegeben ist, der Schenker oder Verleiher habe nur vor den ihm bekannten Gefahren zu warnen, sollten wir nicht weniger verkehrsfeindlich sein. Schon die Redaktoren des Bürgerlichen Gesetzbuchs gingen mit Recht davon aus, daß mangelnde Arglist des Verleihers eines kranken Pferdes, das Pferde des Entleihers ansteckt, deliktische Ansprüche des Entleihers nicht ausschließt[1].

Knüpft das Gesetz an die Verabsäumung einer dem Sachempfänger obliegenden Untersuchungspflicht die Fiktion einer Genehmigung der fehlerhaften Sache (vgl. etwa § 377 HGB oder Artt. 367, 370 II des Schweizer. OR), so steht diese Fiktion selbst dann, wenn man sie auf den Fall der positiven Schädigung des Sachempfängers bezieht, deliktischen Schadensersatzansprüchen des betroffenen Empfängers nicht entgegen[2]. Dies hat das Schweizerische Bundesgericht in einer beispielhaften Entscheidung, in welcher die Eigengesetzlichkeit der allgemeinen Verkehrspflichten voll gewürdigt wird, überzeugend dargelegt[3].

Wenn ferner schon die vertragliche Billigung des gesundheitsgefährlichen Zustandes einer Wohnung durch den Mieter deliktische Schadensersatzansprüche des durch diesen Zustand geschädigten Mieters nicht hindert, so muß das erst recht gelten bei bloßer Kenntnis des Mieters von der Gesundheitsgefährlichkeit, gleichviel welche Tragweite man dem § 539 BGB für den vertraglichen Schadensausgleich beimißt[4]. Die deutsche Praxis hat auch in Fällen dieser Art stets die §§ 823 ff. BGB zugunsten des verletzten Mieters für anwendbar erachtet und in diesem Zusammenhang den Einwand des Vermieters, der Mieter habe auf eigene Gefahr gehandelt, mit Recht zurückgewiesen[5].

---

[1] Prot. II 270.

[2] Anderer Ansicht Dietz 145.

[3] BG 25. 5. 38, BGE 64 II 254.

[4] Hierzu oben S. 331 f.

[5] RG 12. 4. 11, JW 1911, 540; RG 6. 2. 17, RGZ 89, 384; RG 20. 3. 17, RGZ 90, 65; RG 11. 11. 19, JW 1920, 284; RG 6. 11. 40, RGZ 165, 155; OLG Celle 27. 11. 57, VersR 1958, 615; Staudinger(-Kiefersauer) Anm. 5 zu § 539 BGB; Palandt

## *III. Vertragliche Haftungsminderung und Handeln auf eigene Gefahr*

Die in Deutschland herrschende Lehre schränkt den Grundsatz des gleichwertigen Nebeneinanders von vertraglicher und deliktischer Haftung dort ein, wo das Gesetz, wie z. B. in den §§ 521, 599 und in den §§ 690, 708 BGB, die Vertragshaftung auf schwerere Schuldarten beschränkt[1]. In diesen Fällen könne die Vertragspartei, die sich eine weniger schwere, von der Haftungsnorm nicht erfaßte Verfehlung zuschulden kommen lasse, auch nicht gemäß § 823 BGB in Anspruch genommen werden; denn durch die Vorschriften über eine Minderung der vertraglichen Haftung werde gleichzeitig – dies ist die häufigste Begründung – die Grenze zwischen Recht und Unrecht verschoben[2]. Diese Ansicht ist unhaltbar. Daß Vorschriften über eine Haftungsminderung kein Recht zur Verletzung fremder Rechtsgüter einräumen, ist offensichtlich[3]. Jene Argumentation muß wohl auch so verstanden werden, daß den Haftungsminderungsvorschriften die Wirkung beigelegt wird, das im allgemeinen Verkehr erlaubte Risiko relativ, im Verhältnis der Vertragsparteien zueinander, zu erhöhen. Aber auch diese Annahme geht fehl. Die allgemeinen Verkehrspflichten können bei Anerkennung einer Gesetzeskonkurrenz zwischen vertraglicher und deliktischer Haftung allenfalls durch Normen, welche vertragliche Schutzpflichten regeln, niemals aber durch Vorschriften, die das Maß der vertraglich geschuldeten Sorgfalt herabsetzen, aufgehoben oder abgeschwächt werden. Man kann, logisch unanfechtbar, den § 694 BGB oder die §§ 460, 464, 524, 539, 600 BGB – falls man aus diesen Vorschriften eine Begrenzung der vertraglichen Schutzpflicht herausliest – auch auf die inhaltliche Regelung der allgemeinen Verkehrspflichten des Sachschuldners beziehen (wenngleich ich diese Ansicht nicht teile). Aber wie sollte eine Norm, die über den vertraglichen Sorgfaltsmaßstab bestimmt, auf deliktischer Ebene eine Rechtsfolge – nämlich die Veränderung objektiver Pflichten – herbeiführen können, die sie nicht einmal auf vertraglicher Ebene be-

---

(-Gramm) Anm. 1 zu § 539 BGB. Entsprechend die schweizerische Praxis, vgl. BG 16. 10. 34, BGE 60 II 341.

[1] Vgl. die Nachweise in der Entscheidung OLG Karlsruhe 28. 6. 56, VersR 1957, 47 [48]; Enneccerus(-Lehmann), § 232; Oegg in RGR-Kommentar, Vorbem. 4 a vor § 823; Reimer Schmidt, MDR 1958, 193; RG 20. 5. 35, S.A. 89 (1935) Nr. 160, S. 329 = RdRN 1935, 818; BGH 13. 5. 55, BGHZ 17, 214. Anderer Ansicht vor allem Dietz 240 ff.

[2] Enneccerus(-Lehmann), Oegg, RG (vorige Note).

[3] Dietz (vorletzte Note).

wirkt? Wenn überhaupt, wirken die Vorschriften über eine vertragliche Haftungsminderung höchstens insofern auf das Deliktsrecht ein, als sie das Maß an persönlicher Sorgfalt herabsetzen, das bei der Erfüllung der deliktischen Pflichten, insbesondere der Verkehrspflichten, anzuwenden ist. Wer sich aus Gefälligkeit vertraglich verpflichtet, mit seinem Wagen einen Freund bis zu einem bestimmten Zeitpunkt an die Bahn zu bringen, mag – falls man die §§ 521, 599 BGB auf unentgeltliche Beförderungsverträge analog anwendet – nicht zum Schadensersatz verpflichtet sein, wenn das Ziel infolge einer Saumseligkeit des Fahrers, die als eine leichte Fahrlässigkeit anzusehen ist, nicht rechtzeitig erreicht wird. Vom logischen Standpunkt aus kann auch dagegen nichts erinnert werden, daß der gefällige Fahrer dem Fahrgast weder aus Vertrag noch aus Delikt für haftbar erachtet wird, wenn der Fahrer aus leichter Fahrlässigkeit ein Verkehrszeichen übersieht und dadurch einen Unfall verschuldet, bei welchem sich der Fahrgast Verletzungen zuzieht. Den §§ 521, 599 BGB läßt sich aber keinesfalls entnehmen, dem gefälligen Fahrer sei es im Verhältnis zum Fahrgast gestattet, von den objektiven Pflichten abzuweichen, die jedem Kraftfahrer im Verkehr obliegen. Die Vorschriften über eine vertragliche Haftungsminderung berühren die Grenze zwischen befugtem und unbefugtem Verhalten in keiner Weise.

Im übrigen bin ich mit Dietz der Ansicht, daß bei einem Zusammentreffen von vertraglicher und deliktischer Haftung jedes Hinüberwirken vertraglicher Haftungsminderungsnormen auf das Deliktsrecht, also auch eine Abschwächung des deliktischen Sorgfaltsmaßstabs, ausgeschlossen ist. Ich vermag nicht einzusehen, warum z. B. die Sorgfalt, mit der ein Kraftfahrer bei einer Gefälligkeitsfahrt den Wagen zu steuern hat, deswegen vermindert sein sollte, weil sich der gefällige Fahrer, anstatt in unverbindlicher Höflichkeit zu handeln, gegenüber dem Fahrgast vertraglich zur unentgeltlichen Beförderung verpflichtet hat.

# 3. BUCH
# GEFÄHRDUNGSHAFTUNG UND HANDELN DES VERLETZTEN AUF EIGENE GEFAHR

## A. PRAKTISCHE BEDEUTUNG DER LEHRE VOM HANDELN AUF EIGENE GEFAHR FÜR DIE TATBESTÄNDE DER GEFÄHRDUNGSHAFTUNG

Sowohl im deutschen wie auch im französischen Recht verdankt die Lehre vom Handeln des Verletzten auf eigene Gefahr (der „acceptation des risques“) ihre Entstehung hauptsächlich der Problemlage, daß sich eine Person freiwillig – namentlich durch Teilnahme an einer Gefälligkeitsfahrt – einer Gefahr aussetzt, für deren Verwirklichung der Gefährder objektiv haftet, d. h. unabhängig von einem Verschulden. Im deutschen Recht hat sich der Schwerpunkt der Lehre vom Handeln auf eigene Gefahr längst in den Bereich der Deliktshaftung verlagert. Soweit der frühere Standardfall der Gefälligkeitsfahrt im Fuhrwerk überhaupt noch vorkommt – etwa in ländlichen Gegenden –, bedarf es keines juristischen Kunstgriffs mehr, um den gefälligen Fuhrwerksbesitzer im Verhältnis zum Fahrgast von einer vom Verschulden unabhängigen Haftung für die Folgen eines willkürlichen Verhaltens der Zugtiere freizustellen; denn der Fuhrherr hat so gut wie immer gemäß § 833 Satz 2 BGB die rechtliche Möglichkeit, den Nachweis seiner Schuldlosigkeit zu führen. Auch in sonstigen Fällen der bewußten Inkaufnahme einer Tiergefahr, etwa bei Beteiligung an einer Pferdesportveranstaltung, steht dem Gefährder regelmäßig diese Entlastungsmöglichkeit zu Gebote, weil er das schadenstiftende Tier zu Berufszwecken oder in Ausübung eines Gewerbes hält.

Der Ausschluß der durch das Straßenverkehrsgesetz vorgesehenen Gefährdungshaftung des Kraftfahrzeughalters zufolge eines Handelns des Verletzten auf eigene Gefahr wird nur noch bei Unglücksfällen aktuell, die sich im Verlaufe von Kraftfahrsportveranstaltungen ereignen. Bei Kraftfahrzeuggefälligkeitsfahrten entfällt die Gefährdungshaftung des Kraftfahrzeughalters im Verhältnis zum Fahrgast von vornherein (§ 8 a StVG).

Ein Handeln des Eisenbahnfahrgastes auf eigene Gefahr mit der Wirkung, daß die Gefährdungshaftung des Eisenbahnunternehmers (§ 1

RHG) entfällt, ist bisher, soweit ich sehe, nur in einer vereinzelten Entscheidung erwogen worden. Sie betrifft die Fahrt in einem überfüllten Güterwagen, den die Reichsbahn im September 1945 zur Personenbeförderung eingesetzt hatte[1].

Im französischen Recht wurde die Lehre von der acceptation des risques, ähnlich der Entwicklung der Lehre vom Handeln auf eigene Gefahr im deutschen Recht, von dem ursprünglichen Anwendungsbereich der Sachhalterhaftung bei Gefälligkeitsfahrten ausgedehnt auf die deliktische und auf die vertragliche Haftung des Gefährders, ohne jedoch ihre Bedeutung für den angestammten Bereich der Haftpflichtvermutungen (Artt. 1384–1386 C. c.) zu verlieren. Die französische Praxis benötigt die Lehre von der acceptation des risques mehr denn je, um der Geister Herr zu werden, die sie mit der Emanzipation des Art. 1384 I C. c. rief. Das Bedürfnis nach einer Eindämmung der gesetzlichen Haftpflichtvermutungen mittels der Lehre von der acceptation des risques wäre gewiß noch dringlicher, wenn nicht schon die Theorie, daß die Vorschriften über eine vertragliche Haftung eine konkurrierende deliktische oder quasideliktische Haftung verdrängen, willkommene Abhilfe böte.

In der englischen und amerikanischen Praxis hingegen hat der Haftungsausschlußgrund der „assumption of risk" bei den ohnedies schwach entwickelten Formen einer „strict liability" niemals eine bedeutsame Rolle gespielt[2].

---

[1] OGH Köln 10. 2. 50, OGHZ 3, 189.
[2] Vgl. oben S. 190 ff.

## B. RISIKOVERTEILUNG BEI SELBSTGEFÄHRDUNG DES VERLETZTEN

## § 24

### *Echte Fälle eines Handelns auf eigene Gefahr: Relative Einschränkung der Schutzgarantie des Gefährders mit Rücksicht auf die mangelnde Schutzwürdigkeit des Gefährdeten*

#### *I. Wesenseigene Züge des Problems des Handelns auf eigene Gefahr bei objektiver Einstandspflicht des Gefährders*

#### *1. Gefährdungshaftung als Schutzgarantie*

Im deliktischen Bereich spitzt sich das Problem des Handelns auf eigene Gefahr zu auf die Frage, ob sich der Gefährder nach den jeweiligen Umständen der ihm im Verhältnis zum Gefährdeten obliegenden Schutzpflichten entledigt hat. Auf den ersten Blick scheint es so, als nötige die Eigenart der Gefährdungshaftung zum Bruch mit der bisherigen Konzeption und zu einer völlig selbständigen Behandlung des Problems des Handelns auf eigene Gefahr im Bereich der Gefährdungshaftung; denn der Nachweis, daß der Gefährder nach den Umständen dazu befugt war, den Verletzten der Gefahr zu überlassen, gibt nichts her für den Ausschluß einer durch das Recht verordneten objektiven Einstandspflicht des Gefährders. Es ist zwar nicht richtig, daß, wie im Schrifttum gemeinhin behauptet wird[1], die Erlaubtheit der gefährlichen Betätigung, an die das Recht eine vom Verschulden unabhängige Verantwortung knüpft, ein Wesensmerkmal der Gefährdungshaftung ist. Bei einer Gefährdungshaftung kann der tatbestandsmäßige gefährliche Betrieb als solcher unerlaubt sein. Wer z. B. ein nicht betriebssicheres – etwa selbstgebasteltes – Kraftfahrzeug in den Verkehr bringt, handelt gewiß unerlaubt[2], haftet aber nichtsdestoweniger nach Maßgabe des Straßenverkehrsgesetzes[3], was für den Verletzten wichtig ist, der den Nachweis eines Verschuldens des Halters nicht zu erbringen vermag. Im übrigen wird häufig der konkrete Betriebsvorgang, aus welchem der Schaden hervorging, eine unerlaubte, von der objektiven Verantwortung des Unternehmers erst recht umfaßte Gefährdung der Verkehrsteil-

[1] Vgl. ESSER, Gefährdungshaftung 91; LARENZ II 384; ENNECCERUS(-LEHMANN) 928.

[2] Vgl. § 1 I, S. 1 StVG.

[3] Vgl. MÜLLER, Straßenverkehrsrecht 218.

nehmer darstellen, so beispielsweise die mit überhöhter Geschwindigkeit ausgeführte Fahrt des verunglückten Eisenbahnzuges. Wie wenig die Gefährdungsbefugnis eine wesensnotwendige Voraussetzung der Gefährdungshaftung ist, machen vollends die schweizerischen Gefährdungshaftungsgesetze[1] klar, die nach allgemeiner Ansicht[2] innerhalb ihres Anwendungsbereichs die Haftung des Halters oder Unternehmers erschöpfend regeln und eine konkurrierende deliktische oder vertragliche Haftung des Gefährders aufzehren.

Sicherlich aber – das ist der herrschenden Meinung zuzugestehen – ist es nach den Tatbeständen der Gefährdungshaftung unerheblich, ob die der Schädigung vorangehende Gefährdung befugt war oder nicht. Mit den Kategorien „erlaubt" und „unerlaubt" ist dem Problem des Handelns auf eigene Gefahr beim Eingreifen einer Gefährdungshaftung nicht beizukommen.

Die einheitliche Ausrichtung der Problematik des Handelns auf eigene Gefahr im vertraglichen und gesamten außervertraglichen Bereich wird jedoch sichtbar, wenn wir den Gedanken der Schutzgarantie, mit dem wir uns bereits bei den vertraglichen Gestaltungen auseinandergesetzt haben[3], zum besseren Verständnis der Gefährdungshaftung heranziehen. Ausgangspunkt der gesetzlichen Regelung der Gefährdungshaftung ist, gleichwie bei der deliktischen Haftung, der Wille des Gesetzgebers, die nach unserer Rechtsordnung geschützten Rechtsgüter zu erhalten. Während sich aber das Gesetz im Bereich der deliktischen Haftung zur Erreichung dieses Zieles damit begnügt, eine „obligation de moyens" aufzustellen, d. h. jedermann dazu zu verpflichten, das Verkehrserforderliche zur Vermeidung von Rechtsverletzungen zu tun (§§ 823, 276 BGB), ist im Bereich der Gefährdungshaftung die gesetzliche Schutzpflicht gesteigert zu einer gegenständlich gebundenen Schutzgarantie (einer gesetzlichen „obligation de sécurité déterminée"): Der Unternehmer hat schlechthin dafür einzustehen, daß die Verkehrsteilnehmer nicht durch die von ihm – sei es auch erlaubterweise – geschaffenen Gefahren in einer rechtlich zu mißbilligenden Weise geschädigt werden. Der Rechtsgrund für diese Erhöhung der sozialen Pflichtstellung ist komplexer

---

[1] Namentlich das Bundesgesetz über den Straßenverkehr vom 19. 12. 1958, BBl. II 1649 (Artt. 58–62); das Bundesgesetz betr. die Haftpflicht der Eisenbahn- und Dampfschiffahrtsunternehmungen und der Post vom 28. 3. 1905; das Bundesgesetz betr. die elektrischen Schwach- und Starkstromanlagen vom 24. 6. 1902 (Artt. 27–41); das Bundesgesetz über die Luftfahrt vom 21. 12. 1948, BBl. 1949 I 151 (Artt. 64–74).

[2] OFTINGER, Haftpflichtrecht I 428 ff.

[3] S. oben S. 323 f.

Natur. ESSER[1] führt die soziale Bevorzugung des Gefährdehafters an, die in der Gestattung des gefährlichen Betriebes[2] liegt: Nach der Grundeinsicht unseres Rechtsbewußtseins habe man für die Sonderrechte, die man genießt, durch Übernahme des hierbei entstehenden „Unglücks" aufzukommen. Wir haben aber gesehen, daß nach den Gefährdungshaftungstatbeständen der Unternehmer erst recht bei unerlaubter Gefährdung, ja selbst bei Aufnahme eines von Anfang an unerlaubten Betriebes haftet. Folglich kann die Gefährdungshaftung, anders als die vereinzelt vorgeschriebene Haftung für den durch erlaubten Eingriff angerichteten Schaden (z. B. nach § 904 BGB), nicht einfach das Korrelat einer Sonderbefugnis des Schädigers sein[3]. Wesentlicher ist der von LARENZ hervorgehobene Gesichtspunkt, daß man nach einem verfeinerten Verantwortungsbewußtsein die Verantwortung auch für solche Schäden anderer auf sich zu nehmen hat, die man zwar bei aller Sorgfalt nicht vermeiden konnte, die aber mit einer Gefahrenquelle notwendig zusammenhängen, die man – wenn auch erlaubterweise – geschaffen hat oder unterhält[4]. Die Zurechnung der Schäden ist freilich nur dann innerlich gerechtfertigt, wenn der Gefährder die schädliche Gefahrenquelle im eigenen Interesse schafft: Wer die menschliche Gesellschaft in seinem Interesse gefährdet, für den ist es auch soziale Pflicht, die Opfer zu entschädigen[5]. Ferner sollte nicht außer acht gelassen werden, daß die dem Unternehmer auferlegte Schutzgarantie auch dem Zwecke dient, den Unternehmer dazu anzuspornen, mittels geeigneter Sicherungsvorkehrungen dem Eintritt des Schadensfalles nach Kräften entgegenzuwirken[6]. Der Gedanke der Prävention ist im deliktischen Verschuldensprinzip reiner verkörpert. Er schwingt aber auch bei der Gefährdungshaftung mit. ESSER vernachlässigt das zu Unrecht mit der Be-

---

[1] ESSER, Gefährdungshaftung 97.

[2] Die Gefährdungsbefugnis des Unternehmers ergibt sich übrigens, soweit vorhanden, nicht aus der Tatsache der staatlichen Erlaubnis des Unternehmens, wie ESSER (vorige Note) meint, sondern aus der Sozialadäquanz der Gefährdung. Weder § 833 BGB noch eine sonstige Gesetzesnorm erlauben das Halten von Tieren. Die Befugnis hierzu setzt das Gesetz als selbstverständlich voraus.

[3] Gegen ESSER auch WUSSOW, VersR 1959, 778.

[4] LARENZ II 385 N. 1 mit Hinweis auf frühere Äußerungen; s. auch ESSER, Gefährdungshaftung 94 ff.

[5] SÜSS, DRWi 7 (1942) 146; vgl. ferner REINHARDT, Gutachten zum 41. Deutschen Juristentag, Verhandl. I (1955) 276 ff.

[6] So schon MAX RÜMELIN, Der Zufall im Recht (1896) 30 ff.; DERS., Schadensersatz ohne Verschulden (1910) 36 ff.; LITTEN, Die Ersatzpflicht des Tierhalters (1905) 77.

merkung, das Verlangen nach einem Kampf mit dem Zufall sei ein Widerspruch in sich[1]. Die Vermeidbarkeit eines Unfalls ist dafür von Belang – wenn auch nicht schlechthin darüber entscheidend –, ob sich ein Ereignis als die Verwirklichung des typischen, dem Unternehmer zuzurechnenden Risikos darstellt, oder ob es als im Sinne des Gesetzes unabwendbar[2] bzw. als „höhere Gewalt"[3] aus dem Rahmen der gesetzlichen Haftung fällt. Allerdings kann der Unternehmer der ihm drohenden Haftung auch durch Abschluß einer Haftpflichtversicherung begegnen, und er wird dies tun müssen, wenn er jedes Haftungsrisiko vermeiden will. Durch die Möglichkeit einer Haftpflichtversicherung wird aber die vorbeugende Kraft der Schadensausgleichsnormen nicht völlig wirkungslos. Eine Haftpflichtversicherung ist nämlich zu tragbaren Bedingungen nur zu erlangen und der Versicherungsschutz nur dann gesichert, wenn der Versicherungsnehmer Maßnahmen zur Begrenzung des Risikos ergreift. Die Prävention wird auf diese Weise schließlich doch erreicht.

### *2. Wegfall der Schutzgarantie wegen Zumutbarkeit der Selbstsicherung*

Die Möglichkeit eines Handelns des Verletzten auf eigene Gefahr im Bereich der Gefährdungshaftung hängt davon ab, ob und inwieweit die dem Gefährdehafter auferlegte Schutzgarantie nach dem ihr innewohnenden Zweck auch den Schutz solcher Personen umfaßt, die die ihnen drohende Gefahr erkennen und meiden können oder die sich gar in voller Erkenntnis der Gefahr ihr freiwillig ausliefern. Gleichwie im Bereich der deliktischen Haftung auf den Inhalt der Schutzpflichten des Gefährders, kommt es im Bereich der Gefährdungshaftung auf den Inhalt und die Tragweite der Schutzgarantie des Gefährders an. Besonders eng verwandt ist die Problematik des Handelns auf eigene Gefahr im deliktischen Bereich mit der Problematik im Bereich der Gefährdungshaftung. Hier wie dort kann die Schutzwürdigkeit gewisser Personengruppen, denen die Selbstsicherung vor einer Gefahr zumutbar ist, nach unseren sozialethischen Anschauungen so gering zu bewerten sein, daß die Schutzpflichten – bzw. die Schutzgarantie – des Gefährders hinfällig werden. Hierbei ist die Frage, ob dem so ist, in dem einen Bereich ebenso

---

[1] ESSER, Gefährdungshaftung 74 N. 4; vgl. auch 116.

[2] Vgl. § 7 II StVG, § 2 SHaftpflG.

[3] §§ 1, 1 a III Nr. 3 RHG, § 2 SHaftpflG.

vielgestaltig und vielschichtig wie in dem anderen. In beiden Bereichen entzieht sich das Handeln auf eigene Gefahr einer festen Tatbestandsformel.

Der im Bereich der deliktischen Haftung entdeckte Grundtyp des Handelns auf eigene Gefahr (der Gefährdete hat sich vor einer erkennbaren Gefahr selbst zu schützen) hat auch im Bereich der Gefährdungshaftung seine Entsprechung. Allerdings ist in den Fällen der Gefährdungshaftung die Tatsache der Erkennbarkeit der Gefahr wegen des Prävalierens der Schutzinteressen des Verkehrs, das in der gesetzlichen Schutzgarantie zum Ausdruck kommt, nur selten gewichtig genug, jene Schutzgarantie aufzuheben. Ein Beispiel ist die Vorschrift des § 150 I des Preuß. Allg. Berggesetzes vom 24. 6. 1865 [1]. Der Bergwerksbesitzer ist nach § 148 dieses Gesetzes ohne Rücksicht auf ein Verschulden dazu verpflichtet, für allen Schaden, welcher dem Grundeigentum durch den unterirdisch oder mittels Tagebaues geführten Betrieb des Bergwerkes zugefügt wird, volle Entschädigung zu leisten. Die Ersatzpflicht entfällt jedoch, wenn die beschädigten Gebäude oder Anlagen zu einer Zeit errichtet worden sind, „wo die denselben durch den Bergbau drohende Gefahr dem Grundbesitzer auch bei Anwendung gewöhnlicher Aufmerksamkeit nicht unbekannt bleiben konnte“ (§ 150 I). Schutzaufhebend wirkt sonach die Tatsache, daß der Geschädigte eine erkennbare, konkrete Gefahr nicht mied, die durch die Nähe eines schon vorhandenen Bergbaubetriebes begründet wurde [2].

Einen weiteren, dem Grundtyp zuzurechnenden Anwendungsfall des Rechtsgedankens des Handelns auf eigene Gefahr hat die Vorschrift des § 8 a StVG zum Gegenstand. Dem Fahrgast, der sich an einer unentgeltlichen, nicht geschäftsmäßigen Kraftwagenfahrt beteiligt, steht der in § 7 StVG garantierte Gefahrenschutz nicht zur Seite, gleichviel ob er sich nun einer Gefährdung bewußt war oder nicht. Das Gesetz geht davon aus, daß eine Durchschnittsperson die normalen Gefahren einer Kraftwagenfahrt kennt, und es daher der Entscheidung des Publikums überlassen werden kann, sich schutzlos solchen Gefahren durch Teilnahme an einer unentgeltlichen, nicht geschäftsmäßigen Fahrt auszusetzen oder lieber

---

[1] G. S. 705.

[2] Ähnlich liegt im englischen Recht der Ausschluß des Anspruchs nach *Rylands* v. *Fletcher* bei der Miete von Räumlichkeiten in einem Gebäude, in dem sich eine Wasseranlage befindet, vgl. oben S. 191. Die „assumption of risk“ vollzieht sich hier ohne Rücksicht auf das Gefährdungsbewußtsein des Mieters, das meist fehlen dürfte.

auf die Teilnahme zu verzichten. Die Schutzgarantie des § 7 StVG zessiert gegenüber der Personengruppe der Gefälligkeitsgäste. Eine parallele Lösung hat die deutsche Rechtsprechung für die Gefälligkeitsfahrt im Fuhrwerk entwickelt und gleiches taten die französischen Gerichte, indem sie in Fällen der Gefälligkeitsfahrt die Artt. 1384 I, 1385 C. c. nicht anwandten. Auch soweit die Rechtsprechung eine Gefährdungshaftung im Verhältnis der Teilnehmer an einer gefährlichen Veranstaltung für ausgeschlossen erachtet, erfolgt die Zurechnung der Gefahr in Wahrheit allein auf Grund der Möglichkeit, sich von der Gefahr Rechenschaft zu geben und ihr je nach Wunsch aus dem Wege zu gehen.

Seltener hängt der Ausschluß der Gefährdungshaftung im Verhältnis zu sich selbst gefährdenden Personen von dem Nachweis einer bestimmten subjektiven Einstellung dieser Person ab. Zu erwähnen sind Formen der wissentlich rechtswidrigen Annäherung an eine Gefahrenquelle, hinsichtlich deren dem, der sie schafft, eine Schutzgarantie obliegt. Nach Art. 35 des schweizerischen Bundesgesetzes betr. die elektrischen Schwach- und Starkstromanlagen vom 24. 6. 1902[1] entfällt die Schutzgarantie des Inhabers (Artt. 27 ff.), „wenn nachgewiesen werden kann, daß der Getötete oder Verletzte oder der an seinem Eigentum Geschädigte sich durch eine widerrechtliche Handlung oder mit wissentlicher Übertretung von bekanntgegebenen Schutzvorschriften, Warnungen und dergleichen mit der elektrischen Anlage in Berührung gebracht hat". Ähnlich lauten die Artt. 6, 7 des schweizerischen Bundesgesetzes betr. die Haftpflicht der Eisenbahn- und Dampfschiffahrtsunternehmen und der Post vom 28. 3. 1905[2]. Danach kann, wer sich durch eine verbrecherische oder unredliche Handlung mit der Eisenbahn in Berührung gebracht hat, die Schutzgarantie des Unternehmers nicht in Anspruch nehmen (Art. 6). Der Richter kann ferner die Ersatzpflicht des Unternehmers einschränken oder von derselben ganz entbinden, falls die Berühıung durch wissentliche Übertretung polizeilicher Vorschriften zustande kam (Art. 7). Weiterhin ist in Art. 75 II des schweizerischen Bundesgesetzes über den Straßenverkehr vom 19. 12. 1958[3] nunmehr bestimmt, daß die Teilnehmer an einer Schwarzfahrt („Strolchenfahrt"), die von der Entwendung des Fahrzeugs zum Gebrauch Kenntnis hatten, nicht den besonderen Schutz dieses Gesetzes genießen; die Haftung ihnen gegenüber richtet sich nach Obligationenrecht. Of-

---

[1] S. oben S. 346 N. 1. [2] S. oben S. 346 N. 1. [3] BBl 1958 II 1649.

TINGER[1] ist der Ansicht, diesen Vorschriften liege ein allgemeiner, für alle Fälle einer Gefährdungshaftung gültiger Rechtsgedanke zugrunde.

Ebenso ist die Leutehaftung des Dienstherrn ausgeschlossen im Verhältnis zu Personen, die sich wissentlich an einem weisungswidrigen Unternehmen des Gehilfen beteiligen und sich hierbei der Gefahr aussetzen, durch den Gehilfen verletzt zu werden[2]. Sofern die Leutehaftung, wie nach deutschem und schweizerischem Recht, eine Haftung für vermutetes Auswahl- oder Überwachungsverschulden ist, folgt dieser Grundsatz aus einer sinngemäßen Begrenzung der Kontrollpflichten des Dienstherrn, andernfalls aber, wenn der Dienstherr das sachgemäße Verhalten seiner Leute von Rechts wegen garantiert (so das französische und das englische Recht), aus einer sinngemäßen Begrenzung dieser Schutzgarantie. Die geringe Verschiebung der sich bei dieser Sachlage ergebenden Problematik des Handelns auf eigene Gefahr trotz der Verschiedenheit der Haftungstypen beweist, wie nahe diese einander tatsächlich stehen. Die Einordnung der deutsch-schweizerischen und der französisch-englischen Lösung in eine unversöhnliche Antithese Unrecht – Unglück würde das Verständnis der Problematik des Handelns auf eigene Gefahr erschweren, wenn nicht unmöglich machen.

### *3. Das Handeln auf eigene Gefahr als Ausnahmesituation*

Die Fälle des Handelns auf eigene Gefahr haben auch im Bereich der Gefährdungshaftung den Charakter von Ausnahmesituationen, in welchen gewisse Gruppen von Personen, denen die Eigenverantwortung für ihre Sicherung vor mindestens erkennbaren Gefahren zumutbar ist, diese Gefahren auf sich zu nehmen haben. Grundsätzlich umfaßt die Schutzgarantie, welche die Rechtsordnung an eine gefährliche Betätigung knüpft, auch den Schutz sich selbst gefährdender Personen. Die bewußte Geringschätzung der Gefahr seitens des Verkehrs gehört regelmäßig zu den typischen Risiken, die zu Lasten eines Gefährders gehen, der nach der Rechtsordnung erhöhte soziale Verantwortung trägt. Wann dieser Grundsatz durchbrochen wird, läßt sich, wie schon die bisherigen Ausführungen deutlich gemacht haben, nicht allgemein sagen. Die Ausnahmesituationen des Handelns auf eigene Gefahr haben auch im Bereich der Gefährdungshaftung keine einheitliche Struktur. ESSER[3] be-

---

[1] OFTINGER, Haftpflichtrecht II 890.

[2] S. oben S. 305.

[3] ESSER, Gefährdungshaftung 109 N. 6; DERS., Schuldrecht 517.

hauptet zwar schlechthin, daß bei freiwilliger Gefahraussetzung der Grund der Gefährdungshaftung, nämlich die sozial erzwungene Hinnahme einer Gefährdung, entfalle. Das heißt einen richtigen Gesichtspunkt in bedenklicher Weise verallgemeinern [1]. In der Tat wäre es widersinnig, den Verkehr auf die eigenverantwortliche Sicherung vor einer Gefahr zu verweisen, wenn die breite Masse der Verkehrsteilnehmer nach den tatsächlichen sozialen Verhältnissen auf die Benutzung des gefährlichen Betriebs oder der gefährlichen Sache angewiesen ist. Aus dieser Grundeinsicht hat der deutsche Gesetzgeber im Jahre 1939 [2] die Schutzgarantie des Kraftfahrzeughalters, die ursprünglich nur gegenüber nicht-beförderten Personen oder Sachen galt, ausgedehnt auf diejenigen Personen oder Sachen, die durch ein dem öffentlichen Verkehr dienendes Kraftfahrzeug entgeltlich befördert werden [3]. Der Kraftwagen sei, so wird in der amtlichen Begründung des Gesetzes ausgeführt [4], in den Jahren seit dem Inkrafttreten des Kraftfahrzeuggesetzes ein absolut notwendiges Verkehrsmittel geworden, insbesondere soweit er dem öffentlichen Verkehr dient, und es sei nicht zu verantworten, die Personen und Güter, die derartige Kraftwagen benutzen, schlechter zu stellen als die von der Eisenbahn oder Straßenbahn beförderten.

Es trifft aber keineswegs zu, daß alle Personen, die sich im Einzelfall nachweislich ohne soziale Nötigung der vom Gefährdehafter zu verantwortenden Gefahrenquelle aussetzen, dies auf eigene Gefahr tun. Auch der Urlauber, der sich aus reinem Vergnügen an einer (entgeltlichen) Stadtrundfahrt in einem Omnibus beteiligt, obwohl er ebensogut den eigenen Wagen hätte benutzen können, ist gegen die Risiken der Fahrt nach Maßgabe des § 7 StVG geschützt. Für die Haftpflicht des Eisenbahn- oder Straßenbahnunternehmers ist die tatsächliche Entscheidungsfreiheit des Fahrgastes ebensowenig erheblich. Es kann nicht einmal zugegeben werden, daß die Personen, die sich ohne Not einer durch besondere Umstände erhöhten Betriebsgefahr aussetzen, dies stets auf eigene Gefahr tun. Als Beispiel sei der bereits erwähnte, vom OGH Köln entschiedene Fall angeführt, daß ein Reisender bei Benutzung

---

[1] Süss, DRWi 7 (1942) 196.

[2] Gesetz vom 7. 11. 1939 (RGBl I 2223).

[3] Das Gesetz vom 16. 7. 1957 (BGBl I 710) hat die Schutzgarantie noch weiter erstreckt auf alle entgeltlich oder geschäftsmäßig beförderten Personen und die von diesen mitgeführten Sachen, § 8 a StVG, s. oben S. 25 N. 2.

[4] DJ 1939, 1772.

eines von der Reichsbahn 1945 zur Personenbeförderung eingesetzten überfüllten Güterwagens verletzt wird[1].

Der Kl. hatte sich in dem Türrahmen des Wagens auf seine Aktentasche gesetzt. Als der Zug einlief, bückte sich der Kl., sich mit einer Hand am Türrahmen festhaltend, nach der Aktentasche, verlor das Gleichgewicht – möglicherweise infolge eines Stoßes aus dem Wageninnern – und stürzte auf den Bahnsteig. Ihm wurden beide Beine abgefahren.

Der OGH Köln läßt dahingestellt, ob der Gesichtspunkt des Handelns auf eigene Gefahr im Rahmen des Haftpflichtgesetzes nach § 5 dieses Gesetzes rechtlich überhaupt möglich sei. Jedenfalls habe für den Kl., der seine Militärentlassungspapiere holen wollte, eine zwingende Notwendigkeit zur Fahrt bestanden. Wäre aber die Rechtslage anders gewesen, wenn der Kl. die Fahrt ohne triftigen Grund angetreten hätte? Gewiß nicht. Nach Ansicht des OGH Köln stellten die besonderen Umstände, die die Reichsbahn dazu zwangen, Güterwagen zur Personenbeförderung einzusetzen und eine Überfüllung der Wagen zuzulassen, keine höhere Gewalt im Sinne des § 1 RHG dar. Damit war aber zugleich entschieden, daß die Gefährdung der Fahrgäste durch diese besonderen Umstände ohne Rücksicht auf die subjektive Einstellung der Fahrgäste zu der Gefahr dem typischen Betriebsrisiko zuzurechnen ist, welches die Bahn zu tragen hat[2]. Mit § 5 RHG hat diese Entscheidung nichts zu tun.

Auch in dem früher besprochenen Fall der entgeltlichen Beförderung eines Reisenden in einem nicht zur Personenbeförderung eingesetzten LKW[3] war die Gefährdungshaftung des Kraftfahrzeughalters nicht wegen eines Handelns des Fahrgastes auf eigene Gefahr ausgeschlossen, wie auch immer dessen Beweggründe für die Teilnahme an der gefährlichen Fahrt sein mochten[4].

---

[1] Urteil vom 10. 2. 50, OGHZ 3, 189 = VRS 2 (1950) Nr. 51, S. 131, vgl. oben S. 344 N. 1.

[2] Dagegen liegt die Selbstgefährdung des Selbstmörders, der sich vor den Zug wirft, außerhalb des von der Bahn zu verantwortenden Betriebsrisikos. Zu Recht nimmt daher das OLG Karlsruhe 20. 5. 58, VersR 1959, 569, in einem solchen Falle höhere Gewalt an.

[3] S. oben S. 334 u. 336.

[4] Das Eingreifen der Gefährdungshaftung war allein deswegen zweifelhaft, weil der bekl. Wagenführer den Wagen angeblich ohne Wissen und Willen des Halters im öffentlichen Verkehr verwendet hatte.

### 4. *Versuch einer Typisierung*

Das Fehlen einer einheitlichen Struktur der Fälle des Handelns auf eigene Gefahr im Bereich der Gefährdungshaftung schließt es nicht aus, die Ausnahmesituationen, in denen die Schutzgarantie des Gefährdehafters nach dem Leitgedanken des zumutbaren Selbstschutzes ihren Sinn verliert, typisierend zu erfassen in vorsichtiger Abwägung des Zweckes der jeweiligen Haftungsnorm. Hierbei sind die Sachverhaltselemente, die sich schon für die Limitierung der deliktischen Verkehrspflichten als wesentlich herausgestellt haben, ein wichtiger Anhalt.

#### a) Selbstgefährdung des geduldeten Verkehrs

Die deutsche und die französische Rechtsprechung zur Gefälligkeitsfahrt legen die Folgerung nahe, daß eine strenge, von einem Verschulden unabhängige Haftung des Gefährders immer unangebracht ist, falls eine Person verletzt wird, der der Gefährder aus bloßer Gefälligkeit die Annäherung an die erkennbare Gefahrenquelle gestattet hat. Zu diesem Ergebnis gelangt z. B. der Franzose STARCK in einer neueren Untersuchung über die Grundlagen des Haftpflichtrechts[1]. Ich vermag diese Ansicht nicht zu teilen. Der Zirkusunternehmer, der Gratisbillets verteilt, haftet beim Ausbrechen eines wilden Tieres nicht nur den durch das Tier verletzten Zahlgästen, sondern auch verletzten Gratisgästen nach § 833 Satz 1 BGB. Nicht viel weiter führt auch das zusätzliche Erfordernis der Teilnahme des Verletzten am Gebrauch der Sache, das die französische Rechtsprechung für den Ausschluß der Sachhalterhaftung aufgestellt hat. Es ermöglicht allein für die Gefälligkeitsfahrt im Fuhrwerk eine zutreffende Lösung, schon nicht mehr für die Gratisfahrt mit der Eisenbahn, geschweige denn für andere Sachverhalte, wie etwa die Teilnahme an einem Sport[2]. Man kann füglich kaum bestreiten, daß z. B. – jedenfalls was das deutsche Recht anlangt – der Eisenbahn- oder Straßenbahnunternehmer auch den beim Betrieb der Bahn verletzten Gratisgästen nach Maßgabe des Reichshaftpflichtgesetzes einzustehen hat. Mir scheint das Gefälligkeitsmoment überhaupt nur für den Ausschluß der schwächeren, der Deliktshaftung näherstehenden Schutzgarantien des Tierhalters und des Kraftfahrzeughalters hinzurei-

[1] STARCK, Essai d'une théorie générale de la responsabilité civile, considérée en sa double fonction de garantie et de peine privée (1947) 474 f.

[2] Vgl. dazu namentlich die auf S. 144 f. geschilderte französische Rechtsprechung.

chen, sofern es einen interindividuellen, der allgemeinen Sozialsphäre entrückten Vorgang indiziert. Eisenbahnen und Straßenbahnen sind aber Unternehmen, die ihrer Bestimmung nach der Abwicklung des allgemeinen Verkehrs dienen, welcher auch Destinatär der Schutzgarantie des § 1 RHG ist. Jede befugte – sei es auch unentgeltliche – Teilnahme an diesem Verkehr ist ein sozialübliches Verhalten, das den durch jene Vorschrift statuierten Rechtsschutz genießt[1].

Die verpflichtende Kraft der Verkehrseröffnung und der Verkehrsteilnahme haben wir schon bei der Untersuchung der deliktischen Verkehrspflichten erkannt. Pflichtenabschwächend wirkt hinwiederum der Umstand, daß der Gefährder ohne Eröffnung eines Verkehrs das Betreten des von ihm beherrschten Gefahrenraumes aus bloßer Gefälligkeit duldet. Die Personen, die sich diese Duldung zunutze machen, nehmen die in dem fremden Exklusivbereich vorhandenen erkennbaren Gefahren auf sich, und zwar, wie ich glaube, auch die erkennbare Gefährdung durch ein vom Gefährder gehaltenes Tier, selbst wenn der Halter für die durch das Tier angerichteten Schäden ohne Rücksicht auf ein Verschulden einzustehen hat (§ 833 Satz 1 BGB). Die Schutzgarantie des Tierhalters verliert in diesem Falle ihren Sinn, weil die für sie maßgebende Interessenlage weggefallen ist, daß in Verfolgung eigener Ziele die Gefährdung des „Verkehrs" in Kauf genommen wird. Praktische Beispiele sind die vor allem in der französischen Rechtsprechung behandelten Fälle des Überschreitens einer Viehweide mit Duldung des Tierhalters, ferner die Gefälligkeitsfahrt im Fuhrwerk – der vom Gefährder beherrschte Gefahrenraum ist hier das Fuhrwerk – und entsprechend die Gefälligkeitsfahrt im Kraftfahrzeug.

### b) Selbstgefährdung des unbefugten Verkehrs

Das Eindringen in den fremden Exklusivbereich geschieht erst recht auf eigene Gefahr, wenn es nicht einmal geduldet wird, sondern widerrechtlich erfolgt. Zu verweisen ist wiederum auf die französische Recht-

[1] Ebenso nunmehr das neue österreichische Bundesgesetz über die Haftung für den Ersatz von Schäden aus Unfällen beim Betrieb von Eisenbahnen und beim Betriebe von Kraftfahrzeugen vom 21. 1. 1959 (BGBl Nr. 48) § 3. Danach ist die Haftung des Eisenbahnunternehmers nur gegenüber Schwarzfahrern, nicht auch gegenüber Gratispassagieren ausgeschlossen (§ 3 Nr. 1), wohingegen die Haftpflicht des Kraftfahrzeughalters gegenüber allen Fahrgästen entfällt, die auf ihr Ersuchen in ihrem ausschließlichen oder überwiegenden wirtschaftlichen Interesse unentgeltlich befördert werden (§ 3 Nr. 2).

sprechung, namentlich auf den Fall, daß jemand eine Weidefläche betritt, um ein Fohlen zu streicheln[1]. Einen ähnlichen Sachverhalt hatte das OLG München[2] zu entscheiden.

Der Kl. war auf der Alm des Bekl., in die er unbefugt eingedrungen war, durch einen Jungstier angegriffen und verletzt worden.

Das Oberlandesgericht wies die Klage, die allerdings nicht auf eine Gefährdungshaftung des Bekl., sondern nur auf vermutetes Verschulden (§ 833 Satz 2 BGB) gestützt werden konnte, zutreffend zurück: „Es kann dahingestellt bleiben, ob das Übersteigen der Weideumzäunung ein eigenes Verschulden des Kl. hinsichtlich der Verletzung bildet. Jedenfalls hat er dabei auf eigene Gefahr gehandelt, d. h. die Gefahr seines Handelns auf sich genommen".

Ebensowenig kann der blinde Passagier, der unberechtigt auf einem Tierfuhrwerk oder Kraftfahrzeug mitfährt, sich auf eine evtl. eingreifende Gefährdungshaftung des Sachhalters berufen (eine Gefährdungshaftung des Kraftfahrzeughalters kommt nur nach französischem Recht in Betracht)[3]. Nur für das „allurement" von Kindern durch langsam fahrende Kraftfahrzeuge ist eine Ausnahme zu machen, wie sich sowohl durch die französische[4] wie auch durch die deutsche Rechtsprechung[5] belegen läßt.

Das Moment des widerrechtlichen Eindringens in den Gefahrenraum setzt die Schutzwürdigkeit des Gefährdeten stärker herab als die Tatsache der Duldung des Zutritts durch den gefälligen Gefährder. Selbst die Schutzgarantie des Eisenbahn- und Tierhalters sowie des Inhabers einer Elektrizitäts- oder Gasanlage zessiert gegenüber unbefugten Eindringlingen, jedenfalls soweit sich diese der Widerrechtlichkeit ihres Tuns bewußt sind und es sich nicht um Jugendliche handelt, deren Unvernunft der Gefährder wenigstens bis zu einem gewissen Grade in das von ihm übernommene Haftungsrisiko einrechnen muß. Die den Fall des unbefugten Eindringens regelnden Vorschriften der schweizerischen Gefährdungshaftungsgesetze[6] begrenzen das Haftungsrisiko des Inhabers in einer vernünftigen, auch für das deutsche Recht zu billigenden Weise.

---

[1] S. oben S. 151 N. 5.

[2] OLG München 3. 4. 16, OLGE 34 (1917) 124; s. ferner OLG Augsburg 20. 12. 31, BayZ 1931, 296.

[3] Vgl. ECKSTEIN, ArchBR 39 (1913) 402, der den Ausschluß der Tierhalterhaftung mit § 242 BGB begründen will, s. oben S. 50 N. 4.

[4] S. oben S. 119.

[5] S. oben S. 51.

[6] S. oben S. 350.

Die Jugendlichkeit des Verletzten hindert auch hier – ähnlich wie im Bereich der deliktischen Haftung – nur mittelbar ein Handeln des Jugendlichen auf eigene Gefahr insofern nämlich, als die typischen Eigenschaften eines Jugendlichen die Schutzgarantie des Unternehmers umfänglich erweitern.

Die unbefugte Annäherung an die Gefahr schließt aber keineswegs immer die Gefährdungshaftung aus. Fehlt das den Gefährder entlastende Moment des bewußt widerrechtlichen Eindringens in seine Exklusivsphäre, so handelt m. E. die sich unbefugt annähernde Person nicht auf eigene Gefahr, sondern muß sich nur ein mitwirkendes Verschulden entgegenhalten lassen. Hätte in dem oben erwähnten[1], von der französischen Rechtsprechung entschiedenen Fall der Verletzte ein auf der Straße stehendes Pferd gestreichelt, so hätte er nicht auf eigene Gefahr gehandelt. Ein solches, mit der Verkehrsteilnahme in engem Zusammenhang stehendes Geschehnis liegt nämlich durchaus nicht außerhalb des typischen Risikos, das der Halter eines Tieres in Kauf nimmt.

c) Selbstgefährdung durch Übernahme der Sachherrschaft

Von der Schutzgarantie des Sachhalters müssen ferner diejenigen Personen ausgenommen werden, die die auschließliche, im eigenen Interesse ausgeübte Herrschaft über die gefährliche Sache erlangt haben, so daß jede Einwirkungsmöglichkeit des Halters entfällt. Im deutschen Recht ist dieser Typ des Handelns auf eigene Gefahr nur noch für die Fälle bedeutsam, in denen ein Tierhalter nach § 833 Satz 1 BGB ohne Exkulpationsmöglichkeit haftet. Die Gefährdungshaftung des Kraftfahrzeughalters entfällt ohnehin gegenüber allen Personen, die beim Betrieb des Kraftfahrzeugs tätig sind (§ 8 StVG).

Wer eine schädliche Sache in Besitz nimmt, handelt sicherlich auf eigene Gefahr, falls er mit der Inbesitznahme (alleiniger) Sachhalter wird. Die französische Rechtsprechung versteht den Begriff des „gardien" in einem sehr weiten Sinne und nimmt an, daß jede Person, die eine Sache unter die tatsächliche Gewalt bekommt, ohne hierbei als préposé eines anderen tätig zu werden, „gardien" wird unter Ausschluß aller anderen Prätendenten wie des Eigentümers oder des bisherigen Halters[2]. Daher wird nach französischem Recht nicht nur der Mieter

---

[1] S. oben S. 356.

[2] RODIÈRE, nos. 1533 ff.; AUBRY/RAU(-ESMEIN) VI 598 ff.

oder Entleiher eines Tieres dessen gardien, sondern auch die Person, die in Ausübung ihres Berufs eine Verrichtung an dem Tier vornimmt und es dabei in ihre Obhut nimmt wie etwa der Tierarzt oder der Hufschmied[1]. Die Gerichte zögern allerdings mit dieser Folgerung, falls der Eigentümer des Tieres bei der Verrichtung zugegen ist[2]. Doch hat der Kassationshof entschieden, daß der Hufschmied während des Beschlagens eines Pferdes als dessen gardien zu gelten hat, selbst wenn der Eigentümer oder dessen Knecht den Huf des Tieres hält[3].

Nach einer Entscheidung des Appellationshofes Poitiers wird ferner der Jockey für die Dauer des Rennens gardien des von ihm gerittenen Rennpferdes und hat daher den Schaden selbst zu tragen, wenn er beim Rennen aus dem Sattel geworfen wird und sich verletzt, es sei denn, er wäre préposé des Eigentümers des Pferdes[4]. Die préposés des Tiereigentümers genießen den Schutz des Art. 1385 C. c., was jedoch wegen gesetzlicher Sonderregelung der Entschädigungspflicht bei Arbeitsunfällen heute kaum noch von Belang ist[5].

Die deutsche Rechtsprechung ist mit der Annahme des Übergangs der Tierhaltereigenschaft auf den Sachbesitzer viel zurückhaltender, weil sie die wirtschaftlichen Gegebenheiten – insbesondere unter dem Gesichtspunkt der Einordnung des Tieres in den Wirtschaftsbetrieb – stärker berücksichtigt. Sie sieht zwar unter Umständen den Mieter[6] und den Entleiher[7] des Tieres, niemals aber den das Tier behandelnden Tierarzt oder Hufschmied als Tierhalter an. Infolgedessen bleibt im deutschen Recht Raum für das Problem des Handelns der die Sachherrschaft ausübenden Personen auf eigene Gefahr. Die deutsche Rechtsprechung sucht es mit Hilfe fingierter Vertragsabreden zu meistern. Der Trainer[8] sowie der Zureiter[9] übernehme die Tiergefahr, weil er die ausschließliche und vollständige Gewalt über das Tier erlangt, während in den

---

[1] GORÉ, Rép. dr. civ. IV (1954) s. v. „Responsabilité du fait de choses", nos. 436 – 438.

[2] GORÉ (vorige Note) no. 445.

[3] Req. 19. 1. 38, D.H. 1938, 148; Civ. 2. 6. 42, J.C.P. 1943 II 2340 (1. u. 2. Fall); Tr. civ. Orthez 15. 5. 52, D. 1952, j. 503.

[4] Poitiers 13. 7. 14, D.P. 1917. 2. 80; s. auch Req. 10. 11. 24, D. P. 1925. 1. 49 (Trainer wird Halter).

[5] GORÉ (oben N. 1) no. 476 mit Nachweisen.

[6] Vgl. OLG Frankfurt/M. 9. 3. 56, VersR 1956, 454; Die Narrenzunft, die ein Pferd für einen Karnevalsumzug mietet, wird Halter des Pferdes.

[7] RG 20. 11. 05, RGZ 62, 79.

[8] RG 13. 7. 04, RGZ 58, 410.

[9] RG 9. 1. 05, JW 1905, 143.

Vertrag, den der Tierhalter mit einem Tierarzt[1] oder Hufschmied[2] schließt, von der Rechtsprechung nur dann eine solche Abrede über die Übernahme der Tiergefahr hineininterpretiert wird, wenn der Tierarzt oder der Hufschmied das Tier in Abwesenheit des Eigentümers behandelt und es in seine ausschließliche Obhut nimmt[3]. Abhängige Personen, wie der Kutscher oder der Stallknecht, übernehmen auch nach deutschem Recht niemals die Gefahr[4], ebensowenig der Pferdemakler, der ein Pferd für den Besitzer einem Kauflustigen vorführt[5].

Ich halte die deutsche Rechtsprechung im Ergebnis für zutreffend. Die Ausweitung des Begriffs des Halters im französischen Recht ist als eine Verlegenheitskonstruktion zu verstehen, die über das Problem des Handelns auf eigene Gefahr hinweghelfen soll. Die französische Rechtsprechung kann nicht die seltsame Konsequenz vermeiden, daß der Tierarzt oder der Hufschmied nicht nur die Gefahr der eigenen Verletzung durch das Tier auf sich zu nehmen hat, sondern auch für Verletzungen, die das Tier während der Behandlung anderen Personen[6], ja dem anwesenden Tiereigentümer selbst zufügt[7], nach Art. 1385 C. c. haftbar ist. Immerhin stellt die französische Rechtsprechung zutreffend auf die objektive Sachlage ab. Die vom Reichsgericht bejahte „Gefahrübernahme“ beruht in Wahrheit allein auf der objektiven Tatsache des Überganges der Sachherrschaft auf den Übernehmer, der an der Ausübung der Herrschaft ein eigenes Interesse hat[8]. Mit dem Übergang der Sachherrschaft wird die Präventivfunktion der Tierhalterhaftung im Verhältnis zum Übernehmer gegenstandslos; dieser ist selbst dazu in der Lage, die Maßnahmen zu ergreifen, die seinen bestmöglichen Schutz gewährleisten, während dem Halter jede Einflußmöglichkeit genommen ist. Das eigene Interesse des Übernehmers wiegt außerdem im Verhältnis zum Halter den Gesichtspunkt auf, daß der Halter den Nutzen des Tieres hat und folglich für die Schäden einstehen muß, die das Tier an-

---

1 RG 27. 11. 03, JW 1904, 57; RG 18. 5. 12, JW 1912, 797.

2 RG 29. 5. 05, JW 1905, 432; RG 28. 6. 06, JW 1906, 553; RG 27. 9. 12, WarnRspr, 1912 Nr. 430, S. 475.

3 RG 27. 9. 12 (vorige Note).

4 Vgl. RG 4. 6. 08, Recht 1908, Nr. 2560; RG 17. 11. 10, JW 1911, 89; Palandt (-Gramm), Anm. 2 a zu § 833.

5 RG 20. 2. 11, Recht 1911, Nr. 1555. Bei Arbeitsunfällen ist § 898 RVO zu beachten.

6 Civ. 2. 6. 42, J.C.P. 1943 II 2340 (1. Fall: Knecht des Halters verletzt).

7 Req. 19. 11. 38, D. H. 1938, 148; Civ. 2. 6. 42, J.C.P. 1943 II 2340 (2. Fall).

8 Die Entscheidung AG Berlin-Lichterfelde vom 28. 6. 37, JW 1937, 3107 ist ein Beispiel dafür, daß die Vertragskonstruktion oftmals versagt.

richtet. Die Benutzung des Tieres im alleinigen Interesse des Halters, z. B. um aus Gefälligkeit eine Dienstleistung für ihn auszuführen, würde für den Wegfall der Schutzgarantie des Tierhalters nicht hinreichen[1]. Alle verglichenen Rechte messen dem Interessemoment erhebliches Gewicht bei. Sie sind sich darüber einig, daß jeder, der aus Gefälligkeit dem Tierhalter zur Hand geht und dabei mit dem Tier in Berührung kommt, oder der sich, um andere vor Gefahr zu retten, dem durchgegangenen Tier entgegenstellt oder ein wildgewordenes Tier bändigt, nicht auf eigene Gefahr handelt[2].

Gegenüber seinen Bediensteten hat der Tierhalter stets für die Tiergefahr einzustehen, weil die Bediensteten keine eigene Sachherrschaft ausüben, welche die Einflußmöglichkeit des Halters ausschließt. Nur das englische Recht schiebt ihnen die Gefahr zu[3].

### d) Selbstgefährdung bei Teilnahme an einem Sport oder Spiel

Von der soeben behandelten Sachlage unterscheidet sich deutlich die Selbstgefährdung des Teilnehmers an einer Sportveranstaltung, der sich der erkennbaren Gefahr aussetzt, durch ein bei der Veranstaltung eingesetztes Tier oder Kraftfahrzeug verletzt zu werden. Ein Teilnehmer erlangt nicht die Herrschaft über die ihn gefährdende Fremdsache, noch weniger ein Zuschauer. Unhaltbar ist die eigenwillige Behauptung des Tribunal de Paix Marseille[4], der Matador werde „gardien" des Stieres, gegen den er zum Kampfe antritt. Die Tatsache eines „Stierkampfes" widerlegt sie hinlänglich.

Hingegen hat die Selbstgefährdung des Sportteilnehmers eine gewisse Verwandtschaft mit der Selbstgefährdung des geduldeten Verkehrs, dem zuerst erörterten Typ eines Handelns auf eigene Gefahr. Zwar fehlt bei

---

[1] Vgl. RG 24. 2. 10, WarnRspr. 1910 Nr. 153, S. 157; OLG Hamm 9. 2. 15, OLGE 34 (1917) 123.

[2] Deutsches Recht: RG 5. 11. 08, RGZ 69, 399; RG 28. 1. 11, JW 1911, 319; RG 10. 6. 11, JW 1911, 714; RG 1. 4. 09, Soergel, Rspr. 1909, 332, Nr. 19 zu § 833 BGB; OLG Köln 8. 11. 34, JW 1935, 441; OLG München 9. 8. 40, HRR 1941, Nr. 74.

Über das französische Recht vgl. oben S. 150.

Englisches Recht: Goodhart, 5 Camb. L. J. (1933–1935) 192–203; *Haynes* v. *Harwood,* [1935] 1 K. B. 146 (C. A.).

[3] S. oben S. 191 f.

[4] S. oben S. 135 N. 2.

der Selbstgefährdung des Sportteilnehmers sowohl das Moment der Inanspruchnahme einer Gefälligkeit wie auch das Moment des Betretens einer fremden Exklusivsphäre. Aber es ließe sich der Standpunkt vertreten, daß die Beziehungen der Sportteilnehmer zueinander interindividuellen Charakter haben und als solche gegenüber dem sozialüblichen „Verkehr" herausgehoben sind, dessen Schutz die Gefährdungshaftung des Tierhalters und des Kraftfahrzeughalters allein bezweckt. Das ist jedenfalls der einzige Gesichtspunkt, welcher ein Handeln der Sportteilnehmer auf eigene Gefahr rechtfertigen könnte. Die Größe der in Kauf genommenen Gefahr halte ich nicht für ausschlaggebend. Der Kraftfahrer, der soeben einen Führerschein erhalten hat, dürfte sich im Trubel des heutigen Großstadtverkehrs kaum geringeren Gefahren hingeben als der Teilnehmer an einem gut organisierten Kraftfahrzeugrennen, zu dem nur lizenzierte Berufsrennfahrer zugelassen sind. Zudem zeigt die deutsche und zum Teil auch die französische Rechtsprechung [1] die Bereitschaft, verletzten Zuschauern Ansprüche aus einer Gefährdungshaftung der Teilnehmer zuzuerkennen, selbst wenn die zum Schutze der Zuschauer getroffenen Maßnahmen unzureichend waren und dies den Zuschauern nicht entgangen war. Zuschauer, die bei einem Kraftfahrzeugrennen ungeschützt neben der Rennbahn stehen, sind aber nicht weniger gefährdet als die Rennteilnehmer selbst, jedenfalls wenn man die Größe der Fremdgefahr vergleicht, die von dem Verhalten anderer ausgeht. Den Grund für die Bevorzugung der Zuschauer, die vielfach in der Rechtsprechung zu beobachten ist, sehe ich allein darin, daß die Selbstgefährdung der Zuschauer eher als die Selbstgefährdung der Teilnehmer als ein sozialüblicher Akt gelten kann, besonders bei Großveranstaltungen mit Massenandrang. Der Zuschauer ist in stärkerem Maße als der Teilnehmer „quivis ex populo", weshalb sich – sofern man bedenkt, daß die Schutzgarantie des Tierhalters oder des Kraftfahrzeughalters auf sämtliche Formen sozialüblichen Verkehrs zu erstrecken ist – für den Zuschauer schwerer ein haftungsrechtlicher Sonderstatus rechtfertigen läßt als für den Teilnehmer.

Die Rechtsstellung des Sportteilnehmers sollte jedoch haftungsrechtlich prinzipiell keine andere sein als die des Zuschauers. Auch die aktive Teilnahme an einem Sport ist unter den heutigen Aspekten ein sozialüblicher Akt der Verkehrsteilnahme. Mit der zeitgemäßen sozialethischen Einschätzung von Sportveranstaltungen verträgt es sich nicht, den-

---

[1] Vgl. vor allem den Golffall oben S. 145 N. 4.

jenigen, der an einer Veranstaltung des Kraftfahr- oder Pferdesports aktiv teilnimmt, vor die Alternative zu stellen, entweder den Ausfall der Schutzgarantie der beteiligten Kraftfahrzeug- oder Tierhalter hinzunehmen oder der Veranstaltung fernzubleiben. Das ist evident bei der Beteiligung von Berufssportlern an der Veranstaltung. Es ist aber auch nicht einzusehen und widerspricht dem Grundsatz der typischen Bewertung der Sachverhalte des Handelns auf eigene Gefahr, daß Amateursportler weniger geschützt sein sollten. Auch kommt den Teilnehmern an einer Sportveranstaltung eine etwaige Gefährdungshaftung wechselseitig zugute. Man kann daher nicht von einer einseitigen Bevorzugung des Geschädigten sprechen, wenn ihm die Vorteile einer Gefährdungshaftung des ihn verletzenden Teilnehmers zugebilligt werden. Jeder aktive Teilnehmer an einer Veranstaltung des Kraftfahr- oder Pferdesports trägt gleichermaßen das Risiko seiner Haftung, das er durch eine Versicherung decken mag, falls er hierzu nicht schon gesetzlich verpflichtet ist oder durch die Rennbedingungen angehalten wird.

Die hier vertretene Auffassung ist nicht weit entfernt von dem tatsächlichen Stand der deutschen Rechtsprechung. Sie widerspricht zwar den Entscheidungen des OLG Celle vom 19. 11. 32 und vom 14. 11. 36 über die Gefahrübernahme bei Teilnahme an einer „Fuchsjagd" oder Zuverlässigkeitsfahrt[1] sowie dem Urteil des OLG Hamburg vom 3. 3. 42, das den Schadensersatzanspruch eines Rennfahrers gegen einen Rennkonkurrenten zum Gegenstand hat[2]. Das Hamburger Urteil besitzt indes kein erhebliches Gewicht, da der Beklagte den Unfall durch unnötig scharfes Bremsen verursacht hatte und deshalb sowohl aus unerlaubter Handlung wie nach dem Kraftfahrzeuggesetz haftete. Die Ausführungen über das Handeln auf eigene Gefahr der Rennteilnehmer erfolgten somit „obiter". Im übrigen hat das Reichsgericht in anderen Fällen ein Handeln auf eigene Gefahr des bei einem Kraftfahrzeugrennen eingesetzten Starthelfers sowie des Rundenzählers und Anzeigers abgelehnt, wenngleich mit der unhaltbaren Begründung, dem Verletzten habe das Bewußtsein seiner Gefährdung gefehlt[3]. Starthelfer und Run-

[1] S. oben S. 80 N. 2 und 3.

[2] S. oben S. 80 N. 1. Anders nunmehr auch Art. 72 III des neuen schweizerischen Bundesgesetzes über den Straßenverkehr vom 19. 12. 1958 (BBl. II 1649). Hiernach bestimmt sich bei Rennen die Haftung für Schäden der Rennfahrer und ihrer Mitfahrer sowie an den im Dienst der Verwaltung verwendeten Fahrzeugen nicht nach diesem Gesetz. Es gelten vielmehr die allgemeinen Bestimmungen. Eine Gefährdungshaftung ist insoweit ausgeschlossen.

[3] Vgl. oben S. 75 N. 1 und 3.

denzähler üben aber eine aktive Funktion aus, die sie von den sich passiv verhaltenden Zuschauern deutlich unterscheidet und sie, der Sozialüblichkeit ihres Einsatzes nach, den Rennteilnehmern gleichstellt[1].

Sehr wohl aber ist die besondere Situation der Kraftfahrsportveranstaltung dafür von Belang, ob das Ereignis, welches den Schaden herbeiführt, im Sinne des § 7 II StVG unabwendbar ist. Wurde der Unfall, in den ein Teilnehmer verwickelt ist, durch einen externen Umstand verursacht, etwa die Beschaffenheit der Rennstrecke oder das Verhalten der anderen Teilnehmer, so entfällt nach jener Vorschrift die Gefährdungshaftung (und erst recht die deliktische Haftung) des Teilnehmers, wenn er jede Sorgfalt beobachtet hat, die unter den besonderen Verhältnissen eines Rennens (einer Zuverlässigkeitsfahrt, einer Fuchsjagd) geboten ist. Die beiden angeführten Urteile des OLG Celle lassen sich möglicherweise unter diesem Gesichtspunkt rechtfertigen[2]. Ähnlich begründet wird auch das Urteil des Appellationshofs Orléans[3], wonach sich ein Rennfahrer auf eine haftungsausschließende „cause étrangère" berufen kann, sofern er infolge des schlechten Zustands der Rennstrecke und der „nécessité", die das Rennen dem Teilnehmer auferlege, die Herrschaft über den Wagen verlor. Hingegen habe der Rennteilnehmer auch bei einem Rennen stets die betriebsinternen Risiken[4] zu verantworten, insbesondere also für Unfälle einzustehen, die durch einen Fehler seines Fahrzeugs herbeigeführt werden (vgl. § 7 II Satz 1 StVG).

Das Risiko, welches der Halter eines Sportpferdes zu tragen hat, kann ebenfalls sinnvoll in der Weise begrenzt werden, daß dem Halter solche Ereignisse nicht zugerechnet werden, die von außen auf das Pferd einwirken und die weder von dem Halter noch von dem Reiter des Pferdes durch äußerste Sorgfalt, wie sie bei einer Veranstaltung der fraglichen Art zu erwarten ist, abgewendet werden konnten.

## *II. Theoretische Würdigung*

Während über das Wesen des Handelns auf eigene Gefahr im deliktischen und im vertraglichen Bereich noch viel Unklarheit herrscht, wird

---

[1] Für eine solche Gleichstellung mit Recht auch RICHTER (s. oben S. 59 N. 3, 96, 81 ff.

[2] Eine zuverlässige Beurteilung ist nicht möglich, weil der Sachverhalt der Entscheidungen unvollständig mitgeteilt wird.

[3] S. oben S. 139 N. 2.

[4] Über diese ESSER, Schuldrecht 506 f.

die Problematik des Handelns auf eigene Gefahr im Bereich der Gefährdungshaftung von der neueren deutschen Lehre, namentlich von Esser, Larenz und dem Schweizer Stark, im allgemeinen richtig als eine Frage der subjektiven Nichtgeltung des Haftungsgrundes wegen Wegfalls der für die Haftung maßgebenden Interessenlage gesehen[1]. Das Fehlen des Schulderfordernisses bei der Gefährdungshaftung hatte den Blick freigelegt für die Bedeutung der objektiven Pflichtstellung des Gefährders, die in Wahrheit stets, auch außerhalb einer Gefährdungshaftung, über die Möglichkeit eines Handelns auf eigene Gefahr entscheidet.

Über die früher vorherrschende rechtsgeschäftliche Betrachtungsweise wurde bereits an anderer Stelle[2] das Erforderliche gesagt. Der Gesichtspunkt einer rechtfertigenden Einwilligung des auf eigene Gefahr Handelnden versagt beim Eingreifen einer Gefährdungshaftung erst recht, weil sich die Einwilligung regelmäßig nur auf die schadensursächliche Gefährdung bezieht und diese erlaubt macht, der Gefährdehafter aber ohne Rücksicht auf die Erlaubtheit oder Unerlaubtheit der Gefährdung für die aus ihr entstehenden Schäden verantwortlich ist[3]. Die Fiktion einer Parteivereinbarung ist auch in der Form abzulehnen, daß in ein bestehendes Vertragsverhältnis eine stillschweigende Haftungsverzichts- oder Gefahrübernahmeklausel inseriert wird. Die Gefährdungshaftung steht im übrigen selbständig, ihren eigenen Regeln gehorchend, neben einer konkurrierenden Vertrags- oder Deliktshaftung. Vorschriften über den Inhalt vertraglicher Schutzpflichten – geschweige denn über eine vertragliche Haftungsminderung – verkürzen weder gleichlaufende deliktische Schutzpflichten noch eine etwaige gesetzliche Schutzgarantie des Gefährders.

Was schließlich die Heranziehung des § 242 BGB anlangt, so ist die Lehre, die diese Heranziehung befürwortet, auch beim Eingreifen einer Gefährdungshaftung des Schädigers außerstande, die unechten Fälle des Handelns auf eigene Gefahr, in welchen dem sich Gefährdenden nur ein mitwirkendes Verschulden (§ 254 BGB) zur Last fällt, von den echten Fällen zu trennen; denn jeder Geschädigte, der trotz eigenen mitwirkenden Verschuldens Ersatz des vollen Schadens begehrt, setzt sich im Sinne des § 242 BGB zu seinem eigenen Verhalten in Widerspruch.

---

[1] S. oben S. 101 ff.

[2] S. oben S. 313 ff.

[3] S. oben S. 345 f.

## § 25
## *Unechte Fälle eines Handelns auf eigene Gefahr*

Bezieht sich die Schutzgarantie des Gefährders nach dem Normzweck der Gefährdungshaftung auch auf den Fall, daß sich der Verletzte in der geschehenen Form selbst exponierte, so kann die Tatsache der verantwortlichen Selbstgefährdung den Schadensersatzanspruch des Verletzten nur noch unter dem Gesichtspunkt eines mitwirkenden Verschuldens (§ 254 BGB) schmälern oder aufheben. Die Möglichkeit einer Schadensverteilung nach § 254 BGB ist für alle dem deutschen Recht bekannten Tatbestände der Gefährdungshaftung anerkannt, auch für die Haftung des Eisenbahn- oder Straßenbahnunternehmers, trotz des scheinbar entgegenstehenden Wortlauts des § 1 RHG[1].

Böhmer erörtert den Fall, daß ein Kraftfahrer versucht, vor einem Eisenbahnzug, den er herankommen sieht, noch schnell die Schienen zu überqueren[2]. Böhmer behauptet unter Berufung auf § 242 BGB ein Handeln des Kraftfahrers auf eigene Gefahr. Man sieht, auf welche Abwege die voreilige Zuflucht zur Generalklausel des § 242 BGB führt! Bevor die „moderne“ Lehre entstand, das Handeln auf eigene Gefahr sei ein Sonderfall des venire contra factum proprium, hätte wohl niemand ernstlich daran gezweifelt, daß in dem von Böhmer erörterten Fall die Rechtslage vollständig durch §§ 1 RHG, 254 BGB geregelt ist. Und das mit Fug. Man mag erwägen, ob nicht das Verschulden des Verletzten in dem besprochenen Fall so groß ist, daß es die Gefährdungshaftung des Eisenbahnunternehmers aufwiegt und diesen somit von seiner Haftung freistellt. Das Gesetz darf aber nicht dadurch umgangen werden, daß ungeachtet des § 254 BGB von vornherein gemäß § 242 BGB ein Haftungsausschluß angenommen wird.

Der § 254 BGB ist sinngemäß auch dann anzuwenden, wenn nicht nur der Schädiger, sondern auch der Verletzte eine für den Schaden ursächliche Betriebsgefahr nach den Vorschriften über die Gefährdungshaftung zu vertreten hat. Es kommt dann auf ein Verschulden des Verletzten nicht an[3]. Dies ist der einzige Fall, in dem nach deutschem Recht eine „Gefährdungsaufrechnung“ möglich ist. Sie findet auch statt – was bei den erörterten Fällen der Gefährdungshaftung der Sportteilnehmer

[1] Hierzu Gagewski, Die Anwendbarkeit des § 254 BGB auf dem Gebiet der Gefährdungshaftung (Diss. Kiel 1952), besonders S. 33 ff. mit Nachweisen.

[2] VersR 1957, 206.

[3] Gagewski (oben N. 1) 37 ff.

zu beachten ist – vor allem bei Unfällen auf Veranstaltungen des Kraftfahr- oder Pferdesports, falls die Unfälle durch das Tier oder das Kraftfahrzeug des verletzten Teilnehmers mitverursacht wurden, mochte auch den Verletzten kein Verschulden treffen[1].

*Wesentliche Ergebnisse*

1. Der in der deutschen, französischen und anglo-amerikanischen Judikatur häufig verwendeten Formel vom Handeln des Verletzten auf eigene Gefahr (der „acceptation des risques", der „assumption of risk") liegt zwar kein abgrenzbares Rechtsinstitut, wohl aber ein spezifischer Rechtsgedanke zugrunde.

2. Nach den Rechtsgedanken des Handelns auf eigene Gefahr ist derjenige, der eine Gefahr verantwortlich schafft, in gewissen Ausnahmesituationen der ihm hinsichtlich der Gefahr obliegenden gesetzlichen oder vertraglichen Schutzpflicht oder Schutzgarantie nach deren Zweck im Verhältnis zu Personen enthoben, denen wegen der Erkennbarkeit der Gefahr, oder weil sie die Gefahr erkannt bzw. gebilligt haben, die eigenverantwortliche Selbstsicherung vor der Gefahr zugemutet werden kann.

3. Die Möglichkeit eines Handelns auf eigene Gefahr ergibt sich sonach aus der konkreten Pflichtstellung des Gefährders, die nicht abstrakt, sondern für das Verhältnis des Gefährders zu den jeweils gefährdeten Personen nach Maßgabe der Schutzwürdigkeit dieser Personen unter den gegebenen Umständen bestimmt werden muß. Das Handeln auf eigene Gefahr beginnt dort, wo die Schutzpflicht oder Schutzgarantie des Gefährders aufhört.

4. Die Ausnahmesituationen des Handelns auf eigene Gefahr lassen sich zwar nach Typen ordnen, wobei sich unter den verglichenen Rechten ein erstaunliches Maß an Übereinstimmung herausstellt. Es ist aber unmöglich, eine alle Fälle des Handelns auf eigene Gefahr umfassende Tatbestandsformel zu bilden. Es gibt keinen allgemeinen Rechtssatz des Inhalts, daß derjenige, der sich freiwillig bewußt einer Gefahr aussetzt, bei Verwirklichung der Gefahr keine Schadensersatzansprüche erheben kann. Oftmals erstreckt sich nämlich die Schutzpflicht

---

[1] Vgl. auch § 17 I 2 StVG.

oder Schutzgarantie des Gefährders auch auf den Schutz der sich freiwillig selbst gefährdenden Personen.

5. Eine tatbestandliche Fixierung des Handelns auf eigene Gefahr ist auch deswegen unmöglich, weil die Grenze zwischen einer Schutzpflicht oder Schutzgarantie des Gefährders und der dem Gefährdeten zumutbaren Selbstsicherung letztlich durch die in einem Gemeinwesen herrschenden sozialethischen Anschauungen gezogen wird. Diese Anschauungen sind dem Wandel der Zeit unterworfen, wie besonders die englische Rechtsprechung zur „assumption of risk" des Arbeitnehmers deutlich macht.

6. Sofern die Schutzpflicht oder Schutzgarantie des Gefährders auch im Verhältnis zu sich selbst gefährdenden Personen gilt und auch die übrigen Voraussetzungen der Haftungsnorm erfüllt sind, kann der Akt der Selbstgefährdung allenfalls aus dem Gesichtspunkt eines mitwirkenden Verschuldens (§ 254 BGB) den Schadensersatzanspruch einer in der Gefahr verletzten Person schmälern oder auch aufheben (unechte Fälle des Handelns auf eigene Gefahr). Fiktive Rechtsgeschäftskonstruktionen, die dazu dienen sollen, in diesen Fällen einen von vornherein gegebenen Haftungsausschluß zu begründen, sind ebenso abzulehnen wie der Versuch, die Vorschrift des § 254 BGB mit Hilfe der Generalklausel des § 242 BGB zu umgehen.

7. Die richtige Einschätzung des Problems des Handelns auf eigene Gefahr fällt der deutschen Rechtslehre für den Bereich der Vertragshaftung sowie der Gefährdungshaftung leichter als für den Bereich der Deliktshaftung des Gefährders. Dies hat vornehmlich darin seinen Grund, daß im deutschen Recht die sachnotwendige Denkform der objektiven (deliktischen) Verkehrspflichten noch nicht die ihr gebührende Berücksichtigung gefunden hat. Im anglo-amerikanischen Recht, wo diese Denkform in den „duties of care" vorgezeichnet ist, wurde die Maßgeblichkeit der deliktischen Pflichten für die Möglichkeit eines Handelns des Verletzten auf eigene Gefahr zuerst erkannt.

8. Ebenso wie im Vertragsrecht zwischen objektiven Schutzpflichten und dem Maß der zu ihrer Erfüllung aufzuwendenden persönlichen Sorgfalt unterschieden wird, bedarf es im deliktischen Bereich der begrifflichen Trennung von objektiven Verkehrspflichten und persönlichen Sorgfaltspflichten. Maßgebendes Kriterium der Verkehrspflichten ist der ihnen innewohnende Zweck, das im Verkehr erlaubte Risiko ab-

zugrenzen. Eine verkehrsmäßige (d. h. mit den Verkehrspflichten verträgliche) Gefährdung ist erlaubt. Wer aber trotz Anwendung der im Verkehr erforderlichen Sorgfalt gegen die Verkehrspflichten verstößt, gefährdet unerlaubt, wenngleich vorwurfsfrei und daher schuldlos. Verkehrswidriges und (objektiv) fahrlässiges Verhalten sind nicht dasselbe.

9. Die Anerkennung der Rechtsform der objektiven Verkehrspflichten führt zu einer Verfeinerung, nicht aber zu einer Preisgabe der Spaltung des überkommenen, vorwiegend erfolgsbezogenen Unrechtsbegriffs. Außer dem Eingriffsunrecht gibt es Gefährdungsunrecht, das jenem häufig, aber keineswegs immer vorangeht. Es ist irrig, aus dem Fehlen eines Gefährdungsunrechts (der Erlaubtheit des Risikos) auf die Erlaubtheit der aus der Gefahr erwachsenden Rechtsgutverletzungen zu schließen. Aus einer Gefährdungsbefugnis folgt nicht notwendig eine Eingriffsbefugnis des Gefährders.

# SCHRIFTTUM

ARNDT, Rechtsprobleme der Kraftfahrzeug-Gefälligkeitsfahrt, JW 1929, 898–900.

AUBRY et RAU, Droit civil français, 6. éd., VI par Paul ESMEIN (Paris 1951); zitiert: AUBRY/RAU(-ESMEIN).

AZÉMA, Jean, La responsabilité en matière de sport, Thèse Paris (1935).

BECKER, Helmut, Gefälligkeitsfahrten im Kraftfahrzeug, 2. Aufl. (Berlin 1932).

BEVEN, Thomas, Negligence in Law, 4. Ed., I–II (London 1928).

BICHOT, Jacques, L'Autonomie de la responsabilité du fait des choses et du fait d'autrui devant la Jurisprudence Contemporaine (Paris 1933); zitiert: BICHOT.

BLOMEYER, Arwed, Allgemeines Schuldrecht, 2. Aufl. (Berlin u. Frankfurt/M. 1957).

BÖHMER, Emil, Zum Begriff des Handelns auf eigene Gefahr im Verkehrsrecht, VersR 1957, 205 f.

v. BOEHMER, Götz, Haftung bei Gefälligkeitsfahrten, DAR 1957, 228–230.

BOHLEN, Francis H., Voluntary Assumption of Risk in „Selected Essays on the Law of Torts", herausgegeben von der Harvard Law Rev. Ass'n (1924) 497–542; zitiert: BOHLEN.

BRUNNER, Albert, Die Sportverletzung im schweizerischen Strafrecht, Diss. Zürich (1949).

v. CAEMMERER, Ernst, Das Problem des Kausalzusammenhangs im Privatrecht = Freiburger Universitätsreden, Neue Folge, Heft 23 (Freiburg i. Br. 1956).

CHARLESWORTH, John, On Negligence, 3. Ed. (London 1956); zitiert: CHARLESWORTH.

COLIN et CAPITANT, Cours élémentaire de Droit civil français, 10. éd., II par Léon JULLIOT DE LA MORANDIÈRE (Paris 1948); zitiert: COLIN/CAPITANT(-JULLIOT DE LA MORANDIÈRE).

CRAMER, Alfons, Gefälligkeitsverträge unter besonderer Berücksichtigung der Kraftfahrzeug-Gefälligkeitsfahrt, Diss. Erlangen (1934).

DESCHIZEAUD, Jean, Influence du fait de la victime sur la responsabilité civile délictuelle, Thèse Grenoble (1934); zitiert: DESCHIZEAUD.

DIETZ, Rolf, Anspruchskonkurrenz bei Vertragsverletzung und Delikt (Bonn u. Köln 1934); zitiert: DIETZ.

DÖLLE, Hans, Empfiehlt es sich, im Zusammenhang mit der kommenden Strafrechtsreform die Vorschriften des bürgerlichen Rechts über Schuldfähigkeit, Schuld und Ausschluß der Rechtswidrigkeit zu ändern? Gutachten für den 34. Deutschen Juristentag (1926), Verhandlungen zum 34. Deutschen Juristentag, I (Gutachten) 98–135.

DURAND, Paul, Des conventions d'irresponsabilité, Thèse Paris (1932); zitiert: DURAND.

ENNECCERUS, Ludwig, Allgemeiner Teil des Bürgerlichen Rechts, 14. Aufl. von Hans Carl NIPPERDEY, 1. Halbband (Tübingen 1952) und 2. Halbband (Tübingen 1955); zitiert: ENNECCERUS(-NIPPERDEY).
– Recht der Schuldverhältnisse, 15. Aufl. von Heinrich LEHMANN (Tübingen 1958); zitiert: ENNECCERUS(-LEHMANN).
ERMAN, Walter, Handkommentar zum Bürgerlichen Gesetzbuch, 2. Aufl. (Münster 1958); zitiert: ERMAN(-Bearbeiter).
ESMEIN, Paul, De l'influence de l'acceptation des risques par la victime éventuelle d'un accident, Rev. trim. dr. civ. 37 (1938) 387–401.
– L'idée d'acceptation des risques en matière de responsabilité civile, Rev. dr. comp. 1952, 683–691.
ESSER, Josef, Grundlagen und Entwicklung der Gefährdungshaftung. Beiträge zur Reform des Haftpflichtrechts und zu seiner Wiedereinordnung in die Gedanken des allgemeinen Privatrechts (München u. Berlin 1941); zitiert: ESSER, Gefährdungshaftung.
– Lehrbuch des Schuldrechts (Karlsruhe 1949); zitiert: ESSER, Schuldrecht.
– Theorie und System einer allgemeinen Deutschen Schadensordnung, DRW 1942, 65–81.
– Grundfragen der Reform des Schadensersatzrechtes, AcP 148 (1943) 121–146.
– Die Zweispurigkeit unseres Haftpflichtrechtes, JZ 1953, 129–134.
EVERS, Adolf, Zum Problem der Kraftfahrzeug-Gefälligkeitsfahrt, Diss. Köln (1936).
FISCHER, Hans-Detlev, Gefälligkeitsfahrt und vorvertragliche Haftung. Beiträge zum Problem des fiktiven Vertrages (Heide in Holstein 1938); zitiert: H.-D. FISCHER.
FLAD, Handeln auf eigene Gefahr. Zugleich ein Beitrag zur Beurteilung der sogenannten Gefälligkeitsfahrten, Recht 1919, Sp. 13–20; zitiert: FLAD.
FLEMING, John G., The Law of Torts (Sydney 1957); zitiert: FLEMING.
FRANK, W. F.; Employers' Liability in Great Britain, 18 Law and Contemporary Problems (1953) 320–349.
FRENER, Hans, Die Sachhalterpflicht des französischen Rechts, insbesondere die Automobilhaftpflicht. Diss. Zürich (1931); zitiert: FRENER.
FRIDMAN, G. H. L., Firemen and Assumption of Risk, 104 L. Jour. (1954) 503 f.
GAGEWSKI, Heinz Ulrich, Die Anwendbarkeit des § 254 BGB auf dem Gebiet der Gefährdungshaftung, Diss. Kiel (1952).
GEERDS, Friedrich, Einwilligung und Einverständnis des Verletzten, Diss. Kiel (1953).
GEIGEL, Reinhart, und GEIGEL, Robert, Der Haftpflichtprozeß mit Einschluß des materiellen Haftpflichtrechts, 9. Aufl. (München u. Berlin 1957); zitiert: GEIGEL, Haftpflichtprozeß.
GEIGEL, Schadensersatzansprüche aus Gefälligkeiten, Seuff.Bl. 77 (1912) 37–45.
GMÜR(-BECKER), Kommentar zum Schweizerischen Zivilgesetzbuch, 3. Aufl. VII (Obligationenrecht) (Bern 1954).
GOODHART, A. L., Rescue and Voluntary Assumption of Risk, 5 Camb. L. J. (1933 to 1935) 192–203.
GORDON, D. M., Wrong Turns in the Volens Cases, 61 L. Q. R. (1945) 140–160.
GOTTSCHOL, Heinrich Ludwig, Handeln auf eigene Gefahr, Diss. Hamburg (1947).
Gow, James, The Defense of Volenti non fit Injuria, 61 Jur. Rev. (1949) 37 ff.
GRAD, Frank P., Recent Developments in Automobile Accident Compensation, 50 Col. L. R. (1950) 300–330.

GREEN, Leon, Judge and Jury (Kansas City 1930).
GROEBE, Klaus, Zum Stand der Rechtsprechung in der Frage der Gefälligkeitsfahrt, JW 1936, 1581–1584.
GÜLDE, Gefälligkeitsgäste auf der Landstraße, VAE 1 (1936) 166 ff.
– Zum Stand der Rechtsprechung in der Frage der Gefälligkeitsfahrt, JW 1936, 1584 f.
– Die Gefälligkeitsfahrt in der Praxis, DR 1939, 1420 f.
HAGEMEIER, Rudolf, Die Rechtslage des Fahrgasts bei Kraftfahrzeugunfällen, Diss. Erlangen (1934).
HALLER, Marguerite, Essai sur l'influence du fait et de la faute de la victime sur son droit à réparation, Thèse Paris (1926).
HALSBURY, Earl of, The Laws of England, 3. Ed. seit 1952 (London); zitiert: HALSBURY(-Bearbeiter).
HARPER, Fowler Vincent, and JAMES, Fleming, The Law of Torts, I–III (Boston 1956); zitiert: HARPER/JAMES.
HARTUNG, Fritz, Schlägermensur und Strafrecht, NJW 1954, 1225–1228.
HAUPT, Günter, Über faktische Vertragsverhältnisse (Leipzig 1941).
HÉMARD, Jean, Le consentement de la victime dans le délit de coups et de blessures, Rev. crit. légis. et jur. 79 (1939) 293–319.
HOFACKER Wilhelm, Sport und Körperverletzung, DJZ 1927, 454 f.
HOUIN, Roger, L'inertie de la chose et l'acceptation des risques par la victime sont-elles des causes d'exonération de la présomption de l'art. 1384, al. 1 C. civ.? Rev. crit. légis. et jur. 79 (1939) 145–169.
HULOT, André, La responsabilité civile du transporteur bénévole (Droit comparé) (Paris 1934).
JAMES, Fleming, Assumption of Risk, 61 Yale L. J. (1952) 141–169.
JOSEF, Eugen, Zur Haftung des Kraftfahrzeughalters bei Gefälligkeitsfahrten, JW 1928, 2313.
KAHN-FREUND, Otto, The Law of Carriage by Inland Transport, 3. Ed. (London 1956).
KESSLER, Friedrich, Die Fahrlässigkeit im nordamerikanischen Deliktsrecht unter vergleichender Berücksichtigung des englischen und des deutschen Rechts (Berlin u. Leipzig 1932); zitiert: KESSLER.
KNEFELI, Wilhelm, Die Haftung bei Sportverletzungen, Diss. Jena (1937).
KOCH, Gerhard, Die Gefälligkeitsfahrt in der neueren Rechtsprechung des Reichsgerichts und der Oberlandesgerichte, JW 1931, 3301–3303.
KOFFKA, Hans, Zur Rechtsprechung des Reichsgerichts in Kraftfahrsachen (Zivilsachen), Festschrift Erwin BUMKE (Berlin 1939) 291–312.
KRÜCKMANN, Paul, Verschuldensabrechnung und Gefährdungsaufrechnung. Ein Beitrag zur Lehre von der zivilrechtlichen Gesetzeskonkurrenz, Jh. Jhb. 52 (1907) 428–472.
– Der Umfang der Gefährdungsaufrechnung, Jh. Jhb. 54 (1909) 107–138.
– Verschuldensaufrechnung, Gefährdungsaufrechnung und Deliktsfähigkeit, Jh. Jhb. 55 (1910) 1–208.
– Gefälligkeitsverträge, Seuff. Bl. 74 (1909) 113–120, 153–160.
– Die Gefälligkeitsfahrt. Ein Beitrag zu der Lehre von den sogenannten Gefälligkeitsverträgen, JW 1932, 3688–3692.

KUBLI, Felix, Haftungsverhältnisse bei Sportveranstaltungen, Diss. Zürich (1952); zitiert: KUBLI.

LALOU, Henri, Traité pratique de la responsabilité civile, 5. éd. (Paris 1955); zitiert: LALOU.

LARENZ, Karl, Lehrbuch des Schuldrechts, 3. Aufl. I (München u. Berlin 1958) und II (München u. Berlin 1959); zitiert: LARENZ.

LAWSON, F. H., The Duty of Care in Negligence. A Comparative Study, 22 Tulane L. R. (1947) 111–130.

LITTEN, Fritz, Die Ersatzpflicht des Tierhalters im Rechte des Bürgerlichen Gesetzbuchs, zugleich ein Beitrag zur Lehre von der Kausalität im Rechtssinne (Berlin 1905).

LÖHLEIN, Das Handeln auf eigene Gefahr, ZHR 102 (1936) 297–318.

LOUIS, Bruno, Gefälligkeitsfahrt, JW 1936, 425–428.

LOUP, Jean, Les courses de chevaux et la responsabilité, J. C. P. 1940 I 140.

– Les sports et le Droit (Paris 1930).

MAHLING, Günter, Die strafrechtliche Behandlung von Sportverletzungen, Diss. Berlin (1939).

MAIER, Die Gefälligkeitsfahrt in der Praxis, DR 1939, 1417–1420.

MALCOM, M. V., Automobile Guest Law Statutes and Decisions (Chicago 1937).

MAZEAUD, Henri. et MAZEAUD, Léon, Traité théorique et pratique de la responsabilité civile délictuelle et contractuelle, 4. éd., I–III (Paris 1947–1950); zitiert: MAZEAUD.

– und TUNC, André, dto. 5. éd., I (Paris 1957) und II (Paris 1958); zitiert: MAZEAUD/TUNC.

MEESKE, Helmut, Haftung für Gefälligkeitsfahrten, Der Dt. Justizbeamte 1936, 358 bis 362.

MICHAELIS, Karl, Beiträge zur Gliederung und Weiterbildung des Schadensrechtes, Festschrift SIBER, II (Leipzig 1943) 193–367.

MORISON and KOLTS, The Suppressed Reference in the „Volens"-Principle, 1 Sydney L. R. (1953) 77–84; zitiert: MORISON/KOLTS.

MÜLLER, Fritz, Straßenverkehrsrecht, 20. Aufl. (Berlin 1957); zitiert: MÜLLER, Straßenverkehrsrecht.

MÜLLER, Karl, Haftungsausschluß durch Beteiligung des Verletzten an gefährlichen Veranstaltungen, Diss. Köln (1934).

MÜLLER-ERZBACH, Rudolf, Gefährdungshaftung und Gefahrtragung, AcP 106 (1910) 309 ff.

MUNKMAN, John, Employer's Liability at Common Law, 3. Ed. (London 1955); zitiert: MUNKMAN.

NIPPERDEY, Hans Carl, Rechtswidrigkeit, Sozialadäquanz, Fahrlässigkeit und Schuld im Zivilrecht, NJW 1957, 1777–1787.

NOLL, Peter, Übergesetzliche Rechtfertigungsgründe, im besonderen die Einwilligung des Verletzten (Basel 1955); zitiert: NOLL.

OBERLACK, Heinz, Die Haftung des Kraftfahrers gegenüber dem Beifahrer, insbesondere bei Trunkenheit des Fahrzeugführers, Diss. Köln (1957).

OERTMANN, Paul, Bürgerliches Gesetzbuch, II, 1 u. 2 (Recht der Schuldverhältnisse), 5. Aufl. (Berlin 1928).

OFTINGER, Karl, Schweizerisches Haftpflichtrecht, 1. Aufl. I–II (Zürich 1940–1942), 2. Aufl., I (Zürich 1958); zitiert: OFTINGER, Haftpflichtrecht).

OPPIKOFER, Hans, Zur Gefährdungshaftung im englischen Recht, Beiträge zum Wirtschaftsrecht (Marburg 1931) II, 1027 ff.

OSER(-SCHÖNENBERGER), Kommentar zum Obligationenrecht, 1–4 (Zürich 1936 ff.).

PACHE, Jean Jacques, La responsabilité civile en matière de sports, Diss. Lausanne (1951).

DE PAGE, Henri, Traité élémentaire de Droit civil belge, 2. éd., II (Brüssel 1940); zitiert: DE PAGE.

PALANDT, Otto, Kurzkommentar zum BGB, 18. Aufl. (München u. Berlin 1959); zitiert: PALANDT(-Bearbeiter).

PAYNE, Douglas J., Assumption of Risk and Negligence, 35 Can. Bar Rev. (1957) 950–955.

PIRSON, Roger, et DE VILLÉ, Albert, Traité de la responsabilité civile extra-contractuelle, I–II (Brüssel 1935); zitiert: PIRSON/DE VILLÉ.

PLANCK, GOTTLIEB, Kommentar zum BGB mit Einführungsgesetz, 4. Aufl. II, 1: Recht der Schuldverhältnisse (Allgemeiner Teil), bearbeitet von H. SIBER (Berlin 1914); zitiert: PLANCK(-SIBER).

PLANIOL, MARCEL, et RIPERT, Georges, Traité pratique de Droit civil français, 2. éd., VI par Paul ESMEIN (Paris 1952); zitiert: PLANIOL/RIPERT(-ESMEIN).

POLLOCK, Frederick, Law of Torts. A Treatise on the Principles of Obligations Arising from Civil Wrongs in the Common Law, 15. Ed. by Philip A. LANDON (London 1951); zitiert: POLLOCK(-LANDON).

PROSSER, William, Handbook of the Law of Torts, 2. Ed. (St. Paul 1955); zitiert: PROSSER.

– Palsgraf Revisited in: PROSSER, Selected Topics on the Law of Torts. Five Lectures Delivered at the University of Michigan (Ann Arbor 1953). In deutscher Übersetzung erschienen: PROSSER, William, Kausalzusammenhang und Fahrlässigkeit = Heft 74, herausgegeben von der Arbeitsgemeinschaft für Forschung des Landes Nordrhein-Westfalen (Köln 1957); zitiert: PROSSER, Palsgraf Revisited.

RAAPE, Leo, Die Beweislast bei positiver Vertragsverletzung. Zugleich ein Beitrag zur Überlassung von Sachen von gefahrdrohender Beschaffenheit, AcP 147 (1941) 217–289.

RABEL, Ernst, Das Recht des Warenkaufs, I (Berlin u. Leipzig 1936).

RADTKE, Karl-Fritz, Die Kraftfahrzeug-Gefälligkeitsfahrt, Diss. Halle (1933).

R.G.R.-Kommentar, Kommentar zum BGB, herausgegeben von Reichsgerichtsräten und Bundesrichtern, 10. Aufl., II (Berlin 1953); zitiert: R.G.R.-Kommentar.

REINHARDT, Rudolf, Beiträge zum Neubau des Schadensersatzrechtes, AcP 148 (1943) 147–187.

RICE, Ralph S., The Automobile Guest and the Rationale of Assumption of Risk, 27 Minn. L. R. (1943) 323–382, 429–467.

RICHTER, Hans, Das Kraftfahrzeugrennen im Recht. Gesetz, Rechtsprechung und Wissenschaft zur Frage der Haftung für Unfälle, Diss. Heidelberg (1937); zitiert: RICHTER.

RIEZLER, Erwin, Haftung für Schädigung durch Sachen nach französischem und englischem Recht, RabelsZ 5 (1931) 567–632.

RIPERT, Georges, Le régime démocratique et le Droit civil moderne, 2. éd. (Paris 1948).

RODIÈRE, René, Les Contrats et les Obligations = BEUDANT, Ch., Cours de Droit civil français, 2. éd., IX bis (Paris 1952); zitiert: RODIÈRE.

VAN RYN, Jean, Responsabilité Aquilienne et contrats en Droit positif (Paris 1933).

SALMOND, John, On the Law of Torts, 12. Ed. by R. F. V. HEUSTON (London 1957); zitiert: SALMOND(-HEUSTON).

SAVATIER, René, Traité de la responsabilité civile, 2. éd., I–II (Paris 1951); zitiert: SAVATIER.

SCHANZ, Arthur, Die Gefährdungshaftung im französischen Recht, verglichen mit dem deutschen Recht, Diss. Tübingen (1957).

SCHMIDT, Eberhard, Schlägermensur und Strafrecht, JW 1954, 369–375.

SCHMIDT, Reimer, Die Obliegenheiten. Studien auf dem Gebiet des Rechtszwanges im Zivilrecht unter besonderer Berücksichtigung des Privatversicherungsrechts (Karlsruhe 1953); zitiert: Reimer SCHMIDT, Obliegenheiten.

SCHNEYER, Ludwig, Das „Handeln auf eigene Gefahr" als Anwendungsfall der Unzulässigkeit eines „venire contra factum proprium", Diss. Hamburg (1955).

SCHRAMMEN, Siegfried, Rechtsfragen im Bereich kraftsportlicher Veranstaltungen (Motorrennen), DAR 1938, 249–252.

SCHWARZE, Josef, Zum Ausschluß der Haftung im Haftpflichtprozeß, VersR 1955, 199–201.

STARCK, B., Essai d'une théorie générale de la responsabilité civile considérée en sa double fonction de garantie et de peine privée (Paris 1947) 474 f.

STARK, Emil W., Das sogenannte Handeln auf eigene Gefahr, SJZ 50 (1954) 21–26, 40–43.

v. STAUDINGER, J., Kommentar zum BGB und dem Einführungsgesetz, 9.–11. Aufl. (München, Berlin u. Leipzig 1925–1958); zitiert: STAUDINGER (-Bearbeiter).

STIENEN, Kraftfahrzeughalter, Gefälligkeitsfahrt und das Gesetz vom 7. 11. 1939, DR 1940, 426–429.

STOLL, Heinrich, Die Lehre von den Leistungsstörungen (Tübingen 1936).

STREBEL/HUBER, Kommentar zum [schweiz.] Bundesgesetz über den Motorfahrzeug- und Fahrradverkehr (Zürich 1934–1938).

STREET, Harry, The Law of Torts (London 1955); zitiert: STREET.

STUTZER, Noch einmal die Gefälligkeitsfahrt, Dt. Gem. WR 1941, 9–14.

SÜSS, Theodor, Außerdeliktische Haftungen, DRW 1942, 185–204.

THÉNARD, R., Le transport gratuit, Rev. crit. législ. et jur. 59 (1939) 171 ff.

THODE, Hans, Das Handeln auf eigene Gefahr (Gründe des Haftungsausschlusses unter besonderer Berücksichtigung der Beförderung von Personen), Diss. Würzburg (1936).

TRAEGER, Ludwig, Der Kausalbegriff im Straf- und Zivilrecht, 2. Abdruck (Marburg 1929).

v. TUHR(-SIEGWART), Allg. Teil des Schweizerischen Obligationenrechts, 2. Aufl., I (Zürich 1942) und II (Zürich 1944).

UNGER, Joseph, Handeln auf eigene Gefahr. Ein Beitrag zur Lehre vom Schadensersatz, 3. Aufl. (Jena 1904).

VOLLMAR, Karl, Die Haftung bei Gefälligkeitsfahrten mit Kraftfahrzeugen, Dt. Versicherungszeitschrift 1952, 286–288.

WAHL, Edmund, Das Verschuldensprinzip im künftigen Schadensersatzrecht, in „Grundfragen der Reform des Schadensersatzrechts" (München u. Berlin 1940).

WANGEMANN, Richard, Handeln auf eigene Gefahr, Diss. Köln (1948).
– Handeln auf eigene Gefahr, NJW 1955, 85–87.
– Handeln auf eigene Gefahr und Verschuldenshaftung. Eine kritische Betrachtung der jüngsten höchstrichterlichen Rechtsprechung, MDR 1956, 385–387.
WARREN, Charles, Volenti non fit Injuria in Actions of Negligence, 8 Harv. L. Rev. (1895) 457–471.
WEIGELT, Werner, Die Haftung für Unfälle bei Auto- und Motorradrennen, RdK 1931, 180 f.
– Die Gefälligkeitsfahrt im Licht der neueren Rechtsprechung, DAR 1936, 263–268.
WEIMAR, Haftungsausschluß und Warnschilder im Haftpflichtrecht, Der Versicherungsnehmer 1953, 27 ff.
– Ist eine Entlastung allein durch Gefahrenhinweisschilder möglich? Der Versicherungsnehmer 1956, 108 ff.
WIEACKER, Franz, Zur rechtstheoretischen Präzisierung des § 242 BGB (Tübingen 1956).
WILBURG, Walter, Die Elemente des Schadensrechtes (Marburg 1941).
WILLIAMS, Glanville, Joint Torts and Contributory Negligence (London 1951); zitiert: WILLIAMS.
WINFIELD, Percy Henry, Duty in Tortious Negligence, 34 Col. L. R. (1934) 41–66.
– The History of Negligence in the Law of Torts, 42 L. Q. R. (1926) 184–201.
– On Tort. A Textbook of the Law of Tort, 6. Ed., by T. Ellis LEWIS (London 1954); zitiert: WINFIELD(-LEWIS).
WUSSOW, Werner, Das Unfallhaftpflichtrecht, 6. Aufl. (Berlin u. Köln 1957); zitiert: WUSSOW.
– Zur Lehre von der Sozialadäquanz, NJW 1958, 891–894.
ZEILER, Sport und Körperverletzung, DJZ 1926, 1603 f.
ZIMMERMANN, Zur Haftung des Kraftfahrzeughalters bei Gefälligkeitsfahrten, JW 1928, 1717.

## ABKÜRZUNGEN

| | |
|---|---|
| AcP: | Archiv für die civilistische Praxis |
| All E.R.: | The All England Law Reports |
| ArchBR: | Archiv für Bürgerliches Recht |
| Austr.L.J.: | The Australian Law Journal |
| BayJ.MinBl.: | Bayerisches Justizministerialblatt |
| BayZ: | Zeitschrift für Rechtspflege in Bayern |
| BB: | Der Betriebsberater |
| Bl.f.Zürch.Rspr.: | Blätter für Zürcherische Rechtsprechung |
| Cal.L.R.: | California Law Review |
| Camb.L.J.: | Cambridge Law Journal |
| Can.Bar Rev.: | Canadian Bar Review |
| C.L.: | Current Law (England) |
| Col.L.R.: | Columbia Law Review |
| D.: | Recueil Dalloz (Frankreich) |
| D.A.: | Dalloz, Recueil analytique (Frankreich) |
| DAR: | Deutsches Autorecht |
| DB: | Der Betrieb |
| D.H.: | Dalloz, Recueil hebdomadaire (Frankreich) |
| DJ: | Deutsche Justiz |
| DJZ: | Deutsche Juristenzeitung |
| D.P.: | Dalloz, Recueil périodique (Frankreich) |
| DR: | Deutsches Recht |
| DRWi: | Deutsche Rechtswissenschaft, Vierteljahreszeitschrift |
| FamRZ: | Ehe und Familie im privaten und öffentlichen Recht |
| Gaz.Pal.: | Gazette du Palais (Frankreich) |
| Gaz.Trib.: | Gazette des Tribunaux (Frankreich) |
| Gruchot: | Beiträge zur Erläuterung des Deutschen Rechts, begründet von Gruchot |
| HansRGZ: | Hanseatische Rechts- und Gerichtszeitschrift |
| HansGZ: | Hanseatische Gerichtszeitung |
| Harv.L.R.: | Harvard Law Review |
| HRR: | Höchstrichterliche Rechtsprechung |
| J.Bl.: | Juristische Blätter (Österreich) |
| J.C.P.: | Juris Classeur périodique (Frankreich) |
| J.Cl.civil: | Juris Classeur civil (Frankreich) |
| Jh.Jhb.: | Jherings Jahrbücher |
| JR: | Juristische Rundschau |

| | |
|---|---|
| JRPV: | Juristische Rundschau für die Privatversicherung |
| J.T.: | Journal des tribunaux (Belgien) |
| Jur.Rev.: | Juridical Review (Schottland) |
| JW: | Juristische Wochenschrift |
| JZ: | Juristenzeitung |
| L.Jour.: | Law Journal (England) |
| L.-M.: | Nachschlagewerk des Bundesgerichtshofs in Zivilsachen, herausgegeben von Lindemaier und Möhring |
| L.Q.R.: | Law Quarterly Review (England) |
| L.T.: | Law Times Report (England) |
| LZ: | Leipziger Zeitschrift |
| MDR: | Monatsschrift für Deutsches Recht |
| Minn.L.R.: | Minnesota Law Review |
| Mod.L.R.: | Modern Law Review (England) |
| Nds.Rpfl.: | Niedersächsische Rechtspflege |
| NJW: | Neue Juristische Wochenschrift |
| OGHZ: | Entscheidungen des Obersten Gerichtshofs für die britische Zone, amtliche Sammlung |
| OLGE: | Sammlung der Rechtsprechung der Oberlandesgerichte |
| Pas.: | Pasicrisie Belge |
| Pas.Lux.: | Pasicrisie Luxembourgeoise |
| RabelsZ: | Zeitschrift für ausländisches und internationales Privatrecht, begründet von Ernst Rabel |
| RdA: | Recht der Arbeit |
| RdK: | Recht des Kraftfahrers |
| RdL: | Recht der Landwirtschaft |
| RdRN: | Recht des Reichsnährstandes |
| Rec.Gaz.Trib.: | Recueil de la Gazette des Tribunaux (Frankreich) |
| Recht: | Das Recht, Rundschau für den deutschen Juristenstand |
| Rép.dr.civ.: | Répertoire du Droit civil (Frankreich) |
| Rep.di Giurisprudenza Patria: | Repertoria di Giurisprudenza Patria (Schweiz) |
| Rev.crit.légis. et jur.: | Revue critique de législation et de jurisprudence (Frankreich) |
| Rev.dr.comp.: | Revue internationale de Droit comparé (Frankreich) |
| Rev.trim.dr.civ.: | Revue trimestrielle de Droit civil (Frankreich) |
| S.: | Recueil Sirey (Frankreich) |
| S.A.: | Seufferts Archiv für Entscheidungen oberster Gerichte |
| Schl.H.Anz.: | Schleswig-Holsteinische Anzeigen |
| Sem.jur.: | Semaine juridique (Frankreich) |
| Seuff.Bl.: | Seufferts Blätter für Rechtsanwendung in Bayern |
| SJZ: | Schweizerische Juristenzeitung |
| Soergels Rspr.: | Soergels Rechtsprechung, Jahrbuch des Zivilrechts |
| Sydney L.R.: | Sydney Law Review |
| T.L.R.: | Times Law Reports (England) |
| Tulane L.R.: | Tulane Law Review (U.S.A.) |
| VAE : | Verkehrsrechtliche Abhandlungen und Entscheidungen |
| VersR: | Versicherungsrecht |
| VR: | Verkehrsrechtliche Rundschau |

| | |
|---|---|
| VRS: | Verkehrsrechtssammlung |
| WarnRspr.: | Warneyer, Die Rechtsprechung des Reichsgerichts |
| W.L.R.: | Weekly Law Reports (England) |
| W.N.: | Weekly Notes (England) |
| Yale L.J.: | Yale Law Journal |
| ZHR: | Zeitschrift für das gesamte Handelsrecht |
| ZSR: | Zeitschrift für Schweizerisches Recht |

## ENTSCHEIDUNGSVERZEICHNIS

### I. DEUTSCHLAND

*1. Reichsgericht*

*2. Bundesgerichtshof*

*7 Landgerichte*

*8. Amtsgerichte*



## II. ÖSTERREICH

*Oberster Gerichtshof*



## III. SCHWEIZ

*1. Bundesgericht*

*2. Berufungsgerichte*

### *3. Zivilgerichte (tribunaux civils), Handelsgerichte (tribunaux commerciaux) und Strafgerichte (tribunaux correctionaux)*

*4. Friedensgerichte (tribunaux de paix)*



## V. BELGIEN

*1. Berufungsgerichte*



*2. Zivilgerichte (tribunaux civils)*



## VI. LUXEMBURG

*Oberster Gerichtshof (Cour Supérieur de Justice)*

## VII. ANGLO-AMERIKANISCHE ENTSCHEIDUNGEN

# SACHVERZEICHNIS

FSC
www.fsc.org
MIX
Papier | Fördert
gute Waldnutzung
FSC® C083411

Kolibri 360 GmbH
Ferdinand-Jühlke-Straße 7
99095 Erfurt, Deutschland
produktsicherheit@kolibri360.de